Berichte des German Chapter of the ACM

Band 1: **Wippermann, PASCAL** 2. Tagung in Kaiserslautern
Tagung I/1979 am 16./17. 2. 1979 in Kaiserslautern. 204 Seiten, DM 34,–

Band 2: **Niedereichholz, Datenbanktechnologie**
Einsatz großer, verteilter und intelligenter Datenbanken
Tagung II/1979 am 21./22. 9. 1979 in Bad Nauheim. 240 Seiten, DM 38,–

Band 3: **Remmele/Schecher, Microcomputing**
Tagung III/1979 am 24./25. 10. 1979 in München. 280 Seiten, DM 44,–

Band 4: **Schneider, Portable Software**
Tagung I/1980 am 18. 1. 1980 in Erlangen. 176 Seiten, DM 36,–

Band 5: **Floyd/Kopetz, Software Engineering – Entwurf und Spezifikation** vergriffen

Band 6: **Hauer/Seeger, Hardware für Software**
Tagung III/1980 am 10./11. 10. 1980 in Konstanz. 303 Seiten, DM 54,–

Band 7: **Nehmer, Implementierungssprachen für nichtsequentielle Programmsysteme**
Tagung I/1981 am 20. 2. 1981 in Kaiserslautern. 208 Seiten, DM 38,–

Band 8: **Schlier, Personal Computing**
Tagung II/1981 am 12. 10. 1981 in Freiburg i. Br. 195 Seiten, DM 40,–

Band 9: **Sneed/Wiehle, Software-Qualitätssicherung** vergriffen

Band 10: **Kulisch/Ullrich, Wissenschaftliches Rechnen und Programmiersprachen**
Fachseminar am 2./3. 4. 1982 in Karlsruhe. 231 Seiten, DM 52,–

Band 11: **Langmaack/Schlender/Schmidt, Implementierung PASCAL-artiger Programmiersprachen**
Tagung II/1982 am 12. 7. 1982 in Kiel. 221 Seiten, DM 46,–

Band 12: **Kreifelts/Schnupp, UNIX** Konzepte und Anwendungen vergriffen

Band 13: **Schneider, Proceedings of the International Computing Symposium 1983 on Application Systems Development**
March 22–24, 1983 Nürnberg. 528 Seiten, DM 90,–

Band 14: Balzert, Software-Ergonomie vergriffen

Band 15: **Stoyan/Wedekind, Objektorientierte Software- und Hardwarearchitekturen**
Tagung II/1983 am 5./6. Mai 1983 in Berlin. 386 Seiten, DM 68,–

Band 16: **Giloi/Schulze-Vorberg jr., Intelligenztechnologie**
Konzepte, Sprachen, Praktische Anwendungsmöglichkeiten
Fachseminar am 3./4. 5. 1983 in Berlin. 184 Seiten, DM 42,–

Fortsetzung 3. Umschlagseite

Springer Fachmedien Wiesbaden GmbH

Berichte des German Chapter
of the ACM 28

H. Balzert/G. Heyer/R. Lutze (Hrsg.)
Expertensysteme '87

Berichte des German Chapter of the ACM

Im Auftrag des German Chapter
of the ACM herausgegeben durch den Vorstand

Band 28

Die Reihe dient der schnellen und weiten Verbreitung neuer, für die Praxis relevanter Entwicklungen in der Informatik. Hierbei sollen alle Gebiete der Informatik sowie ihre Anwendungen angemessen berücksichtigt werden.

Bevorzugt werden in dieser Reihe die Tagungsberichte der vom German Chapter allein oder gemeinsam mit anderen Gesellschaften veranstalteten Tagungen veröffentlicht. Darüber hinaus sollen wichtige Forschungs- und Übersichtsberichte in dieser Reihe aufgenommen werden.

Aktualität und Qualität sind entscheidend für die Veröffentlichung. Die Herausgeber nehmen Manuskripte in deutscher und englischer Sprache entgegen.

Expertensysteme '87
Konzepte und Werkzeuge

Herausgegeben von

Dr.-Ing. Helmut Balzert
Dr. phil. Gerd Heyer
Dr.-Ing. Rainer Lutze

Bereich Neue Technologien/Basisentwicklung
TA Triumph-Adler AG Nürnberg

Springer Fachmedien Wiesbaden GmbH 1987

CIP-Kurztitelaufnahme der Deutschen Bibliothek

Expertensysteme '87 (siebenundachtzig), Konzepte u. Werkzeuge : (tutorials, 6. April 1987, Fachtagung, 7. u. 8. April 1987 in Nürnberg) / hrsg. von Helmut Balzert ...

(Berichte des German Chapter of the ACM ; Bd. 28)
ISSN 0724-9764
ISBN 978-3-519-02449-1 ISBN 978-3-322-94662-1 (eBook)
DOI 10.1007/978-3-322-94662-1

NE: Balzert, Helmut (Hrsg.); Association for Computing Machinery / German Chapter: Berichte des German ...

Ursprünglich erschienen bei B.G. Teubner Stuttgart 1987

Gesamtherstellung: J. Illig Offsetdruck, Göppingen
Umschlaggestaltung: M. Koch, Reutlingen

Vorwort

Die Fachtagung "Expertensysteme '87 - Konzepte und Werkzeuge" ist die erste Tagung des German Chapter der ACM zu diesem Themengebiet und eine der ersten wissenschaftlichen Fachtagungen in Deutschland, die sich speziell mit dieser Wissenschaftsdisziplin befaßt. Im Jahre 1987 erstaunt dies um so mehr, als seit dem Auftauchen der ersten Prototypen solcher Systeme Mitte der siebziger Jahre, zunächst noch unter der Bezeichnung "Produktionssysteme" und "regelbasierte Systeme", bereits über eine Dekade vergangen ist.

Der Begriff "Expertensysteme", der sich zu Beginn der achtziger Jahre auf breiter Ebene durchgesetzt hat, manifestiert aber auch einen **Wandel** der Wissensschaftsdisziplin. Während "regelbasierte Systeme" als Studienobjekt in der **künstlichen Intelligenz** und **Kognitionswissenschaft** auf eine langjährige Tradition zurückblicken und letztlich von den durch **E.L.Post** in den vierziger Jahren entwickelten **Ersetzungssystemen** ihren Ausgang nahmen, artikuliert der Begriff "Expertensystem" einen **Anspruch**, der interdisziplinär in die Anwendungsgebiete solcher Systeme hineinreicht. Dort im Anwendungsgebiet finden sich nämlich die **menschlichen Experten**, an denen ein "Expertensystem" von seinem Namen her beansprucht, gemessen zu werden. Die Stellung solcher Expertensysteme in einer zukünftigen "Wissensindustrie" beleuchtet Dr. Hein in seinem eingeladenen Vortrag.

Aus dieser Situation heraus muß es eines der wesentlichen Anliegen einer Fachtagung zum Thema Expertensysteme sein, die Beurteilung des Anspruchs, den einen Expertensystem für ein Anwendungsgebiet erhebt, letztlich dem fachkundigen Besucher der Tagung bzw. Leser dieses Bandes zu überlassen. Das Programmkomitee der Tagung hat sich deshalb bemüht, dem Thema Anwendungen breiten Raum zukommen zu lassen. Solche Anwendungen erstrecken sich von Expertensystemen zur Unterstützung von Büroaufgaben (Appelrath/Ester/ Jasper/Ultsch, Spenke/Beilken), der Softwareerstellung (Wachter), organisatorischer Planung (Kloth), technischer Konfiguration (Lehmann/Normann/Schramm, Cunis/Günter/Syska) und Diagnose (Eiben/Eisermann/Fedderwitz, Eichhorn/Pütz/Ziegler) bis hin zu Systemen zur Beratung in Vermögensfragen (Martial), der Anwendung neuer Werkstoffe (Fehsenfeld/Küke/Langer/Schönwald) und in der Medizin (Klocke/Schecke / Jeusfeld/Rau/Hatsky/Kalf). Eine Vergleich der Expertensystemtechnologie mit der verwandten Technik der Entscheidungstabellen (Güntzer/Schöll/Jüttner / Moll) soll die Einschätzung von Expertensystemen abrunden.

Da aber die dargestellten Anwendungen immer nur den Charakter von **Beispielen** für Expertensysteme besitzen, ist es die heute verfügbare **Technologie von Expertensystemen**, welche die Grenzen des Anspruchs solcher Systeme bestimmt. Wesentliche Aspekte dieser Technologie charakterisiert Prof. Steels in seinem eingeladenen Vortrag.

Aktuelle Konzepte in den Bereichen der **Wissensakquisition**, d.h. der Modellbildung und Formalisierung von Wissen (Diederich/ May/Ruhmann, Lutze, Riekert) und der **Wissensrepräsentation** (Beckstein/Görtz/Tielemann, Rathke, Beetz, Heyer/Schneider) sowie hierauf aufbauende Werkzeuge (Puppe) bilden einen weiteren Schwerpunkt der Tagung. Die Aufgabe der Wissensrepräsentation beinhaltet stets auch die Frage, wie **effizient** das repräsentierte Wissen genutzt werden kann. Dies wird am Problem des Schlußfolgerns über temporale Gegebenheiten (Hrycey) und der Konsistenzprüfung von repräsentiertem Wissen (Mellis) näher untersucht. Eine weitere aktuelle Herausforderung bietet der Bereich der dynamischen Systeme, der in der klassischen Vorgehensweise (typischerweise) durch Differentialgleichungen eine elegante Beschreibung erfahren hat (Janson/Sutschet, Dilger/Espen/Schuk).

Da sich ein menschlicher Experte nicht zuletzt durch seine Fähigkeit auszeichnet, sein Wissen auch mitteilen zu können, muß der **Erklärungsfähigkeit** von Expertensystemen definitionsgemäß eine besondere Bedeutung zukommen. Neben technischen Fragen der Berechnung solcher Erklärungen (Ladwig/Mellis, Kassel) muß dabei auch untersucht werden, wie allgemeine Prinzipien der Gestaltung einer **ergonomischen Benutzerschnittstelle** durch geeignete Softwarearchitekturen realisiert werden können (Balzert). Genau wie die Schnittstelle von Expertensystemen zum Benutzer (Fehrle), so bedarf auch in anderer Richtung die Schnittstelle von Expertensystemen zu konventionellen Anwendungssystemen oder technischen Prozessen weitergehender Aufmerksamkeit (Carls).

Nürnberg, den 12.2.87
Die Herausgeber

Inhaltsverzeichnis

SEITE

SEITE

Verzeichnis der Autoren

Verzeichnis der Autoren

KOFIS: ein Expertensystem zur integrierten Dokumenten- und Wissensverwaltung

H.-J. Appelrath, M. Ester, H. Jasper, A. Ultsch
ETH Zürich
Institut für Informatik
CH-8092 Zürich

Zusammenfassung

KOFIS (Knowledge based Office Information System) ist ein Expertensystem, das als Prototyp eines integrierten Dokumenten- und Wissensverwaltungssystems gestattet, Dokumente bzw. Dokumentreferenzen und Wissen über diese Dokumente in Form von Termen und Fakten zu bearbeiten sowie regelhaftes Wissen zum Retrieval und zur Konsistenzüberwachung bei Updates auszunutzen. Dies geschieht durchgängig auf einer einheitlichen Prolog-Basis. Die Schnittstelle zu einem externen Datenverwaltungssystem (GridFile) eröffnet Lösungsmöglichkeiten auch für vom Mengengerüst her anspruchsvolle, nicht "rein akademische" Aufgabenstellungen.
Neben dem Anwendungsbezug steht beim Projekt KOFIS die Entwicklung eines applikationsneutralen Prolog-Werkzeugkastens (für den KOFIS das z.Zt. zentrale Anwendungsbeispiel ist) im Vordergrund.

In dieser Arbeit werden zunächst in Kapitel 1 Anforderungsdefinition und Modellierung von KOFIS vorgestellt.
Nach einer Darstellung der wesentlichen Entwurfsentscheidungen für KOFIS in Kapitel 2 werden in Kapitel 3 einige Implementierungsaspekte einer prototypischen Realisierung des Systems auf dem Arbeitsplatzrechner Lilith präsentiert.

Schlüsselwörter: Prolog, Information Retrieval, Wissensrepräsentation

CR-Classification: I.2.1, I.2.8, H.3.3, H.2.1

1. Anforderungsdefinition und Modellierung

1.1 Objektklassen

Ziel des anwendungsbezogenen Aspekts des Projekts KOFIS ist die Realisierung eines wissensbasierten Einbenutzer-Büro- Informationssystems, das an wissenschaftlichen Büro-Arbeitsplätzen - etwa in Hochschulen und Forschungseinrichtungen - einem Benutzer die Verwaltung von Dokumenten und "Wissen" erlaubt.

Dokumente sind z.B. Artikel aus Fachzeitschriften oder Tagungsbänden, Bücher, Briefe und Notizen, die meist in Papierform im Büro abgelegt und dem System über eindeutige Standortreferenzen bekannt oder im Rechner als selbsterstellte bzw. über ein Netz empfangene Volltexte direkt zugreifbar sind. Die Dokumente sind (logisch) in einer Dokumentenbasis zusammengefasst.
In der Abb. 1 tritt in der Dokumentenbasis beispielhaft ein Artikel mit der Kennzeichnung "KOFIS: ein Expertensystem ..." auf, auf den wir auch die nachfolgenden Beispiele beziehen werden.
Wissen besteht aus Termen, Fakten und Regeln. Abb. 1 veranschaulicht dies durch eine Faktenbasis (einschl. Terme) und eine Regelbasis, die sich zu einer (persönlichen) Wissensbasis ergänzen.

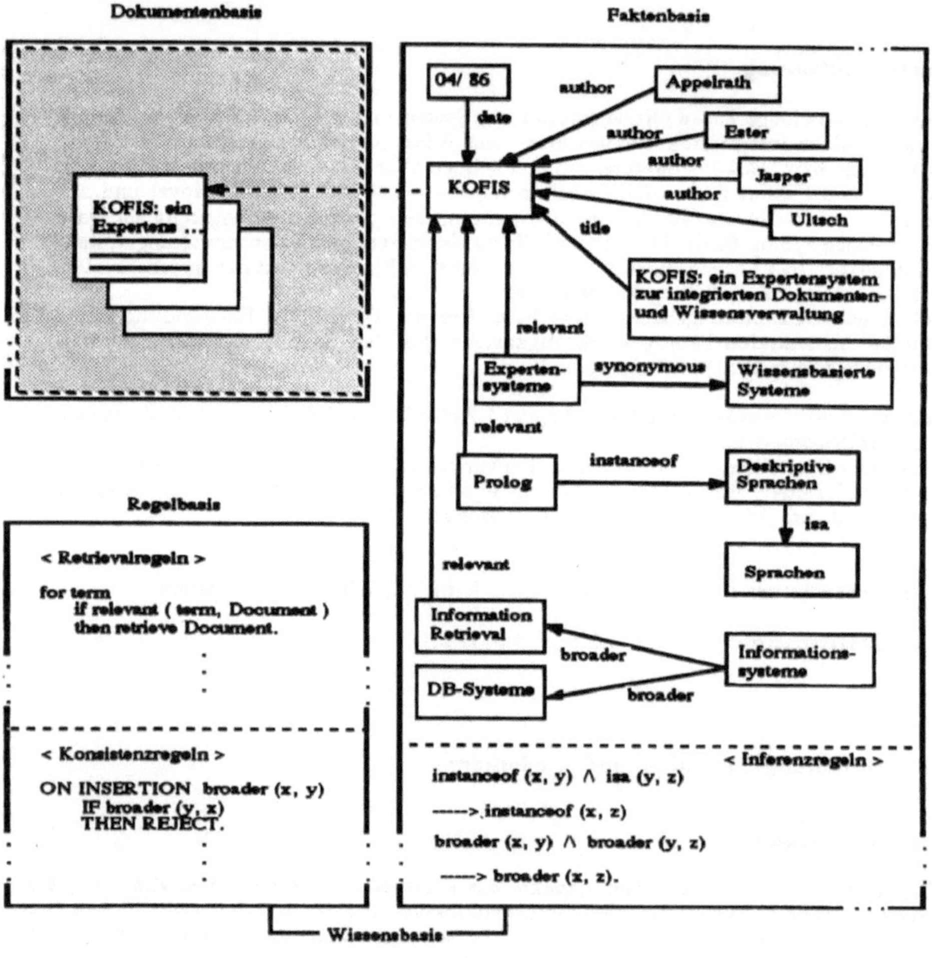

Abb. 1 Dokumenten- und Wissensbasis

1. Terme
sind Strings über einem vereinbarten Alphabet und repräsentieren Worte und Phrasen aus dem Diskursbereich des Benutzers. Terme dienen auch zur eindeutigen Identifizierung von Dokumenten und werden in dieser Rolle als Dokumentidentifikator bezeichnet.
Bsp. 'KOFIS' (als Abk. für dieses paper) ist ein Term in der Rolle eines Dokumentidentifikators, der diesen Artikel eindeutig in der Dokumentenbasis bezeichnet.

2. Fakten
sind n-stellige Beziehungen zwischen Termen. Sie bilden eine einheitliche Objektklasse für die folgenden, häufig differenziert betrachteten Beziehungsarten:

2.1 bibliographische, i.a. 2-stellige Beziehungen wie z.B. 'author' oder 'date'.
Bsp.author(Appelrath, KOFIS) kennzeichnet einen Autor des Dokuments KOFIS.

2.2 in Thesauri von IR-Systemen übliche, i.a. 2-stellige Beziehungen wie 'broader' oder 'synonymous'.
Bsp.Wenn 'Expertensysteme' und 'Wissensbasierte Systeme' als Synonyma verstanden werden, kann dies durch ein Fakt synonymous(Expertensysteme, Wissensbasierte Systeme) zum Ausdruck gebracht werden.

2.3 die Beziehung 'relevant', die einen Dokumentidentifikator mit einem dieses Dokument inhaltlich charakterisierenden Deskriptor verbindet.
Bsp.'Prolog' ist eines der für diesen Artikel vergebenen Schlüsselwörter und führt zur Beziehung relevant(Prolog, KOFIS).

2.4 weitere (vom Benutzer frei definierbare) Beziehungen.
Bsp.Prolog ist ein Beispiel einer deskriptiven Sprache, was durch das Fakt instanceof(Prolog, Deskriptive Sprachen) ausgedrückt werden kann.

2.5 implizite Beziehungen, die über Inferenzregeln definiert sind. Die Inferenzregeln sind implikatorische Aussagen über nicht explizit vorhandene, i.a. strukturelle Beziehungen (z.B. Symmetrie oder Transitivität) von Termen, die auch zum Faktenretrieval genutzt werden können.
Bsp.Die Aussage, dass ein Beispiel x einer Klasse y auch Beispiel einer Klasse z ist, wenn y eine Unterklasse von z ist, lässt sich durch die Regel instanceof(x, y) $\wedge$ isa(y, z) -> instanceof(x, z) formulieren. Eine geeignete Auswertung dieser Inferenzregel mittels eines Inferenzmechanismus' erlaubt damit auch die Beantwortung der Abfrage nach der (impliziten) Beziehung instanceof(Prolog, Sprachen).

3. Regeln
sind Festlegungen über die algorithmische Behandlung von Wissen, d.h. insbesondere Retrieval, Update und Konsistenzerhaltung von Fakten.

3.1 Retrievalregeln beschreiben den Inferenzprozess zur Beantwortung von Abfragen nach Dokumenten.

3.2 Konsistenzregeln legen die vom Benutzer geforderte Konsistenz von Extensionen seiner Wissensbasis fest.

Rollen sind Typen von Termen, wobei ein Term mehrere Rollen besitzen kann.
Bsp. In KOFIS existieren vordefinierte Rollen für Terme wie z.B. Dokumentidentifikator und Person, der Benutzer hat aber die Möglichkeit, seinen Termbestand durch selbst-definierte Rollen stärker zu typisieren.

Faktarten sind Typen von Fakten und legen durch ihre Definition z.B. die Stelligkeit der Beziehung, die in den einzelnen Stellen erlaubte(n) Rolle(n) der Terme und evtl. administrative Informationen ("wer hat wann zu welchem Zweck diese Faktart definiert?") fest.
Bsp.Die Faktart author wird etwa als zweistellige Beziehung definiert, deren 1. Term die Rolle Person und deren 2. Term die Rolle Dokumentidentifikator besitzt.

Faktenkollektionen sind - vereinfacht gesagt - Zusammenfassungen von Faktarten zu einer "semantischen Einheit". Dahinter steht die Absicht, Fakten (dieser ausgezeichneten Faktarten) zusammenzufassen, die sich durch gewisse inhaltliche Abhängigkeiten auszeichnen. Eine solche Sichtweise ist notwendige Voraussetzung für ein transaktions-orientiertes Update, da Konsistenzforderungen oft nur bei einem faktenübergreifenden Verändern von Wissen überprüfbar sind.
Bsp. Fakten der Faktarten author, title und date mit gleichem Dokumentidentifikator (jeweils 2. Term der entsprechenden Fakten) bilden eine semantische Einheit bibliographischer Informationen zu einem Dokument.

In KOFIS tauchen verschiedene, dokumentbezogene Faktenkollektionen wie z.B. book, journal paper, und letter auf. Zur genauen Definition dieser - und generell auch anderer - Faktenkollektionen gehören neben Angaben über die zu einer Einheit zusammengefassten Faktarten auch Informationen über evtl. Abhängigkeiten bezüglich der geforderten oder erlaubten Eigenschaften der jeweils zusammenfassbaren Fakten.

Bsp. Die Definition einer Faktenkollektion journal paper könnte etwa bestehen aus

Name:journal paper

Faktarten: 1. title (mandatory)
2. author (mandatory, multivalued)
3. date
4. journal (mandatory)

Abhängigkeit: Alle Fakten müssen den gleichen Dokumentidentifikator besitzen,

wobei z.B. mandatory die Existenz eines entsprechenden Fakts zwingend vorschreibt (es darf also kein journal paper ohne Titel-, Autor- und Zeitschriftenangabe geben) und multivalued die Zusammenfassung mehrerer Fakten der gleichen Faktart erlaubt (es dürfen mehrere Autoren zu einem journal paper existieren).

Da wir in KOFIS als Faktenkollektionen nur verschiedene "Dokumentarten" (book, journal paper, letter, usw.) betrachten, ersetzen wir den universelleren Begriff der Faktenkollektion durch den KOFIS-spezifischen Begriff Dokumentart.
Somit können wir in der KOFIS-Welt folgende sieben Objektklassen identifizieren: Terme, Fakten, Regeln, Rollen, Faktarten, Dokumente und Dokumentarten.
Bezüglich dieser Objektklassen soll KOFIS dem Benutzer differenzierte Retrieval- und Updatefunktionen anbieten, die im nachfolgenden Abschnitt skizziert werden.

1.2 Operationen

Retrieval

KOFIS soll als persönliches Information Retrieval (IR)-System das gezielte Bereitstellen von Dokumenten ermöglichen. Ausgangspunkt ist dabei eine Reihe von Termen, die mit booleschen Operatoren verknüpft sind. Der Prozess des Auffindens gewünschter Dokumente soll dabei durch die Angabe individueller Strategien definiert werden können.
Neben diesem Aspekt des Dokumentenretrieval soll auch Wissen in Form von Termen und Fakten, die ebenfalls "und-" bzw. "oder-verknüpft" sein können, erfragbar sein. Schliesslich soll KOFIS insbesondere über Inferenzregeln ableitbare, nicht extensional gespeicherte Fakten ableiten und diese auch zum Retrieval verwenden können.

Update

KOFIS soll Updates (Einfügen, Löschen und Ändern) von Objekten aller Objektklassen der Wissensbasis (Terme, Rollen, Fakten, Faktarten, Regeln, Dokumente und Dokumentarten) unterstützen.
Bei allen Updates sollen Konsistenzprüfungen durchgeführt und die dafür notwendigen Konsistenzregeln soweit wie möglich vom Benutzer selbst definiert werden. Die Konsistenzregeln für KOFIS sollen die Formulierung flexibler Reaktionsmechanismen bei Konsistenzverletzungen ermöglichen.
Wir erwarten häufige Updates von Termen, Fakten, Regeln und Dokumenten, so dass eine Interaktivität der Update-Komponente unverzichtbar ist.

Anforderungen an die Benutzerschnittstelle

Die Objekte von KOFIS sollen in Windows (jeweils einer Objektklasse entsprechend) repräsentiert und die darauf definierten Operationen in Menüs angeboten werden. Jeder Benutzer kann KOFIS auf seinen Arbeitsstil anpassen, indem er Windows zu individuellen Arbeitsumgebungen zusammenfasst.
Arbeitsumgebungen sind Kollektionen von Windows, die für eine bestimmte Arbeit benötigt werden, z.B. für die Dokumentenerfassung, das Retrieval von Wissen oder das Ändern von Regeln.
Der Benutzer kann aus einer Menge von vorgegebenen Windows auswählen, das Layout (Lage und Grösse der Windows) bestimmen und eigene Namen für Objektklassen und Operationen vergeben.

1.3 Modellierung

Die sieben Objektklassen der KOFIS Wissensbasis sind im Abschnitt 1.1 umgangssprachlich beschrieben worden. Zur Spezifikation der Abhängigkeiten zwischen den verschiedenen Objektklassen wurde eine formale Beschreibung der Objektklassen und der darauf definierten Operationen durchgeführt ([JASP]). Für diese Modellierung benutzten wir das semantische Datenmodell SDM ([HAMC]) in einer in unserer Gruppe erweiterten Version ([APES]). SDM bietet eine Sprache für die Definition konzeptioneller Schemata für Datenbanken. Ein SDM-Schema besteht aus einer Menge von Klassen, die durch die Abstraktionsmechanismen Aggregierung, Generalisierung und Spezialisierung verbunden sein können. Eine Klasse beschreibt als (gedachte) Einheit eine Kollektion von anwendungsabhängig zusammengehörenden Objekten.

Aggregierung definiert eine Klasse aus einer Menge von anderen Klassen. Dazu werden den Objekten der neu zu definierenden Klasse Attribute zugeordnet, deren Wertebereiche wiederum Klassen sind. Wertebereiche können auch die sogenannten "built-in-Klassen" STRING, NUMBER oder INTEGER sein. Ein Objekt der so definierten Klasse wird durch seine Attributwerte konstituiert. Aggregierung ist eine injektive Abbildung von einer Klasse in ein Kreuzprodukt von Klassen.
Generalisierung legt eine Menge von Entitäten einer Klasse als ein Objekt einer neuen Klasse fest, ist also eine nicht-injektive Abbildung zwischen zwei Klassen.
Spezialisierung definiert eine Klasse als Teilmenge einer bestehenden Klasse und bildet eine injektive, aber nicht surjektive Abbildung zwischen zwei Klassen.

Die in SDM angebotenen Sprachkonstrukte erlauben die gemeinsame Benutzung von Aggregierung und entweder Generalisierung oder Spezialisierung zur Definition einer Klasse. Damit können die Objekte der durch Spezialisierung und Generalisierung erzeugten Klassen zusätzliche Attribute bekommen, die in "Abbildungsrichtung" vererbt werden.

Konsistenzbedingungen in SDM-Schemata

Durch jede SDM-Beschreibung werden sogenannte SDM-inhärente Konsistenzbedingungen festgelegt, die sich aus der Semantik der verwendeten Sprachkonstrukte ergeben. Für die Generalisierung gilt beispielsweise: ein Objekt einer durch Generalisierung definierten Klasse muss auch in der Klasse, über die generalisiert wurde, vorhanden sein.

Ferner gibt es in der zu modellierenden Welt sogenannte schema-inhärente Konsistenzbedingungen, die nicht in dem benutzten Modell repräsentiert werden können und meist als zusätzliche Bedingungen in ein Schema aufgenommen werden. Eine solche Bedingung könnte etwa sein: "Die Argumente eines Fakts müssen der Stellenbeschreibung für dieses Fakt entsprechen". Diese Konsistenzbedingungen werden in element- und mengenbezogene Abhängigkeiten unterteilt, um ein auf Aktionen aufbauendes Transaktionskonzept zu realisieren. In [APES] wird eine Erweiterung von SDM um Metaklassen vorgeschlagen, um einen Teil dieser schema-inhärenten Abhängigkeiten ebenfalls modellieren zu können.

Neben SDM- und schema-inhärenten Konsistenzbedingungen gibt es noch Konsistenzbedingungen, die aus den Extensionen eines Schemas resultieren. Z.B. möchte man bei der Definition der broader-Beziehung deren Antisymmetrie definieren: falls ein Fakt "broader(x, y)" in KOFIS existiert, dann soll kein Fakt "broader(y, x)" existieren dürfen. Solche, vom Benutzer definierbaren Konsistenzbedingungen werden noch diskutiert.

2. Entwurfsentscheidungen

2.1 Lilith workstation und Software-Portabilität

Im Projekt war rasch die Entscheidung gefallen, für die KOFIS-Implementierung den im Institut entwickelten Arbeitsplatzrechner Lilith ([WIRT]) zu verwenden. Die Lilith besteht aus einer zentralen Recheneinheit mit einem bit-slice-Prozessor, einem Hauptspeicher mit 128 K bzw. 256 K "Worten" zu 16 Bit, je einem Controller für Plattenspeicher (auswechselbare Kassette mit 10 MByte) und Bildschirm (bitmap-display basierend auf raster-scan mit 592 Zeilen und 768 Punkten) sowie Schnittstellen für Tastatur und Zeigegerät, genannt Maus (dreiknöpfig).

Die Sprache Modula-2 ist konsequenterweise die einzige auf der Lilith verfügbare, denn Ausgangspunkt war die Entwicklung einer neuen Programmiersprache (Modula-2), für die dann "nur" eine geeignete workstation (Lilith) gebaut wurde. Für das Projekt KOFIS bedeutete eine Festlegung auf Lilith also auch eine Festlegung auf Modula-2, wobei ein in Modula-2 geschriebener Prolog-Interpreter natürlich auch die Möglichkeit zur gewünschten Softwareentwicklung in Prolog eröffnet.
Wegen ihres Leistungsprofils, ihrer Zuverlässigkeit und Verfügbarkeit sowie vor allem wegen ihrer hervorragenden Softwareentwicklungsumgebung war die Entscheidung für die Lilith unbestritten, doch wurde gleichzeitig festgelegt, durch eine bei der Implementierung strikt einzuhaltende abstrakte Modula-2-Maschine (im Projekt als Host-Schnittstelle bezeichnet) Portabilität bezüglich anderer Rechner zu gewährleisten. Eine solche Portabilität war insbesondere wegen der Einbindung des Projekts KOFIS in externe Kooperationen unbedingt anzustreben.

2.2 Benutzerschnittstelle

Der Benutzer soll die KOFIS-Objektklassen weitgehend so dargestellt bekommen, wie sie in SDM modelliert sind. Dazu wurde die Benutzerschnittstelle KUserInterface definiert, die spezielle Fenster zur Darstellung der Objektklassen anbietet.
Jedes Fenster besteht aus einem Formular zur formatierten und einem Freitext zur unformatierten Eingabe. Ein Formular besteht aus verschiedenen Slots, die jeweils ein Attribut einer Klasse darstellen.
Die individuelle Definition von Arbeitsumgebungen wird durch Erstellen eines Benutzerprofils ermöglicht: der Benutzer kann Windows und Operationen auswählen und umbenennen sowie die Topologie der Windows auf dem Bildschirm festlegen. Nach dem Aufruf von KOFIS kann der Benutzer eine der definierten Arbeitsumgebungen auswählen, diese aber über Auswahl eines Menü-Kommandos jederzeit wieder wechseln.

2.3 Prolog

Eine wichtige Entwufsentscheidung war die, Inferenzmechanismen zur Realisierung von Update und Retrieval einzusetzen. Weiterhin sollten sich sowohl die Retrieval- als auch die Updatekomponente auf die Unifikation von Variablen (Belegung mit "passenden" Termen) sowie auf eine Backtracking-Strategie stützen.
Es lag daher nahe, diese Bestandteile der Sprache Prolog zu entlehnen. Zu diesem Zweck wurde ein am Institut in Kooperation mit dem BBC-Forschungszentrum entwickelter Prolog-Interpreter [MULL], der eine Schnittstelle zu Modula-2 besitzt, unseren Anforderungen entsprechend angepasst.

Dazu ist auch eine spezielle Speicherverwaltung für Terme notwendig, welche die Rollen (der Terme) berücksichtigt. Schnittstellen zur Wissensbasis sowie Grundoperationen (wie z.B. Mengenoperationen) zur effizienten Realisierung von Produktionssystemen sind ebenfalls anzubieten. Diese Teile sollen in Modula-2 implementiert und über eine Schnittstelle für Prolog-Programme verfügbar gemacht werden.

2.4 Retrieval

Neben dem Retrieval der Objektklassen der Wissensbasis ist insbesondere das intelligente und gezielte Wiederauffinden von Dokumenten (ausgehend von einer Query) eine wichtige Fähigkeit von KOFIS.
Als Queries sind Folgen von Termen mit den binären Verknüpfungen **and**, **or** und **butnot** zugelassen. Der Operator **and** bedeutet, dass nur solche Dokumente gesucht werden, für die die Retrievalbedingung (siehe unten) für beide Terme gilt. Analoges gilt für **or**. Der Operator **butnot** stellt eine beschränkte Negation dar. Mit dem Ausdruck "Deskriptive Sprachen butnot Prolog" werden z.B. Dokumente gesucht, die durch 'Deskriptive Sprachen' beschrieben werden, jedoch keine Beziehung zu 'Prolog' besitzen. Queries dürfen beliebig geklammert werden.
KOFIS transformiert die Query in eine disjunktive Normalform. Bei dieser Transformierung werden die vom Benutzer angegebenen Terme auf Übereinstimmung mit den Termen der Wissensbasis geprüft. Ein spezielles Ähnlichkeitsmass (siehe 3.4) erlaubt dabei die Erkennung typischer Schreibfehler sowie Beugungsformen von Wörtern.
Als Modell für den Retrieval-Prozess in KOFIS wurde ein Produktionssystem gewählt. Ausgehend von einer durch Backtracking rekursiv aufzählbaren Menge von disjunktiven Termen soll eine gleichfalls rekursiv aufzählbare Menge von Dokumenten produziert werden. Dies geschieht durch die Anwendung von speziellen Produktionsregeln, die den bereits in Abschnitt 1.1 vorgestellten Retrievalregeln entsprechen. Eine solche Retrievalegel besagt, dass für einen gegebenen Term der Query die Retrievalaktionen durchgeführt werden, wenn die im if-Teil spezifizierten Bedingungen (siehe unten) auf den aktuellen Zustand der Wissensbasis zutreffen. Eine Regel

relevant: **for** Term **if** relevant(Term,Document) **then retrieve** Document.

z.B. bedeutet: wenn für einen gegebenen Term eine Relevanz-Beziehung zwischen dem Term und einem Dokument besteht, so ist dieses in die Menge der gefundenen Dokumente aufzunehmen (Retrievalaktion).
Bei der Formulierung von Retrievalaktionen dürfen neben beliebigen Prolog-Prädikaten die Operationen **retrieve**, **exclude**, **use** und **discard** verwendet werden. Diese Operationen ermöglichen die Inklusion und Exklusion von Dokumenten in die Dokumentmenge bzw. Erweiterung (Aufnahme von Termen) und Einschränkung (Streichung von Termen) der Query.
Die Reihenfolge der Anwendung der Retrievalregeln wird von den Zielvorstellungen, d.h. dem Informationsbedürfnis des Fragestellers, bestimmt. Dazu stehen in KOFIS Retrieval-Kontrollregeln (im folgenden kurz Kontrollregeln genannt) zur Verfügung.

Bsp. (1) **to_find** all **select** Rules **until** false.
(2) **to_find** direct **select** Rules **until** false **restrict** [direction = direct].
(3) **to_find** some **select** relevant **until** ndoc(N) **and** N=10.

Die erste Kontrollregel besagt, dass alle Retrievalregeln analog zu Prolog, d.h in der Reihenfolge der Aufschreibung nach Backtracking-Strategie, angewendet werden. Dies erfolgt solange, bis keine Retrievalbedingung mehr auf die Wissensbasis zutrifft (**until** false). Regel

(2) bedeutet eine Einschränkung der anwendbaren Retrievalregeln auf solche, die mit der Richtung "direct" versehen wurden.
In der aktuellen KOFIS-Version ist als Regelauswahl entweder "alle" (angezeigt durch eine Variable) oder "bestimmte" (ein konkreter Retrievalname) zugelassen. Im Beispiel (3) ist dies die Retrievalregel mit Namen "relevant".
Als Abbruchbedingung (until) sind beliebige Prolog-Bedingungen möglich. Restriktionen werden durch Vergleiche sowie die Operatoren **min** und **max** für die Auswahl minimaler bzw. maximaler Attribute ausgedrückt.

Um eine Dokumentenrecherche mit KOFIS durchzuführen, wird nach Eingabe der Query ein Ziel mit dem Ausdruck "**find** <Ziel>" bestimmt. So führt die Eingabe:

> **query** ('Expertensysteme' **and** 'Information Retrieval') **or** 'KOFIS'.
> **find** some.

zu einer Dokumentenrecherche nach Zitaten, die relevant bezüglich 'Expertensysteme' und 'Information Retrieval' als auch relevant bezüglich 'KOFIS' sind. Dabei spezifiziert die Zielvorstellung "some" (siehe Kontrollregel (3)) die Kontrollstrategie. D.h., dass nur die Retrievalregel mit Namen "relevant" angewendet wird, bis entweder keine Regel mehr anwendbar ist oder die Anzahl der gefundenen Dokumente 10 beträgt.

2.5 Update und Konsistenzprüfung

Bei jedem Update sollen verschiedene Konsistenzprüfungen durchgeführt werden. Die zugrundeliegende Verwaltung der Wissensbasis kennt das Schema, das alle zulässigen Objekte beschreibt, und lässt nur Updates zu, die mit dem Schema konsistent sind, d. h. sie garantiert die schema-inhärente Konsistenz. Diese Prüfungen sind fest in das System "einzubauen".
Der Benutzer kann darüber hinaus zusätzliche Konsistenzregeln in Form von Triggern definieren, die von der Update-Komponente ausgewertet werden. Ausserdem ermöglicht es die Update-Komponente, auf die Verletzung von Konsistenzregeln flexibler zu reagieren als die Wissensbasis-Verwaltung, indem bei Konsistenzverletzungen automatische Anpassungen versucht werden, um die Konsistenz wieder zu erreichen.

Trigger

Zur Formulierung benutzerdefinierter Konsistenzregeln haben wir Trigger (Test-Aktions-Paare) gewählt. Sie erlauben dem Benutzer die Definition flexibler Reaktionen bei Konsistenzverletzungen und wesentlich effizientere Konsistenzprüfungen als bei einer rein deskriptiven Formulierung von Konsistenzregeln ([APES]).

Die Syntax der Trigger lautet

```
TRIGGER <name>              /* (eindeutiger) Name        */
   ON <update>              /* Update-Bedingung          */
      IF <condition>        /* Wissensbasis-Bedingung    */
         THEN <action>      /* Aktion                    */
```

Für jedes Update werden alle Trigger getestet. Falls Update-Bedingung und Wissensbasis-Bedingung erfüllt sind, wird die zugehörige Aktion ausgeführt.

Die Bedingungen an die Wissensbasis sind Konjunktionen von Formeln, wobei eine Formel wiederum aus disjunktiv verknüpften Teilformeln bestehen kann; die Aktionen sind Konjunktionen von Operationen. Als Operationen in einer Aktion sind Fragen und Meldungen an den Benutzer sowie Folge-Updates der Wissensbasis zugelassen.

Es werden vier verschiedene Reaktionsweisen bei Konsistenzverletzungen unterschieden:

- Ablehnung des Updates
- Ausführung des Updates und Information des Benutzers
- Ausführung des Updates und Frage nach weiteren Updates
- Ausführung des Updates und Ausführung von (systeminitiierten) Folge-Updates.

```
Bsp. TRIGGER antisymmetrie
        ON INSERTION broader(X,Y)
           IF broader(Y,X)
              THEN REJECT                   /* Ablehnung des Updates */

     TRIGGER fortsetzung-relevant
        ON INSERTION relevant(X,Y)
           IF synonymous(Z,X) OR synonymous(X,Z)
              THEN INSERT relevant(Z,Y)   /* Ausführung von Folge-Updates */
```

Anpassungen

Die Wissensbasis-Verwaltung erlaubt nur Updates, die die schema-inhärenten Konsistenzbedingungen einhalten. Ein KOFIS-Benutzer möchte aber manchmal Updates trotzdem durchführen.
Z.B. möchte er ein neues Fakt "likes(a,b)" einfügen für das noch keine Faktart definiert ist und wo eine vollständige Definition der Faktart noch nicht möglich ist. Es kann nun eine sogenannte "Dummy"-Faktart von der Update-Komponente eingefügt werden, die nur den Namen "likes" und die Stelligkeit 2 festhält. Nach dieser Anpassung ist das ursprüngliche Update konsistent ausführbar.
Die Update-Komponente beinhaltet eine Menge von Regeln, um solche automatischen Anpassungen zu versuchen.

Transaktionen

Ein Update mit allen Konsistenztests, evtl. Anpassungen und Folge-Updates wird als Transaktion behandelt (Menge von Operationen, von denen entweder alle oder keine ausgeführt wird).
Zuerst wird das Update in der Wissensbasis versucht. Falls es schema-inhärente Konsistenzbedingungen verletzt, versucht die Update-Komponente nach automatischen Anpassungen das Update noch einmal.
Wenn das Update auch jetzt inkonsistent bleibt, wird es endgültig abgelehnt.
Im erfolgreichen Fall wertet die Update-Komponente noch die Trigger aus und führt das Update durch, wenn mit keinem Trigger die Inkonsistenz gezeigt werden kann.
Wir verfolgen bei den Transaktionen den optimistischen Ansatz, d. h. wir erwarten dass die meisten Updates konsistent sind, führen sie deshalb sofort aus und machen sie rückgängig, wenn später eine Inkonsistenz gefunden wird.

2.6 Verwaltung der Wissensbasis

Abschätzungen bezüglich des KOFIS-Mengengerüsts ergaben, dass die Daten (insbesondere die Fakten als mengenmässig deutlich grösster Teil) nicht im Hauptspeicher der Lilith workstation Platz finden würden. Aus diesem Grund wurden Überlegungen zur externen Speicherung der Daten durch ein geeignetes Datenverwaltungssystem notwendig.

Grundsätzliche Entwurfsentscheidungen für die Verwaltung der Wissensbasis:
- Alle Objekte müssen vom Prolog-Interpreter aus zugreifbar sein.
- Fakten müssen bzgl. aller Argumente zugreifbar sein.
- Faktarten müssen mindestens bzgl. Name und Stelligkeit zugreifbar sein.
- Regeln werden hauptspeicherresident gehalten und sind von Prolog direkt zugreifbar.

Resultierende Anforderungen an eine externe Datenverwaltung der Wissensbasis:
- Möglichst vollständige Invertierung der Faktendatei, um partial-match queries (nicht argument-vollständig spezifierte Abfragen) bzgl. aller Argumente durchführen zu können.
- Die externe Datenverwaltung hat eine Ein-Tupel-Schnittstelle, da Prolog "one tuple at a time" fordert, d.h. der Prolog-Interpreter benötigt und verarbeitet die Tupel einzeln nacheinander.
- Die Schnittstelle zur externen Datenverwaltung ist über built-in-Prädikate in Prolog definiert.

Konzepte einer DB-Unterstützung für Prolog, wie sie in [APPE] ausführlich beschrieben werden, waren wegen der 1. Forderung nicht ausreichend. Wir entschieden uns für das im Institut entwickelte Datenverwaltungssystem GridFile ([NIEV]), da es folgende Vorteile bietet:

- Es erlaubt Abfragen mit mehreren gleichberechtigten Schlüsseln auf Tupel, die variable Nicht-Schlüssel-Informationen haben können. Dabei ist die vollständige Invertierung bis zu der maximal möglichen Anzahl von Schlüsseln garantiert.
- Prolog-Unifikation eines Prädikats kann einfach auf die vom GridFile angebotenen partial-match queries abgebildet werden.
- Das GridFile besitzt eine Ein-Tupel-Schnittstelle, d.h. es müssen keine mengenwertigen Antworten, wie sie eine relationale Datenbank liefert, zwischengespeichert werden.
- Es wird die Möglichkeit zur Bearbeitung von multiple queries (das sind Queries mit mehreren "gleichzeitig bekannten" Teil-Queries) angeboten. Damit kann das Backtracking eines Prolog-Interpreters unterstützt werden, ohne die Resultate mehrerer zu einem Zeitpunkt bekannter Queries speichern zu müssen.

Die externe Datenverwaltung garantiert die Einhaltung der SDM-inhärenten sowie der elementbezogenen schema-inhärenten Konsistenzbedingungen. Bei Verletzung von Bedingungen wird die erste verletzte Konsistenzbedingung als Fehler an die aufrufende Komponente zurückgemeldet.

Um das Backtracking von Prolog zu unterstützen, wird für die Prädikate, auf denen ein Backtracking durchgeführt werden darf (das sind die Retrieval-Prädikate), ein zusätzlicher Verwaltungsaufwand notwendig (insbesondere ist ein Query-manager zur Verwaltung der multiple queries zu integrieren).

Zur administrativen Unterstützung der Wissensbasis werden den Fakten und Faktarten die Verwaltungdaten Autor, Zweck und Eintragsdatum zugeordnet. Über diese Verwaltungdaten kann ebenfalls auf die Objekte zugegriffen werden.

3. Ausgewählte Implementierungsaspekte

3.1 Softwarearchitektur

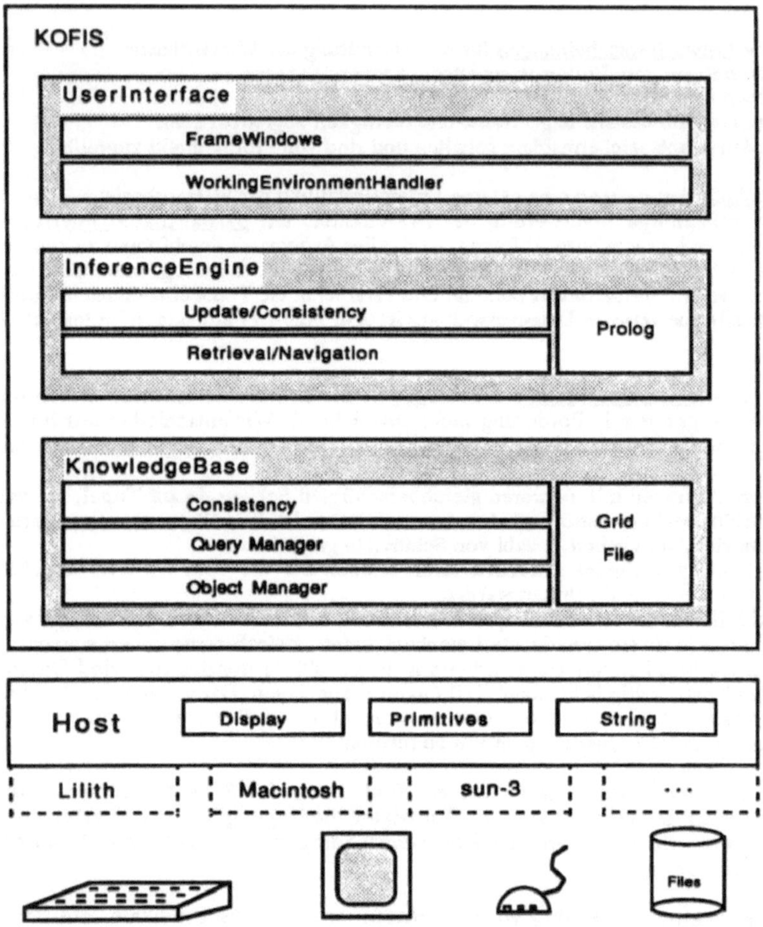

Abb. 2 KOFIS-Architektur

Abb. 2 gibt einen Überblick über die Architektur von KOFIS. Das System lässt sich auf der obersten Ebene in die Komponenten UserInterface (Kommunikation mit dem Benutzer), InferenceEngine (Retrieval und Update auf Grundlage eines Prolog-Interpreters) und KnowledgeBase (Speichersystem für alle KOFIS-Objekte) aufteilen.

Bem. Im folgenden wollen wir die hierarchische Einordnung einer Komponente dadurch zum Ausdruck bringen, dass wir ihrer Bezeichnung jeweils die Anfangsbuchstaben der hierarchisch darüber liegenden Komponenten voranstellen (z.B. zeigt KUserInterface die Einbindung von UserInterface in KOFIS und KIProlog die Einbindung von Prolog in die InferenceEngine von KOFIS).

KUserInterface stellt Windows bereit, die die KOFIS-Objekte visualisieren, und lässt Operationen auf diesen Objekten durch die Auswahl von Menü-Kommandos zu.
Die Teilkomponente WorkingEnvironmentHandler erlaubt die Zusammenfassung von Fenstern zu Arbeitsumgebungen. Eine solche Arbeitsumgebung modelliert eine typische Bürotätigkeit, etwa die Aufnahme von Dokumenten oder auch die Recherche in der Wissensbasis.

KInferenceEngine enthält die Teilkomponenten KIUpdate (mit Konsistenzprüfung) und KIRetrieval (mit Navigationsmöglichkeiten in der Wissensbasis). Diese Komponenten stützen sich alle auf die Unifikations- bzw. Backtracking-Fähigkeiten des zugrundeliegenden Prolog-Interpreters (KIProlog).

KKnowledgeBase schliesslich bietet eine Menge in Modula-2 realisierter Prolog-Prädikate zur Verwaltung der Objekte der sieben KOFIS-Objektklassen an. Die schema-inhärente Konsistenz wird von der Teilkomponente Consistency garantiert. Ein "Query Manager" verwaltet die verschiedenen zu einem Zeitpunkt abzuarbeitenden Anfragen an die Wissensbasis. Das GridFile wird zur externen Speicherung der Daten benutzt.

Host-Schnittstelle

Die gesamte KOFIS-Software besitzt eine einheitliche Schnittstelle zu allen maschinenabhängigen Implementierungsdetails (abstrakte Modula-2-Maschine Host). Darunter fallen unter anderem I/O, Filehandling, Commandline-Interface Konvertierungen und die Display-Software. Diese Host-Schnittstelle wurde für verschiedene Projekte unserer Arbeitsgruppe eingesetzt und hat sich insbesondere durch eine gute Modulstruktur sowie ihre leichte Portierbarkeit ausgezeichnet. Eine Portierung auf den Apple MacIntosh erfolgte z.B. in ca. 200 Arbeitsstunden.

Eine wichtige Eigenschaft der Schnittstelle ist insbesondere die Einbeziehung von Fenstern, Menüs und Maus. Diese ist so gestaltet, dass die auf der Schnittstelle aufbauende Software, auch auf Computern ohne bitmap-display bzw. Hardware-Zeigegeräten wie einer Maus läuft.

3.2 Die Komponente KUserInterface

Bitmap-display, Maus und Menüs ermöglichen eine angemessene Realisierung der Arbeitsumgebungen. In Abb. 3 wird ein Ausschnitt aus der Arbeitsumgebung Dokumenterfassung mit Windows für Dokumente und Fakten gezeigt. Beide sind zum Zeitpunkt des "Schnappschusses" zum Teil gefüllt. Im Dokumenten-Window fehlt noch der Dokumentidentifikator (DID), Bemerkungen (REMARK) sind optional. Im Fakten-Window können Mengen von Fakten manipuliert werden.

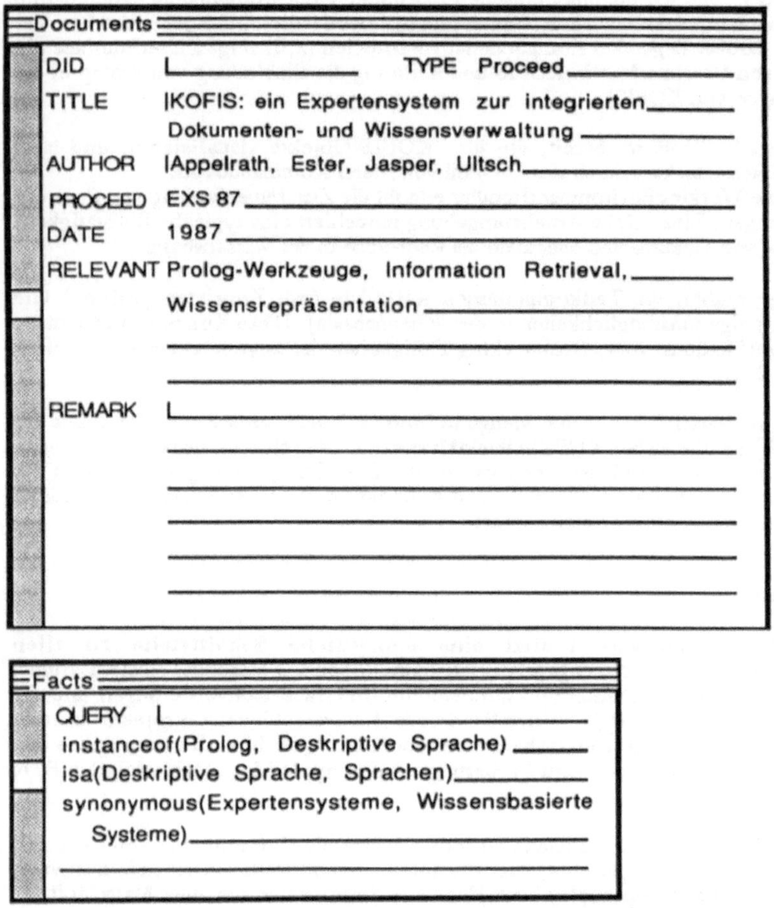
Documents
DID
TYPE Proceed
TITLE
KOFIS: ein Expertensystem zur integrierten
Dokumenten- und Wissensverwaltung
AUTHOR
Appelrath, Ester, Jasper, Ultsch
PROCEED
EXS 87
DATE
1987
RELEVANT
Prolog-Werkzeuge, Information Retrieval,
Wissensrepräsentation
REMARK
Facts
QUERY
instanceof(Prolog, Deskriptive Sprache)
isa(Deskriptive Sprache, Sprachen)
synonymous(Expertensysteme, Wissensbasierte Systeme)

Abb. 3 Ausschnitt aus der Arbeitsumgebung Dokumenterfassung

Wenn der Benutzer die Erfassung beenden will, kann er mithilfe der Menüs die Befehle zum Einfügen der neuen Objekte geben. Erst dann werden die Benutzereingaben auf Konsistenz geprüft und in die Wissensbasis übernommen. So wird der Benutzer in seinem Arbeitsablauf nicht unnötig eingeschränkt.

3.3 Die Komponente KInferenceEngine

Kern dieser Komponente ist ein Prolog-Interpreter (KIProlog), der von den in Modula-2 realisierten Programmteilen aufgerufen und seinerseits in Modula-2 abgefasste Prolog-Prädikate auswerten kann. Die Programme dieser Komponente enthalten daher sowohl in Prolog (Inferenz) wie auch in Modula-2 (prozedurale Elemente) codierte Teile.

Retrieval

Die Komponente KIRetrieval kann als ein Produktionssystem mit den Hauptbestandteilen Memory und Interpreter aufgefasst werden. Die Normalform der Query wird in das Working Memory geladen und das Production Memory wird mit den durch die Zielangabe spezifizierten Retrieval- bzw. Kontrollregeln gefüllt. Der Interpreter wählt dann in einem recognize-and-act Zyklus die durch die Kontrollstrategie spezifizierte Regel aus. Ist keine spezielle Strategie definiert, so erfolgt die Auswahl in der in Prolog-Interpretern üblichen Reihenfolge.

Wenn eine Regel gewählt wurde, so wird ihre Anwendbarkeit auf die Wissensbasis geprüft. Dabei können freie Variable mit entsprechenden Query-Termen besetzt werden. Fällt diese Prüfung positiv aus, so werden die spezifizierten Retrievalaktionen durchgeführt. Dies kann einerseits eine Veränderung der Query bedeuten, anderseits aber auch Änderungen in der Menge der gefundenen Dokumente bzw. im Memory bewirken.

Nach der Ausführung jeder Regel wird eine eventuell vorhandene Abbruchbedingung (until) geprüft. Trifft diese zu, so hält der Interpreter. Andernfalls erfolgt Backtracking sowohl über die Retrievalregeln bzw. die Kontrollregeln wie auch über die Menge der Query-Terme (Aufzählung).

Die Menge der Query-Terme kann bei der Abarbeitung einer Query wachsen und/oder kleiner werden. Der Backtracking-Mechanismus ist so realisiert, dass jeder Query-Term höchstens einmal zur Beantwortung der Query herangezogen wird. Dies garantiert die Terminierung des Suchprozesses.

Update

Bei jedem Update der KOFIS-Wissensbasis müssen die relevanten Konsistenzregeln getestet werden. Die Update-Komponente benötigt also einen Mechanismus um das Zusammenspiel der Regeln zu kontrollieren. Prolog bietet dazu Backtracking als "eingebaute Kontrollstrategie" an. Ausserdem müssen die Bedingungen der Konsistenzregeln auf der Wissensbasis getestet und mit Werten belegt werden. Auch dazu bietet Prolog mit der Unifikation eine Methode an.
Aus diesen Gründen wurde die Update-Komponente in Prolog implementiert. Einen guten Einblick in die algorithmische Lösung von KIUpdate gibt [APES].

3.4 Die Komponente KKnowledgeBase

Die Verwaltung der Wissensbasis ist in Komponenten zur Konsistenzerhaltung, zur Query-Verwaltung und zur Objekte/Objektklassen-Verwaltung unterteilt. Zuerst wird die Verwaltung der Terme und die Realisierung eines Ähnlichkeitsmasses, dann als ein Beispiel die Realisierung der Speicherung der Fakten beschrieben. Die Update- und Retrievalregeln werden in einer separaten hauptspeicherresidenten Struktur (Prolog) verwaltet.

Termverwaltung/ Ähnlichkeitsmass

Durch eine Normierung von Benutzereingaben werden vom Benutzer eingegebene Terme mit den in der Wissensbasis vorhandenen Termen verglichen. Terme sollen dabei als semantisch gleich erkannt werden, wenn sie sich nur durch eine fehlerhafte Schreibweise (Tippfehler) oder durch Kasus bzw. Numerus unterscheiden.

Ein spezielles Ähnlichkeitsmass vergleicht die in den Wörtern vorkommenden Folgen jeweils zweier benachbarter Buchstaben (Digramme). Dabei werden die Digramm-Häufigkeiten der deutschen und englischen Sprache berücksichtigt. Das Verfahren garantiert eine sichere Erkennung der vier am häufigsten auftretenden Tippfehlerklassen und unterscheidet nicht-ähnliche Worte mit guter Trennschärfe.

Zugriff auf externe Daten/ Faktenverwaltung im GridFile

Die externe Datenverwaltung ist in Modula-2 realisiert und bietet eine deklarative Schnittstelle (wie die Komponente ebenfalls KKnowledgebase genannt) an. Diese Schnittstelle definiert die built-in-Prädikate, mit denen von Prolog aus Daten verwaltet werden. Die zur Realisierung der built-in-Prädikate benötigten Operationen (Prozeduren) werden aus den Teilkomponenten der KKnowledgebase importiert.

KKnowledgebase besteht aus den Teilkomponenten KKconsistency, KKquerymanger, den Moduln zur Verwaltung der Objekte/Objektklassen KKroles, KKfacts, KKfacttypes, KKdocuments, KKdocumenttypes und KKinferencerules, sowie einigen Hilfsmoduln. Diese Komponenten bauen ihrerseits auf der abstrakten Modula-2-Maschine HOST, dem Modul KKterms (s.o.) und dem Gridfile auf. Sie definieren in ihrer Gesamtheit die Prozeduren zur Verwaltung der Wissensbasis. Diese Prozeduren werden in der Komponente KKnowledgebase in die built-in-Prädikate der deklarativen Schnittstelle umgesetzt.

KKquerymanger verwaltet alle Anfragen (Queries), die an die Moduln zur Verwaltung der Objekte/Objektklassen gestellt werden. Für jede Query existiert ein eindeutiger Query-Deskriptor, der diese Query beschreibt und auf das nächste zu liefernde Objekt verweist. Die Query-Deskriptoren sind nach aussen (KKnowledgebase) nicht sichtbar und werden dort mittels eindeutiger Query-Namen zu den entsprechenden Retrieval-Operationen spezifiziert.

Die Fakten werden in einem GridFile gespeichert, wobei sowohl der Faktname als auch die Argumente des Fakts Schlüssel des GridFiles bilden müssen, um die vollständige Invertierung der Fakten zu garantieren. Da die Anzahl der Schlüssel eines GridFiles bei dessen Definition festgelegt werden muss, werden Fakten mit einer höheren als der bei der Definition maximal vorgesehenen Stelligkeit auf mehrere Tupel aufgeteilt. Zur Verwaltung der in mehrere Tupel aufgeteilten Fakten werden zwei zusätzliche Schlüssel für jeden GridFile-Eintrag definiert: ein eindeutiger Identifikator für jedes Fakt und die Reihenfolge, in der die Tupel ein Fakt bilden.

Es lassen sich so Fakten mit beliebiger Stelligkeit speichern, jedoch sind zur Definition eines eindeutigen Identifikators für jedes Fakt und für den evtl. mehrfachen Zugriff auf das GridFile (um ein Fakt zu lesen oder zu schreiben) zusätzliche Kosten bzgl. Speicherplatz und Laufzeit zu zahlen, da auf jedes der Tupel, die ein Fakt bilden, zugegriffen werden muss. Da die meisten Fakten in KOFIS voraussichtlich 2-stellig sind, werden alle Fakten in einem 5-dimensionalen GridFile gespeichert. Der Identifikator, die Reihenfolge, der Faktname und die Argumente bilden die Schlüssel des GridFiles, so dass zweistellige Fakten in einem GridFile-Eintrag gespeichert sind.

3.5 Quantitative Aussagen

Die Beschreibung des Systems KOFIS soll an dieser Stelle durch einige - wenn auch vorläufige - quantitative Aussagen ergänzt werden.

Programmgrössen

Im derzeitigen Entwicklungsstadium von KOFIS umfasst KIRetrieval ca. 2.000 Prolog- und ca. 4.000 Modula-2-Zeilen Programm. KIUpdate ist bisher rein in Prolog realisiert (ca. 1.000 Zeilen).
Die Komponente KKnowledgeBase (ohne GridFile) besteht aus ungefähr 6.000 Modula-2-Zeilen, die Benutzerschnittstelle KUserInterface aus ca. 4.000 Zeilen Modula-2.

Tests und Laufzeiten

Auf der Lilith, unserer Softwareentwicklungsmaschine, ist wegen des beschränkten Hauptspeichers keine Integration der KOFIS-Komponenten möglich. Man kann entweder die Retrieval- oder die Update-Komponente wahlweise mit KUserInterface oder dem GridFile kombinieren und muss auch dann noch Beschränkungen bezüglich der Testdatenmenge einhalten.
Entsprechend konzipierte Schnittstellen von KIRetrieval und KIUpdate - nach "oben" zu KUserInterface und nach "unten" zu KKnowledgeBase - erlauben ohne grossen Aufwand ein flexibles Konfigurieren von KOFIS-Komponenten und damit ein alternatives Testen mit einer komfortableren Benutzerschnittstelle (bei kleinen, auf den Hauptspeicher beschränkten Daten) oder mit grösseren, im GridFile verwalteten Datenmengen (bei einer recht einfach gehaltenen Benutzerschnittstelle).
Auch die auf Macintosh portierte KOFIS-Software besitzt diesen Mangel, so dass erst die in Angriff genommene Übertragung von KOFIS auf eine sun-3 workstation hier eine Verbesserung verspricht.

Es existiert eine Dokumenten- und Wissensbasis, die sich vor allem auf den Jahrgang 1985 der communications of the acm stützt. Neben einem grossen Ausschnitt des acm computing review classification tree, der als Thesaurus genutzt wird, sind zu ca. 80 Artikeln des Jahrgangs 1985 ca. 1500 Fakten mit 12 Faktarten erfasst.
Es sind einige Retrieval- und Konsistenzregeln in einem Grundstock fest definiert worden. Mit jeweils kleinen Änderungen dieses Bestands führen wir Tests durch, wobei fundierte Aussagen über Retrieval- und Updatezeiten noch nicht möglich sind.

3.6. Ausblick

In dieser Arbeit haben wir uns auf den Aspekt beschränkt, KOFIS als ein anwendungsbezogenes Expertensystem darzustellen, und die dadurch initiierte und angestrebte Realisierung eines anwendungsunabhängigen Prolog-Werkzeugkastens zur Erstellung einer Klasse von Expertensystemen nur am Rande erwähnt. D.h., die im Projekt entwickelten Werkzeuge sind so weitgehend anwendungsneutral, dass sie nach Trennung von der KOFIS-spezifischen Wissensbasis auch für andere - als die für KOFIS gewählte - Applikationen verwendet werden können. Überdies sichert die Host-Schnittstelle die gewünschte Portabilität der auf der Lilith entwickelten Software auf leistungsstärkere Rechner.
Diese beiden Punkte - Werkzeugcharakter und Portabilität - sind wichtige Voraussetzungen für die bisherigen und im Rahmen eines gerade anlaufenden EUREKA-Projekts intensivierten externen Kooperationen mit in- und ausländischen Partnern.

Danksagung

Wir danken W. Abramowicz, H. Lorek und M. Kiener für ihre konstruktiven Beiträge zum Projekt KOFIS.

Literatur

[APPE] Appelrath, H.-J.: "Von Datenbanken zu Expertensystemen", Informatik-Fachberichte Nr. 102, Springer-Verlag, Heidelberg, 1985.

[APBE] Appelrath, H.-J.; Bense, H.: "Zwei Schritte zur Verbesserung von Prolog-Programmiersystemen: DB-Unterstützung und Meta-Interpreter", in: Tagungsband "Datenbank-Systeme für Büro, Technik und Wissenschaft" (GI-Fachtagung, Karlsruhe, März 1985), Informatik-Fachberichte Nr. 94, Springer-Verlag, Heidelberg, 1985.

[APES] Appelrath, H.-J.; Ester, M.: "Knowledge based office information system: modeling with extended SDM and implementation with Prolog", in: Tagungsband "Büroautomation '85" (acm-Fachtagung, Erlangen, Oktober 1985), Teubner Verlag, Stuttgart, 1985.

[HAMC] Hammer, M.; McLeod, D.: "Database Description with SDM: A Semantic Database Model", ACM TODS, Vol. 6, No.3, 1981, S. 351 - 386.

[JASP] Jasper, H. "Die Modellierung eines wissensbasierten Büro-Informationssystems", Diplomarbeit, ETH Zürich/ Universität Dortmund, 1985.

[MULL] Muller, C.: "Modula-Prolog", Bericht Nr. 63, Institut für Informatik, ETH Zürich, 1985.

[NIEV] Nievergelt, J.; Hinterberger, H.; Sevcik, K.C.: "The GridFile: An Adaptable, Symmetric Multikey File Structure", ACM TODS, Vol. 9, No. 1, 1984, S. 38 - 71.

[WIRT] Wirth, N.: "Lilith: A Personal Computer for the Software Engineer", in: Proceedings of the 5th International Conference on Software Engineering, San Diego, 1981.

Programming-by-Example in einer interaktiven, formularorientierten Umgebung

Michael Spenke und Christian Beilken
Gesellschaft für Mathematik und Datenverarbeitung
St. Augustin

Zusammenfassung: Es wird gezeigt, wie sich ein programmierunkundiger Benutzer auf einfache Weise neue Werkzeuge für seinen eigenen Problembereich schaffen kann, indem er an einem geeigneten Beispiel demonstriert, wie er unter Verwendung bestehender Werkzeuge sein Problem löst. Alle Werkzeuge werden über eine einheitliche Formular-Schnittstelle aufgerufen. Der Evaluierungsmechanismus für Formulare basiert auf Constraints, die angeben, wann ein Formular korrekt ausgefüllt ist. Aus dem demonstrierten Beispiel wird automatisch ein Constraint-Netz abgeleitet, das zusammen mit einer geeigneten Auswertungsstrategie die Semantik des neuen Werkzeugs beschreibt.

1. Einleitung

Komfortable Benutzerschnittstellen, die regen Gebrauch von Menüs, Zeigeinstrument (Maus), Icons, Fenstertechniken und hochauflösenden Graphikbildschirmen machen, haben die Benutzung von Anwendungsprogrammen enorm erleichtert. Für den Endbenutzer ist es wesentlich attraktiver, Objekte auf dem Bildschrim direkt mit der Maus zu manipulieren, als in einer formalen Kommandosprache Befehle zu erteilen und deren Wirkung anschließend durch weitere Kommandos in Erfahrung zu bringen [Shn83].

Allerdings sind diese modernen Interaktionstechniken heute noch weitgehend auf die Bedienung vorgefertigter Anwendungsprogramme beschränkt. Will der Benutzer **eigene Anwendungen** programmieren, so muß er meist auf die Ebene der zugrundeliegenden Implementierungssprache herabsteigen. Selbst Aktionsfolgen, die an der Benutzeroberfläche mit Maus und Menüs ausgeführt werden können, müssen in einer völlig neuen Syntax formuliert werden, wenn sie Teil eines Programms werden sollen. Daher stellt für viele Benutzer der Übergang von vorgefertigten Anwendungen zur Programmierung eigener spezieller Lösungen eine unüberwindbare Hürde dar, obwohl der Bedarf durchaus vorhanden ist [RoF83] und kaum Hoffnung besteht, daß er durch professionelle Programmierer abgedeckt werden kann [Shu85]. Der Erfolg von Spreadsheets - trotz ihrer eingeschränkten Programmiermöglichkeiten - unterstreicht in eindrucksvoller Weise den Wunsch der Endbenutzer, eigene Anwendungen selbst mit einem universellen Hilfsmittel programmieren zu können.

Ein System, das dem Endbenutzer erlaubt, eigene Anwendungen zu programmieren, sollte folgende **Anforderungen** erfüllen:

- Zunächst sollte bereits ein gewisser **Grundvorrat** von allgemeinen, einfach zu benutzenden Werkzeugen zur Verfügung stehen, da der Endbenutzer in jedem Fall überfordert ist, wenn er sich nicht auf die Probleme seines ureigenen Anwendungsbereiches beschränken kann.
- Der Werkzeugbestand sollte auf einfache Weise **erweitert** werden können, indem bestehende Werkzeuge kombiniert werden.
- Zum Programmieren sollte nicht der Übergang zu einer formalen Sprache erforderlich sein, sondern genau wie bei der Benutzung der Werkzeuge sollten im wesentlichen **Gestiken mit der Maus** genügen.
- Die Analyse bestehender Programme sollte allein aufgrund der Beobachtung des **Programmablaufes** möglich sein. Eine statische Programmbeschreibung in einer formalen Syntax sollte auch hier überflüssig sein.
- Auch **unvollständige** Programme sollten lauffähig sein. Einzelne Programmteile sollten isoliert getestet werden können und bereits Teilergebnisse liefern (inkrementelle Programmierung, rapid-prototyping).
- Auch beim Programmieren sollte der Benutzer immer sofort die **Wirkung** seiner Handlung auf dem Bildschirm *sehen*. Er sollte nicht - wie bei der klassischen Form der Programmierung - gezwungen sein, sich die Wirkung seiner Befehle *vorzustellen* und sie erst später (z.B. nach dem Compilieren) zu überprüfen.

Im Rahmen des Verbundprojektes WISDOM wurde das hier beschriebene System **PERPLEX** (Programming EnviRonment for Predicate-Learning from EXamples) konzipiert und prototypisch auf einer Symbolics-Lispmaschine implementiert. Der Thematik des Projektes entsprechend ist der Endbenutzer, an den hier gedacht wird, ein Bürosachbearbeiter, der im Rahmen von sog. Vorgängen [Krei84] [KrW86] ihm zugesandte Formulare aufgrund seiner lokalen Datenbestände und seines Verarbeitungswissens ausfüllt. Als Hilfsmittel steht ihm ein weites Spektrum von Basis-Werkzeugen zur Verfügung, die über eine einheitliche Formular-Schnittstelle aufgerufen werden.

Der Evaluierungsmechanismus für Formulare basiert auf **Constraints,** die angeben, wann ein Formular korrekt ausgefüllt ist. Mehrere Formulare mit gemeinsamen Variablen bilden ein **Constraint-Netz**. Neue, mächtigere Werkzeuge definiert man, indem man an **Beispielen** demonstriert, wie man unter Verwendung bestehender Werkzeuge ein Problem löst. Aus den Beispielen wird ein Constraint-Netz abgeleitet, das die Semantik des neuen Werkzeuges beschreibt.

Das PERPLEX-System basiert auf Ideen, die zum Teil auch in **anderen Arbeiten** beschrieben werden. Vor allem die Formulierung von Datenbankanfragen ist auf die Arbeiten von Zloof [Zloof82, Zloof81, Zloof77, Zloof77a] zurückzuführen. Constraint-Netze wurden bereits von Borning [Bor81] sowie Sussman und Steele [SuS80] behandelt. Es besteht auch eine Analogie zwischen den formularorientierten Werkzeugen und Prolog-Prädikaten. Überlegungen zu *Programming-by-Example* finden sich unter anderem bei Bauer [Bauer79], Attardi und Simi [AS82]. Das Tinker-System von Liebermann/Hewitt [LH80], das Lisp-Programme aus Beispielen ableitet, kommt unserer Auffassung des Begriffs *Programming-by-Example* am nächsten.

Die neueren, eher **deklarativen Programmiertechniken** (logisches Programmieren, Programmieren mit Constraints oder Gleichungen) führen zu mächtigeren, flexibleren Programmen als die klassische prozedurale Vorgehensweise, insbesondere kann die Input-Output-Richtung offengehalten werden. Andererseits scheint uns für den nicht mathematisch vorgebildeten Benutzer das **prozedurale, schrittweise Vorgehen** einleuchtender und weniger abstrakt zu sein. Daher wurden im PERPLEX-System beide Ansätze kombiniert: Der Benutzer gibt seine Beispiele prozedural vor, das System leitet aber eine nicht-prozedurale Darstellung daraus ab.

Im nächsten Kapitel wird die reine Benutzung bestehender Werkzeuge beschrieben, während im dritten Kapitel die Konstruktion neuer Werkzeuge diskutiert wird. Im letzten Kapitel wird schließlich auf die Einbettung von PERPLEX in das Bürovorgangssystem DOMINO eingegangen.

2. Benutzung der bestehenden, formularorientierten Werkzeuge

Das PERPLEX-System stellt dem Endbenutzer von vorneherein eine Reihe von **Basis-Werkzeugen** zur Verfügung, die bereits ein weites Spektrum von Hilfsmitteln abdecken, so z.B. Taschenrechnerfunktionen, einfache Prädikate, relationale Datenbanken, Ein-/Ausgabe und vieles mehr. Alle Werkzeuge haben eine **einheitliche formularorientierte Benutzerschnittstelle.**

PERPLEX

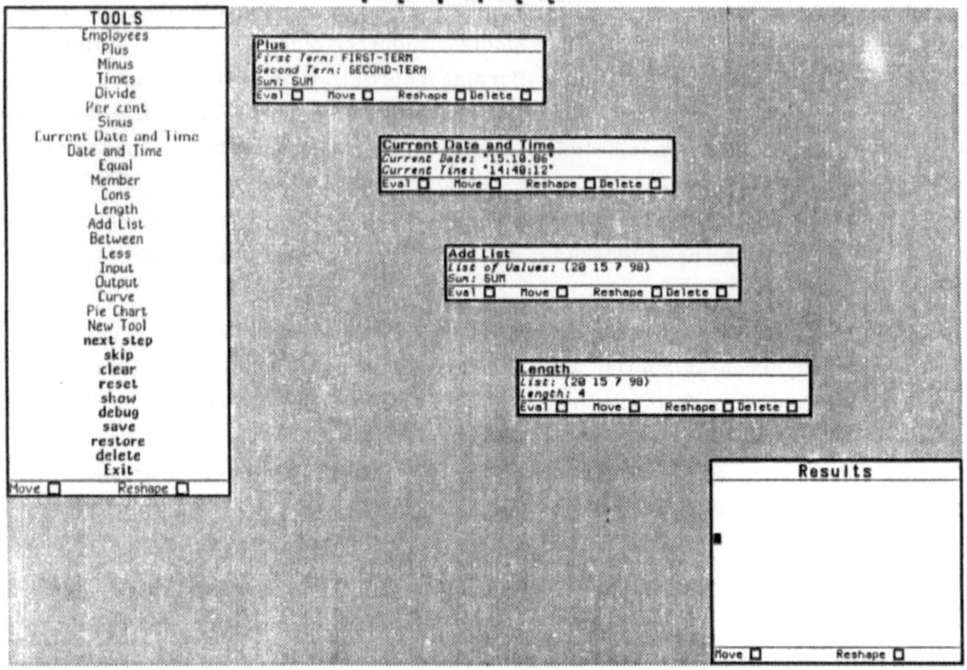

Der graue Hintergrund stellt die (zunächst leere) Arbeitsfläche dar. Die Werkzeuge werden in einem Menü angeboten (siehe Bild). Aus diesem Menü kann man mit der Maus ein Werkzeug auswählen, und erhält ein **Formular,** das - ebenfalls mit der Maus - an eine beliebige Stelle auf dem Bildschirm plaziert werden kann. Im ersten Bild sind bereits einige Formulare angezeigt. Die Formulare tragen den Namen des Werkzeugs, das sie repräsentieren und bestehen aus einer linearen Folge von Feldern, die Ein- und Ausgabe-Parametern entsprechen. Die Felder bestehen aus einem festen *Feldnamen* und einem editierbaren *Feldinhalt*. Zur Benutzung eines Formulars trägt man in einige Felder Konstanten ein und klickt dann das "Eval"-Kästchen in der unteren Zeile an. Tragen wir z.B. in das Formular "Plus" aus dem ersten Bild unter "First Term" eine 5 und unter "Second Term" eine 7 ein und klicken "Eval" an, dann erscheint hinter "Sum" die Summe 12:

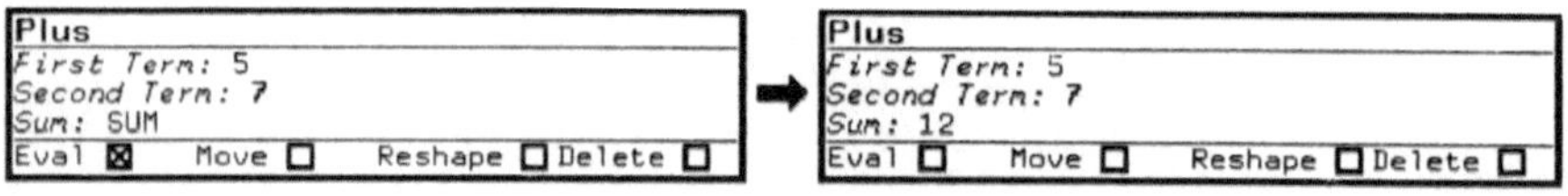

Viele Werkzeuge lassen sich auch ***rückwärts*** verwenden, indem andere Felder mit Variablen belegt werden:

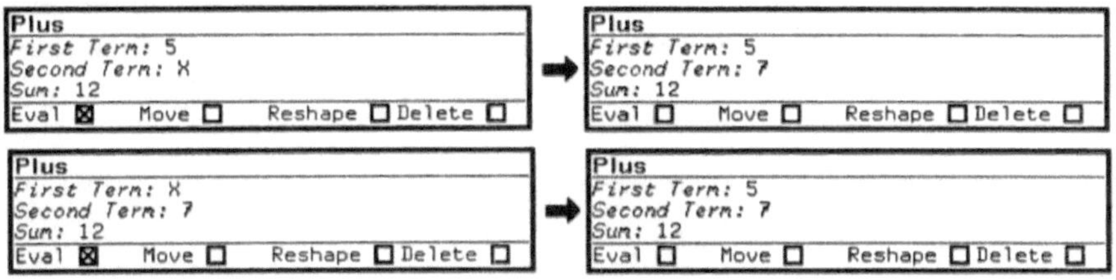

Sind ***alle*** Felder von "Plus" mit Konstanten ausgefüllt, wird ***überprüft***, ob die Zahlen eine korrekte Addition darstellen. Das Ergebnis ("True" oder "False") wird dann in einem speziellen Fenster, dem ***Result-Fenster*** angezeigt:

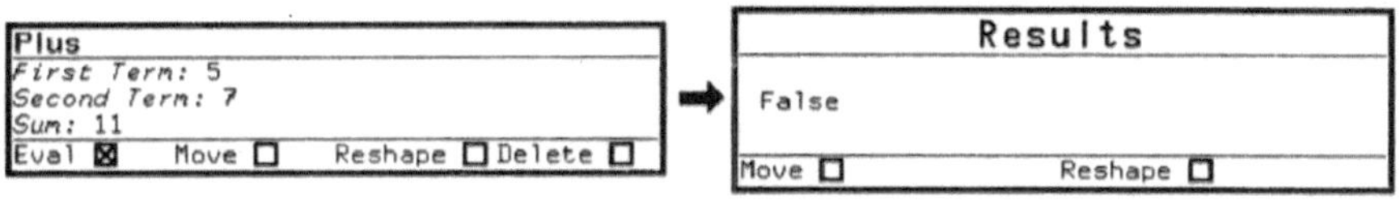

Das **aktuelle Datum** kann man mit einem anderen Werkzeug, nämlich "Current Date and Time", berechnen. Hier brauchen keine (Eingangs-)Felder ausgefüllt zu werden, das Datum und die aktuelle Uhrzeit erscheinen nach dem Evaluieren im Formular, wie im ersten Bild zu sehen.

Neben weiteren einfachen Werkzeugen, z.B. zur Listenverarbeitung, wurden auch **relationale Datenbanken** im PERPLEX-System integriert. Als Demonstrationsbeispiel verwenden wir im folgenden eine kleine, aus der Literatur bekannte Datenbank [Zloof77], in der Informationen über Angestellte einer Firma (Name, Gehalt, Vorgesetzter und Abteilung) gespeichert sind. Am Beispiel dieser Datenbank zeigen wir zunächst, was in die Felder eines Formulars eingetragen werden kann. Läßt man in ***allen*** Feldern Variablen (Identifier) stehen, so werden für alle Variablen alle möglichen Belegungen gesucht. Bei einer Datenbank wird also ihr ganzer Inhalt in Tabellenform im Result-Fenster ausgegeben:

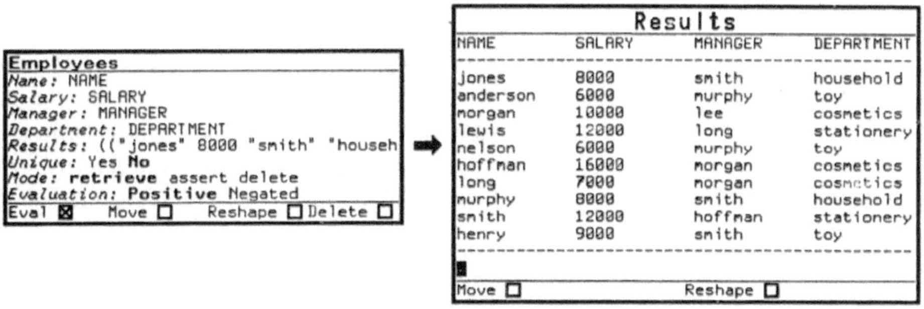

Gezielte Anfragen kann man stellen, indem man in einzelne Felder Konstanten einträgt. **Konstanten** können Zeichenketten, Zahlen oder Listen sein. Hier wollen wir beispielsweise die Gehälter der Abteilung "toy" ermitteln, wobei uns Name und Manager nicht interessieren. Deshalb haben wir dort Minuszeichen eingetragen:

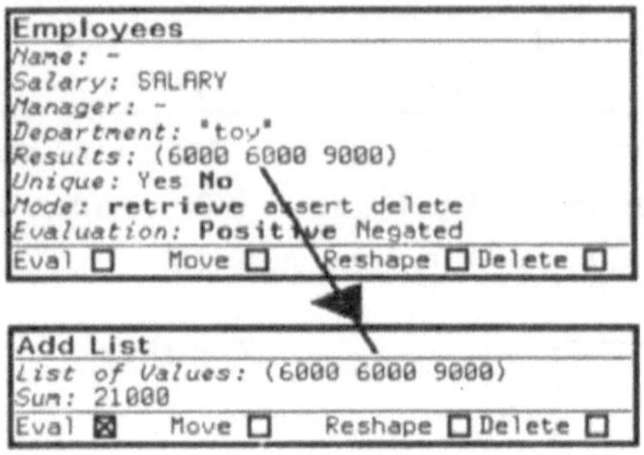

Alle Formularfelder sind **maussensitiv** und können durch einfaches Anklicken in andere Felder kopiert werden. Das Ergebnis der Anfrage an die Datenbank kann einfach in einem anderen Formular weiterverwendet werden, da die Liste der Ergebnisse in dem Spezialfeld "Results" erscheint. So konnten wir die Summe aller Gehälter in der Abteilung "toy" ermitteln, indem wir in das Formular "Add List" die Liste der Gehälter durch Mausklicks kopiert haben.

Das zugrundeliegende Modell: Constraints

Bei der Evaluierung eines Formulars müssen hinreichend viele Felder mit Konstanten belegt sein. In den übrigen Feldern stehen Variablen. Alle Werkzeuge kennen ihre zulässigen **Aufrufmodi**, d.h. sie wissen, wann sie **evaluierbar** sind. Formal ist ein Aufrufmodus eine Teilmenge von Feldern, deren Belegung (mit Konstanten) genügt, um für die restlichen Felder eine endliche Lösungsmenge zu berechnen. Formulare für Datenbankanfragen z.B. sind - wie oben gezeigt - völlig *ohne Konstanten* evaluierbar, während "Plus" drei verschiedene Aufrufmodi besitzt, wobei jeweils *mindestens zwei* der drei Felder (mit Konstanten) ausgefüllt sein müssen.

Allen Werkzeugen liegt ein **einheitlicher Evalierungsmechanismus** zugrunde, der auf **Constraints** beruht. Constraints sind Bedingungen, die für die Belegung der Formularfelder gelten müssen. Aufgrund von Constraints kann der Evaluierer Feldinhalte überprüfen bzw. aus den bereits ausgefüllten Feldern Werte für die übrigen Felder ableiten. Constraints können auf drei verschiedene Arten definiert sein:

- Die Menge der zulässigen Belegungen für die Formularfelder ist als **endliche Liste von Tupeln** gegeben (Datenbankrelation).

- Zu einem Werkzeug existieren eine oder mehrere **Berechnungsvorschriften** (hier Lisp-Funktionen). Jede Berechnungsvorschrift gibt für einen Aufrufmodus an, wie man aus den angegebenen Konstanten die Lösungen für die Variablen berechnet. Damit durch verschiedene Berechnungsvorschriften ein *wohldefinierter* Constraint gegeben ist, muß folgende **Konsistenzbedingung** erfüllt sein: Wenn aufgrund der angegebenen Konstanten mehrere Berechnungsvorschriften anwendbar sind, müssen alle zum selben Ergebnis führen. Sind z.B. bei "Plus" alle drei Felder mit Konstanten gefüllt, so ist es gleichgültig mit welcher der drei Berechnungsvorschriften die Summe überprüft wird.

- Es ist eine Kombination von elementareren Constraints **(Constraint-Netz)** gegeben. Constraints können per Programming-by-Example kombiniert werden (siehe nächstes Kapitel).

Unabhängig davon, welche Art von Constraints einem Werkzeug zugrunde liegt, gelten beim Evaluieren folgende Regeln:

- Wurden *zu wenige* Felder ausgefüllt, so führt dies zu einer Fehlermeldung **(underconstrained).**

- Sind *genügend, aber nicht alle* Felder mit Konstanten belegt, so führt die Evaluierung eines Formulares immer zu einer **Tabelle mit endlich vielen Variablenbelegungen** (keine, eindeutige oder mehrere Lösungen). Die Überschrift der Tabelle enthält die Variablen des Formulars und die Zeilen der Tabelle enthalten die möglichen (zusammengehörigen) Wertebelegungen, die die Constraints des Werkzeugs erfüllen.

- Wurden *alle* Felder des Formulars mit Konstanten belegt, so werden die Constraints **überprüft** und das Formular liefert das Ergebnis "True" bzw. "False".

Das **Ergebnis der Evaluierung** eines Formulars wird grundsätzlich im Result-Fenster angezeigt. Manche Formulare (z.B. unsere Datenbank) besitzen ein spezielles Result-Feld, in dem dann auch das Ergebnis eingetragen wird. Eine eindeutige Lösung (d.h. die Tabelle besitzt genau eine Zeile) wird außerdem in die Felder des Formulars eingetragen (wie bei "Plus" demonstriert).

Man kann die Werkzeuge auch **kombinieren,** um komplexere Anfragen zu stellen. Wir wollen z.B. ermitteln, welche Angestellten weniger als 8000 $ verdienen. Dazu nehmen wir zu unserer Datenbank "Employees" noch das Formular "Less", kopieren in das Feld "Smaller Number" die Variable SALARY aus "Employees" und tragen bei "Greater Number" per Tastatur 8000 ein. Wenn wir nun bei einem der beiden Formulare "Eval" anklicken, wird das System feststellen, **daß sowohl** "Employees" als auch "Less" die Variable SALARY verwenden und daher gemeinsam evaluiert werden müssen. Auch die Reihenfolge der Evaluierung wird automatisch bestimmt. In unserem Beispiel kann "Less" nicht als erstes evaluiert werden, da der Vergleichswert noch nicht bekannt ist. Deshalb wird die Datenbank-Anfrage zuerst evaluiert und liefert als Zwischenergebnis eine (endliche) Tabelle von möglichen Belegungen für die Variablen NAME und SALARY. "Less" wird danach für jede Zeile der Tabelle einmal aufgerufen. Trifft das Prädikat für eine Zeile nicht zu (Ergebnis ist "False"), so wird diese Zeile aus der Tabelle gestrichen.

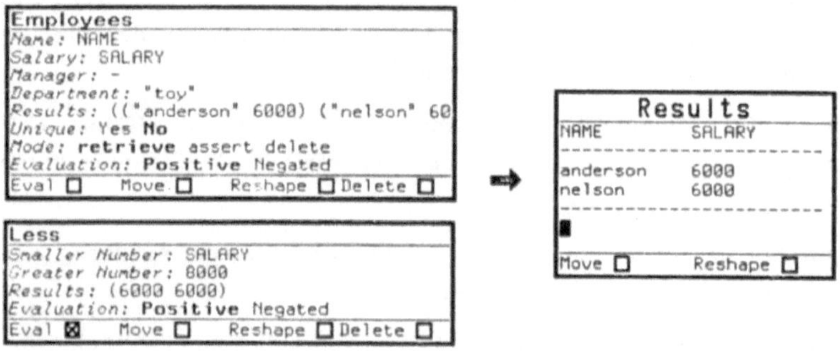

Constraint-Netze

Der Benutzer kann aus mehreren Formularen mit gemeinsamen Variablen ein **Constraint-Netz** aufbauen und evaluieren lassen. Die Knoten dieses Netzes bilden die Formulare; Kanten verlaufen zwischen zwei Formularen, falls sie wenigstens eine gemeinsame Variable haben. Wird bei einem der Formulare "Eval" angeklickt, so ermittelt das System zunächst die Ausdehnung des Constraint-Netzes. Dazu wird die transitive Hülle der Relation ***gemeinsame Variable*** gebildet. Da zunächst keine Reihenfolge auf der Menge der Formulare im Constraint-Netz definiert ist, muß zur Evaluierung eine geeignete Reihenfolge automatisch ermittelt werden. Dies geschieht aufgrund des Wissens über die Aufrufmodi der einzelnen Formulare: Es werden zunächst Formulare ausgewählt, die bereits evaluierbar sind, weil genügend Felder ausgefüllt sind. Dadurch erhält man schrittweise endliche Lösungsmengen für immer mehr Variablen, so daß nach und nach immer mehr Formulare evaluierbar werden **(constraint propagation).**

Hierzu noch ein **komplexeres Beispiel** aus Query-by-Example [Zloof77]: Welche Angestellten verdienen mehr als ihre Manager? Wir füllen drei Formulare wie folgt aus:

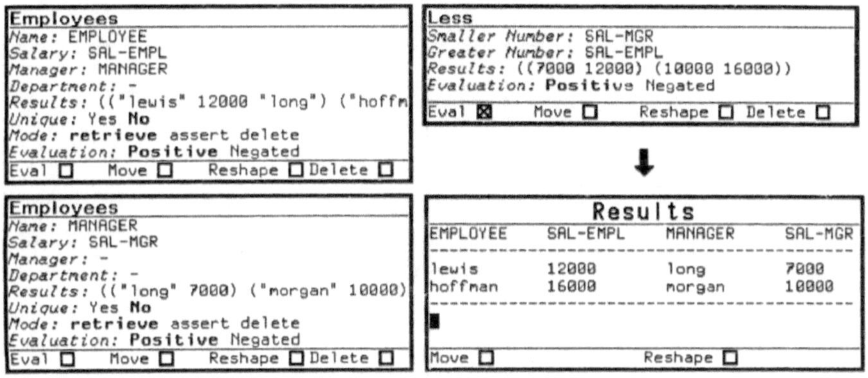

Es handelt sich hier um eine direkte Umsetzung der in Query-by-Example [Zloof77] vorgeschlagenen Lösung. Tatsächlich deckt das PERPLEX-System den **Sprachumfang von Query-by-Example** voll ab. Darüberhinaus können aber solche Anfragen noch eleganter durch *Programming-by-Example* gestellt werden, wie im nächsten Kapitel gezeigt wird.

Auch **graphische Ausgaben** können in uniformer Weise über Formulare erzeugt werden. Hier zeigen wir, wie man beispielsweise die Gehälter aller Angestellten des "toy"-Departments in einem Kuchendiagramm anzeigen kann:

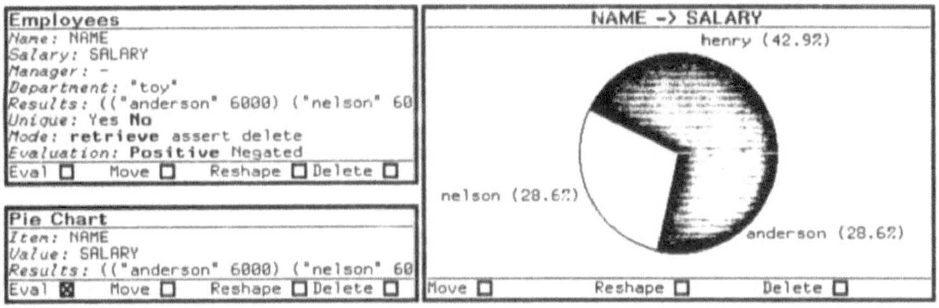

Dazu werden einfach die Variablen, deren Lösungsmenge graphisch angezeigt werden soll, in das "Pie-Chart"-Formular eingetragen. Die Graphik wird dann in einem eigenen Fenster ausgegeben. Dieses Fenster kann - wie jedes Formular auch - beliebig verschoben ("Move"), vergrößert/verkleinert ("Reshape") und - wenn es nicht mehr benötigt wird - gelöscht werden ("Delete").

Es können auch **Balkendiagramme** und **Funktionsgraphen** erzeugt werden. [Huang86] schlägt ein ähnliches Verfahren vor, das aber auf graphische Aufbereitung von Datenbank-Anfragen beschränkt ist, während bei PERPLEX die graphische Ausgabe für *beliebige* Berechnungen verwendet werden kann:

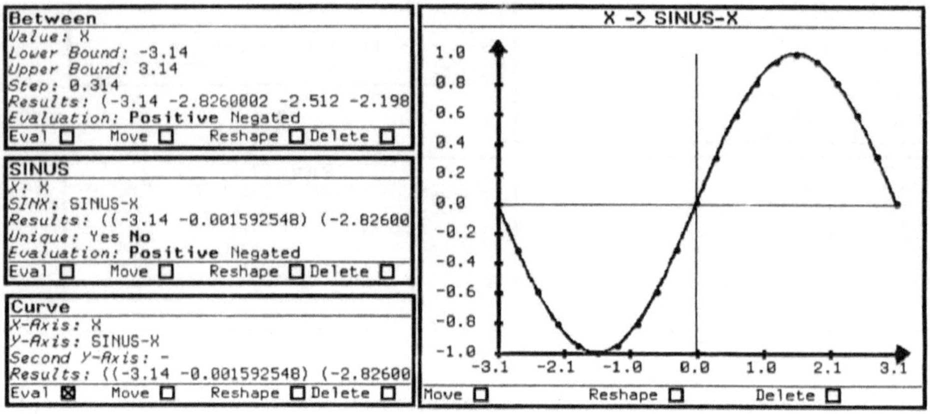

3. Definition neuer Werkzeuge durch Programming-by-Example

Im letzten Kapitel wurde gezeigt, wie man existierende Werkzeuge über ihre Formular-Schnittstelle aufruft, mit anderen Werkzeugen kombiniert und so bereits recht komplexe Berechnungen durchführen kann. Hier soll nun darauf eingegangen werden, wie man auf einfache Weise aus bestehenden Werkzeugen neue, immer komplexere Werkzeuge schaffen kann.

Als Beispiel soll gezeigt werden, wie man ein Formular zum Berechnen eines prozentualen Zuschlages herstellt. Die Definition eines neuen Werkzeuges beginnt damit, daß man seine **Formular-Schnittstelle** beschreibt. Dazu wird im wesentlichen der Name des Werkzeuges sowie die Liste der Felder - also die formalen Parameter - in das Formular "New Tool" eingetragen.

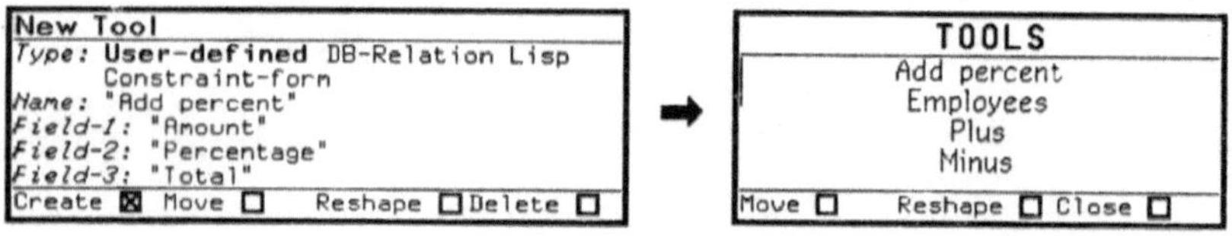

Es wird außerdem der **Typ des Werkzeuges** angegeben, d.h. es wird bestimmt, welche Sorte von Constraints das Ausfüllen des Formulars steuern soll. Datenbankrelationen werden zunächst leer angelegt und können dann nach und nach ausgefüllt werden. Beim Typ Lisp können anschließend für die verschiedenen Aufrufmodi Lispfunktionen angegeben werden. Hier soll aber auf die sog. **benutzerdefinierten Werkzeuge** eingegangen werden, die man auf bestehende

Werkzeuge zurückführt.

Nach Anklicken von *Create* erscheint ein neuer Formulartyp im Werkzeug-Menü. Exemplare des neuen Formulars können in gewohnter Weise erzeugt und auf dem Bildschirm plaziert werden. Es kann auch bereits "Eval" angeklickt werden, allerdings wird dann lediglich der Benutzer nach der Lösung gefragt, da ja noch keine Constraints definiert wurden. Auf diese Weise ist es aber möglich, auch unvollständig spezifizierte Algorithmen zur Ausführung zu bringen (inkrementelle Programmierung, top-down design).

Regeln zum Ausfüllen der Formularfelder definiert man nun, indem man einfache Beispiele *vorrechnet* (Programming-by-Example). Als **Beispiel** wählt man ein teilweise ausgefülltes Formular. Das Vorrechnen geschieht dann, indem man einfach die existierenden Werkzeuge verwendet, um aus den bereits ausgefüllten Feldern die übrigen zu ermitteln und/oder die ausgefüllten Felder auf ihre Konsistenz hin zu überprüfen. Im allgemeinen Fall demonstriert man so die Arbeitsweise eines Algorithmus' auf verschiedenen Eingabedaten und das System generiert daraus ein Programm.

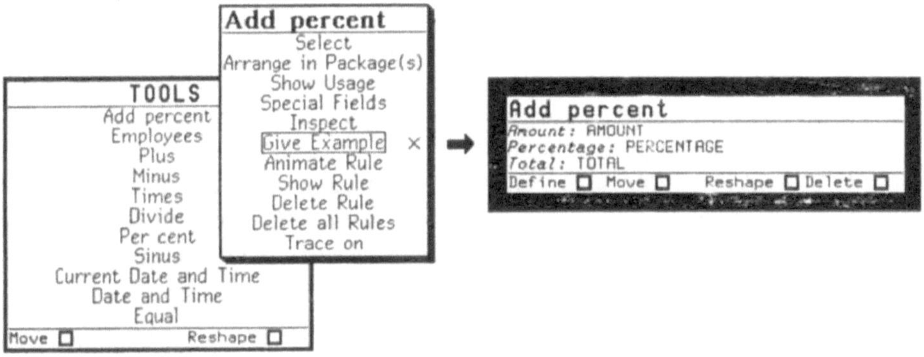

In unserem Fall geht man im einzelnen folgendermaßen vor: Aus dem Menü der möglichen Operationen auf dem Werkzeug "Add percent" wählt man "Give Example" und erzeugt so ein dick umrandetes **Beispielsformular,** das man in gewohnter Weise auf dem Bildschirm plazieren kann. In dieses Formular wird das gewünschte Beispiel eingetragen: Es werden die Felder "Amount" und "Percentage" ausgefüllt.

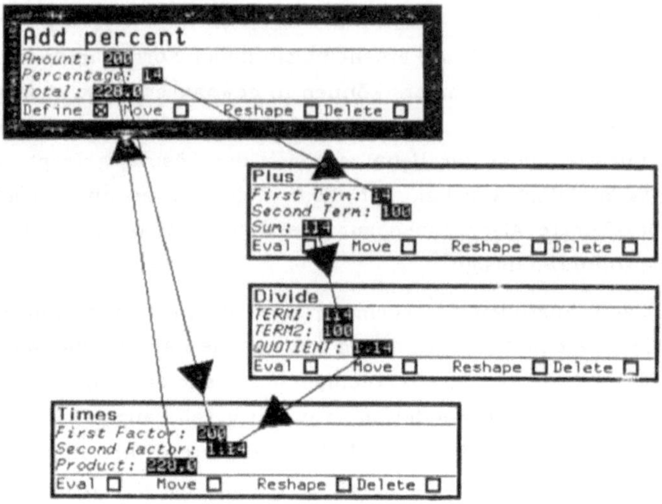

Unter Benutzung der existierenden Werkzeuge wird nun Schritt für Schritt - wie hier durch Pfeile angezeigt - der Wert für das Feld "Total" errechnet: Der Prozentsatz wird zunächst (per Mausklick) in ein "Plus"-Formular kopiert. Als zweiter Summand wird 100 eingetragen (eingetippt) und durch Anklicken von "Eval" die Summe 114 ermittelt. 114 wird in ein "Divide"-Formular kopiert und durch 100 geteilt. Das Ergebnis ist der Faktor 1.14, mit dem der Grundbetrag zu multiplizieren ist. Dazu werden dieser Faktor sowie der Basisbetrag 200 in ein "Times"-Formular kopiert. Das Ergebnis 228 wird dann schließlich zurück in das Beispielsformular kopiert. Damit ist das Vorrechnen des Beispiels beendet, man klickt "Define" bei dem Beispielsformular an und alle beteiligten Formulare verschwinden wieder.

Das PERPLEX-System hat den Benutzer beim Vorrechnen des Beispiels *beobachtet* und daraus eine Regel abgeleitet, wie das Formular auszufüllen ist. Daher kann anschließend das "Add percent" Formular ***verwendet*** werden. Werden die Felder "Amount" und "Percentage" mit irgendwelchen Zahlenwerten ausgefüllt und sodann "Eval" angeklickt, so wird das Feld "Total" automatisch ausgefüllt. Eine mögliche Erklärung dafür, daß das neue Formular auf diese Art verwendet werden kann (aus gegebenen "Amount" und "Percentage" wird "Total" errechnet), wäre, daß das PERPLEX-System alle Mausklicks registriert hat, die der Benutzer beim Vorrechnen des Beispiels gemacht hat, und sie nun simuliert. In der Tat wird aber die aus dem Beispiel abgeleitete Regel auf einem viel höheren Abstraktionsniveau dargestellt. Sie wird nämlich als **Constraint-Netz** dargestellt, das die Abhängigkeiten zwischen den drei Feldern des Formulars beschreibt:

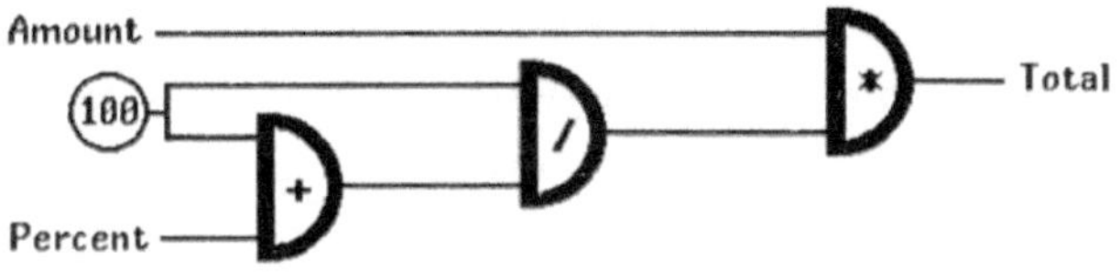

Aus diesem Grunde ist es möglich, das "Add percent"-Formular auch auf andere Weise zu verwenden: Aus der Angabe von "Total" und "Percentage" kann "Amount" ermittelt werden, oder aber aus "Total" und "Amount" wird "Percentage" errechnet. Der Evaluierer findet nämlich (wie oben beschrieben) jeweils eine geeignete Reihenfolge, um die einzelnen Formulare zu evaluieren und so die Variablen nach und nach zu instantiieren.

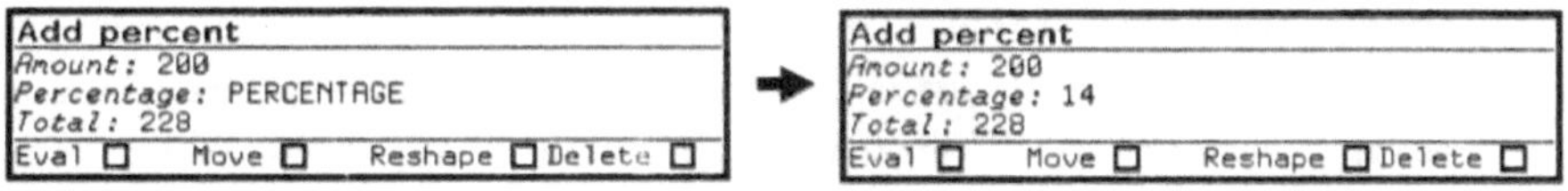

Die **Ableitung des Constraint-Netzes aus der Beispielsrechnung** geschieht folgendermaßen: Zunächst werden alle verwendeten Formulare als Knoten des Netzes gewählt. Felder, deren Wert eingetippt wurde, werden mit einer entsprechenden Konstante ausgefüllt. Für jeden Kopiervorgang wird in Start- und Zielfeld dieselbe Variable eingetragen. Insbesondere werden für Kopiervorgänge zwischen dem Beispielsformular und anderen Formularen die Namen der formalen Parameter in das Constraint-Netz eingetragen.

Für das so generierte Constraint-Netz kann anschließend ermittelt werden, welche der formalen Parameter gegeben sein müssen, damit für die übrigen eine Lösung ermittelt werden kann. Dazu wird für jede Teilmenge der formalen Parameter die Vorgehensweise des Evaluierers durchgespielt und geprüft, ob die Aufrufmodi der verwendeten Formulare die Berechnung einer Lösung für das Netz ermöglicht. Auf diese Weise werden die **Aufrufmodi des neu definierten Werkzeuges** ermittelt und abgespeichert, so daß bei einer falschen Verwendung des Werkzeuges sofort eine Fehlermeldung erfolgen kann. Die Grundlagen für eine formale *Theory of Directionality* finden sich in [Reddy86].

Vorteile von Programming-by-Example

Aus diesem ersten, sehr einfachen Beispiel lassen sich bereits eine Reihe von Vorteilen des Verfahrens, insbesondere unserer speziellen Auffassung des bereits arg strapazierten Begriffs *Programming-by-Example* erkennen:

- Zur Formulierung von Beispielrechnungen gibt es **keine formale Sprache,** die ja immer die Gefahr in sich bergen würde, daß das Formulieren von Beispielen letztlich ebenso schwierig ist wie die Verwendung einer Programmiersprache. Stattdessen werden die Beispiele im wesentlichen durch **Gestiken mit der Maus** vorgerechnet.

- Beim Vorrechnen der Beispiele werden **konkrete Zwischenergebnisse** berechnet. Die Verwendung von Variablen wird dadurch auf ein Minimum reduziert. Insbesondere kann in den meisten Fällen darauf verzichtet werden, mehrere Formulare mit gemeinsamen Variablen gleichzeitig zu evaluieren, stattdessen werden die Formulare einzeln evaluiert und die konkreten Zwischenergebnisse werden kopiert.

- Dadurch, daß das Beispiel nicht etwa in einem Editor formuliert wird, sondern sofort durchgerechnet wird, stellt das Vorrechnen bereits **einen ersten Test** dar. Fehler können frühzeitig erkannt oder vermieden werden, da statt mit *Variablen*, deren Wert nur im Kopf des Benutzer bekannt ist, direkt mit *Werten* gearbeitet wird. Allerdings sollte bei der Wahl einer geeigneten Beispielsaufgabe darauf geachtet werden, daß nicht zufällig mehrere gleiche Werte in der Rechnung auftreten. Dann ist es nämlich nicht gleichgültig, mit welchem Wert weitergearbeitet wird, da für das System der Platz entscheidend ist, *wo* der Wert steht. (Pfeile zwischen den Werten werden bei der Definition des Werkzeuges noch nicht angezeigt.)

- Die Programmierung eines neuen Werkzeuges ist ebenso **einfach** wie die pure Benutzung der Werkzeuge. Wird also der Benutzer mit dem Problem konfrontiert, einen prozentualen Zuschlag berechnen zu müssen, so kann er, anstatt die Berechnung einmalig durchzuführen, ebensogut dem Problem einen Namen geben und die Berechnung beispielhaft für ein neues Werkzeug durchführen.

Auf Wunsch wird dem Benutzer im einzelnen angezeigt, wie das neu definierte Formular evaluiert wird. Es werden dann die beim Vorrechnen verwendeten (Hilfs-)Formulare angezeigt. Kopiervorgänge werden durch einen Pfeil von Feld zu Feld angezeigt, Mausklicks durch Färben des entsprechenden Bildschirmbereiches. Der Ablauf kann in Einzelschritten vorgespielt oder in verschiedenen Geschwindigkeiten durchlaufen werden **(Algorithmen-Animation).** Zur Überwachung des Programmablaufs muß sich der Benutzer also nicht irgendeine interne Repräsentation zu eigen machen, sondern die Aktionen werden mit genau den "Sprachmitteln" dargestellt, mit denen der Benutzer ursprünglich sein Beispiel vorgemacht hat. Dies entspricht der Forderung, daß man ein Programm in einer höheren Programmiersprache auf der Ebene des Quellcodes tracen und debuggen kann, und nicht etwa im Fehlerfall mit Registern, Hexadezimaladressen und core-dumps konfrontiert wird.

Im PERPLEX-Sytem wurde dementsprechend auch bewußt auf eine externe **Darstellung von Regeln** verzichtet: Per Beispiel definierte Regeln können nicht in irgendeiner Syntax textuell angezeigt oder ausgedruckt werden. Sie werden stattdessen dargestellt, indem in das Formular die Originalbeispiele eingetragen werden und die Evaluierung schrittweise angezeigt wird ("Animate Rule" im Operationsmenü). Es ist geplant, Modifikationen an bestehenden Regeln durch Eingriffe in den Programmablauf vorzunehmen, anstatt mit einem Texteditor eine textuelle Repräsentation zu modifizieren. In engem Zusammenhang damit steht die Implementation eines komfortablen UNDO/REDO-Mechanismus, der es erlauben würde, den Algorithmus vorwärts und rückwärts laufen zu lassen und so den Programmablauf wie einen Videofilm bis zu einer interessanten Stelle zu spulen.

Als nächstes soll nochmals ein Beispiel aus dem letzten Kapitel aufgegriffen werden und gezeigt werden, wie es sich **mit Programming-by-Example einfacher** lösen läßt. Es sollte festgestellt werden, wer mehr verdient als sein Manager. Die ad-hoc Anfrage verwendet bereits drei Variablen und stellt damit schon eine kompliziertere Aufgabe dar, die wir dem ins Auge gefaßten Endbenutzer nicht zumuten wollen.

Für die Lösung mit Programming-by-Example wird zunächst ein neues einstelliges Prädikat "**Earns more than Manager**" definiert. In das Beispielsformular tragen wir "lewis" ein und müssen nun lediglich überprüfen, ob das Prädikat auf ihn zutrifft.

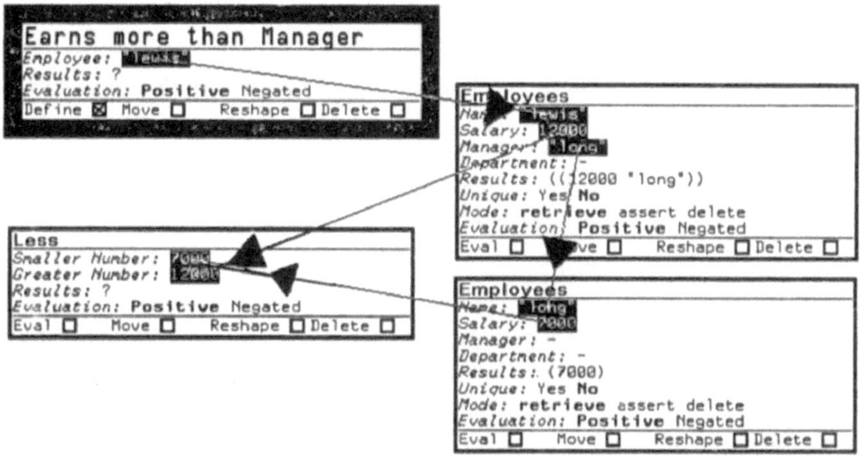

Dazu nehmen wir uns ein "Employees"-Formular, kopieren den Namen "lewis" hinein und evaluieren. Es erscheint "long" als Manager und das Gehalt 12000.

Wir kopieren "long" in ein weiteres "Employees"-Formular, evaluieren es und erhalten als Gehalt von "long" 7000 $. Schließlich kopieren wir die beiden Gehälter in ein "Less"-Formular und überprüfen, ob tatsächlich das Gehalt von Lewis *größer* ist.

Mit dem neu definierten Formular können wir nun von jedem beliebigen Angestellten feststellen, ob er mehr verdient als sein Vorgesetzter. Wir können aber auch eine *Variable* in das Formular "Earns more than Manager" eintragen und so alle Angestellten feststellen, auf die die Bedingung zutrifft. Das PERPLEX-Sytem hat nämlich aus dem Beispiel genau das **Constraint-Netz** abgeleitet, das im vorigen Kapitel für die ad-hoc Anfrage verwendet wurde!

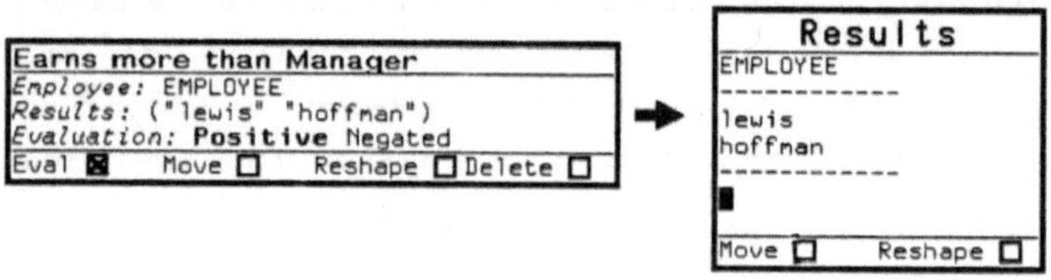

Zwar mußte bei dieser Lösung ein neues Prädikat definiert werden, was sicherlich zunächst etwas zusätzlichen Aufwand bedeutet. Auf der anderen Seite ist es aber für einen Endbenutzer sicherlich wesentlich einfacher, Schritt für Schritt mit **konkreten Zwischenergebnissen** zu arbeiten, als einen komplexen, mit mehreren Variablen ausgedrückten Zusammenhang zu überschauen. Das wird besonders deutlich, wenn man sich vorstellt, daß das Beispiel noch erweitert würde. Beispielsweise könnte es erwünscht sein, auch noch die Differenz der Gehälter zu ermitteln. Während es ein leichtes ist, mit den beiden Zahlen vor Augen weitere Berechnungsschritte anzuhängen, erhöhen sich mit jeder neuen Variablen rapide die Anforderungen an die Abstraktionsfähigkeit des Endbenutzers.

Während Zloof [Zloof77] sich darauf beschränkt, dem Benutzer den Begriff der Variable didaktisch näherzubringen, indem er Variablen als "example elements" bezeichnet und dementsprechend *geeignete Namen* vergibt, wird in unserem System anstelle von Variablen mit *konkreten Werten* gearbeitet, so daß das Schlagwort Programming-by-Example wirklich gerechtfertigt scheint.

Das letzte Beispiel könnte den Eindruck erwecken, daß man bereits eine Lösung kennen muß, um ein Beispiel vorzurechnen, also schon einen Angestellten kennen muß, der mehr verdient als sein Vorgesetzter. In vielen Fällen definiert man gerade ein neues Werkzeug, um festzustellen, ob es überhaupt eine Lösung gibt. Daher ist es durchaus erlaubt, mit *falschen* Beispielen zu arbeiten. Würde man beispielsweise "jones" überprüfen, so würde man schließlich testen, ob 12000 kleiner als 8000 ist. Auf die letztlich abgeleitete Regel hat das aber keinen Einfluß.

Das nächste Beispiel zeigt, wie man **Datenbankanfragen mit grouping** elegant lösen kann, ohne daß ein spezielles Sprachkonstrukt nötig ist, wie das zum

Beispiel in [Chamb77] oder Query-by-Example der Fall ist ("group-by" Operator). Nehmen wir an, es soll zu jedem Department die Summe der Gehälter ermittelt werden. Wir definieren uns ein neues Werkzeug "Sum of Salaries" mit den beiden Parametern DEPARTMENT und SUM. Als Beispiel führen wir vor, wie man zum Department "toy" die Summe der Gehälter ermittelt: Man kopiert "toy" aus dem Beispielsformular in ein "Employees"-Formular und führt dann die Anfrage genau so durch, wie im letzten Kapitel bereits beschrieben. Das Ergebnis wird dann wieder in das Beispielsformular kopiert. Mit Hilfe des neuen Werkzeugs kann man nun zu einem bestimmten Department oder aber auch zu *allen* Departments die Summe der Gehälter ermitteln.

Schließlich soll noch ein Beispiel gezeigt werden, das **Rekursion** verwendet. Es soll ein Prädikat Superior definiert werden, das angibt, ob ein Angestellter - eventuell über mehrere Hierarchiestufen - Vorgesetzter des anderen ist. Zum Beispiel ist Smith der direkte Vorgesetzte von Jones; Morgan steht 3 Stufen höher in der Hierarchie als Jones. In beiden Fällen soll das Prädikat Superior zutreffen.

Wir tragen daher zunächst "jones" und "smith" in das Beispielsformular ein und überprüfen, ob tatsächlich ein direktes Vorgesetztenverhältnis besteht, indem wir die beiden Namen in ein "Employees"-Formular kopieren und "Eval" anklicken (links):

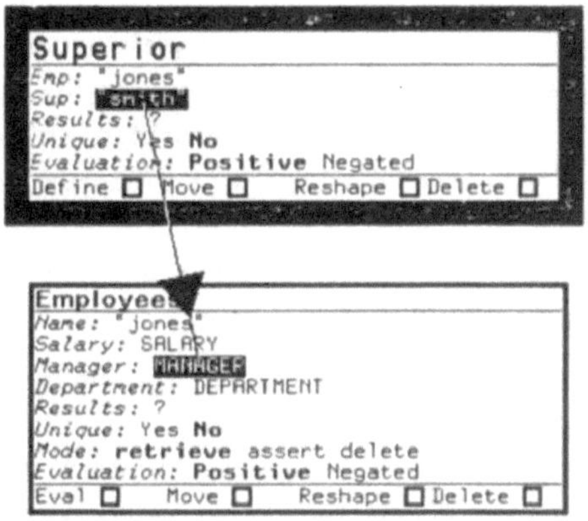

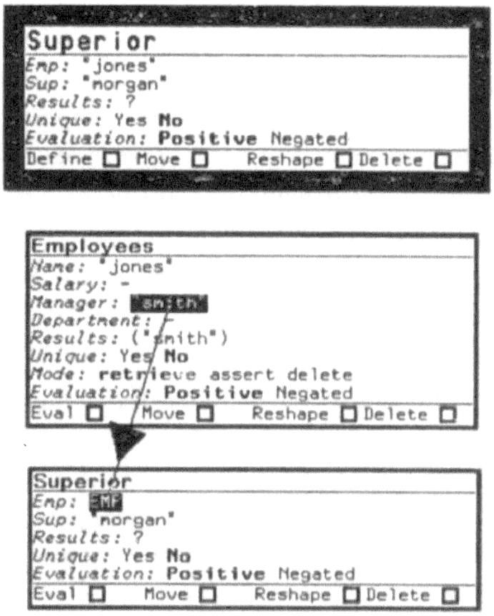

Anschließend wird auch das **zweite Beispiel** demonstriert: "jones" und "morgan" werden in das Beispielsformular eingetragen. "jones" wird in ein "Employees"-Formular kopiert und sein direkter Vorgesetzter wird ermittelt. Es erscheint "smith" im Manager-Feld. Nun muß (rekursiv) überprüft werden, ob "morgan" ein direkter oder indirekter Vorgesetzter von "smith" ist. Dazu nehmen wir ein "Superior"-Formular und kopieren "smith" und "morgan" hinein. Beim Evaluieren stellt das System fest, daß gerade das Formular verwendet wird, das doch soeben erst definiert wird. Daher nimmt es an, daß die existierenden Regeln noch nicht vollständig sind und fragt den Benutzer nach der Antwort. Wir antworten mit "yes", so daß "true" als Ergebnis erscheint. Damit ist auch das zweite Beispiel vollständig.

Aus den zwei Beispielen werden **zwei Regeln** in Form von Constraint-Netzen abgeleitet. Wird das "Superior"-Formular nun verwendet, so werden nacheinander Lösungen für beide Netze gesucht. Die Vereinigung der Lösungsmengen bildet dann die Lösung für Superior. Die Auswertung einer Regel (insbesonders einer rekursiven) wird abgebrochen, wenn ein Werkzeug keine Lösung für seine Variablen findet (z.B. bei einer Datenbank-Anfrage) oder ein vollständig ausgefülltes Formular (z.B. ein Prädikat wie "Less") zu "False" evaluiert. Dadurch kann man bedingte Anweisungen programmieren, indem man an dem gewählten Beispiel zuerst demonstriert, daß die gewünschte Bedingung erfüllt ist. Ebenso können so Abbruchkriterien für Rekursion angegeben werden. In unserem obigen Beispiel endet die Rekursion, wenn zu einem Angestellten kein Vorgesetzter mehr gefunden wird.

Das Beispiel zeigt auch eine **Programmiertechnik**, die beim Programming-by-Example sinnvoll ist: Da man nur einzelne Werte zwischen dem Beispielsformular und den übrigen Formularen kopieren kann, muß man im Beispielsformular mindestens soviele Parameter vorgeben, daß sich eine **eindeutige Lösung** ergibt. Im Extremfall trägt man alle Parameter ein und braucht lediglich zu überprüfen, ob die Constraints erfüllt sind. In unserem Beispiel leitet das PERPLEX-System daraus ein **beliebig verwendbares Werkzeug** ab: Man kann mit dem "Superior"-Formular alle Vorgesetzten eines bestimmten Angestellten, alle Untergebenen eines bestimmten Vorgesetzten oder aber alle Vorgesetzten aller Angestellten bestimmen.

Sicherlich ist **Rekursion** für den Endbenutzer kein leicht verständliches Konzept. Sie wurde aber zugelassen, damit **jede berechenbare Funktion** programmiert werden kann. Es ist geplant, das PERPLEX-System so zu erweitern, daß sich wiederholende Handlungsfolgen in den demonstrierten Beispielen erkannt werden und daraus rekursive Regeln automatisch abgeleitet werden. Ein ähnlicher Ansatz wird in [Bauer79] verfolgt, allerdings werden dort die Beispielsrechnungen in einer formalen Beschreibungssprache spezifiziert.

4. Zusammenfassung und Einbettung

Es wurde das PERPLEX-System vorgestellt, das dem Endbenutzer erlaubt, auf einfache Weise eigene Anwendungen zu programmieren. Die Programmierung geschieht nicht in einer formalen Sprache, sondern durch Vorrechnen von Beispielen mit Hilfe der vorhandenen formularorientierten Werkzeuge. Der Einsatz des PERPLEX-Systems bietet sich dementsprechend vor allem im Bürobereich an, wo ohnehin bereits viele Tätigkeiten durch Formulare formalisiert sind.

In der Tat wurde PERPLEX als Ergänzung zum **Vorgangssystem DOMINO** [Krei84] [KrW86] entwickelt. DOMINO verwaltet arbeitsteilige Abläufe in Organisationen (sog. Vorgänge), indem es Formulare zwischen Bürosachbearbeitern nach einer festgelegten Vorgangsbeschreibung über ***electronic mail*** weiterleitet. Der Sachbearbeiter, der an einem solchen Vorgang beteiligt ist, bekommt auf seiner lokalen Workstation ein teilweise ausgefülltes Formular vorgelegt. Seine Aufgabe besteht nun darin, aufgrund der bereits ausgefüllten Felder und der auf der Workstation vorhandenen Daten die übrigen Felder des Formulars auszufüllen und so seinen Teilschritt im Vorgang durchzuführen.

DOMINO und PERPLEX wurden erfolgreich miteinander gekoppelt, so daß der Sachbearbeiter die lokalen Werkzeuge von PERPLEX (Datenbanken, Taschenrechnerfunktionen, ...) verwenden kann, um sein Formular auszufüllen. Darüberhinaus wird er beim Ausfüllen beobachtet und es werden Regeln abgeleitet, die auf Wunsch in Zukunft zum automatischen Ausfüllen der Formulare verwendet werden können. Vorgangsformulare sind nämlich Werkzeuge wie alle anderen, deren Name und Felder allerdings vom DOMINO-System vorgegeben werden. Geeignete Beispiele für Programming-by-Example werden einfach dadurch an den Sachbearbeiter herangetragen, daß er regelmäßig an demselben Vorgang beteiligt ist. Im **Idealfall** braucht sich der Sachbearbeiter kaum bewußt zu sein, daß er programmiert: Er muß lediglich die ihm zugesandten Formulare mit den PERPLEX-Werkzeugen bearbeiten und nach einiger Zeit werden für alle vorkommenden Fälle Bearbeitungsregeln abgeleitet sein.

5. Literatur

[AS82] Giuseppe Attardi, Maria Simi: Extending the Power of Programming by Examples, in: J.O. Limb (Ed.): (SIGOA) *Conf. on Office Information Systems*, ACM, University of Pennsylvania, Philadelphia, Juni 1982, S. 52-66.

[Bauer79] Michael A. Bauer: Programming by Examples, *Artificial Intelligence* 12 (1979), 1-21.

[Bor81] Alan Borning: The Programming Language Aspects of ThingLab, a Constraint-Oriented Simulation, *ACM TOPLAS* 3, 4, (Okt 1982), 353-387.

[Chamb77] Donald D. Chamberlin et al.: SEQUEL 2: A Unified Approach to Data Definition, Manipulation and Control, *IBM Journal of Research and Development* 20 (1976), 560-575.

[Huang86] Kuan-Tsae Huang: Visual Business Graphics Query Interface, in: Tosiyasu L. Kunii (Ed.): *Advanced Computer Graphics*, Springer Verlag, Tokyo 1986, S. 233-243.

[Krei84] Thomas Kreifelts: DOMINO: Ein System zur Abwicklung arbeitsteiliger Vorgänge im Büro, *Angewandte Informatik* 4/1984, S. 137-146.

[KrW86] Thomas Kreifelts, Gerd Woetzel: Distribution and Error Handling in an Office Procedure System, in: G. Brachi, D. Tsichritzis (Eds): *IFIP Working Conference on Methods and Tools for Office Systems*, Pisa, Italy, Oktober 1986, S. 197-208.

[LH80] Henry Liebermann, Carl Hewitt: A Session with Tinker: Interleaving Program Testing with Program Writing, *Conference Record of the 1980 LISP Conference*, Stanford University, August 1980, S. 90-99.

[Reddy86] Uday S. Reddy: On the Relationship between Logic and Functional Languages, in: Doug DeGroot, Gary Lindstrom (Eds): *Logic Programming, Functions, Relations, and Equations*, Prentice-Hall, Englewood Cliffs 1986, S. 3-35.

[RGR85] Robert V. Rubin, Eric J. Golin, Steven P. Reiss: Think Pad: A Graphical System for Programming by Demonstration, *IEEE Software*, März 1985, 73-79.

[RoF83] John F. Rockart, Lauren S. Flannery: The Management of End User Computing, *CACM* 26, 10, (Oktober 1983), 776-784.

[Shn83] Ben Shneiderman: Direct Manipulation: A Step Beyond Programming Languages, *IEEE Computer* (August 1983), 57-69.

[Shu85] Nan C. Shu: FORMAL: A Forms-Oriented, Visual-Directed Application Development System, *IEEE Computer* (August 1985), 38-49.

[SuS80] Gerald Jay Sussman, Guy Lewis Steele Jr.: CONSTRAINTS - A Language for Expressing Almost-Hierarchical Descriptions, *Artificial Intelligence* 14 (1980), 1-39.

[Zloof77] Moshé M. Zloof: Query-by-Example: a data base language, *BM System Journal* 16, 4 (1977), 324-343.

[Zloof77a] Moshé M. Zloof: The System for Business Automation (SBA): Programming Language, *CACM* 20, 6 (Juni 1977), 385-396.

[Zloof81] Moshé M. Zloof: QBE/QBE: A Language for Office and Business Automation, *IEEE Computer* (Mai 1981), 13-22.

[Zloof82] Moshé M. Zloof: Office-by-Example: A business language that unifies data and word processing and electronic mail, *IBM Systems Journal* 21, 3 (1982), 272-304.

Michael Spenke und Christian Beilken
electronic-mail: spenke%engels@gmdzi.uucp und cici@gmdzi.uucp
Institut für angewandte Informationstechnik F3/OSY
Gesellschaft für Mathematik und Datenverarbeitung
Postfach 1240
D-5205 St. Augustin 1

EINE WISSENSBASIERTE SCHNITTSTELLE - VERMITTLER ZWISCHEN MENSCH UND MASCHINE

Thomas Fehrle, Universität Stuttgart

Zusammenfassung: Der Einsatz von Wissen über Mensch und Maschine ermöglicht in natürlichsprachlichen Schnittstellen zu Expertensystemen benutzerangepaßtes und kooperatives Verhalten. Die Möglichkeiten, die sich durch Integration von Dialogverwaltung, Wissen über die Fähigkeiten, die im System vorhanden sind, und Benutzermodellierung ergeben, werden am Beispiel des wissensbasierten Systems KEYSTONE[1], das Auskunft über PC Produkte gibt, vorgestellt.

Schlüsselwörter: Benutzerschnittstelle, Verarbeitung natürlicher Sprache

1. Einleitung

Expertensysteme können heute bereits ihr Wissen und ihre Fähigkeiten in vielen Anwendungen dem Benutzer zur Verfügung stellen. Natürlichsprachliche Schnittstellen ermöglichen auch »naiven« Benutzern die Nutzung von wissensbasierten Systemen ohne größeren Lernaufwand. Aus Benutzersicht tritt dabei das Problem auf, wie man an die gewünschte Information gelangt. »Naive« Benutzer haben meistens von einem natürlichsprachlichen System eine falsche Modellvorstellung. Das System wird implizit einem menschlichen Dialogpartner bzw. einem menschlichen Experten gleichgesetzt. Von ihm wird mehr erwartet als es kann, was allein durch die Rolle des Benutzers als Informationssuchenden und des Systems als Informationsgebenden suggeriert wird. Der Benutzer erwartet eigentlich von einem derartigen System nicht nur die gewünschten Informationen, sondern auch die Information darüber, wie er sie erhalten kann, und vielleicht auch darüber, wie relevant eine erhaltene Information in einem bestimmten Sachverhalt ist. An Beispielen mangelt es nicht, die zeigen, wie unglücklich Dialoge verlaufen können, wenn der Benutzer eine falsche Modellvorstellung von einem natürlichsprachlichen System hat [1]. Aufgabe einer wissensbasierten Schnittstelle soll es sein, durch kooperatives Verhalten und durch Angabe der Fähigkeiten des zugrundeliegenden Systems das Modell des Benutzers über das System zu korrigieren.

Dem Benutzer sollte beim Umgang mit dem System vor allem deutlich werden:
- Ein Expertensystem kann nur auf das spezielle Expertenwissen zurückgreifen. All-

[1] KEYSTONE wird als Kooperationsprojekt der IBM Deutschland GmbH, Abteilung IS Informatik Zentrum Programme mit der Universität Stuttgart, Institut für Informatik, Abteilung Dialogsysteme entwickelt.

gemeines Weltwissen steht nur begrenzt zur Verfügung.

- Die Fähigkeit, natürliche Sprache zu verstehen, ist eingeschränkt.
- Problemlösungen sind nur dann relevant, wenn die getroffenen Vorannahmen des Benutzers bei der Problemformulierung mit dem Wissen des Systems übereinstimmen.

Im folgenden soll die Möglichkeit der Erweiterung eines Systems um Wissen über den Dialog, die Fähigkeiten des Systems und die Fähigkeiten des Benutzers dargestellt und über die Auswirkungen berichtet werden.

Diese Darstellung erfolgt an Hand des wissensbasierten Systems KEYSTONE, welches sich als ein natürlichsprachliches Auskunftssystem über PC Produkte besonders an Gelegenheitsbenutzer wendet, die keine Erfahrung im Umgang mit diesem System besitzen.

2. Das wissensbasierte Expertensystem KEYSTONE V.1.0.

KEYSTONE V.1.0 [2] ist die erste Entwicklungsstufe eines wissensbasierten Informationssystems über PC Produkte. Der Anwendungsbereich des Systems liegt in der Unterstützung des Benutzers

- beim Erwerb von Kenntnissen über PC Produkte.
- bei der Klärung von Sachfragen über PC Produkte.
- bei der Entscheidungsfindung über Hardware bzw. Software, die für den Einsatz beim spezifischen Kunden geeignet ist.

Bei der Gestaltung der Mensch-Maschine-Schnittstelle für das System soll ein benutzerangepaßtes, kooperatives Verhalten erreicht werden, damit eine professionelle Nutzung des Systems genauso wie eine erstmalige Nutzung problemlos erfolgen kann. Eine Nutzung des Systems soll ohne eine einführende Unterweisung erfolgen können.

Der Prototyp KEYSTONE V. 1.0 wurde in der Programmiersprache PROLOG auf einem IBM PC/AT02 implementiert.

2.1 Die Architektur von KEYSTONE V. 1.0.

Der Prototyp KEYSTONE in der Version 1.0 (vgl. Abbildung 1) beinhaltet die Dialogkomponente KEYBIT[2] [3]. Sie führt den Dialog mit dem Benutzer, wertet dessen natürlichsprachliche Eingaben, die in geschriebener Form vorliegen, syntaktisch und semantisch aus und transformiert sie in eine interne Repräsentation. Zur syntaktischen Auswertung einer natürlichsprachlichen Eingabe benötigt die Dialogkomponente KEYBIT Zugriff auf ein Grundformenlexikon, auf eine Morphologiekomponente und auf Grammatikregeln. Für den

[2]KEYBIT wurde an der Universität Stuttgart, Institut für Informatik, Abteilung Dialogsysteme im Rahmen des Projekts KEYSTONE entwickelt.

Aufbau der internen Repräsentation einer natürlichsprachlichen Eingabe wird auf interpretatives und konzeptionelles Wissen aus der Wissensbasis zurückgegriffen. In einem zweiten Verarbeitungsschritt überführt KEYBIT eine Antwortstruktur, die von der Problemlösekomponente erstellt wurde, in eine natürlichsprachliche Form und gibt sie als Antwort auf die Benutzereingabe aus. Der Dialog wird dabei grundsätzlich vom Benutzer gesteuert.

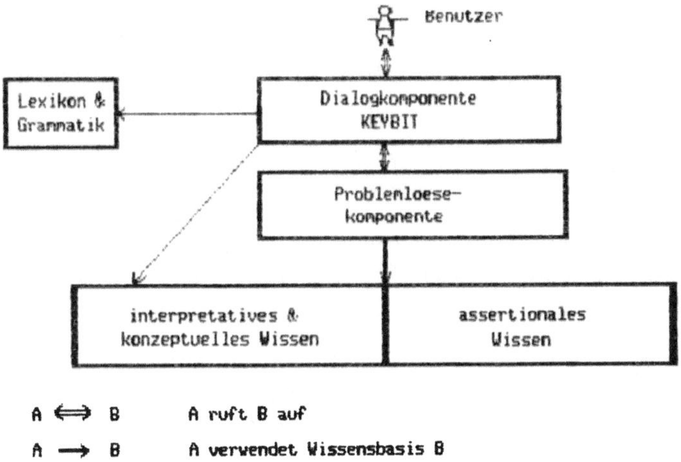

Abbildung 1 Architektur von KEYSTONE

Die Problemlösekomponente interpretiert die interne Problemstruktur, findet durch Inferenzmechanismen und Manipulation des Wissens aus der Wissensbasis eine Problemlösung, die in der internen Antwortstruktur der Dialogkomponente übergeben wird.

In der Wissensbasis ist das Expertenwissen in Form von Fakten und Inferenzregeln gespeichert.

Assertionales Wissen: Die Wissensbasis besteht aus einer Hierarchie von Objekttypen. Einzelne Objekttypen können in Relationen zueinander stehen. Objekttypen können durch Attribute und deren Werte näher bestimmt werden.

Bsp 1: In (1.1) wird angegeben, wie im System der Fakt gespeichert wird, daß die Relation »runs_under« zwischen dem Datenbanksystem »Everyman 4.05« und dem Betriebssystem »DOS 2.1« gilt.

(1.1)   fact_rel(runs_under,'Everyman 4.05','DOS 2.1').

In (1.2) wird der Fakt, das Datenbanksystem »Everyman 4.05« besitzt die Organisationsform »netzwerkartig«, beschrieben.

(1.2)   fact_attr(org_form,'Everyman 4.05' -> netzwerkartig).

Konzeptionelles Wissen: Die Wissensbasis enthält die Beschreibung möglicher Relationen zwischen Objekttypen und möglicher Attribute bzw. Attributwerte, die für einen Objekttyp gültig sein können.

Bsp 2: In (2.1) wird die Beschreibung der Relation »runs_under« als Teilmenge des karthesischen Produkts der Menge der dem System bekannten Anwendungssoftware mit der Menge der Betriebssysteme angegeben.

(2.1) def_rel(runs_under,'Anwendungssoftware' x 'Betriebssystem').

In (2.2) wird das Attribut »org_form« in einem Fakt allen Objekttypen zugeordnet, die vom Typ »Datenbanksystem« sind, und in (2.3) wird dessen Wertebereich in einer Regel beschrieben.

(2.2) def_attr(org_form,'Datenbanksystem' -> org_form_domain).

(2.3) def_domain(org_form_domain,X) :-
member(X,[relational,'index-sequentiell',hierarchisch,netzwerkartig]).

Interpretatives Wissen: Zusätzlich enthält die Wissensbasis in KEYSTONE Abbildungsvorschriften von natürlichsprachlichen Konstrukten in interne Darstellungen. Dazu gehören etwa die Transformationsregeln für das Prädikat eines Satzes in die entsprechende interne Relation und Regeln zur Interpretation von Nominal- und Präpositionalphrasen.

Bsp.3: In (3.1) wird beispielhaft angegeben, daß innerhalb KEYSTONE das Prädikat »laufen« in »runs_under« abgebildet werden kann, wobei das Subjekt des Satzes als erstes Argument und das Präpositionalobjekt als zweites Argument bestimmt ist.

(3.1) cf_map(laufen,(subjekt,praepobjekt:instrumental),
[runs_under,(arg1:Subjekt,arg2:(Praepobjekt:instrumental))]).

3. Erweiterung der Dialogkomponente KEYBIT

Die Dialogkomponente KEYBIT wird in der 2. Ausbaustufe um Wissen über Dialoghistorie, Fehlerbehandlung, Benutzer und Klärungsstrategien und um die Komponenten zur Bearbeitung des entsprechenden Wissens erweitert (vgl. Abbildung 2). Zusätzlich zum natürlichsprachlichen Dialog soll der Benutzer auch über einzelne Schlagworte Informationen erhalten. Innerhalb der Beschreibung eines Schlagwortes erhält der Benutzer die Gelegenheit, durch direkte Manipulation zu weiteren Schlagworten zu verzweigen. Dieses als Browser bezeichnete Navigationswerkzeug soll »das Blättern in einem Katalog« simulieren. Die Abarbeitungsfolge zwischen den einzelnen Komponenten regelt der Dialogmonitor.

3.1 Der Dialogverwalter und die Dialoghistorie

Neben Verwaltungsaufgaben, Speicherung des Dialogs und Zugriff auf die aktuellsten Benutzereingaben und Systemantworten zur Behandlung von sprachlichen Ellipsen und zur Auflösung von Referenzen muß der Dialogverwalter den aktuellen Bezugspunkt bzw. Fo-

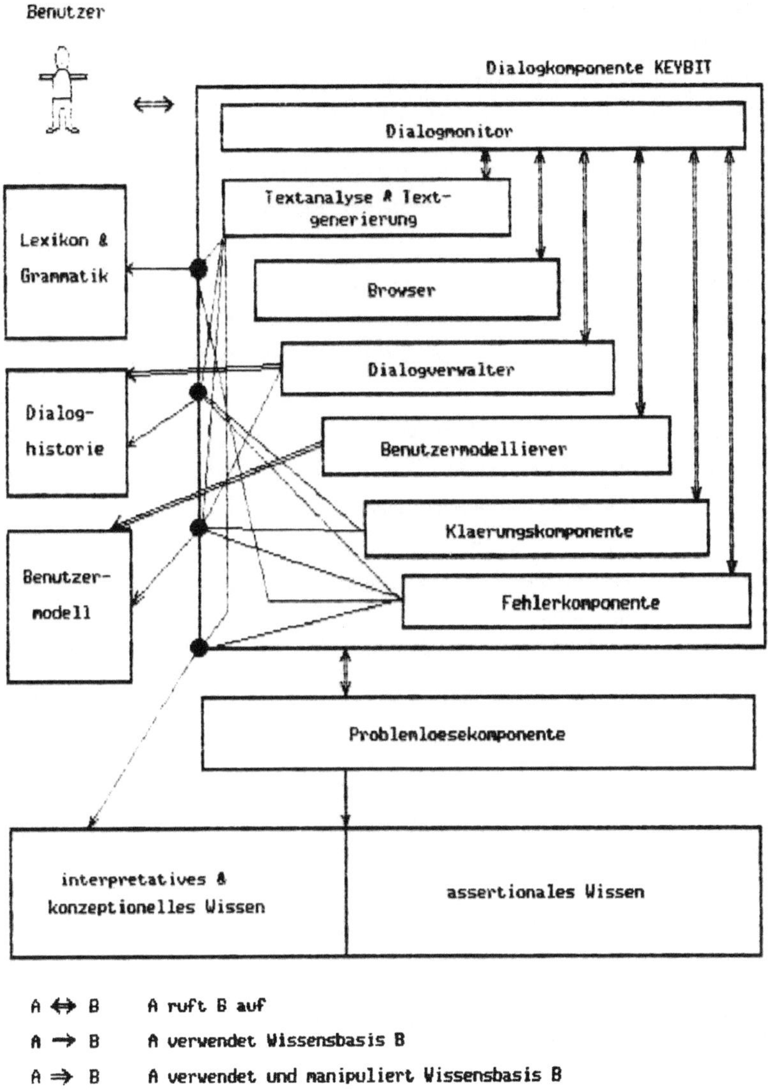

Abbildung 2 Erweiterte Architektur von KEYSTONE

kus bestimmen. Im Fokus sollen Objekte und Attribute von Objekten stehen, über die der Benutzer nähere Informationen einholen will. Die Bestimmung des aktuellen Fokus erfolgt mittels heuristischen Wissens, welches auf die aktuelle Eingabe des Benutzers und auf den bisherigen Fokus angewandt wird. Dieses Wissen wird in Form von Produktionsregeln repräsentiert, die datengesteuert ausgewertet werden.

Bsp.4: Von den Regeln (R4.1) bis (R4.4), die beispielhaft aus dem gesamten Regelsatz zur Bestimmung des Fokus herausgegriffen sind, berechnen die anwendungsunabhängigen Regeln (R4.1) und (R4.4) den Fokus auf Grund des Kontextes, während die sachspezifische Regeln (R4.2) und (R4.3) den Fokus durch Wissen über die PC-Welt bestimmt.

(R4.1)	*Wenn*	*ein Objekt X, welches in einer Benutzeranfrage angesprochen wird, die intern durch eine zweistellige Relation repräsentiert wird, im Fokus steht*
	dann	*wird das Objekt X dem neu zu bestimmenden Fokus zugeordnet.*
(R4.2)	*Wenn*	*ein Objekt X, welches in einer Benutzeranfrage angesprochen wird, die intern durch eine zweistellige Relation repräsentiert wird, nicht im Fokus steht*
	und	*das Objekt X gehört zur minimalen Standardausrüstung eines PC*
	dann	*markiere das Objekt X als Kennzeichen dafür, daß es sehr unwahrscheinlich dem Fokus zugeordnet werden wird*
(R4.3)	*Wenn*	*kein Fokus neu bestimmt werden konnte*
	dann	*werden dem Fokus alle unmarkierten Objekte aus der Benutzeranfrage zugeordnet*
(R4.4)	*Wenn*	*kein Fokus neu bestimmt werden konnte*
	dann	*werden dem Fokus alle Objekte aus der Benutzeranfrage zugeordnet*

Der Fokus liefert Wissen zur Antwortgestaltung (siehe Bsp.5), zur Bildung von alternativen Anfragen im Nein-Fall und zur Klärung von Mehrdeutigkeiten (vgl. Kap.3.3.).

Bsp.5: Auf die Frage (5.1) erhält man die Antwort (5.2) unter Bezugnahme von »DOS« im Fokus.

(5.1) Läuft ein netzwerkartiges Datenbanksystem unter DOS?

(5.2) Ja, und zwar unter

DOS Version u.v und DOS Version x.y

(5.3) enthält die Antwort auf (5.1) unter Bezugnahme von »netzwerkartigem Datenbanksystem« im Fokus.

(5.3) Ja, und zwar

Datenbanksystem D und Datenbanksystem E

3.2 Fehlererkennung und Fehlerbehandlung

Als fehlerhafte Eingaben werden die natürlichsprachlichen Benutzereingaben bezeichnet, die vom Parser nicht akzeptiert werden oder nicht semantisch interpretiert werden können. Dabei können solche Benutzereingaben oftmals syntaktisch korrekt, semantisch bedeutungsvoll und fehlerfrei sein. Der Konflikt liegt darin, daß die Benutzereingabe vom System nicht verstanden wird, weil natürlichsprachliche Systeme im Wortschatz, in den Sprachfähigkeiten und im modellierten Wissen limitiert sind. Die Komponente zur Fehlererkennung und Fehlerbehandlung soll die Ursachen, die zu einem Konflikt geführt haben, angeben und darüberhinaus den Benutzer bei der Beseitigung von Konflikten unterstützen. Dabei stellt das System ihm eine Auswahl von Anfragen zur Verfügung, von denen das System annimmt, daß sie der ursprünglichen Absicht des Benutzers gerecht werden können.

3.2.1 Syntaktische Fehler

Zwangsläufig ergeben sich häufig deshalb Fehler, weil der Benutzer Wörter in seiner Anfrage benutzt, die nicht im Lexikon enthalten sind. Eine Anfrage sollte aber auch dann bearbeitet werden, wenn ein unbekanntes Wort im Eingabesatz enthalten ist.

Der Parser von KEYSTONE soll die Fähigkeit besitzen, ein unbekanntes Wort zu überspringen und dabei anzugeben, um welche Wortart es sich bei dem unbekannten Wort handeln kann. Unter der Prämisse, daß nur Adjektive, Adverbien, Nomen und Verben Wortarten sind, die nicht vollständig im Lexikon des Systems gespeichert sind, und mit dem Wissen, daß gewisse Wortarten bestimmte Endungen besitzen und daß die Eingabe den vom Verb vorgegebenen Satzbauplan entsprechen muß, wird die Menge der Wortarten, denen das unbekannte Wort angehören kann, reduziert. Das Wissen über die Morphologie liegt in der Morphologiekomponente vor, das Wissen über die Satzbaupläne ist in den Beschreibungen eines Verbes im Lexikon enthalten.

Mit Hilfe des konzeptionellen und des interpretativen Wissens der Wissensbasis (vgl. Kap.2.1) erhält man dann Aufschlüsse über mögliche Interpretationen des unbekannten Wortes und das System bekommt dadurch die Möglichkeit, dem Benutzer neue Anfragen anzubieten, die im gegebenen Kontext für den Benutzer relevant und vom System lösbar sind.

Bsp.6: Das unbekannte Wort »XYZ« in (6.1) wird an Hand von sprachlichem Wissen als Nomen klassifiziert.

(6.1) Läuft Everyman 4.05 unter XYZ?

Mit Hilfe der Beschreibung (3.1) aus der Wissensbasis (vgl. Kap. 2.1.) wird die interne Relation »runs_under« als geltende Interpretationen für (6.1) ausgewählt. Aus dem konzeptionellen Wissen der Wissensbasis in (2.1) läßt sich schließen, daß das System die Eingabe (10) bezüglich der Relation »runs_under« nur interpretieren kann, wenn es sich bei »XYZ« um irgendein Betriebssystem handelt. Auf (6.1) kann dann eine Reaktion wie in (6.2) angegeben erfolgen.

(6.2) XYZ ist dem System nicht bekannt. Vermutlich ist es ein Betriebssystem.
Wollen Sie wissen
Unter welchen Betriebssystemen läuft Everyman 4.05?

Auf Wortebene werden außerdem Rechtschreibfehler erkannt und durch Sonderzeichen wie »-« und »/« zusammengesetzte Wörter als zwei Teilworte unabhängig voneinander behandelt, womit überprüft werden kann, ob ein Teilwort bekannt ist.

Bsp.7: Eingabesatz (7.1) enthält den unbekannten Begriff »XYZ-Pascal«, wobei das Teilwort »Pascal« bekannt ist.

(7.1) Gibt es einen Compiler für XYZ-Pascal?

Das System kann gegenüber dem Benutzer kooperativ reagieren, indem es die Informationen anbietet, die es über andere Pascal-Versionen besitzt (7.2).

(7.2) Das System besitzt keine Informationen über XYZ-Pascal
Wollen Sie wissen
Welche Compiler für Pascal gibt es?

Treten bei einer Eingabe Konflikte auf, die dadurch entstehen, daß mehr als ein Wort im Eingabesatz unbekannt ist bzw. daß ein sprachliches Konstrukt benutzt wird, welches in der Grammatik des Systems nicht abgebildet ist, dann versucht das System, dem Benutzer ein Schlagwortverzeichnis anzubieten. Dabei soll der Benutzer unter den Begriffen, die im Satz noch erkannt werden, und dem aktuellen Fokus auswählen können. Zusätzlich soll die Stelle der Benutzereingabe angegeben werden, an der das Parse-Verfahren abgebrochen wurde.

3.2.2 Semantische Fehler

Als semantisch fehlerhaft wird eine Eingabe dann bezeichnet, wenn die Eingabe syntaktisch korrekt ist, aber eine Interpretation in bezug auf das konzeptionelle Wissen des Systems nicht gebildet werden kann.

Bei einer Anfrage nach der Gültigkeit einer Relation zwischen zwei Objekten kann der Wertebereich der intern angesprochenen Relation verletzt werden. Als Konfliktlösung bietet sich unter anderem die Substitution der angegebenen Relation oder eines der beiden Objekte an [4]. In Bsp. 8 wird die Inanspruchnahme der Wissensquellen zur Behandlung von semantischen Fehlern verdeutlicht. Dabei wird die interne Interpretation der angegebenen Relation durch eine andere systeminterne Relation substituiert.

Bsp.8: Die Anfrage (8.1) wird wegen des interpretativen Wissens (3.1) der Wissensbasis intern durch »runs_under« repräsentiert.

(8.1) Läuft die Festplatte des PC-XT mit dem PC-AT02?

Durch die konzeptionelle Beschreibung (2.1) der Wissensbasis besitzt das System das Wissen, daß die in (8.1) angesprochenen Objekte nicht innerhalb des Wertebereichs der Relation »runs_under« liegen. Aus dem konzeptionellen Wissen lassen sich jedoch die Relationen »connectable_to« und »contains_part« bestimmen, die beide auf die angegebenen Objekte anwendbar sind. Diese Relationen werden in (8.2) als Reaktion auf (8.1) zur Auswahl vorgegeben.

(8.2) *Festplatte des PC-XT ist ein spezielles Speichermedium.*
PC-AT02 ist ein spezieller PC.
Das System kennt keinen Zusammenhang »läuft mit« zwischen Festplatte des PC-XT und PC-AT02.
Wollen Sie wissen
Kann die Festplatte des PC-XT an den PC-AT02 angeschlossen werden?
oder
Enthält der PC-AT02 die Festplatte des PC-XT?

Analog dazu kann die Gültigkeit zwischen einem angegebenen Objekt und zugeordnetem Attribut verletzt werden. Dieser Konflikt kann beispielsweise dadurch gelöst werden, indem das Attribut bei der Beantwortung der Anfrage unberücksichtigt bleibt. Diese Auslassung wird dem Benutzer jedoch mitgeteilt. In den Fällen, in denen ausschließlich nach der Beziehung zwischen Objekt und Attribut gefragt wird, ist dies jedoch nicht möglich. Der Benutzer erhält dann in Abhängigkeit vom Fokus zulässige Attribute zum angegebenen Objekt bzw. zulässige Objekte zum angegebenen Attribut zur Auswahl.

Die Behandlung von semantischen Fehlern basiert auf einem Regelsystem, welches heuristisch die Reaktion auf einen Fehler in Abhängigkeit vom Fragetyp (ja/nein-Fragen, »welch-Fragen« und andere »w-Fragen«), vom Typ des genannten Objekts (Sammelbegriff oder Eigenname eines realen Produkts) und vom Fokus bestimmt. Bsp. 9 enthält die Regel für die Abarbeitung des Fehlertypus, wie er in Bsp. 8 angegeben wurde.

Bsp.9: (R9.1) enthält die Regel zur Abarbeitung des Fehlertypus, wie er in Bsp.8 angegeben wurde.

(R9.1) *Wenn* *eine Ja/Nein-Frage semantisch nicht interpretierbar ist*
und *es sich dabei um eine zweistellige Relation handelt*
und *beide Objekte reale Produkte repräsentieren*
und *es existiert mindestens eine Relation R, bei der die genannten Objekte im Definitionsbereich liegen*
dann *bestimme den Sammelbegriff X des ersten Objekts O1 und gebe X aus*
und *bestimme den Sammelbegriff Y des zweiten Objekts O2 und gebe Y aus*
und *gebe unknown(vom Benutzer angegebene Relation bzgl. (O1,O2)) aus*
und *gebe alle Relationen R mit den Objekten O1, O2 im Menue aus*

Eine Relation kann auch durch die Hintereinanderausführung mehrerer Relationen definiert sein. Dadurch können Vorannahmen, die der Benutzer bei einer Anfrage schon implizit gezogen hat, von der Problemlösekomponente bereits erkannt werden und müssen bei der Fehlererkennung nicht mehr berücksichtigt werden.

Bsp. 10: Neben (2.1) ist die Relation »runs_under« auch durch (10.1) in der Wissensbasis definiert.

(10.1) def_pseudo_rel(runs_under,'Programmiersprache'x'Betriebssystem').

Der Fakt »def_pseudo_rel« deutet auf die Verkettung mehrerer Relationen hin. So läuft eine Programmiersprache dann unter einem bestimmten Betriebssystem, wenn es einen Compiler oder Interpreter für diese Programmiersprache gibt, der unter dem bestimmten Betriebssystem läuft.

3.3 Klärungskomponente

Sobald eine Benutzereingabe mehrdeutig interpretiert werden kann, wird die Klärungskomponente aktiviert, die an Hand eines Auswahlangebots diese verschiedenen Interpretationsmöglichkeiten andeutet. Der Benutzer kann dann durch Auswahl aus dem Angebot oder durch eine Neuanfrage sein Problem konkretisieren.

Eine Selektion der Interpretationsmöglichkeiten wird notwendig, um die Informationsmenge einzuschränken, die auf eine Benutzeranfrage ausgegeben werden könnte. Der Benutzer soll sich innerhalb der Informationen, die das System bereitstellt, zurechtfinden können.

Bsp. 11

(11.1) Wie groß ist ein AT?

Das Wort »groß« in (11.1) kann dahingehend interpretiert werden, daß der Benutzer sich über die physikalische Ausdehnung oder über die Speicherkapazität erkundigen will. Bei dem Begriff »AT« handelt es sich um eine Rechnerfamilie, die je nach exakter Typenbezeichnung unterschiedliche technische Daten besitzt. Zusätzlich bezieht sich der Begriff »AT« auf eine Konfiguration mehrerer Hardwarekomponenten, wobei einige davon eine physikalische Ausdehnung besitzen. Jede Konfiguration enthält je nach Ausrüstung verschiedene Kenndaten über Hauptspeicherkapazität und Kapazität der Sekundärspeicher wie Festplatten- und Diskettenlaufwerk.

Die Klärungskomponente kann zum Selektieren von Interpretationsmöglichkeiten den Fokus (vgl. 3.1) hinzuziehen. Der Interpretationsspielraum läßt sich durch den Kontext einengen. War bezüglich Bsp. 11 zuvor von der Möglichkeit die Rede, daß die Systemeinheit eines AT in einem Ständer senkrecht aufgestellt werden kann, so erscheint für Anfrage (11.1) nur eine Interpration »wie groß ist die physikalische Ausdehung des Ständers für die Systemeinheit des AT« sinnvoll. War jedoch zuvor nach der Belegungsgröße einer Anwendungssoftware gefragt, so ist die Interpretation »wie groß ist der Hauptspeicher des AT« naheliegend.

Weiterhin wird eine Strategie entwickelt, die eine Klärung stufenweise vornimmt, um dabei möglichst effizient eine Selektion der Interpretationsmöglichkeiten zu erreichen. So erscheint in Bsp 11. die Klärung des Begriffs »groß« vorrangig vor der Klärung des Begriffs »AT« zu sein.

3.4 Benutzermodellierung

Kommunikation kann nur dann sinnvoll und kooperativ ablaufen, wenn die Dialogpartner eine Modellvorstellung voneinander haben, die weitgehend dem Dialogpartner entspricht. Bei einer wissensbasierten Schnittstelle sollte deshalb eine individuelle Behandlung des Benutzers über den Aufbau eines Benutzermodells verwirklicht werden [5].

Innerhalb von KEYSTONE sollen die Kenntnisse eines Benutzers bezüglich des Umgangs mit dem System modelliert werden. Außerdem sollte aus dem Dialog geschlossen werden, ob und welche dem System bekannte Hardware bzw. Software vom Benutzer angewandt wird.

Die Kenntnisse des Benutzers über das System werden statistisch an Hand dessen Reaktionen in speziellen Systemzuständen aufgezeichnet. Gleichförmige Reaktionen können Anzeichen dafür sein, daß der Benutzer alternative Möglichkeiten des Systems in dieser Situation nicht kennt und somit auch nicht ausführen kann. Durch unaufgeforderte Hilfe kann das System dem Benutzer gezielte Bedienungshinweise geben [6]. Gibt beispielsweise der Benutzer im Klärungsdialog eine zur Auswahl gestellte Alternative trotzdem als natürlichsprachliche Anfrage ein, dann ist der Hinweis angebracht, daß einfacherweise eine Alternative ausgewählt wird, indem die gewünschte Alternative mit dem Cursor angesteuert und daraufhin die Return-Taste gedrückt wird.

Ein wichtiger Aspekt bei der Information über spezielle Hardware- und Softwareprodukte betrifft die Fragestellung, ob das entsprechende Produkt innerhalb der PC-Ausstattung des Benutzers einsetzbar ist. Damit der Benutzer seine PC-Ausstattung nicht immer explizit angeben muß, wird versucht, möglichst aus dem Dialog Wissen über die vorhandene Ausstattung zu schließen. Vage Annahmen müssen dabei durch konkrete Systemanfragen an den Benutzer bestätigt werden, bevor sie im Benutzermodell gespeichert werden. Besitzt das Benutzermodell Kenntnis über die PC-Ausstattung des Benutzers, so kann diese im Dialog mit verwendet werden. Der Benutzer kann sich etwa durch die Äußerung »mein PC« darauf beziehen. Das System kann Antworten dahingehend strukturieren, daß zwischen Produkten, die in die PC-Welt des Benutzers integrierfähig sind, und den übrigen Produkten unterschieden werden kann.

4. Ausblick

Durch Anreicherung von Wissen über Benutzer und Schnittstelle wird der Zugang zu einem Expertensystem erleichtert, weil das System in Konfliktfällen Alternativen anbieten kann. Dadurch verhält sich das System nicht nur kooperativ sondern es zeigt sich auch transparent. Der Benutzer lernt damit, ein Expertensystem zu nutzen und dessen Fähigkeiten

besser einzuschätzen. Die oben angesprochenen Komponenten und Strategien befinden sich in der Implementierungsphase zum weiteren Prototyp KEYSTONE V. 2.0.

Ansatzweise existieren schon Modelle, Methoden und Implementationen über wissensbasierte Schnittstellen und kooperative Systeme, die hauptsächlich aus dem Gebiet der natürlichsprachlichen Auskunftssysteme [7] und des intelligenten computerunterstützten Unterrichts kommen [8]. Dennoch befindet sich die Entwicklung erst in den Anfängen. Bislang können viele Fragestellungen, wie etwa nach der Intention eines Benutzers und dem zugrundeliegenden Plan, mit dem er seine Absicht verfolgt, aus dem Dialog heraus nicht beantwortet werden [9]. Probleme beim Einsatz von wissensbasierten Schnittstellen bereitet auch die Selektion des Wissens, das dem Benutzer zugänglich gemacht werden soll. Kooperativität zeigt sich eben auch darin, daß sich ein System auf die Ausgabe von wesentlichen Informationen beschränken kann, damit der Benutzer nicht von einer Informationsflut erdrückt wird.

Danksagung

An dieser Stelle möchte ich mich bei Herrn Dr. E. Horlacher und seinen Projektmitarbeitern für viele wertvolle Diskussionen und konstruktive Kritiken bedanken.

Literatur

[1] Fischer, G.: Mensch-Maschine Kommunikation: Theorien und Systeme. Habilitationsschrift, Universität Stuttgart, 1982.

[2] Horlacher, E.; Erben, A.; Fehrle, T.; Mouta, F.; Stauss, M.; Wernecke, W.: KEYSTONE 1.0, Technischer Bericht Nr. 1/86, IBM IS Informatikzentrum Programme, 1986.

[3] Erben, A.; Fehrle, T.: KEYBIT. Eine natürlichsprachliche Benutzerschnittstelle für ein wissensbasiertes Beratungssystem, Universität Stuttgart, Institut für Informatik, Institutsbericht Nr. 1/86, 1986.

[4] Carberry, M. S.: Understanding Pragmatically Ill-Formed Input. In: Proc. of the 10th Int. Conf. on Computional Linguistics, 1984.

[5] Kobsa, A.: Benutzermodellierung in Dialogsystemen. Springer, Berlin, 1985.

[6] Fischer, G.; Lemke, A.; Schwab,T.: Active Help Systems. In: Proc. of the 2nd Europ. Conf. on Cognitive Ergonomics - Mind and Computers, Springer, Berlin, 1984.

[7] Kaplan, J.S.: Cooperative Responses from a Portable Natural Language Query System. In: Artificial Intelligence, Vol.19 No.2, 1982.

[8] Gunzenhäuser, R.; Knopik,T.: Wissensbasierte Mensch-Computer Schnittstellen in der Software-Ergonomie. In: Handbuch der modernen Datenverarbeitung, Software-Ergonomie, Heft 126, Forkel-Verlag, Wiesbaden, 1985.

[9] Marburger, H.: Kooperativität in natürlichsprachlichen Zugangssystemen. In: Brauer, W.; Radig, B.(Hrsg.): Wissensbasierte Systeme, Springer, Berlin, 1985.

Thomas Fehrle

Universität Stuttgart

Institut für Informatik

Azenbergstr. 12

D - 7000 Stuttgart - 1

FORK: A System for Object- and Rule-Oriented Programming

C. Beckstein, G. Görz and M. Tielemann
University of Erlangen-Nürnberg

Zusammenfassung. Das Ziel des FORK-Projekts besteht in der Implementierung eines primär objekt-orientierten Wissensreprßentationssystems und seiner Anwendung auf den Entwurf und die Fehlerdiagnose technischer Systeme. Während der Kern des Repräsentationssystems FORK vollständig objekt-orientiert ist, soll das System als Ganzes eine Vielfalt von Programmierstilen unterstützen. Im folgenden beschreiben wir eine Erweiterung zur regel-orientierten Programmierung, die die sprachliche Ausdruckskraft von FORK über diejenige von LOOPS hinaushebt. Als eine Anwendung der regel-orientierten Komponente wurde eine Constraint-Sprache (relations-orienterter Programmierstil) implementiert, die ein wichtiges Werkzeug im Rahmen unseres Ansatzes zum Entwurf und zur Fehlerdiagnose technischer Systeme darstellt.

Der nächste Schritt im FORK-Projekt schließt die Entwicklung eines allgemeinen logischen Rahmensystems ein, wozu eine logische Rekonstruktion objekt-zentrierter Repräsentationen, Zugriff auf komplexe Beschreibungen mittels Unifikation und Deduktionen über strukturierte Objekte gehören. Das Problem der Nicht-Monotonität wird durch einen DeKleers ATMS ähnlichen Modul behandelt werden. Weiterhin erhoffen wir Fortschritte durch einen neuen allgemeinen Ansatz zur Darstellung zeitlicher Verhältnisse bei der Modellierung technischer Systeme, was u.E. eines der wichtigsten Themen in diesem Bereich ist.

Abstract. We describe progress made within the FORK project, whose goals are the implementation of a primarily object-oriented knowledge representation system and its application to the design and fault diagnosis of technical systems. Whereas the kernel of the FORK representation system is completely object-oriented, the system as a whole is supposed to integrate a variety of different programming styles. In the following, an extension for rule-oriented programming is described, which raises the descriptive power of the FORK system beyond that of LOOPS. As an application of the rule-oriented component, a constraint language has been implemented which plays an important rule in our approach to the design and fault diagnosis of technical systems.

The next steps in the FORK project will include the development of a general logical framework, comprising a logical reconstruction of object-centered representations, retrieval of complex descriptions by unification, and deductions on structured objects. The problem of non-monotonicity will be dealt with on the meta level by a module similar to DeKleer's ATMS. Further progress shall be achieved by concentrating on a general treatment of the problem of time in modelling technical systems which is to our opinion one of the most important issues.

1 FORK: A Flavor-Based Object-Oriented Knowledge Representation System

1.1 Knowledge Representation and Object-Oriented Programming

Knowledge-based systems differ from other software systems in that they contain an explicit encoding of the respective domain knowledge. There are at least two kinds of prerequisites for knowledge representation: methodological (i.e. epistemological and logical) and technical (in a sense linguistic) ones. In the following we concentrate on the second aspect in presenting a knowledge representation framework which is easy to use, extensible, and in particular suitable to represent the kinds of knowledge required for designing and diagnosing technical systems.

Under the technical aspect, representing knowledge in a computational system is nothing else than a special kind of programming. For programming seen as a linguistic activity, questions of expressiveness of the programming language and of adequacy and suitability of its means with respect to the field(s) of application are of immediate importance. Within the last twenty years, a broad variety of knowledge representation languages has been proposed ranging from more or less direct derivatives of first-order logic to schemata based on cognitive psychology or applied computer science like associative networks, production systems, or procedural languages. One of the most advanced approaches along this line were Minsky's [14] frames. Minsky tried to find a synthesis between declarative and procedural systems with an emphasis on object-centered representations. With a few exceptions, most of these systems were very experimental in character and could not achieve wide usage.

In the meantime in the field of programming languages a new programming "paradigm" emerged: the *object-oriented* style. The ideas of object-oriented programming were realized in various ways, either as programming languages in their own right, like Smalltalk-80, or as extensions to already existing languages.

Which are the salient features of the object-oriented programming style? Object-oriented systems offer an integrated view of the concepts of *abstract data types* and *generic functions* (see [17]). The underlying processing model is characterized as a system of communicating *objects* which *pass messages* among each other. Each object has a set of acquaintances, which are denotations of objects it "knows of", i.e. it can send messages to. Messages themselves are also objects; each message contains (a reference to) the addressee, (a denotation of) an operation, and — optionally — argument objects. Each object has a *protocol* which is a set of *methods;* these are the procedures or operations contained in messages it can process. The internal state of an object — a set of attributes — as well as its internal processing cannot be inspected from the outside. An object may be in an active or passive state, and its activities consist in sending, receiving, and processing of messages. Processing a message can cause the sending of other messages. Furthermore, most object- oriented systems offer means for structuring the object world through a *class system* by accumulating objects with the same protocol in one class. There are distinct class objects which generate instance objects as the result of processing a particular message (`"instantiate"`). Classes can usually be ordered in generalization hierarchies, along which inheritance relations with

respect to their attributes — declarative or procedural, the latter being methods — hold.

So object-oriented systems offer a lot of features which are desirable for the purpose of knowledge representation. Even some features like the distinction between classes and instances and the inheritance mechanism are introduced in a methodologically cleaner and clearer way than in most knowledge representation systems. For these reasons, the FORK system [1] has been based on an object-oriented framework.

Primarily for its flexibility and extensibility LISP was chosen as the host language. Its essential advantage is that it does not enforce a particular programming style, but instead allows various programming styles based on different processing models, e.g. the imperative, functional and object-oriented styles. Because there is no fundamental distinction between program and data in LISP, the integration of object-oriented programming is facilitated by employing the dualism between "passive" data and "active" procedures.

One of the best known object-oriented extensions of LISP is the so called *Flavor* system [19], a portable reconstruction of which was the starting point for the FORK system. For the Flavor system, there are two kinds of objects: *Classes*, which are also called *"Flavors"*, and their *instances*. Classes represent generic objects; they describe instances by specifying sets of declarative (variables) and procedural (methods) attributes and inheritance relations:

- *local variables:* the so called *instance variables,*
- *class variables:* variables, which are owned by the class, but can be referred to by its instances; this is an extension to the original Flavor proposal,
- *component classes*, which themselves provide variables and methods through inheritance mechanisms,
- *methods:* procedures to process *messages:* the *protocol.*

In FORK classes as well as instances are able to process messages: Whereas classes can process messages immediately, instances pass messages to their class they have been instantiated from.

With classes, a *generalization hierarchy* can be built, which is also called the *flavor graph*. By referring to other classes ("superflavors") within the definition of a new class, attributes of the superclasses are inherited. The root of this — in general directed — graph is denoted by the most general class `VANILLA` which owns those methods which are valid for all classes. For the construction of the protocol of a new class, inherited methods can be combined in predefined ways (for "primary" methods and "before/after-demons"). So, starting from `VANILLA` successively more specialized object classes can be defined with the possibility of *multiple inheritance* of attributes.

The Portable Flavor system does not require — in contrast to the original — any modifications to the LISP interpreter. The only requirement to the underlying LISP system is full functionality of the closure mechanism. Presently versions for InterLISP and CommonLISP exist.

1.2 FORK as an Extension of Flavors for Knowledge Representation

Although there is a close resemblance between an object-oriented system like Flavors and object-centered knowledge representation languages like Frames, the latter ones provide a repertoire of specialized constructs which are particularly useful for knowledge representation. Therefore the Portable Flavor system has been extended with the following features to constitute the FORK kernel:

- A *type concept* has been introduced such that restricting ranges of values and the definition of modalities for attributes like optional or obligatory are possible.
- FORK automatically supervises *structural relations* (integrity constraints) over whole objects as defined by the user.
- *Set-valued variables* are supported such that besides type constraints for their elements also cardinality is checked automatically. Special methods to handle sets are provided.
- In addition to instance variables there are also *class variables*, as mentioned above.
- FORK has a versatile interface to the *inheritance mechanism* which allows different ways to control and influence inheritance. With respect to the descriptors of variables it is possible to differentiate inheritance according to specific roles, to refuse inherited attributes, or to transform inherited attributes (e.g. to rename variables).
- FORK allows the expression of *multiple perspectives*.

The following example, defining a class MOVING-OBJECT and a method SPEED for it, may illustrate some of these features:

```
(DEFFLAVOR MOVING-OBJECT
          (X-POS Y-POS X-SPEED Y-SPEED MASS)
          :gettable-instance-variables
          (:settable-instance-variables
             X-POS Y-POS X-SPEED Y-SPEED)
          (:initable-instance-variables MASS)

(DEFMETHOD (MOVING-OBJECT SPEED) ()
          (sqrt (+ (square X-SPEED)
                   (square Y-SPEED))))
```

Now we define a CAR as a particular MOVING-OBJECT:

```
(DEFFLAVOR CAR
          (FRAME-NUMBER
          (NO-WHEELS :MOD OBL
                     :DEFAULT 4)
```

```
(AGGREGATES :MOD OBL
            :DEFAULT 'OK)
(FUEL :MOD OPT
      :RESTR (ONE-OF EMPTY FULL)
      :DEFAULT 'FULL)
(OIL :DEFAULT 'MAX)
(BATTERY :RESTR (AN ACCU)
         :DEFAULT BAT-45AH)
(TYRE-PRESSURE :MODE OBL
               :DEFAULT 'HIGH)
(DRIVER :RESTR (A PERSON)
        :DEFAULT DUMMY))
(MOVING-OBJECT)
(:settable-instance-variables NO-WHEELS AGGREGATES
  FUEL OIL BATTERY TYRE-PRESSURE DRIVER)
(:gettable-instance-variables FRAME-NUMBER)
(:initable-instance-variables FRAME-NUMBER)
(:required-flavors ACCU PERSON)
(:documentation The flavors ACCU and PERSON should
  also be defined at time of first instantiation))
```

The instance variable FUEL is restricted by ONE-OF to the values EMPTY and FULL, which is the default. The variable BATTERY does only accept instances of the class ACCU as values. Defining CAR as a subclass of MOVING-OBJECT enables access to MOVING-OB JECT's instance variables (with the aception of MASS) and methods, i.e., in addition to the instance variables defined in CAR, each instance of CAR has also the inherited instance variables X-POS, Y-POS, X-SPEED, Y-SPEED. Furthermore a class variable SELLING-COM PANY is defined, which participates with the instance variable OWNER (an instance of PERSON) in an integrity constraint.
Volkswagens are a brand of CARs:

```
(DEFFLAVOR VW     ; instance variables:
          ((CAR-TYPE :RESTR (ONE-OF PASSAT POLO GOLF)
           (OWNER :MOD OBL
                  :DEFAULT (SEND-SELF 'GET 'SELLING-COMPANY))
           (ID :MOD OBL))
          (CAR)    ; superclass
          (:class-variables (SELLING-COMPANY
                             :DEFAULT VOLKSWAGEN-AG
                             :RESTR (A COMPANY)))
          (:initable-instance-variables CAR-TYPE)
          (:settable-instance-variables OWNER ID)
          (:gettable-instance-variables CAR-TYPE OWNER ID))
```

Now we create an instance of the VW class:

```
(SETQ MY-CAR (SEND VW 'CREATE-INSTANCE
```

```
'(CAR-TYPE  POLO
  OWNER     BECKSTEIN
  DRIVER    TIELEMANN
  ID        ERH-E-536
  BATTERY   BAT-45AH)))
```

Of course, the implementation of FORK includes tools for debugging, editing, and handling objects (e.g. an interface to the file package).

2 Rule-Oriented Programming in FORK

2.1 Rulesets, Rules, and Rule Interpreters

The first extension to the kernel of the FORK system introduces a new kind of methods: Besides methods wrjitten in the traditional procedural or functional style, they can also be defined in the form of rule systems. To be precise, a method may be given as a forward-chaining, i.e. data-driven production system. In its present form, the rule-oriented component of FORK [18] is more powerful then that of LOOPS [4], because it offers additional means for *conflict resolution* and for processing *vague information.*

Each method written in the rule-oriented style is a *ruleset,* which consists of rules of the form

`{rule-name} IF premise THEN action {! meta-info}`

Each ruleset has its own rule-interpreter associated with it which executes the rules under a forward chaining control regime, which in turn may use different control structures varying among rulesets for the selection and processing of rules.

Because rulesets are ordinary methods of objects, they can be inherited (also as "before-" and "after-methods"), so that large rulesets can be structured according to an object hierarchy. As ordinary methods, rulesets are activated by message passing. Since the control structure (meta-knowledge) for processing rules is associated to a ruleset, a clear separation between control and domain knowledge can be achieved. Each rule interpreter has the following structure:

1. Preselection of a subset of rules within the ruleset through comparison of rule specific scores with a threshold value which is local with respect to the ruleset. This mechanism allows prescreening of the ruleset at runtime.

2. The preselected rules are checked for applicability and then one applicable rule is selected. For this phase three control strategies are possible:

   - `FIRST` or `ALL`: In this case the ruleset is assumed to be ordered and the check for applicability is performed in the given order. With `FIRST` the first applicable rule is selected, with `ALL` each applicable rule.
   - `PRIO`: The value calculated by the evaluation of the premise at runtime is used to rank the rules, and the one with the highest value is selected.

   The `FIRST` and `ALL` modes correspond to `DO1` and `DOALL` in LOOPS. With each control strategy, rulesets can also be processed iteratively by means of a `WHILE` option.

The following method **CONTROL** for **CAR** is defined as a ruleset of three rules:

```
(DEFRULESET (CAR CONTROL) ()      ; no local variables
            ((C-FUEL              ; rule set
               IF (EMPTY FUEL-LEVEL)
                   THEN (SIGNAL "no fuel"))
             (C-OIL
               IF (EQ OIL-LEVEL 'MIN)
                   THEN (SIGNAL "no oil")
                        (SEND ME 'STOP-ENGINE)
                        (STOP! 'EMERGENCY-OFF))
             (C-BATTERY
               IF (LESSP (SEND BATTERY 'VOLTAGE) 6)
                   THEN (SIGNAL "low voltage")
                     !  (:USAGE ONE-SHOT-BANG)) )
             (:DOC ruleset for controlling ...)
             (:CHECK-MODE ALL)
             (:WHILE (ON IGNITION)))
```

As soon as this method is activated, the rule **C-BATTERY** is checked for applicability only once (**ONE-SHOT-BANG**), and never checked again during eventually subsequent iterations, i.e. as long as the ignition is turned on.

In contrast to the **FIRST** and **ALL** modes, for **PRIO** no static order criterion holds. Instead the ordering of rules is determined dynamically by priorities which are determined by the rule premises. To achieve that, first of all a transition from qualities to quantities has to be made by which a measure of evidence (Certainty Factors **CF**) is determined from the values of premises:

```
(not NIL) & (not (NUMBERP X))  -->  CF := MAXCF
                      X = NIL  -->  CF := 0
                  (NUMBERP X)  -->  CF := X
```

with $\mathrm{CF} \in [0, \mathrm{MAXCF}] \subset \mathbf{N}_0$.

Boolean combinations of premises are calculated by special methods (**$AND**, **$OR**, **$NOT**).

The priority calculated in this way is used to schedule the respective rule in a multilevel agenda, from which afterwards the first rule from the level with highest priority is selected.

3. After selection, the action part of the respective rule is executed by the rule interpreter. The working memory (context) within the execution is performed is the FORK object to which the ruleset method belongs.

It should be noted that using the **PRIO** control strategy MYCIN-like rules can be expressed imediately with FORK's rule formalism.

2.2 Implementation of the Rule-Oriented Component

For the implementation of rulesets and rules, the kernel language of FORK has been used as a metalanguage, i.e., the whole rule component of FORK itself is expressed by means provided by the FORK kernel. Rulesets as well as rules are represented as FORK objects with appropriate methods. Rulesets are instances of a class RULESET which includes parameters and local variables as static components (instance variables), methods with defaults for conflict resolution and control- and meta-information (the rule interpreter) as dynamic attributes and rules as component flavors. In the same way rules are instances of a class RULE with appropriate methods. The programming environment of FORK has been augmented for rule-oriented programming with methods for debugging, editing, and handling rulesets, and rules which interface to particular attributes of the RULESET and RULE classes.

2.3 A Rule-Based Implementation of a Constraint Language

To demonstrate the versatility of rule-oriented programming in FORK, it has been used to implement a constraint language (after [16]. Constraint languages are a tool for relation-oriented programming and, therefore, play an important role in our approach to the diagnosis problem (see section 3). What a constraint language has at least to offer are means to represent objects which express *elementary relations* ("constraints") and *connections* between these objects. So, e.g. a constraint representing an ADDER has two input connectors A and B and an output connector S such that the following relations hold: S = A + B, and, at the same time B = S - A and A = S - B. Connecting objects of this kind leads to the construction of *constraint networks* in which computations are performed by *propagation* of values. In constraint languages, the term propagation covers local computations satisfying local dependences (as expressed by the equations for ADDER) as well as spreading values through connectors within a network.[1] In general, there is no preferred direction for spreading values.

So a minimal constraint language has at least to provide constructs to express

- *definitions* of constraints,
- *construction* of constraint networks,
- *integration* of new constraints into an already existing network,
- *communication* with the network interface (input and output).

With FORK, there is a straightforward approach to implement that by expressing constraints and connectors as objects and networks as aggregates of those. The propagation of values, which is locally restricted, is specified by rules belonging to constraint objects. For the case of electronic circuits, there are prototypic building blocks, like ADDER, of which instances are generated, which in turn are then combined to descriptions of network by attaching their connectors with each other. As a benefit of the object-oriented representation, such a description of a complex network is nothing else than *one* object on a higher descriptive level.
The following piece of code defines an ADDER:

[1]Spreadsheet programs are a special kind of constraint systems.

```
(DEFCONSTRAINT ADDER (A1 A2 SUM)
               NIL                        ; local variables
               (A1-A2                     ; rule set
                  IF (ALL-KNOWN? A1 A2)
                     THEN  (SET-VALUE! SUM
                              (PLUS (GET-VALUE! A1)
                                    (GET-VALUE! A2))
                              &ME))
               (A1-SUM
                  IF (ALL-KNOWN? A1 SUM)
                     THEN (SET-VALUE! A2
                             (DIFFERENCE (GET-VALUE! SUM)
                                         (GET-VALUE! A1))
                             &ME))
               (A2-SUM
                  IF (ALL-KNOWN? A2 SUM)
                     THEN (SET-VALUE! A2
                             (DIFFERENCE (GET-VALUE! SUM)
                                         (GET-VALUE! A2))
                             &ME)))
```

A constraint network then can easily be constructed in the following way:

```
(DE CONSTRAINT-NET ()
  ...
  (SETQ A (MAKE-CONNECTOR))       ; generate new instances of
  (SETQ B (MAKE-CONNECTOR))       ; CONNECTOR
  ...
  (LET ((X (MAKE-CONNECTOR))
        ...)                      ; now generate new instances of
     ...                          ; constraint ADDER
     (MAKE-CONSTRAINT 'ADDER 'A1 A 'A2 B 'SUM X)
     ... ))
```

3 Future Work

In parallel to the implementation of the FORK system, a first study in the field of diagnosis has been conducted, aiming at a clarification of the basic problems and representational needs (cf. [3,13,10]). After considering more traditional rule-based approaches to the diagnosis problem, we concentrated on an approach known as "based on *structure* and *behavior*" (cf. [6,9]). Starting with an algorithm to diagnose multiple failures in electronic circuits, considerable extensions had to be made for the more complicated case of electromechanical systems. The kernel of the resulting diagnosis system, DIAGTECH, has been implemented in the object-oriented style. In fact, DIAGTECH is a hybrid system, because it also supports the rule-based style of diagnosis, for which our logic-based "expert system shell" DUCKITO [12] is used as a subsystem.

In DIAGTECH, the treatment of conflicts, or inconsistency, as well as particular diagnostic heuristics, were embedded into one algorithm. To guarantee the usefulness of the chosen approach in the long run, it has to be generalized in a way that the recording and processing of inconsistency is performed by a separate general module. Indeed, as DeKleer [7] points out, most problem solvers search; if otherwise, a direct algorithm would solve the task. Then, two important problems are to be solved, namely, how the spaces of alternatives can be searched efficiently, and how the problem solver should be organized in general. DeKleer's solution is convincing: On the one hand it is a consequent continuation of the "Truth Maintenance Systems" (TMS) line, which forces a clean division within a problem solver between a module solely concerned with rules of the domain and another module concerned with recording the current state of the search. While the first module draws inferences, the second, the TMS, records inferences ("justifications"). So, the TMS serves three roles:

1. It serves as a "cache memory" for all inferences in that inferences, once made, need not be repeated. Inconsistencies, once detected, are avoided in the future.

2. It allows the problem solver to draw non-monotonic inferences. If non-monotonic justifications are present, the TMS has to use a constraint satisfation procedure to determine what data are assumed to be valid.

3. It assures that the data base is contradiction-free. The procedure of *dependency-directed backtracking* identifies and adds justifications to remove inconsistencies.

DeKleer's ATMS (Assumption Based TMS) [7] is a very efficient TMS module. In particular from our experience with DIAGTECH, but also from general considerations about a logical extension to our object-oriented representation system, we decided to realize such a module within our framework as the next step of the FORK project. We believe this will be a mandatory prerequisite to address the perspective of logic programming, namely (predominantly descriptive) representation and processing of relations (constraints) and implications in the object domain, and, in particular, the representation and treatment of time in a more general way. The gap between a logical reconstruction of object-centered representations (cf. [15,11]) and logic-based representation systems with their inferential properties is still to be closed. Retrieval of complex descriptions requires a powerful extension to the well-known unifcation algorithms. The direction of this research is also influenced by our previous experience with DUCKITO, which contains a truth maintenance module and an explanation component on the basis of data dependences.

As far as the problem of representing time and temporal relations is concerned, we are currently investigating approaches which reach beyond the one used within DIAGTECH. The latter one has been constructed in the spirit of Doyle's [8] JACK system. The main problem we encountered with it is not a lack of expressive power, but a fundamental discrepancy between constraint-based representations on the one hand and the directionality introduced by temporal expressions on the other. Constraint systems assume simultaneous propagation of values in all possible directions of a constraint network, i.e. non-directionality of components and multiple values. A temporal order does not allow to consider all "possible worlds" at once, but enforces an order on propagation. We hope to find a synthesis of the advantages of both by means of a modal logic approach.

References

[1] Beckstein, C.: *Integration objekt-orientierter Sprachmittel zur Wissensrepräsentation in LISP.* Diplomarbeit, IMMD und RRZE, Universität Erlangen-Nürnberg. RRZE-IAB-219, 1985.

[2] Beckstein C., Görz, G., Tielemann, M.: *FORK: Ein System zur objekt- und regelorientierten Programmierung.* In: Rollinger, C., Horn, W. (Hg.): GWAI-86. 10th German Workshop on Artificial Intelligence und 2. Österreichische Artificial Intelligence Tagung. Berlin: Springer IFB 124, 312-317, 1986.

[3] Beckstein C., Görz, G., Hernàndez, D., Tielemann, M.: *An Integration of Object-Oriented Knowledge Representation and Rule-Oriented Programming as a Basis for Design and Diagnosis of Technical Systems.* To appear in: Annals of Operations Research. Also: RRZE-IAB-248, Univ. Erlangen-Nürnberg, 1986.

[4] Bobrow, D., Stefik, M.: *LOOPS Manual & Rule Oriented Programming in LOOPS.* Xerox PARC Report, Palo Alto, 1983.

[5] Bobrow, D. (Ed.): *Qualitative Reasoning about Physical Systems.* Amsterdam: North-Holland, 1984.

[6] Davis, R.: *Diagnostic Reasoning Based on Structure and Behavior.* 1984, In: Bobrow 347–410, 1984.

[7] DeKleer, J.: *(a) An Assumption-Based TMS. (b) Extending the AMTS. (c) Problem Solving with the ATMS.* AI Journal 28, 127-163-197-224, 1986.

[8] Doyle, R.: *Hypothesizing and Refining Causal Models.* MIT-AI-Memo 811, Dec. 1984.

[9] Genesereth, M.: *The Use of Design Descriptions in Automated Diagnosis.* In: Bobrow (1984), 411–436, 1984.

[10] Görz, G., Hernández, D.: *Knowledge-Based Fault Diagnosis of Technical Systems.* In: This Conference Proceedings.

[11] Hayes, P.: *The Logic of Frames.* In: Metzing, D. (Ed.): *Frame Conceptions and Text Understanding.* Berlin: DeGruyter, 1980.

[12] Hernández, D.: *Modulare Softwarebausteine zur Wissensrepräsentation.* Studienarbeit, IMMD IV und RRZE, Universität Erlangen-Nürnberg, 1984.

[13] Hernández, D.: *Wissensbasierte Diagnose technischer Systeme.* Diplomarbeit, IMMD und RRZE, Universität Erlangen-Nürnberg. RRZE Mitteilungsblatt Nr. 44, 1986.

[14] Minsky, M.: *A Framework for Representing Knowledge.* In: Winston, P.H. (Ed.): *The Psychology of Computer Vision.* New York: McGraw Hill, 211–277, 1975.

[15] Nilsson, N.: *Principles of Artificial Intelligence.* Berlin: Springer, 1982.

[16] Steele, G.L.: *The Definition and Implementation of a Computer Language Based on CONSTRAINTS.* MIT-AI-TR-595, Aug. 1980.

[17] Stoyan, H., Görz, G.: *Was ist objekt-orientierte Programmierung?* In: Stoyan, H., Wedekind, H. (Hg.): *Objekt-Orientierte Software- und Hardware-Architekturen.* Stuttgart: Teubner, 1984.

[18] Tielemann, M.: *Eine regelorientierte Erweiterung des Repräsentationssystems FORK.* Diplomarbeit, IMMD und RRZE, Universität Erlangen-Nürnberg. RRZE-IAB-236, 1986.

[19] Weinreb, D., Moon, D.: *Flavors: Message-Passing in the LISP Machine.* MIT-AI-Memo, 1981.

C. Beckstein
University of Erlangen-Nürnberg, IMMD VI
Martensstr. 3, D-8520 Erlangen
Network: `unido!fauern!faui70!beck`

G. Görz
University of Erlangen-Nürnberg, RRZE
Martensstr. 1, D-8520 Erlangen
Network: `Goerz@SUMEX.ARPA, GOERZ@DERRZE1.BITNET`

M. Tielemann
University of Erlangen-Nürnberg, IMMD VI
Martensstr. 3, D-8520 Erlangen

Framebasierte Wissensrepräsentation mit Hilfe objektorientierter Programmierung

Christian Rathke
University of Colorado, Boulder

Zusammenfassung

Seit der zusammenfassenden Darstellung Minskys (14) ist eine Vielzahl von Systemen entstanden, die Wissen in Form von *Frames* repräsentieren. Dabei ist oft unklar, welche Rolle Vererbung, Defaultverhalten und andere mit Frames verbundene Prozesse spielen.

ObjTalk ist ein Sprachsystem, in dem Frames als Klassen und Instanzen einer objektorientierten Sprache realisiert sind. Prozesse sind Reaktionen auf Nachrichten, deren Bedeutung auf die Definition von Slots und Methoden zurückgeführt wird.

Anhand eines Beispiels aus dem Bereich der formularorientierten Finanzplanung werden Eigenschaften von ObjTalk-Frames illustriert.

Schlüsselwörter

Wissensrepräsentation, Frames, objektorientierte Programmierung

Die Arbeit wurde finanziell unterstützt durch Mittel des Bundesministeriums für Forschung und Technologie und der Triumph Adler AG., Nürnberg

1. Einleitung

Seit der zusammenfassenden Darstellung Minskys (14) ist eine Vielzahl von Systemen entstanden, die Wissen in Form von *Frames* repräsentieren. Motiviert waren Frames durch die Erkenntnis, daß Menschen einmal Gesehenes oder Erlebtes verwenden, um neue Situationen, Ereignisse oder Objekte zu erkennen. Wenn sich Menschen einer neuen Situationen gegenübersehen, wählen sie eine Datenstruktur (ein *Frame*) aus dem Gedächtnis aus, das der Situation möglichst nahekommt. Die im Detail abweichenden Informationen werden angepaßt. Im ausgewählten Frame sind viele Details bereits dargestellt und müssen nicht erneut interpretiert werden. Daher sind Erkennungsprozesse sehr effizient. Sie sind umso effizienter, je besser das ausgewählte Frame der Situation entspricht. Die mit Frames verbundenen Mechanismen erlauben einen Framewechsel, falls ein anderes Frame der Situation besser entspricht.

Mit Hilfe der "Frametheorie" können viele kognitive Phänomene erklärt werden, z.B. das visuelle Erkennen von Gegenständen, Verstehen natürlicher Sprache, Lernen und andere grundlegende kognitive Fähigkeiten des Menschen.

In der Künstlichen-Intelligenz Forschung steht die Wissensrepräsentation mittels Frames im Gegensatz zu formalen Ansätzen wie etwa der Logik. In Frames gibt es wenig allgemein anwendbare Mechanismen (wie z.B. eine mächtige Inferenzmaschine), auf Grund deren kognitive Leistungen erzielt werden. Diese hängen vielmehr von der konkreten Situation ab und können für unterschiedliche Situationen sehr verschieden sein.

Ein wesentliches Merkmal von Frames besteht im Vorhandensein von Strukturen, die es erlauben, Situationen, Ereignisse und Objekte *prototypisch* zu repräsentieren. Minsky hat die dafür notwendigen grundlegenden Mechanismen wie *Defaults*, *Framesysteme* und *Framenetze* beschrieben. Er hat jedoch keine konkreten Hinweise gegeben, wie diese in Software-Systemen zu realisieren sind. Es sind daher eine Reihe *framebasierter Systeme* entstanden, die Aspekte der "Frametheorie" unterschiedlich implementieren.

In den folgenden Abschnitten wird auf die grundlegenden Eigenschaften von Frames

eingegangen. Anhand eines Beispielsystems, das Frames zur Repräsentation von Wissen aus dem Bereich der Projektfinanzierung benutzt, werden die Eigenschaften von Frames konkretisiert. Es wird ein Sprachsystem - ObjTalk - vorgestellt, daß die Mechanismen der Frames *objektorientiert* realisiert.

2. Frames

Ein Frame ist eine Datenstruktur, mit der prototypische Situationen, Ereignisse und Gegenstände dargestellt werden. Wenn man sich einer neuen Situation gegenübersieht oder die Betrachtungsweise eines Problems grundlegend ändert, wählt man aus dem Gedächtnis eine Struktur aus, die der neuen Situation möglichst nahekommt. Eine solche Datenstruktur ist ein *Frame*. Das Aussehen eines Zimmers oder der Verlauf eines Kindergeburtstages (vgl. (14)) sind Situationen und Ereignisse, die in Frames dargestellt werden können. In Computersystemen, die Kommunikation mit Menschen unterstützen, werden Situationen, Ereignisse und Objekte des Dialogs als Frames repräsentiert. In solchen Dialogen sind die Dialoghistorie, Benutzerprofile und Kommunikationsobjekte wie Formulare, Menüs und Piktogramme als Frames dargestellt.

Abbildung 2-1 zeigt eine Reihe von Formularen und Piktogrammen, die zu FINANZ (16) gehören. FINANZ ist ein System, das den Benutzer bei der Erstellungen von Finanzierungsplänen für Forschungsprojekte unterstützt. Die Frames des Systems repräsentieren sichtbare Objekte (Formulare, Formularfelder, Piktogramme) und internes Wissen über angemessene Werte und Beziehungen zwischen den Inhalten von Formularfeldern. FINANZ-Frames stellen dabei prototypisch das Wissen aus dem Bereich formularorientierter Finanzplanung dar.

Mit den Frames sind Informationen verbunden, auf welche Ereignisse man sich einzustellen hat, was man als nächstes in einer Situation erwarten kann, aber auch was man zu tun hat, wenn diese Erwartungen nicht erfüllt werden. Frames etablieren also den "Rahmen", innerhalb dessen Informationen interpretiert werden. Beim Ausfüllen eines Formularfeldes, in dem ein Datum erwartet wird, wird diese Erwartungshaltung zur Interpretation der Benutzereingabe ausgenutzt (Abb. 2-2).

Terminale. Man kann sich ein Frame als ein Netz aus Knoten und Beziehungen vor-

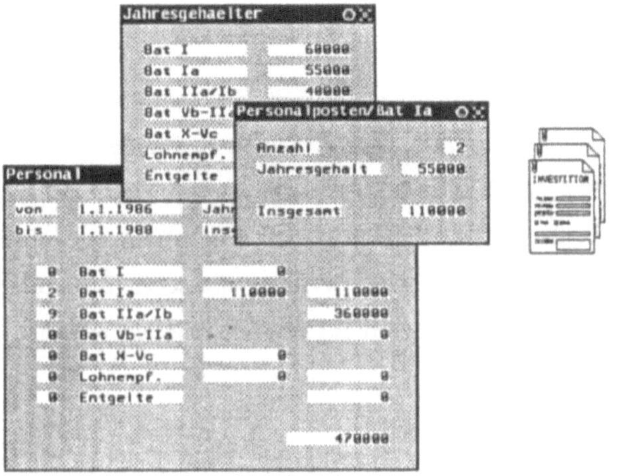

Ein mit FINANZ erstelltes System zum Ausfüllen von Finanzierungsplänen für einen Projektantrag beim Bundesministerium für Forschung und Technologie.

Abbildung 2-1: Finanzierungspläne für ein Projekt

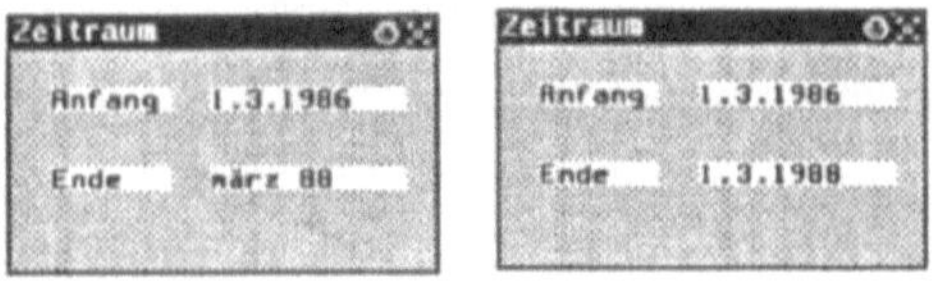

Beim Ausfüllen eines Datumfeldes wird die Eingabe als Datum analysiert und mit plausiblen Werten ergänzt. Auf Grund des Wissens über die Funktion eines Feldes kann entschieden werden, welche Eingaben möglich und sinnvoll sind. Erwartungen über Benutzereingaben erleichtern die Analyse.

Abbildung 2-2: Interpretation und Ergänzung von Benutzereingaben

stellen. Die oberen Ebenen eines Frames sind festgelegt und treffen in der angenommenen Situation immer zu. Die unteren Ebenen haben viele Enden (*Terminale, Slots*), die erst in konkreten Situationen mit Daten gefüllt werden. Terminale tragen Bedingungen, die diese Daten erfüllen müssen. Eine der Bedingungen kann lauten, daß ein Terminal nur mit einem bestimmten Frametyp belegt werden darf. Komplexere Bedingungen sind in Form von Relationen beschrieben, die zwischen den Terminalen des Frames gelten.

Die Interpretation eines Feldinhalts als Datum wird durch eine entsprechende Restriktion am Datumslots des Zeitraumframes bewirkt. Frames, die Formularfelder beschreiben, haben Slots für Position, Größe, den verwendeten Zeichensatz und das umgebende Formular. Diese Slots können nur mit Punktframes, Größenframes, Zeichensatzframes und Formularframes belegt werden. Zwischen Zeichensatz, Zeilenabstand und Feldgröße besteht ein Zusammenhang, der als Relation zwischen den entsprechenden Slots ausgedrückt wird.

Framesysteme. Frames, die sich auf gemeinsame Teilaspekte beziehen, sind in *Framesystemen* zusammengeschlossen. *Transformationen* zwischen Frames werden ausgenutzt, um Berechnungen wie das Erkennen von Gegenständen ökonomischer zu gestalten oder Änderungen von Betonung und Aufmerksamkeit zu repräsentieren.

In FINANZ können Formulare unter verschiedenen Perspektiven gesehen werden. Für den Sachbearbeiter stehen andere Informationen im Vordergrund als für den Antragsteller. Beide Sichtweisen sind durch Frames repräsentiert, deren Informationsgehalt sich teilweise überlappt. Die Verschiebung der Perspektive wird durch den Übergang zwischen den Formulartypen dargestellt. Die Werte bestimmter Slots bleiben dabei erhalten. Das Personalposten-Formular aus Abbildung 2-1 zeigt Daten, die in den anderen beiden Formularen dargestellt sind, unter einer modifizierten Perspektive.

Defaults. In Frames werden neben Erwartungen auch Annahmen dargestellt. Dazu sind die Slots eines Frames mit *Defaults* gefüllt, d.h. mit Werten, die für eine gegebene Situation *typischerweise* gelten. Defaults sind nur lose mit den Terminalen verbunden. Sie können in einer konkreten Situation modifiziert oder ersetzt werden. So können Frames viele Details tragen, ohne die Situationen, Ereignisse oder Objekte einzuschränken. Inwieweit eine Modifikation oder Ersetzung der Defaultwerte möglich ist, hängt von den Eigenschaften des Frames selbst ab, wie z.B. von den mit den Terminalen verknüpften Bedingungen.

Mit der Aktivierung eines Formulars werden viele Voreinstellungen wirksam. Anzahl, Größe und Anordnung der Felder sind vorgegeben, können aber im Einzelfall abgeändert werden. Felder, die zu einer Summe beitragen, sind mit dem Wert 0 vorbesetzt. Diese Defaults ermöglichen die Repräsentation von Standardfällen. Sie entbinden den Benutzer von der Notwendigkeit, alle Einzelheiten einer Anwendung im Voraus festlegen zu müssen.

Spezialisiertes Wissen. In Frames ist das Wissen situations- oder bereichsspezifisch repräsentiert. In FINANZ kommt das Wissen über Finanzplanung zum Ausdruck, wenn der Benutzer Feldwerte in den Formularen ändert (Abb. 2-3).

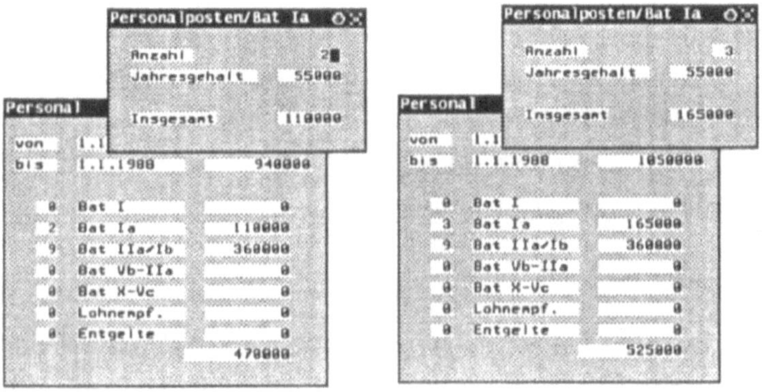

Nach Modifikation der Anzahl der Mitarbeiter der Gehaltsstufe `Bat Ia` von **2** auf **3** werden Jahresausgaben und Endsummen beider Formulare automatisch angepaßt.

Abbildung 2-3: Das Fortpflanzen von Veränderungen

Abhängigkeiten zwischen Formularfeldern sind dabei nicht auf arithmetische Beziehungen beschränkt. In der Projektplanung muß die Qualifikation von Mitarbeitern und die Aufgabenstruktur des Projekts in einer bestimmten Beziehung zueinander stehen. Auch solche Beziehungen können in Frames repräsentiert werden.

Kontextabhängiges Wissen. Die Aktivierung von Frames eines Framesystems etabliert einen Kontext, innerhalb dessen Benutzeräußerungen interpretiert werden. Dieser Kontext umfaßt alle für die augenblickliche Situation relevanten Informationen. So können z.B. Hilfetexte der Dialogsituation angepaßt werden (Abb. 2-4).

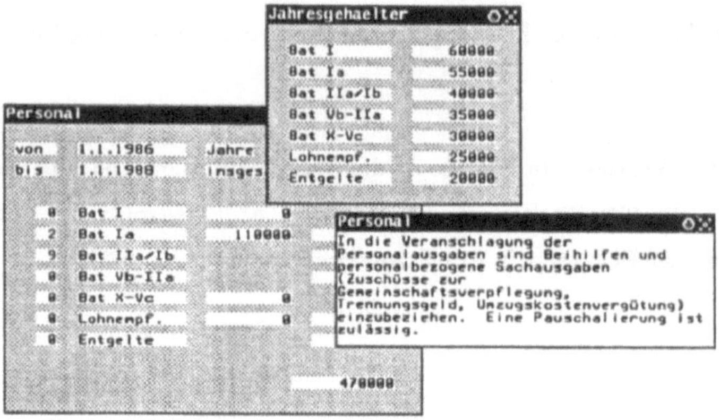

Erklärende Information über den Zweck eines Feldes kann angefordert werden. Sie wird in eigenen Fenstern dargestellt.

Abbildung 2-4: Statische Hilfen

Framebasierte Dialoge. In framebasierten Dialogen werden die Aktionen des Systems und die Interpretation der Benutzereingaben von den Eigenschaften der aktiven Frames bestimmt (1). Der Dialogverlauf wird in eigenen Frames repräsentiert. Diese dienen als Referenz für Benutzeranfragen, die sich auf Ereignisse in der Dialoggeschichte beziehen. Sie werden z.B. herangezogen, wenn das System Teile des augenblicklichen Zustands erklären soll (Abb. 2-5).

Elemente der Frametheorie finden in verschiedener Form Eingang in Wissensrepräsentationssprachen. FRL[1] (20) war einer der ersten Versuche, Systemverhalten mit Hilfe von Frames zu beschreiben. Frames wurden dabei in einer Generalisationshierarchie angeordnet, in der sich Eigenschaften von allgemeinen auf spezielle Frames vererben. Der Begriff der *Vererbung* spielt seit dem eine charakterisierende Rolle für framebasierte Systeme.

[1] Frame Representation Language

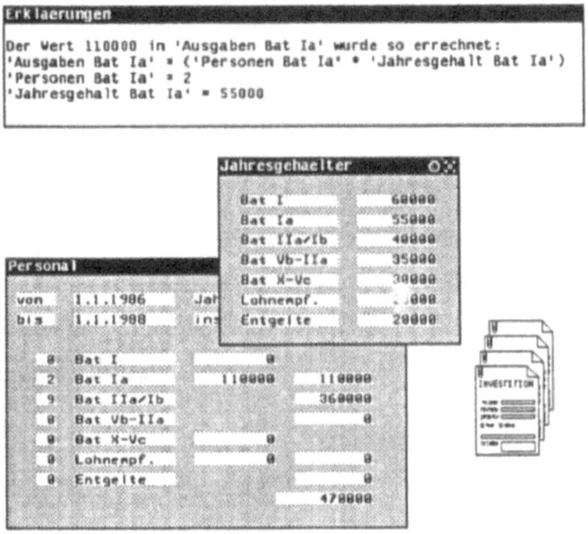

Der Benutzer hat nach der Berechnung der Personalausgaben für die Gehaltsklasse `Bat Ia` gefragt. Dazu wurde vom System eine Erklärung ausgegeben, die auf Grund der Benutzereingaben und der Beziehungen zwischen den Feldern generiert wurde.

Abbildung 2-5: Dynamische Hilfen

In den meisten framebasierten Systemen werden Frames als passive Datenstrukturen gesehen, die in ein umfassenderes Sprachsystem eingebettet sind:

- In FRL sind Frames Record-ähnliche LISP-Datenstrukturen, für die allgemeine Zugriffsfunktionen definiert sind.
- In KRL[2] werden angebundene Prozeduren eingeführt, um Frames mit prozeduralen Eigenschaften auszustatten.
- In jüngerer Zeit werden Aspekte der regelorientierten Programmierung (z.B. in LOOPS (2) und KEE[3]) mit einer framebasierten Sprache[4] verbun-

[2] Knowledge Representation Language (3)

[3] Knowledge Engineering Envirgonment (12)

[4] In beiden Fällen handelt es sich um UNITS (23).

den.

- In LOOPS werden Frames als Objekte verstanden, denen Nachrichten gesandt werden können. Damit werden Eigenschaften objektorientierter Programmierung mit Frames verbunden.
- In Expertensystemumgebungen wie KEE, ART[5] und Babylon (7, 8) werden Elemente logikorientierter Programmierung mit Frames verbunden.

Framebasierte Systeme scheinen mit Frames alleine nicht auszukommen. Oft werden Frames nur in ihrer Eigenschaft als *Datenstrukturen mit Vererbung* gesehen, und die übrigen Aspekte der Frametheorie, insbesondere Prozesse wie das Aufbauen von Erwartungen, der Wechsel zwischen Frames, die Darstellung von Unterschieden und Ähnlichkeiten und das Defaultverhalten werden in Mechanismen dargestellt, die mit Frames zunächst nichts zu tun haben.

Diese Unzulänglichkeiten finden ihren Ausdruck in der anhaltenden Auseinandersetzung um die Semantik von Frames und wie Frames repräsentiert werden sollen. Es werden grundlegende Fragen nach der Bedeutung von Slots (24) und von Vererbung (6) gestellt, und ob Frames nicht grundsätzlich als eine Menge logischer Prädikate aufgefaßt werden können (11).

In den folgenden Abschnitten stellen wir ObjTalk (19, 17, 18) als eine objektorientierte Sprache vor, die es erlaubt, die mit Frames verbundenen Prozesse objektorientiert zu repräsentieren.

3. ObjTalk

In der objektorientierten Betrachtungsweise von ObjTalk werden Frames als Objekte realisiert, deren Eigenschaften mit dem Verhalten beim Empfangen von Nachrichten beschrieben werden. In den folgenden Abschnitten werden wir kurz auf die Prinzipien objektorientierter Programmierung eingehen. Anschließend werden die Erweiterungen beschrieben, die es erlauben, ObjTalk als Framesprache zu verwenden.

---

[5] Automated Reasoning Tool

3.1. Objektorientierte Programmierung

Objektorientierte Programmierung unterscheidet sich von der herkömmlichen Art der Programmierung dadurch, daß nicht mehr der *Programmierschritt* oder die *Programmieranweisung* sondern das *Objekt* im Mittelpunkt steht. Die Kontrolle in einem Programm wird nicht mehr durch Kontrollstrukturen wie *Schleife, Verzweigung, Sprung,* usw. sondern durch das *Versenden und Empfangen von Nachrichten* beschrieben (Abb. 3-1).

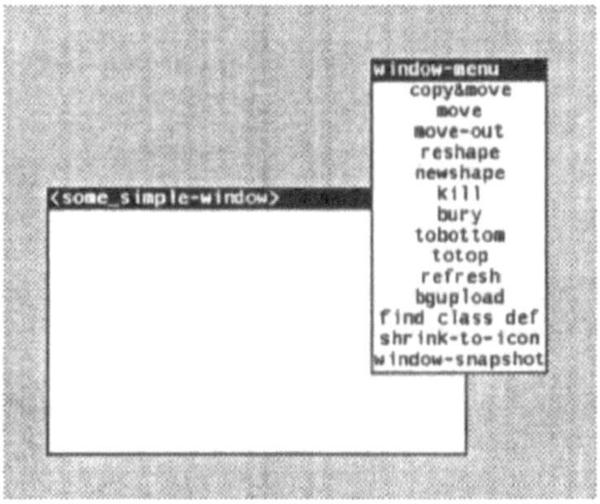

Abbildung 3-1: Einige der Nachrichten, die an ein Fensterobjekt gesandt werden können, erscheinen als Einträge des Fenstermenüs

Nachrichten werden auf Grund der *Methoden* und des *internen Zustands* eines Objekts interpretiert. Der interne Zustand eines Objektes ist durch die Werte seiner *Slots* beschrieben (Abb. 3-2).

Die Reaktion auf eine Nachricht kann in der Veränderung des Objektzustands bestehen (ein Fenster ändert seine Position auf dem Bildschirm), in der Rückgabe einer Antwort (eine Fenster antwortet mit seiner Größe) oder im Senden weiterer Nachrichten (eine Fenster sendet eine Nachricht an sein assoziiertes Menüobjekt). Objekt und Nachrichten bilden eine Einheit, so daß Objekte nur ihren eigenen Zustand unmittelbar verändern können und sie nur Nachrichten an Objekte senden können, die ihnen bekannt sind. Objekte haben also ein *Außen* und ein *Innen*. Nach außen sind die

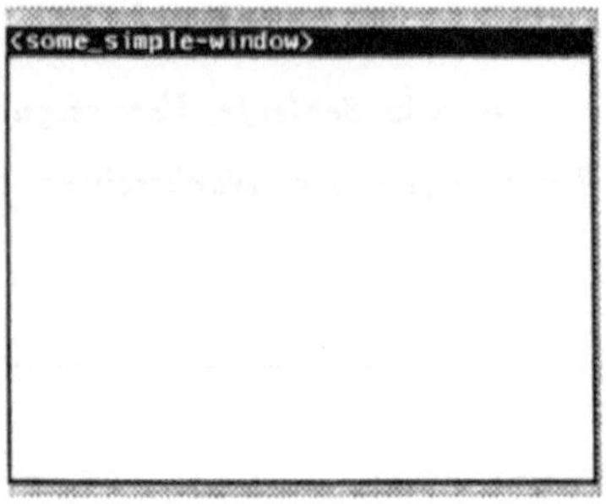

class	#.simple-window
pname	<some_simple-window>
background	nil
immediate-refresh?	t
exposed?	t
innerregion	(352 422 326 188)
screenregion	(350 420 330 208)
top-menu	#.window-menu
containing-window	#.THE-SCREEN
disable-cursor	t
font	#.us-ascii
bg-id	15
origin	(352 422)
saved?	nil
margins-sizes	(18 2 2 2)
border-size	2
title-reg	(352 610 326 16)
title-offsets	(18 2 2 2)
title-height	16
title	"<some_simple-window>"

Ein Fensterobjekt besitzt Slots für den Bereich des Bildschirms, den es einnimmt, für ein Menüobjekt[6] mit Fensteroperationen, für das Muster des Hintergrunds, für Ränder, für Titelzeile und für den aktuellen Zeichensatz.

Abbildung 3-2: Der interne Zustand eines Fensterobjekts

Nachrichten bekannt, auf die das Objekt reagieren kann. Im Inneren kennt das Objekt seine Methoden und seinen internen Zustand. Auf diese Weise kommt ein hohes Maß an Modularität und Sicherheit im Bezug auf Seiteneffekte zustande.

Objekte, die auf Nachrichten ähnlich reagieren (d.h. dieselben Methoden besitzen), können zu einer *Klasse* zusammengefaßt werden. Methoden und die Beschreibung des internen Zusatands sind bei der Klasse lokalisiert. So gehört ein bestimmtes Fenster zu der Klasse aller Fenster. In objektorientierten Systemen ist darüberhinaus meist eine Subklassenbildung möglich. Man spricht von *Vererbung* von Eigenschaften, wenn man ausdrücken will, daß die Reaktion auf Nachrichten und die Beschreibung des internen Zustands eines Objekts durch alle Klassen beschrieben werden, in der die Klasse des Objekts enthalten ist. Klassen formen eine Hierarchie, entlang der Eigenschaften vererbt werden (Abb. 3-3).

[6] Objektnamen werden durch #. gekennzeichnet.

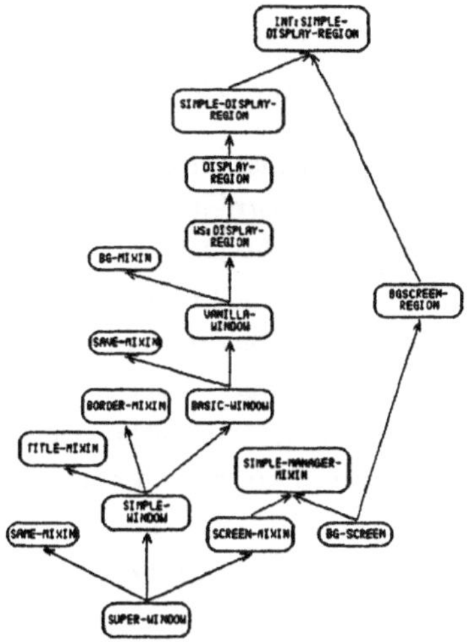

Die oberen Klassen der Hierarchie beschreiben grundlegende Eigenschaften von rechteckigen Bereichen auf einem "Bitmap-Terminal". Dort sind Methoden zum Erzeugen, Bewegen und Verändern der Größe definiert. In Subklassen kommen neue Eigenschaften hinzu oder es werden vorhandene erweitert.[7]

Abbildung 3-3: Die Klassen eines Fenstersystems

In unserem Beispiel wird zur Klasse der Fenster (`simple-window`) eine Subklasse gebildet, die das Verhalten von Fenstern mit Unterfenster beschreibt (`super-window`). Die Eigenschaften aller Fenster (Position, Größe, die Reaktion auf Nachrichten wie `aendere-groesse`, `bewege`, usw.) *vererbt* sich dabei auf die neue Klasse und braucht dort nicht wiederholt angegeben werden. Neue Nachrichten wie `loesche-unterfenster` werden in der neuen Klasse zusätzlich definiert.

[7]Diese Hierarchie ist Teil eines operationalen Fenstersystems (9).

3.2. Klassen und Instanzen

In ObjTalk sind prototypische Sachverhalte, Situationen, Ereignisse und Gegenstände - also Frames - in Form von Klassen und Instanzen realisiert. Klassen werden durch *Methoden*, *Slots*, *Superklassen*, *Regeln* und *Constraints* beschrieben:

- Deklarative und prozedurale Eigenschaften von Frames werden auf das Verhalten beim Empfang von *Nachrichten* und damit auf die Definition von *Methoden* zurückgeführt (Abschn. 3.3).
- *Slots* entsprechen den Terminalen der Frames. In Slotbeschreibungen werden Werte eingeschränkt oder mit Defaults versehen (Abschn. 3.4).
- In Klassen werden explizit nur die Eigenschaften beschrieben, die die Eigenschaften anderer Klassen, der *Superklassen*, spezialisieren. Eigenschaften werden von Superklassen ererbt (Abschn. 3.5).
- *Regeln* beschreiben, wie Objektzustände, die durch die Wertebelegung von Slots repräsentiert sind, in neue Objektzustände übergeführt werden (Abschn. 3.6).
- *Constraints* sind Bedingungen, die zwischen den Slotwerten eines Objekts aufrecht erhalten werden. Mit ihnen werden Abhängigkeiten zwischen Slots beschrieben (Abschn. 3.7).

3.3. Methoden und Nachrichten

In ObjTalk werden die mit Frames verbundenen Prozesse durch *Senden und Empfangen von Nachrichten* beschrieben. Der Prozeß des Nachrichtensendens spielt dabei die Rolle einer *Aufgabendelegation*. Wie in einem "System kommunizierender Experten" (15) ist das Wissen über verschiedene Problembereiche in verschiedenen Objekten lokalisiert, die als Experten fungieren. Jedes Objekt hat eine spezielle Expertise, die von anderen Objekten über das Senden von Nachrichten angefordert werden kann.

Die Experten überschauen jeweils nur begrenzte Problembereiche. Sie können aber Teilprobleme an andere Experten delegieren. Die für das Teilproblem notwendigen Daten werden über Slotinhalte mitgeteilt (Abschn. 3.4).

Zur Darstellung der Abhängigkeiten in FINANZ werden ein Reihe von Frames definiert, die Wissensfragmente repräsentieren. Sie stellen z.B. Einflußfaktoren auf das Gehalt eines Wissenschaftlers dar. In ihnen ist Wissen über jährliche Steigerungsraten, Urlaubsgeld, Sozialabgaben usw. enthalten. Zusammen formen sie ein Geflecht, dessen Teile über Nachrichten aktiviert werden.

Für die Interpretation einer Benutzereingabe wird an das Frame, das das betreffende Formularfeld repräsentiert, eine Nachricht gesandt. Je nach erwarteter Benutzereingabe, die durch Frametyp, Restriktionen der Terminalwerte und Relationen zwischen den Terminalwerten bestimmt wird, wird die geeignete Interpretationsmethode aktiviert (Abb. 2-2).

Alle Objekteigenschaften werden auf *Verhalten* und damit auf die Definition von *Methoden* zurückgeführt.[8] Für die objektorientierte Betrachtungsweise, in der Methoden eng mit Frames verbunden sind, spricht die enge Verknüpfung der Prozesse mit Frames:

- Ähnlichkeiten und Unterschiede, sowie Prozesse, die zur Angleichung eines Frames führen, hängen in hohem Maße von der Situation, dem Ereignis oder dem Gegenstand ab, der durch das Frame beschrieben wird.
- Kriterien für die Angemessenheit eines Frames zur Beschreibung einer Situationen können nicht allgemeiner Natur sein, sondern hängen unmittelbar von dem jeweiligen Frame selbst ab.
- Prozesse, die bei der Belegung mit Terminalwerten ausgelöst werden, hängen von den Terminalen des Frames und damit vom Frame selbst ab.
- Der Übergang zwischen Frames eines Framesystems hängt von den Frames ab. Es kommt auf die jeweilige Situation an, was als Veränderung des Blickwinkels interpretiert werden kann.

3.4. Slotbeschreibungen

Den Terminalen von Frames entsprechen in ObjTalk die Slots von Objekten. Deklarative Frameeigenschaften wie Restriktionen und Defaultwerte werden mit Hilfe von *Slotbeschreibungen* ausgedrückt. Diese legen darüberhinaus *Initialisierungen*, *angebundene Prozeduren* und *Koreferenzen* fest.

Slotbeschreibungen werden auf die Definition von *Slotmethoden* zurückgeführt. Diese steuern Initialisierungs- und Defaultverhalten und überwachen Slotrestriktionen. Die Definition von Slotmethoden auf Grund deklarativer Slotbeschreibungen ist ein wesentliches Prinzip der ObjTalk-Erweiterungen.

---

[8] Dies gilt auch für die deklarativen Anteile (Abschn. 3.4).

Restriktionen. Restriktionen sind in ObjTalk einstellige LISP-Prädikate oder spezielle ObjTalk-Formen, die den Wert eines Slots auf die Instanz einer Klasse beschränken. Restriktionen können durch Und- und Oder-Beziehungen miteinander verknüpft werden.

Die Angabe von Restriktionen für einen Slotwert führt je nach Frametyp zur Erzeugung von Methoden, die das Verhalten des Frames insgesamt steuern. Die Restriktion eines Slots auf DM-Beträge einer bestimmten Größenordnung erlaubt die Generierung eines Parsers, der beim Belegen des Slots über eine Slotnachricht aktiviert wird.

Defaults. Defaults sind Formen, die nur dann als Slotwert eingesetzt werden, wenn bei Erzeugung einer Instanz kein anderer Slotwert angegeben wird. Bei Instantiierung einer Klasse erhält das neue Objekt für jeden Slot eine Initialisierungsnachricht. Dies führt dazu, daß das Objekt versucht, den betreffenden Slot mit einem Wert zu belegen. Dieser Prozeß hängt von den Eigenschaften des Objekts ab. Wird kein Wert zur Verfügung gestellt, greift das Objekt auf den Defaultwert zurück.

Das Initialisierungsverhalten von Slots wird in eigenen Slotmethoden dargestellt, die vom ObjTalk-System - unter Einbeziehung des Defaultwertes - automatisch erzeugt werden.

Angebundene Prozeduren. In ObjTalk können Operationen auf Slots durch *angebundene Prozeduren* überwacht werden. Angebundene Prozeduren erlauben ein *datenorientiertes* Programmieren. Im Unterschied zur Aktivierung einer explizit definierten Methode auf Grund von Nachrichten werden angebundene Prozeduren auf Grund von Slotzugriffen aktiviert. Angebundene Prozeduren sind mit Hilfe erweiterter Slotmethoden realisiert. Ein Zugriff auf einen Slot bedeutet in ObjTalk das Senden einer Nachricht. Für jeden Slot sind daher eigene Methoden definiert, die auf diese Slotnachrichten reagieren. Diese Methoden werden vom System auf Grund angebundener Prozeduren erweitert.[9]

---

[9] In Framesprachen, in denen Slotzugriffe nicht mit Hilfe von Nachrichten realisiert sind, müssen die allgemeinen Slotzugriffsfunktionen die Existenz einer angebundenen Prozedur prüfen, bevor der tatsächliche Slotzugriff erfolgen kann.

Koreferenzen. Frames eines Framesystems haben dieselben Terminale. Diese entsprechen in ObjTalk *koreferenten* Slots. Sie haben stets denselben Wert. Wird der Wert eines Slots gesetzt, modifiziert oder gelöscht, werden die Slotinhalte der zu diesem Slot koreferenten Slots in der gleichen Weise verändert.

In FINANZ sind Formulare oft nur Perspektiven auf dieselbe zugrundeliegende Datenstruktur. Unterschiedliche Formularfelder, die dieselbe Datenstruktur sichtbar machen, sind mit Hilfe koreferenter Slots gleichgesetzt.

Durch Gleichsetzen von Slots *unterschiedlicher* Klassen können Eigenschaften zwischen Klassen übertragen werden. Dadurch können *Constraint-Netze* aufgebaut werden (Abschn. 3.7).

3.5. Superklassen

Frames sind dann für die Beschreibung einer Situation gut geeignet, wenn sie viele Einzelheiten eines Ereignisses oder Gegenstandes möglichst genau beschreiben. Am besten geeignet wäre also ein Frame, das nur auf genau eine Situation anwendbar ist. Dieser Extremfall tritt jedoch nicht auf, denn Frames haben den Zweck, von konkreten Einzelfällen zu abstrahieren.

Frames beschreiben also Situationen nur angenähert. Sie können sehr genau sein oder von allgemeinerer Natur. Frames werden daher in einer *Generalisationshierarchie* angeordnet, an deren oberem Ende allgemeine und an deren unteren Enden spezielle Frames stehen. Spezialisierung kann dabei als Mengeninklusion, als logische Inferenz oder als Vererbung struktureller Eigenschaften interpretiert werden (5).

In vielen Framesprachen wird das Prinzip der Spezialisierung entlang der Framehierarchie durchbrochen. Dort können Frameeigenschaften in Unterframes beliebig modifiziert werden. Dies hat zur Folge, daß keine sicheren Aussagen über Frames auf Grund ihres Platzes in der Vererbungshierarchie gemacht werden können (6).

In ObjTalk werden entlang der Klassenhierarchie Eigenschaften *vererbt*. Eine *Vererbungshierarchie* kann nur als Generalisationshierarchie angesehen werden, wenn in den Klassen Eigenschaften von Superklassen *spezifischer* definiert werden. In objektorientierten Programmiersprachen - also auch in ObjTalk - können Eigenschaften definiert werden, ohne daß damit notwendigerweise eine Spezialisierung einhergeht:

- Methoden können vollständig ersetzt werden.
- Neue Methoden, die das Verhalten erweitern, können hinzugefügt werden.
- Zusätzliche Slots können definiert werden.

Auch in den durch die Frametheorie motivierten Sprachanteilen von ObjTalk können Erweiterungen in Subklassen vorgenommen werden.

Die Interpretation der Superklassenbeziehung in ObjTalk als Generalisationshierarchie ist also nur mittelbar möglich und hängt in starkem Maße von der Verwendung der Sprachmittel ab.

Multiple Superklassen. Objekte eines Anwendungsbereichs gehören normalerweise mehreren Klassen an. Objekteigenschaften setzen sich daher aus den Eigenschaften mehrerer Klassen zusammen. Die Beschränkung auf eine strenge Hierarchie, in der Klassen höchstens eine Superklasse haben dürfen, führt daher zu Problemen.

Klassen, die Fensterobjekte einer Bildschirmschnittstelle beschreiben, können in einem System mit strenger Hierarchie wie in Abbildung 3-4a angeordnet werden.

Das Problem besteht darin, daß Form, Beschriftung und Rahmen orthogonale Merkmale sind. Sollen Fensterklassen mit allen Kombinationsmöglichkeiten zulässig sein, werden z.B. die Merkmale, die einen Rahmen beschreiben, an verschiedener Stelle der Hierarchie wiederholt. Dies kann dadurch vermieden werden, daß eine Klasse mehrere Superklassen haben kann, von denen sie Eigenschaften ererbt (Abb. 3-4b).

Der Spezialisierungsbegriff für Klassenhierarchien behält auch bei der Verwendung multipler Superklassen seine Gültigkeit: Jede Klasse ist Spezialisierung jeder ihrer Superklassen. Das Verwenden mehrerer Superklassen erfolgt in Analogie zur Definition neuer Slots. Ererbte Eigenschaften werden nicht durch zusätzliche Restriktionen spezifischer definiert, sondern es kommen neue Beschreibungsmerkmale hinzu.

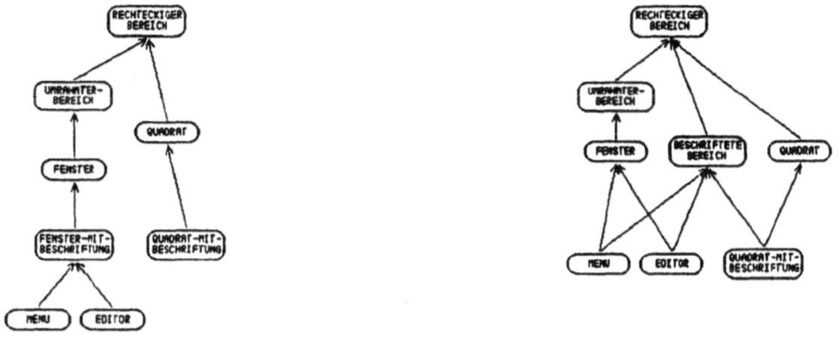

a) Strenge Hierarchie **b)** Hierarchie mit multiplen Superklassen

Abbildung 3-4: Zwei Hierarchien von Klassen eines fensterbasierten Systems

3.6. Regeln

Auswahl und Angleichung von Frames an Situationen werden durch die Wertebelegung der Terminale gesteuert. Dieser Prozeß ist von *mehreren* Terminalen abhängig. Er kann in ObjTalk mit Hilfe von Regeln realisiert werden. Regeln werden häufig durch die Veränderung des *Objektzustands* aktiviert.

Regelsysteme haben im Bereich von *Expertensystemen* eine große Bedeutung gewonnen. In *Produktionssystemen* wird der Bedingungsteil der Regeln mit einem *globalen Systemzustand* verglichen. Die Ausführung der Regeln bewirkt eine Veränderung dieses Systemzustands, so daß im nächsten Zyklus weitere Regeln ablaufen können (13, 21).

Die Definition einer Regel führt in ObjTalk zur Definition von *Regelmethoden.* Diese werden mittels Nachrichten aktiviert, die das Objekt auffordern, eine Angleichung an veränderte Gegebenheiten (z.B. eine veränderte Belegung der Slots) vorzunehmen.

In ObjTalk ist der Systemzustand, mit dem die Bedingungsteile der Regeln verglichen werden, auf die Slots **eines** Objekts beschränkt. Es gibt keine globale Datenstruktur, auf die alle Regeln zugreifen. Die Vorteile dieser Regelorganisation liegen darin, daß

Teilprobleme lokal und relativ unabhängig von anderen Objekten gelöst werden können. Im Sinne der Aufgabendelegation repräsentieren Objekte Experten, denen das Expertenwissen in Form einer Regelmenge zugeordnet ist. Dadurch kann die Form der Regeln den Erfordernissen der Aufgabe angepaßt werden. Globale Zusammenhänge müssen durch expliziten Nachrichtenaustausch oder durch die Verwendung von Koreferenzen zwischen Slots unterschiedlicher Objekte gelöst werden.

3.7. Constraints

Zwischen den Terminalen von Frames sind Relationen definiert. In ObjTalk werden solche Relationen durch *Constraints* beschrieben. Constraints sind Bedingungen, die zwischen den Slotwerten eines Objekts eingehalten werden müssen. Während sich mit Hilfe von Slotbeschreibungen Restriktionen für jeweils *einen* Slot formulieren lassen, stellen Constraints Beziehungen *zwischen* verschiedenen Slots her. Zur Realisierung von Constraints werden Regeln verwendet, die die Abhängigkeiten zwischen den Slots prozedural beschreiben.

Einfache arithmetische Constraints beschreiben den Zusammenhang zwischen Summe und Summanden oder zwischen Produkt und Faktoren. Die Constraints sind dabei als spezielle ObjTalk-Klassen (Abschn. 3.2) implementiert. Sie können wie andere ObjTalk-Klassen instantiiert werden. Durch Gleichsetzung von Slots solcher *Constraint-Instanzen* über die Koref-Beziehung (Abschn. 3.4) werden *Constraint-Netze* aufgebaut. Die Abhängigkeit zwischen Wärmegraden in Celsius und Fahrenheit kann mit einem Constraint-Netz (Abb. 3-5) dargestellt werden (4, 22). Dabei sind die Knoten Instanzen der jeweiligen Constraint-Klasse. Wird einer der Slotwerte verändert, so pflanzt sich die Veränderung über die Verbindungskanten des Netzes fort, um die mit Hilfe der Constraints beschriebenen Konsistenzbedingungen aufrecht zu erhalten.

Constraints leisten einen entscheidenen Beitrag, ObjTalk-Klassen als Frames zu verwenden.

1. Mit Constraints können Eigenschaften von Objekten *deklarativ* beschrieben werden. Constraints charakterisieren Objekte, indem sie Bedingungen für die Wertebelegung der Slots festlegen.

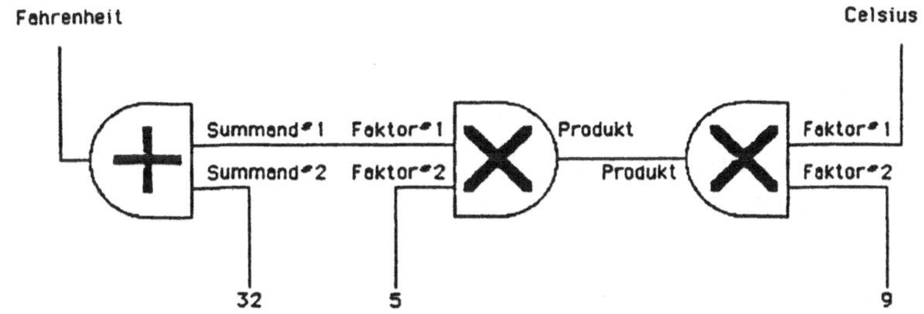

(Fahrenheit - 32) * 5 = Celsius * 9

Abbildung 3-5: Die Beziehung zwischen Celsius und Fahrenheit als Constraintnetz

2. Mit Constraints können Eigenschaften von Objekten *prozedural* beschrieben werden. Constraints repräsentieren nicht nur Bedingungen, die unter den Slots eines Objekte erfüllt sein müssen, sondern auch Regeln, wie die Konsistenz hergestellt werden kann.
3. Constraints sind selbst Objekte. Bedingungen zwischen den Slots eines Objekts sind damit *explizit* repräsentiert. Dies hat zur Folge, daß Constraints selbst Objekte der Betrachung sein können. Es können z.B. Bedingungen für Constraints oder Restriktionen für die Slots der Constraints formuliert werden. Dies trägt zum *Metawissen* des Systems bei.

4. Schlußbemerkungen

Wir haben gezeigt, wie Struktur und Prozesse von Frames mit Hilfe objektorientierter Programmierung beschrieben werden können. Objektorientierte Programmiersprachen sind generell gut geeignet, um Eigenschaften von Frames zu realisieren, denn eine Reihe von Konzepten lassen sich leicht aufeinander abbilden:

- *Slots - Terminale*
  Slots objektorientierter Sprachen entsprechen den Terminalen von Frames. Subframes, d.h. Frames, die Terminale von Frames füllen, entsprechen Objekten als Slotwerte von Objekten.
- *Defaults - Erwartungen*
  Voreinstellungen, Erwartungen und Annahmen in Frames entsprechen Defaultwerten in Slots von Objekten.
- *Spezialisierung - Vererbung*
  Allgemeine Frames, die Situationen relativ ungenau beschreiben, können durch speziellere Frames konkretisiert werden. In objektorientieren Sprachen wird spezialisiertes Verhalten durch Vererbung von Slots und Methoden realisiert.

Einige Eigenschaften von Frames lassen sich dagegen nicht unmittelbar auf Objekteigenschaften übertragen:

- *Restriktionen*
  In Frames bestimmen Restriktionen der Terminale, wie gut ein Frame einer gegebenen Situation entspricht. Slotwerte in objektorientierten Sprachen sind keinen Restriktionen unterworfen.
- *Abhängigkeiten zwischen Terminalen*
  Die Eigenschaften von Frames sind auch durch Abhängigkeiten der Terminale untereinander beschrieben. Slotwerte in objektorientierten Sprachen unterliegen keinen besonderen Abhängigkeiten.
- *Framesysteme*
  Framesysteme bestehen aus mehreren, gleichartigen Frames, deren Terminale mit denselben Werten gefüllt sind. In objektorientierten Sprachen existieren keine vordefinierten Mechanismen, mit deren Hilfe Slots von Objekten desselben Systems anderen gleichgesetzt werden können und diese Abhängigkeit automatisch aufrecht erhalten werden kann.
- *Relationen zwischen Frames*
  Wichtiges, beschreibendes Merkmal eines Frames sind Ähnlichkeiten und Unterschiede zu anderen Frames. Die einzige, vordefinierte Verbindung zwischen Klassen objektorientierter Sprachen wird durch die Superklassenbeziehung beschrieben. Es gibt keine weitere, vordefinierte Möglichkeit, Unterschiede und Ähnlichkeiten zwischen Klassen in objektorientiert Sprachen zu beschreiben.

Als konkretes objektorientiertes Sprachsystem haben wir ObjTalk vorgestellt. In ObjTalk sind framebasierte Erweiterungen mit Hilfe der objektorientierten Programmierung realisiert. Das Sprachdesign ist offen, so daß ObjTalk auch als eine Sprache verstanden werden kann, die es erlaubt, Erweiterungen im Sinne der Frametheorie vornehmen zu können.

ObjTalk wurde im Rahmen mehrerer Forschungsprojekte entwickelt. Es wird in vielen Systemen aktiv eingesetzt (10). ObjTalk ist in FRANZLISP und ZETALISP implementiert und steht auf VAX-, SUN- und Symbolics-Rechnern zur Verfügung.

5. Literatur

(1) D.G. Bobrow et al.: *"GUS. A Frame-Driven Dialog System". Artificial Intelligence* (8), 1977.

(2) D.G. Bobrow, M.J. Stefik: *"The LOOPS Manual".* Technical Report KB-VLSI-81-83, Knowledge Systems Area, XEROX Palo Alto Research Center (PARC), 1981.

(3) D.G. Bobrow, T. Winograd: *"An Overview of KRL, a Knowledge Representation Language". Cognitive Science* 1(1), pp 3-46, 1977.

(4) A. Borning: *"Thinglab -- A Constraint-Oriented Simulation Laboratory".* Technical Report SSL-79-3, XEROX Palo Alto Research Center, Palo Alto, CA, 1979.

(5) R.J. Brachman: *"What IS-A Is and Isn't: An Analysis of Taxonomic Links in Semantic Networks". IEEE Computer* 16(10), pp 30-36, 1983.

(6) R.J. Brachman: *""I Lied about the Trees" Or, Defaults and Definitions in Knowledge Representation". AI-Magazine* 6(3), pp 80-93, 1985.

(7) D. Bungers, G. Brewka: *"Babylon, ein Softwarewerkzeug für den Wissensingenieur". Computer Magazin* , pp 48-53, September, 1985.

(8) F. DiPrimio: *"Babylon as a Tool for Building Expert Systems".* In *Tagungsband zur Tagung Wissensbasierte Systeme.* Gesellschaft für Informatik, 1985.

(9) F. Fabian: *"Fenster- und Menuesysteme in der MCK". Mensch-Computer-Kommunikation.* Volume 1.*Methoden und Werkzeuge zur Gestaltung benutzergerechter Computersysteme.* Walter de Gruyter, Berlin - New York, 1986, pp 101-119, chapter V

(10) G. Fischer, R. Gunzenhaeuser (editors): *"Methoden und Werkzeuge zur Realisierung menschengerechter Computersysteme".* Walter de Gruyter, Berlin - New York, 1986.

(11) P.J. Hayes: *"The Logic of Frames". Frame Conceptions and Text Understanding.* Walter de Gruyter and Co., Berlin, 1979, pp 46-61

(12) T.P. Kehler, G.D. Clemenson: *"An Application Development System for Expert-systems". Systems and Software* 34, pp 212-224, 1984.

(13) J. McDermott: *"R1: A rule-Based Configurer of Computer Systems"*. *Artificial Intelligence* , September, 1982.

(14) M. Minsky: *"A Framework for Representing Knowledge"*. In P.H. Winston (editor), *The Psychology of Computer Vision*, pp 211-277. McGraw-Hill Book Company, New York, 1975.

(15) M. Minsky: *"The Society Theory of Thinking"*. In P.H. Winston, R. Brown (editors), *Artificial Intelligence: An MIT Perspective*, pp 421-452. The MIT Press, Cambridge, MA, 1979.

(16) C. Rathke: *"Wissensbasierte Systeme: Mehr als eine attraktive Bildschirmgestaltung"*. *Computer Magazin* 12(3), pp 40-41, March, 1983.

(17) C. Rathke: *"ObjTalk Primer"*. Institutsbericht, Institut fuer Informatik, Universitaet Stuttgart, 1984.

(18) C. Rathke: *"Objektorientierte Wissenspraesentation (Object-Oriented Knowledge Representation)"*. In G. Fischer, R. Gunzenhaeuser (editor), *Methoden und Werkzeuge zur Gestaltung benutzergerechter Computersysteme.* Verlag Walter de Gruyter & Co., Berlin - New York, 1986. Chapter 3.

(19) C. Rathke, J. Laubsch: *"OBJTALK: Eine Erweiterung von LISP zum objektorientierten Programmieren"*. In H. Stoyan, H. Wedekind (editors), *Objektorientierte Software- und Hardwarearchitekturen*, pp 60-75. Teubner Verlag, Stuttgart, 1983.

(20) R.B. Roberts, I.P. Goldstein: *"The FRL-Manual"*. Technical Report MIT-AI Memo 409, MIT, 1977. Cambridge, MA.

(21) E.H. Shortliffe: *Artificial Intelligence Series*. Volume 2: *"Computer-Based Medical Consultations: MYCIN"*. Elsevier, New York - Amsterdam, 1976.

(22) G.L. Steele: *"The Definition and Implementation of a Computer Programming Language based on Constraints"*. Technical Report MIT-TR 595, MIT Artificial Intelligence Laboratory, 1980. Cambridge, Massachusetts.

(23) M.J. Stefik: *"Planning with Constraints"*. *Artificial Intelligence* 16(2), pp 111-114, May, 1981.

(24) W.A. Woods: *"What's in a Link: Foundations for Semantic Networks". Representation and Understanding: Studies in Cognitive Science.* Academic Press, New York, 1975, pp 35-82

Dr. Christian Rathke
Department of Computer Science und Institute of Cognitive Science
University of Colorado, Campus Box 430
Boulder, CO 80309, USA
CS-Net: chr@boulder, Tel.: (303) 492-7135

Eine Wissensrepräsentationssprache für Kontrollwissen in regelbasierten Systemen

Michael Beetz
Fachbereich Informatik
Universität Kaiserslautern
Postfach 3049
6750 Kaiserslautern

Zusammenfassung

Das zielgerichtete Lenken von Suchprozessen ist ein Schlüsselproblem in der KI-Forschung. Der wissensbasierte Ansatz zur Lösung dieses Problems erfordert geeignete Konzepte zur Repräsentation von Problemlösungswissen und einen Interpreter, der unter Verwendung des formal dargestellten Problemlösungswissen nach Lösungen sucht. In dieser Arbeit wird ein Wissensrepräsentationsformalismus zur Spezifikation benutzerdefinierter Kontrollstrategien in regelbasierten Systemen entwickelt. Der Ansatz basiert auf wenigen Grundkonzepten: Ausgangspunkt ist der Regelkomplex, mit dem Regelbasen strukturiert werden. Darauf aufbauend werden Kontrollstrategien als partielle bzw. vollständige Beschreibungen sinnvoller Interaktionsmöglichkeiten von Regelkomplexen eingeführt. Eine Vielzahl von Kontrollstrategien kann durch Kombination der Konzepte Verkettung, Metaregeln und Operatoren beschrieben werden. In dem hier dargestellten Formalismus werden Kontrollstrategien als Wissen und nicht als Programmkode dargestellt. Dies ermöglicht den Aufbau modularer, selbstdokumentierender und erklärungsfähiger Wissensbasen

1. Motivation

Für viele Aufgaben, die mit wissensbasierten Systemen gelöst werden sollen, sind besonders große Suchräume charakteristisch. Dies erfordert neuartige, an das zu lösende Problem angepaßte Kontrollstrategien, die selten zu Beginn des Systementwurfs bekannt sind und erst schrittweise entwickelt werden müssen. Man benötigt daher Formalismen, in denen Kontrollstrategien schnell und einfach spezifiziert und geändert werden können.

Momentan verfügbare Expertensystem-Entwicklungsumgebungen stellen solche Formalismen nicht zur Verfügung. Sie sind entweder Shells, die nur eine fest vorgegebene Kontrollstrategie bereitstellen und deshalb sehr eingeschränkt sind (z.B. EMYCIN [1], MED1 [2]) oder aber hybride Systeme (KEE [3], BABYLON [4]). Hybride Systeme stellen zwar eine Vielzahl von Wissenrepräsentationsmechanismen zur Verfügung, die Kontrollstrategien müssen aber implizit als Programmkode dargestellt werden. Dieses Kodieren von Kontrollstrategien in Programmstücke führt zu schwer änderbaren, nicht modularen und nicht erklärungsfähigen Systemen.

In dieser Arbeit gehen wir von zwei grundlegenden Schwierigkeiten bei der Repräsentation von Kontrollwissen in zur Zeit verfügbaren Systemen aus: der impliziten Kodierung und der Vermischung von verschiedenen Arten von Kontrollwissen. Meta-Level Architekturen sind Programmarchitekturen, mit denen solche Schwierigkeiten beseitigt werden können. Wir stellen hier eine Sprache zur expliziten und deklarativen Repräsentation von Kontrollwissen vor, die es erlaubt, Meta-Level Architekturen zur Kontrolle von Suchprozessen zu spezifizieren. Die Sprache gestattet mit Hilfe von Regelkomplexen Regelbasen in Regelmengen zu partitionieren und die Voraussetzungen für die Anwendbarkeit und die Teilprobleme, die mit den Regelmengen gelöst werden sollen explizit anzugeben. Kontrollstrategien sind Beschreibungen für Reihenfolgen, in denen Regelkomplexe in einem Problemlösungsprozeß angewendet werden sollen und können durch verschiedene Konzepte beschrieben werden. Nachdem die wichtigsten Konzepte der Sprache vorgestellt sind, wird ein Beispiel für eine Regelbasis dargestellt

2. Vermischung von verschiedenen Wissensarten in regelbasierten Systemen

Eine weitere Möglichkeit für die Darstellung von Kontrollstrategien sind Produktionsregeln einer einfachen Regelsprache (wie OPS5 [5]). Um zu erklären, warum es schwierig ist, auf diese Art Kontrollstrategien zu repräsentieren, betrachten wir die folgende Produktionsregel einer komplexen Regelbasis.

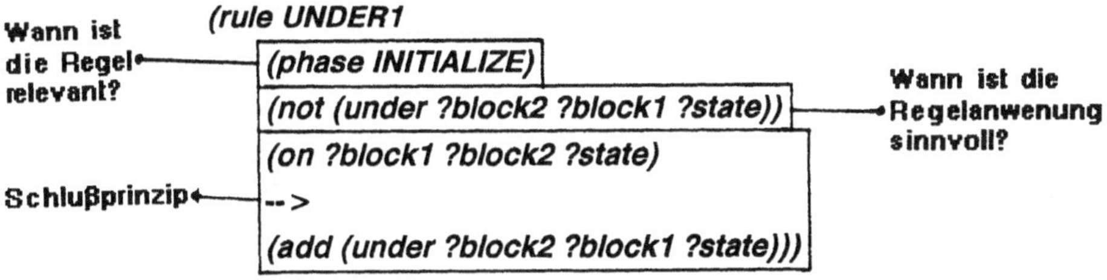

Man kann die Bedeutung der Regel folgendermaßen beschreiben: Befindet sich der Problemlösungsprozeß in der Phase INITIALIZE, d.h. (phase INITIALIZE) ist ein Element der aktuellen Datenbasis, und gibt es in der Datenbasis eine Instanz des Musters (on ?block1 ?block2 ?state) und keine Instanz des Musters (under ?block2 ?block1 ?state), dann füge die instantiierte Symbolstruktur (under ?block2 ?block1 ?state) in die Datenbasis ein.

Wieso ist diese Regel keine adäquate Darstellung des in ihr enthaltenen Wissens?
Aus konzeptioneller Sicht beinhaltet diese Regel verschiedene Arten von Wissen, die in diesselbe Repräsentationsstruktur abgebildet werden:

1. Wissen darüber, wann die Regel relevant ist. Im obigen Beispiel also nur während der Phase INITIALIZE. Regeln tragen i.a. etwas zur Lösung von Teilproblemen bei. Das impliziert, daß sie nur dann angewendet werden sollten, wenn der Problemlöser das entsprechende

Teilproblem betrachtet.

2. Wissen darüber, wann die Regel sinnvoll eingesetzt werden kann. Nämlich dann, wenn das Ergebnis ihrer Anwendung noch nicht explizit in der Datenbasis steht.
3. Das Schlußprinzip.

Die verschiedenen Arten von Wissen, die der Regel zugrunde liegen, können von Knowledge Engineers nur schwer unterschieden werden, was zu schlechter Wartbarkeit führt. **Die syntaktische Ununterscheidbarkeit erschwert ausserdem die Generierung von Erklärungen.**

3. Ein Ansatz zur expliziten Repräsentation von Kontrollwissen

In diesem Kapitel wird ein Wissensrepräsentationsformalismus für die Beschreibung von Problemlösungsverhalten entwickelt. Es wird versucht, eine möglichst kleine Menge kognitiv adäquater Konzepte bereitzustellen, durch deren Kombination Problemlösungsprozesse auf natürliche Art und Weise beschrieben werden können.

Wir gehen dabei von einem mehrstufigen Problemlösungsmodell, einer Meta-Level Architektur zur Kontrolle, aus. Sie besteht aus einer Kontrollkomponente und einer Basisinferenzmaschine, wobei die Kontrollkomponente den Problemlösungszustand der Basisinferenzmaschine analysiert und ihre Suche steuert, indem sie ihr durch Aktivierung jeweils eine kleine Menge von Regeln zur Interpretation vorgibt. Als entscheidendes Kriterium einer Meta-Level Architektur wollen wir hier das Vorhandensein eines expliziten Modells der Basisinferenzmaschine ansehen, das heißt die Struktur und der Inhalt der Datenbasis, der Regeln (und Regelkomplexe) und der Kontrollstrategie sind explizit beschreibbar und sichtbar.

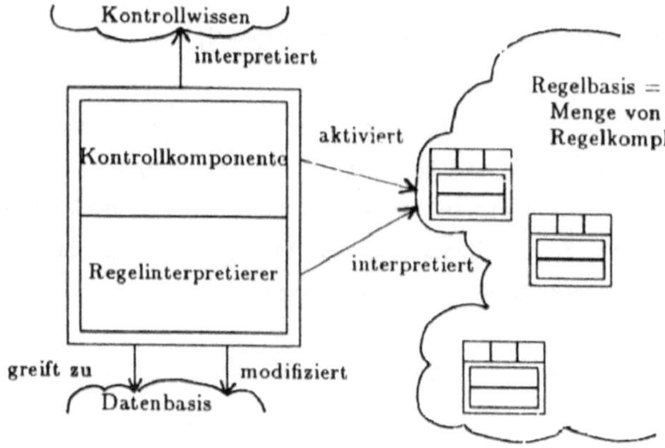

Figur 1: Steuerung der Suche durch die Interpretation von Kontrollwissen

3.1. Strukturierung der Regelbasis - Regelkomplexe

Oft bearbeiten Menschen Teilprobleme während eines Problemlösungsprozesses nacheinander und nicht gleichzeitig. Bildet man solche Vorgehensweisen in Kontrollstrategien von regelbasierten Systemen ab, werden Regeln immer nur dann angewendet, wenn sie zur Lösung des aktuellen Teilproblems beitragen. Es scheint deshalb sinnvoll zu sein Regeln nach inhaltlichen Kriterien den Teilproblemen zuzuordnen. Dies wird in der erweiterten Regelsprache CATWEAZLE durch das Konzept des Regelkomplexes ermöglicht.

Um die Regelbasis effizient interpretieren zu können, muß die Kontrollinstanz des Regelinterpretierers Wissen über das in der Regelbasis befindliche Wissen besitzen (vgl. hierzu [6]). Besonders wichtig ist Wissen darüber, welche Voraussetzungen für die Anwendbarkeit eines Regelkomplexes gegeben sein müssen, bzw. welche Teillösungen herleitbar sind. Um dieses Wissen explizit darstellen zu können darf ein Regelkomplex nicht nur eine Menge von Regeln sein, sondern muss eine komplexere syntaktische Struktur besitzen.

Ein Regelkomplex besteht aus einem Spezifikationsteil (der Namen des Regelkomplexes, seine Vor- und Nachbedingung) und dem Inhalt (einer Menge von Regeln).

Die Vor- und Nachbedingung der Spezifikation sind Muster über Symbolausdrücken, aus denen die Datenbasis aufgebaut ist. Der Spezifikationsteil ist, im Gegensatz zum Inhalt, von aussen sichtbar und stellt eine Abstraktion des Regelkomplexes dar. Hier ist eine Abstraktion die Projektion einer komplexen Beschreibung auf wenige Merkmale, die bzgl. der betrachteten Klasse von Problemen wichtig sind. Für Regelkomplexe sind diese Merkmale die Anwendbarkeit, das Abbruchkriterium für ihre Interpretation und mögliche Ergebnisse.

Die Struktur eines Regelkomplexes ist in Figur 2 veranschaulicht.

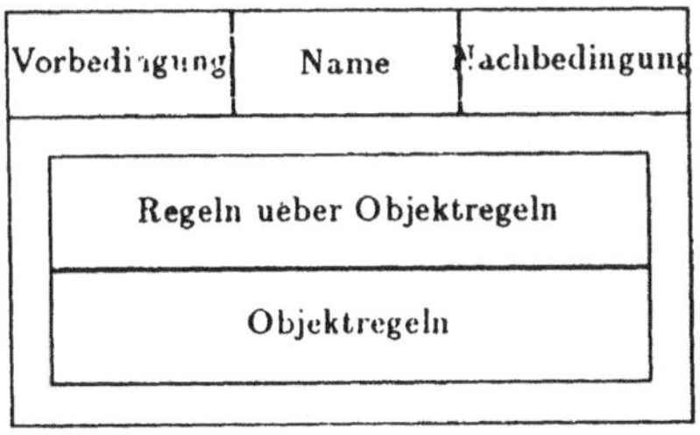

Figur 2: Syntaktische Struktur eines Regelkomplexes

Die prozedurale Interpretation eines Regelkomplexes geschieht folgendermaßen: Regelkomplexe können von aussen aktiviert werden. Falls sie aktiviert und ihre Vorbedingung erfüllt sind, wird ihr Inhalt solange auf der Datenbasis interpretiert, bis entweder die Nachbedingung erfüllt ist, oder aber keine weitere Regel des Komplexes mehr anwendbar ist.

Der Inhalt eines Regelkomplexes unterteilt sich in eine Objekt- und eine Meta-Regelbasis. Regeln der Objektebene geben an, in welchen Problemlösungszuständen welche Schlußfolgerungen gezogen werden können. Sie repräsentieren das Anwendungswissen des Experten. Regeln über Objektregeln (vgl. Metaregeln [7]) sind Produktionsregeln zur wissensbasierten Konfliktlösung. Sie geben an, welche von mehreren anwendbaren Regeln der Objektebene im Konfliktfall angewendet werden sollen.

Die Gesamtwissensbasis besteht in diesem Ansatz aus einer Menge von Regelkomplexen und der Kontrollstrategie.

3.2. Konzepte zum Beschreiben von Kontrollstrategien

Eine Kontrollstrategie ist ein Modell, das der Knowledge Engineer erstellt, um die Verhaltensweisen und Vorgehensweisen eines Experten beim Problemlösen zu beschreiben, und von dem er annimmt, daß es die Vorgehensweise des Experten beim Problemlösen widerspiegelt. Kontrollstrategien bestimmen die Abfolge von Phasen in dem Problemlösungsprozeß. Phasen sind Abschnitte im Problemlösungsprozeß und bezeichnen den Regelkomplex, der während der Phase interpretiert werden soll.

Kontrollstrategien spezifizieren, wie Regelkomplexe interagieren, um einen effizienten Problemlösungsprozeß zu bilden.

Im folgenden werden drei Konzepte zur Formalisierung von Kontrollstrategien vorgestellt:

1. Phasenfolgen, mit denen man die Reihenfolge der Ausführung der Regelkomplexe unabhängig vom aktuellen Problem festlegen kann.

2. Operatoren, die es gestatten eine Reihenfolge, die dem aktuellen Problem angepaßt ist, mit einem Planungssystem zu bestimmen.

3. Regeln über Regelkomplexen, die eingesetzt werden können, wenn zu viele unverhergesehene Variationen während des Inferenzprozesses auftreten und deshalb situationsabhängig entschieden werden muß, welcher Regelkomplex als nächster aktiviert werden soll.

3.2.1. Phasenfolgen

Eine Phasenfolge ist eine Folge von Regelkomplexnamen. Die Aktivierung eines Regelkomplexes innerhalb einer Phasenfolge ist deterministisch. Die Phasenfolge wird schrittweise abgearbeitet. Durch die Phasenfolge, die aktuelle Phase und den Inhalt der Datenbasis ist die Folgephase eindeutig festgelegt. Im folgenden Beispiel wird die HYPOTHESIZE-AND-TEST Kontrollstrategie als Phasenfolge formuliert.

```
phase-sequence HYPOTHESIZE-AND-TEST
 ÜBERSICHTSFRAGEN
 (loop ERZEUGE-KRANKHEITSHYPOTHESE
      TESTE-KRANKHEITSHYPOTHESE
    until {DIAGNOSE(?NAME-DER-DIAGNOSE,EVIDENT)})
 DIAGNOSE-UND-THERAPIEVORSCHLAG
end-strategy
```

Diese Phasenfolge beschreibt die folgende Problemlösungsmethode: Am Anfang stellt das System solange grundlegende Fragen, bis es alle notwendige Information erlangt hat, um eine Hypothese über die vorliegende Krankheit zu machen. Sobald das System eine Krankheitshypothese gefunden hat, die interessant genug erscheint, um weiter untersucht zu werden, wird diese Hypothese genauer getestet. Die letzten beiden Schritte werden solange wiederholt, bis eine Hypothese soviel Evidenz angesammelt hat, daß sie als gesichert gilt, oder aber keine Hypothese mehr interessant genug erscheint um weiter getestet zu werden.

3.2.2. Regeln über Regelkomplexen

Die Abstraktionen von Regelkomplexen, d.h. die Informationen darüber, wann Regelkomplexe einsetzbar sind und welche Teillösungen durch ihre Aktivierung erzielt werden können, erlauben einem Interpretierer der Repräsentationssprache, darüber zu reflektieren (vgl. [6]), welcher Regelkomplex im aktuellen Problemlösungszustand am effektivsten einsetzbar ist.

Wenn Kontrollwissen als Regeln über Regelkomplexen formuliert wird, werden Regelkomplexe so interpretiert, daß sie immer dann anwendbar sind, wenn der momentane Problemlösungszustand die Vorbedingung des Regelkomplexes erfüllt. Dabei treten Konflikte auf, wenn mehr als ein Regelkomplex auf einen Problemlösungszustand anwendbar ist. Diese können durch zusätzliche Metaregeln, die situationsabhängige Bedingungen für die Aktivierung überprüfen, aufgelöst werden. Eine Metaregel, eine Regel in deren Bedingungsteil Muster von Objektregeln auftreten und deren Aktionsteil Objektregeln aktivieren oder suspendieren kann, wird im folgenden Beispiel gezeigt:

```
(metaregel mr1*
  (anwendbarer-Regelkomplex ?r
    (mit-Nachbedingung
      (Teilproblem ?namen-des-Teilproblems ist-gelöst)))
  (Teilproblem ?Namen-des-Teilproblems ist-gelöst)
  -->
  (verhindere-Anwendung ?r))
```

In der Metaregel "mr1*" wird folgende Konfliktlösungstaktik modelliert: Wenn ein Regelkomplex anwendbar ist, dessen Nachbedingung schon in der Datenbasis enthalten ist, ist eine Aktivierung des Regelkomplexes nicht sinnvoll.

```
(metaregel mr2*
  (anwendbarer-Regelkomplex ?r
    (mit-Nachbedingung
      (Ziel ?X erfüllt)))
  (soll-gelöst-werden ?X)
  -->
  (aktiviere ?r))
```

Diese Metaregel drückt folgende Taktik bei der Konfliktlösung aus: Wenn in der aktuellen Datenbasis die Aussage enthalten ist, daß das Problem ?X gelöst werden soll und im aktuellen Problemlösungszustand ein Regelkomplex anwendbar ist, dessen Nachbedingung aussagt, daß das Teilproblem mit Namen ?X nach der Interpretation gelöst ist, dann ist es sinnvoll, diesen Regelkomplex zu aktivieren.

3.2.3. Operatoren

Abstraktionen von Regelkomplexen können auch als Operatoren in einem abstrakten Suchraum interpretiert werden, die einen Problemlösungszustand in einen anderen überführen. Solche Operatoren sind anwendbar, falls ihre Vorbedingungen erfüllt sind. Der Effekt ihrer Ausführung ist ein Problemlösungszustand, der die Nachbedingung des Regelkomplexes erfüllt. Das Kontrollwissen bei dieser Interpretationsform ist eine Wissensbasis für ein Planungssystem, das Wissen über den Anwendungsbereich besitzt und daraus für einen bestimmten Problemfall eine Reihenfolge für die Anwendung von Regelkomplexen konstruiert.

Die Grundidee soll im nachfolgenden Beispiel kurz erläutert werden: Seien A, B, C und D Regelkomplexe mit den folgenden Abstraktionen:

A: {P1} A {P2,P4}
B: {P3,P4} B {P5}
C: {P2} C {P3}
D: {P1} D {P6}

So kann man die Abstraktionen als Operatoren in einem abstrakten Suchraum betrachten:

A: Vorbedingung: {P1}
Nachbedingung: {P2,P4}
B: Vorbedingung: {P3,P4}
Nachbedingung: {P5}
C: Vorbedingung: {P2}
Nachbedingung: {P3}
D: Vorbedingung: {P1}
Nachbedingung: {P6}

Sei nun {P1,P8,P9} der initiale Problemlösungszustand und {P5} ein Muster für eine Problemlösung. So ist (A,C,B) eine Phasenfolge, die die Problemstellung in eine Problemlösung überführen könnte:

{P1,P8,P9}

-A-> {P1,P2,P4,P8,P9}
-C-> {P1,P2,P3,P4,P8,P9}
-B-> {P1,P2,P3,P4,P5,P8,P9}

P5 ist in APPLY(B,(APPLY(C,APPLY(A,{P1,P8,P9}))). Eine solche Phasenfolge kann von einem Planungssystem automatisch bestimmt werden.

3.3. Beispiel zur Darstellung verschiedener Arten von Problemlösungswissen

Die in Abschnitt 2 diskutierte Produktionsregel könnte in dem hier vorgestellten Ansatz wie in Figur 3 dargestellt werden.

Vorbedingung	*Name*	*Nachbedingung*
...		...

```
...
(metarule MR1*
  (objectrule ?or1
    (with-actions
      (add (under ?bl2 ?bl1 ?state))))
  (under ?bl2 ?bl1 ?state)
  -->
  (suspend ?or1))
...
```

```
...
(rule UNDER1
  (on ?block1 ?block2 ?state)
  -->
  (add (under ?block2 ?block1 ?state)))
...
```

Figur 3: Repräsentation von verschiedenen Wissenstypen in Regelkomplexen

Wenn man die beiden Repräsentationen desselben Sachverhaltes vergleicht, so kann man feststellen, daß im vorgestellten Ansatz die in Abschnitt 2 isolierten Arten von Kontrollwissen aufgrund ihrer Repräsentationsstruktur unterschieden werden können. Wissen darüber, wann Regeln relevant sind, ist durch ihre Zuordnung zu Regelkomplexen, Wissen darüber, wann Regelanwendungen sinnvoll sind, sind durch die Regeln über Objektregeln dargestellt. Logische Schlußprinzipien werden durch Objektregeln formalisiert.

Man kann ausserdem das Wissen auf verschiedenen Abstraktionsstufen darstellen und die Regelbasis bzgl. inhaltlicher Kriterien strukturieren.

4. Ergebnisse der Arbeit

1. Die Strukturierung des Problemlösungswissens in Regelkomplexe und die Beschreibung von Kontrollstrategien als Reihenfolge der Verwendung von Regelkomplexen beim Problemlösen sind in diesem Ansatz die entscheidenden Schritte zur Vereinheitlichung der Beschreibung von Problemlösungsmethoden.
2. Die in Abschnitt 4 eingeführten Konzepte reichen aus, um die folgenden Klassen von Kontrollstrategien einfach und natürlich darzustellen: (1) Kontrollstrategien mit einer festen Folge abstrakter Schritte. Kontrollstrategien, die in diese Kategorie fallen sind u.a. Hypothesize-and-Test, Generate-and-Test, Establish-and- Refine oder auch die Kontrollstrategie von R1 [8]. (2) Blackboard-basierte Kontrollstrategien. Dabei entsprechen die Regelkomplexe den "Knowledge Sources", der "Heuristic Scheduler" wird durch eine Menge von Regeln über Regelkomplexen realisiert [9]. (3) Kontrollstrategien, die durch ein Planungssystem an eine gegebene Problemstellung angepaßt werden können.
3. Es ist möglich, die Struktur eines Problemlösungsprozesses so darzustellen, daß sie sich in der syntaktischen Struktur der Kontrollstrategie widerspiegelt. Das Behandeln von Kontrollstrategien als eine Art von Wissen ermöglicht es dem Knowledge Engineer modulare, selbstdokumentierende und erklärungsfähige Wissensbasen aufzubauen.
4. Da die Interpretation von Kontrollwissen hochgradig mustergesteuert ist und Pattern-Matching die Teilaufgabe beim Inferenzprozeß ist, die den höchsten Zeitbedarf hat, werden bei der Implementierung dieses Ansatzes Kontrollstrategien in Bedingungsnetzwerke kompiliert. Die dabei verwendeten Bedingungsnetzwerke sind Erweiterungen der in [10] eingeführten und Bestandteil der meisten State-of-the-Art Systeme sind. Aus Effizienzgründen werden Objektregeln und Kontrollwissen in ein einziges globales Netzwerk übersetzt, wobei die externe Repräsentation des Wissens zu Erklärungs- und Tracezwecken jederzeit erzeugt werden kann.

5. Vom theoretischen Standpunkt aus betrachtet, definieren Kontrollstrategien reguläre Ausdrücke über Regelnamen [11]. Jede Inferenzkette (Folge von Regelnamen) ist in Bezug auf die Kontrollstrategie formal zulässig, falls sie ein Wort in der durch den regulären Ausdruck definierten Sprache ist.

5. Beispiel: Planen in der "Blocksworld"

In diesem Kapitel wird die erweiterte CATWEAZLE-Regelsprache anhand eines Beispiels vorgestellt und demonstriert, wie man damit eine adäquate Wissensbasis für das Blockumstapelproblem in der Blocksworld [12] aufbauen kann.

Die Aufgabenstellung für das Blockumstapelproblem lautet kurz wie folgt:

gegeben: Start- und Zielzustand, die jeweils eine Menge von Stapeln aus Blöcken beschreiben, in einer symbolischen Sprache
gesucht: Aktionsfolge, die die Startsituation möglichst effizient in die Zielsituation überführt.

Die externe Repräsentation von Situationen beim Blockumstapelproblem in der Blocksworld wird im folgenden Beispiel beschrieben:

(fact (ontable a actual))
(fact (on b a actual))
(fact (on c b actual))
(fact (clear c actual))
(fact (ontable a goal))
(fact (on c a goal))
(fact (on b c goal))
(fact (block a actual))
...

Ausgangssituation: Zielsituation:

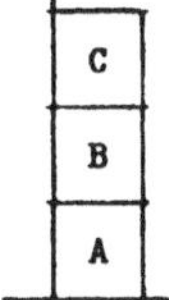

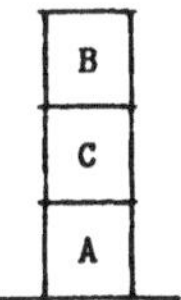

Die zu dem Problem gehörige Lösung ist:

UNSTACK C B
PUTDOWN C
UNSTACK B A
PUTDOWN B
PICKUP C
STACK C A
PICKUP B
STACK B C

Die Arbeitsweise des Planungssystems für das Blockumstapelproblem läßt sich etwa wie folgt beschreiben: Das Planungssystem vergleicht ständig aktuelle Situation und Zielsituation und generiert aus der Differenz zwischen den Zuständen die möglichst beste Teilaufgabe. Durch schrittweise Generierung, Ausführung und erneuten Vergleich wird der Startzustand in den Zielzustand überführt.

```
(production-rulebase planner-for-blocksworld

 (kind-of-strategy fixed)
 (phase-sequence (INITIALIZE
            (loop CHECK
                GENERATE-GOAL
                (until ((not (goal * * *))))
                SATISFY-GOAL)))
 (planning-system nil)
 (scheduler      nil)

 (knowledge-source INITIALIZE
  ...)

 (knowledge-source CHECK
  ...)

 (knowledge-source GENERATE-GOAL
            (precondition nil)
            (postcondition   ((goal ?x ?y ?z)))

  (metarules
   (metarule CREATE-FIRST-STACK-GOALS
      (objectrule ?r1
        (with-actions
          (add (goal put-on * *))))
      -->
      (activate 1))
   (metarule PREFER-PUTDOWN-GOALS-THAT-NEED-NOT-BE-RETRACTED
      (objectrule ?r1
        (with-actions
          (add (goal put-down ?block *)))
      (ontable ?block goal)
      -->
      (activate 1))
```

```
(object-rules
 (rule GENERATE1
     (on ?block1 ?block2 goal)
     (clear ?block1 actual)
     (clear ?block2 actual)
     (status ?block2 satisfied)
     (status ?block1 unsatisfied)
     -->
     (add (goal put-on ?block1 ?block2)))
 (rule GENERATE2
     (ontable ?block1 goal)
     (clear ?block1 actual)
     (status ?block1 unsatisfied)
     -->
     (add (goal put-down ?block1 nil)))
 (rule GENERATE3
     (on ?block1 ?block3 goal)
     (ontable ?block2 goal)
     (status ?block2 unsatisfied)
     (under ?block2 ?block1 actual)
     (clear ?block1 actual)
     (unless (status ?block3 satisfied))
     -->
     (add (goal put-down ?block1 nil)))
 ...)
(knowledge-source SATISFY-GOAL
 ...))
```

Hier werden kurz die, in der Beispielregelbasis enthaltenen Konzepte der erweiterten CATWEAZLE Regelsprache kurz erläutert. Das Kontrollwissen umfaßt die Angabe der Art der Kontrollstrategie und die Phasenfolge. Die Phasenfolge ist eine deklarative Beschreibung der Reihenfolge, in der die einzelnen Regelkomplexe beim Problemlösungsprozeß eingesetzt werden. Bei der Spezifikation von Phasenfolgen können Schleifen und Verzweigungen durch das LOOP- bzw. IF-Konstrukt beschrieben. Endbedingungen für Schleifen werden mit dem UNTIL-Konstrukt angezeigt. LOOP- und IF- Konstrukte können beliebig ineinander geschachtelt werden.

Der Aufbau von Regelkomplexen wird anhand des Regelkomplexes GENERATE-GOAL dargestellt. Vor- und Nachbedingungen von Regelkomplexen sind Listen von Mustern für Datenbasiselemente. Der Inhalt von Regelkomplexen besteht aus einer Menge von Regeln über Objektregeln und Objektregeln.

Die Vorbedingungen von Regeln über Objektregeln enthalten Beschreibungen von Objektregeln [7]. Die zweite Regel über Objektregeln im Beispiel bedeutet z.B.: Wenn es eine anwendbare Objektregel gibt, in deren Aktionsteil das Ziel etabliert wird einen Block auf den Tisch zu legen und dieser Block soll auch in der Zielsituation auf dem Tisch liegen, dann ist die Ausführung dieser Regel vorzuziehen.

Die Objektregeln in der CATWEAZLE-Regelsprache gleichen den Regeln anderer einfacher Produktionsregelsprachen, wie z.B. OPS5 [5].

6. Kurzer Überblick über die Implementierung

Der Interpretierer CATWEAZLE wurde auf einer Symbolics LISP-Maschine in ZETA-LISP implementiert. Die Kontrollkomponente wird bei der Compilierung von Regelbasen aufgebaut und dabei dem jeweiligen Typ der Kontrollstrategie angepaßt. Es sind zur Zeit zwei verschiedene Typen von Basisinferenzmaschinen implementiert: Ein einfacher OPS5- ähnlicher Interpretierer und ein nicht-monotoner Produktionsregelinterpretierer mit einer integrierten Reason-Maintenance-Komponente ([13]).

Basisinferenzmaschine und Kontrollkomponente sind als Objekte implementiert und kommunizieren über Message-Passing. Das Pattern-Matching erfolgt durch einen RETE- artigen Algorithmus, der um entsprechende Konzepte erweitert wurde, so daß auch Kontrollstrategien und die Struktur der Regelbasis in das Bedingungsnetz hineinkompiliert werden können.

7. Ausblick

Der Bericht beschreibt den momentanen Stand der Implementierung eines ersten Prototypen für ein kontrolliertes Produktionsregelsystem. Die wichtigsten Anforderungen für Erweiterungen, die sich im Laufe der Entwicklung als notwendig bzw. wünschenswert herausstellten, sind in der nachfolgenden Liste kurz beschrieben.

1. Im Moment sind als symbolische Vor- und Nachbedingungen nur Konjunktionen von Mustern darstellbar. Ein weiteres Hilfskonstrukt 'all-rules-fired' dient dazu in die nächste Phase umzuschalten, falls keine Regel des aktiven Regelkomplexes anwendbar ist. Dieses Hilfskonstrukt ist nicht erklärungsfähig. Eine Erweiterung der Bedingungssprache um weitere Operatoren, wie AND, IMPLIES und NOT, würde es ermöglichen das 'all-rules-fired' symbolisch zu beschreiben. Eine Erweiterung der Bedingungssprache ist deshalb erforderlich.

2. Eine weitere nützliche Erweiterung ist der Ausbau des Ansatzes zu einem 'open-ended system' (vgl. [14]). Die Grundidee besteht dabei darin, daß ein vollständiges kontrolliertes regelbasiertes System ein Regelkomplex für eine übergeordnete Regelbasis ist. Diese Systemarchitektur ist vor allem für sehr komplexe integrierte Anwendungen nützlich.

3. Die symbolische Beschreibung der Problemstellung

4. Um sinnvoll mit CATWEAZLE arbeiten zu können, müssen in der Regelsprache Fragen an den Benutzer spezifizierbar sein und Antworten des Systems an den Benutzer gegeben werden können.

8. Literaturhinweise

[1] W. van Melle: A Domain-Independent Production-Rule System for Consultation Programs
Proc. IJCAI-79, S. 923-925

[2] F. Puppe: MED1 - Ein heuristisches Diagnosesystem
SEKI-MEMO 83-04; Universitaet Kaiserslautern

[3] D. Bobrow, M. Stefik: The LOOPS Manual
Technical Report; XEROX Parc; 1983

[4] BABYLON - User Manual
Gesellschaft für Mathematik und Datenverarbeitung
Bonn

[5] C.L.Forgy: OPS5 User Manual
CMU-CS-81-135, Computer Science Department
Carnegie-Mellon University, Pittsburgh

[6] P.Maes: Introspection in Knowledge Representation
Proc. ECAI-86, S. 256-269

[7] R. Davis: Meta-Rules: Reasoning about Control
Artificial Intelligence 15; S. 179-222

[8] D.McDermott: R1 - Rule-Based Configurer for Computer Systems
CMU-CS-80-119, Computer Science Department
Carnegie-Mellon University, Pittsburgh

[9] F. Hayes-Roth, D. Mostow, M.S. Fox:
Understanding in the HEARSAY-II System
In L. Bolc: Speech Communication with Computers
Munich: Carl Hansen Verlag

[10] C.L.Forgy: On the Efficient Implementation of Production Systems
Ph.D. Dissertation, Computer Science Department,
Carnegie-Mellon Univerity, Pittsburghh

[11] M.P.Georgeff: Procedural Control in Production Systems
Artificial Intelligence 18, S. 175-201

[12] M.Beetz,H.Freitag,J.Klug:
Systembeschreibung eines Planungssystems für die Klötzchenwelt
unveröffentlicht

[13] M.Reinfrank,M.Beetz,H.Freitag,J.Klug:
KAPRI - A Rule-Based Non-Monotonic Inference Engine with an Integrated Reason Maintenance System
SEKI-REPORT SR-86-03, Universität Kaiserslautern

[14] L.Steels: Design Requirements for Knowledge Representation Systems
Proc. GWAI-84, S. 1-19

P A R E S

Ein Expertensystem für die Leitwartentechnik

Burchard Eiben
Jörg Eisermann
Walter Fedderwitz

KRUPP ATLAS ELEKTRONIK
Bremen

Zusammenfassung (Abstract)

PARES ist ein Echtzeit-Expertensystem zum Einsatz in Leitwarten von Elektroenergie-Versorgungsunternehmen.

Es besteht aus einem Interface zur direkten Ankopplung an den Prozeß, in dem Datenübernahme, numerische Vorverarbeitung und Synchronisation mit Prozeßereignissen ablaufen. Dieser Teil realisiert die prozedural gegebene oberste Ebene der Handlungsketten in der Prozeßbedienung. Die Beurteilung herauskristallisierter Einzelsituationen durch Heurismen erfolgt, indem diese Situationen in einem Expertensystem-Kern bearbeitet werden.

Der Kern verarbeitet zeitabhängige Daten, ist aber von Problemen der Echtzeitverarbeitung entkoppelt. Das Beurteilungsergebnis fließt zurück in die obere Handlungsebene und wirkt dort auf den Fortgang des prozeduralen Anteils ein.

Parallel ablaufende Ereignisse im Prozeß werden behandelt, indem mehrfache Instanzen der entsprechenden Expertensystem-Teile geschaffen werden, die parallel arbeiten. Interaktionen zwischen Einzelsituationen werden mit Hilfe der globalen Daten über den Prozeß erkannt und führen zum Aufbau entsprechender neuer Situationen.

Schlüsselwörter: Ingenieurwesen, Kopplung mit konventioneller Datenverarbeitung (Echtzeitsysteme)

1. Einleitung

Unter Leittechnik verstehen wir das Gesamtgebiet der übergeordneten Überwachung, Steuerung und Regelung ganzer industrieller Systeme bzw. Prozeßverläufe. Ihre primäre Aufgabe ist die Koordinierung der Informationen über Zustandsänderungen, Meldungen und Meßwerte des Prozesses und deren Zusammenhänge.

Als gemeinsame Grundaufgaben aller Leitsysteme lassen sich hervorheben [3]:

- Verbesserung der technischen Sicherheit und
- Erhöhung der Wirtschaftlichkeit.

Der Einsatz von Expertensystemen (XPSen) soll die konventionelle Technik nicht ersetzen, sondern ergänzen (Bild 1), denn eine Reihe von Aufgaben und Problemen sind trotz des hohen Niveaus der derzeitigen Leitsysteme (Leitwarten) nur schwer oder gar nicht lösbar. Hierzu zählen u.a. die Optimierung von Netzauslastungen, die sich insbesondere unter der Berücksichtigung der Kraftwerkseinsatzplanung bisher einer mathematischen Bearbeitung mit vernünftigem Aufwand entzogen hat, und die Behandlung von Notsituationen. Diese Aufgaben werden heutzutage einem erfahrenen Bediener überlassen, wobei die Ergebnisse sehr stark von dessen Kenntnissen abhängen [5].

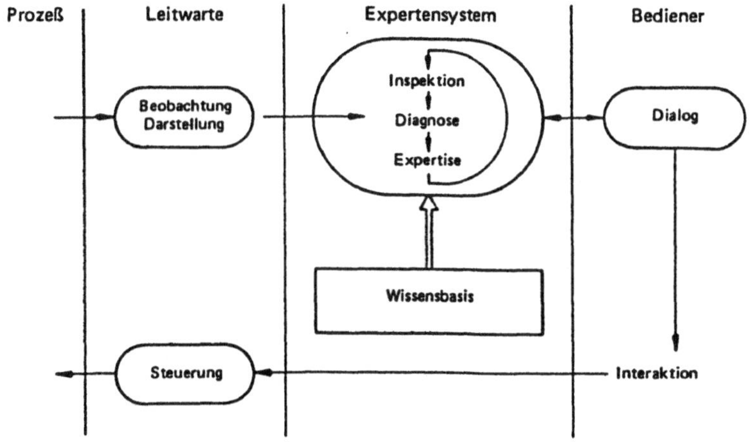

Bild 1 Leitwarte mit Expertensystem

In diesem Bericht wird der Einsatz von XPSen in Leitwarten von Energieversorgungsunternehmen (EVUs) näher betrachtet. Aus den vielfältigen Aufgaben, die bei der Netzführung anfallen, wurde für **PARES** der Problemkreis "Kurzschluß im Freileitungsnetz" herausgegriffen.

Schwerpunkt der Untersuchungen an diesem Prototypen sind Programmiertechniken und Methoden von Expertensystemen. Art, Auswahl und Detaillierungsgrad der Darstellung des Problems ordnen sich dieser Zielrichtung unter. Teile der angesprochenen Funktionen werden bereits von modernen, konventionell programmierten Leitwarten überdeckt.

2. **Allgemeine Anforderungen an ein XPS zur Prozeßkontrolle**

Zeitabhängigkeit

Das XPS muß die zeitabhängigen Meldungen und Meßwerte des Prozesses sowie die zeitlichen Bezüge der Werte untereinander und zur Gesamtsituation verstehen (Zeitabhängigkeit). Im Gegensatz dazu arbeiten viele bekannte Diagnosesysteme (z.B. MYCIN, DIPMETER ADVISOR) mit einer statischen, zeitlich unveränderlichen Situation.

Echtzeitverarbeitung

Neben der Zeitabhängigkeit ist die Echtzeitverarbeitung (Real-Time) eine weitere schärfere Anforderung an XPSe in der Leittechnik. Das XPS muß innerhalb kurzer, vom Prozeßverhalten vorgegebener Zeiten reagieren und Vorschläge unterbreiten, da später keine Einflußnahme auf das sich weiterentwickelnde Prozeßgeschehen mehr möglich ist. Diese Fähigkeit besitzen XPSe klassischer Prägung nicht.

Direkte Datenübernahme aus dem Prozeß

Ein echtzeitfähiges XPS kann die Verzögerung durch eine manuelle Dateneingabe im Dialog mit dem Benutzer nicht hinnehmen. Die vom Prozeß gelieferten bzw. vom XPS angeforderten Daten müssen also mittels einer direkten Ankopplung an den Prozeß bzw. die konventionelle Warte übernommen werden. Benötigt das XPS für seine Arbeit Informationen, die nicht aus den Prozeßdaten gewonnen werden können (z.B. Wetterverhältnisse) so besteht natürlich die Möglichkeit, den Anwender zu fragen.

Durchgängige Unterstützung des Benutzers

Das XPS muß sich dem Benutzer durchgängig anbieten, das Verständnis darf sich nicht nur auf Einzelsituationen des Prozeßgeschehens beschränken. Z.B. sollte ein Diagnosesystem, das den Anlagenbediener bei Fehlerlokalisierung und durch einleiten von Sofortmaßnahmen unterstützt hat, auch die Reparatur und nachfolgend die u.U. diffizile Phase, den Prozeß in den Normalbetrieb zurückzubringen, abdecken.

Parallele Bearbeitung von Einzelsituationen

Ein Diagnose - Sofortmaßnahmen - Reparatur - Zyklus kann durchaus einen oder mehrere Tage dauern. Soll das XPS in dieser Zeit nicht für weitere Aufgaben blockiert sein, muß es parallel alle vorliegenden Situationen bearbeiten und für den Benutzerdialog die jeweils aktuelle auswählen.

Erkennen von Zusammenhängen

Einzelne Situationen können sich gegenseitig beeinflussen, etwa, weil sie denselben Anlagenteil betreffen oder weil eine Störung in einem Anlagenteil Auswirkungen in funktional davon abhängigen Anlagenteilen hat. Das XPS sollte solche Interaktionen erkennen und ggf. den Bediener auf die dadurch entstehende neue Situation aufmerksam machen.

3. Lösung

Als Grundlage für XPSe in der Leitwartentechnik dienen Systeme klassischer dialogorientierter Ausprägung. Ein solches XPS ist somit ein Werkzeug zur Behandlung einer "eingefrorenen" Situation (Snapshot). Diesen Teil nennen wir den XPS-Kern.

Der Kern behandelt dabei durchaus zeitabhängige Probleme, da die Prozeßsignale Zeitfunktionen sind. Er ist aber nicht in der Lage, das Problem der Echtzeitverarbeitung zu lösen. Hierfür sind zwei Gegebenheiten verantwortlich:

Die vom Prozeß eintreffenden Signale sind zunächst in dem Sinne unstrukturiert, daß weder der Zeitpunkt, zu dem ein vom Kern zu bearbeitender Snapshot (Situation, Aktion) zu bilden ist; noch die Art der dazu notwendigen Signalzusammenfassung und Vorverarbeitung gegeben ist.

Es erscheint nicht zweckmäßig, den Kern um diese Aufgaben erweitern zu wollen, da dann notwendige elementare Eigenschaften des Kerns verlorengehen.

Die Verbindung der Prozeßwelt mit der Welt des XPS-Kerns stellt ein Interface her (Bild 2). Dieser Baustein unseres Expertensystems ist dafür verantwortlich, daß ein echtzeitfähiges XPS mit Leistungsmerkmalen, die über die eines klassischen dialogorientierten Systems hinausgehen, entsteht (vgl. auch [2] und [4]).

Der Schwerpunkt der nachfolgenden Betrachtungen liegt deshalb auf diesem Teil des XPS.

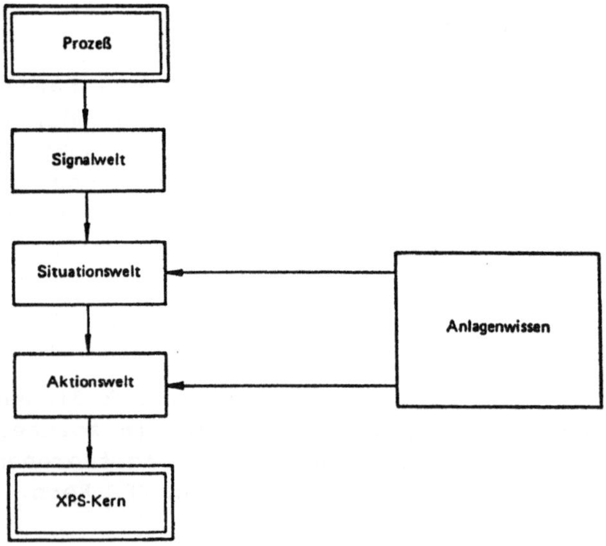

Bild 2 Interface zwischen Prozeß und XPS-Kern

3.1 Interface

Das Interface muß den in Echtzeit ablaufenden und sich ständig weiterentwickelnden Prozeß beobachten und solche Situationen erkennen, die der weiteren Beurteilung durch den nicht echtzeitfähigen Kern bedürfen.

3.1.1 Parallelstruktur

Nach einer Kernbeauftragung läuft das Interface parallel zum Kern weiter, denn während der Bearbeitung eines Ereignisses durch den Kern muß überprüft werden, ob die Voraussetzungen für die Kernbeauftragung noch gelten oder ob eventuell wichtige Veränderungen im Prozeßablauf eingetreten sind, die dazu geführt haben, daß die dem Kern übergebene Situation das tatsächliche Prozeßgeschehen nicht mehr beschreibt.

Diese Konzeption findet Anwendung auf sämtliche Ereignisse in der Prozeßführung. Da aber in der Regel mehrere Ereignisse gleichzeitig vorliegen, müssen diese auch wieder parallel bearbeitet werden. So entsteht eine Multitasking-Struktur des gesamten Systems, in dem sich einzelne parallel laufende Rechenprozesse um einzelne Aspekte des Prozeßgeschehens kümmern (Bild 3).

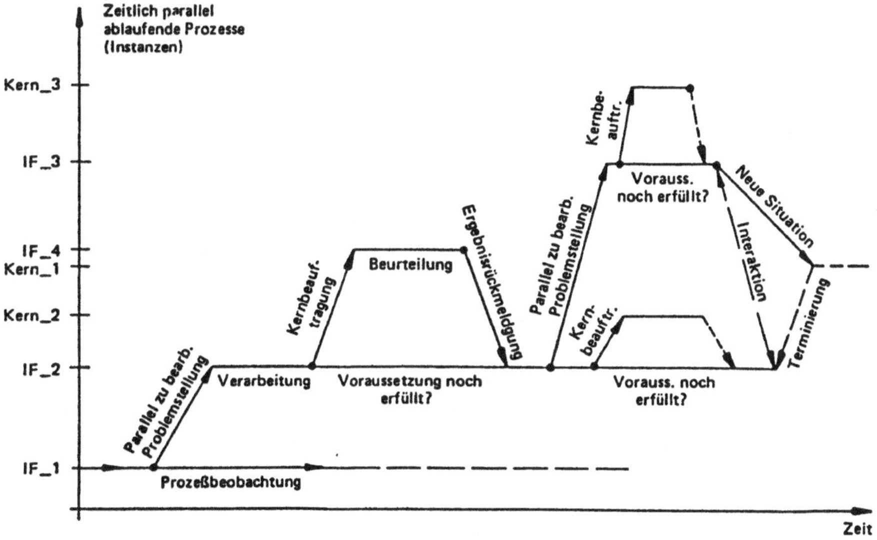

Bild 3 Parallele Aktionen im Expertensystem

Da die Leistungsfähigkeit der Hardware - insbesondere im Hinblick auf die Verarbeitungsgeschwindigkeit - beschränkt ist, ist es notwendig, die Prozesse als konkurrierend zu betrachten. Gelöst wird das Konkurrenzproblem dadurch, daß den einzelnen Ereignissen (Prozessen) Prioritäten zugeteilt werden.

3.1.2 Innere Struktur des Interfaces und des Kerns

Das Gesamtsystem besteht aus Datenbeständen und Methoden, die global für sämtliche parallelen Rechenprozesse verfügbar sind und aus den lokalen Methoden und Daten der jeweiligen Prozesse.

Die globale Information beinhaltet eine Anlagenbeschreibung. In dieser Beschreibung sind sämtliche Komponenten, aus denen sich der zu steuernde Prozeß zusammensetzt (Leitungen, Transformatoren usw.) und Beziehungen (wer ist mit wem wie verbunden) aufgeführt. Dieses Wissen über den Prozeß heißt Anlagenwissen.

In der Signalwelt werden die zeitlich veränderlichen Signale aus dem Prozeß (Spannungen, Ströme an Meßpunkten usw.) erfaßt.

3.2 Von den Signalen zur Kernbeauftragung

Die Übersetzung der Information aus der Signalwelt, in der das Wissen über den Prozeßzustand in Form numerischer Werte der einzelnen Signale vorliegt, in die symbolische Form einer Aktion, die dann ihre endgültige Beurteilung im Zusammenwirken mit dem Kern erfährt, erfolgt in drei Stufen.

Der erste Schritt erfolgt noch in der Signalwelt. Numerische Verknüpfungen von Signalen (z.B. Trendberechnungen oder Filterungen), die speziell für das Expertensystem benötigt werden, und die in der konventionellen Warte in dieser Form nicht vorliegen, werden hier erledigt.

Überschreitungen von Schwellen oder sonstige erkennbare Trends dieser Signale bzw. ihrer bewertenden Kombination liefern die ersten Situationen, aus denen die Kandidaten für die Kernbeauftragung resultieren sollen. Diese Ebene der Informationsdarstellung heißt Situationswelt.

Weitere Beurteilung der Situationen führt zu den Aktionen. Die Aktion bearbeitet Teilprobleme dadurch, daß sie bestimmte festumrissene Gegebenheiten dem Kern (genauer einem Rechenprozeß mit Kerneigenschaft, es sind u.U. mehrere parallel tätig) zur Bearbeitung übergibt. Von dort kehrt die Kontrolle im Verlaufe der Bearbeitung eines Problems immer wieder in die Aktionswelt zurück. Dies geschieht, wenn Verarbeitungsschritte wie Synchronisation mit externen Ereignissen, Ablauf von Zeitintervallen usw. anstehen, die der Kern mit seinen Mitteln nicht realisieren kann. Die Bearbeitung durch das Interface ist also nicht nur einmalige Vorverarbeitung (vgl. Bild 4)!

3.3 Zusammenwirken von Einzelsituationen

Das Konzept der parallelen Bearbeitung kennt keine übergeordnete Stelle mit Gesamtüberblick. Durch den Prozeß vorhandene Interaktionen der Einzelsituationen erkennen diese selbst dadurch, daß sie auf gleiche Anlagenteile oder auch funktional zusammenhängende Anlagenteile der globalen Datenbasis zugreifen. Eine erkannte Interaktion ist dann in der Gesamtheit eine neue Situation, die entsprechend bearbeitet werden muß und ggf. zum Abbruch der Bearbeitung der Einzelaspekte führt.

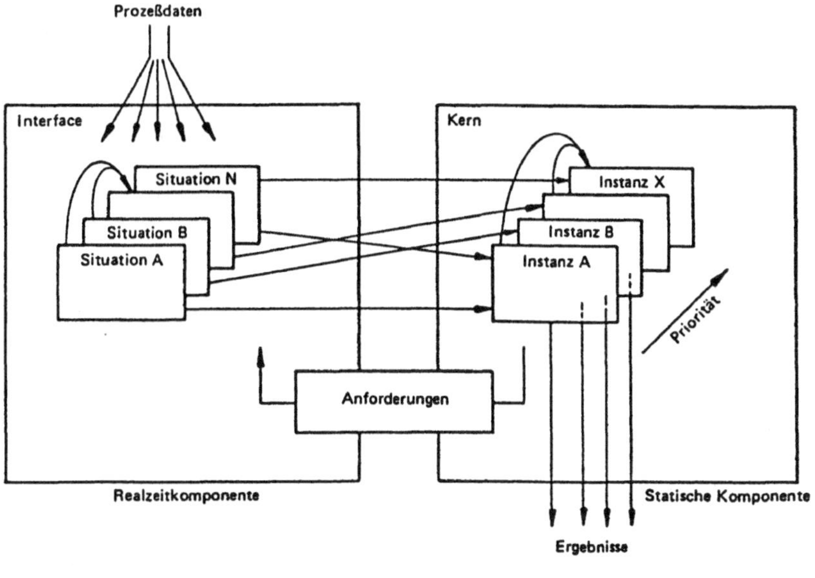

Bild 4 Grundsätzliche Struktur des Expertensystems

4. PARES

PARES ist zum Teil bereits auf einer Symbolics realisiert. Grundsätzlich erfolgt die Programmierung objektorientiert. Nicht nur Daten, sondern auch die einzelnen Rechenprozesse sind Objekte (Frames) mit entsprechenden Eigenschaften, eben Prozeßeigenschaften. Der XPS-Kern ist ebenfalls ein Frame, der Prozeßeigenschaften besitzt. Bei jeder Beauftragung wird eine neue Instanz des Kerns geschaffen. Durch Parametrisierung wird diese nur mit dem für die jeweilige Aufgabe bestimmten und ausgewählten Regelpaket(en) gestartet. Die Abarbeitung der Regeln erfolgt, wenn nicht anders erwähnt, durch Vorwärtsausführung. Der XPS-Kern in **PARES** sowie einige Strukturen des Interfaces machen von dem XPS-Tool Babylon [1] Gebrauch. Zum prinzipiellen Aufbau und Ablauf einer Wissensbasis in Babylon vgl. [1].

Die nachfolgende Schilderung gibt die wesentlichen Handlungsabläufe in **PARES** an.

4.1 Wissen

4.1.1 Anlagenwissen und Signalwelt

Die Anlagen-Wissensbasis von **PARES** umfaßt ca. 8000 Instanzen der Frames: Umspannwerk, Schaltstation, Einfacher-(Leitungs)knoten, Leitung(sabschnitt) und Schalter.

Die Signalwelt besteht aus analogen Meßwerten, den Strömen und Spannungen an bestimmten Stellen des Netzes, die sich in Abhängigkeit von dem Verhalten der Verbraucher ständig neu einstellen und den diskreten Werten der aktuellen Stellungen der Schalter im Netz.

4.1.2 Betriebswissen - Erkennen des Kurzschlusses

Jede Änderung einer Schalterstellung wird von der konventionellen Warte an **PARES** gemeldet und in der Signalwelt im Slot "Iststellung" der zugehörigen Instanz von "Schalter" abgelegt.

Im Ausgangszustand ist an die Werteslots aller Leistungsschalter eine Instanz eines Frames "Kurzschluß-erwartet" als Element einer sogenannten Exportliste angehängt, die bei sämtlichen

Schalthandlungen angestoßen wird und überprüft, ob es sich um eine Schalterauslösung durch Kurzschluß handelt. Die bekannte Vorgehensweise, Methoden so an Slots von Instanzen anzubinden, daß sie beispielsweise bei Setzen des Slotwertes ablaufen ist hier dahingehend modifiziert, daß die Abarbeitung der Methode in einem anderen Prozeß (im Sinne des Betriebssystems des Rechners) erfolgt. Dadurch wird die Parallelität der Bearbeitung erreicht.

Durch Zugriff auf den entsprechenden Slot des Schalterobjektes kann festgestellt werden, ob es sich um eine Überstromauslösung (Kurzschluß) gehandelt hat. Für jede Überstromauslösung wird eine Instanz des Frames "Kurzschluß-bearbeitet" geschaffen und mit dem Schalterobjekt und einem Verweis auf die schaffende Instanz initialisiert. Damit ist ein eigenständiger Prozeß parallel zu den übrigen Abläufen geschaffen.

4.2 Bearbeitung des Kurzschlusses

Die startende Instanz des Frames "Kurzschluß-bearbeitet" verwendet das Anlagenwissen einschließlich der dort stehenden aktuellen Schalterstellungen, um diejenigen Schalter zu ermitteln, die an vom Kurzschluß betroffenen Netzteilen hängen (Pfadverfolgung im Netz). Es wird eine Instanz des XPS-Kerns kreiert und gestartet. Ausgehend von einer Stelle, an der eine Schalterauslösung stattgefunden hat, werden rekursiv über die Leitungen die betroffenen Schalter ermittelt. Abbruchkriterien sind dabei gegeben durch das Erreichen einer Schaltstation, eines Umspannwerkes oder eines offenen Schalters, wobei es zunächst uninteressant ist, ob der Schalter sich betriebsmäßig oder aufgrund eines Kurzschlusses in geöffnetem Zustand befindet. Ergebnis ist eine Liste mit den betroffenen Schaltern, die an die Instanz des Frames "Kurzschluß-bearbeitet" gegeben wird (Bild 5).

Aus den Exportlisten sämtlicher Schalter von dieser Liste (einschließlich der Handschalter) werden zunächst die Verweise auf ihren Kreator entfernt, denn der soll sich mit den weiteren Dingen, die in diesem Anlagenteil geschehen, nicht mehr beschäftigen. Die aus den Exportlisten entfernte Information wird innerhalb der eigenen Instanz aufgehoben, um bei Abbau der Instanz (nach getaner Arbeit) den ursprünglichen Zustand ermitteln zu können.

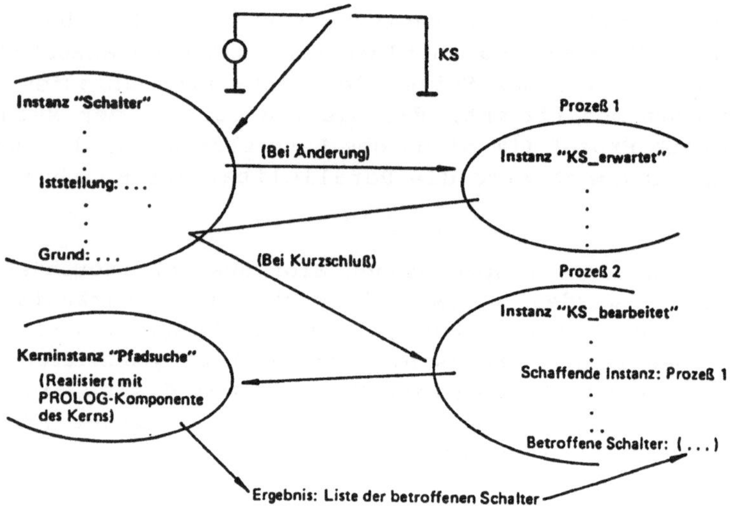

Bild 5 Handlungsablauf bei Leitungskurzschluß

4.2.1 Gewinnung von Gesamtzusammenhängen

Weiterhin demonstrieren diese Einträge, wie **aus lokaler Kenntnis** heraus durch Verknüpfung über das Anlagenwissen **Gesamtzusammenhänge** ermittelt werden, die dem System zunächst nicht bekannt sind.

Ermittelt die Instanz in einer Exportliste eines Schalters bereits einen Zeiger auf eine andere Instanz ihres eigenen Types, so hat es offenbar zwei Schalterfälle mit kausalem Zusammenhang gegeben. In diesem Fall löscht sich die Instanz.

Der Wiedereintrag der Information in die Exportlisten erfolgt durch Starten einer Kerninstanz mit entsprechendem Regelpaket. Der einfache Wiedereintrag der Information, die beim Start der Instanz entfernt wurde, ist nicht immer sinnvoll, z.T. sogar falsch, da andere Funktionen (außerhalb des Problemkreises "Kurzschlußbehandlung") ebenfalls Exportlisten von Signalen verändert haben können. Was wieder in die Exportlisten eingetragen werden soll, entscheidet dieses Regelpaket unter Berücksichtigung des gesamten Prozeßzustandes.

Um zu vermeiden, daß sich sämtliche Instanzen in dem Glauben, die andere wird es schon richten, abbauen, sorgen Verriegelungsmechanismen zwischen den Prozessen dafür, daß eine Instanz erhalten bleibt.

4.2.2 Erster Wiedereinschaltversuch

Dies geschieht, indem die Instanz von "Kurzschluß-bearbeitet" für jeden ausgelösten Leistungsschalter eine Instanz von "2-min-Aktion" schafft, die die Probeschaltung nach Ablauf von 2 Minuten durchführt.

Ihre erste Aufgabe ist es, die Exportliste des Leistungsschalters auf sich selbst zeigen zu lassen, die Details laufen ab wie schon geschildert. Dann schafft die Instanz eine Instanz eines Frames "Timer". Dem Timer wird die Wartezeit übergeben und der Name einer Methode der schaffenden Instanz, die nach Ablauf der Zeit angestoßen werden soll.

Der Timer läuft ab und startet die ihm als Parameter übergebene Methode. Der Operator erhält die Meldung, den Leistungsschalter zu schließen. An Hand der Meldung des Schalterobjektes erfährt die Instanz von "2-min-Aktion" das Ergebnis und meldet es an ihren Schöpfer zurück, der für die weitere Beurteilung zuständig ist. Dies deshalb, weil die weitere Entscheidung davon abhängt, ob sämtliche betroffenen Leistungsschalter wieder halten oder ob mindestens einer wieder öffnet. Kenntnis aller Leistungsschalter ist aber nur in der höheren Hierarchiestufe der Instanzen vorhanden, die untere Instanz hat nur das Teilproblem "Probeschaltung an **einem** Leistungsschalter" zu bearbeiten.

4.2.3 Ergebnisbeurteilung Probeschaltung

Sind sämtliche Ergebnisse eingetroffen, verwendet die Instanz "Kurzschluß-bearbeitet" für weitere Entscheidungen ein Regelpaket, das im Kern bearbeitet wird. War der Kurzschluß nur vorübergehend, baut sich die Instanz ab. Anderenfalls geht es in die weitere Fehlerbehebung, bei der zunächst auf das Auftrennen des betroffenen Netzes gewartet werden muß. Das System macht einen Vorschlag, welcher Handschalter geöffnet werden sollte.

Aus dem Anlagenwissen, das auch Informationen über den geographischen Netzaufbau enthält (z.B. "Schalter ist leicht erreichbar" oder "Schalter liegt in einem Verzweigungsknoten"), ermittelt die Kerninstanz, unter Berücksichtigung weiterer Bedingungen wie z.B. der, daß der Schalter möglichst in der Mitte des betroffenen Leitungsnetzes liegen sollte (Minimierung des Suchaufwands), den am schnellsten und sinnvollsten zu betätigenden Handschalter.

Parallel hierzu wird ermittelt, ob Schaltstationen spannungslos sind. Gibt es solche, wird für jede Station eine Instanz des Frames "Alternative-Versorgung" geschaffen. Diese Instanz versucht, durch Anwendung entsprechender Regelpakete für den Zeitraum der Störung nicht versorgte Stationen von anderen Speisepunkten aus zu versorgen.

4.2.4 Weitere Fehlerbehebung

Wird ein Handschalter im betroffenen Gebiet geöffnet, werden die beiden dadurch gebildeten Teilgebiete des Netzes ermittelt. Zwei Instanzen von "Probeschaltung" übernehmen die Durchführung einer solchen für je ein Gebiet.

Erfolgreiche Probeschaltungen führen dazu, daß Netzteile wieder versorgt sind, sie bleiben bestehen. Nicht erfolgreiche Probeschaltungen bedeuten unerwünschte Separation von Netzteilen und werden wieder rückgängig gemacht.

Dieser Handlungsablauf wird wiederholt, bis der Fehler lokalisiert worden ist.

4.2.5 Rückkehr in den Normalzustand

Die erfolgreiche Reparatur der Schadensstelle wird der Schnittstelle mitgeteilt und veranlaßt den Ablauf einer Methode in der Instanz von "Kurzschluß-bearbeitet", entsprechend der notwendigen Übersicht über das Gesamtproblem.

Rückkehr des Netzes in den ursprünglichen Zustand erfolgt dadurch, daß eine Liste von Schaltbefehlen ausgegeben wird, die sämtliche Schalter wieder in den Ausgangszustand versetzen. Zwei Regelpakete des Kerns sorgen dafür, daß die Schalthandlungen zweckmäßig gewählt wird. Das eine Regelpaket überprüft, ob die Voraussetzungen zur Betätigung eines Schalters erfüllt sind, veranlaßt ggf. Handlungen zum Erreichen dieser und teilt dem Benutzer schließlich mit, Schalthandlung (Öffnen oder Schließen) vorzunehmen ist. Dieses Regelpaket wird rückwärts ausgeführt. Das andere Regelpaket ermittelt aus den durchzuführenden Schaltungen die optimale Reihenfolge. Hierbei ist zu berücksichtigen, daß in möglichst wenigen Gebieten für einen möglichst kurzen Zeitraum der Strom abgeschaltet wird.

5. Ausblick

Wir können hier nur in die nähere Zukunft blicken. **PARES**, das wir als prototypisch für XPSe in Leitwarten ansehen, wird weitergeführt. Dazu gehören Akzeptanztests, in denen wir die erreichte Funktionalität mit Wartenpersonal diskutieren und versuchen, Vorschläge aufzunehmen.

Die Entwicklung einer geeigneten Erklärungskomponente ist eine weitere Aufgabe. Sie muß in erster Linie dem Bediener Vorschläge, die das XPS macht, in seiner Fachsprache erläutern.

Außerdem gehört dazu die Erweiterung der Wissensbasis - über den bisherigen Rahmen hinaus - zu einem System, das sämtliche Aspekte des Wartenbetriebs erfaßt. So entsteht der Grundstein für einen breiten industriellen Einsatz der Expertensystemtechnologie in der maschinellen Führung und Überwachung technischer Prozesse.

Literatur

[1] Babylon Benutzerhandbuch, Gesellschaft für Mathematik und Datenverarbeitung (GMD), Sankt Augustin, 1985

[2] Francis, J.C.; Leitch R.R.: ARTIFACT: A Real-Time Shell for Intelligent Feedback Control, in: Braemer (Hrsg.): Research and Development in Expert Systems, Cambridge University Press, 1985

[3] Gallanti, M.; Guida, G.; Spampinato, L.; Stefanini A.: Representing Procedural Knowledge in Expert Systems: An Application to Process Control, in: Proceedings IJCAI 85, Volume 1

[4] Sansonnet J.P.: The Machine for Artificial Intelligence Applications: MAIA, in: Proceedings ECAI 86, Volume I

[5] Wittig T.: Expertensysteme in der Prozeßleittechnik in: Brauer, Radig (Hrsg.): Wissenbasierte Systeme, Informatik-Fachberichte Nr. 112, Springer Verlag, Heidelberg, 1985

[6] Zentrale Leittechnik, in: Schriftenreihe "Prozeßrechner in der Praxis", Band 9, Krupp Atlas Elektronik, Bremen, 1980

B.Eiben, J.Eisermann, Dr.-Ing. W.Fedderwitz
Krupp Atlas Elektronik
Sebaldsbrücker Heerstr. 235, 2800 Bremen 44

Die diesem Bericht zugrundeliegenden Arbeiten wurden mit Mitteln des Bundesministers für Forschung und Technologie (Verbundvorhaben TEX-I, Förderkennzeichen: ITW 8503) gefördert. Die Verantwortung für den Inhalt liegt allein bei den Autoren.

EXPERTENSYSTEME ZUR FEHLERDIAGNOSE AN CNC-MASCHINEN

Dipl. Inform. Ralf Eichhorn

Dipl. Inform. Ralf D. Pütz

Dipl. Ing. Jürgen Ziegler

Fraunhofer Institut (IAO), Stuttgart

Zusammenfassung: Die Technologie von CNC-Maschinen hat in den letzten Jahren große Fortschritte gemacht. Die Mikroelektronik ermöglicht die Lösung immer umfangreicherer Automatisierungsaufgaben. Die Wirtschaftlichkeit eines derart komplexen Fertigungssystems hängt aber nicht allein von seinem Automatisierungsgrad ab, sondern die Zuverlässigkeit und Verfügbarkeit sind von entscheidender Bedeutung.

Hier bieten KI-Techniken neue Unterstützung an. Mit Hilfe eines in die CNC-Maschine integrierten Expertensystems kann der Bediener vor Ort eine Fehlerdiagnose durchführen. Durch dieses System wird er im Dialog angeleitet, gezielt nach Fehlern zu suchen und sie nach Möglichkeit selbst zu beheben. Als besonders problematisch bei der Entwicklung eines solchen Systems haben sich die Wissensakquisition, die Behandlung von Montagearbeiten während der Diagnose und Integration in die Zielmaschine erwiesen. Dieses Papier stellt unsere Arbeiten auf diesem Gebiet vor.

1. Problemstellung

Der Markt im Bereich von CNC-Maschinen hat in den vergangenen Jahren immer höhere Anforderungen an diese gestellt. So geht der Trend hin zu kleineren Losgrö*ß*en und zur Herstellung schwierigerer, sehr komplexer Teile. Trotz dieser Anforderungen werden kürzere Durchlaufzeiten und eine optimale Ausnutzung von Werk- und Schneidstoffen gefordert.

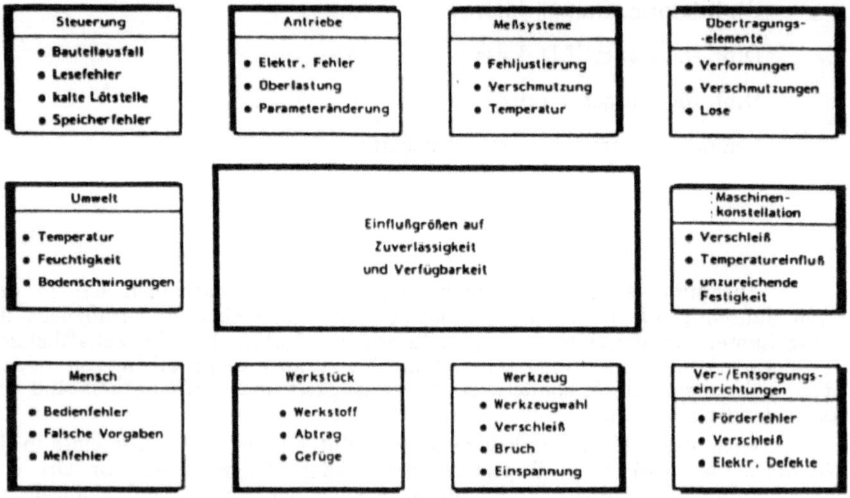

aus: Industrie Anzeiger 81, Nr. 62, W. Eversheim et al.
Maschinendiagnose in der automatisierten Fertigung

Bild 1: Einflu*ß*grö*ß*en auf CNC-Maschinen

Diese hohen Marktanforderungen haben zu ebenso hochentwickelten CNC-Maschinen bis hin zu flexiblen Fertigungssystemen geführt. Derart komplexe Maschinen garantieren weitgehende Automatisierung, Flexibilität und einen hohen Funktionsumfang. Dies allein bestimmt aber noch nicht die Wirtschaftlichkeit. Eine hohe Zuverlässigkeit und Verfügbarkeit müssen auch wegen der hohen Kapitalbindung einer Maschine gegeben sein. Zu deren Erhöhung gibt es prinzipiell zwei verschiedene Verfahren:

- Vorbeugung
- Fehlerbehebung

Die Vorbeugung geschieht größtenteils bei der Konstruktion einer Maschine, also beim Hersteller. Vorbeugende Maßnahmen sind besonders dann wichtig, wenn man bedenkt, daß der Produktlebenszyklus neuer Maschinengenartionen immer kleiner wird und somit das Ausreifen eines Maschinentyps in immer kürzeren Zeiten geschehen muß.

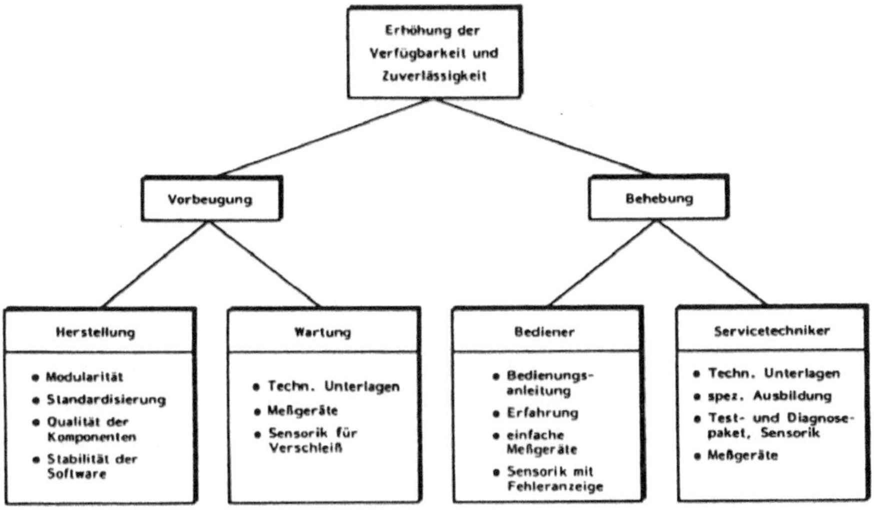

Bild 2: Erhöhung der Verfügbarkeit und Zuverlässigkeit von CNC-Maschinen

In Störfällen bzw. bei Stillstand der Maschine muß der Fehler möglichst schnell vor Ort behoben werden können. Anzustreben ist, daß der Maschinenbediener den Fehler in vielen Fällen selbst beheben kann. Ist dies nicht möglich, sollte er oder ein Kommunikationssystem zumindest eine qualifizierte Diagnose übermitteln. Hierzu fehlt dem Bediener im allgemeinen aber das Know-how.

Erschwerend kommt hinzu, daß sich die Art der auftretenden Fehler bei hochentwickelten CNC-Maschinen verändert hat:

- Fehler sind trotz erhöhter Komplexität seltener. Wenn sie auftreten, sind sie aber schwieriger und stellen selbst an einen Servicetechniker hohe Anforderungen.
- Fehler treten häufiger in der Anlagenperipherie auf, bedingt durch die immer größere Eigenkomplexität dieser Anlagen.
- Schnelle Änderungen der Maschinentypen bzw. deren Konfigurierungen z.B. mit Peripheriegeräten verknappen das gesamte Know-how im Servicebereich.
- Durch die weite Verbreitung der Maschinen wird die schnelle Verfügbarkeit der Servicetechniker sehr aufwendig.
- Aufgrund der Anteile verschiedener Technologien aus den verschiedensten Bereichen (z.B. Hydraulik, Mechanik, Elektrik) ist das Wissen nicht mehr bei einem einzigen Experten zusammengefaßt.

Durch die Entwicklung modularer Maschinen wird die Behebung eines Fehlers in den meisten Fällen selbst von Laien durchführbar. Allerdings ist das Problem des Fehlerfindens, d.h. der Maschinendiagnose, nicht überschaubar, obwohl Schalt- und Konstruktionspläne oder Handbücher und Dokumentationen vorhanden sind. Hier stößt auch die konventionelle Datenverarbeitung an ihre Grenzen, denn eine noch so ausgefeilte Sensortechnik kann das Wissen eines Servicetechnikers nicht erfassen. Hier spielen Erfahrungswerte und allgemeine Kenntnisse eine tragende Rolle.

2. Architektur eines Expertensystems

Bild 3 zeigt eine schematische Darstellung der Hauptkomponenten von Expertensystemen.

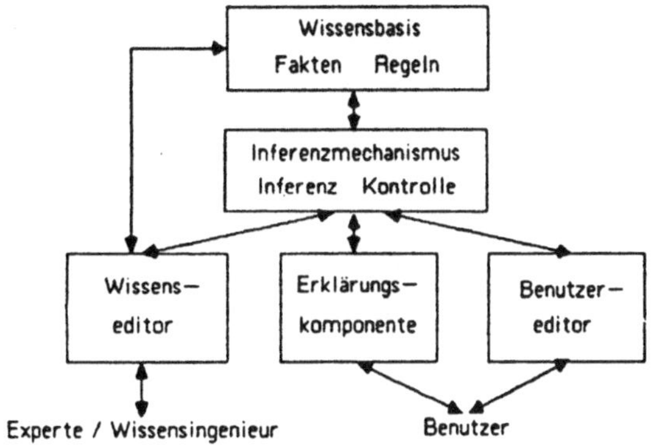

Bild 3: Architektur von Expertensystemen

Die *Wissensbasis* bestimmt einen Unterschied zur herkömmlichen Programmierung. Das Schlagwort "wissensbasierte Systeme" erhält seinen Charakter nicht dadurch, daß in solchen Systemen erstmalig Wissen verarbeitet worden wäre, sondern dadurch, daß hier im Gegensatz zur impliziten Wissensdarstellung in üblichen Programmen erstmals explizite Wissensstrukturen angelegt werden.

Die Wissensbasis ist über eine Schnittstelle, den *Wissenseditor*, veränderbar und erweiterbar. Ein komfortabler Wissenseditor, der es erlaubt, eine leere Wissensbasis aufzufüllen, ist Kennzeichen eines Expertensystemstools bzw. einer Expertensystemshell. Fakten und Regeln können unabhängig von der Reihenfolge und relativ frei von einengenden Formalismen eingegeben werden, ohne daß die Programmstruktur verändert werden müßte.

Der *Inferenzmechanismus* hat die Aufgabe, aus Regeln neue Fakten abzuleiten und, falls dies nicht mehr möglich ist, neue Fakten von dem Benutzer zu erfragen. Die dem Inferenzmechanismus zugrundeliegenden prädikatenlogischen Gesetze sind sehr allgemein, z.B. modus ponens (Wenn "A" gilt und es gilt "aus A folgt B" dann leite "B" ab). Der Inferenzmechanismus repräsentiert das allgemeine Problemlösungswissen im Gegensatz zum speziellen Problemlösungswissen, welches in den Regeln der Wissensbasis abgelegt ist. Weiterhin ist es möglich, auf die Angabe von Kontrollinformation im Wisseneditor zu verzichten, wenn es eine klare Trennung zwischen Wissensbasis und Inferenzmechanismus gibt. Der Leitgedanke, der hinter dieser deklarativen Programmierung steckt lautet: sage WAS gemacht werden soll, nicht WIE!

Der *Benutzereditor* ist die Schnittstelle des Expertensystems zur Außenwelt. Über diesen Editor erhält das System neue Informationen vom Benutzer oder den Sensoren. Da der Benutzereditor sich zumeist an einen unerfahrenen Adressaten wendet, ist hier auf einfaches Design, leichte Verständlichkeit und Handhabbarkeit Wert zu legen.

Die *Erklärungskomponente* hilft dem Benutzer, die "Überlegungen" des Systems zu verstehen. In den meisten Fällen wird auf Anfrage erklärt, welche Inferenzen gemacht wurden, welches Wissen momentan bekannt ist (bisherige Hypothesen) und warum eine bestimmte neue Frage gestellt wurde. Die Absicht ist die geistige Einbeziehung des Benutzers in den Inferenzmechanismus. Dadurch ist es häufig möglich, Verständnisschwierigkeiten zu vermeiden oder vielleicht den Dialog vorzeitig zu beenden, da der Benutzer die Lösung des Problems bereits sieht.

3. Prototyp zur Diagnose an CNC-Maschinen

Zur Evaluation des praktischen Nutzens eines Diagnosesystems wurde in Zusammenarbeit mit einem Drehmaschinenhersteller ein Prototyp entwickelt. Hierbei wurde besondere Aufmerksamkeit auf die Integration in die Arbeitsumgebung sowie auf die Probleme des Benutzers bezüglich Handhabbarkeit und Akzeptanz gelegt.

Es zeigte sich, daß die allgemeine Architektur eines Expertensystems um eine weitere Komponente, den *Wissenscompiler,* erweitert werden mußte. Seine Aufgabe besteht in der Portierung des durch den Experten auf der Entwicklungsumgebung eingegebenen Wissens auf die Zielumgebung.

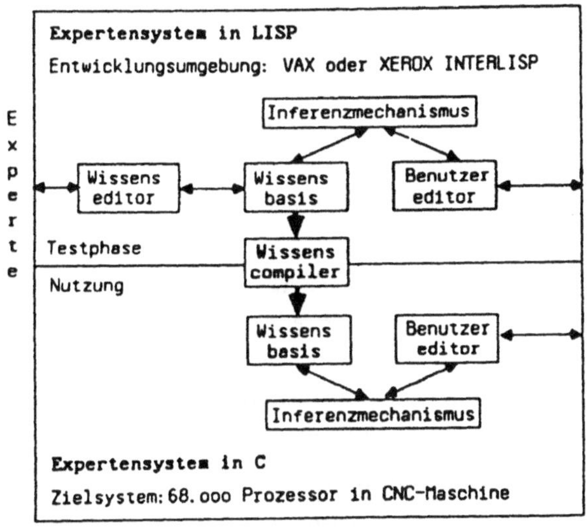

Bild 4: Architektur des Prototypen zur CNC-Maschinen Fehlerdiagnose

Wie Bild 4 zeigt, wurden zwei verschiedene Expertensysteme geschaffen:

(1) Die LISP-Version dient dem Experten als Werkzeug zur Eingabe sowie zum Testen des Wissens. In der Testphase ist der Benutzer des Expertensystems der Experte selbst.

(2) Die C-Version dient den Maschinenbediener/Servicetechniker als reines Expertensystem. Dieses ist in die CNC-Maschine integriert. Änderungen in Fakten- bzw. Regeldefinitionen sind hier nicht möglich.

Die folgende Liste zeigt einige Vorteile dieser speziellen Systemarchitektur. Dabei erfüllt der Prototyp diese Vorteile nicht vollständig, sondern teilweise beziehen sie sich auf ein ausgereiftes Expertensystem, das in dem folgenden Abschnitt vorgestellt wird.

- Die Entwicklung der Wissensbasis erfolgt beim Hersteller. Es muß nicht nur eine große Datenmenge erstellt werden, sondern auch gepflegt und auf den neusten Stand gebracht werden. Dazu sind Informationen nötig, die nur beim Hersteller zusammenfließen.
- Der Maschinenbediener/Sevicetechniker hat keinen Einfluß auf die Wissensbasis, selbst wenn er einen Maschinenfehler findet, der nicht im Expertensystem enthalten ist. Hierzu müßte er den Aufbau, den Formalismus und die Funktionsweise des Expertensystems kennen. Es ist kostengünstiger und effizienter, einen zentralen Experten zu beschäftigen, der neu gewonnene Informationen ins System einfügt.
- Das Expertensystem benötigt hardwaremäßig lediglich Speicherplatz. Hier liegt ein Hauptvorteil der Reimplementation: es sind keine kostspieligen, neuen Computer nötig, um das Expertensystem anzuwenden.
- Wird das Expertensystem beim Hersteller verbessert oder wird die CNC-Maschine z.B. durch Peripheriegeräte verändert, so brauchen nur EPROMS für die aktuelle Version verschickt und ausgetauscht werden. Auf diese Weise kann das Expertensystem leicht aktualisiert werden und entspricht so dem aktuellen Wissensstand.
- Dem Hersteller bringt das durch das Expertensystem gesammelte und durch den Formalismus standardisierte Wissen Vorteile. Z.B. sind auf diese Weise Schwachstellen von Maschinenteilen bzw. Baugruppen leichter erkennbar und können evtl. behoben werden. Gegebene Voraussetzung hierfür ist natürlich, daß der Hersteller selbst das Expertensystem entwickelt und verbessert.

Das System besteht aus 460 Regeln und 110 Regelknoten. Es existieren 122 Fakten mit möglichen Fehlermeldungen, wobei es sich bei 9 Fakten um Sensoren handelt. Üblicherweise wird je ein weiterer Fakt aus den Sensoren abgeleitet, so daß ungefähr 20 Fakten zu Beginn der Diagnose bekannt sind. Der Benutzer muß 10 bis 20 Fragen beantworten bis das System ein Ergebnis erzielt. Ziel des Prototypen war eine schnelle Implementation zur Aufdeckung seiner Möglichkeiten. Die

Entwicklungszeit betrug ungefähr ein halbes Mannjahr. Das System ist in die Maschinensteuerung integriert und benötigt etwa 100 K Speicherplatz. Der Prototyp deckt mit 15% der möglichen Fehler etwa 50% der Fehlerquellen ab, die in einem festen Zeitintervall auftreten.

Das Diagnosesystem benötigt keine aufwendige Hard- und Software, da es die existierenden Ressourcen der CNC Maschine ausnutzt. Allerdings hat der einfache Aufbau auch seine Nachteile, besonders bei der Erweiterung der Wissensbasis. Der Hauptnachteil liegt in der Einbettung des Inferenzmechanismusses in die Regelmenge. Aufgrund der Regelknotenstruktur ist der Wissensingenieur gezwungen, sowohl die Regeln als auch ihre Kontrolle zu berücksichtigen.

4. Expertensystemtool zur Diagnose an CNC-Maschinen

Die Erfahrungen mit den Prototypen haben einerseits die gute Verwendbarkeit von regelbasierten Systemen zur Diagnose bewiesen. Andererseits sind beim Testen einige Nachteile aufgetreten, die vor allem den Formalismus des Systems betreffen.

Außer der Bearbeitung von Fehlern, die der Bediener selbst leicht beheben kann, soll das Expertensystem auch folgende neue Forderungen erfüllen:

- Expertensystem für mehrere Maschinentypen und leichte Übertragbarkeit von Fakten und Regeln bei gleichen Maschinenkomponenten.
- Berücksichtigung von "Umwelteinflüssen" wie Standort und Alter der Maschine sowie Daten über Wartungsmaßnahmen, d.h. Speicherung und Verarbeitung von Daten, die über eine reine Diagnose hinaus gehen.
- Anleitungen für Instandsetzungsarbeiten eines Servicetechnikers, d.h. Tests durch Veränderungen bzw. Ausbauen von Maschinenteilen soll möglich sein.
- Mehr Flexibilität bei der Verfeinerung oder Veränderung des Wissens.

Diese neuen Forderungen führen nicht nur zu quantitativen Veränderungen, sondern vor allem zu qualitativen Systemveränderungen. Es ergibt sich ein völlig neues Expertensystem, welches in den folgenden Abschnitten erklärt wird.

4.1. Wissensbasis

Die Wissensbasis ist weitaus differenzierter als die des Prototyps. Der grundsätzliche Aufbau der Wissensbasis ist folgender:

(1) Die Faktdefinition wird unterschieden in Maschinenteilname, Eigenschaftsname dieses Teils. Durch die Zweiteilung des Namens ist eine klarere semantische Unterscheidung möglich. Der Maschinenteilname bezeichnet eindeutig den Ort an der Maschine und die Eigenschaft dieses Teils bezeichnet das Symptom, welches beobachtet bzw. gemessen werden soll. Ein Maschinenteil kann mehrere Eigenschaften besitzen.

(2) Die Faktdefinition wird um Attribute erweitert. Die Attribute enthalten Informationen, die im Prototypen teilweise innerhalb der Regelstruktur enthalten waren und teilweise neu sind, um detailliertere Definitionen und Ableitungen machen zu können. Der Vorteil dieser Faktattributierung ist der, daß die Informationen aus der dynamischen Regelstruktur in die statische Faktstruktur transformiert werden.

(3) Die Regeldefinition wird vereinfacht. Die Vorbedingungen und Folgerungen dürfen nur noch mit UND verknüpft werden. Die einzelnen Regeln sind voneinander unabhängig und brauchen nicht untereinander in eine Struktur für den Inferenzmechanismus eingefügt werden.

4.2. Wissenseditor

Grundsätzlich ist zum Verhältnis des Wissenseditors und der Wissensbasis zu sagen, daß beide Darstellungen strukturell gleich sind. In der Wissensbasis erfolgt lediglich eine Codierung einiger Werte. Die wesentlichen Charakteristika des Wissenseditors sind folgende:

(1) Für den Wissensingenieur werden Fakten und Regeln strukturiert, um die Übersicht zu erhöhen. Die Maschinenteile sind nicht zusammenhanglos, sondern sind vom obersten Knoten "Maschine" baumartig aufgebaut. Die Menge aller Söhne zu einem Knoten ist die Menge aller Unterteile und wird in dieser Form auf dem Bildschirm angegeben (Browser). Auf diese Weise kann der Experte einzelne Teile und deren Eigenschaften

über eine gewohnte Struktur finden.

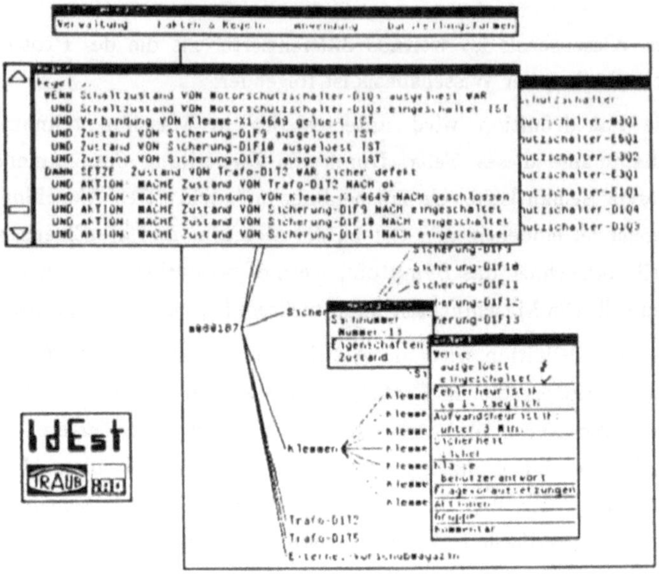

Bild 5: Eigenschafts- und Regeldefinition des Wissenseditors

(2) Alle dem Wissensingenieur zugänglichen Informationen und Funktionen werden in Fenstern und Menüs gehalten. Die Verwendung von Fenstern und Menütechnik erleichtert dem Wissensingenieur einerseits die Bedienung des Expertensystems, denn die möglichen Funktionen werden in Menüs zur Auswahl gestellt, und andererseits die Übersichtlichkeit, indem logisch zusammengehörige Informationen in Fenstern bzw. Unterfenstern partitioniert sind. Außerdem verhindert das Selektieren von Symbolen und auch das Auswählen von vorgegebenen Wertmengen aus Menüs syntaktische Fehler.

(3) Alle Attribute der Fakten und Regeln werden mit Default-Werten vorbelegt, sobald eine Eigenschaft bzw. eine Regel definiert wird. Hierdurch wird der Experte in seiner Arbeit etwas entlastet, denn er braucht nur noch die falschen Attribute ändern. Außerdem ist es über ein Optionenfenster möglich, die einzelnen Attribute auszublenden, so daß sich der Experte z.B. in der Einlernphase auf die wichtigsten Eingaben beschränken kann.

4.3. Inferenzmechanismus

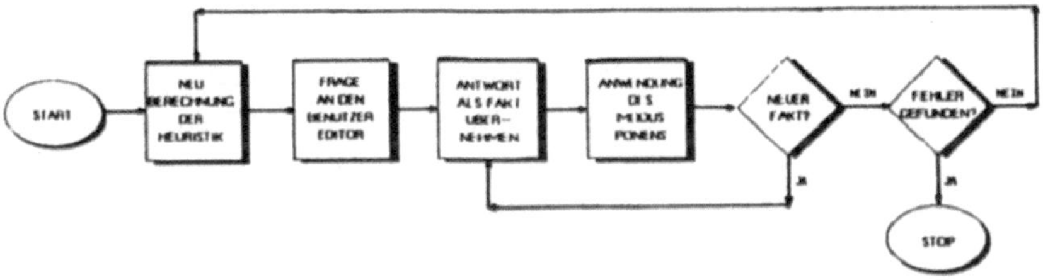

Bild 6: Schema des Inferenzmechanismus

Die Regeln werden nach einer Forward-Ableitungsstrategie bearbeitet. Eine Backward-Ableitungsstrategie wie in PROLOG ist nicht sinnvoll, da es keine Fragen oder vorgegebene Ziele gibt, die bewiesen werden müssen. Ableitungsschema ist modus ponens. Der gesamte Inferenzmechanismus läuft nach folgendem Schema ab:

Die Kontrolle des Inferenzmechanismus wird von einer Heuristik übernommen. Vorteil der Heuristik ist, daß sie einen automatischen Prozeß darstellt, der nicht vom Experten gesteuert werden braucht. Ziel der Heuristik ist das Finden einer guten Frage bzw. das Erreichen einer guten Antwort. Um den Erfolg einer Frage abzuschätzen, besteht die Gesamtheuristik aus Einzelheuristiken, die gewichtet und aufsummiert werden und so die Gesamtheuristik ergeben.

Einzelheuristiken sind:

- Kosten für die Beantwortung der Frage:

  Kostenfaktor ist hauptsächlich die Zeit. So kann man z.B. die Temperatur des Motors sehr schnell nachschauen, wohingegen die Abnutzung der Kohlebürsten im Motor nur durch umfangreiche Ausbaumaßnahmen nachschaubar ist.

- Fehlerhäufigkeit:

  Z.B. tritt ein Fehler in der Motortemperatur relativ häufig auf, zu stark abgenutzte Kohlebürsten sind sehr selten.

- Evidenzheuristik:

  Falls in einer Regel mit mehreren Vorbedingungen schon eine oder mehrere beantwortet sind, werden die noch unbekannten Vorbedingungen als Fragen bevorzugt. Implizit setzt diese Heuristik einen funktionalen Zusammenhang zwischen den Vorbedingungen voraus. Diese Heuristik garantiert, daß ein Weg zu einem Fehler verfolgt wird.

- Transistivitätsheuristik:

  Ein indirekter Informationsgewinn ergibt sich dadurch, daß eine oder mehrere Antworten durch eine Regel einen neuen Fakt setzen können. Dieser neue Fakt kann selbst wieder eine Vorbedingung in anderen Regeln sein und so weitere Fakten setzen bis hin zum Fehler. Diese Transitivität wird bewertet.

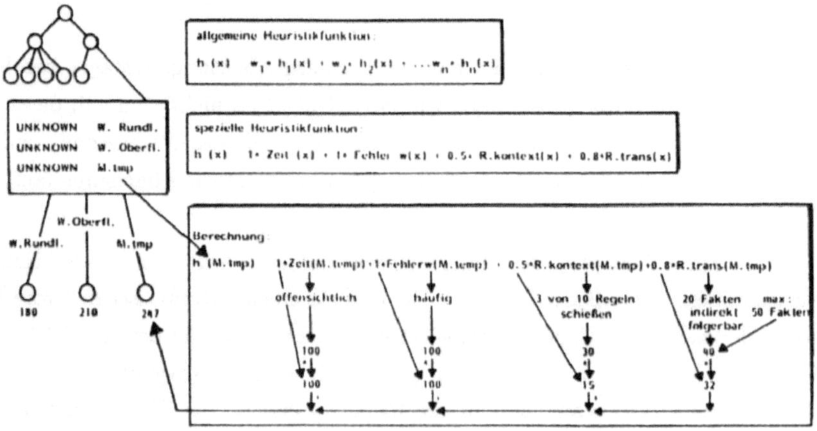

Bild 7: Verwendung der Heuristikfunktion

Erklärungen zu Bild 7:

- Jeder Knoten im Baum repräsentiert das gesamte Wissen über die CNC-Maschine.
- Die Wissensbasis repräsentiert genau einen Knoten im Baum.
- Für die Heuristik sind alle unbekannten Eigenschaften wichtig.
- Die Gesamtheuristik berechnet numerisch die Güte aller Söhne zu dem bestehenden Wissen.
- Der Übergang zwischen zwei Knoten repräsentiert die Beantwortung einer Frage.

- Die interne Darstellung muß nicht explizit alle Söhne der gegebenen Wissesbasis generieren, sondern es genügt eine Zuordnung eines Heuristikwertes zu jeder Eigenschaft. Jede unbekannte Eigenschaft enthält die Einzelheuristiken sowie die Gesamtheuristik.
- Durch die Heuristikfunktionen, speziell die Transivitätsfunktion, geht in den Heuristikwert nicht nur Information über die Güte der Beantwortung der nächsten Frage ein, sondern auch Information über weitere Fragen.

Heuristiken garantieren im allgemeinen nicht das Finden optimaler Fragen bzw. das Generieren eines optimalen Pfades der Ableitungen bis hin zum Fehler, jedoch können die Einzelheuristiken verbessert werden, indem sie von den Unsicherheitsfaktoren abhängig gemacht werden.

Bei allen Ableitungen werden die den Eigenschaften bzw. Regeln zugeordneten Unsicherheitswerte berücksichtigt. Als Berechnungsschema für Unsicherheitsfaktoren verwenden wir ein rein probabilistisches Konzept. Die aktuellen Unsicherheitswerte der mit AND verknüpften Bedingungen werden multipliziert und in Relation zur statischen Unsicherheit der Regel zum aktuellen Unsicherheitswert der Folgerung addiert. Bild 8 zeigt ein Beispiel.

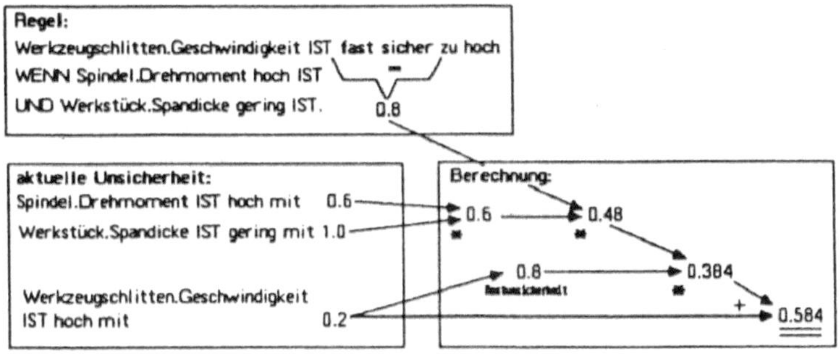

Bild 8: Berechnung der Unsicherheitswerte

4.4. <u>Benutzereditor und Erklärungskomponente</u>

Der Benutzereditor ist die Schnittstelle des Expertensystems zur Außenwelt. Über diesen Editor erhält das System neue Informationen vom Benutzer oder den Indikatoren. Die Indikatormeldungen werden am Anfang des Dialogs abgefragt. Der Dialog des Systems mit dem Maschinenbediener ist menügesteuert. Auf dem Bildschirm stehen etwa die letzten 10 Fragen und Antworten. Der Dialog mit dem Benutzer wird durch die vom System gestellten Fragen bestimmt, die Antworten werden über variabel belegbare Funktionstasten gegeben.

Da der Benutzereditor auf dem Zielsystem mit den existenten Soft- und Hardware Bedingungen auskommen soll, gibt es nur eine minimale Erklärungskomponente. Einerseits existiert eine Anzeige der vermuteten Fehler, welche gewährleisten soll, daß dem Benutzer die Ursachen und die Absichten der gestellten Fragen verständlich werden. Andererseits hat er die Möglichkeit, Vermutungen zu äußern, um den Diagnoseprozeß in die von ihm gewünschte Richtung zu steuern.

Zusammenfassend ist festzustellen, daß das hier vorgestellte Expertensystemtool noch nicht vollständig implementiert ist, und daß sich die Tauglichkeit des Systems erst noch in umfangreichen Tests erweisen muß. Das Gesamtkonzept löst allerdings alle gestellten Anforderungen bis hin zur betrieblichen Integration.

5. Literaturverzeichnis

McDermottt D., Doyle I.: Non-montonic Logic 1, aus : Artificial Intelligence, North-Holland Publishing Company 1980, Heft 13, pp. 41 - 72

Harmon P., King D.: Expert Systems, Artificial Intelligence in Business. John Wiley & Sons, New York 1985

Hayes Roth F., Waterman D.A., Lenat D.B.: Building Expert Systems. Addison-Wesley Publishing Company, Reading, Massachusetts 1983

Horn M., Waite Group: Understanding Expert Systems. Bantam Books, Toronto 1986

Kandel A.: Fuzzy Mathematical Techniques with Applications. Addison-Wesley Publishing Company, Reading, Massachusetts 1986

Kowalski R.: Logic for Problem Solving. Elsevier Science Publishing, New York 1979

Negoita C.V.: Expert Systems and Fuzzy Systems. The Benjamin/Cummings Publishing Company, Menlo Park, California 1985

Nilsson N.J.: Principles of Artificial Intelligence. Tioga Publishing Company, Palo Alto, California 1980

Pearl J.: Heuristics. Addison-Wesley Publishing Company, Reading, Massachusetts 1984

Autorenanschrift:

Dipl. Inform. Ralf Eichhorn

Dipl. Inform. Ralf D. Pütz

Dipl. Ing. Jürgen Ziegler

Fraunhofer Institut für Arbeitswirtschaft und Organisation (IAO)
Rosenbergstr. 28
D-7000 Stuttgart 1

CONDITIONS ON A KNOWLEDGE REPRESENTATION FOR PROCESSING NATURAL LANGUAGE SEMANTICS

Gerhard Heyer/Bernd Schneider
TA Triumph-Adler AG, Nuernberg

Zusammenfassung

Anhand eines Beispiels werden zunaechst minimale Anforderungen an eine Wissensrepraesentation bei der Verarbeitung der Semantik eines Textes diskutiert. Wir stellen sodann eine Erweiterung von PROLOG auf der Grundlage des KL-ONE Ansatzes vor, welche die gestellten Anforderungen im wesentlichen erfuellt und neben der Konstruktion unvollstaendiger Objekte mit Hilfe eines epistemischen Levels und einer Unterscheidung verschiedener Praedikate insbesondere auch die Integration von konzeptuellem und funktionalem Wissen gestattet.

Schluesselwoerter:
Wissensrepraesentation, Verarbeitung natuerlicher Sprache, Wissensakquisition

1. Introduction

The following paper discusses by way of an example minimal requirements on a knowledge representation for processing natural language semantics, and presents in outline the basic architecture of an extension of PROLOG that meets the proposed requirements. The system has been developed within the ESPRIT project ACORD, a natural language system that aims at the construction and interrogation of knowledge bases within the area of so-called business communications using natural language text and graphics. A detailed scenario for a possible application of the system within the area of logistics and the transport business is given below. Depending on whether or not a knowledge base has already been defined, the ACORD system can be regarded either as a general natural language interface, supported by graphics, to expert and decision-support systems, or as a general tool for constructing a knowledge base that can subsequently be interrogated by one or several users. Given the restricted aims of the system, it is not designed to model human language comprehension, or advocate a particular view of what it means to understand language (cf. WINOGRAD 1980).

The knowledge representation we propose can either be called directly by the output of the parser module as the semantic representation language and the interpreting model of the natural language input, or by a mediating semantic representation language, such as DRS, whereby it would function as the interpreting model of the natural language input by providing an interpreting model of its semantic representation.

Although there are good reasons for ultimately identifying the representations of meaning and knowledge (HABEL 1986:29), the ACORD system distinguishes between the level of semantic representation, using DRS as semantic representation language, and the level of the knowledge base expressed in terms of our knowledge representation language.

2. Requirements on the Knowledge Base

The system aims at being able to read in a small text on the sample application domain, to add the information to the knowlege base, and to retrieve information from that knowledge base upon request. Consider, for example, the following piece of update of a knowlege base on available resources in a transport business:

(1) None of the trucks are at their place of registry.
(2a) Truck1 is going from Munich to Berlin. (b) It is carrying peripherals. (c) It will arrive in Berlin at 5 o'clock.
(3a) Truck2 is staying in Cologne. (b) It is unloaded. (c) It has a loadcapacity of 10 tons.
(4a) Truck3 is on the way to Nuremberg carrying a load of personal-computers. (b)It has been laying in Frankfurt since 8.30 with a defunct engine.
(5a) Tanker1 is transporting 500 hectoliters of wine to Frankfurt. (b) It is coming from Florence.

Upon request, the system should be able to answer questions concerning the described situation, e.g. it should be able to answer questions like "What is truck2 carrying?", "When and where does truck1 arrive?", or "Does truck3 have a broken engine?". Moreover, the system should be able to answer questions that require a certain amount of reasoning or reflection, like "Can tanker1 transport peripherals?", or "How much freight can truck2 carry?".
The amount and kind of background knowledge required for such reasoning, as well as the kind of inferences involved, certainly vary from the specific tasks that may be posed. Thus, somebody interested in the analytic structure of the information given might be interested in knowing whether truck1 can be said to move, whether the movement of truck1 describes a four-dimensional space-time trajectory, or whether the movement of truck1 is causally responsible for it eventually reaching Berlin. The line of what the system is supposed to know about the world, physics, or our knowledge about the world is difficult to draw (cf. DREYFUS 1985, SEARLE 1984). For our purposes we assume this to be a practical decision hinging on the particular use that the system is being put to. Thus, while the system should know that a freight does not move by itself, and that, therefore, the load of personal-computers that,

e.g., truck3 is carrying will not arrive in Nuremberg on their own, it need not know anything about the population of Nuernberg, or that every truck has a colour.
In general, answering a question will therefore first require an evaluation of the relevance of the question. For the present purposes, however, we will simply delimit the set of questions that possibly can be asked. The following is an attempt to structure the set of possible questions in an intuitive manner on the basis of their semantics.

We first devide questions into three basic categories :
- -inverted questions (asking for a truth-value)
- -pronominal wh-questions (asking for a value of some individual variable)
- -sentential wh-questions (asking for the value of a sentential operator variable)

Within each type of question a number of further distinctions hold that we exemplify for simplicity's sake only in the case of inverted questions.

Assuming now the imagined update, three basic kinds of questions can be distinguished:

I) Querying of facts
----

e.g. "Does truckl carry PCs from Munich to Berlin?"

II) Querying of parts of facts
----

e.g. "Does truckl carry PCs?"

III) Querying of derived facts

The latter category really is quite complicated and requires further subdivisions. Although arguable, it seems convenient to distinguish between facts derived on grounds of logic and facts derived on grounds of world knowledge. For each kind of derived fact a number of questions can now be asked that we present here with respect to nouns, verbs and prepositions :

a) facts derived on grounds of logic
----

1) presuppositions
   noun: "Does a truck carry PCs from Munich to Berlin?"
   verb: "Does truckl exist?"
   prep: "Is it true that Munich is not the same place as Berlin?"

2) isa-generalization
   noun: "Does a vehicle carry PCs from Munich to Berlin?"
   verb: "Does truck1 transport PCs from Munich to Berlin?"

3) semantic roles
   i) unfilled (default roles)
   noun: "Is a driver driving truck1?"
   "Does truck1 have a destination?"
   prep: "Are the PCs on truck1?"
   "Is the wine in the tank of tanker1?"

   ii) filled
   noun: "Is Munich the place of departure of truck1?"
   verb: "Does truck1 depart in Munich?"

4) components
   noun: "Does truck1 have a loadcapacity?"

5) relational implicatures
   prep: "Is truck1 under the PCs?"

b) facts derived by world knowledge

1) based on knowledge about places
   e.g. "Does truck1 go on the A9?"
   "Does truck1 pass through Nuernberg?"

2) based on knowledge about spatial relations
   e.g. "Is the trailer behind the truck?"

Most of these types of questions reappear within the categories of pronominal- and sentential wh-questions. Within the category of pronominal wh-questions it has to be recognized that in German certain prepositions call for particular questions particles, e.g. "mit" for "womit", "von" for "woher", and "nach" for "wohin". In English the prepositions just reappear within the wh-question, e.g. "where from", "where to", "what with" etc.

Considering the piece of text and the questions presented above, we can derive the following requirements on a knowledge base that is to process this text.

(i) The knowledge base must allow for an incremental construction, as the input information is provided sentence by sentence.

On the one hand, objects introduced into discourse may require a subsequent emendation or modification. As is apparent from clauses (3a),(3b) and (3c), the introduction of an object named "truck2", gives rise to a specification of further properties that are asserted of this object and that need to be added to its object-frame. The need for a modification of properties of an object is evident from clauses (4a) and (4b): while it is reasonable to assume by default that every truck has an engine that works, the object with the name "truck3", introduced into discourse by clause (4a), does not have a working engine in the given situation, as is stated by clause (4b).

Moreover, it may be necessary to also add further specifications on facts that already have been asserted during the previous discourse. As is illustrated by clauses (2a), (2b), and (2c), there may be a simple fact like "Truck1 travels" that may be further specified in various regards: that the travelling takes place from Munich to Berlin, that it is accompanied by the carrying of peripherals, and that it will terminate in Berlin at 5 o'clock. This observation corresponds to the intuitive distinction, broadly accepted in linguistic thought, between obligatory arguments of the verb and its facultative complements (DUDEN 1984).

(ii) The knowledge base must allow for an integrated representation of conceptual and functional knowledge. Apart from simple conceptual hierarchies as they are commonly provided by an "isa"-net, more interesting forms of background knowledge involve functional specifications, - e.g. something is a truck if it is a vehicle for transporting goods travelling on road - , or an integrated specification of function and conceptual structure, as seems to be required for the specification of what it means to be a tanker, viz. being a truck that has as component a tank for transporting liquids.

(iii) Moreover, as is evident from clause (1), the knowledge base must also allow for the resolution of quantified sentences. In fact, quantified sentences represent a particular problem for the processing of natural language semantics, as it requires efficient proof procedures, and, in the case of generalized quantifiers (BARWISE/COOPER 1981), even goes beyond standard first order predicate logic.

(iv) In order to allow for an efficient information retrieval, the knowledge base must also contain linguistic knowledge, basically knowledge about synonyms (within the intended domain of application), as is evident when we consider queries like "Where is truck1 going to?" that is to be understood as "Where does truck1 travel to?".

3. A Brief Survey of Knowledge Representation Languages

Although a number of knowledge representation languages have explicitly been designed for natural language processing, including, amongst others, KRL (BOBROW/WINORAD 1977), KL-ONE (BRACHMAN/SCHMOLZE 1985), and KL-TWO (VILAIN 1985), none of the commonly available systems sufficiently adress to our knowledge the issues raised above. Rather, they focus on a number of detailed problems, each of which undoubtedly is relevant for processing natural language semantics, but insufficient as a single, general principle: prototypes and frames, structured inheritance networks and generic objects, the role of epistemological primitives, the distinction between terminological and assertional knowledge, or the distinction between propositional and quantificational reasoning.

Considering the complexity of natural language, we cannot but conclude that no single representation principle will be fully adequate for processing natural language semantics. Thus, there is a strong argument for hybrid systems such as KRYPTON. Considering the well known trade-off between knowledge representation and reasoning (LEVESQUE/BRACHMAN 1985), the trick here is to factor the reasoning task into a theorem prover (able to deal with first order predicate logic) and a description subsumption mechanism both of which can be seperately called. However, given that full first order predicate logic is only semi decidable, and that even the best theorem provers are prone to time consuming search, there is good reason to consider systems that only comprise decidable subsets of first order predicate logic such as Horn clause logic (cf. McAllester 1980 and 1982).

What we need, therefore, is a representation language that on the one hand need only be based on a decidable subset of first order predicate logic, but on the other is rich enough to meet all of the above requests for processing natural language semantics.

For the following we will consider PROLOG a suitable and efficient language to achieve this aim. In fact, a number of natural language processing systems do use PROLOG as the semantic representation language, e.g. WALLACE (1984), MELLISH (1985), or Borland's TURBO-PROLOG natural language query system GEOBASE. However, all of these systems are natural language query systems, and no one is suitable, nor has been designed, for a construction of a knowledge base using natural language. Hence, none of the systems provide for a distinction between background knowledge and the actual information being asserted, or between functional and conceptual knowledge. As the representation language that these systems use just is PROLOG, the representation of different kinds of knowledge neither is supported nor available.

In what follows we will attempt to define an extension of PROLOG (programmed in PROLOG) that avoids these shortcomings and promises to serve as a fruitful tool in the processing of natural language semantics.

4. The Basic Architecture

Following a longer logical and linguistic tradition, the goal of a knowledge representation for natural language can be defined as follows: what we are looking for is a representation of natural language sentences such that as many as possible intuitively valid inferences are verified, and as many as possible intuitively invalid inferences are falsified.(For the present, we will restrict ourselves to the kinds of questions presented above).

Before laying down the basic architecture of our knowledge representation, and specifying in detail the functions by which it is realized, it is instructive to compare the extension of PROLOG that we propose with the role of first order predicate logic for the semantic analysis of natural language. As has been demonstrated by the logico-linguistic discussion of the seventies on Montague-Grammar, there are in principle two strategies for the logical analysis of natural language: if first order predicate logic is to be used as the semantic representation language, then it is necessary to specify comparatively complex translation-rules for translating natural language sentences into predicate logic, due to the conceptual distance that predicate logic bears to natural language; if we want to keep the translation-rules as simple and transparent as possible, then it is necessary to enrich first order predicate logic by additional expressive power that brings it closer to the syntax and semantics of natural language expressions (Montague's 'intensional logic' is a second order predicate logic amended with intensional and modal operators (MONTAGUE 1974)). Taking up the latter alternative without actually increasing the expressive power of PROLOG, what we gain by extending PROLOG is a more transparent system that can be better tuned to the output of the parsers, than if we just used PROLOG proper. The difference concerns the task of the dialogue manager: within the proposed system the translation of DRSs into expressions of the knowledge base is very straightforward and presents no serious difficulties (HEYER/SCHNEIDER/KESE 1986a).

With regard to the requirements on a knowledge representation for processing natural language semantics posed above, the basic ideas of the system are as follows:

(i) We treat of the incremental construction of objects and facts by defining an 'epistemological' level, i.e. we define a set of underlying object and relation types for knowledge structuring (cf.BRACHMAN 1985:176) as a special level in between PROLOG as the implementational level and the complete object-descriptions and facts on the conceptual level. Thus, in the course of an update, object frames and facts can be created that only successively are filled and completed.

Moreover, the conceptual level is being realized by functions of the epistemological level.

(ii) Conceptual knowledge is being provided for by adding to PROLOG a set of functions that realize an object-oriented extension (without 'message passing'), or a 'structured inheritance network'. Thus, we define on the epistemological, as well as on the conceptual level a number of functions that allow one to distinguish between classes and their instances, order classes in a supremum semi-lattice, define components, properties, and kinds of classes, and define and evaluate how these components and properties are to be inherited. As these functions are PROLOG terms, they can be easily mixed with other PROLOG terms that are used to represent functional dependencies or simple facts. Apart from the integeration of the conceptual and functional dimension, our extension of PROLOG contains object-attribute-value triples embedded in a isa-hierarchy, it allows for cross-classifications by defining dispositions of objects, and it provides a default inheritance for components, kind, and dispositions.

(iii) Quantification and facts will be treated by PROLOG. As concerns quantification, this implies a restriction to Horn clause logic; however, as we will see, the addition of meaning postulates by which a negation appearing in the head of a PROLOG clause can be avoided, provides a way by which this restriction of Horn clause logic can be avoided in most cases. For the representation of facts, we introduce into PROLOG a distinction between three different types of facts: dispositions, events, and general states of affairs (see below). A fact can then be asserted as a PROLOG fact using the proposed types of predicates.

(iv) Linguistic knowledge, in particular the definition of synonyms and the reduction of complex terms to a set of primitive terms, simply exploits PROLOG; it has not been necessary to add a module that exclusively deals with this kind of knowledge.

5. Notes on the Implementation

To represent conceptual knowledge related to nouns and verbs, we use so-called 'deep-frames' for the construction of object- and property-frames. Every frame is uniquely identified by its identifying name (ION). No two frames have the same name; if a frame is called by a name that already exists, either the old frame is overwritten or the name of the new frame is made unique by adding some postscript.

Associated with every object or property is a frame that carries the following information:

F R A M E

```
--------------------                          ----------
| ION (name)        |                        | CLASS              |
--------------------                         --------------------
| NAME              |                        | SUPERCLASSES       |
--------------------                         --------------------
| COMPONENTS        |                        | INSTANCES          |
--------------------                         --------------------
| ISA               |                        | PROTOTYPES         |
--------------------                         --------------------
| SPECIALIZATION    |                        | AFFAIRS            |
--------------------                         --------------------
| KIND              |                        | BEQUEATH_COMPS     |
--------------------                         --------------------
| OBJECT_TYPE       |                        | INHERIT_COMPS      |
--------------------                         --------------------
| USEDIN            |                        | BEQUEATH_AFFAIRS   |
---------                                    --------------------
```

As an example consider the following sample frames for "vehicle" and "drive":

Object- and Property-Frames

```
frame([[ion,vehicle],
   [name],
   [components],
   [isa,means_of_transport],
   [specialization,lorry],
   [kind,individual],
   [object_type,class],
   [class],
   [superclasses,means_of_transport,
         countables,
         physical_object,object,
         non_temporal_entity,entity],
   [usedin,drive,
         serve,stop,
         arrive,go,
         come],
   [instances],
   [prototypes],
   [affairs],
   [bequeath_comps],
   [inherit_comps],
   [bequeath_affairs]]).
```

```
frame([[ion,drive],
   [name],
   [components,[agens,driver],
         [instrument,vehicle],[patiens,unknown],
         [source,departure],[goal,destination],
         [benefaktiv,unknown],[path,unknown]],
   [isa,transport],
   [specialization,serve,
         stop,arrive,
         go,come],
   [kind,property],
   [object_type,class],
   [class],
   [superclasses,transport],
   [usedin],
   [instances],
   [prototypes],
   [affairs],
   [bequeath_comps,[agens,driver],
         [instrument,vehicle],[patiens,unknown],
         [source,departure],[goal,destination],
         [benefaktiv,unknown],[path,unknown]],
   [inherit_comps,[agens,animate_being],
         [instrument,means_of_transport],[patiens,unknown],
         [source,unknown],[goal,unknown],
         [benefaktiv,unknown],[path,unknown]],
   [bequeath_affairs]]).
```

ION is the identifying name of the frame, as explained above. If a frame is known under a different description, it can also be given a NAME different from its ION, however, the frame will always be accessed only by its ION. In the present version, there is as yet no way to express identities.

Properties that one wants to hold of a frame necessarily relative to a particular domain of application are called its COMPONENTS. Within the underlying ontology, COMPONENTS are themselves frames. Any frame can be assigned a certain KIND: either 'individual', 'mass', or 'abstract' for objects (in the usual sense of these notionse, cf.CHOMSKY 1967), and 'property' for properties. Hence, a COMPONENT need not be strictly a physical part of some other frame (like "motor" of "truck"), it can also be abstract (like "load-capacity" of "truck"). A frame is assigned a COMPONENT by using the function "link_as_component" of the epistemic level, or by defining the COMPONENT when defining the class. The slot USEDIN records of a frame in which other frames it is used as a component. A COMPONENT is a pair consisting of a component name and a value; the value of a component of a class is a class, the values of components of instances are instances. These "component instances" must either be instances of the corresponding "component class frames", or instances of classes that are specializations of the component class frames. The notions of CLASS and INSTANCE correspond to Brachman's notions of 'concepts' and 'individuals' (BRACHMAN 1985). PROTOTYPES can be regarded as classes the components of which have been assigned at least one particular value; if all components of a PROTOTYPE have been assigned particular values, then by definition the PROTOTYPE is considered a CLASS. However, for most practical purposes it suffices to simply use classes and instances. However, the distinction between classes, instances, and prototypes only pertains to object-frames, i.e. property-frames allow for classes but do not have instances and prototypes. Thus, a frame's being a class, prototype, or instance is considered its OBJECT_TYPE.

Every frame of the structured inheritance network is part of a supremum semi-lattice defined by the ISA relation defined in the usual way (BRACHMAN 1985). SPECIALIZATION is the converse of ISA. SUPERCLASSES records the transitive closure of ISA.

Most properties of a frame are specified by way of the function "create_nst_affair" of the epistemic level, or simple PROLOG predication. AFFAIRS records the state-of-affairs that a frame is involved in, i.e. it records the predicates that apply to the frame.

Components and certain predicates (viz. so-called dispositions) defined for a class will in general be inherited down to its specializations and instances. Properties and components that are not to be passed on are to be excluded by the function "link_as_private" of the epistemic level. To prohibit inheritance from a superclass, the function "exclude_from_superclass" of the epistemic level has to be called. The slots BEQUEATH_COMPS and INHERIT_COMPS record the components that are passed on resp. inherited from a class. BEQUEATH_AFFAIRS records the properties that are passed on from a class. (The properties that are inherited from a frame are listed in AFFAIRS). Given a specification of default properties and components, the inheritance relations can under certain circumstances be modified.

5.1 Affairs

To describe accidental or necessary characteristics of objects, or connections between objects (if these are not generalization-, specialization-, class-prototype-instance- or component- relations), one can define affairs. The characteristics of an object, resp. the connections between objects, are described as a property of the object/objects.

Mathematically viewed, affairs are n-ary (n>0) relations between objects.

The involved objects can also be called parameters of the affair. In contrast to objects, an affair is not individual, i.e. there exists no different affairs with the same property, the same arity and identical objects. Only the so called general affairs are invalidable.

Affairs always have a type that defines :

- with which type of object the affair can be generated,
- when the defined affair can be invalidated,
- when the affair can be inherited resp. passed on.

Affairs built with general properties are characterized as follows :

1) they have a finite temporal duration, i.e. they extend over a well defined time in the lifespan of an object.
2) they can be built with instances or prototypes, but not with classes. If the object is a prototype, the affair will be inherited by all instances of the prototype. If the affair happens to be invalidated, it will also be deleted for all instances which have inherited it before.

Dispositions describe the predication of a property such that

1) the affair exists without temporal limitation,
2) the affair will be inherited by all specializations and instances of the involved objects,
3) the first argument of the predicate must be a class or prototype (the remaining objects can be of arbitrary type).

Events describe the predication of a property such that

1) the property exists only at one moment in the lifetime of an object. As soon as a new event is created, this affair is automatically deleted.
2) the corresponding affair can only be built with instances, and therefore cannot be inherited by other objects.

5.2 Inference Mechanisms

The system provides the following inference mechanisms:

Retrieval (unification in PROLOG)
Verification (resolution/backtracking in PROLOG)
Creation and deletion of objects and values
Subsumption, i.e.generalization/specialization,
class, instance, inheritance

The characteristics of an object will generally be offered to all its specializations ("inheritance"). As characteristics we regard here all components and affairs of this object. The available characteristics of an object are :

1) the characteristics, which the object has inherited from its generalizations,

2) the characteristics defined for the object.

```
object A (generalization of B)
!
! - offers inherited characteristics for further inheritance
! - offers defined characteristics for inheritance or excludes
!   these (explicitly) from inheritance ("private characteristics")
!
--- (inheritance to)
  !
---
!
---
  !
--- (inheritance from)
!
v
object B (specialization of A)

  - inherits characteristics from B
  - refuses  inheritance  from  (offered) characteristics
    selectively and explicitly.
```

When a component is defined, the inheritance to others can explicitly be excluded ("private component"). The definition of a characteristic blocks an inherited characteristic of the same name. An object can refuse the inheritance of a characteristic from other objects explicitly.

For every affair the property name is entered into the AFFAIRS-slot of all involved objects. This property name will also be inherited by other objects, provided it is not explicitly excluded (by mentioning the keyword without_affair).

For the original affair also a PROLOG-fact is asserted. This fact has as predicate name the property name and as parameters the objects involved in the affair.

6. Reconsidering the Example

In general, we will not be able to deal with intensional phenomena as we do not have ways, so far, for accessing possible worlds. What remains are the following syntactic phenomena (taken to be extensional) that can be treated by the proposed extension of PROLOG:

subordinate conjunctions (if-then, that, whether,&c),
specifiers (all,some,the (generic and not generic)),
relative clauses,
plurals,
comparatives,

"can" with regard to numerical comparison,
local adjuncts and prepositions,
certain temporal adverbials (until,etc),
instrumental prepositions (with, etc),
certain WH-requests (who,what,whom,which,how many,
when,where).

These requirements are fulfilled by the sample text, as need not be further demonstrated.

In order that an update of this kind can automatically be added to the knowledge base, we briefly illustrate the kind of background knowledge that needs to be assumed. We begin by defining some objects using functions of the epistemic and conceptual level.

```
:- defclass(vehicle).
:- defdisposition(drives, [vehicle]).
:- defclass(city).
:- createinstance(city, munich).
:- createinstance(city, frankfurt).
:- createinstance(city, nuremberg).
:- defclass(cargo).
:- defclass(computer).
:- link_as_kind(computer, individual).
:- defclass(personal_computer, [[isa, cargo, computer]]).
:- defclass(wine).
:- link_as_kind(wine, mass).
```

Notice, for example, that the class "vehicle" has been assigned the disposition "drives", i.e. a vehicle can by default be said to drive (in the sense of "can drive"). Moreover, whereas the class "computer" has been assigned the kind "individual", which is inherited, in particular, by its instance "peripherals", the class "wine" is assigned the kind "mass".
In the above sample text, the treatment of adjuncts, and hence the semantic interpretation of prepositions, represents a particular problem. While for some applications it may be acceptable to define predicates like

drives_from_to(X,Y,Z),

this cannot be a general solution, as the number of possible adjuncts simply is too big and in most cases cannot be predicted, so that it is not evident which predicate to call for the retrieval of information. We therefore propose to treat of adjuncts by way of meta-predicates that are asserted of the respective PROLOG facts, such as accompaniment (for certain readings of "with"), reason, or time. (For a complete list, see HEYER/SCHNEIDER/KESE 1986a).

In order to also illustrate the update, we will present two sample cases of functions which the dialogue manager (DM) has to call in order to add linguistic information presented to it in form of DRSs to the knowledge base.

To 2a): First an instance truck1 of truck is created. (For the ACORD Prototype, the dialogue manager will only create instances of classes). Then it is checked if the citys munich and berlin are already known. If this is not so, for munich as well as berlin an instance from city has to be created. After this the corresponding affairs are created.

```
createinstance(truck, truck1).
>   instances(city, Instances),
    member(munich, Instances).
>   instances(city, Instances),
    member(berlin, Instances).
establishaffair(go[truck1]).
asserta(source(go[truck1],munich).
asserta(togoal(go[truck1],berlin).
```

To 2b): It must be checked whether an instance peripherals of the class computer-accessories is already existent. If not, it must be created.

```
>   instances(computeraccessories, Instances),
    member(peripherals, Instances).
    establishaffair(carries, [truck1, peripherals]).
```

7. Summary and Conclusion

The processing of natural language semantics for the purposes of knowledge base updates and queries poses deep and difficult problems. Some of these problems have been raised above. Given a general attitude of "everything can be made possible" within present-day AI research, we think it is important to point these problems out and rather attempt to structure them in a suitable way to allow for a modest treatment than to propagate a "we can solve it all" mechanism which is most likely to fail given the complexity of the issues. The extension of PROLOG that we propose to deal with some of the problems raised follows the KL-ONE approach of knowledge representation. We distinguish between three levels of representation: PROLOG, the epistemic level, and the conceptual level. The three levels are combined in an orthogonal manner such that, in particular, the functional and conceptual dimensions of knowledge can be easily combinded.

Bobrow, D.G., and Winograd, T. "An Overview of KRL, A Knowledge Representation Language", Cognitive Science 1 (1), 1977, 3-46.

Brachman, R.J., and Schmolze, J. "An Overview of the KL-ONE Knowledge Representation System", Cognitive Science 9 (2), 1985, 171-216.

Chomsky, N. "Aspects of the Theory of Syntax", Cambridge(Mass.) 1965.

Dreyfus, H.L., "Introduction", in: Dreyfus (ed), "Husserl, Intentionality, and Cognitive Science", Cambridge 1985.

Duden - Grammatik der deutschen Gegenwartssprache, Mannheim 1984.

Engel U., "Syntax der deutschen Gegenwartssprache", Berlin 1982.

Habel, C., "Prinzipien der Referentialitaet", Berlin 1986

Helbig, G. und Buscha, J. "Deutsche Grammatik", Leipzig 1980.

Heyer, G., Schneider,B. und Kese, R.,"Translating DRSs into Pro-LUDWIG", Veroeffentlichungen der TA Triumph-Adler AG, Nuernberg 1986.

Levesque, H.J., and Brachman, R.J., "A Fundamental Tradeoff in Knowledge Representation and Reasoning (Revised Version)", in: R.Brachman und H.Levesque (eds.), "Readings in Knowledge Representation", 41-70, Los Altos 1985.

McAllester, D.A., "An Outlook on Truth Maintenance", (AI MEMO 551), MIT AI Lab, Cambridge (Mass.) 1980.

McAllester, D.A., "Reasoning Utility Package User's Manual", (AI MEMO 667), MIT AI Lab, Cambridge (Mass.), 1982.

Mellish, C.S., "Computer Interpretation of Natural Language Descriptions", Chichester 1985.

Montague, R., "Formal Philosophy", Yale 1974.

Searle, J., "Intentionality. An Essay in the Philosophy of Mind", Cambridge 1984.

Vilain, M., "The Restricted Language Architecture of a Hybrid Representation System", IJCAI 1985, 547-551.

Wallace, M., "Communicating with Databases in Natural Language", Chichester 1984.

Winograd, T., "What does it mean to understand language?", Cognitive Science 4, 1980, 209-241.

Wittgenstein, L., "Tractatus logico-philosophicus", Frankfurt 1984.

NEGATIVE ERKLÄRUNGEN IN EINEM EMYCIN-ARTIGEN EXPERTENSYSTEM-SHELL

Britta Ladwig, Werner Mellis, Paderborn

Zusammenfassung: Obwohl es naheliegend ist 'WARUM NICHT'-Fragen an ein Expertensystem zu stellen, gibt es kaum Systeme, die eine negative Erklärung abgeben koennen. Es werden die theoretischen Grundlagen, Probleme der Implementation und die Anwendungsmoeglichkeiten der für das Expertensystem-Shell TWAICE realisierten negativen Erklärungen beschrieben.

1 Theoretische Grundlagen der negativen Erklärungen

Der Erklärungsbegriff hat bekannlich mehrere Bedeutungsvarianten (vgl. [7]):

1. Erklärung von Tatsachen und Ereignissen
2. Erklärung des Funktionierens eines Systems
3. Erklärung als Handlungsanleitung
4. Erklärung von Begriffen
5. Erklärung als Festlegung durch die offizielle Funktion eines Sprechers

Negative Erklärungen ('WARUM NICHT'-Erklärungen) sind eng verwandt mit Erklärungen von Tatsachen und Ereignissen, gehoeren aber genau genommen zu keiner dieser Varianten. Zwei verschiedene Arten von negativen Erklärungen koennen unterschieden werden.

1. negative Erklärungen von Tatsachen oder Behauptungen,
   (d.h. Erklärungen des Nichtzutreffens von Sachverhalten und Behauptungen)

2. negative Erklärungen von Handlungen,
   (d.h. Erklärungen des Unterlassens von Handlungen)

Diese Arbeit entstand im Rahmen des vom BMFT gefoerderten LERNER-Projektes.

Diese beiden Arten lassen sich weiter unterteilen in Rechtfertigungen und tutorielle Erklärungen. Das Ziel der tutoriellen Erklärung ist die zugrundeliegenden Zusammenhänge verständlich zu machen. Sie schließt die Rechtfertigung ein, die aber im allgemeinen nicht genügt, um die Adäquatheitsbedingungen für tutorielle Erklärungen zu erfüllen. Auf tutorielle Erklärungen wird im weiteren nicht näher eingegangen. Die Information, die die negative Erklärung einer Handlung bietet, koennen in TWAICE, einem EMYCIN-artigen System, durch negative Erklärungen von Tatsachen und Behauptungen realisiert. Die Architektur von TWAICE ist in [6] beschrieben.

1.1 Erklärungen (Rechtfertigungen) für das Nichtzutreffen eines Sachverhaltes

Die Rechtfertigungen für das Nichtzutreffen von Sachverhalten, koennen ähnlich strukturiert werden wie die Rechtfertigungen von Tatsachen. D.h. sie zeigen, wie die zu erklärenden Sachverhalte mittels Vernunftgründen aus bekannten Sachverhalten abgeleitet werden. Bei der Erklärung von Tatsachen müssen alle beteiligten Sachverhalte zutreffen. Im Unterschied dazu dürfen bei der Erklärung von nicht zutreffenden Sachverhalten nicht alle als Prämissen in der Ableitung benutzten Sachverhalte zutreffen. Man kann zwei unterschiedliche Antwortstrategien unterscheiden:

Beispiel:

Warum kommt nicht warme Luft aus dem Gebläse?

(1) Die Heizung ist defekt, daher kommt kalte Luft aus dem Gebläse. Wenn Luft kalt ist, ist sie nicht warm.
Aus Fakten werden auf der Basis von Vernuftgründen Fakten hergeleitet, die dem zu erklärenden nicht zutreffenden Sachverhalt widersprechen.

(2) **Die vom Gebläse angesaugte Luft ist unterkühlt. Wenn die Heizung auf hoeherer Stufe betrieben würde oder der Luftdurchsatz geringer wäre, käme warme Luft aus dem Gebläse.**

Aus Fakten und nicht zutreffenden Sachverhalten wird auf der Basis von Vernunftgründen der zu erklärende Sachverhalt hergeleitet. Er ist dadurch erklärt, daß einige der in der Ableitung als Prämissen benoetigten Sachverhalte nicht zutreffen und daß ferner keine anderen Vernunftgründe existieren, die auf der Basis der zutreffenden Sachverhalte die zu erklärenden Sachverhalte abzuleiten gestatten.

Rechtfertigungen des ersten Typs sind monoton, d.h. sie bleiben bei Erweiterungen des Wissens gültig. Bei Rechtfertigungen des zweiten Typs ist dies nicht allgemein der Fall.

Erklärungen des ersten Typs sind nur sinnvoll, wenn ein System eine Wahl unter mehreren Handlungsalternativen hat, was bei EMYCIN-artigen Systemen nicht der Fall ist. Erklärungen des zweiten Typs geben eine Übersicht über die Gründe, warum alternative Ableitungsversuche gescheitert sind. Die alternativen Ableitungen werden wir im weiteren auch als hypothetische Ableitungen bezeichnen.

1.2 Frageintention als Parameter bei der 'WARUM NICHT'-Erklärung

Betrachtet man Erklärung unter dem Aspekt der Frageintention (vgl. [4], so kristallisieren sich 3 Benutzergruppen heraus:

- Benutzer, die nach Fehlern im System suchen
- Benutzer, die eine Rechtfertigung der Systemschritte verlangen
- Benutzer, die aus den Ableitungen des Systems lernen wollen

Die Frageintention kann demnach unterteilt werden in Verstehen und Prüfen. Erweitert man die Erklärungskomponente um negative Fragen, so muß die Frageintention als Parameter miteingehen.

Die 'WARUM NICHT'-Frage erweist sich beim Debuggen im System als außerordentlich nützlich. Das Prüfen ist eine typische Frageintention eines KE oder Experten.

Wenn Erklärungen benutzerorientiert generiert werden, so wird bei dieser Benutzergruppe zu Recht umfangreiches Gebietswissen vermutet, was elliptische Erklärungen bis an die Grenze des Unverständlichen zur Folge hat. Der Grund für die Auslassung von Informationen ist die Annahme, daß der Fragende sie kennt. Kann das System nicht von der Korrektheit des eigenen Wissens ausgehen, dann sollte es auch bei großer Kompetenz des Fragenden nicht unterstellen, daß er über das für die Ableitung relevante Wissen verfügt.

Der Parameter "Frageintention" soll die Unterdrückung überflüssiger Details der Erklärung bei der Intention "Prüfen" verhindern, und muß demnach explizit in das formale Modell einer 'WARUM NICHT'- Erklärung eingehen.

1.3 Verschiedene Beweistiefe

Bei der Aufstellung einer hypothetischen Ableitung müssen zwei Moeglichkeiten unterschieden werden:

(1) Das 1-Stufen Konzept (lokale Begruendung) :
Aufzeigen des letzten Argumentationschrittes: Welche Bedingungen koennten in einem Schritt zum erwarteten Ereignis führen ?

(2) Das n-Stufen Konzept (globale Begruendung) :
Aufzeigen aller Argumentationsschritte: Welche anderen Benutzerantworten (nicht herleitbare Ereignisse) hätten zu dem erwarteten Ereignis führen koennen?

Welches Konzept für die Beantwortung gewünscht wird, hängt von der Frageintention ab. Zunächst muß deshalb unterschieden werden, welche Vorstellungen der Fragende über das System hat.

- Geht er von einem korrekten System aus, so hält er auch die hergeleiteten Resultate für korrekt. Wenn er ein anderes Resultat erwartet hatte, so moechte er seinen Denkfehler korrigieren. Hierzu benoetigt er eine lokale Begründung. Wenn der Benutzer die 'WARUM NICHT'-Frage jedoch als inverse Sensibilitätsanalyse interpretiert wissen moechte, er also wissen moechte, welchen Einfluß seine Antworten auf das Resultat hatten, so benoetigt er eine globale Begründung. Er erhofft eine Auskungt darüber, durch welche Antworten er zu dem erwarteten Ergebnis gelangt wäre.

- Geht der Benutzer jedoch davon aus, daß das System einen falschen Schluss gezogen hat, d.h. geht er von einem inkorrekten oder unvollständigen System aus, so benoetigt er die lokale Begründung. Er weiß, daß das hergeleitete Resultat falsch ist, und moechte nun wissen, woran die Herleitung des korrekten Resultates scheiterte.

Durch iteriertes Fragen kann er schließlich bis zu einer globalen Begründung gelangen. Insofern also die lokale Begründung der elementare Baustein auch für die globale Begründung ist, besitzt sie den Vorteil groeßerer Allgemeinheit.

2 Implementation von WARUM NICHT-Fragen

2.1 Architektur der erweiterten Erklärungskomponente

Die Inferenzkomponente von TWAICE verzichtet aus Durchsatzgründen darauf, auch über alle fehlgeschlagenen Ableitungsversuche Berichte zu hinterlegen.

Eine Vorgehensweise wie sie in den Systemen EL oder BLAH realisiert ist, kommt daher nicht in Frage. In diesen Systemen, die auf den strukturell ähnlichen Programmiersprachen ARS bzw. AMORD aufgebaut sind, werden während des Inferenzprozesses negative Berichte abgespeichert, die von der Erklärungskomponente nur noch verbalisiert werden, um das Scheitern eines Ableitungsversuchs zu dokumentieren.

Für TWAICE wären zunächst zwei Ansätze für die 'WARUM NICHT'-Erklärungskomponente denkbar:

(1) Erweiterung der Inferenzkomponente um Reports über das Scheitern von Regelanwendungen

(2) Aufbau einer Komponente, die die relevanten Informationen über das Scheitern von Regelanwendungen rekonstruiert.

Obwohl die zweite Alternative die anspruchsvollere ist, wurde sie hier realisiert, da die Performanz der Inferenzkomponente hoechste Priorität besitzt. Die explizite Abspeicherung negativer Reports würde die Inferenzkomponente sowohl zeitlich als auch speicherplatzmäßig belasten.

2.2 Antwortstrategie

Bei der vorliegenden Implementation der 'WARUM NICHT'-Erklärung stand die Verwendung im Rahmen einer Debugging-Umgebung für den Knowledge Engineer oder den Experten im Vordergrund. Daher wurde die lokale Rechtfertigung mit Übersicht über alle Ableitungsalternativen als Antwortstrategie gewaehlt.

Die Gründe seien hier noch einmal rekapituliert:

- Elementarität

  Durch die Realisierung des kleinstmoeglichen, sinnvollen

Erklärungsschrittes sind den Erfordernissen des Debugging Rechnung getragen sowie der Anspruch des Benutzers auf einen sinnvollen Erklärungszusammenhang erfüllt.

- Modularität

  Durch iteriertes Fragen kann der Benutzer auch zu einer globalen Begründung gelangen. Ferner kann auf diese Weise die globale Begründung nachträglich implementiert werden.

- Effizienz

  Im Gegensatz zur globalen Begründung, die ein vollständiges Abarbeiten moeglicher Herleitungsbäume erfordert und in Systemen mit großen Regelmengen (kommerzielle Anwendungen!) zu schlechtem Antwortzeitverhalten führt, läßt sich mit lokalen Begründungen eine individuell maßgeschneiderte, effiziente Erklärung erreichen.

2.3 Ursachen des Scheiterns von Ableitungsversuchen in TWAICE-basierten Wissensbanken

Denkbare Fehler in einer TWAICE-Wissensbank sind:

(1) fehlende Regeln

es existiert eine Situation, in der eine bestimmte Inferenz erwartet wurde, aber es gibt keine Regel, die in dieser Situation anwendbar ist.

(2) fehlerhafte Konklusion in Regeln

aus bereits bekannten Fakten werden Schlüsse gezogen, die nicht zum Kontext dieser Fakten gehoeren.

(3) zu allgemeine Regelprämissen

aus bereits bekannten Fakten werden Schlüsse gezogen, die eigentlich weitere Fakten benoetigen.

(4) zu spezielle Regelprämissen

wenigere oder weniger spezielle Bedingungen hätten den Schluss ziehen koennen

(5) konsultativ bedingtes Regelversagen

- die Prämisse einer Regel schlug fehl, weil eine davon abweichende Antwort gegeben wurde

- eine Antwort ist im Kontext zu den bisherigen Fakten nicht sinnvoll, was jedoch erst an späterer Stelle festgestellt wurde (Aufgabe eines Konsistenzcheckers)

(6) falsch gesetzte Trigger

eine Vorwärtsregel wurde nicht angewandt, weil ihre Triggerereignisse noch nicht eingetreten waren.

2.4 Fragetypen

Die realisierten 'WARUM NICHT'-Fragen decken die verschiedenen Moeglichkeiten in TWAICE zur Formulierung einer Erwartungsfrage ab. Typen und Syntax lauten wie folgt:

(1) *warum nicht <obj>-<inst>.<attr> = <val>*

Warum wurde nicht der Wert <wert> hergeleitet, d.h. existieren Regeln, die diesen Wert herleiten und warum wurden sie nicht angewandt?

(2) *warum nicht <obj>-<inst>.<attr> = '?'*

Warum wurde kein anderer (beliebiger) Wert hergeleitet, d.h. existieren Regeln, die einen anderen Wert herleiten und warum wurden sie nicht angewandt?

(3) *warum nicht <obj>-<inst>.<attr> KNOWN*

Warum wurden keine Werte hergeleitet, d.h. existieren keine Regeln, und wenn doch, warum konnten sie nicht angewendet werden?

(4) *warum nicht <obj>-<inst>.<attr> Regel NO*

Warum wurde zur Herleitung des Wertes nicht die Regel NO angewandt ?

2.5 Ausgabebeispiel

Es wird angenommen, daß unter anderen die folgenden Fakten in einer Konsultation hergeleitet wurden.

Bauteil-1 . Eingangsspannung_1 = 1 Volt

Bauteil-1 . Eingangsspannung_2 = 0 Volt

Bauteil-1 . Ausgansspannung = 7 Volt

Als Wert für die Ausgangsspannung von Bauteil-1 erwartet der Knowlegde Engineer aber den Wert 4 Volt. Es folgt ein Konsolenprotokoll. Das System meldet sich mit '>', Eingaben stehen also hinter '>'.

> warum nicht Bauteil-1.Ausgangsspannung = ?

es existieren Regeln, die einen anderen Wert fuer Ausgangsspannung herleiten, doch sie haben

UNERFÜLLTE PRAEMISSEN: 40

NICHT EINGETRETENE VORWAERTSTRIGGER: 70

Welche Regel moechten Sie sehen (Default = keine) ?

> Regel 40

```
RULE 40
IF   Bauteil . Eingangsspannung_1 = 0 Volt
AND  Bauteil . Eingangsspannung_2 = 1 Volt
THEN Bauteil . Ausgansspannung    = 4 Volt
END

Folgende Praemissen der Regel sind unerfuellt:

Bauteil . Eingangsspannung_1 = 0

Bauteil . Eingangsspannung_2 = 1


UNERFUELLTE PRAEMISSEN: 40

NICHT EINGETRETENE VORWAERTSTRIGGER: 70

Welche Regel moechten Sie sehen (Default = keine) ?

>
```

Hier ist die Erklärung über die Regel 40 abgeschlossen und es wird erneut angeboten unter den Regeln auszuwählen.

Neben den im Beispiel angezeigten Gründen kann das System bei Bedarf weitere Gründe anzeigen.

TRACE ABGESCHLOSSEN VOR REGELANWENDUNG:

ZU NIEDRIGE KONFIDENZ:

TABELLENPARAMETER SIND UNZULAESSIG:

TERM- ODER PROZEDURPARAMETER UNZULAESSIG:

2.6 Realisierungsprobleme

Bei den Fragetypen (1) und (2) ist es wesentlich zu untersuchen, ob eine Regel den erfragten Wert ableitet bzw. ob sie einen anderen als den hergeleiteten Wert ableitet.

Die Herleitung von Werten kann durch Wertzuweisung, Werttransfer, Tabellenaufruf, Zählfunktion, Termauswertung oder Prozeduraufruf erfolgen. Problematisch sind für den Rekonstruktionsansatz Herleitungen durch Werttransfer, Termauswertung und Prozeduraufruf.

Unter Herleitung durch Werttransfer wird die Anwendung einer Regel der Form

```
RULE 10
IF <Bedingung>
THEN obj1 . attr1 = obj2 . attr2
END
```

verstanden. Zunächst müssen die für das Objekt obj2 der Konklusion zulässigen Objektinstanzen bestimmt werden, damit entschieden werden kann, ob durch Transfer des Wertes einer Instanz obj2-i von obj2 der gefragte Wert hätte hergeleitet werden koennen. Wenn das erfragte Objekt (Konklusionsobjekt) identisch ist mit dem zu transferierenden Objekt, so müssen sie durch dieselbe Instanz belegt werden,

z.B.: Frage: warum nicht obj - 1 . attr1 = 5

Regel: IF ... THEN obj . attr1 = obj . attr2

==> obj - 1 . attr1 = obj - 1 . attr2

Wenn es sich jedoch um unterschiedliche Objekte handelt, so kann obj2 sich auf verschiedene Instanzen von obj2 beziehen. Auf welche Instanzen, wird durch den Instanziierungskontext der Regelanwendung bestimmt. Wurde die Regel für die Instanz obj1-1 von obj1 angewendet, so enthält der Instanziierungskontext die im Sinne einer gewissen, vom KE definierten Zugehoerigkeitsrelation zu obj1-1 gehoerenden Instanzen von obj2. Die Zugehoerigkeitsrelation wird durch die relative Lage der Objekte obj1 und obj2 im statischen Objektbaum definiert.

Ist das Konklusionsobjekt statischer Vorgänger des transferierenden Objekts, so enthält der Instanziierungskontext u.U. mehrere Elemente,

z.B.: Frage: warum nicht obj2 - 1 . attr2 = 3 ?

Regel: IF ... THEN obj2 . attr2 = obj1 . attr1

Dynamischer Objektbaum:

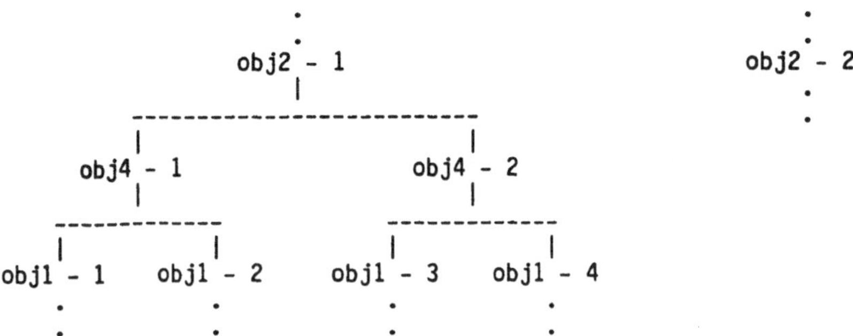

```
                      .                                   .
                      .                                   .
                 obj2 - 1                            obj2 - 2
                      |                                   .
        -----------------------------                     .
        |                           |
   obj4 - 1                    obj4 - 2
        |                           |
   -------------               -------------
   |           |               |           |
obj1 - 1    obj1 - 2        obj1 - 3    obj1 - 4
   .           .               .           .
   .           .               .           .
```

Unter diesen Umständen kann die Regel mit obj1 instanziiert durch obj1-1, obj1-2, obj1-3 und obj1-4 angewendet werden. Es kann zum Zeitpunkt der Erklärung nicht entschieden werden, in welcher Instanz von Objekt obj1 der Wert des Attributs attr1 transferiert worden ist, da sich der zum Zeitpunkt des Tracens von ob2-1 . attr2 bestehende Kontext nicht mehr rekonstruieren läßt. Deshalb werden nur zwei Fälle unterschieden:

- der Wert von obj1 . attr1 hat in keiner Instanz den gefragten Wert
- der Wert von obj1 . attr1 hat in mindestens einer Instanz den gefragten Wert

Im ersten Fall ist die Anwendung der Regel zur Herleitung des Wertes nicht geeignet, im zweiten Fall muß untersucht werden, welche der Prämissen der Regel in welcher Instanziierung unzutreffend waren.

Bei einer Termauswertung in der Konklusion kann nicht explizit entschieden werden, welche Werte unter welchen Voraussetzungen hergeleitet werden koennen. Dazu müßten alle zulässigen Werte der Argumentattribute in allen Kombinationen eingesetzt werden, was entschieden zu viel Zeit beanspruchen würde. Wenn die zulässigen Werte für Argumentattribute, die in einer Termauswertung verwendet werden, lediglich auf 'INTEGER' begrenzt sind, gibt es sogar unendlich viele Kombinationsmoeglichkeiten.

Bei Regeln mit einer Termauswertung in der Konklusion wird grundsätzlich davon ausgegangen, daß unter den herleitbaren Werten auch der gefragte sein koennte.

Auch bei Regeln mit einem Prozeduraufruf in der Konklusion ist nicht explizit entscheidbar, welche Werte hergeleitet, bzw. nicht hergeleitet werden koennen. Auch hier müßten alle Wertekombinatonen der Eingangsattribute eingesetzt werden. Deshalb wird auch hier davon ausgegangen, daß die Regel geeignet ist, den gefragten Wert herzuleiten.

2.7 Abschlußdiskussion

Wie schon erwähnt, soll die implementierte 'WARUM NICHT'-Erklärung primär als Bestandteil der Debugging-Umgebung dienen. Der zugehoerige Ouput ist deshalb knapp und präzise und in einer sehr Informatik-nahen Sprache verfaßt (Begriffe wie Prämisse oder Trace wurden nicht übersetzt).

Für die Zielgruppe der Endbenutzer bedarf es daher noch einer eigenen benutzerfreundlichen Oberfläche. Prinzipiell beschafft die 'WARUM NICHT'-Erklärung in TWAICE alle notwendigen Informationen, um sowohl den KE bei der Fehlersuche zu unterstützen, als auch dem Benutzer verständliche Antworten zu geben. Deshalb koennte durch die explizite Unterscheidung zwischen KE und Benutzer in der Konsultation eine hoehere Benutzerfreundlichkeit leicht realisiert werden.

Einem Benutzer kann dabei in zwei Punkten entgegengekommen werden:

(1) verständlichere Ausgabeform

(2) falls gewünscht: rekursives Vorgehen des Systems zur Erlangung einer globalen Begründung

Interessant ist, daß der Unterschied zwischen einer' WARUM NICHT'-Erklärung für den KE und einer für den Benutzer lediglich in der Wahl der Sprachebene liegen kann. Nach dem Modell von Wahlster (vgl. [8]), müßte dem KE eine verkürzte Erklärung gegeben werden, die bei ihm voraussetzbares Vorwissen (z.B. Kenntnis der Regeln) nicht verbalisiert. Ist seine Frageintention jedoch die Prüfung der Wissensbank, muß die Ausgabe ausführlich erfolgen.

3 Anwendungsmoeglichkeiten von 'WARUM NICHT'-Fragen

3.1 Benutzeranwendung

Ein Benutzer erwartet von Erklärungen, daß sie Verständnisschwierigkeiten beseitigen koennen. Die 'WARUM NICHT'-Erklärung übernimmt dabei die Aufgabe, zu erläutern, warum eine Schlußfolgerung gezogen wurde insofern als aufgezeigt wird, warum andere Wege scheiterten. Der Benutzer kann sich also bis hin zu seinen Antworten den anderen Weg anzeigen lassen.

3.2 Debugging-Anwendung

Die Untersuchungen, die der 'WARUM NICHT'-Erklärung zugrunde liegen, sind gleichzeitig die wesentlichen Untersuchungen in einem Debugging-Tool. Der KE erwartete ein bestimmtes Resultat, das nicht hergeleitet werden konnte und muß nun herausfinden, an welcher Stelle der Wissensbank der Fehler liegt.

In der Debugging Komponente von TEIRESIAS (vgl. [3]) ist eine Untersuchung von Regeln verankert, die der einer 'WARUM NICHT'-Frage entspricht. Der Unterschied besteht im Verwendungskontext und in der äußeren Form, da nicht nach einem anderen Wert gefragt wird, sondern er wird konkret gefordert.

Durch einen Dialog, der alle Konsequenzen darlegt, erfüllt das System den Wunsch des Fordernden. Mit Hilfe von 'WARUM NICHT'-Fragen kann der von TEIRESIAS geführte Dialog mühelos rekonstruiert werden (vgl. [5]).

3.3 Anwendung als Diagnosemittel

Üblicherweise werden in Systemen, die eine Diagnose stellen sollen, Symptomkombinationen auf Fehlfunktionen abgebildet. Der Benutzer wird nach den aufgetretenen Symptomen gefragt, nach denen das System die Diagnose ableitet:

z.B.: Wenn der Ventilator defekt ist, funktioniert der Foen nicht.

Wenn das Kabel eingesteckt ist und der Schalter funktioniert und trotzdem kein Wind kommt, dann ist der Ventilator defekt.

Solche Diagnosesysteme benoetigen eine große Wissensbank, da alle denkbaren Fehlerzustände beschrieben werden müssen.

Stattdessen ist es nun moeglich eine Wissensbank zu erstellen, das das korrekte Funktionieren eines Systems beschreibt, um dann durch 'WARUM NICHT'-Fragen zu seinen fehlerhaften Teilsystemen zu gelangen. Hierzu ein Beispiel:

Eine Wissensbank beschreibt mit wenigen Regeln das Funktionieren eines Foens. Die erste Regel sagt z.B. aus, daß ein Foen genau dann funktioniert, wenn seine Bestandteile (Heizung, Ventilator, Kabel, Schalter) funktionieren. Dies ist die wesentliche Regel, anhand derer durch die 'WARUM NICHT'-Frage herausgefunden werden kann, welches Teil des Foens kaputt ist. Die übrigen 4 Regeln beschreiben das Funktionieren je eines der

Bestandteile.

Es kommt zu folgendem Dialog:

(1) Auf welcher Position steht der Schalter ? > 1

(2) Ist das Kabel eingesteckt ? > ja

(3) Kommt Wind ? > ja

(4) Kommt heisser oder kalter Wind ? > heiss

ERGEBNIS: Der Foen arbeitet nicht.

> warum nicht foen-1.arbeitet = ja ?

Es existieren Regeln, die 'foen-1.arbeitet = ja' herleiten, doch sie haben

UNERFUELLTE PRAEMISSEN: 10

Folgende Praemissen der Regel sind unerfuellt:

Schalter - 1 . arbeitet = ja
Heizung - 1 . arbeitet = ja

(D.h. Schalter oder Heizung sind defekt !)

3.4 Konfigurationschecker als Konfigurationsberater

Mit TWAICE wurden ein Konfigurationschecker CONCHECK und eine Konfigurationsberater CONAD aufgebaut. Der Konfigurationschecker verfügt über Regeln, die die Constraints für eine zulässige Konfiguration beschreiben und überprüft damit eine vom Benutzer zu Beginn vorgegebene Konfiguration. Mit Hilfe der negativen Erklärungen kann mit der Wissensbank des Konfigurationscheckers das Verhalten des Konfigurationsberaters rekonstruiert werden. Das dabei entstehende Verhalten des Systems ist insbesondere dann interessant, wenn ein Kundenberater bei normalen Anforderungen keine Schwierigkeiten hat und daher nur Unterstützung in Spezialfällen sucht. Dann führt er zunächst seine Konfiguration ohne Unterstützung durch, gibt daher die Ergebnisse kontinuierlich in das System ein und startet den Konfigurationscheck, wenn er nicht mehr weiter weiß oder glaubt fertig zu sein. Im Laufe des Checks werden dann automatisch die noch fehlenden Informationen abgefragt. Lehnt der Checker die vorgegebene Konfiguration ab, so kann durch entsprechende Eingabe kann dann modifiziert werden. Wird danach die Konfiguration noch immer abgelehnt, kann das Vorgehen wiederholt werden, bis eine korrekte Konfiguration gefunden ist. Dieser Systemaufbau stellt einen systematischen Zugang zu kooperativen Expertensystemen dar, die das Vorwissen des Benutzers zu berücksichtigen gestatten und ihn nicht starr durch die vorgesehene Konsultation führen.

4 Literaturverzeichnis

[1] Buchanan, Bruce G. ; Shortliffe, Edward H., Rule-Based Expert Systems, Addison-Wesley, 1984

[2] Clancey, William J., The Epistemology of a Rule-Based Expert System - A Framework for Explanation, Artificial Intelligence 20 (1983), pp.215-251

[3] Davis, Randall; Lenat, Douglas B., Knowledge-Based Systems in Artficial Intelligence, McGraw-Hill, 1982

[4] Hasling, Diane W. ; Clancey, William J. ; Rennels, Glenn, Strategic explanations for a diagnostic consultation system, Int. J. Man-Machine Studies 20: 3-19, 1984

[5] Ladwig, Britta, Integration von negativen Erklaerungen in die Expertensystem-Shell TWAICE, Diplomarbeit an der TU Muenchen, 1986

[6] Wahlster, Wolfgang, Natuerlichsprachliche Argumentation in Dialogsystemen, Informatikfachberichte 48, Berlin, Heidelberg, New York Springer, 1981

[7] Stegmueller, W.: Probleme und Resultate der Wisssenschaftstheorie und Analytischen Philosophie, Band 1, Erklaerung und Begruendung, Berlin, Heidelberg, New York Springer, 1969

Britta Ladwig, Werner Mellis, Paderborn
Nixdorf Computer AG, 4790 Paderborn, Pontanusstra~e
common@nixpbe.eunet

CAPAS: A PROCESS ORIENTED APPROACH FOR QUALITATIVE ANALYSIS AND SIMULATION OF DYNAMICAL SYSTEMS

Agnes Janson and Gerhard Sutschet

FhG - IITB, Sebastian-Kneipp-Str. 12/14, 7500 Karlsruhe 1

Abstract: The representation of dynamical systems according to the principles of qualitative analysis and simulation has two main aspects: the description of the topology for representing the structure of the system, and the description of the processes that run on the system. In this paper we introduce a process-oriented approach that allows to represent temporal and causal relationships, to discriminate continuous and discrete processes and to aggregate processes. The possible behaviors of a system can be determined by qualitative reasoning about processes, which is the basis for simulation.

1 Introduction

The knowledge of experts can be divided into *experimental knowledge* and knowledge about the domain specific relationships and mechanisms, the so called *deep models.* Deep modelling allows to derive knowledge using reasoning mechanisms. Experimential knowledge and *compiled knowledge,* i.e. knowledge inferred from deep knowledge about details, are often called *shallow knowlege* or *surface knowledge,* because the knowledge is not derivable from deep relations or because the underlying relations are neglegible on purpose.

In expert systems we need the representation of shallow knowledge as well as deep knowledge. Shallow knowledge is convenient for fast solutions of typical standard problems, whereas deep knowledge is required for solving unusual, novel problems. Furthermore, it makes compiled knowledge explainable. Modelling and handling deep knowledge therefore is indispensable for knowledge based systems.

The predicate 'deep' for modelling knowledge is not fixed, because a model can be refined nearly at pleasure. It is relative to the use of the knowledge base, i.e. to the tasks that are to be solved by it.

When simulating the behavior of dynamical systems, deep modelling has two main aspects:

- a topological aspect: structural description of a dynamical system by defining the components, their arrangement, and parameters;

- a dynamical aspect: description of changes running on the topology by means of processes.

We do not want to give the details of the topologic description in this paper. The description can be done for example in COMODEL (COMponent Oriented DEscription Language, [5,9]), which is developed at our institution.

CAPAS (CAlculus for Process Analysis and Simulation) can be used for deep modelling of real processes using a formal, qualitative process descripiton. This is treated in chapter 2. Chapter 3 gives a method for predicting all possible behaviors of the model of the system by means of qualitative reasoning. It is the basis for the simualtion of behavior starting from an initial situation.

The deep modelling of processes can be characterised by the following points:

- Representation of causal relationships.
  Example:
  The process 'closing a valve' causes a less area for flow. This effects that the pressure in front of the valve increases, which in turn causes the velocity of flow to increase.

- Reduction of the domain of continuously varying parameters to discrete domains, in which qualitatively essential values or intervals of the domain are represented symbolically.
  Example:
  Reduction of temperature of water to the values
  less than 0 °C, 0 °C, greater than 0 °C and less than 100 °C, 100 °C, greater than 100 °C.

- Representation of temporal relationships:
  Each process is assigned an interval in which the process is active. Temporal relations can be defined between the intervals to specify if a process runs in sequence to another, in parallel, overlapping, or anything else.

- Distinction between continuous and discrete processes:
  Continuous processes are used to model continuous changes of parameter values, e.g. increasing of pressure in a container. Discrete processes are used to model an abrupt change, e.g. the flip of a circuits switch. Discrete processes correspond to the actions in planning systems (see for example [12]).

- Description of processes in different levels of abstraction:
  Aggregation of processes to 'higher level' processes according to inherent and/or temporal criterions.

The approach described in this paper is an extension of the QP-Theorie of Forbus [6]. There are the following distinctions:

- In addition to the continuous processes also discrete processes can be handled.
- Temporal relationships between processes can be described and handled.
- It is based on a deep modelling of the topology on which the processes run.
- Processes can be aggregated from subprocesses. It is possible to specify temporal relations between them. Using this mechanism, the 'encapsulated histories' of Forbus can be described as processes.

Further essential work on qualitative modelling and reasoning can be found in [3]. With regard to qualitative simulation the work of de Kleer [4] and Kuipers [10] are also relevant. De Kleers IQ-Analysis is useful for describing the topology, but it is not possible to describe the processes running on the system as separate units. Kuipers restricts himself to a direct qualitative interpretation of differential equations which are used in conventional simulation systems.

2 Processes as Entities for Modelling Dynamical Change

Intuitively a process is something related to change, motion, etc. We want to be more precise:

A *process* is a change of a system over time. There are three kinds of changes that may occur in a system:

- Adding and removing objects,
- changes in position of objects, and
- changes of values of parameters.

The changes affected by a process are called *influences* of the process. A process always has a *status*; it is either *active* or *inactive*. Influences of a process operate if and only if the status of the process is active.

2.1 Parameters

The description of parameters is an essential part of the topologic description. Parameters are to hold characteristic properties of an object. A parameter X is defined by binding a set of values to it, i.e. each value of the set is a possible value of X. This set is called *domain* of X, the binding of the domain is called *interpretation* of X. Giving X a concrete value (i.e. an element of the domain) is called *assignment* to X.

Example:

An object 'brick' is represented by the parameters length, breadth, height, and color. The first three parameters will be interpreted in the domain 'distance in cm', the parameter color in the domain:

[red, yellow, green, blue, pink with little green freckles]

A concrete cube may be described by the following assignment to the parameters:

parameter:	**length**	**breadth**	**height**	**color**
assignment:	**10**	**10**	**10**	**green**

It is useful to distinguish two different kinds of domains:

1. *quantitative domains*, which are inifinite sets of numerical values. These sets are totally ordered and dense in most cases, e.g. real numbers or 'distance in cm'.
2. *qualitative domains* constisting of symbolic values. In general, these sets are finite and not ordered. A partial or total order is possible and sometimes may be induced by mapping a quantitative domain into a qualitative one.

The topics *qualitative values* and *qualitative interpreted parameters* are used in an analogous way.

Example: Parameters of the cube:

The length is interpreted in the qualitative domain 'distance in cm'. The same parameter could also be interpreted in the domain

Qlength = [very short , short, medium, long]

on which no order is defined (even if the names of the elements seem to express one). To come to a total order of the qualitative domain we can define a surjective mapping

O : 'distance in cm' $\rightarrow$ Qlength

which maps a partition of 'distance in cm' to the values of Qlength.

In general parameters of objects are not constant rather they vary over time. The derivation of a parameter X w.r.t. time t describes this *change* of the parameter, i.e. a parameter is completely described by two values:

- the amount, called A-value and
- the derivation, called D-value.

We write: A(<parametername>), D(<parametername>)

If no ambiguity arises, we simply write <parametername> for A(<parametername>).

In the following the D-values of parameters will always be interpreted in the ordered, qualitative domain [-, 0, +]. That means: Let X be a parameter;

D(X) = - iff X is decreasing,
D(X) = 0 iff X is steady,
D(X) = + iff X is increasing.

As we already have seen, continuous and discrete processes are distinguished [11]. The ordering of domains being irrelevant for discrete processes becomes substantial when dealing with continuous processes. Parameters that are influenced continuously need to be interpreted in a domain with an (at least partial) ordering, because this is the basis for the changes that may occur.

2.2 Temporal Relationships

The QP-Theory of Forbus allows the modelling of temporal relations between two processes only in a rather rudimentary way. It is possible, for example, to express the simultaneous activity of processes but the formalism does not allow statements like: Process P_1 occurs temporally *before* process P_2. The simultaneous activity can only be specified implicitely in the slot 'QuantityConditions'. This implies the mixing of causal and temporal relationships which leads to difficulties in constructing a 'causality-chain' later on.

For that reason we decided to allow the explicit specification of temporal relationships as far as they are known at time of modelling. The time representation approach used in CAPAS rests upon the interval based logic introduced by Allen [1], [2]. It has been adapted to the temporal behavior of processes in the following way:

A time interval I_P is assigned to each process P. I_P represents the time from the start to the end of P. When no ambiguities arise, we simply write P for I_P. Let P- be the start and P+ be the end of I_P. Then the seven relations in Fig.2.1 may hold between two intervals J and K.

In addition there are the six inverse relations:

after (>), met-by (mi), overlapped-by (oi), contains (di), started-by (si) and finished-by (fi).

In total there are 13 different relations that may hold for ordered pairs of intervals. We call them AR (Allen-relations):

AR = { m, mi, <, >, =, s, si, d, di, f, fi, o, oi }

Relation	Symbol	Picture	Semantics
J before K	<		J+ < K -
J meets K	m		J+ = K -
J equal K	=		(J - = K -) ∧ (J+ = K+)
J overlaps K	o		J - < K- < J+ < K+
J starts K	s		J - = K - < J+ < K+
J finishes K	f		K - < J - < K+ = J+
J during K	d		K - < J - < J+ < K+

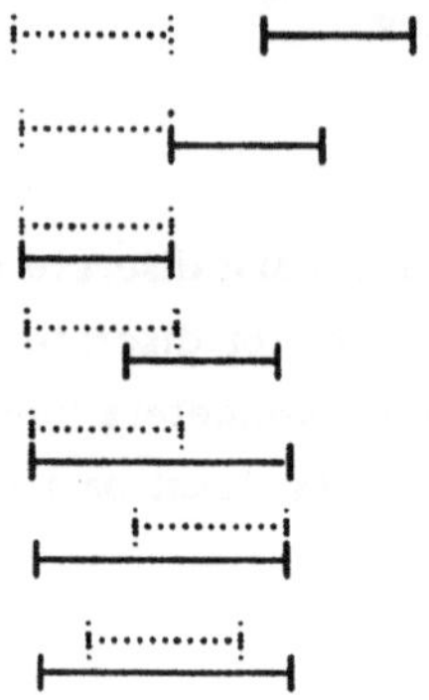

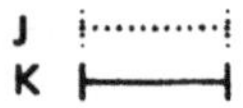

Fig. 2.1: Temporal Relations between Intervals

In many cases the temporal relation between two intervals is not exactly known. So we allow the relation to be specified as a disjunction of Allen-relations:

Notation: J $\{r_1, r_2, ..., r_n\}$ K

For the 13 Allen-relations being exclusive, only one of the relations can hold. Therefore the set above will be interpreted as:

Taxonomy ((J r_1 K), (J r_2 K), ..., (J r_n K)) = tt,
i.e. for *exactly one* relation r_i (J r_i K) = tt.

Examples:

J {f} K	J finishes K
J {fi} K	J finished-by K = K finishes J
J {o,d,si} K	J overlaps K or J during K or J started-by K

2.3 A Formalism for Describing Processes

In this section we will define a syntax for describing processes. We will introduce the semantics informally by explaining the meaning of the different slots. The semantics is defined implicitely in chapter 3 by mapping into a state-transition-like diagram called behavior graph. Up to now the formalism only allows to describe changes in parameter values. The formalism is general enough to be extended for describing the other kinds of changes as well.

2.3.1 A Syntax for Processes (in BNF)

```
<process>           ::=

   process            <processname> ;
   objects            COMODEL-expression ; ①
  [params             <parameter> : <domain>  { , <parameter> : <domain>} ; ]
  [subprocesses       [<processname> { , <processname>}] ;
                      [<processname> <AR> <processname>
                         { , <processname> <AR> <processname>}] ; ]
   conditions         [<cond> { , <cond> }] ;
  [relations          <relation> { , <relation>} ; ]
   influences         [<cont-infl> { , <cont-infl>}] ; |  [<disk-infl> { , <disk-infl>}] ;

<processname>       ::= <identifier>②

<parameter>         ::= <identifier>②

<domain>            ::= '[' <constant> { , <constant>} ']'③

<constant>          ::= <identifier>②

<AR>                ::= '{' <allenrelation> { , <allenrelation>} '}'③

<allenrelation>     ::= m | mi | > | < | = | d | di | s | si | f | fi | o | oi

<cond>              ::= <expression>④

<relation>          ::= <parameter> <prop> <parameter>  |  <expression>④

<prop>              ::=   --+--->   |   -- - --->

<cont-infl>         ::= D(<parameter>) = +  |  D(<parameter> = -

<disk-infl>         ::= <parameter> = <constant>
```

Remarks:

① 'COMODEL-expression' is a description of a topology . It is written in a description language for topology, e.g. COMODEL.

② <identifier> is defined in the usual way (e.g. like in PASCAL [8]).

③ The characters in quotes '{', '}', '[', and ']' respond to the notation of processes, i.e. they are no meta-constructors of the BNF.

④ <expression> is defined in analogy to PASCAL-syntax. The type of <expression> must be BOOLEAN (like the conditions in IF- and WHILE-statements in PASCAL).

2.3.2 The Meaning of the slots

process : The name of the process is specified. For further explanations this process is called P.

objects : This slot describes the topology on which process P can run. This may be the topology of the whole system or some part of it.

params : Definition of names and domains of all local parameters. Parameters are called local, iff they

1. appear in at least one of the slots 'conditions', 'relations', or 'influences' of process P *and*
2. either are not defined in processes that exist in the process hierarchy above P, or are defined there with other domains.

subprocesses : Definition of the names and temporal relations of subprocesses. The declaration of the temporal relations is optional. They constrain the number of possible behaviors of the system and make the analysis of behavior (chapter 3) more efficient.

conditions : Activity conditions for process P.
There are two necessary conditions to be satisfied for a process being in status active during time-interval J:

1. The conjunction of *all* activity conditions is 'true'.
2. The status active is possible w.r.t. the temporal relations declared in the subprocesses-slot of the father process.

Conditions 1. and 2. together are also sufficient for the status of process P being 'active'.

relations : Proportionalities and relations that hold during the activity of the process.
Proportionalities allow to express that a parameter X is proportional to a parameter Y ($X \xrightarrow{+} Y$) or inversely proportional ($X \xrightarrow{-} Y$). A change of X will automatically change Y as well. This is called an *indirect influence* of the process on Y.

influences : *Direct influences* of process P on paramters.
A continuous process may influence a parameter X by saying that it is continuously incrementing (D(X)= +) or decrementing (D(X)= -).
A discrete process assigns a discrete value to some parameter X during or at the end of the interval of process activity (X=<constant>).

2.4 Example: Preparing Espresso

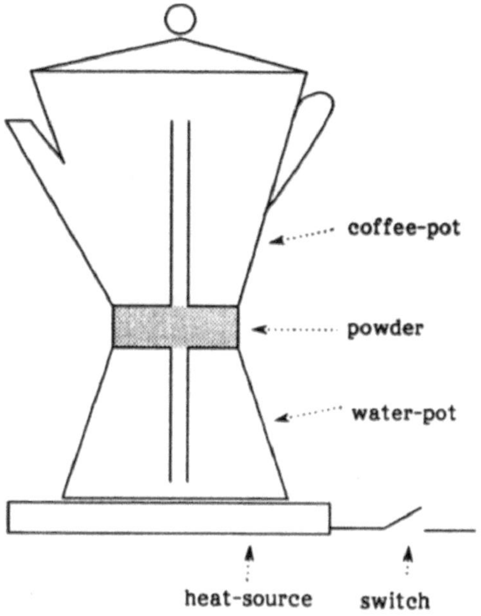

Fig. 2.2: Espresso-machine

This apparatus for preparing espresso may be topologically structured like in Fig. 2.3.

To explain the 'physical background' of the system we will start from the following state:

1. The cooker ist turned off.

2. The espresso-machine ist filled, i.e.:
   - There is water in the water pot,
   - the coffee pot is empty and
   - The powder container is full of coffee powder.

3. The espresso-machine is on the cooker.

We simplify the process of preparing espresso with this apparatus to the following: When switching-on, the heat-source will become hot. A heat-flow from heat-source to water-pot is started. Heating up the water will effect the generation of some steam. This increases the pressure in the water-pot, what in turn will cause the hot water to be pressed through the standpipe and coffee powder into the coffee-pot. The process ends when neither the water-pot nor the standpipe contain any liquid.

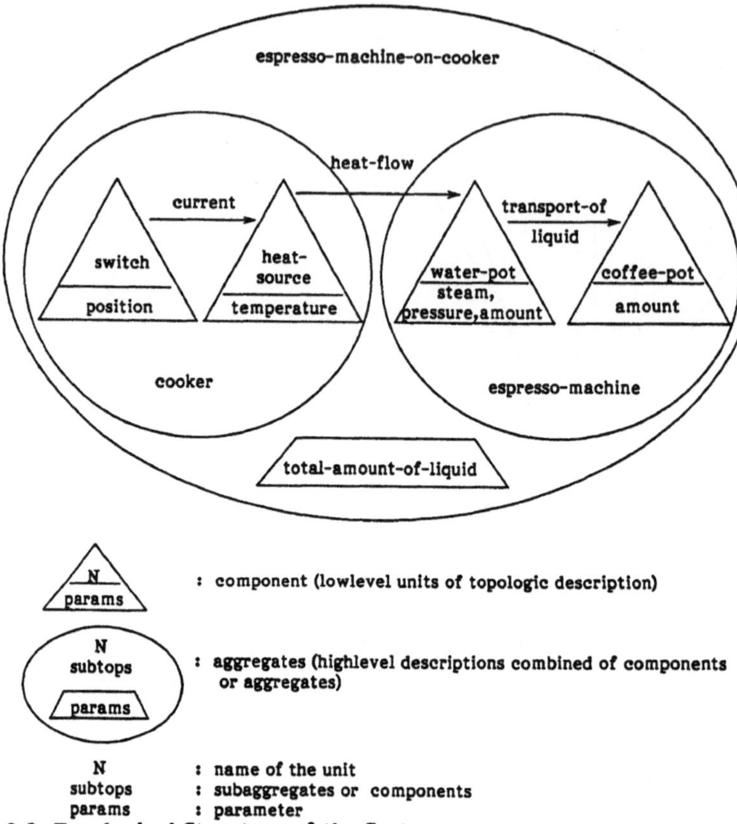

Fig. 2.3: Topological Structure of the System

With regard to the limited extent of this paper we will confine us to the following four processes:

1. switching-on and switching-off:
   We assume an ideal heat-source, i.e. after switching on the heat-source is immediately hot, in the moment of switching off it is immediately cold.

2. boiling-water:
   This process models the generation of steam and pressure in the water-pot.

3. transporting-liquid:
   Transport of liquid from water-pot to coffee-pot.

We do not care about the process of heating the surroundings of the system, the chemical process of transmuting the water into espresso, and some other processes one can imagine.

```
process  preparing-espresso;

  objects        espresso-machine-on-cooker;

  params         switch.position : [on, off],
                 heat-source.temp : [cold, hot],
                 total-amount-of-liquid :  [0, partial-amount, total-amount, max-
                                            amount],
                 water-pot.amount : [0, partial-amount, total-amount, max-amount],
                 coffee-pot.amount :[0, partial-amount, total-amount, max-amount],
                 water-pot.steam :  [0, greater-than0],
                 water-pot.pressure :[low, rising-pressure, high];

  subprocesses   switching-on, switching-off, boiling-water, transporting-liquid;
                 switching-on {m} boiling-water,
                 switching-on {<} transporting-liquid,
                 transporting-liquid {m,<} switching-off,
                 boiling-water {m,<} switching-off;

  conditions     total-amount-of-liquid > 0;

  relations      water-pot.amount + coffee-pot.amount = total-amount-of-liquid,
                 water-pot.amount  --=-->  coffee-pot.amount;

  influences     D(water-pot.amount) =  -;

process  switching-on;

  objects        cooker;
  conditions     switch.position = off;
  influences     switch.position =on;
                 heat-source.temp = hot;

process  switching-off;

  objects        cooker;
  conditions     switch.position = on;
  influences     switch.position =off;
                 heat-source.temp = cold;

process  boiling-water;

  objects        heat-source, water-pot;
  conditions     heat-source.temp = hot,
                 water-pot.amount > 0;
```

relations	**water-pot.steam $\xrightarrow{+}$ water-pot.pressure;**
influences	**D(water-pot.steam) = +;**

process transporting-liquid;

objects	**Espresso-machine;**
conditions	**water-pot.pressure ≥ rising-pressure,**
	water-pot.amount > 0;
relations	**water-pot.amount $\xrightarrow{+}$ water-pot.pressure,**
	water-pot.amount $\xrightarrow{-}$ coffee-pot.amount;
influences	**D(water-pot.amount) = -;**

The specified temporal relations between the subprocesses are demonstrated in Fig. 2.4.

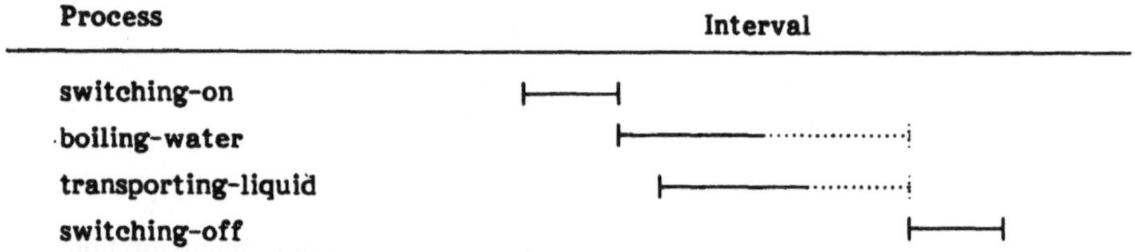

Fig. 2.4: Temporal Behavior of the Subprocesses

3. Analysis of Behavior

3.1 Temporal and Inherent Dependencies between Processes

Section 2.3 presented a formalism for process modelling, which allows to describe the behavior of a dynamical system in distinct levels of abstraction by a hierarchy of processes. Let P be an aggregated process of level i and $P_1,...,P_n$ its subprocesses (Fig. 3.1). The subprocesses $P_1,...,P_n$ describe the detailed behavior of P at level i+1. Each subprocess describes a partial aspect of the behavior of P. The goals are to analyse the dependencies between the subprocesses of P and to generate a *behavior graph*, which describes all possible behaviors at level of abstraction i+1. Nodes of the behavior graph are process configurations (in short: configurations). A process configuration is a set of processes, which are active in the same time-interval (subsets of $\{P_1,...,P_n\}$). The directed arcs are interpreted as possible *transitions between process configurations*. They describe the activation and deactivation of processes. There is a set S of *startnodes* and a set E of *endnodes*. For finite processes S = E = {}. Each path from a start- to an endnode describes one possible behavior of P. The behavior graph therefore is the basis of *simulation*.

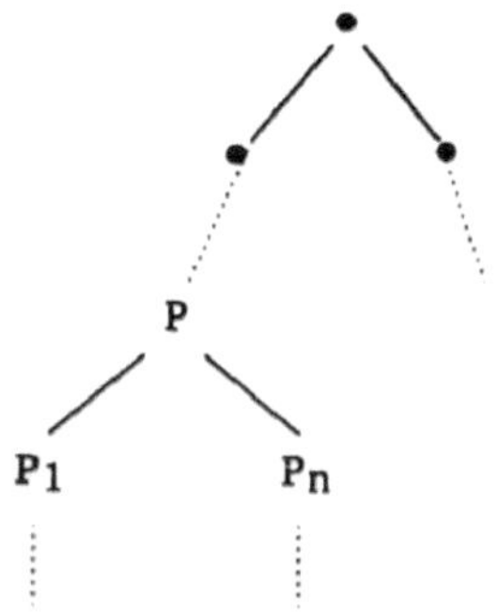

Fig. 3.1: Hierarchy of Processes

There are two kinds of dependencies between subprocesses:

1. Temporal dependencies:

   The previously known temporal relations between the subprocesses $P_1,...,P_n$ are constituted in P. By temporal reasoning it is possible to infer sets of processes, that can simultaneously be active and the possible sequences of process configurations, i.e. the configurations and transitions between them that are possible under the temporal restrictions.

   Example:

   Let P_1 and P_2 be the only subprocesses of P, and (P_1 {o} P_2) a given temporal relation. The behavior of P can be described by

   $\{P_1\} \rightarrow \{P_1,P_2\} \rightarrow \{P_2\}$

   i.e. at first P_1 is active, then both subprocesses are active, then P_2.

2. Inherent dependencies:

   Processes interact by shared influences along common parameters. Different active processes can affect the same parameter directly or indirectly or a process can affect a parameter mentioned in the activity condition of another process: the condition of an inactive process can become valid or the condition of an active process can become invalid (change of status). The analysis of this kind of interaction is called *limit analysis* [6]. It is performed in two steps; each kind of interaction is handeled in one step. The order of the steps is essential, because the results of step I) enter step II).

   I) For process configuration PC determine the induced changes of parameters as follows:

   Direct influences of *one* process:

   All expressions that are listed under slot influences;

Indirect influences of *one* process:

$Q_1 \xrightarrow{+} Q_2$: $D(Q_1) = q \Rightarrow D(Q_2) = q$

$Q_1 \xrightarrow{-} Q_2$: $D(Q_1) = q \Rightarrow D(Q_2) = \overline{q}$

where $q \in \{-,0,+\}$, $\overline{q} = \begin{cases} + & \text{if } q = - \\ 0 & \text{if } q = 0 \\ - & \text{if } q = + \end{cases}$

Multiple influences on the same parameter X are combined as follows:

Let $D_1(X)$ and $D_2(X)$ be single influences or intermediate results. The table specifies their concatenation $D_1(X)$ o $D_2(X)$:

$D_2(X)$ \ $D_1(X)$	-	0	+
-	-	-	-,0,+
0	-	0	+
+	-,0,+	+	+

The table shows the nondeterminism caused by contrary influences. Sometimes a conflict may be resolved by the previously known temporal relations. It may also be possible (but is not done in this approach) to make a refined subdivision of the domain of the D-values. Nevertheless, a conflict resolution is not always possible.

Example:

Assume the process definition of section 2.4.

Let PC_1 = {boiling-water, transporting-liquid} be a process configuration.

The following changes of parameters are caused in PC_1:

D(water-pot.amount) = -, D(coffee-pot.amount) = +,

D(water-pot.steam) = +,

D(water-pot.pressure) $\in$ {-,0,+}, because heat-up-water has positive, transporting-liquid negative influence on pressure.

Let PC_2 = {switching-on} be a process configuration consisting of a discrete process.

Changes of parameters:

A(switch.position) = on, A(heatsource.temp) = hot.

II) For a process configuration PC determine, which processes can change their status due to the changes of parameters determined in I). If more than one process can change its status, it is not realistic to assume that they all do it in the same moment. Instead all temporal sequences in change of status are to be

considered. By this you get all successor configurations $PC_1,...,PC_n$, which are possible under inherent dependencies.

Example:

Let $\{P_1,P_2\}$ be a process configuration. Assume that the result of the limit analysis is that P_2 becomes inactive and P_3 active. The following transitions are possible:

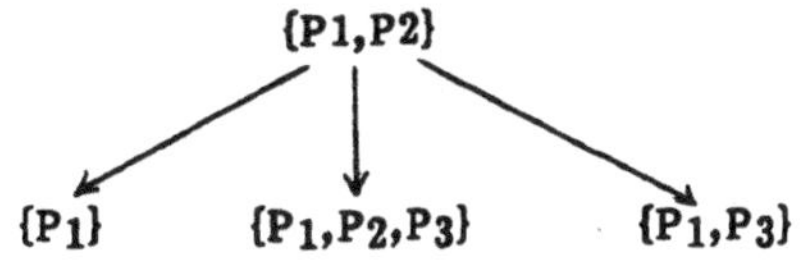

Here an essential advantage of the use of previously known temporal relations can be seen: it is possible that some transitions can bee excluded because they are not valid under temporal restrictions.

The analysis of behavior makes two fundamental assumptions:

- all changes are caused directly or indirectly by processes;
- beyond the influences induced by the processes defining a system, there are no further influences ('closed world assumption').

These assumptions imply, that the D-value of all noninfluenced paramters is 0.

The analysis of the temporal and inherent dependencies are essential parts in generating the behavior graph. For a process configuration PC, the allowed successor configurations SPC are determined as follows:

1. TPC = successor configurations, that are possible under temporal dependencies
2. IPC = successor configurations, that are possible under inherent dependencies
3. SPC = TPC $\cap$ IPC .

This is illustrated in the next section by means of the espresso-example.

3.2 Example: Preparing Espresso

For the process preparing-espresso and its subprocesses, which we have specified in section 2.4, we get the following behavior graph:

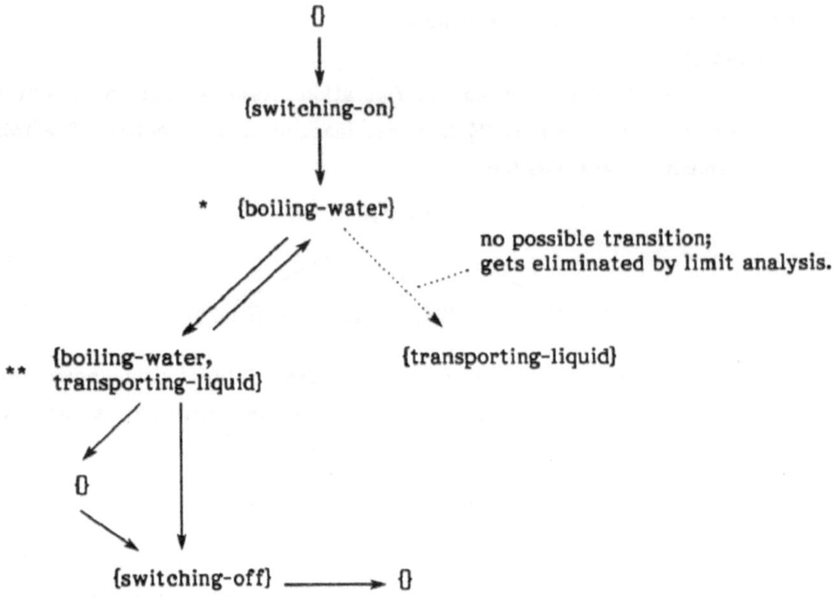

Fig 3.2: Behavior Graph for Process Preparing-Espresso.

As an example, the transition from * to ** and vice versa is discussed in detail:

*** → ** :**

PC = {boiling-water}

A-values known : switch.position = on, heat-source.temp = hot, water-pot. amount > 0

Changes in parameters: D(water-pot.steam) = +, D(water-pot.pressure) = +

TPC= {{boiling-water, transporting-liquid}, {transporting-liquid}}

**IPC = {{boiling-water, transporting-liquid}, {switching-off},
{switching-off, boiling-water, transporting-liquid}}**

SPC = {{boiling-water, transporting-liquid}}.

**** → * :**

PC = {boiling-water, transporting-liquid}

A-values known: switch.position = on, heat-source.temp = hot, water-pot. amount > 0

Canges in parameters:

D(water-pot.amount) = -, D(coffee-pot.amount) = +,
D(water-pot.steam) = +, D(water-pot.pressure) $\in$ {+,0,-}

Possible changes in status:

switching-off can become active,
transporting-liquid can become inactive, because pressure is decreasing,
transporting-liquid and boiling-water can become inactive simultaneously, because water-pot.amount becomes 0.

TPC= {{boiling-water}, {transporting-liquid}, {}, {switching-off}}

IPC = {{boiling-water}, {}, {switching-off}, {switching-off, boiling-water}, {switching-off, boiling-water, transporting-liquid}}

SPC = {{boiling-water}, {}, {switching-off}}

4. Conclusion

In this paper a new calculus for qualitative analysis and simulation of dynamical systems has been introduced. It allows to represent the structure and behavior of processes, including the topology, on which the processes run. Up to now it is only possible to describe changes in values of parameters. It is not possible to reason about changes in existence of objects or in general changes of the topology. It is easy to modify the calculus such that parameter conditioned changes of existence can be handeled, e.g. water disappearing [7] . Furthermore it is not possible to describe previously known cyclic behavior, e.g. oscillation, in terms of the Allen-relations. The temporal calculus must be extended such that cyclic behavior can explicitly be described.

In CAPAS the process representation formalism is applied to simulation of dynamical systems, e.g. physical, biological, chemical, or perhaps economical systems. Simulation is not only used for pointing out the possible behavior of systems, but also for detecting errors and inconsistencies made by the engineer while developping system models. Another application area is the computer aided instruction. The process models can be used for generating explanations a student will find easy to understand. Applications to process control may also be possible.

Acknowledgements

This work is sponsored by the BMFT (Ministery of research and technology of the Federal Republic of Germany). It is done in the project called TEX-B (Technical EXpert systems Basis).

References

[1] J.F. Allen, Maintaining Knowledge about Temporal Intervals, Communications of the ACM 26 (11), 1983, 832-843.

[2] J.F. Allen, Towards a General Theory of Action and Time, Artificial Intelligence 23 1984, 123-154.

[3] D.G. Bobrow(ed.), AI-Special Volume on Qualitative Reasoning about Physical Systems, Artificial Intelligence 24, 1984.

[4] J. DeKleer / D.G. Brown, A Qualitative Physics Based on Confluences, Artificial Intelligence 24, 1984, 7-83.

[5] W. Dilger / J. Kippe, COMODEL : A Language for the Representation of Technical Knowledge, Proceedings of the 9th IJCAI, Los Angeles 1985, 353-358.

[6] K.D. Forbus, Qualitative Process Theory, Artificial Intelligence 24, 1984, 85-168.

[7] K.D. Forbus, The Problem of Existence, UIUCDCS-R-85-1239, Dept. of Computer Science, Illionois/Urbana 1985.

[8] K. Jensen / N. Wirth, Pascal User Manual and Report, Springer-Verlag, 1974.

[9] J. Kippe, COMODEL : Ein Repräsentationsformalismus für technische Expertensysteme. GWAI-86 and 2. Austrian AI-Conference, Ottenstein/-Austrian, 1986, 349-360.

[10] B. Kuipers, Qualitative Simulation, Artificial Intelligence 29, 1986, 289-338.

[11] D. Weld, Combining Discrete and Continuous Process Models, Proceedings of the 9th IJCAI, Los Angeles 1985, 140-143.

[12] D.E. Wilkins, Domain-independent Planning : Representation and Plan-Generation, Artificial Intelligence 22, 1984, 269-301.

Knowledge-Based Fault Diagnosis of Technical Systems

G. Görz, D. Hernández
University of Erlangen-Nürnberg, RRZE

Zusammenfassung. Die hier beschriebene Arbeit ist ein Teil des FORK Projekts, das die Implementation eines primär objekt-orientierten Wissensrepräsentationssystems und seine Anwendung auf den Entwurf und die Fehlerdiagnose technischer Systeme zum Ziel hat. Innerhalb dieses Rahmens wurde eine erste Untersuchung im Bereich des Diagnose durchgeführt, um Klarheit über die grundsätzlichen Probleme und die Anforderungen an sprachlichen Ausdrucksmitteln für Repräsentationsschemata zu gewinnen. Nachdem zuerst eher traditionelle regel-basierte Ansätze für das Diagnoseproblem betrachtet worden waren, wurde dann die Zweckmäßigkeit von Diagnoseansätzen untersucht, die mit Hilfe von expliziten Beschreibungen des zu diagnostizierenden Systems (auf der Grundlage seiner *Struktur* und *Arbeitsweise*) vorgehen. Aufbauend auf einen Algorithmus zur Fehlerdiagnose in elektronischen Schaltkreisen, erwiesen sich beträchtliche Erweiterungen für den Fall elektromechanischer Systeme — zur Einbeziehung zeitlicher Abläufe und geometrischer Information — als notwendig. Da die objekt-orientierte Implementation des resultierenden Diagnosesystems DIAGTECH den Einschränkungen eines Personal Computers genügen mußte, stand nur eine Teilmenge der Ausdrucksmittel größerer Systeme wie des FORK-Systems zur Verfügung. DIAGTECH ist allerdings ein hybrides System, da es auch den regel-basierten Diagnoseansatz unterstützt; für letztere Aufgabe wurde unser logik-basiertes "Expertensystem-Werkzeug" DUCKITO herangezogen.
Abstract. The work described herein is part of the FORK project, which aims at the implementation of a primarily object-oriented knowledge representation system and its application to the design and fault diagnosis of technical systems. Within this framework, a first study in the field of diagnosis has been conducted, aiming at a clarification of the basic problems and representational needs. After having considered more traditional rule-based approaches to the diagnosis problem, we investigated the suitability of approaches which operate on explicit descriptions of technical systems ("based on *structure* and *behavior*"). Starting with an algorithm to diagnose multiple failures in electronic circuits, considerable extensions had to be made for the more complicated case of electromechanical systems with regard to temporal and spatial (geometric) relations. Since the object-oriented implementation of this diagnosis system, DIAGTECH, had to obey the restrictions of a Personal Computer, only a subset of the representational features offered by larger systems like the FORK system was available. But DIAGTECH is a hybrid system, because it also supports the rule-based style of diagnosis, for which our logic-based "expert system shell" DUCKITO is used as a subsystem.

1 Introduction

The work reported here is part of the FORK project, which aims at the implementation of a primarily object-oriented knowledge representation system[1] to provide descriptive means which are well suited for the design and fault diagnosis of technical systems. Therefore, a first study in this field has been carried out to identify the basic problems and representational needs.

Improvement of the fault diagnosis of technical systems is of a large economic importance. But often this task is very complex in nature and requires a lot of practical experience as well as knowledge of the underlying technology and of the structure and behavior of the failing device.

To quote Davis and Shrobe [6], when a piece of machinery begins to malfunction, it can be diagnosed and repaired in two characteristically different ways:

1. **An experienced operator might recognize the symptoms and take corrective action using his previous experience in dealing with the problem.**

2. **An experienced engineer may be able to reason his way through the problem using an understanding of electronics and electromechanics.**

The first approach — as in early expert systems like MYCIN — relies on large collections of inference rules that associate symptoms with diagnoses and cures.

In the second approach, reasoning "from first principles" plays a central role: tracking down the problem by reasoning about the *structure* and *behavior* of the device in question. A central part of this ability is the skill of using functional and structural descriptions.

While most investigations within this framework (cf. e.g. Davis [7], Genesereth [11], DeKleer and Williams [9]) concentrate on the diagnosis of electronic circuits, we applied it to electromechanical systems — with the concrete example of a press — to test its suitability.

2 Diagnosis Based on Structure and Behavior of Technical Systems

In a first approach to technical diagnosis, it is usually characterized in the following way: A set of symptoms characterizes (in general not one-to-one!) a specific fault, or, inversely, a fault denotes a characteristic set of symptoms. A *fault* is in general thought to be a separate entity which influences particular components of the device. The components which are impaired in their functionality become manifest indirectly in the form of observable *symptoms*.

Because the final goal of diagnosis is to reestablish the system in a functioning state, the *repair problem* perspective provides the most general framework. The very first step in diagnosis is *fault recognition*, which in technical systems usually is part of the control or supervisor mechanism. *Diagnosis* in the sense we are interested in it starts with a recognized malfunction and tries to find one or more faults where in general it is

[1] cf. [1,3,19]

assumed that the repair procedures are associated with faults or classes of faults. On the other hand, the space of possible diagnoses is limited by the possibilities to repair the equipment, e.g. by exchange of components.

A fundamental property of the diagnosis of technical systems is that it is dealing with artifacts which have been designed and built by humans for a certain purpose. Usually design information is given by drawings, part lists or operational specifications which allow an experienced diagnostician to imagine how the various components of the system interact such that he can draw conclusions on possible causes for an observed malfunction.

Envisionment, the ability to imagine dynamic processes, is one of the important parts of the diagnostic process. The *structure-and-behavior* based approach to diagnosis tries to model this ability.

It starts with — possibly hierarchically ordered — representations of the characteristic *structure* (topology) of the system and of the *behavior* of its generic components. This information makes it possible to deduce the behavior of the system as a whole. The main step of diagnosis is therefore to record differences between the observed behavior of the real system and the behavior of the model gained by qualitative simulation and to infer from those *structural discrepancies* which explain the observed malfunction. Hence, any deviation of the factual structure from its model counts as a cause of error, i.e. it is only of interest *whether* a component is defective and not *in which way* it is defective ("*no-fault-modes* principle"). The general repair conditions imply that faults are identified with defective components.

3 The Algorithm of DeKleer and Williams

As a first step in the realization of our diagnosis system the kernel of DeKleer's and Williams' algorithm [9] has been implemented in a modified version.[2] In the following, we give a brief overview of our implementation DIAGMUFA (DIAGnosis of MUltiple FAilures).

The algorithm is based on a (object-oriented) description of the system as a *constraint network,* in which values are *propagated* (qualitative simulation) and *dependences* are recorded. In our object-oriented implementation,[3] the components (nodes of the network) as well as the connectors (edges of the network) are represented by objects which are connected with each other by explicit pointers. In propagating values (realized by *message passing*), the visited components are assumed to function correctly. This fact is recorded in an *assumption set,* which is assigned to each value. In contrast to the original constraint paradigm, values computed on different propagation paths for a connector are not only allowed, but the starting point for diagnosis. If two values of a connector do not agree, the union of their assumption sets results in a conflict set, which serves to identify possible candidates.

There is a distinction between

- *Conflict:* A set of components, of which at least one is malfunctioning; and

[2]In contrast to their approach, no ATMS [8] (see last section) was available to us, and fault probabilities as well as optimization techniques were not implemented.

[3]For object-oriented programming cf. [18,20,1,3]

- ***Candidate:*** **A set of components, whose simultaneous malfunctioning explains all symptoms.**

These definitions imply that each superset of a conflict or candidate is also a conflict or candidate, respectively. Therefore, focussing on minimal candidates (and conflicts) is sufficient, because they already characterize all possible candidates (conflicts), which leads to a variety of heuristics to constrain combinatorial explosion of the propagation of multiple values.

The generation of minimal candidates from new, emerging conflicts and already known candidates is performed incrementally using an *agenda* and some queues. The minimality heuristics are built in into the propagation mechanism.

A candidate *explains* a conflict, iff both sets have at least one component in common.

Whenever a new conflict is detected, the set of minimal candidates is modified in the following way: Each candidate which does not explain the new conflict is replaced by exactly as many new candidates as do result from supplementing him by one of the conflict's components in turn.

4 Means of Description

For the purpose of modelling, the representation language for technical systems has to provide sufficient expressive power in order to fulfill the following requirements:

- The description must include an object-oriented representation of components and connectors;
- The components must have a well-defined *input-output relationship,* i.e., they can be considered as black boxes which react to any input with a well-defined output;
- The *flow of information* between components — along the paths defined by the connectors — has to represented;
- *Hierarchical descriptions* are advantageous to limit the complexity of the algorithm, which is NP-complete in spite of all minimality heuristics.

5 A Diagnosis Algorithm for Electromechanical Systems

Our diagnosis system aims at the domain of electromechanical systems which offers additional problems compared with the domain of electronic circuits, from which the familiar examples in the literature are drawn. As a protoype application, we chose an electromechanical press, for which a physical model had been built of "Fischer-Technik" parts, including a programmable control unit manufactured by Siemens AG. The electromechanical device consists mainly of two parts, a pusher and a press, which are arranged in such a way that within an operational cycle defined by the control unit, an imaginary workpiece is pushed to a place below the press stamp, then pressed, and finally pushed out of the device (from left to right in Fig. 1). Each of the two subsystems

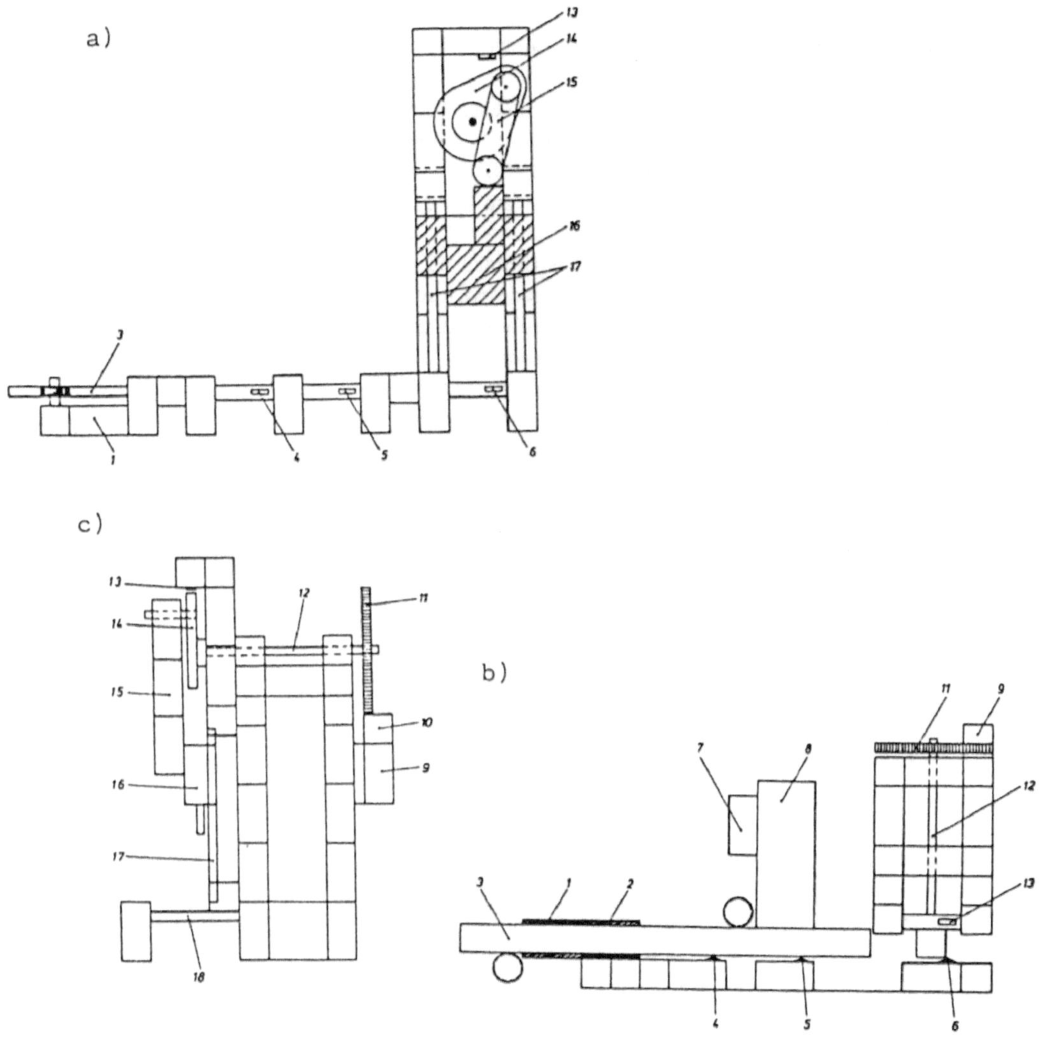

Figure 1: Views of the press

1	Motor 1	10	Getriebe 2
2	Getriebe 1	11	Zahnrad
3	Schieber	12	Übertragungsstange
4	Schalter 1	13	Schalter 4
5	Schalter 2	14	Exzenter
6	Schalter 3	15	Verbindungsstange
7	Zusatzschalter	16	Preßstempel
8	Zufuhr-Lauffläche	17	Führung
9	Motor 2	18	Schieber-Lauffläche

contains an electromotor and a mechanical power transformation mechanism with gears, gearwheels, a helix, etc.

A set of switches (sensors) which are connected to the input port of the control unit, signalize the actual positions of the pusher and the press stamp. The control unit starts the electromotor through specific output ports.

Modelling this plant for our diagnosis system, we distinguish several levels of description. On the first level, we have to represent two disjunct functional units, pusher and press, which are not directly connected with each other, but each in turn is connected with the control unit (viz. Fig. 2). The control unit itself is not represented in the model, because it shall not be regarded as a candidate, i.e., it is assumed to behave correctly. The course of the technical process may not be confused with the behavior of the system or its components. On this level, the behavior can only be expressed in terms of delayed signals from the sensors to the control unit.

Although this first level of description is trivial with respect to diagnosis (inconsistent signals refer directly to the respective component), it shows the necessity to represent the aspect of *time*. The control unit and delays in the mechanical parts enforce the modelling of events in time. In our example, the following order of events is given:

1. Starting position → Time T0
2. Move pusher forward → T1
3. Press → T2
4. Move pusher to final position → T3
5. Move pusher back → T4
6. Goto 1.

Therefore the algorithm has to be extended, because two values for a connector are conflicting only if they occur during overlapping time spans. To achieve this goal, the *agenda mechanism* for handling propagation is augmented with another dimension: Time serves as a second ordering criterion for an agenda, the elements of which are in turn agendas, not queues. The control signals as well as other delays are entered first into the agenda. As the next step, the message with the smallest assumption set at the earliest (present) point of time is sent.

Furthermore, the connectors have to be modified, because in addition to propagate and record multiple values, they also have to record the respective time spans. For this purpose we adopted from JACK [10] the concept of *discrete time intervals*, which constitute *"histories"*, and assigned a history to each connector. A history is a stack of *"episodes"*, each of which consists of an interval and a list of *"nodes"* which are valid within it. The intervals of a history (and, accordingly, their episodes) are *pairwise disjunct*, i.e. whenever a node whose interval overlaps one or more episodes has to be entered into a history, these episodes are split into a sufficient number of new episodes and their nodes are copied accordingly.

On the second level of description, where we consider the pusher and the press per se, we recognize as their main parts the motors as sources of power and the power

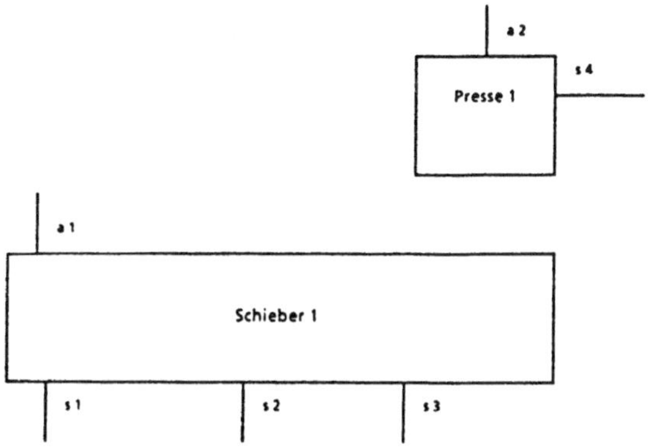

a)

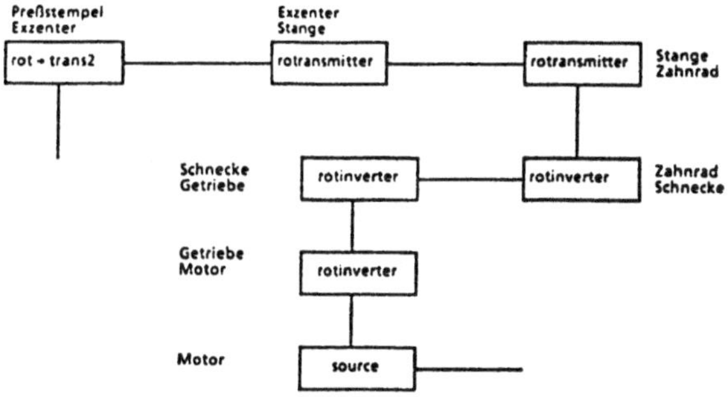

b)

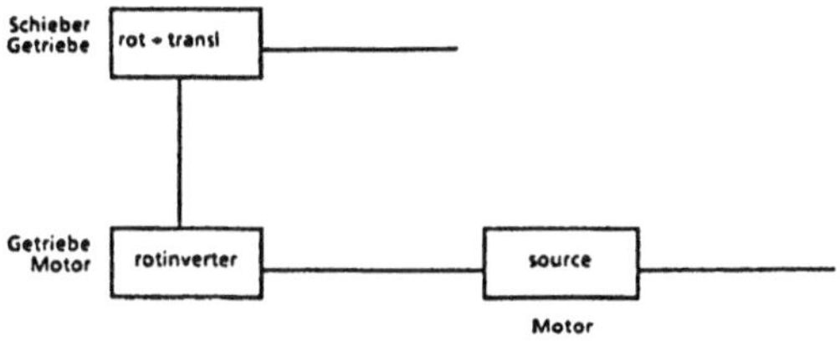

c)

Figure 2: Description levels for the press

transformation mechanism consisting of gears, gearwheels, etc. But in order to fulfill the requirement of a unique input/output behavior, these parts can not be mapped one-to-one on components in our sense. Instead, each functional unit is modelled in terms of System Dynamics [16]: As power transmission chains consisting of "two-energy-port"-components. The parts are represented by redundant pairs to which a unique behavior can be assigned. A few simple component are sufficient for our model: *source, rotinverter, rotransmitter, rot→trans* (= rotation-to-translation transformer). Power transmission is simulated by propagation of symbolic values (*posrot, negrot, stand*).

Positions of e.g. the pusher are recorded as states, because we don't have an explicit representation of the geometry of the device. Furthermore, on this level of representation, the whole rotation-to-translation transformation mechanism has to be regarded as a unit.

To record these states, the *"quantities"* of JACK are particularly well suited. The direction of state changes is modelled by an ordering relation on the *quantity space*. E.g. for the press, the physical construction can be mirrored by defining "starting position precedes middle position", etc.

Tests are introduced by defining interaction units which generate requests to the user or the electronic control unit, respectively. Each reponse to a request causes actions, e.g. modifications of the internal structure or the introduction of a new interaction unit into the event queue.

These extensions have been implemented in the DISA module, which contains a Constraint Definition Language (CDL) for the specification of generic components.

DIAGTECH itself is a hybrid system consisting of DISA and DUCKITO. DUCKITO [13] is a logic-based "expert system" tool which allows to apply "compiled" diagnoses (in the form of rule sets) on the basis of *empirical associations* before trying the more complex DISA procedures which are operating on explicit descriptions. DIAGTECH has been completely implemented as described and is fully operational on IBM PCs (and compatibles).

6 Discussion

The limitations of knowledge-based diagnoses are given by the models in use. In general, multiple descriptions are required (cf. Davis [7]): A distinction between physical and functional information and between levels of abstraction as well as different categories of failure seems to be essential.

The functional specifications we used are no "causal models" of these mechanisms. They only allow qualitative simulation to recognize discrepancies.

The temporal extension of the DIAGMUFA algorithm points to fundamental difficulties. DIAGMUFA assumes non-directionality of the components and multiple values, i.e. simultaneous propagation in all possible directions. A temporal order does not allow to consider all "possible worlds" at once, but enforces an order on propagation.

In general, the use of diagnosis systems based on explicit descriptions requires their embedding in an integrated design environment, where all necessary information is acquired during the design cycle of a technical system. Currently, the lack of suitable means for description is a decisive obstacle.

In DISA, the treatment of conflicts, or inconsistency, as well as particular diagnostic heuristics, were embedded into one algorithm. To guarantee the usefulness of the chosen approach in the long run, it should be generalized in a way that the recording and processing of inconsistency is performed by a separate general module. Indeed, as DeKleer [8] points out, most problem solvers search; if otherwise, a direct algorithm would solve the task. Then, two important problems are to be solved, namely, how the spaces of alternatives can be searched efficiently, and how the problem solver should be organized in general. DeKleer's solution is convincing: On the one hand it is a consequent continuation of the "Truth Maintenance Systems" (TMS) line, which forces a clean division within a problem solver between a module solely concerned with rules of the domain and another module concerned with recording the current state of the search. While the first module draws inferences, the second, the TMS, records inferences ("justifications"). So, the TMS serves three roles:

1. It serves as a "cache memory" for all inferences in that inferences, once made, need not be repeated. Inconsistencies, once detected, are avoided in the future.

2. It allows the problem solver to draw non-monotonic inferences. If non-monotonic justifications are present, the TMS has to use a constraint satisfation procedure to determine what data are assumed to be valid.

3. It assures that the data base is contradiction-free. The procedure of *dependency-directed backtracking* identifies and adds justifications to remove inconsistencies.

DeKleer's ATMS (Assumption Based TMS) [8] is a very efficient TMS module. In particular from our experience with DIAGTECH, but also from general considerations about a logical extension to our object-oriented representation system, we decided to realize such a module within our framework as the next step of the FORK project. We believe this will be a mandatory prerequisite to address the perspective of logic programming, namely (predominantly descriptive) representation and processing of relations (constraints) and implications in the object domain, and, in particular, the representation and treatment of time in a more general way. The gap between a logical reconstruction of object-centered representations (cf. Nilsson [15]) and logic-based representation systems with their inferential properties is still to be closed. Retrieval of complex descriptions requires a powerful extension to the well-known unifcation algorithms. The direction of this research is also influenced by our previous experience with DUCKITO, which contains a truth maintenance module and an explanation component on the basis of data dependences.

References

[1] Beckstein, C.: *Integration objekt-orientierter Sprachmittel zur Wissensrepräsentation in LISP.* Diplomarbeit, IMMD und RRZE, Universität Erlangen-Nürnberg. RRZE-IAB-219, 1985.

[2] Beckstein C., Görz, G., Tielemann, M.: *FORK: Ein System zur objekt- und regelorientierten Programmierung.* In: Rollinger, C., Horn, W. (Hg.): GWAI-86. 10th German Workshop on Artificial Intelligence und 2. Österreichische Artificial Intelligence Tagung. Berlin: Springer IFB 124, 312-317, 1986.

[3] Beckstein C., Görz, G., Tielemann, M.: *FORK: A System for Object- and Rule-Oriented Programming*. In: This Conference Proceedings

[4] Bobrow, D., Stefik, M.: *LOOPS Manual & Rule Oriented Programming in LOOPS*. Xerox PARC Report, Palo Alto, 1983.

[5] Bobrow, D. (Ed.): *Qualitative Reasoning about Physical Systems*. Amsterdam: North-Holland, 1984.

[6] Davis, R., Shrobe, H.: *Representing Structure and Behavior of Digital Hardware*. IEEE Computer, Oct. 1983, 75–82

[7] Davis, R.: *Diagnostic Reasoning Based on Structure and Behavior*. 1984, In: Bobrow 347–410, 1984.

[8] DeKleer, J.: *(a) An Assumption-Based TMS. (b) Extending the ATMS. (c) Problem Solving with the ATMS*. AI Journal 28, 127–163–197–224, 1986.

[9] DeKleer, J., Williams, B.C.: *Reasoning about Multiple Faults*. Proc. AAAI-86, Vol. 1 (Science), 132–139, 1986

[10] Doyle, R.: *Hypothesizing and Refining Causal Models*. MIT-AI-Memo 811, Dec. 1984.

[11] Genesereth, M.: *The Use of Design Descriptions in Automated Diagnosis*. In: Bobrow (1984), 411–436, 1984.

[12] Hayes, P.: *The Logic of Frames*. In: Metzing, D. (Ed.): *Frame Conceptions and Text Understanding*. Berlin: DeGruyter, 1980.

[13] Hernández, D.: *Modulare Softwarebausteine zur Wissensrepräsentation*. Studienarbeit, IMMD IV und RRZE, Universität Erlangen-Nürnberg, 1984.

[14] Hernández, D.: *Wissensbasierte Diagnose technischer Systeme*. Diplomarbeit, IMMD und RRZE, Universität UErlangen-Nürnberg. RRZE Mitteilungsblatt Nr. 44, 1986.

[15] Nilsson, N.: *Principles of Artificial Intelligence*. Berlin: Springer, 1982.

[16] Shearer, J.L. et al.: *Introduction to System Dynamics*. Reading: Addison-Wesley, 1967

[17] Steele, G.L.: *The Definition and Implementation of a Computer Language Based on CONSTRAINTS*. MIT-AI-TR-595, Aug. 1980.

[18] Stoyan, H., Görz, G.: *Was ist objekt-orientierte Programmierung?* In: Stoyan, H., Wedekind, H. (Hg.): *UObjekt-Orientierte Software- und Hardware-Architekturen*. Stuttgart: Teubner, 1984.

[19] Tielemann, M.: *Eine regelorientierte Erweiterung des Repräsentationssystems FORK*. Diplomarbeit, IMMD und RRZE, Universität Erlangen-Nürnberg. RRZE-IAB-236, 1986.

[20] Weinreb, D., Moon, D.: *Flavors: Message-Passing in the LISP Machine.* MIT-AI-Memo, 1981.

G. Görz
Universität Erlangen-Nürnberg, RRZE
Martensstr. 1
D-8520 Erlangen
Network: Goerz@SUMEX.ARPA, GOERZ@DERRZE1.BITNET

D. Hernández
Department of Computer Science
University of Maryland
College Park, MD 20742, USA
Network: danher@MIMSY.ARPA

Expertensystem zur Anwendung neuer Werkstoffe

B. Fehsenfeld, R. Küke, Th. Langer, B. Schönwald
Krupp Forschungsinstitut, Essen

Zusammenfassung

Das vorgestellte Expertensystem unterstützt den Konstrukteur im Maschinen- und Anlagenbau bei der Auswahl geeigneter Bauteile, die unter technischen und wirtschaftlichen Gesichtspunkten anstelle von metallisc en Werkstoffen durch Faserverbundwerkstoffe realisiert werden können. Systemeingabe ist die Beschreibung des metallischen Bauteils und der vorherrschenden Betriebsbedingungen. Systemausgabe ist eine Bewertung der Substitutionsmöglichkeit des metallischen Werkstoffes durch den Faserverbundwerkstoff und eine detaillierte Beschreibung eventueller Lösungsvorschläge. Das System ist hybrid aufgebaut. Für die Werkstoffdaten wurde eine deklarative Wissensrepräsentation durch Frames gewählt, während die prozeduralen Zusammenhänge durch ein Regelsystem dargestellt werden.

Key-Words: Expertensysteme, Ingenieurwesen, Neue Werkstoffe

1 Einleitung

Neue Werkstoffe mit ständig verbesserten Materialeigenschaften drängen immer stärker aus dem Bereich der Grundlagenforschung heraus hin zu praktischen Anwendungen. Starke Forschungsaktivitäten /2/ auf Werkstoffgebieten wie Keramik, Pulvermetallurgie und Faserverbundwerkstoffe, um nur einige zu nennen, unterstützen diesen Vorgang zusätzlich.

Für den Krupp-Konzern bietet sich neben der Werkstofftechnik auch ein großes Potential von Einsatzmöglichkeiten im Maschinen- und Anlagenbau. Die Beurteilung des Einsatzes neuer Werkstoffe im Maschinen- und Anlagenbau erfordert spezifisches Fachwissen, das im Bereich der Konstruktion und Planung des Maschinen- und Anlagenbaus nur selten zeitgerecht vorliegt.

Um dieses Defizit zu beheben, wurde vom Krupp Forschungsinstitut ein Expertensystem (ES) entwickelt, das den Konstrukteur und Ingenieur bei der Einführung neuer Werkstoffe berät.
Nur mit der sich in den letzten Jahren immer stärker durchsetzenden Software-Technologie der Wissensverarbeitung konnte ein derart komplexes Problem überhaupt erfolgversprechend angegangen werden.

Zum Einstieg in die Problematik der Anwendung neuer Werkstoffe wurden beim vorgestellten ES faserverstärkte Werkstoffe gewählt. Für diese Werkstoffgruppe liegen einerseits langjährige industrielle Erfahrungen vor, man denke nur an den Flugzeugbau und Leichtbau, wo dieser Werkstoff schon fast routinemässig eingesetzt wird; andererseits treten gerade im Maschinen- und Anlagenbau häufig Probleme der Krafteinleitung und Kraftführung auf, die mit diesem Werkstoff besonders gut gelöst werden können.

Daß ein entsprechendes Potential für den Einsatz von Faserverbundwerkstoffen vorliegt, zeigen bisher durchgeführte Realisierungen in diesem Bereich wie z.B. die kohlefaserverstärkte Drehspindel /5/, der kohlefaserverstärkte Roboterarm /6/ sowie die Entwicklung von glasfaserverstärkten Blattfedern für Nutzfahrzeuge /4/.

Mit dem entwickelten wissensbasierten System ist es möglich, unter den kraftführenden, metallischen Bauteilen potentielle Kandidaten für die Substitution durch Faserverbundwerkstoffe sowohl hinsichtlich ihrer technischen als auch ihrer wirtschaftlichen Realisierung herauszufinden. Die Konzeption des Systems macht es möglich, gewonnene Erfahrungen, methodische Vorgehensweisen und einzelne Systembausteine auf andere interessante Werkstoffe, z.B. aus der Keramik oder der Pulvermetallurgie zu übertragen.

2 Faserverbundwerkstoffe

Faserverbundwerkstoffe bestehen aus Glas-, Aramid- oder Kohlenstoffasern, die in einer Kunststoff-Matrix eingebettet sind. Als Matrixmaterialien werden hauptsächlich Duroplaste eingesetzt, während sich Thermoplaste z.Z. noch im Stadium der Vorversuche befinden. Ein Faserverbundwerkstoff besteht typischerweise aus einem Laminat, d.h. einer Schichtstruktur, deren Einzelschichten unterschiedliche Faserorientierung besitzen können. Dieser Werkstoffverbund besitzt mit

- hoher spezifischer Festigkeit
- hoher Korrosionsbeständigkeit

für den Maschinen- und Anlagenbau interessante Eigenschaften.

Auslegung und Konstruktion von Bauteilen aus Faserverbundwerkstoffen unterscheiden sich deutlich von den entsprechenden Methodiken mit metallischen Werkstoffen. Der Konstrukteur kann nicht auf eine überschaubare Palette erprobter Werkstoffe zurückgreifen, er muß durch geschickte Wahl von Faser und Matrix sowie eines geeigneten Laminataufbaus die Werkstoffeigenschaften vollständig auf den vorliegenden Problemfall abstimmen.

Außerdem muß schon während der Konstruktionsphase berücksichtigt werden, daß eine Fertigung des Bauteils möglich ist. In den Abb. 1 bis 3 /3/ werden die für Faserverbundwerkstoffe gängigen Fertigungsverfahren schematisch vorgestellt. Die dargestellten Fertigungsmöglichkeiten üben starke Restriktionen auf die Konstruktion aus, die es zu berücksichtigen gilt.

Es wird deutlich, daß die Substitution eines metallischen Bauteils durch ein Bauteil aus Faserverbundwerkstoff ein weit gefächertes Spezialwissen erfordert. Dieser stark ineinandergreifende Prozeß, der während der Entscheidungsfindung abläuft, wurde durch das vorgestellte wissensbasierte System nachgebildet.

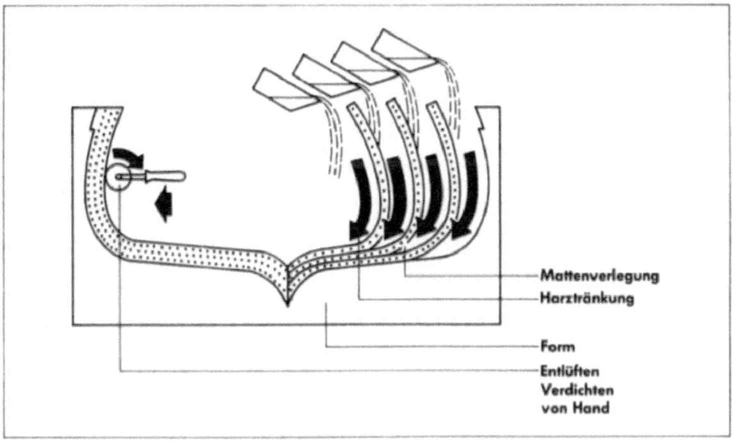

Abb. 1:
Hand-
verfahren
schem.

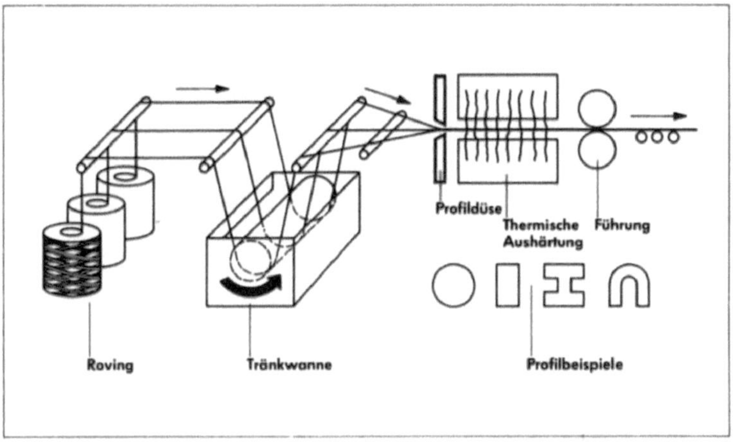

Abb. 2:
Profilzieh-
verfahren
schem.

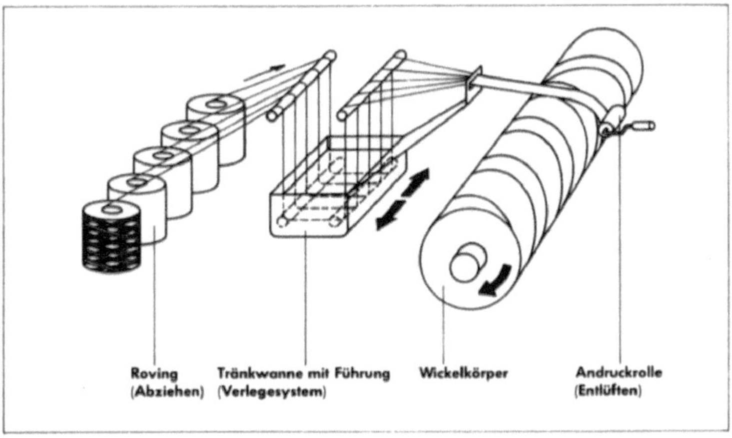

Abb. 3:
Wickel-
verfahren
schem.

3 Wissensrepräsentation im Expertensystem

Die Implementation von Expertensystemen (ES) erfordert Hardware- und Software-Unterstützung in einem Maße, das den üblichen Rahmen des Software-Engineerings sprengt. Die Lisp-Maschine Symbolics 3645 als Hardware liefert den notwendigen Bedienungskomfort wie Window-Technik, Menü-Technik, Mouse-Handling, Debugging und Multi-Tasking sowie mit Lisp eine zum Zweck des ES-Designs beliebig erweiterbare Grundsprache /8/.

Von entscheidender Bedeutung für effizienten Aufbau und Wartung eines ES ist eine starke Software-Unterstützung bei der Wissensrepräsentation. Die Übertragung von Wissensstrukturen muß dabei möglichst direkt und zwanglos stattfinden.

Die wesentlichen Wissensstrukturen bestehen beim entwickelten ES in

- taxonomischem Wissen und
- assoziativem Wissen.

3.1 Taxonomische Wissensstruktur

Als Organisationsstrukturen, die taxonomisches Wissen enthalten, bieten sich adressierbare Objekte (Frames) an. Zwischen den Objekten bestehen Hierarchiebeziehungen, die in der Vererbung von Objekteigenschaften aus einer Objektklasse in eine andere Ausdruck finden können. Unterhalb der Klassen liegt die Objektinstanzebene, die zu jedem Zeitpunkt ein aktuelles Gesamtbild des Zustandes der Wissensbasis repräsentiert und durch Regelzugriff dynamisch veränderbar ist.

Beispiele für taxonomische Wissensstrukturen in der Wissensbasis sind z.B. die Materialdaten, die Beschreibung des zu substituierenden Bauteils (z.B. Geometrie (Abb. 4)) und der zur Verfügung stehenden Fertigungsverfahren. Auch die Beschreibungen der Substitutionsvorschläge des Systems sind in dieser Weise strukturiert.

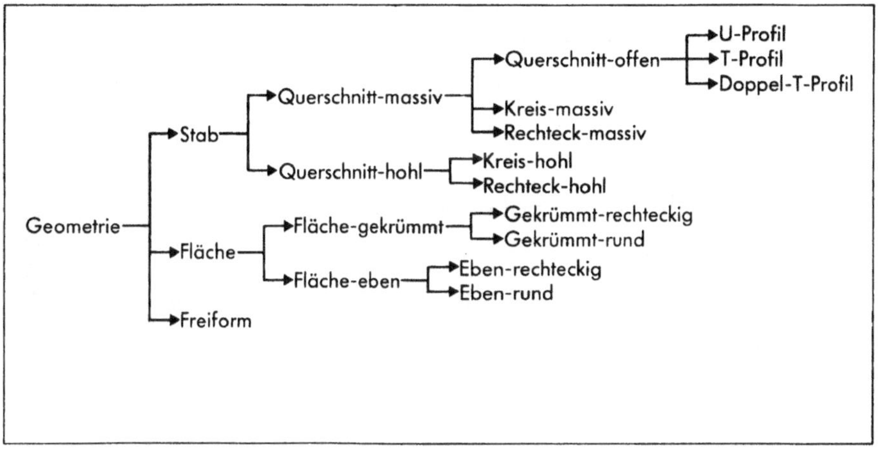

Abb. 4: Objektklassenhierarchie für die Bauteilgeometrie

3.2 Assoziative Wissensstruktur

Unter assoziativem Wissen ist die Verknüpfung von in Objekten abrufbaren Sachverhalten zu verstehen. Im weiteren Sinne zählen hierzu sowohl das Wissen über strategische Vorgehensweisen, Kontrollen über die Verträglichkeit von Objektzuständen (Constraints) als auch einfache wenn-dann Regelbeschreibungen.

Ist die Kontrollstruktur für die Abarbeitung des Wissens vom ES-Designer beeinflußbar, so können alle Aspekte der assoziativen Wissensstruktur mit dem Produktionsregelparadigma beschrieben werden. Produktionsregeln erfragen in ihren Prämissen Objektzustände und können im Aktionsteil andere Objektzustände modifizieren bzw. über Lisp-Code Seiteneffekte anderer Art (Grafik, Berechnungen, Beschneidung von Suchbäumen) auslösen. Mit dieser Technik wird das gesamte dynamische Wissen abgebildet (z.B. Werkstoffauswahl, Dimensionierungsstrategie, Wahl des geeigneten Fertigungsverfahren, Wirtschaftlichkeitsbetrachtungen). (Beispiele: Abb. 5)

```
: Rule-Set Faserauswahl
Rule-201
IF  $and
    (aktuelle-Bauteil-Vorgaben Wärmeausdehnung = gering)
Then $ Conclude
    (Nur-behalten-in *Faserliste* 'Fasertyp 'Equal 'Kohlefaser)
```

```
: Rule-Set Verträglichkeit
Rule-312
IF  $and
     (Greatep (← *Faser* :get 'Bruchdehnung)
              (← *Harz* :get 'max. Bruchdehnung)
Then $ Conclude
     (Stop-Execution)
```

Abb. 5: Beispiele für Produktionsregeln

Die grundlegenden Forderungen an ein Software-Tool zur Erstellung von Wissensbasen werden von der ES-Shell Babylon der Gesellschaft für Mathematik und Datenverarbeitung erfüllt /1,7/. Es bietet in seiner gegenwärtigen Form außerdem den Vorteil des freien Zugriffs auf den Quell-Code.

4 Design des Expertensystems

Abb. 6 zeigt die grobe Gliederung des ES, das aus zwei Hauptteilen, Benutzereingabe und Expertise, besteht.

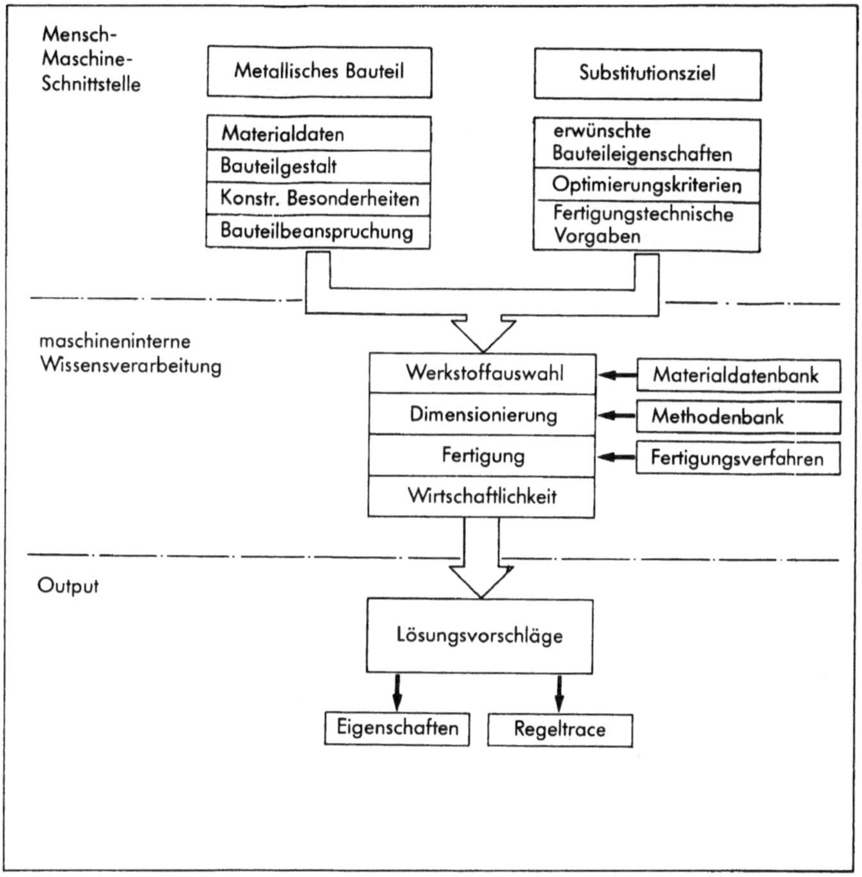

Abb. 6: Eingabe- und Ablaufschema für das Expertensystem

4.1 Benutzereingabe

Im ersten Schritt spezifiziert der Benutzer das zu substituierende Bauteil in bezug auf seine geometrische Form, konstruktive Besonderheiten und die Bauteilbeanspruchung (mechanisch, physikalisch, chemisch).

Nach der Beschreibung des Metallbauteils wird vom Benutzer das Substitutionsziel konkretisiert: Erwünschte und unerwünschte Bauteileigenschaften, beabsichtigte Eigenschaftsverbesserungen im Vergleich zum metallischen Bauteil, eventuelle Randbedingungen wie Stückzahl oder Durchsatz. Plausible Grundannahmen werden vom ES vorgeschlagen. Von entscheidender Bedeutung ist dann die Definition der unveränderbaren Randbedingungen (z.B. einzuhaltende Maße). Schließlich spezifiziert der Benutzer, welche mechanische Eigenschaft des metallischen Bauteils für dessen Funktionalität entscheidend ist. Diese Eingabe bildet die Hauptinformation für die ablaufende Expertise. Das ES ist in jedem Zustand mit einer Erklärungskomponente versehen.

4.2 Expertise

Nach der Benutzereingabe kann die Expertise hinsichtlich der Substituierbarkeit des Bauteils gestartet werden. Im Sinne eines Truth-Maintainance-Verfahrens werden zuerst die Benutzereingaben auf Stimmigkeit überprüft und aus dem Fundus der in eine interne Datenbank eingetragenen Materialien (Fasern und Harze) solche Komponenten ausgewählt, die mit allen Vorgaben verträglich sind. Ebenso werden Fertigungsverfahren nach ihrer Tauglichkeit für die gestellte Substitutionsaufgabe bewertet und geordnet.

Der verbliebende Suchraum (Faser-Harz-Fertigungs-Kombinationen, jeweils zu untersuchen auf Dimension, Fertigbarkeit, Kostenaufwand usw.) wird durch eine heuristische Suchstrategie eingegrenzt, die aus einer Kombination von Suche in die Tiefe und Suche in die Breite besteht. Wichtigstes Kriterium bei der Suche nach Substitutionsvorschlägen ist die technische Realisierbarkeit; wirtschaftliche Gesichtspunkte werden erst berücksichtigt, wenn die technische Realisierbakeit gesichert ist. Ergebnis der Expertise des Systems ist eine Liste von möglichen

Substitutionsvorschlägen, die in bezug auf vom Benutzer vorgegebene Kriterien bewertet und geordnet ist. Zu jedem ausgewiesenen Substitutionsvorschlag ist eine ausführliche Beschreibung und Begründung abrufbar. Die Beschreibung der Substitutionsvorschläge enthält Aussagen über:

- Faser- und Harzmaterial
- Abmessungen des substituierten Bauteils
- phys.-chem.-mechan. Eigenschaften des substituierten Bauteils (auf Wunsch im Vergleich zum metallischen Bauteil)
- Aufbau und Struktur des Laminates
- Fertigungsverfahren für das Laminat
- Kostenabschätzung für die Fertigung eines Bauteils.

Zur Begründung der vorgeschlagenen Lösung werden die während des Lösungsweges verwendeten Regeln aufgelistet. Jede dieser Regeln kann vom Benutzer inspiziert werden.

Findet das Expertensystem keine Möglichkeit zur Substitution, wird dieses dem Benutzer zusammen mit den Regeln, auf die die Systementscheidung zurückgeht, kenntlich gemacht.

5 Zusammenfassung und Ausblick

Die Fragestellung, ob ein kraftführendes metallisches Bauteil durch Faserverbundwerkstoff substituiert werden kann, ist im Maschinen- und Anlagenbau von grundlegender Bedeutung. Das vorgestellte ES unterstützt den dort tätigen Konstrukteur und Ingenieur bei der Bearbeitung dieser Fragen in effektiver Weise.

Das System kann in zwei Richtungen weiterentwickelt werden. Zum einen können die Wissensbereiche Werkstoffdaten, Dimensionierung, Fertigung und Wirtschaftlichkeit in ihrer Informations-

und Wissenstiefe erweitert werden, um über die Substitution hinausgehende Anwendungen zu erschließen: z.B. Auswahl von verträglichen Fasern und Harzen, Feindesign oder fertigungstechnisches Know-how von Bauteilen. Zum anderen kann das System auch für Beratungs- und Schulungszwecke ausgebaut werden, und zwar zur Unterstützung des Konstrukteurs und Ingenieurs, der mehr mit herkömmlichen, metallischen als mit neuen Werkstoffen wie z.B. Faserverbundwerkstoffen vertraut ist. Zur Zeit wird geklärt, welchem dieser Wege Priorität eingeräumt wird.

Über den Faserverbundwerkstoff hinaus kann das Expertensystem um weitere Werkstoffe erweitert werden. Im nächsten Schritt wird daher der Werkstoff Keramik integriert, wobei einzelne Systembausteine wie z.B. Benutzerschnittstellen, Daten- und Methodenbanken wiederverwendet werden können.

Literaturverzeichnis:

/1/ Babylon Benutzerhandbuch V 0.0/1
Gesellschaft für Mathematik und Datenverarbeitung mbH - Forschungsgruppe Expertensysteme, Sankt Augustin 1985

/2/ BMFT, Materialforschung 1985

/3/ Bayer Glasfaser
Herausgeber: Bayer AG, Sparte AC Leverkusen 1985

/4/ Götte, T.; Jakobi, R.; Puck, A:
Grundlagen der Dimensionierung von Nutzfahrzeug-Blattfedern aus Faser-Kunststoff-Verbunden
Kunststoffe 75 (1982) 2

/5/ Menges, G; Kirberg, K.W.; Weck, M.; Ophey, L.:
Werkzeugmaschinenspindel aus CFK hergestellt nach dem Wickelverfahren
Maschinenmarkt 91 (1985) Nr. 77

/6/ Menges, G.; Kirberg, K.W.:
BMFT, Neue Werkstoffe, 1986, S. 70

/7/ di Primio, F.; Brewka, G.:
Babylon: Kernsystem einer integrierten Umgebung für Entwicklung und Betrieb von Expertensystemen
Nachrichten für Dokumentation 1 (1985)

/8/ Symbolics Computers: User's Guide
Herausgeber: Symbolics Inc., Cambridge, Mass. 1985

Fried. Krupp GmbH
Krupp Forschungsinstitut
Münchener Str. 100
4200 Essen 1

KRITON: Wissensakquisition für Expertensysteme

Joachim Diederich, Mark May, Ingo Ruhmann; GMD, St.Augustin

Zusammenfassung: Es wird ein Modell zur automatischen und halbautomatischen Akquirierung von Expertenwissen vorgestellt, das Verfahren aus dem Bereich des Knowledge Engineering und der Kognitionswissenschaft kombiniert. In diesem integrierten Ansatz werden, je nach Art des zu akquirierenden Wissens, den einzelnen Methoden konkrete Anwendungsbereiche zugeordnet. So werden automatisierte Interviewtechniken und textanalytische Verfahren zur Akquirierung von deklarativem Wissen eingesetzt, während die Analyse von Protokollen lauten Denkens während einer Problemlösung zum Erwerb prozeduralen Wissens verwandt wird. Die Zielstruktur der Wissenserwerbsmethoden ist die *Zwischenrepräsentation* auf der Regel- und Framegeneratoren operieren um eine Wissensbasis in der angestrebten endgültigen Form zu erzeugen. Die Ebene der Zwischenrepräsentation reguliert und steuert weiterhin den Einsatz der Wissenserwerbsverfahren. Unvollständiges Wissen wird durch den *knowledge base watcher* "entdeckt" und es werden automatisch adäquate Erwerbsmethoden aktiviert um notwendiges Wissen zu ergänzen und vorhandenes Wissen weiter zu spezialisieren.

1. Einleitung

Mit dem hier vorzustellende Wissensakquisitionssystem KRITON wird versucht, wesentliche Teile des Wissenserwerbsprozesses im Aufbau wissensbasierter Systeme zu automatisieren und den Wissensingenieur diesbezüglich zu entlasten. Es gehört zu den grundlegenden Annahmen KRITONs, daß keine einzelne Akquistionsmethode alleine mächtig genug ist, um den sogenannten "knowledge acquisition bottleneck" zu überwinden und somit ein wesentliches Hindernis für praktischen Einsatz von Expertensystemen im industriellen Umfeld zu beseitigen. Zur Aufhebung dieses Engpasses bedarf es *hybrider Wissensakquisitions-Werkzeuge*, die unterschiedliche Erwerbsmethoden einsetzen um verschiedene Arten des Expertenwissens zu erfassen.

Es lassen sich prinzipiell zwei bedeutsame Wissensquellen unterscheiden, von denen Expertenwissen akquiriert werden kann:

1. Den menschlichen Experten mit seinem deklarativen und prozeduralen Wissen über das betreffende Sachgebiet. Dieses Wissen, das zumeist auf mehrjährige Erfahrung und Anwendung zurückgeht, wird vom Experten häufig ohne ausreichendes Meta-Wissen über die Art und Weise seiner Verwendung eingesetzt. Die Problemlöseprozesse zu modellieren, die auf diesem häufig unvollständigen und unstrukturierten Wissen aufbauen, ist eine Aufgabe, die Expertensystemen zu bewältigen haben.

2. Wissen, das bereits in natürlich-sprachlichen Dokumenten, Handbüchern, technischenBeschreibungen und Anleitungen fixiert ist. In vielen Fällen liegt Wissen, das für Expertensysteme relevant wird, bereits in dieser Form vor. Natürliche Sprache ist die "traditionelle" Wissensrepräsentationssprache.

Ziel dieser Arbeit ist es, einen integrierten methodischen Ansatz vorzustellen, der den verschiedenen Formen des Expertenwissens Rechnung trägt (deklaratives vs. prozedurales Wissen) und methodische Verfahren unterschiedlicher Provenienz in einem modularen Wissensakquisitionssystem vereint. Jedes dieser einzelnen Verfahren sollte dabei in der Lage sein, bestimmte Aspekte des Problemlösungsprozesses zu erfassen und in einen Wissensrepräsentationsformalismus zu überführen.

In KRITON werden Methoden des Knowledge Engineering, wie sie zur Zeit praktiziert werden, und Vorgehensweisen aus dem Bereich der Kognitionswissenschaften miteinander kombiniert. Zu den derzeitigen ad-hoc Strategien des Knowledge Engineering zählt das Interview, also der Dialog zwischen Wissensingenieur und Experte, um wichtige Begriffe und Konzepte eines Problembereichs sowie deren Zusammenhang zu erfragen. Aus dem Bereich der Kognitionswissenschaft stammt die Protokollanalyse, d.h. die Verarbeitung und Transformierung von Texten, die durch Transskription von Protokollen "lauten Denkens" während einer Problemlösung gewonnen wurden. Die Analyse dieser Protokolle wurde innerhalb der Künstlichen Intelligenz schon recht früh automatisiert [18].

Ebenfalls in den Bereich der Kognitionswissenschaft gehört die Analyse von Texten hinsichtlich syntaktischer, semantischer und pragmatischer Kriterien. In den Sozialwissenschaften ist die Inhaltsanalyse inzwischen zur Standardmethode gereift und stellt eine bisher weitgehend ungenützte Möglichkeit für den Erwerb von Wissen auf der Basis von natürlich-sprachlichen Texten dar [12]. In KRITON wird eine Art inkrementelle Textanlyse eingesetzt, um von dieser wertvollen Wissensquelle Gebrauch zu machen.

KRITON ist ein interaktives System, das die Benutzung sowohl durch einen Wissensingenieur, als auch durch einen Bereichexperten vorsieht. Die Wissenserwerbsverfahren Interview und inkrementelle Textanalyse erlauben die direkte Interaktion des Experten mit dem Wissensakquisitionssystem. Die Benutzung der weiteres Teile des Systems, insbesondere die semi-automatische Generierung der entgültigen Wissensbasis, sollte durch einen Wissensingenieur mit KI-Kenntnissen geschehen. Die adäquate Anwendung der Protokollanalyse (insbesondere der Protokollaufnahme) erfordert zudem psychologische Kompetenz.

Abbildung 1 zeigt die grundlegende Architektur des KRITON-Systems. Gezeigt sind die drei (semi-)automatisierten Wissensakquisitionsmethoden Textanalyse, Protokollanalyse und Interview. Nach einem Vervollständigungsprozess und einer Konsistenzüberprüfung wird die erworbene Information in eine Zwischenrepräsentationssprache, bestehend aus einer Beschreibungssprache für funktionale und physikalische Objekte sowie einem propositionalen Kalkül, übersetzt. Frame- und Regelgeneratoren, welche auf der Zwischenrepräsentationssprache operieren, werden herangezogen, um die endgültige Wissenbasis aufzubauen.

Auf der anderen Seite unterstützt das bereits akquirierte Wissen den Wissenserwerbsprozess, indem es den Einsatz der Erwerbsmethoden direkt steuert um unvollständiges Wissen zu ergänzen. In diesem Sinne kann von einer inkrementellen Vervollständigung der Wissensbasis gesprochen werden.

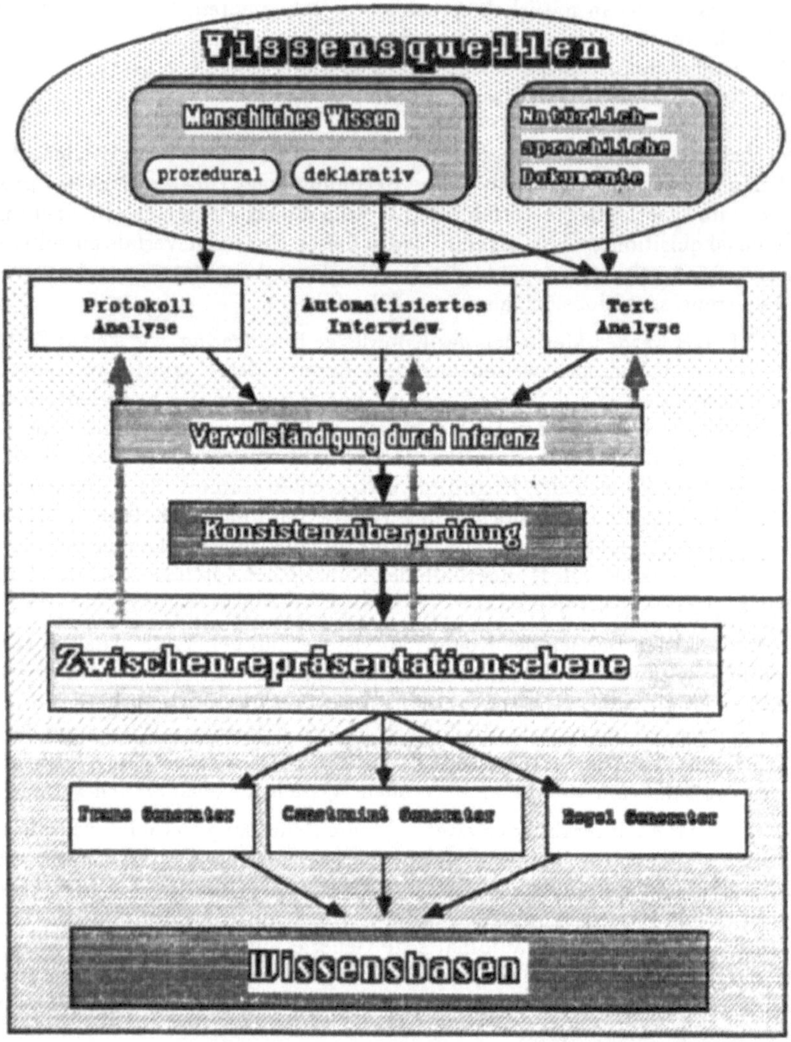

Abb. 1: Die KRITON-Architektur

2. Methoden der Wissensakquisition

Auf der ersten Verarbeitungsebene setzt das System drei verschiedene Wissenserwerbsmethoden ein, auf die im folgenden näher eingegangen wird.

2.1. Interview

Zu den Hauptstrategien des Knowledge Engineering kann das Interview gerechnet werden. Grover [8] unterscheidet vier verschiedene Interviewtechniken für die Wissensakquisition:

1. *forward scenario simulation*
   Unter Laborbedingungen wird eine Anwendungssituation innerhalb des gesamten Problembereichs ausgewählt und vollständig zu eruieren versucht. Dabei beschreibt der Experte seine Vorgehensweise, d.h. seine eigenen Denkprozesse (reasoning) um ein bestimmtes Ziel zu erreichen.

2. *goal decomposition*
   Das Gesamtproblem wird vom Wissensingenieur in Teilbereiche und Unterziele gliedert und der Experte wird aufgefordert, Wege zum Erreichen dieser Subziele zu beschreiben.

3. *procedural simulation*
   Unter dieses Stichwort faßt Grover [8] die Protokollanalyse, wobei er steuernde Eingriffe des Wissensingenieurs für unabdingbar hält.

4. *pure reclassification*
   Beobachtungen durch den Experten werden durch den Dialog Wissensingenieur - Experte sukzessiv eruiert und weiter differenziert um das Wissen in spezifische Objekte und deren Relationen zu enkodieren. Gegebenenfalls werden Beziehungen zwischen Objekten auch reklassifiziert.

Eine Interviewtechnik, die nicht in Grover's Klassifikation genannt wird, ist das

5. *laddering*
   Wichtige Konzepte des Problembereichs werden vom Experten erfragt und zur Grundlage des weiteren Interviews gemacht. Insbesondere Supertypen und Instanzen von generischen Konzepten werden erfragt, um eine taxonomische Struktur zu bilden. Eine automatisierte Form dieser Interviewtechnik wurde, unter Rückgriff auf weiterentwickelte Methoden von Kelly ([10], [16], [17]), in ETS (Expertise Transfer System; [4]) realisiert.

2.2. Interviewmethoden in KRITON

In KRITON sind die Interviewtechniken vollständig automatisiert, das heißt, der Experte interagiert mit dem System direkt. Um die bedeutsamen Konzepte eines Problemgebiets zu explorieren, werden Konstruktgitter-Techniken (repertory grid; [10]) mit solchen des Forward Scenario Simulation und des Laddering kombiniert.

Auf der obersten Ebene gestaltet sich das Interview als Konstruktgitteransatz: dem Experten werden Tripel semantisch verwandter Konzepte, eingebettet in einen natürlich-sprachlichen Satz, vorgegeben und er wird gebeten Attribute (Konstrukte) zu benennen, in denen sich je zwei der Konzepte gleichen, sich aber gleichzeitig vom dritten unterscheiden.

Ist der Experte nicht in der Lage, diskriminierende Attribute zu nennen, schaltet das System in einen Laddering-Modus, um taxonomische Relationen zwischen den betreffenden Konzepten abzufragen. Im Interview hat der Experte die Möglichkeit, entweder mit einem einzelnen Wort (Konzept) zu antworten oder freien Text einzugeben, welcher mithilfe von morphologisch-syntaktischen Techniken auf relevante Konzepte hin untersucht wird. Das Interview generiert strukturierte Objekte auf der Ebene der Zwischenrepräsentationssprache. In diesen Objekten sind die vorher explorierten Attribute und taxonomischen Relationen festgehalten.

2.3. Protokollanalyse

Protokollanalyse ist der feststehende Ausdruck für die automatische oder halbautomatische Analyse von Protokollen lauten Denkens. Diese Protokolle werden meistens in Form von Tonbandaufzeichnungen der Verbalisierungen eines Experten während einer tatsächlichen Problemlösung festgehalten. Das Resultat der Protokollanalyse kann als Pfad durch Wissensstadien im Problemraum aufgefaßt werden, undrepräsentiertdamit den Problemlöseprozeß des menschlichen Experten. Benutzt ein Expertensystem diese Sequenz von Wissensfragmenten im Inferenzprozeß (z.B. in einer Beratung) so findet eine Oberflächenmodellierung (surface modelling) des menschlichen Problemlöseprozesses statt.

Obwohl eine automatische Protokollanalyse als Verfahren zur Wissensakquisition für Expertensysteme seit einiger Zeit als adäquate Methode propagiert wird, liegen ausgereifte Systeme bisher nicht vor. Eine in sich konsistente Vorgehensweise wird von Kuipers & Kassirer [11] beschrieben. Ziel der von ihnen vorgeschlagenen Protokollanalyse ist sowohl eine strukturale Beschreibung des Problembereichs, als auch eine qualitative Simulation der Übergänge zwischen Wissenszuständen während des Problemlöseprozesses. Dabei verwenden sie eine Constraint-Sprache, um unvollständige Protokollsegmente mit erschlossener Information zu ergänzen.

Die Mächtigkeit der Protokollanalyse hängt entscheidend von der Qualität der Protokollaufnahme ab. Nur wenn es sich bei den Protokollen um die Transskription eines relativ reinen lauten Denkens während einer Problemlösung handelt und nur wenn diese Protokolle korrekt transskribiert wurden, verspricht die automatische Analyse erfolgreich zu sein. Darum bedarf es detaillierter Instruktionen um die Prozedur des "lauten Denkens" kontrolliert durchführen zu können, mit dem Ziel eine gleichmässig hohe kognitive Auslastung des lautdenkenden Experten zu erreichen.

Einen Überblick über methodische Probleme im Zusammenhang mit der Analyse verbaler Daten geben Ericsson & Simon [6] und Huber & Mandl [9].

Die Frage der Granularität des Expertenwissens hat sich als ernsthaftes Problem bei der Wissensakquisition erwiesen. Selbst bei sorgfältigster Durchführung der Protokollaufnahme wird es unvermeidbar sein, daß problem-irrelevante Wissenselemente in die automatische Analyse eingehen. Dieses ist z.B. der Fall, wenn der Experte seine eigenen Gedanken und Handlungen kommentiert, erklärt oder bewertet.

Das andere Extrem kann ebensogut auftreten, wenn der Experte dem System sein "kompiliertes Wissen" [1] mitzuteilen versucht. Beim Experten werden während seines Lernprozesses einzelne Inferenzschritte zusammengefaßt, sodaß Stadien in der Problemlösung übersprungen werden. Auch wenn dieses nicht den Erfolg des zukünftigen Expertensystems beeinträchtigt, so doch die Erklärbarkeit des Problemlöseprozesses.

2.4. Protokollanalyse in KRITON

Protokollanalyse wird in KRITON vorwiegend benutzt um prozedurales menschliches Wissen zu akquirieren. Wissen, das vorher Teil eines Interviews oder der Textanalyse war, wird während der Protokollaufzeichnung "in Aktion" beobachtet. Zielstruktur für die Protokollanalyse ist der propositionale Teil der Zwischenrepräsentationssprache. In KRITON lassen sich bei der Protokollanalyse fünf Schritte unterscheiden: zunächst werden die transskribierten Protokolle nach Einschätzung der Sprechpausen des Experten in Segmente aufgeteilt. Der zweite Schritt ist die semantische Analyse der einzelnen Segmente, d.h die Generierung von Operator-Argument Strukturen. Im dritten Schritt wird die Angemessenheit der ausgewählten Operatoren und Argumente überprüft. Als nächstes wird eine Vervollständigung (knowledge base match) versucht, um Variablen innerhalb der Operator-Argument Strukturen zu beseitigen (Variablen werden an den Stellen eingefügt, wo Referenzen nicht aufgelöst werden können). Im fünften und letzten Schritt werden die Operator-Argument Strukturen entsprechend ihrem chronologischen Auftreten im natürlich-sprachlichen Text geordnet.

2.5. Textanalyse

Phasenmodelle der Wissensakquisition legen es dem Wissensingenieur nahe, seine Arbeit mit der Lektüre bzw. dem Studium der Handbücher und einschlägigen Literatur des infragestehenden Problemgebietes zu beginnen. Dies kann sehr zeitintensiv sein, insbesondere wenn der Wissensingenieur erst zum Experte werden soll, bevor er mit seiner eigentlichen Arbeit beginnt. Seit annähernd 40 Jahren werden inhaltsanalytische Methoden zur Analyse von Texten, speziell von Zeitungsartikeln eingesetzt.

Seit den fünfziger Jahren existieren Programme zur automatischen Textanalyse [12]. Der Einsatz dieser Methoden für die Entwicklung wissensbasierter Systeme wird in der Literatur vereinzelt beschrieben ([15], [7]).

2.6. Textanalyse in KRITON

KRITON unterstützt den Wissensingenieur bei der inkrementellen Textanalyse. Es stellt statistische Informationen über die Vorkommenshäufigkeit bestimmter Stichwörter im Text bereit. Erscheint die Analyse eines Textes für die Wissensakquisition lohnenswert, kann der Benutzer einen bestimmten, die Stichwörter umgebenden Bereich definieren, welcher, ähnlich wie bei der Protokollanalyse, als Grundlage für die Generierung von Operator-Argument Strukturen dient.

Die resultierenden propositionalen Strukturen sind oft fehlerbehaftet, sodaß sie sich nicht unmittelbar als Basis für Inferenzprozesse eignen. Die Zwischenrepräsentation wird in einem interaktiven Prozeß aufgebaut, in welchem dem Benutzer potentielle Objekte und Relationen in einem Menü- und Fenster-System offeriert werden. Durch Auswahl der entsprechenden Items via Maus-Operationen kann die Wissensbasis sukzessive aufgebaut werden.

3. Zwischenrepräsentation

Der gesamte Output der obengenannten Wissensakquisitionstechniken wird in eine Zwischenrepräsentationssprache übersetzt. Dieses Repräsentationssystem besteht aus zwei Teilen, einer *Beschreibungssprache für funktionale und physikalische Objekte*, in welchem die generischen Konzepte repräsentiert sind, und einem *propositionalen Kalkül*, das den Transformationspfad dieser Konzepte während des menschlichen Problemlöseprozesses abbildet. Der deklarative Teil der Zwischenrepräsentation besteht aus strukturierten Objekten, deren Attribute und Interrelationen ein semantisches Netz bilden. Dieses semantische Netz ist Zielsprache für die Methoden Interview und Textanalyse und dient als Basis für den Frame-Generierungsprozeß.

Den zweiten Teil der zwischengeschalteten Repräsentationssprache bilden Operator-Argument Strukturen um die in der Protokollanalyse gefundenen Beziehungen zwischen den Konzepten zu beschreiben. Auf diesem Weg soll also der Pfad durch den Problemraum während der Problemlösung beschrieben werden. Zum einen erlaubt die zwischengeschaltete Repräsentationsebene die Integration von Wissen aus verschiedenen Quellen und verleiht dem Werkzeug damit Offenheit hinsichtlich zukünftig zu entwickelnder Erwerbsmethoden. Zum anderen kann sie dazu dienen, Wissensbasen für verschiedene Expertensystem-Shells bzw. Wissensrepräsentationssysteme zu generieren.

4. Wissensgesteuerter Wissenserwerb

Wann welche Wissensakquisitionsmethoden eingesetzt werden, hängt nicht nur vom Wissensingenieur ab, sondern auch davon, welchen Bedarf an weiter zu explorierenden Begriffen KRITON auf der Basis des bereits gewonnenen Wissens diagnostiziert. Eine bedeutsame Rolle beim Umgang mit unvollständigem Wissen spielt der sogenannte *knowledge base watcher* (im weiteren "Watcher"). Der Watcher ist ein ständig aktives Programm, das die zwischengeschaltete Wissensrepräsentation auf fehlende Elemente hin kontrolliert. Wenn beispielsweise der Benutzer (Experte oder Wissensingenieur) während der inkrementellen Textanalyse verschiedene neue Objekte generiert hat ohne daß diese in einer Beziehung zur taxonomischen Organisation der definierten Objekte des Inhaltsbereichs stehen (mit anderen Worten: es liegen keine Informationen über Vererbungsrelationen, Teil-von-Beziehungen oder Instanz-Beziehungen vor), dann überprüft der Watcher alle Objekte auf der Zwischenrepräsentationsebene nach fehlenden, möglichen oder notwendigen Relationen (jedes Objekt muß in einer taxonomischen Struktur verankert sein), benachrichtigt den Benutzer hierüber und invoziert den Einsatz bestimmter Akquisitionsmethoden um die Wissensbasis zu komplettieren. Zu Beginn des Einsatzes einer Akquisitionsmethode informiert der Watcher den Benutzer über Lücken in der Wissensbasis. Außerdem kann der Benutzer die Auswahl, der in einem Interview zu erforschenden Konzepte, an den Watcher delegieren. In diesem Falle sucht das Programm nach semantisch verwandten, aber unvollständigen Objekten und steigt z.B. an der adäquaten Stelle in ein Interview ein, um das Gebiet weiter zu explorieren (unvollständiges Wissen zu ergänzen und vorhandenes weiter zu spezialisieren).

5. Generierung der Wissensbasis

Wie oben bereits erwähnt, dient die Zwischenrepräsentationssprache als "blackboard" für die Regel- und Framegenerierung.

Aufgabe des Frame-Generator ist es, die in den strukturierten Objekten und deren Relationen untereinander abgelegten Informationen in eine Frame-Sprache zu übersetzen. Im Prinzip handelt es sich hierbei um einen einfachen syntaktischen Transformationsprozeß. Nach der Frame-Generierung hat der Benutzer die Möglichkeit, das Ergebnis der Übersetzung mit einem Struktureditor interaktiv zu korrigieren.

Der Output der Protokollanalyse ist der Input für den Regelgenerator. Eine Gruppe von propositionalen Klauseln, die aus aufeinanderfolgenden Segmenten des Protokoll lauten Denkens extrahiert wurden, wird dem Benutzer zur Regel-Generierung angeboten. Der Benutzer kann die vorgeschlagenen Operator-Argument Strukturen entweder zurückweisen oder zur Regelgenerierung heranziehen. Die gesamte Interaktion der Regelgenerierung vollzieht sich über maus-sensitive pop-up Menus. Durch einen Regeleditor können eventuelle Fehler der Protokollanalyse verbessert werden.

6. Phasen des Wissenserwerbs in KRITON

Im folgenden sind die einzelnen Phasen der Wissensakquisition in KRITON dargestellt, wobei die einzelnen Schritte nicht streng chronologisch durchlaufen werden müssen. Insbesondere durch den Einfluß des wissensgesteuerten Akquisitionsprozesses sind Schleifen, d.h. wiederholter Einsatz von verschiedenen KRITON-Submethoden, wahrscheinlich und bei größeren Anwendungen sicherlich auch notwendig. Auf der anderen Seite wird in bestimmten Fällen auch der exklusive Gebrauch einer einzelnen Submethode erfolgreich sein. Auf die Technik der inkrementellen Textanalyse wird in zukünftigen Publikationen detaillierter eingegangen.

Insgesamt lassen sich drei Ebenen des Wissensakquisitionsprozesses unterscheiden: die *Phase der Wissensextraktion (elicitation)*, die *Ebene der Zwischenrepräsentation* und die *Generierung der Wissensbasis.*

Die Phasen III bis XI thematisieren im wesentlichen die Anwendung der Protokollanalyse. Zur näheren Erläuterung wird ein sehr kurzes Beispiel für ein natürlichsprachliches Protokoll (lediglich eine Expertenäußerung) angegeben und der automatische Analyseprozeß anhand dieses Beispiels nachvollzogen. Das zu analysierende Protokoll kann natürlich beliebig lang sein.

Die Phasen I (Definition des Problembereichs), III (Protokollaufnahme) und IV (Transskription) können nicht automatisiert werden. Alle anderen Phasen sind vollautomatisiert, lediglich die Regel-Generierung vollzieht sich in einem interaktiven Prozeß.

I. Definition des Problemraums

Das aktuelle Wissensgebiet, definiert durch die Situation in der der menschliche Problemlösungsprozeß stattfindet, wird zu Anfang mithilfe von Interviewtechniken eruiert. Die Definition des Wissensgebiets und die Aufsplittung des umfangreichen Expertenwissens in wohlproportionierte Unterteile stellt eine wichtige Vorbedingung für das Gelingen der späteren automatischen Akquisitionsmethoden dar.

II. Erwerb von deklarativem Wissen mittels automatischer Interviewtechniken und inkrementeller Textanalyse

Wichtige Begriffe und Konzepte eines konkreten Wissensgebiets, welche später mithilfe der Protokollanalyse oder anderer Methoden für prozedurales Wissen untersucht werden sollen, werden zunächst exploriert und in das computergestützte Analysesystem eingegeben. Interview und Textanalyse werden solange zyklisch eingesetzt, bis das Netz der strukturierten Objekte eine angemessene Größe erreicht hat.

III. Protokollaufnahme unter Anleitung

Ein Protokoll lauten Denkens wird mithilfe eines Tonbandgeräts aufgezeichnet. Dieses erfordert eine sorgfältige Anleitung, um ständige Verbalisierung des Experten während seiner Arbeit (dem Problemlösungsprozeß) zu gewährleisten. Mehrere Protokolle sind notwendig, soll der Problemraum nicht auf einen einzelnen Problemlösungspfad beschränkt bleiben.

IV. Transskription

Das Protokoll wird transskribiert. Sprechpausen während der Protokollaufnahme werden bei der Transskription markiert, Satzzeichen werden nicht verwendet. Das Protokoll wird in das Analysesystem eingegeben.

wenn das Oel braunverbrannt ist ** dann sind Kupplung und Bremsbänder beinträchtigt

Eine kurze Expertenäußerung im natürlich-sprachlichen Protokoll

V. Segmentierung des Protokolls
Das Protokoll wird in einzelne durchnummerierte Segmente unterteilt, wobei die Sprechpausen die Länge der Segmente determinieren.

(D1 wenn das Oel braunverbrannt ist)

(D2 dann sind Kupplung und Bremsbänder beinträchtigt)

Das segmentierte Protokoll

VI. Semantische Analyse des segmentierten Protokolls
Alle Konzepte der in V. gefundenen Segmente werden durch Lexikonabgleich und über Lemmatisierung auf ihre Wortart hin überprüft. Inhaltswörter werden zum weiteren Gegenstand der semantischen Analyse. So sind z.B. Nomen eventuell relevante Konzepte und können in den zu erzeugenen Operator-Argument Strukturen Argumentpositionen besetzen. Gleichzeitig wird getest, ob diese potentielle Konzepte schon durch das semantische Netwerk definiert sind. Wenn nicht, so werden entsprechende Objekte erzeugt und diese als "leer" markiert.

(braunverbrannt D1 Oel)

(beeinträchtigt D2 Kupplung Bremsbänder)

Ein mögliches Ergebnis dieser Phase: die erste Argumentposition

ist für die Segment-Marker reserviert

VII. Vervollständigung der Operator-Argument Strukturen
Es wird im weiteren nach Wissenselementen gesucht, die die oben gebildeten Operator-Argument Strukturen vervollständigen. Dieses geschieht zunächst innerhalb desselben Segments, anschließend in den benachbarten Segmenten.

VIII. Vervollständigung durch Inferenz (knowledge base matching)
Durch das unter VII. beschriebene Verfahren werden Referenzen, zumal wenn sie sich über längere Distanzen erstrecken, nicht erkannt und aufgelöst. Bei sorgfältiger Durchführung der Protokollaufnahme sind komplexe syntaktische Konstruktionen allerdings nicht zu erwarten. Die Vervollständigung der Operator-Argument Strukturen geschieht versuchsweise durch die Suche nach kompletten Propositionen, in denen die bereits extrahierten Komponenten vorkommen. Die fehlenden Argumente werden dann von diesen Operator-Argument Strukturen übernommen.

IX. Zwischengeschaltete Wissensrepräsentation
Der gesamte Output der Protokollanalyse wird in das zwischengeschaltete Repräsentationssystem integriert. Diese Repräsentationssprache stellt ein propositionales Kalkül als Zielsprache für die Protokollanalyse und Textanalyse zur Verfügung. Deklaratives Wissen wird in einem semantischen Netz bestehend aus strukturierten Objekten gespeichert.

X. Frame-Generierung
Strukturierte Objekte im semantischen Netz der Zwischenrepräsentationssprache können in ein Frame-Format übersetzt werden. Grundsätzlich ist es kein Problem,

Frame-Generatoren zu schreiben, wobei die Zwischenrepräsentation die Funktion eines "blackboards" übernimmt.

XI. Regel-Generierung

Die Regelgenerierung stellt einen über Mausoperationen realisierten, interaktiven Prozeß dar, bei dem Operator-Argument Strukturen, die in den rechten und linken Teil der Regeln eingesetzt werden können, auszuwählen sind. Korrekturen können mithilfe eines Struktureditors vorgenommen werden. Die Definition von Regelmengen, sowie die Festlegung von Kontrollstrategien bleibt, bisher zumindest, dem Wissensingenieur überlassen.

In unserem Beispiel würden also (braunverbrannt Oel) und (beeintrachtigt Bremsbänder Kupplung) zur Regelgenerierung angeboten. Die Entscheidung, was Prämisse und was Aktion ist, obliegt dem Benutzer.

7. Vergleich mit anderen Systemen der automatischen Wissensakquisition

Wissensakquisitionssysteme sind bisher nur bedingt bis zur Produktebene entwickelt worden. Sofern dieser Entwicklungsstand erreicht wurde, so meistens als Teil von Expertensystem-Shells. Autonome Wissensakquisitionssysteme, die für verschiedene Wissensrepräsentationsformalismen und Expertensystem-Shells zu verwenden sind, haben oft nur experimentellen Charakter.

Es sind zwei Entwicklungsstränge zu beobachten: Wissensakquisitionsysteme, die fast ausschließlich auf der Verwendung maschineller Lernverfahren beruhen, und Systeme, die auf kognitionswissenschaftliche Ansätze zurückzuführen sind. Beiden Typen ist in den meisten Fällen gemeinsam, den Aufbau einer Konzept-Taxonomie für ein Problemfeld große Bedeutung beizumessen und diese Aufgabe auch an den Anfang des Wissensakquisitionsprozesses zu stellen.

KRITON wurde in hohem Maße durch KADS stimuliert [5]. KADS ist ein System, das eine Vielzahl an Funktionen umfasst, wie z.B. Assistenz bei Planungsaufgaben, Protokollanalyse, Dateninterpretation und Konsistenzüberprüfung. Kernstück des Systems sind Aufbau und Verwendung von Interpretationsmodellen, die den Wissensakquisitionsprozess für ein bestimmtes Anwendungsfeld leiten und kontrollieren. Im Gegensatz zu KRITON ist KADS jedoch kein integriertes System, sondern hat eher den Charakter einer Programmbibliothek.

ETS [4] ist ein interaktives System für den Aufbau regelbasierter Systeme. Das System besteht im wesentlichen aus einer on-line Realisierung des repertory-grid tests von Kelly [10]. Für die Regelgenerierung wird zunächst mithilfe faktorenanalytischer Methoden ein Implikationsgraph aufgebaut, der die Grundlage für die Bildung einfacher Regeln darstellt. In neueren Versionen von ETS ist das Experteninterview um weitere Verfahren bereichert worden, u.a. durch laddering-Techniken. ROGET [2] ist ebenfalls ein System, das eine direkte Interaktion des menschlichen Experten mit der Wissensakquisitionskomponente erlaubt. ROGET generiert eine Regelbasis, die als Repräsentation der konzeptuellen Struktur eines Problembereiches verstanden wird. Eine ROGET-Konsultation wird zur Bewältigung folgender Aufgaben durchgeführt:

- Definition der Art der Problemlösung
- Akquisition der konzeptuellen Struktur eines Problembereiches

- **Analyse der konzeptuellen Struktur**
- **Operationalisierung der konzeptuellen Struktur für verschiedene knowledge engineering Aufgaben.**

BLIP (Berlin Lerning by Induction Program, [13]) ist ein maschinelles Lernverfahren, das im wesentlichen auf den Einsatz von Metawissen beruht. Durch Induktion werden Regeln generiert, die ein bestimmtes Sachgebiet strukturieren. Dabei wird zwischen sachgebietsabhängigen und -unabhängigen Wissen unterschieden. Wesentlicher Bestandtteil des Systems ist domainunabhängiges Metawissen in Form von Metaprädikaten, was das Vorwissen des BLIP ausmacht.

8. Implementation

Alle beschriebenen Komponenten KRITONs sind in einer vorläufigen Form in Interlisp-D und Loops geschrieben und laufen auf einer Xerox 1108. Das semantische Netz als Teil der Ebene der Zwischenrepräsentation ist vollständig in Loops realisiert. Die inkrementelle Textanalyse existiert in einer weiteren Fassung in Franz Lisp und läuft auf einer VAX 11/750. Eine Implementation der inkrementellen Textanalyse in Le Lisp für Apple Macintosh wird angestrebt.

Protokoll- und Textanalyse machen Gebrauch von einem Funktionswörter-Lexikon. Für die Protokollanalyse werden wie beschrieben weitere, domainabhängige Lexika benötigt.

Sowohl Text-, als auch Protokollanalyse beinhalten eine Lemmatisierungskomponente, deren Kernstück eine Flexionsanalyse ist. Die Lemmatisierung ist teils regel-, teils lexikonbasiert (die Vorgehensweise ist an Bergmann [3] orientiert). Die Reliabilität des Verfahrens liegt bei 90% und ist somit vergleichbar zu anderen Ansätzen.

9. Fazit und Ausblick

Wir streben ein integriertes, modulares Werkzeugsystem für die Wissensakquisition für Expertensysteme an. Auf der einen Seite sollte das System in hohem Maße Unterstützung für den Erwerb deklarativen und prozeduralen Wissens geben. Auf der anderen Seite sollte es offen für Erweiterungen sein, so daß neue Erwerbsmethoden einfach in das System integriert werden können. Ein mittelfristiges Ziel ist die Integration maschineller Lernverfahren, insbesondere eine Kombination aus Analogielernen und erklärungsbasierter Generalisierung.

Zum gegenwärtigen Zeitpunkt arbeiten Protokoll- und Textanalyse noch fehlerbehaftet. Dieser Mangel wird durch die Bereitstellung von Struktureditoren auf der Ebene der Wissensbasisgenerierung zu kompensieren versucht. Eine höhere Reliabilität der Verfahren wird aber sicherlich durch einen Ausbau der Lexika zu erreichen sein.

Zusammenfassend kann gesagt werden, daß der in KRITON realisierte Ansatz nicht nur geeignet erscheint, hybride Wissensrepräsentationssysteme zu unterstützen; durch den Einsatz unterschiedlicher Wissensquellen wird die Akquisition verschiedener Wissensformen erreicht und damit eine Vielschichtigkeit in der Akquisition erzielt, die durch kaum ein anderes Verfahren erreicht wird. Nach unserer Einschätzung ist insbesondere die Offenheit für Erweiterungen eine Eigenschaft, die den Einsatz KRITONs in umfangreichen industriellen Anwendungsgebieten begünstigen sollte.

10. Literatur

[1] **Anderson, J.R.** Acquisition of cognitive skills. Psychological Review, 89, 369-406, 1982

[2] **Bennett, J.S.** ROGET: A Knowledge-Based System for Acquiring the Conceptual Structure of a Diagnostic Expert System. Journal of Automated Reasoning, 1, 49-74, 1985

[3] **Bergmann, H.** Lemmatisierung in HAM-ANS. Memo ANS-10, Forschungsstelle für Informationswissenschaft und Künstliche Intelligenz, Universität Hamburg, 1983

[4] **Boose, J.** A Knowledge Acquisition Program for Expert Systems based on Personal Construct Psychology. International Journal of Man-Machine Studies, 23, 495-525, 1985

[5] **Breuker, J. & Wielinga, B.** KADS: Structured Knowledge Acquisition for Expert Systems. Proc. Expert Systems and their Applications, Vol. 2, 887-900, 1985

[6] **Ericsson, K.A. & Simon, H.A.** Protocol Analysis. Verbal Reports as Data. The MIT Press, Cambridge, Mass. 1984

[7] **Frey, W., Reyle, U. & Rohrer, C.** Automatic Construction of a Knowledge Base by Analyzing Texts in Natural Language. IJCAI 83, 727-729, Karlsruhe 1983

[8] **Grover, M.D.** A Pragmatic Knowledge Acquisition Methodology. IJCAI 83, 436-438, Karlsruhe 1983

[9] **Huber, G.L. & Mandl, H.** Verbale Daten. Weinheim: Beltz, 1982

[10] **Kelly, G.** The Psychology of Personal Constructs. New York: Norton, 1955

[11] **Kuipers, B. & Kassirer, B.** Causal Reasoning in Medicine: Analysis of a Protocol. Cognitive Science, 8, 363-385, 1984

[12] **Merten, K.** Inhaltsanalyse. Westdeutscher Verlag, Opladen 1983

[13] **Morik, K. & Thieme, S.** Metawissen - domainabhängig oder domainunabhängig ? KIT: Interner Arbeitsbericht 15, TU Berlin, 1986

[14] **Newell, A. Simon, H.A.** Human Problem Solving. Prentice-Hall Inc., Englewood Cliffs, N.J. 1972

[15] **Nishida, T., Kosaka, A. & Doshita, S.** Towards Knowledge Acquisition from Natural Language Documents - Automatic Model Construction from Hardware Manuals - IJCAI 83, 482-486, Karlsruhe 1983

[16] **Shaw, M.L.G.** On Becoming a Personal Scientist. London: Academic Press, 1980

[17] **Shaw, M.L.G. (Ed.)** Recent Advances in Personal Construct Technology. New York: Academic Press, 1981

[18] **Waterman, D.A. & Newell, A.** Protocol Analysis as a Task for Artificial Intelligence. Artificial Intelligence, 2, 285-318, 1971

J. Diederich, M. May, I.Ruhmann
Forschungsgruppe Expertensysteme
Institut für Angewandte Informationstechnik
Gesellschaft für Mathematik und Datenverarbeitung mbH
Schloß Birlinghoven
Postfach 1240
D-5205 Sankt Augustin 1
Tel.: 02241/14-2687

Von der Wissensakquisition zur Phylogenese wissensbasierter Systeme

Rainer Lutze
TA TRIUMPH-ADLER AG Nürnberg

Zusammenfassung: Die bisherige Praxis der Wissensakquisition geht von letztlich intuitiv gewählten Wissensarten aus. Eine systematische und wirtschaftliche Faktoren berücksichtigende Konstruktion ist damit höchstens zufällig zu erreichen; die Methodik des Vorgehens ist überdies so nicht lehrbar. Es wird stattdessen eine phasenorientierte Konstruktionssystematik für Wissensbasen vorgeschlagen, die aus dem allgemeinen ingenieurwissenschaftlichen Vorgehen der Konstruktion technischer Systeme hervorgeht.

Abstract: The currently used practise of knowledge aquisition is based on a finally intuitive selection of knowledge types. In this way, a systematic construction taking account for economic factors can only be approached incidently. Moreover, this procedure of knowledge acquisition is not teachable. A systematic, phase oriented construction method for knowledge bases is presented instead. The method stems from the established principles of civil engineering of technical systems.

1 Einführung

Die Tätigkeit der Wissensakquisition nimmt nicht nur hinsichtlich ihres Aufwandes (Kosten, Zeit) eine zentrale Bedeutung bei der Konstruktion wissensbasierter Systeme (WBS) ein (/BMS 86/). Da bis auf die Wissensbasis die übrigen Teile eines WBS in vielen Fällen aus allgemein verfügbaren **Werkzeugsätzen** ("Expertensystem Shells") mit geringem Aufwand konfiguriert werden können, entscheidet vorwiegend die Wissensakquisition über den (wirtschaftlichen) Erfolg des WBS. Trotz dieser zentralen Bedeutung der Wissensakquisition sind systematische Verfahren zur Wissensakquisition erst ansatzweise entwickelt (/Bar 78/, /Boo 86/). In vielen Fällen ist die Wissensakquisition zum Selbstzweck der Konstruktion des WBS geworden und ihrer zweckdienlichen Funktion im Rahmen des WBS entkleidet. Obwohl von der Aufgabenstellung, etwa bei der technischen Diagnose, verwandt, ermangelt die bisherige Praxis der Wissensakquisition der in Jahrzehnten ausgearbeiteten **ingenieurwissenschaftlichen Systematik** bei der Konstruktion technischer Systeme (vgl. etwa /PaBe 77/).

Nachdem in Kap. 2 die Funktionen von Expertensystemen präzisiert und in Kap. 3 die heute verfügbaren Werkzeuge zur Wissensakquisition näher klassifiziert worden sind, werden wir in Kap. 4 kurz die bei der Konstruktion technischer Systeme übliche allgemeine ingenieurwissenschaftliche Konstruktionssystematik vorstellen. Auf dieser Grundlage wird dann in Kap. 5 eine speziell angepaßte Konstruktionssystematik für Wissensbasen zu entwickeln versucht.

2 Die Zweckfunktion von Expertensystemen

Die Fähigkeiten eines Expertensystems in der Herbeiführung **planmäßiger** und **zielbewußter Wirkungen** bezeichnen wir als Zweckfunktion des Expertensystems (nach /Hub 84/, Kap. 5). Ihre Realisierung ist Ziel einer Konstruktion eines Expertensystems.

Die Zweckfunktion ist von den technischen Funktionen des Expertensystems abzugrenzen, die die Prinzipien der Realisierung des Expertensystems darstellen, mithin die Mittel zur Erreichung des Ziels.

Die Zweckfunktion kann durch eine **Spezifikation** beschrieben werden und läßt sich allgemein als die Produktion von Expertise charakterisieren. In der Spezifikation sind entweder der Inhalt der Expertise festgelegt (etwa: die Bestimmung von Ursachen von Defekten aus Symptomen) oder aber die Folgewirkungen, die durch die produzierte Expertise herbeiführbar sein müssen (etwa: die betriebssichere Steuerung einer technischen Anlage). **Qualitätsziele** und **Leistungsmerkmale** können die Zweckfunktion zusätzlich näher bestimmen.

Unter Expertise verstehen wir die Fähigkeit, aufgrund eines methodisch strukturierten Fachwissens und situationsadäquaten Vorgehens

1) situationsbezogene **Zielsetzungen** zu formulieren,

2) **Problemlagen** zu erkennen und zu analysieren,

3) **Maßnahmen** zur Behebung von Problemlagen vorzuschlagen.

Expertise zeichnet sich auch dadurch aus, daß sie interaktiv und auf Nachfragen hin durch **Erklärungen** nachvollziehbar sein muß. Erklärungen sind nach ihrer Zeitbezogenheit in Erläuterungen eines (bekannten) **Istzustands**, (qualitative) Begründungen oder (normative) Rechtfertigungen eines Istzustands aus einem früheren Zustand sowie in die Planung eines zukünftigen **Sollzustands** zu differenzieren.

Qualitätsziele für produzierte Erklärungen schliessen typischerweise ein:

a) **Relevanz** der Erklärung in bezug auf die aktuell vorliegende Situation und die ihr innewohnenden Wirkungsgefüge

b) **Nachvollziehbarkeit** der Erklärung in bezug auf Vorkenntnisstand und (physiologische und kognitive) Aufnahmefähigkeit des Benutzers

c) **Prägnanz** der Erklärung als Ausmaß von Glaubwürdigkeit (Es gibt auch "zu" glaubwürdige Erklärungen, die eben deshalb falsch sind).

d) **Güte** der Erklärung als **Ausmaß** des in die Erklärung eingeflossenen anwendbaren Fachwissens.

Leistungsmerkmale können Reaktionszeiten des Expertensystems begrenzen, in denen die Expertise zu produzieren ist oder Fehlerraten festlegen, in denen die produzierte Expertise höchstens von der tatsächlichen Situation abweichen oder zu einer falschen Folgewirkung führen darf.

Eine wissenschaftliche Ausarbeitung solcher Qualititätsziele und Leistungsmerkmale insbesondere im Hinblick auf ihre Prüfbarkeit, steht aber noch aus.

3 Verfügbare Werkzeuge zur Wissensakquisition

Die heute verfügbaren Werkzeuge zur Wissensakquistion lassen sich prinzipiell drei Klassen zuordnen, wobei für praktische Systeme Mischformen Verwendung finden müssen:

- Wisseneditoren

- Wissensstrukturierer und -validierer

- Wissensinduktoren

Bei den **Wisseneditoren** handelt es sich im engeren Sinn um Werkzeuge zur **Formalisierung** von Wissen (/LaSm 85/, /MDW 85/, /SDB 86/) oder aber vorwiegend zur **Visualisierung** (etwa: "SMALLTALK System Browser", /Gold 83/), die Akquisition wird meist nicht spezifisch unterstützt.

Die **Wissensinduktoren** stellen Hilfsmittel zur Verknüpfung von Symptomen, Hypothesen und Ursachen zu Implikationen sowie zur Festlegung spezifischer Signifikanzen bereit (/KND 85/,/EsDe 86/). Gelegentlich werden auch Diskriminationsnetze erstellt (/MMRZ 84/). Überwiegend werden die Werkzeuge durch die Abstraktion aus geeigneten Beispielen gesteuert. Solche "typischen" Beispiele sind aber zumeist nur sehr schwer zu bestimmen.

Mit **Strukturierungs-** und **Validierungswerkzeugen** können Begriffswelten gebildet (/Boo 84/), strukturierte Begriffe aus elementarern aufgebaut (/ChFu 84/) oder Begriffe in bestehende Taxonomien eingeordnet werden (/SchLi 83/). Regeln können (statisch) auf Vollständigkeit und Widersprüchlichkeit untersucht werden (/ SSS 82/, /NPLP 85/) oder nach gewissen Kriterien umstrukturiert werden (/PoWe 84/). Eine Analyse der Regeln muß sich in diesem Fall auf eine dynamische Ausführung, Interpretation, stützen, wie sie schon durch die "klassische" TEIRESIAS-Komponente von MYCIN (/BuSh 85/) realisiert worden ist.

Allen Werkzeugen ist gemeinsam, daß sie vorgegebenes Wissen als solches akzeptieren und sich nur durch eine spezifische Art der Aggregierung und Vervollständigung dieses Wissens auszeichnen. Soweit es sich um die Zweckmäßigkeit von Wissen zum Erreichen der Zweckfunktion des wissensbasierten Systems handelt, sind die Werkzeuge nicht **systematisch**.

4 Die ingenieurwissenschaftliche Konstruktionssystematik

Bei der Konstruktion eines technischen Systems, als welches wir hier auch ein WBS verstehen möchten, ist zunächst zu prüfen, ob (1) eine Neukonstruktion (Anwendung eines neuen Lösungsprinzips bei ggfs. gleicher Aufgabenstellung), (2) eine Anpassungskonstruktion (Adaption des technischen Systems an eine neue Aufgabenstellung durch neue Teilfunktion(en) unter Beibehaltung des ursprünglichen Lösungsprinzips) oder (3) eine Variantenkonstruktion (Adaption durch Variation von Parametern unter Beibehaltung von vorhandenen Teilfunktionen und des ursprünglichen Lösungsprinzips) sinnvoll und notwendig ist. Der Schwerpunkt der industriellen Praxis (/PaBe 77/ nennen ca. 55%) liegt dabei im Bereich der Anpassungskonstruktionen.

Der eigentliche Konstruktionsprozess vollzieht sich dann in Kombination einer Menge von Analyse- und Synthesetätigkeiten nach dem Muster von Fig. 1 (vgl. /PaBe 77/).

Übersichtsartig lässt sich der Prozess als Abfolge der Phasen:

- **Klärung der Aufgabenstellung**

- **Konzeption** (Bestimmung des "Wesenskerns" der Aufgabe durch Abstraktion, Aufstellen von Funktionsstrukturen durch Zergliederung der Zweckfunktion in Teilfunktionen, Suchen nach Lösungsprinzipien, Kombination von Lösungsprinzipien zu Varianten, technisch/wirtschaftliche Bewertung der Konzeptvarianten und Auswählen)

- **Entwurf** (Gestaltung nach technisch/wirtschaftlichen Gesichtspunkten, Bewertung von Teillösungen und deren Kombination, Integration unterschiedlich bewerteter, konkurrierender Teillösungen zu Gesamtlösungen, Mängelbehebung und Optimierung der Form der Problemlösung)

- **Ausarbeitung** (Überprüfung der Herstellungsmöglichkeiten und Kosten, Einbindung relevanter Vorschriften und Normen (etwa: Sicherheit)

zusammenfassen.

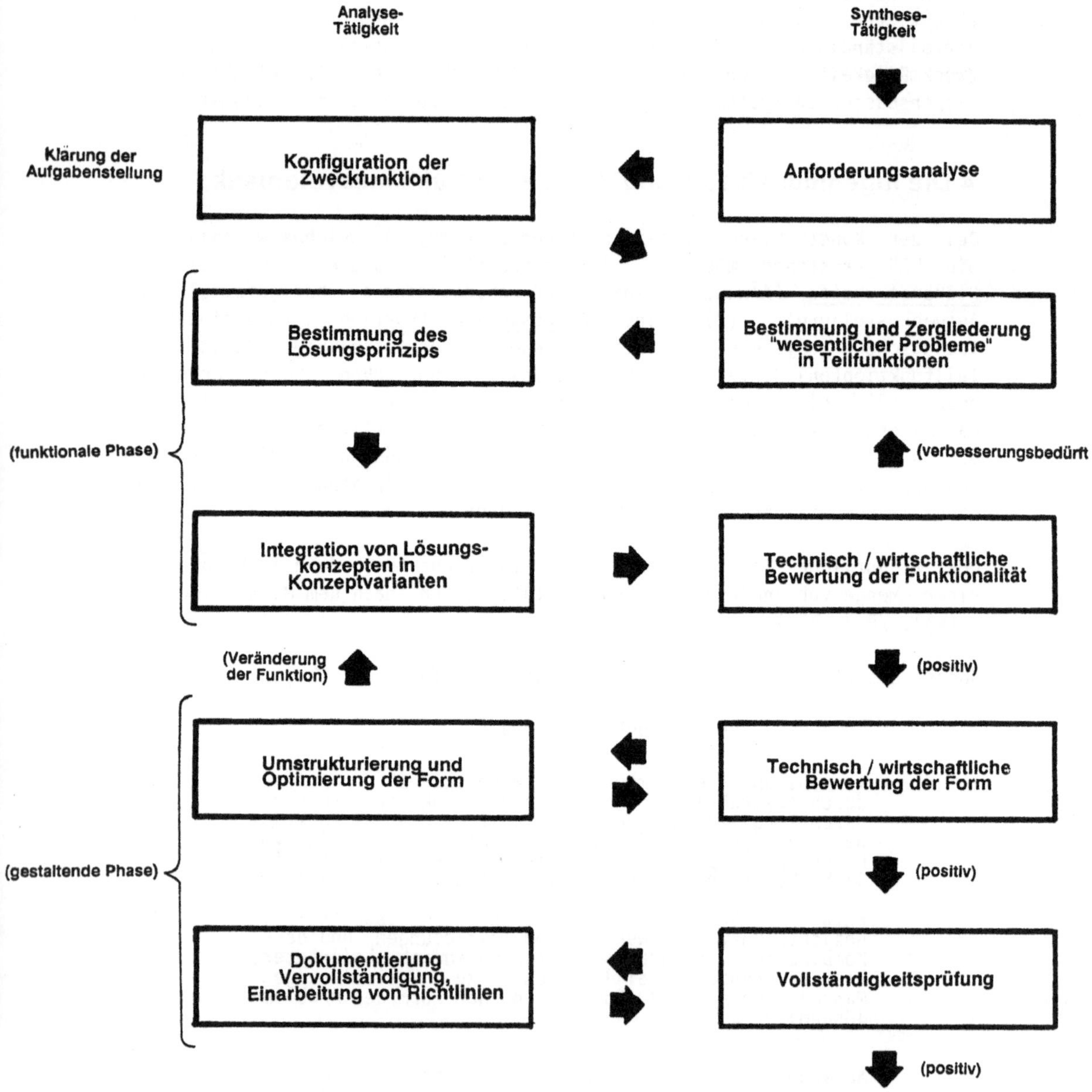

FIGUR 1:
INGENIEURWISSENSCHAFTLICHE KONSTRUKTIONSSYSTEMATIK

Zunächst sind die **Anforderungen** an ein Produkt zu klären und zu einer Gesamtheit der Zweckfunktionen des Produkts zu konfigurieren. Sodann werden die Zweckfunktionen hinsichtlich einzelner (technischer) **(Teil)funktionen** zerlegt. Für eine ausgewählte Teilfunktion wird ein Lösungsprinzip zu ihrer Realisierung bestimmt und die Teilfunktion anschließend in ihrer technischen Ausprägung entworfen. Dieser Entwurf wird in die bisherige (technische) Gesamtfunktionalität des technischen Systems integriert und mit der angestrebten Zweckfunktionalität verglichen. Ist diese noch nicht erreicht, werden weitere, noch fehlende Teilfunktionen identifiziert und realisiert. Ist die Zweckfunktionalität erreicht, werden gewisse vorzugebende Optimalitätskriterien, zumeist Kosten- oder Sicherheitskriterien, auf den Grad ihrer Erfüllung überprüft. Ist dieser Grad unzureichend, wird durch eine Variation der **Form** der Realisierung einer Einzelfunktion eine Verbesserung der Gestaltung herbeizuführen versucht.

5 Grundlagen einer Konstruktionssystematik für Wissensbasen

Grundlage des Verfahrens ist eine sinngemässe Übertragung des in Kap. 4 vorgestellten allgemeinen ingenieurwissenschaftlichen Vorgehens im Rahmen der in Kap. 2 definierten Zweckfunktion von Expertensystemen. Ein solches Vorgehen beschreibt einen **Problemlösungsprozeß** durch **Komposition** neuartiger Strukturen. Diese Betrachtungsweise ist u.E. angemessener als das Paradigma der Programmkonstruktion, das auf einem Problemlösen durch Analogiebildung beruht und letztlich in der **Kombination** individuell bekannter algorithmischer Muster (wie: Suchverfahren, Aufzählungsverfahren) resultiert.

Die Klärung der Aufgabenstellung, die in der Konfiguration der Zweckfunktion resultiert, haben wir im Kontext dieser Arbeit unbetrachtet belassen. Die Phasen 5.1 bis 5.3 decken die **funktionale Phase** der ingenieurwissenschaftlichen Konstruktionssystematik aus Kap. 4 ab, mit dem Schwerpunkt auf der Festlegung der **Begriffsfunktion** in Kap. 5.2. Die **gestaltende Phase** der allgemeinen Systematik aus Kap. 4 findet sich in der Ausarbeitung der **Begriffsformalisierung** in Kap. 5.4 wieder, allerdings besitzt auch die in Kap. 5.3 beschriebene Festlegung der Begriffsgestalt entsprechende gestalterische Anteile. Im Gegensatz zu der Systematik aus Kap. 4 ermangelt unser Phasenmodell noch der eindeutigen Zwischenbewertungen, die den Charakter von **Meilensteinen** haben und einen Phasenwechsel einleiten.

Ausgangspunkt einer Konstruktion ist ein in der realen Welt oder unserer Vorstellung (kurz: der **Anwendungswelt**) existierendes System, das durch seine (strukturierte) **Substanz**, die <u>Gegenstände</u>, die Konfiguration der Gegenstände in (beobachtbaren) <u>Zuständen</u> und die (beobachtbaren) <u>Transformationen</u> von Zuständen gekennzeichnet ist. Die atomaren Bestandteile von Zuständen sind <u>Sachverhalte</u>, die wahrheitsfähige Aussagen über Gegenstände (kurz: Gegenstandsaussagen) darstellen. Gegenstände, Sachverhalte, Zustände und (Zustands)transformationen (kurz: **Konzepte**) können durch **Merkmale** beschrieben und durch **Begriffe** ausgedrückt werden.

/Doy 85/ stellt die Konstruktion der Wissensbasis als Kern der Konstruktionstätigkeit für ein Expertensystem heraus, da sie (im softwaretechnologischen Sinn) eine interpretierbare Spezifikation der Aufgabenstellung bereitstellt und damit eine Realisierung des **Rapid Prototyping** darstellt. Über die besonderen Vorzüge des konzeptorientierten Vorgehens vgl. /Bor 85/ (od. /Boo 86/ wegen softwaretechnischer Aspekte).

5.1 Festlegung der Begriffsmengen

Es werden alle Begriffe erfaßt, die a) Ziele b) Probleme c) Maßnahmen zum Erreichen der Ziele bzw. zur Behebung von Problemen beschreiben, die durch das Expertensystem zu behandeln sind. Dabei ist insbesondere zu berücksichtigen, inwieweit die unter a) bis c) beschriebenen Konzepte nicht nur als Teil von Erläuterungen von "IST"-Zuständen, sondern als Teil von früheren Zuständen oder geplanten Zuständen oder im Kontext von Zustandstransformationen erklärungsbedürftig auftreten.

Begleitend kann die obligatorische Prüfung vollzogen werden, ob sich die Anwendungswelt überhaupt für die Konstruktion eines Expertensystems eignet (vgl. /Pre 85/ für eine Kriterienliste).

5.2 Festlegung der Begriffsinhalte (Begriffsfunktion)

Die Festlegung der Begriffsinhalte gliedert sich in die Bestimmung der eigentlichen **Bedeutung** (5.2.1), die sich aus der formalen Repräsentation eines Begriffs ergibt, sowie der Abgrenzung seines **Begriffsumfeldes** durch formal repräsentierte **Querbezüge** zu anderen Begriffen (5.2.2).

Wir gehen dabei zunächst von einer **maximal möglichen Differenzierung** zwischen Begriffen aus, da sich aus dem Umfang der Differenzierung die Funktion eines Begriffs bestimmt, den dieser in einem Expertensystem erfüllen kann ("Analyse der möglichen Begriffsfunktion"). Anschließend wird durch eine technisch/wirtschaftliche Bewertung beurteilt, in welchem Umfang eine solche Differenzierung zum Erreichen der Zweckfunktion tatsächlich notwendig und ökonomisch sinnvoll ist. Im Anschluß an die damit getroffene Festlegung der Begriffsfunktion können unterschiedlich differenzierte Begriffe in den Grenzen der zur Verfügung stehenden Wissensrepräsentation dann durchaus gleichartig formal repräsentiert werden ("Synthese der tatsächlichen Begriffsfunktion").

5.2.1 Die Begriffsbedeutung (Denotation)

Es wird die "Modellierungstiefe" eines in 5.1 erfaßten Begriffs abhängig davon festgelegt, ob er einerseits a) **extensional**, nur durch das Bestehen einer wahrheitsfähigen Aussage, b) durch seine **Struktur**, c) durch seine

Struktur und eine ihm innewohnende **Intention** oder d) durch seine **Struktur**, seine **Intention und** eine mit ihm verbundene **Modalität** ausgedrückt werden soll. Andererseits ist die Art des Wissens zu berücksichtigen, ob etwas Statisches, seiend Faktisches beschrieben werden soll oder eine Schlußfolgerung, die (als **Funktion** über einem Zustand) zusätzliches Wissen über diesen Zustand ableitet, oder aber eine Zustandstransformation, eine Zustände verändernde **Operation**. Figur 2 gibt die möglichen Kombinationen an.

In der am wenigsten umfänglichen Modellierungsstufe werden Wissensarten nur durch Prädizierung benannt: Sachverhalte, Funktionen, Operationen. Auch Objekte sind nur Namen, "Stellvertreter" für (unstrukturierte) Gegenstände.

Haben die Konzepte eine Struktur, wird faktisches Wissen durch Objekte, das Bilden von Schlußfolgerungen durch Regeln und werden Zustandstransformationen durch Prozesse beschrieben. Dabei kommt es weniger auf die exakte Definition etwa eines Objekts in einem speziellen Repräsentationsmechanismus an, als vielmehr darauf, daß es überhaupt unterschiedliche Konzepte gibt, um die **logische** Verknüpfung (Disjunktion, Konjunktion, Negation) von Sachverhalten in einer Regel von einer **zeitlichen** Verknüpfung (Simultanität, Überlappung, Sequenz) in einem Prozeß, und diese wiederum von der zeitlich/logischen Präsenz von Gegenstandsaussagen (in einem Objekt) unterscheiden zu können.

Faktisches, das nicht nur durch seine Struktur, sondern auch durch eine Intention bestimmt wird, finden wir vor allem als "intentionales Zeichenobjekt" bzw. Designat im Prozess der **Semiose** (/Morr 38/). Regeln, bei denen ihre intendierte Verwendungsmöglichkeit mit beschrieben ist, bezeichnen wir als Schlußprinzipien. Zeitliche Transformationen, die zur Erreichung einer bestimmten Intention **optional** eingesetzt werden können (und damit notwendigerweise durch ein belebtes Wesen ausgelöst werden müssen), sind Handlungen.

Wird eine Modalität (sollen, können, dürfen, müssen) der Strukturierung eines Schlußprinzips oder einer Handlung beschrieben, erhalten wir Gebote oder Handlungsanweisungen.

5.2.2 Der Begriffskontext (Konnotation)

In dieser Phase wird bestimmt, welche Ober-, Unter-, Synonymbegriffsbeziehungen oder Mittel/Zweck- bzw. Instrument/Ziel-Beziehungen zum Erreichen der Zweckfunktion des Expertensystems notwendig sind und die entsprechenden Begriffe werden erfaßt und definiert.

WISSENSART / "TIEFE" MODELLIERUNG	Faktisches	Bildung von Schlußfolgerungen	Zustandstransformationen
Extension	Sachverhalt	Funktion s-bezeichnung	Operation s-bezeichnung
Struktur	Objekt	Regel	Prozess
Struktur + Intention	Designat	Schlußprinzip	Handlung
Struktur + Intention + Modalität d. Strukturierung	?	Gebot	Handlungs-anweisung

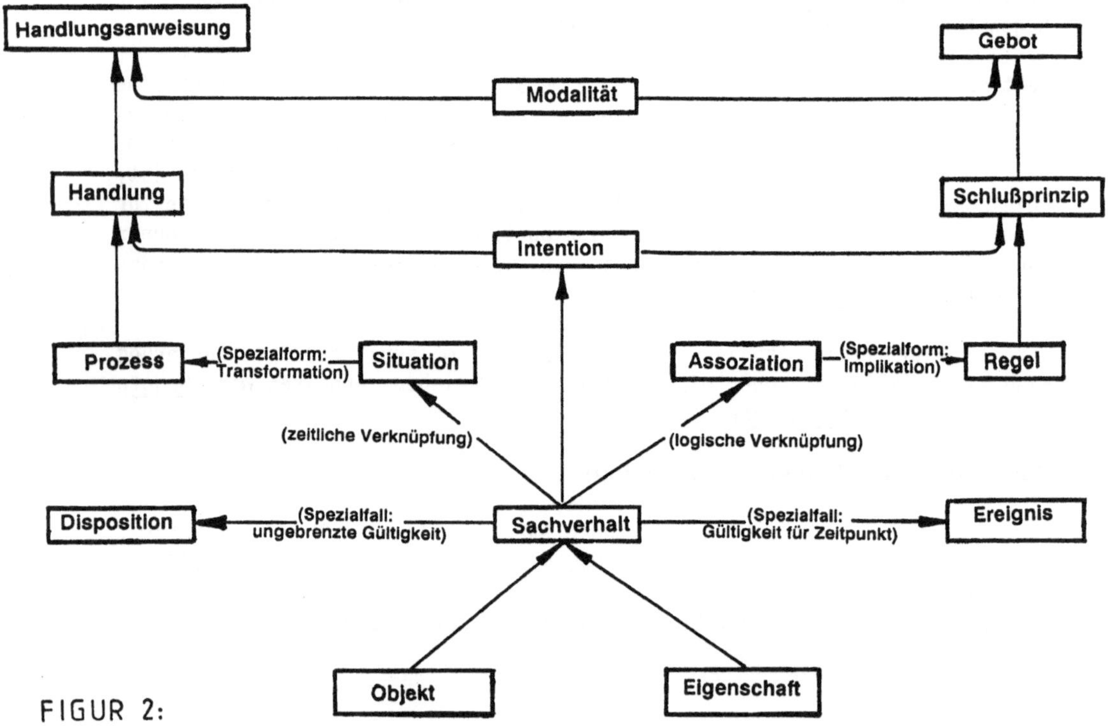

FIGUR 2:

BEGRIFFSDIFFERENZIERUNG BEI DER FESTLEGUNG VON BEGRIFFSINHALTEN

5.2.3 Technisch/wirtschaftliche Bewertung

Die Bewertung der bisher definierten Begriffe muß (1) vom **Wert** des Begriffsinhalts (zum Erreichen der Zweckfunktion) und (2) vom ökonomischen **Aufwand** für die angestrebte **Begriffsverwendung** ausgehen. Für die Wertanalyse ist von einer Kosten- / Nutzenanalyse auszugehen, deren Nutzendefinition im Kontext der Qualitätsziele und Leistungsmerkmale des Expertensystems spezifisch festzulegen ist.

5.2.3.1 Bewertung von Begriffsinhalten

Die <u>Kosten</u> CM(k,s), die für die Modellierung eines Konzepts k in einem Zustand s entstehen, lassen sich in Kern als Summe:

$$CM(k,s) = F(n,p) + \sum_{i=1 \,\&\, hi \notin s}^{n} M(hi) + \sum_{j=1 \,\&\, kj \notin s}^{m} CM(kj) + \sum_{u=1 \,\&\, lu \notin s}^{p} CM(lu)$$

- o der Kosten CM(hi) für die Strukturbestandteile hi von k, $1<i<n$, die selbst wieder weitere, noch nicht modellierte Konzepte sind,
- o der Kosten CM(kj) für diejenigen weiteren Konzepte kj, $1<j<m$, die zur Modellierung der mit dem Konzept k verbundenen Intention notwendig sind,
- o der Kosten CM(lu) der weiteren Konzepte lu, $1<u<p$, die in mit dem Konzept k verbundenen Sachverhalte auftreten,
- o der Kosten F(n,m,p) für die Modellierung von k selbst (praktisch: Fixkosten)

abschätzen. (Die Kosten der Modellierung eines Konzepts bestimmen sich also aus den Kosten der zu seiner Modellierung benötigten weiteren Konzepte). Die Kosten der Modellierung eines Konzepts werden nur einmal berechnet. Kosten sind also dann besonders günstig, wenn eine "geschlossene" Begriffswelt mit minimaler Begriffsmenge vorliegt.

Der <u>Nutzen</u> eines Begriffsinhalts kann nun spezifisch durch Bewertung der in Kap. 2 definierten Qualitätsziele a) - d) in Abhängigkeit von der antizipierten Benutzergruppe des Expertenstems festgelegt werden. Es erscheint einsichtig, daß insbesondere die **Nachvollziehbarkeit** von Erklärungen durch die spezifische Ausprägung der Wissensarten "Schlußfolgerung" und "Handlung" beeinflußt wird.

5.2.3.2 Bewertung der Begriffsverwendung

Zweck der vorgeschlagenen Konzeptdifferenzierung ist eine Begrenzung und Abschätzung der möglichen **Seiteneffekte** von Konzepten und damit der Implementierungskomplexität bzw. Festlegung der Anforderungsdefinition an ein Expertensystem. So ist die Verwaltung von **Objekten** mit ihren lokalen Seiteneffekten auf den internen Zustand ein technisch handbares Problem, zu dem objektorientierte Sprachen wie SMALLTALK auch Lösungen bereithalten. Umfangreiche **PLanungen**, wie sie für **Prozesse/ Handlungen** notwendig sind, werfen aber nicht nur ein schwerwiegendes Effizienzproblem auf, sondern stellen auch spezielle Anforderungen an die Objektrepräsentation, um partielle Objektbeschreibungen und Konsistenzbedingungen mit ihnen repräsentieren zu können (/Stef 81/). Umfangreiche Mengen von **Regeln** oder **Schlußprinzipien** erforderen i.A. Techniken zur inkrementellen Überprüfung von Regelbasen, wie sie durch den RETE-Algorithmus angeboten und in Systemen wie OPS5 realisiert sind. Die Repräsentation von **Modalität** ermangelt noch ausgearbeiteter wissenschaftlicher Grundlagen, so daß für solche Systeme substantielle Forschungsaufwendungen, in ihren produktbezogenen Aspekten ungewisse und sicher frühestens auf längere Sicht gültige Erfolgsaussichten zu berücksichtigen sind.

5.3 Festlegung des Begriffsumfangs (Begriffsgestalt)

Ziel der Phase ist eine Optimierung der Gestalt des zu formalisierenden Wissens durch Minimierung der Kosten der für die Erfüllung der Zweckfunktion des Expertensystems zusätzlich notwendigen technisch/wissenschaftlichen Verfahren (vgl. hierzu auch /HWL 83/, Kap.4, für eine Übersicht verfügbarer Verfahren).

Abhängig von den Möglichkeiten des verwendeten Wissensrepräsentationsformalismus muß entschieden werden, welche Begriffsinhalte **explizit**, durch Strukturen, und welche **implizit**, durch zu interpretierende Rechenvorschriften (d.h. Regeln und Handlungen), niedergelegt werden sollen. Die explizite Repräsentation hat den Vorteil, effizient zu sein, insofern als die Berechnungen, die zu dem Begriffsinhalt führen, vor der Nutzungszeit des Expertensystems liegen. Der derart berechnete Begriffsinhalt wird durch die expliziten Strukturen **tabelliert** und kann **effizient zugegriffen** werden.

Diese Vorgehensweise bietet sich üblicherweise für die taxonomische **Klassifikation** von Ober-/Unterbegriffen (vgl. Kap. 5.4.2.1) bzw. die Klassifikation von Konzepten in Exemplare/Prototypen/Klassen anderer Konzepte (vgl. Kap. 5.4.1.4) an.

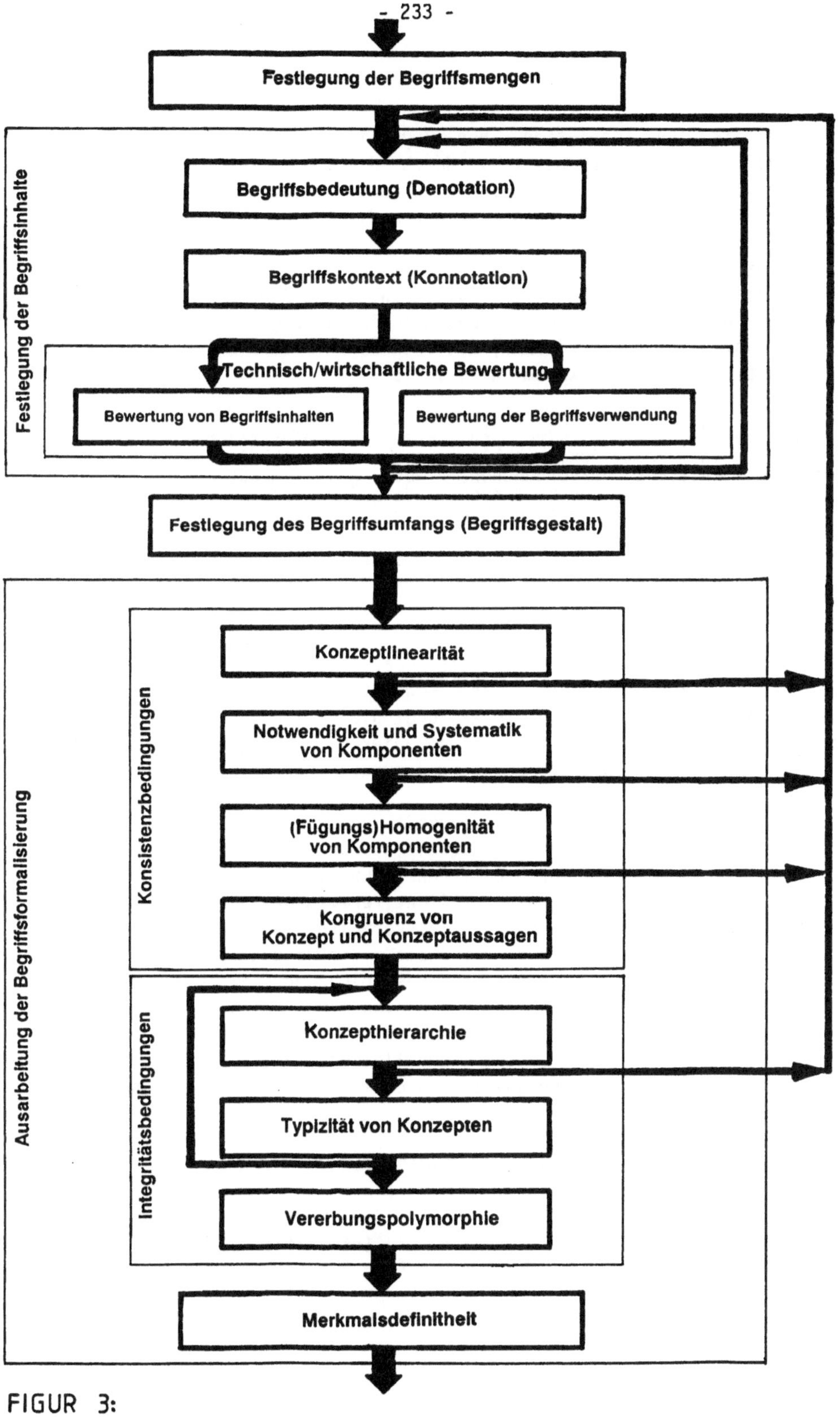

FIGUR 3:
PHASENMODELL
KONSTRUKTIONSSYSTEMATIK FUER WISSENSBASEN

Die implizite Repräsentation von Begriffsinhalten hat den Preis, zur Nutzungszeit des Expertensystems durch die dann (erst) vorgenommene Berechnung des Begriffsinhalts (zeit)aufwendig zu sein. Dafür bietet sie den Vorteil, daß 1) nur absolut notwendige Berechnungen nachgefragter Konzepte ausgeführt werden und 2) durch den nachvollziehbaren Berechnungsweg der **Begriffsinhalt selbst erklärungsfähig** ist. Ist etwa die taxonomische Klassifikation von **Objekten** durch **Regeln** und **Handlungen** definiert, die die Einordnung von Objekten in das Begriffsgerüst beschreiben, so ist nicht nur erklärbar, **daß** ein Begriff etwa Unterbegriff eines anderen ist, sondern auch **warum** dies so ist.

Die Bedeutung solcher impliziten Repräsentationen insbesondere für "qualitatives Reasoning" wird von /Stee 86/ unterstrichen und auch von (/NSM 85/) in ihrem "explainable-expert-system (EES)" Ansatz in ihrer praktischen Relevanz hervorgehoben. Dabei gilt insbesondere, daß auch Regeln das Resultat von Bedeutungsbildungsprozessen sein können und in ihrer Entstehungsgeschichte transparent bleiben müssen.

Explizite oder implizite Darstellung von Begriffsinhalten beeinflußt also insbesondere die **Leistungsmerkmale** und **Erklärungsgüte** des Expertensystems.

Eine weitere Gestaltungsdimension ist das Ausmaß der automatisch zu verwaltenden Veränderungen an Konzepten und deren Verwendung (Entwicklungsgeschichte), eine Verwaltung, die notwendig ist, um adäquate Begründungen und Rechtfertigungen generieren zu können. Dieser Faktor kann also speziell die **Relevanz** von Erklärungen beeinflussen.

Auch die Gestaltung von **Unvollständigkeit** und **Vagheit** von Konzepten hat nun zu erfolgen. Unvollständigkeit wird typischerweise durch Widerruflichkeit und diese durch Differenzierung von Gegenstandssausagen in unwiderrufliche **Fakten** und widerrufliche **Vermutungen**, deren Gültigkeit sich auf die Abwesenheit weiterer Sachverhalte stützt, modelliert. Zur Modellierung von Vagheit kann das Ausmaß der Bindungsstärke einzelner Strukturbestandteile eines strukturell beschriebenen Konzepts herangezogen werden: als "Maß der Charakterizität" von Komponenten für ein Objekt, als "Evidenz" der Konklusion einer Regel, als "Gewicht" der Prämissen von Regeln, Handlungen und Prozessen. Unvollständigkeit und Vagheit finden also ihren Ausdruck in der **Prägnanz** von Erklärungen des Expertensystems.

5.4 Ausarbeitung der Begriffsformalisierung

Ziel der Phase ist die Sicherstellung der Konsistenz eines formal zu repräsentierenden Konzepts in sich und die Integrität einzelner Konzepte untereinander.

5.4.1 Konsistenzbegingungen

Konsistenzbedingungen auf Konzepten können in solche speziellen Bedingungen unterschieden werden, die formal für ein Konzept repräsentierbar sind, und allgemeine in Bedingungen, die pragmatisch die Konsistenz eines Konzepts an sich betreffen und auf die in 5.4.1.1 bis 5.4.1.4 hingewiesen wird.

Spezielle Konsistenzbedingungen beschreiben **Kombinationen zulässiger Merkmalausprägungen** von Konzepten und können durch die Technik der "constraint propagation" automatisch verwaltet werden. So wird etwa die Feststellung einer Komponente eines "Kabels" als "Eingang" die Festlegung einer jeweils zugeordneten anderen Komponente als "Ausgang" bedingen.

5.4.1.1 Konzeptlinearität

Kein Konzept darf sich selbst als Strukturbestandteil besitzen, wohl aber eine Verallgemeinerung, die das Konzept selbst als eine (unter anderen) Alternativen einschliesst.

5.4.1.2 Notwendigkeit und Systematik von Komponenten

Es ist sicherzustellen, daß die Strukturbestandteile eines Konzepts nur **notwendige** (im Gegensatz zu **zufälligen**) und **systematische** (im Gegensatz zu nicht **zweckunmittelbaren**) Merkmalen enthalten. Alle anderen Merkmale sind, soweit sie nicht neben der Strukturierung mit weiteren **epistemischen Primitiven** der verwendeten Wissensrepäsentation formalisierbar sind (wie Generalisierung (vgl. Kap. 5.4.2.1)), durch Sachverhalte, die mit dem Konzept zu bilden sind, zu beschreiben. Ein "Antriebsaggregat" ist etwa eine systematische Komponente eines "Kraftfahrzeugs", das Merkmal, "in der Sonne zu glänzen", ein zufälliger Sachverhalt des Konzepts "Kraftfahrzeug".

(Es ist wesentlich (/Bor 85/), über die Konzeption der objektorientierten Programmierung hinauszugehen, die beliebige, aber damit letzlich "bedeutungslose" Aggregationen zu Objekten zuläßt. Dies wird durch die **Beschränkung** auf abgegrenzte Konzeptarten, die nur aus wohldefinierten **epistemischen Primitiven** (wie Strukturierung,Generalisierung, Exemplar/Klassenbeziehung, ...) aufgebaut und damit **erklärungfähig** sind, gerade erreicht.)

5.4.1.3 (Fügungs)Homogenität von Komponenten

Die Art der Fügung, die die Strukturbestandteile eines Konzepts zu einem Ganzen aggregiert, muß für diese Konzeptart entweder in der Wissensbasis gleichmäßig sein, oder, wenn nicht, explizit (z.B. durch Sachverhalte) beschrieben sein.

Fügung kann hierbei etwa die stoffliche Fügung chemischer Elemente zu einer Verbindung, eine bestimmte lösbare Verbindung von Maschinenteilen oder die Assoziation wesentlicher Aspekte zu einem "abstrakten" Begriff sein. Die Fügungshomogenität ist verletzt, wenn etwa sowohl **Hersteller** (abstrakter Aspekt eines "Kraftfahrzeugs" als "Produkt") wie **Motor** (physikalisches Teil) gleichzeitig Komponente eines "Kraftfahrzeugs" wären.

5.4.1.4 Kongruenz von Konzept und Konzeptaussagen

Konzepte müssen dahingehend unterschieden werden, ob sie eine mögliche Klasse von Gegenständen, Schlußfolgerungen oder (Zustands)Transformationen beschreiben, ein **Beispiel** einer solchen Klasse: einen Prototyp beschreiben oder ein einzelnes Exemplar, ein **Individuum**, aus einer solchen Klasse. Klassen beschreiben **mögliche Individuen** und sind in ihrer Existenz unabhängig von der Existenz von Exemplaren zu sehen.

Abhängig davon können einer Klasse nur solche Sachverhalte zugeordnet werden, die ohne zeitliche Begrenzung und für alle Protoypen und Exemplare der Klasse gelten, nämlich Dispositionen. Mit einem Exemplar kann nur ein solcher Sachverhalt gebildet werden, der nur zu einem bestimmten Zeitpunkt in der Lebensdauer des Exemplars gültig ist, i.e. ein Ereignis. Für Prototypen können allgemeine Sachverhalte gebildet werden, die eine bestimmte Zeitdauer gelten. (Eine Veränderung eines Objekts kann also die (automatische) Invalidierung oder Wiederherstellung eines Sachverhalts nach sich ziehen).

5.4.2 Integritätsbedingungen

Die Überwachung von Integritätsbedingungen fällt in die "praktisch" durch Werkzeuge automatisierbaren Tätigkeiten während der Konstruktion von Wissensbasen. Speziell Phasen wie 5.4.2.2 werden etwa in KL-ONE (/SchiLe 83/) schon automatisch realisiert. Es ist allerdings auch zu konstatieren, daß nichttriviale Wissensrepräsentationen hier prinzipielle Probleme hinsichtlich Berechenbarkeit und Effienz aufwerfen (/BrLe 84/).

5.4.2.1 Konzepthierarchie

Die Existenz einer Relation, die die Generalisierung zwischen **Konzepten** beschreibt, ist eine unabdingbare Voraussetzung für den gegenseitigen Vergleich von Konzepten (und steuert typischerweise die **Vererbung** zwischen Konzepten). (PROLOG scheidet damit als Wissensrepräsentation aus!) Für nicht extensional zu repräsentierende Konzepte sind jedoch weiterreichende Forderungen zu stellen. Nur **Sachverhalte** können also hinsichtlich ihrer Generalisierung unvollständig beschrieben sein.

5.4.2.1.1 Azyklizität

Die Generalisierungsrelation ist azyklisch und vollständig, definiert jeweils partielle Ordnungsrelationen auf den unterschiedlichen verfügbaren, strukturell beschriebenen Konzeptarten (Objekten, Regeln,

Handlungen, ...)

5.4.2.1.2 Spezifischste Verallgemeinerungen

Auf den Ordnungsrelationen ist jeweils die Operation der spezifischsten Verallgemeinerung zweier Konzepte zu definieren. Mit dieser Operation hat die geordnete Menge der Konzepte (einer Konzeptart) jeweils einen **Supremumhalbverband** zu bilden, d.h. die "spezifischste Verallgemeinerung" zweier Konzepte der gleichen Art ist eindeutig bestimmt.

Sodann ist für die Komponenten eines Konzepts und die mit ihm gebildeten Sachverhalte zu prüfen, ob sie für das Konzept **spezifisch** sind oder auch Komponenten/Sachverhalte einer Verallgemeinerung sein könnten? In letzterem Fall sind solche Komponenten für das allgemeinste mögliche Konzept zu formalisieren und aus dem ursprünglichen Konzept zu entfernen. (Sie können dann durch Definition geeigneter Vererbungsstrukturen in dem ursprünglichen Konzept benutzt werden.)

So ist etwa der "Hersteller" spezifische Komponente eines "Produkts", dessen Spezialisierung (unter anderen) ein "Kraftfahrzeug" ist. Der "Hersteller" ist deshalb vom "Produkt" auf das "Kraftfahrzeug" als Komponente zu vererben. Spezifische Komponente des "Kraftfahrzeugs" ist etwa das Antriebsaggregat.

5.4.2.2 Typizität von Konzepten

Konzepte, die in 5.4.1.4 als Klasse, Prototyp und Exemplar klassifiziert worden sind, sind auf die Zuordnung von Exemplaren zu Prototypen oder Klassen bzw. Prototypen zu Klassen zu überprüfen. Eine **Klasse** hat den "Typ" eines zugeordneten Exemplars oder Prototyps zu repräsentieren. Ausgangspunkt sollte eine **schwache Typisierung** sein, die zuläßt, daß die Merkmalsausprägung eines Exemplars Exemplar oder Exemplar einer Verfeinerung des das Merkmal (in der zugehörigen Klasse) beschreibenden Konzepts ist. So muß etwa an allen Stellen, wo ein "Kraftfahrzeug" als mögliche Komponente einer Klasse formuliert ist, für ein Exemplar oder Prototyp der Klasse auch ein Exemplar eines "Personenkraftfahrzeug" zulässig sein, wenn "Personenkraftfahrzeug" eine Spezializierung von "Kraftfahrzeug" in dem Begrifssgerüst der Wissensreräsentation ist.

Es gilt, daß die Nichtübereinstimmung zwischen Exemplar/Klasse durch Ausschluß der Vererbung bestimmter Merkmale bzw. Einschränkung/Ausdehnung bestimmter Wertemengen oder Konsistenzbedingungen exakt zu formalisieren ist. Zudem sollte eine solche Nichtübereinstimmung nur in "nicht wesentlichen" Merkmalen zulässig sein, also nicht etwa in einer unterschiedlichen Strukturierung.

5.4.2.3 Vererbungspolymorphie

Im Laufe des Vorgehens sind zwei unterschiedliche Arten der Vererbung eingeführt worden, (1) die Vererbung aufgrund der **Generalisierung** von Konzepten (in 5.4.2.1) und (2) die **Vererbung zwischen Klassen/Prototypen**

und Exemplaren (in 5.4.2.2). So kann ein Exemplar oder ein Prototyp zum einen definitionsgemäß Merkmale seiner zugehörigen Klasse (etwa: die Fähigkeit des Lebendgebärens für Säugetiere) ererben, zum anderen können Exemplare "typische" Merkmale auf die zugehörige Klasse weiterreichen (etwa: die Fähigkeit des Fliegens für Vögel).

Abschliessend ist dieses Vorgehen anhand seiner summarischen Auswirkungen hinsichtlich pragmatischer Sinnhaltigkeit und effizienzmäßiger Auswirkungen auf eine explizite / implizte Repräsentation (vgl. Kap. 5.3) der Vererbung hin zu untersuchen.

Geeignete Vererbungsverfahren sind auszuarbeiten und die notwendigen **Ressourcen** für ein Konzept zu definieren, die die von dem Konzept benötigten Dienstleistungen realisieren (etwa: datengesteuerte Veränderung des Konzepts vor und nach einem Zugriff). Die Konstruktionstätigkeit geht an dieser Stelle in Softwarekonstruktion über, für deren Details wir auf /Boo 86/, Kap II, für eine Übersicht verweisen.

5.4.3 Merkmalsdefinitheit

Ein formal zu repräsentierendes Konzept ist durch die Summe aller Merkmale, die es in der formalen Repräsentation besitzt, eindeutig identifiziert. Nach Abschluß der Konsistenz- und Integritätsprüfungen weiterhin **merkmalsgleiche** Konzepte sind **identisch** und damit zusammenzufassen.

6 Schlußfolgerungen

Die vorgestellte Vorgehensmethodik kann nur als erster Schritt auf dem Wege zu einer ausgereiften Konstruktionssystematik für Wissensbasen angesehen werden. Sie wird durch neue Entwicklungen auf dem Gebiet der Wissensrepräsentation ständig anpassungsbedürftig und insbesondere durch verfeinerte Verfahren der technisch/wirtschaftlichen Bewertung ergänzungsbedürftig bleiben. Den letztgenannten Verfahren wird insbesondere zur Bewertung kommerziell verfügbarer Wissensbasen steigende Bedeutung für **Anpassungskonstruktionen** zukommen. In der Möglichkeit von Anpassungskonstruktionen liegt auch gerade ein langfristiger ökonomischer Vorteil der durch Wissensbasen im Resultat symbolisierten **konzeptorientierten Entwurfstechnologie** (/Lu 86/).

Seine Ausreifung kann die vorgestellte Vorgehensweise aber nur dadurch finden, daß die anfänglich intuitive Art der bisherigen Wissensakquisition so schnell wie möglich überwunden wird.

7 Literaturverzeichnis

/Bar 78/ Barstow, D., Maxims for Knowledge Engineering
Stanford University 1978, HPP Memo

/BMS 86/ Bobrow, D.G. / Mittal, S. / Stefik, M.J.
Expert Systems: Perils and Promise
ACM Communications 29(1986), p. 880-894

/Boo 84/ Boose, J.H., Personal Construct Theory and the
Transfer of Human Expertise, AAAI 1984, p. 27-33

/Boo 86/ Booch, G., Object Oriented Development
IEEE Transactions Software Engineering 12(1986), p. 211-221

/Bor 85/ Borgida, A., Features of Languages for the Development of
Information Systems at the Conceptual Level
IEEE Software 2(1985), No. 1, p.63-72

/BrLe 84/ Brachman, R.J. / Levesque, H.J.
The Tractability of Subsumption in Frame-Based
Description Languages, AAAI 1984, p.34-37

/BuSh 85/ Buchanan, B.G. / Shortliffe, E.H.
Rule-Based Expert Systems - The MYCIN Experiments of the
Stanford Heuristic Programming Project, Addison-Wesley 1985

/ChFu 84/ Cheng, Y. / Fu, K.S.
Conceptual Clustering in Knowledge Organization
IEEE 1. Conference on AI Applications 1984, p. 274-279

/Doy 85/ Doyle, J., Expert Systems and the Myth of Symbolic Reasoning
IEEE Transactions Software Engineering 11(1985), p. 1386-1390

/EsDe 86/ Eshelman, l. / McDermott, J., MOLE: A Knowledge Acquisition Tool
that Uses Its Head, AAAI 1986, p. 950-955

/Gold 83/ Goldberg, A., SMALLTALK 80 - The Interactive Programming
Environment, Addison Wesley 1983

/Hub 84/ Hubka, V.
Theorie technischer Systeme, Springer Verlag 1984, 2. Auflage

/HWL 83/ Hayes-Roth, F. / Waterman, Donald A. / Lenat, D.B.
Building Expert Systems, Addison-Wesley 1983

/KND 85/ Kahn, G. / Nowlan, S. / McDermott, J.
Strategies for Knowledge Acquisition
IEEE Transaction Pattern Analysis and Machine Intelligence,
p. 511-522

/LaSm 85/ Lafue, G.M.E. / Smith, R.G.
A Modular Kit for Knowledge Management, IJCAI 1985, p. 46-52

/Lu 86/ Lutze, R., Softwaretechnologie - Lösungen und neue Probleme
NTG Fachberichte Bd. 97, p. 51-60, vde Verlag 1986

/MMRZ 84/ Michie, D. / Muggleton, S. / Riese, C. / Zubrick, S.
RULEMASTER: A Second Generation Knowledge Engineering Facility
IEEE 1. Conference on AI Applications 1984, p.591-597

/Morr 38/ Morris, C.W., Foundations of the Theory of Signs
The University of Chicago Press 1938

/NPLP 85/ Nguyen. T.A. / Perkins, W.A. / Lafffey, T.J. / Pecora, D.
Checking an Expert Systems Knowledge Base for
Consistency and Completeness, IJCAI 1985, p. 375-378

/NSM 85/ Neches, R. / Swartout, W.R. / Moore, J.
Explainable (and Maintainable) Expert Systems
IJCAI 1985, p. 383-389

/PaBe 77/ Pahl,G. / Beitz, W., Konstruktionslehre, Springer Verlag 1977

/PoWe 84/ Politakis,P. / Weiss, S.M.
Using Empirical Analysis to Refine Expert System
Knowledge Bases, AI Journal 22(1984), 23-48

/Pre 86/ Prerau, D.S., The Selection of an Appropriate Domain
for an Expert System, AI Magazine, Summer 1985, p. 26-30

/SchLi 83/ Schmolze, J.G. / Lipkis, T.A. , Classification in the KL-ONE
Knowlege Representation, IJCAI 1983, p.330-332

/SDB 86/ Smith, R.G. / Dinitz, R. / Barth, P.
IMPULSE-86 - A Substrate for Object Oriented Interface Design
ACM (OOPSLA '86) SIGPLAN Notices 21(1986), No.11, p. 167-176

/SDW 85/ Marcus, S. / McDermott, J. / Wang, T.
Knowledge Acquisition for Constructive Systems
IJCAI 1985, p. 67-639

/SSS 82/ Suwa, M. / Scott, C.A. / Shortliffe, E.H.
An Approach to Verifying Completeness and Consistency
in a Rule-Based Expert System, AI Magazine, Herbst '82, p. 16-21

/Stef 81/ Stefik, M., Planning with Constraints (MOLGEN: Part I) &
Planning and Meta Planning (MOLGEN: Part II)
AI 16(1981) p. 111-140 + 141-170

/Stee 86/ Steels, L., Second Generation Expert Systems
Future Generation Computer Systems 3(1986), p. 213-221

Der graphische Wissenseditor ZOO: ein Metasystem zur Visualisierung und Manipulation von Wissensbasen

Dr. Wolf-Fritz Riekert
Forschungsgruppe INFORM, Universität Stuttgart

Zusammenfassung: Wissensbasiert aufgebaute Anwendungssysteme ermöglichen den Einsatz von sogenannten Metasystemen, mit welchen die verfügbaren Konzepte benutzergerecht dargestellt und verändert werden können. Der Wissenseditor ZOO[1] ist ein Metasystem zur Visualisierung und Manipulation von Wissensbasen in einer zweidimensionalen graphischen Darstellung. Objektorientiert aufgebaute Wissensbasen werden in Form eines Netzes von Bildschirmobjekten dargestellt. In dieser Darstellungsform kann ein Anwendungsspezialist die Konzepte eines von ihm benutzten wissensbasierten Softwaresystems untersuchen. Darüber hinaus wird er bei der Modellierung von Fachwissen unterstützt. Mittels direkter Manipulation von Bildschirmobjekten können neue Wissensbasen aufgebaut und die vorhandenen modifiziert werden. Die vorgenommenen Änderungen wirken sich auf das Verhalten des Anwendungssystems unmittelbar aus.

1. Wissensbasierte Metasysteme

Computer werden zunehmend in Problembereichen eingesetzt, die sich schwer strukturieren lassen, beispielsweise in der Bürowelt, bei Planungsaufgaben, bei Designproblemen, in der Diagnose oder in der Konstruktion. Zwei Merkmale sind allen diesen Arbeitsbereichen gemeinsam: Es fehlt die formale Beschreibung des Problemgebiets, und es gibt keine wohldefinierten Handlungsziele. Daher ist es schwierig oder gar unmöglich, eindeutig definierte Lösungsmethoden für die Problemstellungen aus diesen Arbeitsgebieten zu finden.

---

[1]Die Entwicklung des Systems ZOO wurde freundlicherweise von der Firma Triumph-Adler AG, Nürnberg im Rahmen eines Kooperationsvertrags finanziert und wurde in der Forschungsgruppe INFORM an der Universität Stuttgart durchgeführt. Die Forschungsgruppe INFORM wird innerhalb des Verbundprojekts WISDOM vom Bundesminister für Forschung und Technologie (BMFT) sowie von den Industriepartnern des WISDOM-Projekts gefördert.

Bei der Anwendung von Computersoftware in diesen Gebieten hat der Benutzer des Systems deshalb große Schwierigkeiten zu überwinden:

- **Da die Zielkriterien und Lösungswege nicht von vornherein eindeutig sind, fällt es einem Menschen schwer, die vom Computer gefundenen Lösungen zu akzeptieren. Der Benutzer weiß nicht, welches konzeptuelle Modell einer Computerentscheidung zugrundeliegt. Die Dokumentation des Programmes hilft häufig nicht weiter, da dort meist nur die Softwarestruktur des Programmes, aber nicht die zugrundeliegenden Konzepte des Anwendungsgebiets beschrieben sind. Außerdem gibt es eine Reihe von Phänomenen dynamischer Natur, die nicht alle in einer statischen Beschreibung vorweggenommen werden können. Oft liegt die einzige Erklärung für das Verhalten eines Softwaresystems im Programmcode und den aktuellen Werten der Daten.**
- Da das Anwendungsgebiet nicht ausreichend formalisiert ist, ist die erstellte Software prinzipiell unvollständig. Der Systemersteller kann nur Heuristiken folgen, die sich erst noch in der Praxis bewähren müssen. Beim Einsatz des Systems werden dann dem Benutzer neue Kriterien offenbar, die eine Modifikation der Software erfordern, die wiederum durch den Softwarespezialisten vorgenommen werden muß. Dadurch entsteht ein fortwährendes Kommunikationsproblem zwischen dem Benutzer und dem Programmierer der Software. Für viele praktische Anwendungen dauert ein solcher Revisionszyklus zu lange. Daher haben viele Benutzer den Wunsch, fällige Änderungen selbst vornehmen zu können.

Bei der Beurteilung von komplexen Softwaresystemen gewinnen also zwei Kriterien wachsende Bedeutung: die *Durchschaubarkeit* und die *Adaptierbarkeit* des Systems durch seinen Benutzer. Diese Kriterien sind jedoch beim Einsatz von herkömmlich aufgebauten Systemen in schwer strukturierbaren Problemräumen nicht erfüllt. Benötigt werden daher neue Softwarekonzepte und neue Systemkomponenten, die besser auf die Sichtweise der Benutzer abgestimmt sind als die herkömmlichen Programmkonstrukte und Programmierwerkzeuge.

Einen Weg hin zu diesem Ziel eröffnen wissensbasierte Systeme, also Systeme,' deren Verhalten sich aus einer *Wissensbasis* ableitet. Technisch gesehen ist das Wissen in einer Wissensbasis eine Ansammlung von Softwareobjekten. Es ist daher möglich, für wissensbasierte Systeme Komponenten zu entwerfen, die diese Softwareobjekte selbst zum Gegenstand haben. Solche Systemkomponenten stehen über dem eigentlichen Anwendungssystem und werden als *Metasysteme*[2] be-

---

[2]Die ersten wissensbasierten Metasysteme wurden in der Universität Stanford entwickelt: Typische Beispiele sind die Systeme EMYCIN, Teiresias und Meta-DENDRAL, bei denen es sich um Metakomponenten zu den bekannten Expertensystemen MYCIN und DENDRAL handelt [3].

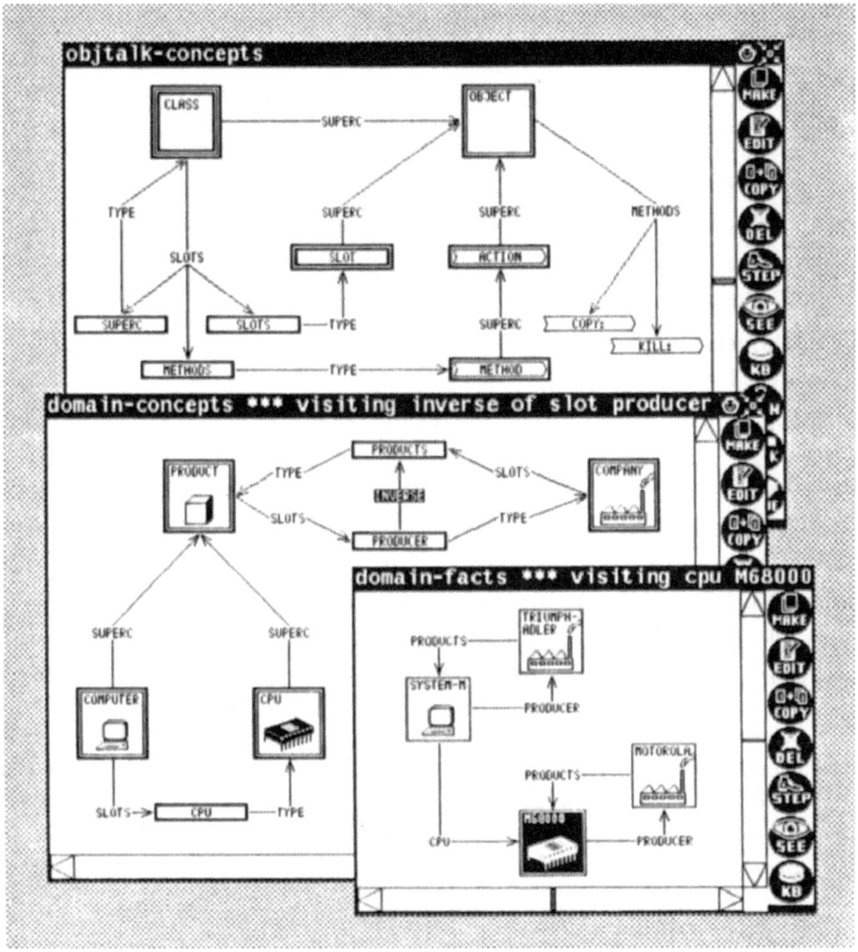

Abbildung 1: Der Wissenseditor ZOO

zeichnet. Metasysteme haben Zugriff auf das Wissen, welches vom Anwendungssystem genutzt wird, und können so das Verhalten des Anwendungssystems erklären und steuern.

Der hier vorgestellte Wissenseditor ZOO (Abbildung 1) ist ein Metasystem, das zweierlei Zwecken dient: es ist zugleich ein Instrument zur Inspektion von Wissensbasen in einer zweidimensionalen graphischen Darstellung und ein Werkzeug zur Bearbeitung von Wissensbasen mit Hilfe direkter Manipulation von Bildschirmobjekten. Das System ZOO erscheint für seinen Benutzer ähnlich einfach wie ein System zur Darstellung und Konstruktion von Bürographiken. Die Funktionalität des Systems ist freilich viel größer als die eines Bürographik-Systems. In jedem dargestellten graphischen Objekt wird ein Ausschnitt aus der systeminternen Wissensbasis für den Benutzer sichtbar. Mit jedem vom Benutzer neu erzeugten graphischen Objekt wird auch ein Objekt der Wissensbasis angelegt.

Weil gleichzeitig mit der Graphik eine Wissensbasis entsteht, sind die Vorgänge des Designs und der Implementation und der Dokumentation wissensbasierter Systeme parallelisiert. Die erstellten graphischen Spezifikationen stellen zugleich unmittelbar ablauffähige Software dar. Das System ZOO unterstützt so das Rapid Prototyping wissensbasierter Systeme.

2. Externe Darstellung von Wissen

In unseren Softwaresystemen benutzen wir ObjTalk [14], eine objektorientierte Sprache, zur Repräsentation von Wissen. ObjTalk vereinigt das Prinzip des *Message-Passing* [9] und die Frametechnik [12] in einer ähnlichen Form wie die Sprache KL-ONE [2] oder wie das Programmiersystem LOOPS [1]. ObjTalk ermöglicht gleichermaßen die Repräsentation von konkreten Fakten und von abstrakten Begriffen in Form einer Wissensbasis von ObjTalk-Objekten.

- Konkrete Fakten aus einem Problemraum werden repräsentiert durch *ObjTalk-Objekte* und den Werten ihrer *Slots*. In den Slots von Objekten sind Eigenschaften und Relationen zu anderen Objekten gespeichert. ObjTalk erlaubt die Klassifizierung von Objekten: Jedes Objekt gehört zu einer Klasse, als deren *Instanz* es bezeichnet wird.
- Abstrakte Begriffe werden durch eine besondere Art von ObjTalk-Objekten dargestellt, durch sogenannte *konzeptuelle Objekte*: Eine Art von konzeptuellen Objekten sind die *Klassen*, die Abstraktionen ihrer Instanzen darstellen. Alle Klassen bilden eine Spezialisierungshierarchie. Klassen besitzen *Slotbeschreibungen*, *Regeln* und *Methoden*, diese sind ebenfalls konzeptuelle Objekte und repräsentieren abstrakte Eigenschaften, Heuristiken und Verhaltensformen losgelöst von konkreten Instanzen.

Jedes ObjTalk-Objekt ist systemintern durch eine Datenstruktur der Implementationssprache LISP repräsentiert. Der innere Aufbau dieser Datenstruktur ist eine Frage der Implementierung von ObjTalk, er soll dem Benutzer verborgen bleiben. Entsprechend der objektorientierten Philosophie von ObjTalk können aber die Eigenschaften eines Objekts durch das Versenden einer Botschaft erfragt oder verändert werden.

Wenn ein hochauflösender Bildschirm und ein Zeigeinstrument zur Verfügung steht, lassen sich Objekte in einer benutzernahen externen Repräsentation darstellen: Die *Eigenschaften* eines Objekts können in einem Bildschirmformular dargestellt werden. Die *Funktionalität* eines Objekts, bestehend aus einer Auswahl von Botschaften, auf die das Objekt reagiert, kann mit Hilfe eines Menüs visualisiert werden. In beiden Fällen erscheint das intern gespeicherte Wissen in der Form von zweidimensionalen Objekten auf dem Bildschirm des Computersystems.

Die externe Darstellung von Wissen durch Bildschirmobjekte muß mit der zugehörigen rechnerinternen Repräsentation stets im Einklang stehen. Die Aufrechterhaltung der Konsistenz beider Darstellungen ist Aufgabe der Benutzerschnittstelle eines Systems. Von Vorteil ist eine möglichst feste und unmittelbare Kopplung zwischen interner und externer Repräsentation, es wird dann eine neue Art der Interaktion mit dem System möglich, die als *direkte Manipulation* [17; 10] bezeichnet wird:

- Wenn sich ein internes Datenobjekt ändert, wird dies an einem externen Bildschirmobjekt unmittelbar sichtbar.
- Der Benutzer kann mit Hilfe eines Zeigeinstruments Veränderungen an der externen Darstellung eines Objekts vornehmen, die sich automatisch auf den internen Zustand des Systems auswirken.

Die Interaktionsform der direkten Manipulation stellt Anforderungen an die Form der internen Repräsentation von Wissen:

- Es muß einfach feststellbar sein, welche internen Zustände von einer Benutzeraktion betroffen sind - am einfachsten ist dies möglich, wenn jedem Bildschirmobjekt ein internes Softwareobjekt zugeordnet ist. In einer objektorientierten Wissensrepräsentationssprache, wie es ObjTalk ist, läßt sich dies sehr einfach erfüllen.
- Änderungen am intern repräsentierten Wissen dürfen nicht zu teuer sein. Inkrementelle Änderungen am intern gespeicherten Wissen müssen leicht möglich sein und dürfen keinen langwierigen Compilationsvorgang erfordern. Als Wissensrepräsentationssprache kommt also nur eine Interpretersprache in Betracht, was nicht ausschließt, daß festbleibende Teile des Wissens sich dennoch compilieren lassen.
- Es muß einen Überwachungsmechanismus für interne Zustände geben, der beauftragt werden kann, die Benutzerschnittstelle zu aktivieren, wann immer eine Zustandsänderung eintritt. Nur so läßt sich gewährleisten, daß die Bildschirmdarstellung stets auf dem aktuellen Stand ist. ObjTalk sieht Triggermechanismen vor, welche dies ermöglichen.

Die Brauchbarkeit von Benutzerschnittstellen, die auf dem Prinzip der direkten Manipulation beruhen, hängt freilich davon ab, wie gut das externe Format zur Wissensdarstellung den Vorstellungen des Benutzers angepaßt ist. Wenn die Bildschirmdarstellungen den Vorstellungen des Benutzers von der realen Welt entsprechen, wird es für den Benutzer bedeutungslos, daß es in der Realität, in seinen Vorstellungen, auf dem Bildschirm und im Computer verschiedene Repräsentationen eines Phänomens gibt. Was der Benutzer auf dem Bildschirm sieht und womit er am Rechner hantiert, erscheint ihm nicht als ein Abbild, sondern als der Gegenstand selber.

Der Einsatz graphischer Methoden ermöglicht eine externe Wissensdarstellung, die den modellhaften Vorstellungen des Benutzers vom Problembereich sehr nahe kommt. Dies hat sich am Erfolg der neuen graphischen Benutzerschnittstellen gezeigt, die erstmals im Büroinformationssystem Xerox Star [18] zum Einsatz kamen und heute bereits in einer Vielzahl von Kleinrechnern zu finden sind: Die in diesen Systemen gespeicherten Informationen ebenso wie die anwendbaren Operationen zur Informationsverarbeitung sind auf dem Bildschirm durch graphische Symbole, sogenannte *Piktogramme* [19] dargestellt, die der Bürowelt entstammen; zum Beispiel gibt es Piktogramme, die einen Aktenordner, einen Archivschrank, einen Zeilendrucker oder einen Papierkorb symbolisieren.

Die Darstellung interner Objekte mit Hilfe von Piktogrammen ist sehr sinnfällig und ermöglicht die Konstruktion leicht erlernbarer Benutzerschnittstellen. Zur externen Darstellung von Wissen wünscht man sich aber eine größere Darstellungskapazität, als sie der Xerox Star erlaubt:

- Man möchte nicht nur Objekte aus der Bürowelt darstellen sondern Objekte aus beliebigen Gegenstandsbereichen.
- Es muß möglich sein, beliebige Beziehungen zwischen Objekten graphisch darzustellen. (Das Star Interface erlaubt nur hierarchische Beziehungen, z.B. zwischen einem Aktenordner und den in ihm enthaltenen Dokumenten.)
- Es muß möglich sein, nicht nur konkrete Objekte (wie etwa die Akte *XYZ*), sondern auch abstrakte Begriffe (etwa den Begriff *Akte*) graphisch darzustellen.

Es gibt zwar sogenannte *Knowledge Engineering Tools*, also Werkzeuge zur Bearbeitung von Wissensbasen, die im Prinzip diese Anforderungen erfüllen. Diese machen aber nur sparsamen Gebrauch von Graphik, wie etwa der Smalltalk-Browser [6]. Die Programmiersysteme KEE [11] und LOOPS können nur Vererbungshierarchien von Objekten in graphischer Form veranschaulichen, andere Relationen werden nicht unterstützt. Außerdem können die dargestellten Strukturen nicht durch direkte Manipulation verändert werden. Das Simulationssystem SIMKIT, eine Erweiterung des KEE-Systems, besitzt zwar eine Benutzerschnittstelle, die vollständig auf direkter Manipulation beruht, es ist aber nur für Simulationsanwendungen geeignet. Bei der Entwicklung des hier vorgestellten Wissenseditors ZOO wurde das Ziel verfolgt, die Universalität eines Knowledge Engineering Tools mit der Anschaulichkeit einer piktogrammbasierten Benutzerschnittstelle zu verbinden.

3. Graphische Wissensdarstellung im System ZOO

Gewöhnliche Objekte und konzeptuelle Objekte der Sprache ObjTalk lassen sich mit dem System ZOO in graphischer Form darstellen. Zu diesem Zweck stehen zwei fundamentale graphische Darstellungsmöglichkeiten zur Verfügung: *Piktogramme* und *Pfeile*.

Piktogramme bieten eine Vielfalt von Gestaltmerkmalen, mit welchen die unterschiedlichen Eigenschaften von Objekten visualisiert werden können: Piktogramme enthalten ein graphisches Symbol und eine Inschrift, Sie haben eine Position in der Ebene, besitzen einen Umriß und manchmal eine Umrandung. Gruppen von Piktogrammen können zusammen mit verbindenden Pfeilen Netze bilden. Solche Pfeile können eine Beschriftung tragen, sie können sich in verschiedene Richtungen gabeln und sie können verschiedene Erscheinungsformen besitzen (strichliert, mit Spitzen versehen, verschiedene Linienbreiten). Durch den sinnvollen Einsatz derartiger Gestaltmerkmale kann die Wahrnehmbarkeit von Information entscheidend erhöht werden [13].

Im System ZOO dienen Piktogramme zur Repräsentation von Objekten. Im Normalfall hat ein solches Piktogramm quadratischen Umriß. Das Piktogramm ist mit dem Namen des Objekts beschriftet. Es enthält ein graphisches Symbol, das in der Regel die Klassenzugehörigkeit des Objekts verbildlicht. Slots von Objekten können auf zwei unterschiedliche Weisen dargestellt werden, abhängig davon, ob sie Relationen zu anderen Objekten oder Attribute darstellen: Relationen zwischen Objekten werden durch Pfeile dargestellt, welche die zugehörigen Piktogramme miteinander verbinden. Die Pfeile sind mit den Namen der Relationen (sprich der Slots) beschriftet, die sie repräsentieren. Slots, die keine Objekte als Werte aufweisen, also Attribute, können nicht als Pfeile, sondern nur mit Hilfe eines Text-Formulars visualiert werden.

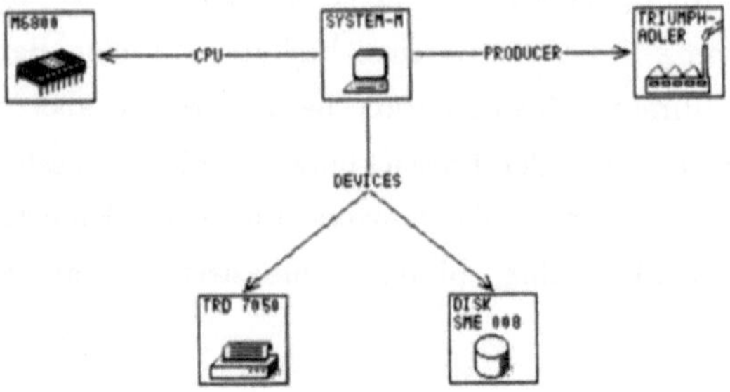

Abbildung 2: Graphische Darstellung des Objekts *System–M*

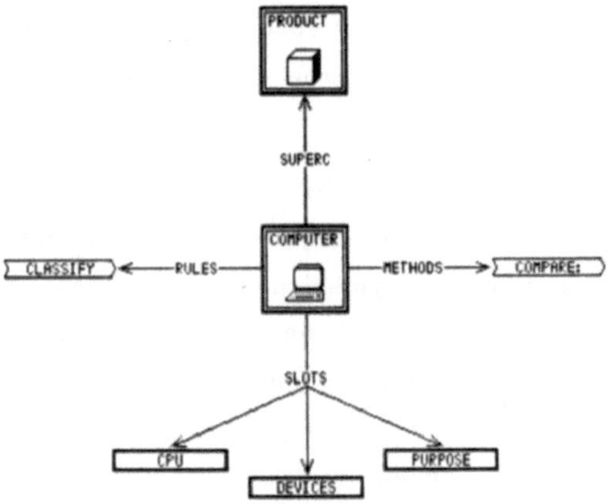

Abbildung 3: Graphische Darstellung der Klasse *Computer*

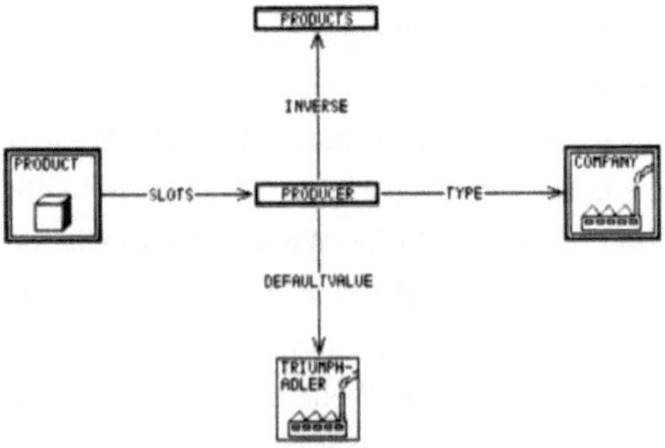

Abbildung 4: Graphische Darstellung der Slotbeschreibung *Producer*

Konzeptuelle Objekte werden mit dem System ZOO auf ähnliche Weise dargestellt wie die gewöhnlichen Objekte, die zur Repräsentation von Fakten dienen. *Klassen* erscheinen als Piktogramme, die mit einem dicken Rahmen umgeben sind (Abbildung 3). Die Instanzen einer Klasse erhalten in der Regel dasselbe graphische Symbol in ihrem Piktogramm wie ihre Klasse. Im System ZOO wird die Superklassenrelation ebenso wie die Relationen zwischen gewöhnlichen Objekten mit Hilfe beschrifteter Pfeile ("*superc*") dargestellt. Im graphischen Darstellungsformat des Systems ZOO übernimmt eine Klasse ohne eigens für sie definiertes graphisches Symbol das graphische Symbol ihrer nächsten Superklasse. Die graphischen Symbole der Piktogramme im System ZOO werden also von einer Klasse auf ihre Subklassen und auf ihre Instanzen vererbt und stellen so selbst eine Visualisierung des Vererbungsvorgangs dar.

Im System ZOO sind *Slotbeschreibungen* durch dick umrahmte längliche Rechtecke dargestellt, in denen der Namen des Slots eingetragen ist. Die Relation *slots*, die Klassen und Slotbeschreibungen verknüpft, ist auf ganz normale Weise als beschrifteter Pfeil dargestellt. Die Merkmale von Slotbeschreibungen lassen sich ebenfalls durch beschriftete Pfeile visualisieren. Abbildung 4 zeigt die graphische Darstellung von Abhängigkeitsrelationen zwischen Slots, von Typrestriktionen und von Defaults, die für eine Slotbeschreibung kennzeichnend sind. In ähnlicher Form stellen sich auch die definierenden Eigenschaften von *Methoden* sowie die beschreibenden Merkmale von *Regeln* dar.

4. Der Wisseneditor ZOO

Das System ZOO läßt sich ansehen als eine Benutzerschnittstelle zum gesamten durch ObjTalk-Objekte repräsentierten Wissen eines Softwaresystems. ZOO ermöglicht die externe Repräsentation dieses Wissens auf einem hochauflösenden Rasterbildschirm im bereits beschriebenen graphischen Darstellungsformat. Die Aufgabe von ZOO besteht darin, beide Wissensdarstellungen, die interne und die externe stets miteinander konsistent zu halten.

Der Kontakt zur internen Wissensrepräsentation wird durch Bildschirmfenster [4] vom Typ *ZOO-Window* (Abb. 5) hergestellt. Jedes derartige Bildschirmfenster enthält die graphische Darstellung einer Wissensbasis. Ein ZOO-Window stellt also die externe Entsprechung einer Wissensbasis dar.

Die Elemente der externen Wissensdarstellung des Systems ZOO, Piktogramme und beschriftete Pfeile, sind als graphische Objekte innerhalb eines ZOO-

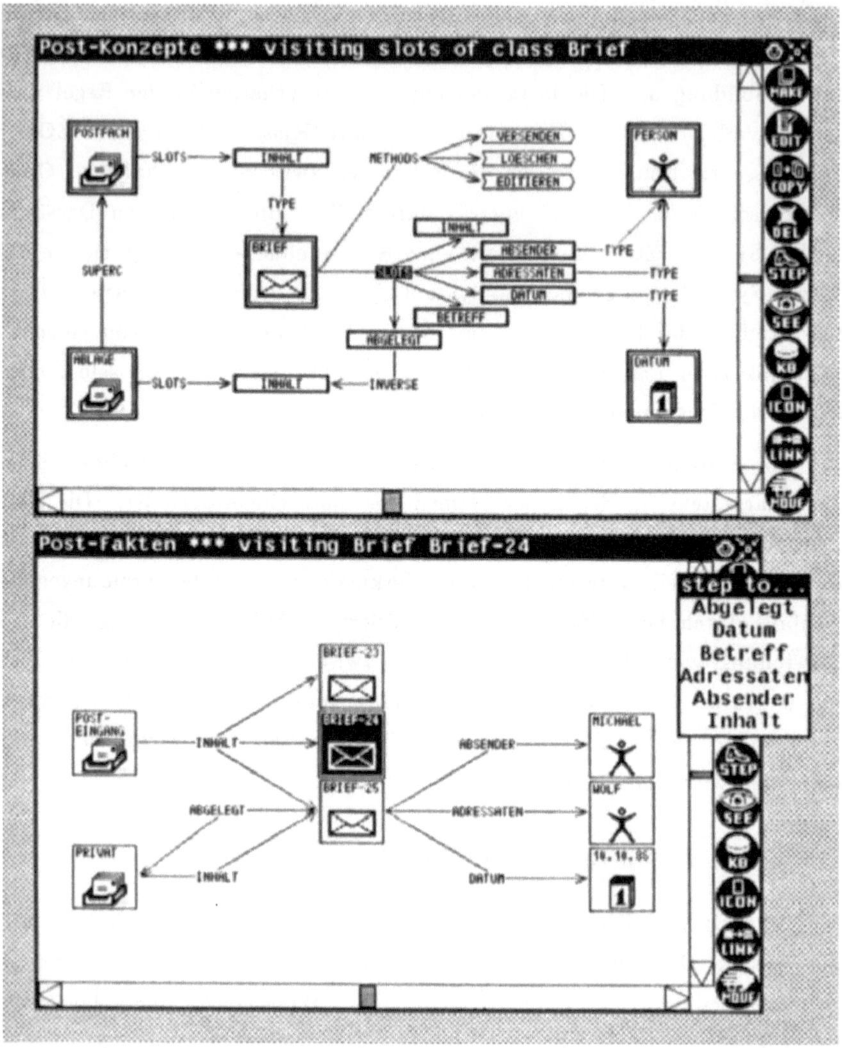

Abbildung 5: ZOO-Windows

Windows sichtbar. Jedes dieser graphischen Objekte repräsentiert ein Objekt der Wissensbasis bzw. eine Eigenschaft eines derartigen Objekts. Jedes dieser graphischen Objekte kann durch ein Zeigeinstrument (Maus) selektiert werden. Alle objektspezifischen Funktionen beziehen sich dann auf die Komponente der Wissenbasis, die durch das das selektierte Bildschirmobjekt dargestellt ist.

Die Benutzerfunktionen des Wissenseditors sind durch eine Reihe von Piktogrammen dargestellt, die sich auf dem Rand des ZOO-Fensters befinden und ebenfalls mit Hilfe der Maus aktiviert werden können. Es stehen alle notwendigen Operationen zum Bearbeiten von Wissensbasen bereit: Objekte können durch Kopieren, Instantiieren oder Spezialisieren des selektierten Objekts erzeugt werden. Relationen zwischen Objekten werden definiert durch das Ziehen von Pfeilen vom selektierten Objekt zu anderen Objekten. Die Namen dieser Relationen können aus einem Pop-Up-Menü ausgewählt werden, dessen Inhalt aus der Klasse des selektierten Objekts abgeleitet ist. Darüberhinaus gibt es Funktionen zum Abspeichern und Laden von Wissensbasen, zum Betrachten von Objekten, zum Löschen von Objekten, zum Vergessen von Relationen und zum Verändern von Position und Erscheinungsbild von Objekten.

Die Selektionen von Objekten und das Auslösen von Anwenderfunktionen des Systems erfolgen also stets über Zeigehandlungen, wobei nur ein Knopf der Maus, nämlich der linke, betätigt werden muß. Dies macht den Umgang mit dem System sehr einfach. Dabei erfolgt die Interaktion mit dem System nach der *Noun-Verb-Syntax*: Es muß zuerst ein Objekt bezeichnet werden, und dann erst die Operation, die auf das Objekt angewandt werden soll. Dies hat den Vorteil, daß die Interaktion weitgehend ohne besondere *System-Modi* [20] erfolgt. Nach der Selektion eines Objekts gerät man nicht in einen besonderen Systemzustand, der die Angabe einer Operation zwingend erfordert. Auf eine irrtümliche Selektion eines Objekts kann jederzeit eine weitere Selektion folgen. Umgekehrt kann auch nach dem Auslösen einer Anwenderfunktion sofort eine zweite betätigt werden, wenn sie sich auf das bereits selektierte Objekt bezieht.

Die Verwaltung der graphischen Objekte eines ZOO-Windows geschieht nicht an einer zentralen Stelle, vielmehr erfolgt sie in objektorientierter Weise verteilt auf viele aktive Instanzen: Jedes Piktogramm, jeder Pfeil, jede Pfeilbeschriftung ist selbst durch ein ObjTalk-Objekt, ein sogenanntes *Interaktionsobjekt* [8], repräsentiert. Interaktionsobjekte stellen die Kopplung her zwischen internen Wissensbasisobjekten und ihren graphischen Darstellungen auf dem Bildschirm. In den Interaktionsobjekten sind daher zwei Arten von Wissen repräsentiert:

- Interaktionsobjekte besitzen graphisches Wissen: Jedes Interaktionsobjekt beschreibt die Lage und Gestalt eines auf dem Bildschirm erscheinenden graphischen Objekts. Dieses Wissen ist gleichermaßen von Bedeutung für das optische Erscheinungsbild des Interaktionsobjekts wie für die Möglichkeit der Aktivierung desselben mit Hilfe eines Zeigeinstruments.

- Interaktionsobjekte besitzen Wissen über Wissensbasisobjekte: Jedes Interaktionsobjekt weiß um die Existenz oder um die Eigenschaften des Wissensbasisobjekts, das es nach außen hin vertritt. Darüberhinaus stellen Interaktionsobjekte ein Medium dar zur Manipulation der internen Wissensbasisobjekte.

Die hauptsächliche Funktion des Systems ZOO, nämlich die Darstellung des Inhalts einer Wissensbasis mittels direkt manipulierbarer graphischer Objekte in einem Bildschirmfenster, läßt sich somit folgendermaßen darstellen: Der Verwendungszweck des Systems ZOO besteht darin, zu einer Wissensbasis über einen bestimmten Problemraum eine zweite Wissensbasis bestehend aus Interaktionsobjekten, eine sogenannte *ZOO-Wissensbasis*, zu generieren. Eine solche ZOO-Wissensbasis stellt gleichermaßen eine Beschreibung der internen Objekte einer Problemwissensbasis und der externen graphischen Objekte auf einem ZOO-Window dar (siehe Abbildung 6).

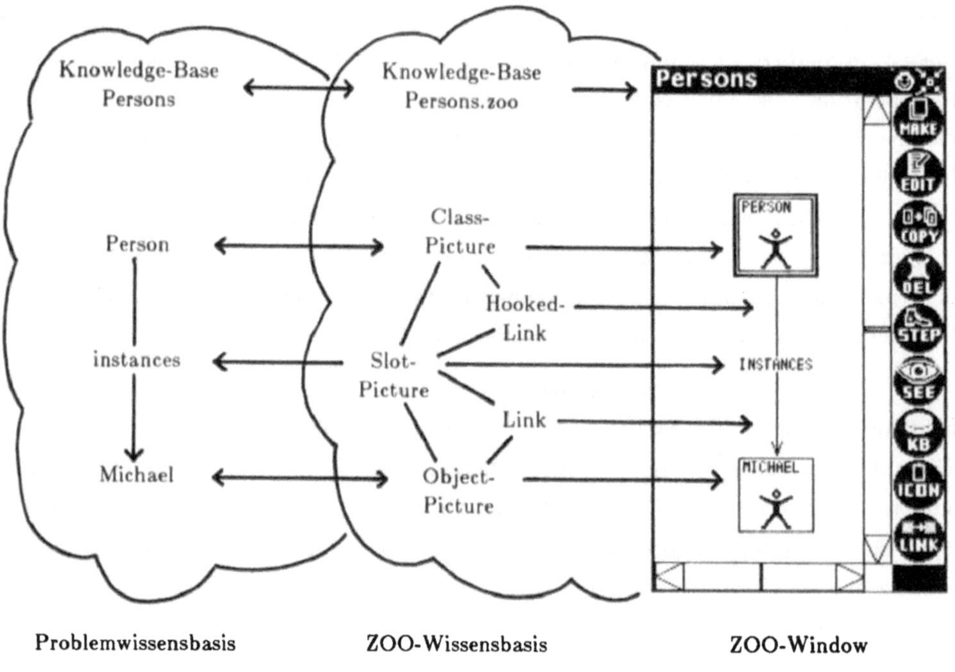

Abbildung 6: Problemwissensbasis, ZOO-Wissensbasis und ZOO-Window

Die im System ZOO zur Darstellung von Wissensbasen verwendeten Interaktionsobjekte sind im wesentlichen Spezialformen sogenannter Icons aus dem Interaktionspaket ICONS [7]. Icons sind Interaktionsobjekte, die auf dem Bildschirm in der Regel als beschriftete Piktogramme erscheinen. Icons verfügen über eine sogenannte Aktion, die ausgeführt wird wenn das Icon mit der Maus aktiviert wird, sowie über einen Pointer auf das von ihnen repräsentierte Objekt. Im System ZOO wurden drei Icon-Klassen definiert, dabei handelt es sich um sogenannte *Object-Pictures* zur Darstellung von gewöhnlichen Objekten, *Class-Pictures* zur Darstellung von Klassen und *Slot-Pictures* zur Darstellung der Slots von Objekten. Außerdem gibt es zwei Klassen von Linienelementen zum Darstellung von Pfeilen: sogenannte *Hooked-Links* zum Zeichnen von Pfeilspitzen und *Links* zum Zeichnen von Pfeilenden.

Auch die Funktionssymbole auf dem Rand eines ZOO-Windows sind durch spezielle Icons repräsentiert. Diese Icons dienen aber nicht direkt zur Visualisierung von Wissensbasisobjekten. Vielmehr haben sie die Aufgabe, die Anwendungsfunktionen des Systems ZOO zu visualisieren. Die meisten Anwendungsfunktionen haben das selektierte Objekt zum Gegenstand und sind in Form von Methoden der Object-Pictures, Class-Pictures oder Slot-Pictures definiert. Die Aktion, die mit dem Anklicken eines Funktionssymbols verbunden ist, besteht daher lediglich im Versenden einer Botschaft an das selektierte Icon im Innern des ZOO-Windows. Die Reaktion auf diese Botschaft ist abhängig davon, ob ein Object-Picture, ein Class-Picture oder ein Slot-Picture selektiert ist, da diese Icons auf die gleichen Botschaften in unterschiedlicher Weise reagieren. So kommt das System ZOO mit einer relativ kleinen Anzahl von Anwendungsfunktionen aus, durch die Typabhängigkeit des Systemverhaltens ist die Benutzerschnittstelle trotz ihrer Einfachheit genügend mächtig.

Implementation

ZOO läuft auf einer VAX 11/780 unter Berkeley UNIX 4.2 und benötigt ein BBN BitGraph Terminal als Bildschirmgerät. ZOO macht Gebrauch von der objektorientierten Sprache ObjTalk [14], vom Fenstersystem WLISP [4] und von den Interaktionspaketen ICONS [7] und NETS [15]. Implementationssprache aller Softwarekomponenten ist Franz Lisp [5].

5. Zusammenfassung

Die Berücksichtigung von Wissensaspekten ermöglicht eine neue Sichtweise der Mensch-Computer-Kommunikation. Das Problem, verständliche Benutzerschnittstellen zu konstruieren, stellt sich dar als die Frage nach einer benutzergerechten externen Wissensrepräsentation, und ist eng verbunden mit dem Prinzip der direkten Manipulation.

Direkte Manipulation beruht auf der externen Repräsentation von Wissen, die eng gekoppelt sein muß mit der internen Wissensdarstellung. Große Vorteile bietet hier eine integrierte objektorientierte Systemarchitektur, die den Systemkern und die Benutzerschnittstelle gleichermaßen umfaßt. Eine objektorientierte Benutzerschnittstelle ermöglicht den Einsatz von Interaktionsobjekten, die sich nach außen hin als sensitive Bildschirmobjekte zur externen Wissensrepräsentation zeigen, nach innen hin aber aktive Datenstrukturen sind, die mit den internen Objekten zur Wissensrepräsentation kommunizieren. Mit einer objektorientierten internen Wissensrepräsentation haben die Interaktionsobjekte der Benutzerschnittstelle eine eindeutige interne Entsprechung und eine enge Kopplung beider Darstellungen wird möglich.

Das Objekt als fundamentales Konzept der Programmierung und Wissensrepräsentation ermöglicht die einfache Konstruktion von Metasystemen, mit denen Fakten und Konzepte des Systems visualisiert und vom Benutzer modifiziert werden können.

Der objektorientierte wissensbasierte Ansatz, verbunden mit fortgeschrittenen Techniken der Mensch-Computer-Kommunikation ermöglicht so die Konstruktion besser durchschaubarer und in weiten Teilen vom Benutzer adaptierbarer Anwendungsprogramme und leistet so einen entscheidenden Beitrag zur Gestaltung benutzergerechter Computersysteme.

Literatur

[1] D.G. Bobrow, M. Stefik: *"The LOOPS Manual"*. Technical Report KB-VLSI-81-83, Knowledge Systems Area, Xerox Palo Alto Research Center (PARC), 1981.

[2] Brachmann. R. et al.: *"KL-ONE Reference Manual"*. BBN-Report 3848, BBN, July, 1978.

[3] B.G. Buchanan, E.H. Shortliffe: *The Addison-Wesley Series in Artificial Intelligence: "Rule-Based Expert Systems: The MYCIN Experiments of the Stanford Heuristic Programming Project"*. Addison-Wesley, Reading, Ma., 1984.

[4] F. Fabian: *"Benutzungsanleitung für das Bitgraph-Fenstersystem"*. INFORM-Memo, Institut für Informatik, Universität Stuttgart, Februar, 1984.

[5] J.K. Foderaro, K.L. Sklower: *"The FranzLisp Manual"*. Technical Report, University of California, Berkeley, 1982.

[6] A. Goldberg: *"SMALLTALK-80, The Interactive Programming Environment"*. Addison-Wesley, Reading, Ma., 1984.

[7] M. Herczeg: *"INFORM-Manual: Icons"*. Institut für Informatik, Universität Stuttgart, 1985.

[8] M. Herczeg: *"Eine objektorientierte Architektur für wissensbasierte Benutzerschnittstellen"*. Dissertation, Fakultät für Mathematik und Informatik der Universität Stuttgart, Dezember, 1986. Im Druck.

[9] C. Hewitt: *"Viewing Control Structures as Patterns of Passing Messages"*. *Artificial Intelligence Journal* 8, pp 323-364, 1977.

[10] E.L. Hutchins, J.D. Hollan, D.A. Norman: *"Direct Manipulation Interfaces"*. In D.A. Norman, S. Draper (editors), *User Centered System Design: New Perspectives on Human-Computer Interaction*. Lawrence Erlbaum Associates Ltd., 1986.

[11] *"KEE Software Development System User's Manual"*. IntelliCorp, 1985.

[12] M. Minsky: *"A Framework for Representing Knowledge"*. In P.H. Winston (editor), *The Psychology of Computer Vision*, pp 211-277. McGraw Hill, New York, 1975.

[13] H. Moritz: *"Umsetzung wahrnehmungspsychologischer Erkenntnisse für die Informationsgestaltung am Bildschirm (Maskengestaltung)"*. In H. Balzert (editor), *Software-Ergonomie*, pp 98 - 113. April, 1983.

[14] C. Rathke: *"ObjTalk. Repräsentation von Wissen in einer objektorientierten Sprache"*. Dissertation, Fakultät für Mathematik und Informatik der Universität Stuttgart, Oktober, 1986.

[15] W.-F. Riekert: *"INFORM-Manual: Nets"*. WISDOM-Forschungsbericht FB-INF-86-7, Institut für Informatik, Universität Stuttgart, 1986. in Vorbereitung.

[16] W.-F. Riekert: *"Werkzeuge und Systeme zur Unterstützung des Erwerbs und der objektorientierten Modellierung von Wissen"*. Dissertation, Fakultät für Mathematik und Informatik der Universität Stuttgart, Oktober, 1986.

[17] B. Shneiderman: *"Direct Manipulation: A Step Beyond Programming Languages"*. *IEEE Computer* 16(8), pp 57-69, August, 1983.

[18] D.C. Smith, Ch. Irby, R. Kimball, B. Verplank: *"Designing the Star User Interface"*. *BYTE*, April, 1982.

[19] M. J. Staufer: *"Piktogramme für Bürocomputer"*. WISDOM-Forschungsbericht FB-TA-85-6, Triumph-Adler AG, Basisentwicklung, Juni, 1985.

[20] L. Tesler: *"The Smalltalk Environment"*. *BYTE* 6(8), pp 90-147, August, 1981.

Wolf-Fritz Riekert
Forschungsgruppe INFORM
Institut für Informatik
Universität Stuttgart
Herdweg 51

D-7000 Stuttgart 1

ENTSCHEIDUNGSTABELLEN UND EXPERTENSYSTEME

Vergleich und wechselseitige Überführung

U. Güntzer, Ch. Schöll, G. Jüttner, K.R. Moll

Schlüsselwörter

Entscheidungstabellen, Expertensysteme, Software Technologie

Zusammenfassung

In jüngster Zeit entwickelten sich die Expertensysteme als eine Anwendung der Wissensverarbeitung zu einem neuen, heftig diskutierten Teilgebiet der Informationsverarbeitung. Von den Anhängern der Expertensysteme wird hierin ein wesentlicher Durchbruch in der Informationstechnologie erwartet, manche Kritiker sagen hingegen, es handle sich nur um einen neuen Namen für altbekannte Verfahren, wie z.B. die Entscheidungstabellentechnik.

In einem gemeinsamen Projekt der Bayerischen Hypotheken- und Wechselbank München, dem Institut für Informatik der TU München und dem Leibniz-Rechenzentrum der Bayerischen Akademie der Wissenschaften wird anhand von Anwendungsbeispielen die Frage untersucht, worin die praxisbezogenen Unterschiede zwischen der konventionellen Programmierung mit Entscheidungstabellen und der wissensbasierten Programmierung in Form der Expertensysteme liegen.

Als Grundlage hierfür dienen Aufgabenstellungen aus der Praxis des Bankwesens, zum einen die Filialen einer Bank zu analysieren und zum anderen die Kreditwürdigkeit zu prüfen. Die Filialanalyse ist wissensbasiert als Prototyp-Expertensystem in IF/Prolog /1/ und zusätzlich mit Hilfe des Expertensystem-Shells PERSONAL CONSULTANT PLUS(PC+) implementiert /5/. Zum Vergleich erfolgte mit Hilfe von PL/1 und Entscheidungstabellen eine konventionelle Programmierung des Filialanalysesystems /5/. Die Kreditwürdigkeitsprüfung ist wissensbasiert mit PC+ /2/ und konventionell mit PL/1 und Entscheidungstabellen /5/ implementiert.

Ausgehend von der gleichen Mächtigkeit beider Programmierparadigmen werden in der vorliegenden Arbeit verschiedene Kriterien wie Programmieraufwand, Entwicklungsfreundlichkeit, Wartbarkeit, Laufzeitverhalten, Ablaufsteuerung und Erklärungsfähigkeit der einzelnen Programme miteinander verglichen und die Vor- und Nachteile der beiden Programmiertechniken beschrieben. Aufbauend auf diesen Vergleich werden Entscheidungshilfen für die Frage 'Soll man ein System konventionell mit Entscheidungstabellen oder wissensbasiert als Expertensystem entwickeln' gegeben.

Basierend auf diesen Ergebnissen wird in einem weiteren Teil der Arbeit dargestellt, wie ein konventionelles Entscheidungstabellenprogramm in ein Expertensystem transformiert werden kann und inwieweit der umgekehrte Weg möglich ist. Diese Transformationen schaffen die Möglichkeit, die Vorteile der wissensbasierten und der konventionellen Programmiertechnik sowohl bei der Erstellung als auch beim Einsatz von Softwaresystemen wechselweise auszunutzen. Damit wird die Grundlage geschaffen, einerseits Problemlösungen in vereinfachter Weise als Expertensystem zu entwickeln und mit Hilfe von Entscheidungstabellen effizient zum Einsatz zu bringen und andererseits bestehende Entscheidungstabellen als Expertensysteme weiterzuentwickeln. Anhand der bei den manuellen Transformationen gewonnenen Erfahrungen werden schließlich systematische Wege gesucht, die den Transformationsvorgang vereinfachen.

1.0 Beschreibung konventioneller und wissensbasierter Programmiertechniken

1.1 Konventionelle Datenverarbeitung

Bei der konventionellen Datenverarbeitung ist der Systementwickler für den Programmablauf verantwortlich, d.h die Reihenfolge der Verarbeitungsschritte muß für jede Eingabekonstellation im Voraus betrachtet werden und explizit im Programmcode berücksichtigt werden. Dies hat zur Folge, daß Daten, Wissen über die Problemlösung und Wissen über die Steuerung der Anwendung dieses Wissens im Algorithmus miteinander vermischt werden, was nicht nur bei der Erfindung des Algorithmus Schwierigkeiten bereitet, sondern immer dann, wenn das im Algorithmus verkörperte Wissen explizit benötigt wird: zur Erklärung, zur Schulung, zur Abänderung, zur Übertragung auf ähnliche Situationen.

Die konventionelle Datenverarbeitung wird überwiegend bei Problemen angewandt, für deren Lösung ein Algorithmus bekannt ist(z.B. numerische Berechnungen) und wo die zugrundeliegende Software nur wenigen Änderungen unterliegt.

1.2 Entscheidungstabellen

Die Programmierung mit Entscheidungstabellen ist eine häufig angewandte Methode der konventionellen Programmierung. Der Entwurfsprozeß läuft dabei in zwei Schritten ab.

Zunächst wird das Problem in Entscheidungsbäume zusammengefaßt, im Anschluß daran erfolgt die Umwandlung von bestimmten Teilbäumen in verschiedene Entscheidungstabellen. Diese Zweistufigkeit erfordert zwar gegenüber der sonstigen konventionellen Programmerstellung einen erhöhten Zeitaufwand, hat aber den Vorteil, daß mit der Erzeugung von Entscheidungstabellen eine Prüfung auf Vollständigkeit, Widerspruchsfreiheit und Redundanzfreiheit automatisch durchgeführt werden kann. Dadurch werden funktionale Fehler vermieden.

Beim Sequentialisierungsprozeß werden die Entscheidungstabellen in ein konventionelles Programm eingegliedert. Dabei werden die Teile des Entscheidungsbaumes, die nicht in Entscheidungstabellen formuliert sind, vom Programmersteller in den Code einer Programmiersprache überführt. Die Entscheidungstabellen selbst werden mit Hilfe eines Entscheidungstabellengenerators automatisch codiert.

Entscheidungstabellen werden überwiegend im kaufmännischen Bereich eingesetzt, um eine Schnittstelle zwischen den Kaufleuten als Aufgabenstellern und den Programmentwicklern zu haben. Der Kaufmann formuliert dabei sein Wissen in Entscheidungstabellen. Dadurch fällt für den Entwickler ein Teil des Entwurfsprozesses weg und er muß sich nur noch um die Sequentialisierung der Entscheidungstabellen untereinander kümmern. Entscheidungstabellen werden hingegen selten eingesetzt, wenn Berechnungen aufgrund bekannter Algorithmen möglich sind /6/.

1.3 Wissensverarbeitung

Ein erheblicher Vorteil der Wissensverarbeitung liegt in ihrem vereinfachten Entwurfsprozeß. Die einzelnen Wisseneinheiten werden in elementarer Form festgelegt und im Idealfall in beliebiger Reihenfolge aufgeschrieben. Die Sequentialisierung führt dann ein Interpreter (Inferenzprozeß) selbständig aus, dabei wird das explizit vorliegende Wissen verarbeitet.

Die Vermischung von Daten, Wissen über die Problemlösung und Wissen über die Steuerung der Anwendung dieses Wissens wird in diesem Paradigma vermieden. Der Lösungsweg wird von dem Inferenzmechanismus selbständig gesucht.

Diese Form der Programmierung hat die Vorteile, daß die Programmentwicklung aufgrund der Modularisierung vereinfacht wird und dadurch das System schrittweise entwickelbar und auch leichter veränderbar ist. Durch die explizite Formulierung des Wissens über die Problemlösung wird das zugrundeliegende Lösungsmodell diskutierbar und eine Erklärung des Lösungsweges vereinfacht, ja sogar automatisierbar. Das wissensbasierte Programm ist im Idealfall sogar seine eigene Dokumentation.

Als Anwendungsgebiete der Wissenverarbeitung gelten die Bereiche Diagnose, Beratung, Schulung und Konfiguration. Überwiegend wird sie im Sinne des Rapid Prototyping dort eingesetzt, wo Argumentationen und Schlußfolgerungen an Stelle von Berechnungen notwendig sind/4/.

1.4 Graphische Darstellung der Programmiertechniken

Abb.1a: Konventionelle Datenverarbeitung: Flußdiagramm

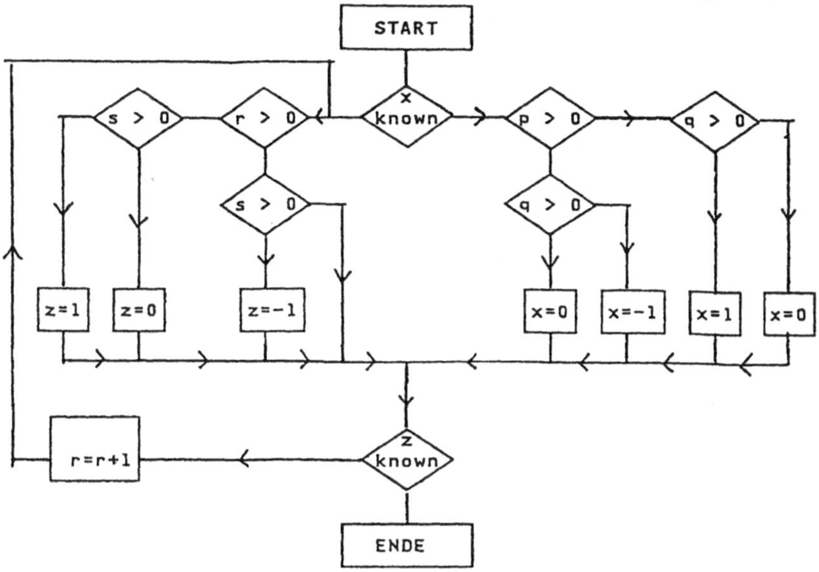

Abb.1b: Konventionelle Datenverarbeitung: Entscheidungstabellentechnik

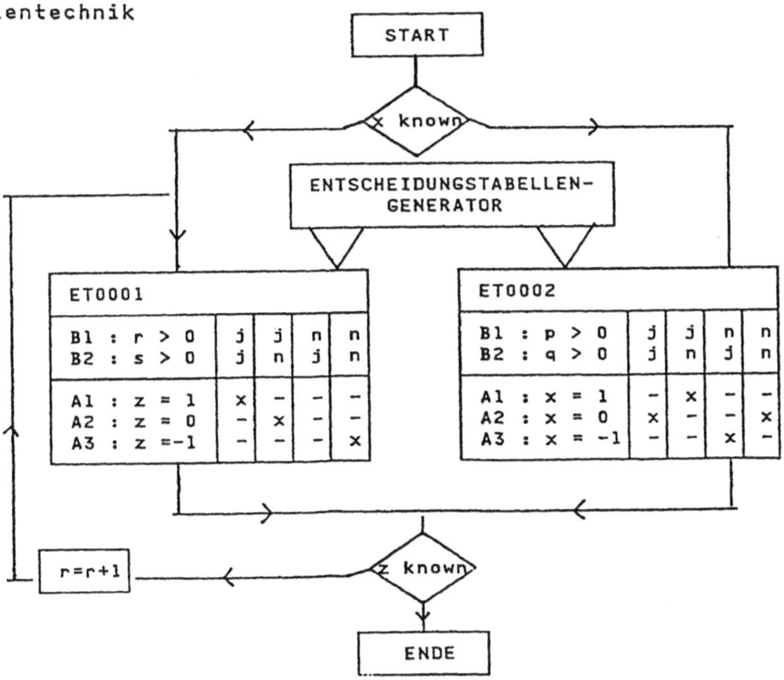
START
x known
ENTSCHEIDUNGSTABELLEN-
GENERATOR
ET0001
B1 : r > 0 | j | j | n | n
B2 : s > 0 | j | n | j | n
A1 : z = 1 | x | - | - | -
A2 : z = 0 | - | x | - | -
A3 : z =-1 | - | - | - | x
ET0002
B1 : p > 0 | j | j | n | n
B2 : q > 0 | j | n | j | n
A1 : x = 1 | - | x | - | -
A2 : x = 0 | x | - | - | x
A3 : x = -1 | - | - | x | -
z known
r=r+1
ENDE

Abb.2a: Wissensverarbeitung: Forward-Chaining-Technik

```
                              START
                                |
Sach-  |R1 | wenn r>0 und s>0 dann z=1        Regel-
  re-  |R2 | wenn r>0 und s<=0 dann z=0       gruppe
 geln  |R3 | wenn r<=0 und s<=0 dann z=-1       1
-------+---+-------------------------------------------
"kwow  |R4 | wenn p<=0 und q>0 dann x=-1      Regel-
 what" |R5 | wenn p<=0 und q<=0 dann x=0      gruppe
       |R6 | wenn p>0 und q>0 dann x=0          2
       |R7 | wenn p>0 und q<=0 dann x=1                     _________
       |===|======================================  <==> |REGEL  |
Kont-  |R8 | wenn x known dann prüfe Regelgruppe 1        |INTER  |
roll   |   |                und prüfe R10, R11            |PRETER|
regeln |R9 | wenn x notknown dann prüfe Regelgr. 2        |_______|
       |   |                und prüfe R10, R11
"Know  |R10| wenn z notknown dann r=r+1 und prüfe
 how"  |   |          Regelgr. 1 und prüfe R10, R11
       |R11| wenn z known dann ENDE
                                |
                              ENDE
```

Abb.2b: Wissensverarbeitung: Backward-Chaining-Technik

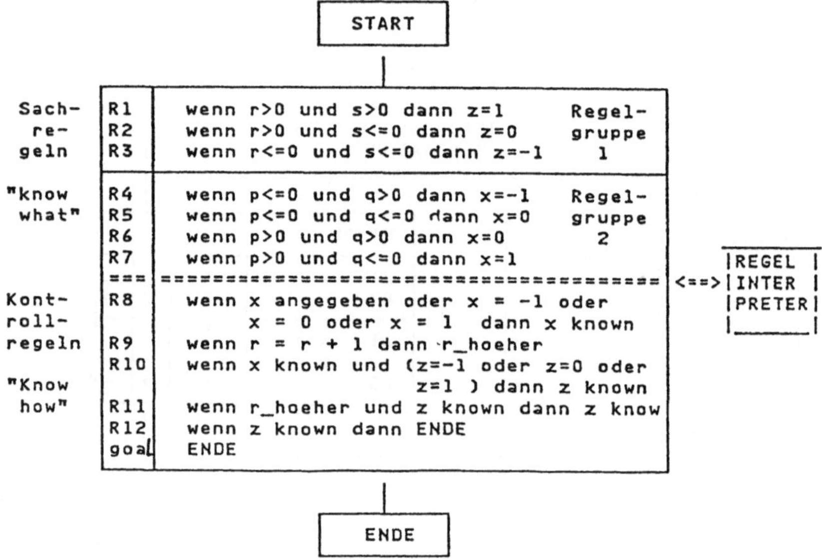

```
                              START
                                |
Sach-  |R1 | wenn r>0 und s>0 dann z=1        Regel-
  re-  |R2 | wenn r>0 und s<=0 dann z=0       gruppe
 geln  |R3 | wenn r<=0 und s<=0 dann z=-1       1
-------+---+-------------------------------------------
"know  |R4 | wenn p<=0 und q>0 dann x=-1      Regel-
 what" |R5 | wenn p<=0 und q<=0 dann x=0      gruppe
       |R6 | wenn p>0 und q>0 dann x=0          2
       |R7 | wenn p>0 und q<=0 dann x=1                     _________
       |===|======================================  <==> |REGEL  |
Kont-  |R8 | wenn x angegeben oder x = -1 oder            |INTER  |
roll-  |   |      x = 0 oder x = 1  dann x known          |PRETER|
regeln |R9 | wenn r = r + 1 dann r_hoeher                 |_______|
       |R10| wenn x known und (z=-1 oder z=0 oder
"Know  |   |                z=1 ) dann z known
 how"  |R11| wenn r_hoeher und z known dann z know
       |R12| wenn z known dann ENDE
       |goal| ENDE
                                |
                              ENDE
```

Die Abbildungen 2a und 2b verdeutlichen den Unterschied zwischen Sachwissen (Wissen über die Problemlösung) und Kontrollwissen (Wissen über die Anwendung des Sachwissens) innerhalb der Wissensverarbeitung. Das Sachwissen 'weiß, was' die Lösung ist (know what). Das Kontrollwissen 'weiß, wie' die Lösung gefunden wird (know how). Letzteres bestimmt, welche Regelgruppen geprüft werden, wann ein Regelgruppenwechsel vollzogen wird und wann dieselbe Regelgruppe mehrmals geprüft werden muß. Schleifen und Rekursionen werden ebenfalls durch das Kontrollwissen ausgedrückt. Das Sachwissen (Sachregeln) muß nicht notwendigerweise in Regelgruppen zusammengefaßt sein. Diese erhöhen aber die Übersichtlichkeit und Abarbeitungseffizienz.

Bei der Entscheidungstabellentechnik(Abb.1b) ist Sach- und Kontrollwissen ebenfalls getrennt. Das Sachwissen ist notwendigerweise in Regelgruppen(Entscheidungstabellen) zusammengefaßt. Das Kontrollwissen entspricht dem Programmablaufplan und ist außerhalb der Entscheidungstabellen verschlüsselt und nicht explizit sichtbar. Schleifen, Rekursionen und Regelgruppenwechsel werden durch den Ablaufplan des Programms bestimmt und liegen i.A. außerhalb der Entscheidungstabellen im umgebenen Programm.

Die komplette Vermischung des Sachwissen mit dem Kontrollwissen ist in Abb.1a zu erkennen. Hier ist das Sachwissen auch in den Programmcode integriert und unterscheidet sich dadurch nicht mehr vom Kontrollwissen.

2.0 Vergleich der Programmiertechniken

In diesem Kapitel werden im wesentlichen die praktischen Erfahrungen beschrieben, die bei der wissensbasierten Implementierung von Expertensystemen im Vergleich zur Implementierung von konventionellen Systemen mit Hilfe von Entscheidungstabellen gemacht wurden.

Grundlage für diesen Vergleich ist zunächst ein System, welches Experten bei der Analyse von Filialen unterstützt. Die konventionelle Realisierung dieser Aufgabe wurde mit Hilfe der Programmiersprache PL/1 und dem Entscheidungstabellengenerator VORELLE auf einer IBM-Großrechenanlage vorgenommen. Die wissensbasierte Programmierung dieser Aufgabe wurde zum einen mit Hilfe von IF/Prolog und zum anderen mit Hilfe des Shells PC+ /7/ durchgeführt, um den Ablauf eines konventionellen Programms mit verschiedenen von Expertensystemen verwendeten Inferenzmechanismen vergleichen zu können. Zur Bekräftigung der Vergleichsergebnisse wurde ein System, welches einen Kreditsachbearbeiter bei der Vergabe eines Kredits unterstützt, konventionell ebenfalls mit PL/1 und VORELLE implementiert und wissensbasiert mit PC+.

Im nachfolgenden Teil der Arbeit wird in erster Linie die konventionelle Entscheidungstabellentechnik mit den mit PC+ entwickelten Systemen verglichen. Der Vergleich mit einem Prolog-System bringt im wesentlichen Erkenntnisgewinne bzgl. des Inferenzmechanismus.

2.1 Entwicklungsvorgang

Bei konventionellen Systemen mit Entscheidungstabellen wird der gesamte Entwicklungsvorgang von den Daten ausgehend durchgeführt. Um ein Problem zu lösen wird überlegt, welche Daten vorliegen, wie diese strukturiert werden, welche Berechnungen mit diesen Daten vorzunehmen sind, welche Aktionen dann vollzogen werden müssen und wie diese Aktionen in Regeln auszudrücken sind. Es liegen viele Regeln in ungeordneter Form vor. Diese Regeln werden dann in Entscheidungstabellen zusammengefaßt. Der Programmentwickler verbindet im Anschluß daran die Entscheidungstabellen zu einem sequentiellen Programmablauf.

Bei Expertensystemen ist die Ausgangslage eine andere. Hier wird der Entwicklungsvorgang insbesondere bei Backward-Chaining-Systemen, wie im Falle von PC+, vom Ziel des Systems aus betrachtet, das als GOAL deklariert wird. Es werden alle Prämissen bestimmt, die zur Erfüllung des Goals beitragen. Aus den verschiedenen Bedingungskonstellationen werden dann Regeln festgelegt, die zum Goal hinführen. Danach werden alle Prämissen der Goals ebenfalls als Ziele betrachtet (Subgoals). Nun werden analog zur Erfüllung des Hauptgoals alle Prämissen gesucht, die zur Erfüllung der Subgoals führen.

Als Ergebnis der Expertensystementwicklung liegt ähnlich wie bei den Entscheidungstabellen eine Menge ungeordneter Regeln vor. Diese werden nun nicht weiter umgesetzt, sondern bilden insgesamt die Wissensbasis des Expertensystems. Um die richtige Abarbeitung der Regeln kümmert sich der Inferenzmechanismus. Der Entwickler muß jedoch durch gewisse Maßnahmen(Gewichtung der Regeln, Metaregeln, Anordnung der Regeln) die Regelabarbeitung beeinflußen, um das gewünschte Ergebnis zu erhalten. Diese Entwicklungsmethode wird vereinfacht durch die Tatsache, daß hier inkrementell vorgegangen werden kann. Auch wenn erst ein Teil der Regeln vorliegt, ist das zu entwickelnde Programm ohne Einbettung in ein konventionelles Steuerungssystem lauffähig.

2.2 Entwicklungsaufwand und Hilfsmittel

Beim konventionellen System wurde während der Entwicklungsphase die meiste Zeit für die Neukompilierung nach Programmänderungen gebraucht. Auch die Fehlersuche wurde dadurch erschwert, daß im Falle des vorliegenden PL/1-Compilers kein spezielles Debugging möglich war. Als nützliches Hilfsmittel erwies sich der Entscheidungstabellengenerator VORELLE, der Entscheidungstabellen analysiert und dadurch Fehler aufdeckt.

Bei der wissensbasierten Entwicklung der Filialanalyse mit PC+ erwies sich die Suche nach einer geeigneten Datenstruktur aufgrund mangelnder Ausdrucksmöglichkeiten des Shells am zeitaufwendigsten. Erweiterungen konnten im Sinne des Rapid Prototyping sofort getestet werden und durch die Möglichkeit der Verfolgung der Regelabarbeitung(TRACE-Mechanismus) war ein hervorragendes Debugging möglich. Auch eventuelle Tippfehler und logische Fehler wurden vom Shell sofort erkannt. Die meiste Entwicklungszeit sparte man allerdings durch die Modularität des Wissens innerhalb des Expertensystems. Dadurch konnten Erweiterungen mit bedeutend weniger Nachdenkzeit vorgenommen werden.

2.3 Darstellung der Fakten und des Wissens

Bei der Filialanalyse liegen relativ viele Daten vor(Kennzahlwerte, Kennzahlbaum, Gewichtungen der Kennzahlen) und es werden viele Berechnungen mit Hilfe dieser Daten vorgenommen. Aufgrund der großen Zahl unterschiedlicher Daten ist es nützlich, die zusammenhängenden Werte in eine geeignete Datenstruktur zu integrieren.

Dies ist mit den konventionellen Mitteln einfach durchführbar, man kann hier auf Felder und Recordstrukturen zurückgreifen. Diese Möglichkeit gibt es in der Regel bei Expertensystem-Shells noch nicht, so daß die zur Filialanalyse herangezogenen Daten nur sehr ungünstig in Form elementarer Variablen gespeichert werden können. Dies hat wiederum zur Folge, daß manche Abarbeitungsregeln komplizierter sind, da man nicht selektieren und indizieren kann.

Für die Darstellung des Wissens wurden keine wesentlichen Unterschiede festgestellt. Regeln werden in Entscheidungstabellen ähnlich dargestellt wie Sachwissen in Expertensystemen (vgl.1b, 2a, 2b). Bei Entscheidungstabellen ist allerdings darauf zu achten, daß eine Regel sich in der richtigen Entscheidungstabelle befindet, d.h. richtig im Ablaufplan des Programms liegt. Dies ist jedoch auch bei manchen Hilfsmitteln zur Erstellung von Expertensystemen, z.B bei Prolog, nötig.

2.4 Inferenzmechanismen, Steuerung des Programms

2.4.1 Inferenzmechanismus der Entscheidungstabellen

Im konventionellen Programm mit Entscheidungstabellen legt der Entwickler an Stelle eines nicht vorhandenen Inferenzmechanismus die Abarbeitung der Aktionen durch den Programmablaufplan fest (vgl. Abb.1b). Er bedient sich dabei der Forward-Chaining-Strategie, nach der Aktionen ausgeführt werden, wenn sie im sequentiellen Programmablauf an der Reihe sind. Der Entwickler bestimmt auch, wann eine Entscheidungstabelle aufgerufen wird, jedoch durch den Aufruf einer Entscheidungstabelle gibt er die Steuerung des Programms kurzfristig ab. Diese übernimmt dann der Inferenzmechanismus der Entscheidungstabelle, welcher folgendermaßen abläuft:

Nach dem Prinzip des Forward-Chainings werden die Prämissen der Regeln untersucht und bei Erfüllung aller Prämissen einer Regel wird diese angewendet. Bei Eintreffer-Entscheidungstabellen werden die Regeln der Reihe nach getestet und sobald eine Regel anwendbar ist, wird diese ausgeführt. Die restlichen Regeln werden nicht mehr überprüft. Bei Mehrtreffer-Entscheidungstabellen dagegen werden alle anwendbaren Regeln ausgeführt. Dies bedeutet, daß auf jeden Fall alle Regeln einer aufgerufenen

Entscheidungstabelle getestet werden. Es besteht jedoch nicht die Möglichkeit, diesen Inferenzmechanismus während des Programmlaufs zu beeinflußen. Der Inferenzmechanismus arbeitet die anwendbaren Regeln sequentiell ab und kommt deshalb bei Regelumstellungen möglicherweise zu ganz anderen Ergebnissen.

2.4.2 Vergleich mit dem Prolog-Inferenzmechanismus

Der Inferenzmechanismus des Prolog-Interpreters funktioniert ähnlich, denn auch hier wird von mehreren anwendbaren Regeln diejenige ausgeführt, die zuerst getestet wurde. Jedoch arbeitet der Prolog-Interpreter nach der Backward-Chaining-Methode. Die Regelabarbeitung des Interpreters erlaubt nicht, Regeln beliebig zu vertauschen. Der nahezu lineare Lösungsweg des Filialanalysesystems verursachte eine feste Reihenfolge der Regelabarbeitung, was die Nachimplementierung mittels Entscheidungstabellen vereinfacht hat.

2.4.3 Vergleich mit dem Inferenzmechanismus von PC+

Der Inferenzmechanismus von PC+ bietet die Möglichkeit, von mehreren anwendbaren Regeln eine ganz bestimmte anzuwenden. Diese Beeinflußung des Inferenzprozeßes während des Programmlaufs wird zusätzlich durch Regelgewichtungen und Metaregeln unterstützt. Weitere Hilfsmittel erlauben, mehrere Regeln anzuwenden (Antecedent-Regeln, Active-Values) /7/. Dieser Inferenzmechanismus arbeitet i.a. nach der Backward-Chaining-Strategie. Es besteht aber die Möglichkeit Regeln mit ANTECEDENT zu kennzeichnen, um eine vorwärtsgerichtete Abarbeitung zuzulassen.

2.5 Laufzeitaufwand

Aus der Beschreibung der Inferenzmechanismen ist offensichtlich, daß die Laufzeit beim konventionellen System i.A. geringer ist. Bei Expertensystemen wird der Programmablauf vom Inferenzmechanismus 'gesucht', dagegen wird bei konventionellen Systemen mit Entscheidungstabellen der Programmablauf bereits durch den Entwickler bestimmt. Während beim Expertensystem meistens viele Regeln getestet werden, werden beim konventionellen System immer nur die Regeln einer bestimmten Entscheidungstabelle getestet, also bedeutend weniger. Außerdem können bei Eintreffer-Entscheidungstabellen Regelminimierungen vorgenommen werden, was einen zusätzlichen Laufzeitgewinn bedeutet. Hier bieten sich jedoch auf Seiten der Expertensysteme Ansätze zur Effizienzverbesserung durch die Bildung von Regelgruppen an (vgl. Abb. 2a, 2b).

Eine Laufzeitverbesserung wird außerdem durch eine geeignete Regelreihenfolge erreicht. Die Reihenfolge der Regeln wird dabei durch die Häufigkeit der Anwendung bestimmt. Bei Entscheidungstabellen und auch bei Expertensystemen kann die Häufigkeit, wie oft eine Regel gefeuert wurde, festgestellt werden. Mit diesem Wissen kann man Regeln, die häufig gefeuert werden, am Anfang der Regelabarbeitung einbauen.

Weiterhin wird die Laufzeit von Programmen durch die Wahl des Rechners beeinflußt. Im konkreten Fall wurden die konventionellen Systeme auf einem Großrechner implementiert, die Expertensysteme hingegen auf einem Kleinrechner, weswegen absolute Laufzeitvergleiche wenig sinnvoll sind.

2.6 Änderungsfreundlichkeit

Änderungen an einem Expertensystem geschehen durch Abändern oder Neuhinzufügen einer Regel. Dabei muß unter Berücksichtigung des Inferenzprozeßes beachtet werden, daß neue Regeln zum richtigen Zeitpunkt getestet werden. Diese Art der Programmänderung ist relativ einfach und kann im Sinne des Rapid-Prototyping auch schnell vollzogen werden, da aufgrund der Modularität des Wissens der Einarbeitungsprozeß in das zu ändernde System vereinfacht wird.

Änderungen in Entscheidungstabellen geschehen ähnlich wie bei den regelbasierten Systemen, indem eine neue Regel in eine Entscheidungstabelle hinzugefügt wird oder eine alte Regel geändert wird. Größere Probleme treten jedoch bei Änderungen im Steuerungsteil des Programms auf. Während bei regelbasierten Systemen auch hier nur eine Änderung oder Hinzufügung einer Regel vorgenommen werden muß, so ist bei konventionellen Programmen außerhalb der Entscheidungstabellen direkt im Programm diese Änderung vorzunehmen, was erfahrungsgemäß schwieriger zu verwirklichen ist.

Entscheidungstabellen stellen das Wissen explizit, der Programmablaufplan stellt das Wissen implizit dar. So gesehen kann man die Programmierung mit Entscheidungstabellen in ihrer Änderungsfreundlichkeit zwischen der regelbasierten, wo das Wissen explizit dargestellt ist, und der konventionellen Entwicklung ansiedeln, wo das Wissen implizit integriert ist.

2.7 Erklärungsfähigkeit

Soll ein Programmsystem seine Schlußfolgerung dem Anwender erklären, so muß dies bei der konventionellen Programmiermethode explizit ausprogrammiert werden, während unter zu Hilfenahme einer Expertensystem-Shell mit integrierter Erklärungskomponente dies nicht notwendig ist. Bei PC+ kann eine eingebaute Erklärungskomponente verwendet werden, um dem Benutzer zu erklären, warum und wie es zum gegenwärtigen Ergebnis gekommen ist.

2.8 Folgerungen aus dem Vergleich

In der Funktionalität und in der Mächtigkeit der fertiggestellten Systeme wurden bis auf die Erklärungskomponente keine Unterschiede festgestellt. Hierdurch wird eine bereits von E. Kowalski vertretene Meinung unterstützt, daß die Macht der Expertensysteme in ihrem Entwicklungsprozeß liegt und nicht im Endsystem, welches wenn es vollständig und verstanden ist, auch mit einem konventionellen System implementiert werden kann/3/. D.h. also, daß die wissensbasierte Programmierung eine neue Software-Entwicklungs-Technologie darstellt.

Die daraus entstehende Frage 'Soll man ein System konventionell mit Entscheidungstabellen oder wissensbasiert als Expertensystem implementieren' wird überwiegend durch die jeweiligen Vorteile der Programmiertechniken bestimmt.

Aus der Modularität des Wissens ergeben sich bei der wissensbasierten Entwicklung Vorteile im Entwicklungsaufwand, der Änderungsfreundlichkeit und in der Erklärungsfähigkeit. Daraus folgt, daß ein System wissensbasiert entwickelt werden sollte, wenn einige der folgenden Kriterien erfüllt sind:

- es existiert kein Algorithmus zur Lösung des Problems
- Problem noch nicht vollständig erschloßen (diffuse Gebiete)
- Laufzeit spielt geringe Rolle(z.B. viele Benutzereingaben)
- Ergebniserklärung gewünscht
- guter Systemüberblick gewünscht
- Wartbarkeit und Änderungen wichtig
- Übertragungen auf ähnliche Aufgabengebiete vorgesehen

Es gibt aber auch Gründe, die für eine Entwicklung mit konventionellen Mitteln sprechen. Vorteilhaft von konventionellen Systemen ist in erster Linie die Laufzeit. Darum ergeben sich folgende Kriterien, die für eine Entwicklung mit konventionellen Methoden sprechen:

- Bekannter Algorithmus
- viele numerische Berechnungen sind vorzunehmen
- es liegen wenig Benutzereingaben vor
- Laufzeit spielt wichtige Rolle
- Benutzer interessiert primär das Ergebnis, nicht der Weg
- Black-box-Betrachtungsweise
- keine oder nur geringe Änderungen sind zu erwarten

3.0 Transformation der Programmiertechniken

Unter der Transformation der Programmiertechniken wird die Überführung eines mit einer Programmiertechnik entwickelten Systems in ein funktional gleichwertiges System einer anderen Programmiertechnik verstanden. Dabei geht es nicht um einen abstrakten Mächtigkeitsvergleich, sondern das Ziel dieser Transformationen ist es, die jeweiligen Vorteile der einzelnen Programmiertechniken wechselweise ausnützen zu können.

3.1 Transformation von Entschteidungstabellen in Expertensysteme

3.1.1 Vorgehen bei der manuellen Transformation

Bei der Überführung von Entscheidungstabellen in ein regelbasiertes Expertensystem muß unterschieden werden, ob der Inferenzmechanismus des Expertensystems nach der Backward-Chaining- oder nach der Forward-Chaining-Technologie arbeitet.

Bei der Transformation in ein Expertensystem mit Forward-Chaining (vgl. Abb.1b und Abb.2a) werden alle Regeln der Entscheidungstabellen als Sachregeln in die Wissensbasis des Expertensystems übertragen (vgl. Abb.2a R1 - R7). Das die Entscheidungstabellen umgebene Kontrollwissen wird in Kontrollregeln umgewandelt (vgl. Abb.2a R8 - R11). Hierbei handelt es sich um eine schlichte Überführung des Ablaufplans in Kontrollregeln.

Die Transformation in ein Expertertensystem mit Backward-Chaining (vgl. Abb.1b und Abb.2b) vollzieht sich in zwei Schritten: Zunächst wird das Sachwissen der Entscheidungstabellen Regel für Regel in die Wissensbasis des Expertensystems geschrieben(vgl. Abb.2b R1 - R7). Als zweiter Schritt wird das Endekriterium des konventionellen Systems festgestellt und als Goal des Expertensystems deklariert. Danach werden die Bedingungen gesucht, die dieses Goal erfüllen(Subgoals). Aus dieser Bedingungs-Goal-Konstellation wird dann eine Regel der Wissensbasis generiert(Abb.2b R12). Iterativ werden dann die Bedingungen gesucht, die wiederum die Subgoals erfüllen (vgl. Abb.2b R8 - R11). Die Bedingungen der Kontrollregeln werden schließlich durch die Aktionen der Sachregeln erfüllt (vgl. Abb.2b R9, R10). Auch Rekursion ist dadurch ausdrückbar (vgl. Abb.2b R11). Hierbei wird das Kontrollwissen weitgehend neu entwickelt, da ein Wechsel vom Forward-Chaining des konventionellen Programms zum Backward-Chaining vollzogen werden muß.

3.1.2 Erfahrungen und Probleme bei einem praktischen Beispiel

Erfahrungen wurden bei der Transformation des Filialanalysesystems von Entscheidungstabellen nach PC+ (Inferenzmechanismus arbeitet nach Backward-Chaining) gesammelt. Dabei war diese Umwandlung problematisch und unnatürlich. Dies lag in erster Linie daran, daß viele zusammenhängende Datenwerte, viele reine Berechnungen und kein eindeutiges Ziel(Ziel ist: Benutzer wünscht Beendigung der Analyse) vorlagen. Diese Gründe bewirken, daß das Problem viel einfacher mit einem 'Forward-Algorithmus' bewältigt werden kann, aber durch die Verwendung des Shells in einen Backward-Algorithmus gezwängt werden mußte.

3.2 Transformation von Expertensystemen in Entscheidungstabellen

3.2.1 Übertragung der Wissensbasis

Da bei konventionellen Systemen mit Entscheidungstabellen ein strikter Programmablauf vorhanden sein muß, ist es die erste Aufgabe bei der Transformation von Expertensystemen in Entscheidungstabellen diesen 'einen' strikten Programmablauf zu erkennen. Dies bedeutet, daß die Wissensbasis in Kontroll- und Sachwissen zu trennen ist und im Anschluß daran die Kontrollregeln in einen Programmablaufplan, die Sachregeln in Entscheidungstabellen umgewandelt werden müssen.

Um die Trennung zwischen den Sachregeln und Kontrollregeln eindeutig feststellen zu können, wird der Inferenzprozeß beobachtet. Regeln, die die Prüfung anderer Regeln verursachen, gelten als Kontrollregeln, Regeln, die keine Abarbeitung anderer Regeln bewirken, gelten als Sachregeln.

Zusammengehörende Sachregeln werden in Regelgruppen zusammengefaßt, jede Regelgruppe bildet dann eine Entscheidungstabelle (Regelgruppe 1 in Abb.2a bzw.2b bildet ET0001 in Abb.1b, Regelgruppe 2 bildet ET0002). Der Entscheidungstabellengenerator vollzieht Vollständigkeits-, Widerspruchsfreiheits- und Redundanzfreiheitsprüfung der Entscheidungstabellen, wobei gegebenenfalls sogar bei getesteten, laufenden Expertensystemen dadurch noch problematische Regeln zu finden sind. Abschließend werden bei Bedarf aufgrund der Entscheidungstabelleneigenschaften Regelminimierungen vorgenommen, was letztendlich zu einem Laufzeitgewinn führt.

Bei Expertensystemen mit Forward-Chaining-Technologie läßt sich das Kontrollwissen ebenfalls in einfacher Weise übertragen. Entsprechende Regeln werden direkt in den Programmcode übertragen und je nach Regelgruppe die passende Entscheidungstabelle angesteuert (vgl. Abb.2a und Abb.1b). Es muß lediglich darauf geachtet werden, daß die übertragenen Regeln an der richtigen Stelle in den Programmablaufplan eingefügt werden.

Die Übertragung der Kontrollregeln bei Backward-Chaining-Expertensystemen ist wesentlich schwieriger und bisher durch Heuristiken geprägt. Durch die Betrachtung des Ein-/Ausgabeverhaltens des Systems werden markante Zustände festgehalten. Diese Zustände werden dann als Meilensteine innerhalb des Programmablaufs betrachtet, so daß bereits durch die Betrachtung des Ein-/Ausgabeverhaltens eine Grobstruktur des sequentiellen Programmablaufs erstellt wird(z.B Prüfung einer Regelgruppe ist ein Meilenstein).

Im Anschluß daran wird festgestellt, was jeweils zwischen zwei solcher Meilensteine geschieht. Dabei werden zu allen Aktionen diejenigen Aktionen notiert, die unbedingt zuvor auszuführen sind. Zusätzlich wird der Inferenzprozeß beobachtet, indem jede Regel, die getestet oder angewendet wird, mitprotokolliert wird. Dadurch wird die Reihenfolge der Regelabarbeitung erkannt und die sequentielle Abarbeitung zwischen den Meilensteinen entwickelt. Einzelne Aktionen, die nicht in Entscheidungstabellen überführt sind, werden analog in den Programmablaufplan eingehängt.

Die Übertragung der Kontrollregeln in den Programmablaufplan wird durch die Beobachtung weniger Programmläufe vollzogen. Daher muß gewährleistet sein, daß möglichst alle signifikanten Fälle in den Programmablaufplan miteinbezogen wurden.

3.2.2 Übertragung der Erklärungs- und Dialogkomponente

Da die Erklärungs- und Dialogkomponente davon abhängt, wie das Expertensystem entwickelt worden ist, muß man hier wie folgt unterscheiden:

Bei Expertensystemen, bei denen die beiden Komponenten explizit einen Teil der Wissensbasis darstellen, werden diese Komponenten bei der zuvor beschriebenen Transformation äquivalent mitübertragen.

Dagegen bei Expertensystemen, die mit Shells entworfen wurden, die eine integrierte Erklärungs- und Dialogkomponente haben, müßten die beiden Komponenten nach der Transformation neu implementiert werden. Dies ist relativ aufwendig, da ein Teil dessen, was das Shell liefert neu codiert werden muß.

Allerdings wird der Nutzer vom übertragenen konventionellen System i.a. keine Erklärungen erwarten, da man vornehmlich Batch-Systeme oder Routine-Systeme durch die Transformation beschleunigen will oder das übertragene System nur zu Verifikationszwecken erzeugt wird. Insofern kann zumindest auf die Übertragung der Erklärungskomponente verzichtet werden.

3.2.3 Probleme bei einem praktischen Beispiel

Bei der Transformation der mit Prolog implementierten Filialanalyse in ein konventionelles System mit Entscheidungstabellen mußte ein Wechsel vom Backward-Chaining zum Forward-Chaining durchgeführt werden. Dabei traten eigentlich keine nennenswerten Probleme auf. Diese Tatsache basiert sicherlich darauf, daß die Filialanalyse in Wahrheit immer den gleichen sequentiellen Ablauf hat. Dadurch wurde der Sequentialisierungsvorgang erheblich vereinfacht. Aus diesem Grunde führte die oben beschriebene Methode(Verdeutlichung der Reihenfolge der auszuführenden Aktionen) sofort zum Erfolg.

Im allgemeinen ist aber die größte Schwierigkeit bei dieser Umwandlung, aus den vielen Regeln und dem Inferenzmechanismus einen sequentiellen Ablauf zu erkennen. Um dies sinnvoll und mit möglichst geringem Zeitaufwand erreichen zu können, ist eine gute Dokumentation der Regeln und eine Beschreibung des Inferenzprozeßes notwendig.

3.2.4 Systematisierung der Transformation

Die bisher beschriebene manuelle Transformation basiert in erster Linie auf Heuristiken, die an den Beispielen gewonnen wurden. Dies wiederum läßt noch viele Freiheiten in der Vorgehensweise bei der Transformation von Expertensystemen in Entscheidungstabellen zu. Ziel sollte es sein, einen systematischen Weg für die Transformation zu finden.

Dabei wird versucht, anhand von Beziehungen zwischen den Regeln des Expertensystems(z.B. gleiche Parameter in der Prämisse oder Konklusion), eine allgemeine Methode zu finden, die die Zuordnung von Sachregeln zu bestimmten Entscheidungstabellen bewirkt(vgl. Sachregeln von Abb.2b mit Entscheidungstabellen von Abb.1b).

Die systematische Erkennung des Programmablaufplans erfolgt durch die Analyse verschiedener Programmläufe, bei denen die Ein-/Ausgaben, die getesteten und angewandten Regeln mitprotokolliert werden. Die Analyse erfolgt dabei durch eine Art Supercompiler/8/, der aus mehreren Programmläufen unter Kontrolle des Inferenzmechanismusses einen einheitlichen konventionellen Algorithmus erzeugen soll.

Bei der systematischen Transformation von mit PC+ entwickelten Expertensystemen wird ein Algorithmus verwendet, der basierend auf der Funktionsweise des Inferenzmechanismus von PC+, der Beschreibung des Trace /7/ und mehrerer mitprotokollierter Programmläufe ein konventionelles Programm mit Entscheidungstabellen erzeugt /5/.

3.3 Anwendungen

In der Praxis ist eine Transformation von Entscheidungstabellen in Expertensysteme sinnvoll, wenn ein bestehendes konventionelles System weiterentwickelt werden soll, und man bei den Fortschreibungen und Ergänzungen die Vorteile der wissensbasierten Programmierung ausnutzen will. Damit sind dann die beachtlichen Investitionen in bestehende Entscheidungstabellensoftware bewahrt und trotzdem Aufwärtskompatibilität gegeben.

Überdies ist eine solche Transformation auch bei der Neuerstellung von Programmen nützlich, nämlich als Schnittstelle während der Wissensakquisation. Wenn der Fachexperte oder Systemanalytiker bereit ist, das Problemwissen in Form von Entscheidungstabellen zu formulieren, so ist aufgrund der Transformationsmöglichkeit für diese Problembereiche die Wissensakquisition beherrscht. Zudem ist das so gewonnene Wissen von besonderer Konsistenz, da es mit den für Entscheidungstabellen zu Verfügung stehenden Verifikationswerkzeugen geprüft werden kann.

Eine Transformation von Expertensystemen nach Entscheidungstabellen bietet sich an, wenn ein wissensbasiertes System bereits vollständig entwickelt ist oder kaum noch Änderungen zu erwarten sind. Vorteile liegen in erster Linie im Laufzeitgewinn durch die Entscheidungstabelleneigenschaften und die Möglichkeit, ein auf einem Spezialrechner entwickeltes Expertensystem auf vielen herkömmlichen Rechenanlagen verfügbar zu machen, bzw. in das vorhandene konventionelle EDV-System einer Unternehmung einzubetten.

Während der Entwicklungsphase eines Systems bieten sich diese Transformationen dann an, wenn die Wissensbasis eines Expertensystems mit Hilfe von Entscheidungstabellen verifiziert werden soll. Nach der Verifikation erfolgt die Rücktransformation der Entscheidungstabellen in das Expertensystem, um die Weiterentwicklung mit den Vorteilen der Wissensverarbeitung fortsetzen zu können.

Die Festlegung von systematischen Wegen bei den Transformationen wird einen erheblichen Fortschritt innerhalb der Software-Entwicklung bedeuten.

4.0 Literaturverzeichnis

/1/ Güntzer, U.; Huber, G.; Jüttner, G. : Ein Expertensystem zur Unterstützung der Filialanalyse bei der HYPO-Bank. in: (Hansen, H.R., ED.), GI/OEG/ÖGI-Jahrestagung 1985, Wien, Informatik Fachberichte 108, 839-852, Springer-Verlag 1985

/2/ Güntzer, U.; Ringlstetter, F.; Häussler W.; Jüttner G. : Entwicklung eines Expertensystems zur Unterstützung der Kreditwürdigkeitsprüfung mit Hilfe des Shells Personal-Consultant-Plus.
Institut für Informatik, Technische Universität München, 1986

/3/ Hayward, S.A. : Is a decision tree an expert system. Research and development in expert systems: Warwick, Dezember 1985, p. 185 - 192.

/4/ Kowalski, E. : AI and Software Engineering. Datamation 30:18, 92-102 , November 1984

/5/ Schöll, Ch. : Vergleich von regelbasierten Expertensystemen mit Entscheidungstabellen.
Institut für Informatik, Technische Universität München, 1986

/6/ Strunz, H. : Entscheidungstabellentechnik. Hanser-Verlag, München 1977

/7/ Texas Instruments Gmbh (ED.) : Personal Consultant Plus User's Manual.
April, 1986

/8/ Turchin, V.F. : The concept of a supercompiler. ACM Transactions on Programming Languages and Systems Vol. 8, No. 3, July 1986, p. 292 - 325

<u>Adressen der Autoren</u>

Prof. Dr. Ulrich Güntzer
Institut für Informatik der Technischen Universität München
Arcisstraße 21
8000 München 2

Christian Schöll
Institut für Informatik der Technischen Universität München
Unterer Buigenweg 10
8973 Hindelang

Gerald Jüttner
Leibniz-Rechenzentrum der Bayer. Akademie der Wissenschaften
Barerstraße 21
8000 München 2

Dr. Karl-Rudolf Moll
Bayerische Hypotheken- und Wechselbank, München
Arabellastraße 12
8000 München 81

LEBEX - Lebensversicherungsberatung durch ein Expertensystem

Frank v. Martial

Gesellschaft für Mathematik und Datenverarbeitung mbH (GMD)
Institut für angewandte Informationstechnik (F3)
Schloß Birlinghoven, Postfach 1240
D-5205 Sankt Augustin 1

Kurzfassung:
Die Entwicklung und Erprobung eines Expertensystems auf dem Gebiet der Finanzberatung wird dargestellt. Das Wissensgebiet dieses Systems mit Namen LEBEX ist der Lebensversicherungssektor. Mit LEBEX wurde gezeigt, wie sich ein Expertensystem für diesen Anwendungsbereich auf einem Mikrocomputer realisieren läßt und wo noch Ansätze zur Verbesserung liegen.
Schlüsselwörter: Expertensystem, Kundenberatung, Lebensversicherungen, Mikrocomputer.

1. EINLEITUNG

Während es schon einige Computersysteme mit umfassenden Daten zu Lebensversicherungen gibt, die dem Berater als Hilfsmittel dienen, ist die selbständige Beratung - sowohl über Lebensversicherungen als auch über allgemeine Geldangelegenheiten - noch weitestgehend Neuland für Computer. Zur Automatisierung der Finanzberatung kann die Technik der Expertensysteme einen hilfreichen Beitrag leisten.

Es wird die Realisierung eines experimentellen Expertensystems zur Lebensversicherungsberatung beschrieben. **LEBEX**, der Name des Systems, steht für **LEB**ensversicherungs-**EX**perte. Mit LEBEX wurden Erfahrungen in der Entwicklung und Erprobung eines solchen Systems gemacht.

Begriffsbestimmung: **Expertensysteme** sind Programmsysteme, mit denen das Spezialwissen und die die Schlußfolgerungsfähigkeit qualifizierter Fachleute (Experten) auf zumeist recht eng begrenztem Fachgebiet nachgebildet werden sollen [4],[6],[13].

Finanzberatung ist die Beratung über alle die Finanzen betreffenden Fragen.

Finanzen (Beratungsdomain) bezeichnen das Vermögen in Geld oder eine Vermögensanlage [5],[15].

Vermögen im Sinne des Privatrechts ist die Summe der

"geldwerten" Güter.

Der Begriff der **Beratung** soll hier im Sinne einer **Verkaufs**- oder **Kundenberatung** verstanden werden. Die Motivation für den Berater ist häufig ein materielles Interesse.

Zu den **Branchen**, in denen diese Art von Beratung durchgeführt wird, gehören Banken, Sparkassen, Hypothekenbanken, Bausparkasssen, Versicherungen und Steuerberater.

Der Bereich der **Lebensversicherungsberatung** ist ein Teilgebiet der Finanzberatung.

Lebensversicherungen betreffen hauptsächlich die Aspekte

- Vermögenssicherung z.B. als Kapital-, Risiko- oder Rentenversicherung

  und
- Vermögensaufbau z.B. in Form einer Ausnutzung des Vermögensbildungsgesetzes (Kapital-Police) und als eine Ausbildungs- oder Aussteuerversicherung.

Motivation:

Die Entscheidung, ein Expertensystem für diesen Anwendungsbereich zu bauen, hatte mehrere Gründe:

* Der Lebensversicherungsbereich kann als ein in sich abgeschlossener Sektor der Finanzberatung die Grundlage einer eigenständigen Beratung bilden.
* Eine Beratung über Lebensversicherungen ist komplex genug, um die Problematik einer allgemeinen Finanzberatung zu erfassen.
* Ein Experte, der zur Zusammenarbeit bereit war, stand zur Verfügung.
* Der Berater geht oft heuristisch vor. Zur Lösung der Aufgabe sind exakte mathematische Verfahren nicht angebracht.
* Es gibt bisher nur dürftiges schriftliches Material über die Lebensversicherungsberatung, wobei die Betonung auf dem Vorgang der Beratung liegt, so daß eine systematische Beschäftigung damit und Aufzeichnung des Wissens durchaus lohnt.
* Es gibt viele Berater auf diesem Gebiet, deren fachliche Kompetenz zumindest angezweifelt werden kann. Teilweise sind Berater auch eher reine Verkaufsleute für ihr Produkt als objektive Berater. Eine computerisierte Beratung könnte hier sicherlich Abhilfe schaffen.
* Fehlentscheidungen im Lebensversicherungsbereich, die aufgrund mangelden oder falschen Wissens zustande kommen, sind üblicherweise schwer rückgängig zu machen und können zu

größeren finanziellen Einbußen führen.

Bezüglich der Durchführung auf einem **Mikrocomputer** gilt insbesondere:

* Die Aufgabe scheint nicht zu aufwendig, um auf einem Mikrocomputer implementiert zu werden.
* Eine Anwendung im Außendienst ist aus Transport- und Kostengründen nur mit Hilfe eines Mikros vernünftig realisierbar. Hier bietet sich an, einem Finanzberater, der sich auf einem Spezialgebiet wie Lebensversicherungen weniger auskennt, mit einem Expertensystem auszuhelfen.

2. WISSENSERWERB

Für den Wissenserwerb stand ein Experte aus der Finanzberatungsbranche zur Verfügung. Dieser wird in Zukunft mit Berater bezeichnet. Innerhalb des Aufgabengebiets des Finanzberaters bot sich die Beratung über Lebensversicherungen als geeignete Anwendung an.

Verschiedene Methoden wurden zur Wissensakquisition eingesetzt:

a. Literaturstudium: Als Einstieg in das Wissensgebiet habe ich ein Buch der Verbraucherzentrale über Versicherungen und Informationsbroschüren verschiedener Gesellschaften durchgelesen. Ferner standen mir die Tarifwerke der in LEBEX verwendeten Lebensversicherungen und Werbebroschüren der Vermittlungsgesellschaft zur Verfügung.

b. Interview: Für eine erste Strukturierung des Problembereichs wurde der Berater von mir befragt. Dabei wurden angesprochen: Klassifizierung der Kunden, übersicht über die in LEBEX zu verwendenden Lebensversicherungen, Phasen der Beratung und Vor-/Nachteile von bestimmten Lebensversicherungsformen. Der Berater hatte hier teilweise Schwierigkeiten, sein Wissen auf diesem etwas abstrakteren Niveau mitzuteilen.

c. Protokoll-Analyse (Beratungsbeispiele): Für den eigentlichen Beratungsvorgang war der Berater meine einzige Wissensquelle, da das entsprechende Wissen nur mündlich weitergegeben und daher nicht schriftlich fixiert ist.

Der Ablauf einer Beratung ließ sich am besten herausfinden, indem Beratungsbeispiele durchgesprochen wurden und daraus mit dem Berater Strukturmerkmale abgeleitet wurden. Dabei habe ich meist die Rolle eines Interessenten eingenommen, der beraten werden möchte. Diese Sitzungen wurden mit dem Kasettenrecorder aufgezeichnet und später ausgewertet.

Zu Anfang der Sitzungen stand meist eine Wiederholung des von mir bereits aufgezeichneten Wissens. Diese ständige überprüfung war notwendig, wie sich an den zahlreichen Korrekturen und Erweiterungen zeigte, die dabei zustande kamen.

Die erste Phase der Zusammenarbeit mit dem Berater erstrekte sich über einen Zeitraum von 3 Monaten, in deren Verlauf wir 10 Sitzungen von 1 bis 2 Stunden Dauer hatten.

d. Mitarbeiterschulung: Ich habe einige Male an der Mitarbeiterschulung der Gesellschaft teilgenommen. Dieses war zwar für den Bereich der Lebensversicherungen weniger nützlich, brachte mir aber einige grundsätzliche Einblicke in das Gebiet der Finanzberatung.

e. Beobachtung bei praktischer Arbeit: Fünf Mal war ich bei einer Kundenberatung anwesend. In drei Fällen kam dabei das Thema Lebensversicherungen zur Sprache.

3. BERATUNG DURCH LEBEX

Während des **Interviews** werden die zunächst wichtigen Daten des Benutzers aufgenommen, um das Benutzermodell zu bilden. Dieses Benutzermodell bildet die Basis für die spätere Beratung und berücksichtigt die folgenden Gesichtspunkte:

1. persönliche Daten des Kunden (Name, Alter,...),
2. berufliche Daten (Arbeitnehmer, selbständig, Einkommensgruppe,...)
3. familiäre Informationen (Familienstand, Anzahl der Kinder,...),
4. vorhandene Versorgungen (Lebensversicherungen, Rente: betrieblich, gesetzlich,...)
5. Interessenschwerpunkte und Zukunftspläne (Bauabsichten,...).

Im darauffolgenden Abschnitt, der **Analyse**, werden Hypothesen gebildet, die etwas über die Bedarfslage des Benutzers aussagen. Fragestellungen der folgenden Art werden dabei berücksichtigt:

Herrscht eine Unterversorgung der Familie? Ist die Rente genügend abgesichert? etc. Aufgrund der hier gewonnenen Ergebnisse wird ein übergeordneter Plan für die eigentliche Beratung erstellt. Dieser Plan gibt die potentiellen Beratungsthemen und eine vorläufige Reihenfolge für ihre Behandlung an.

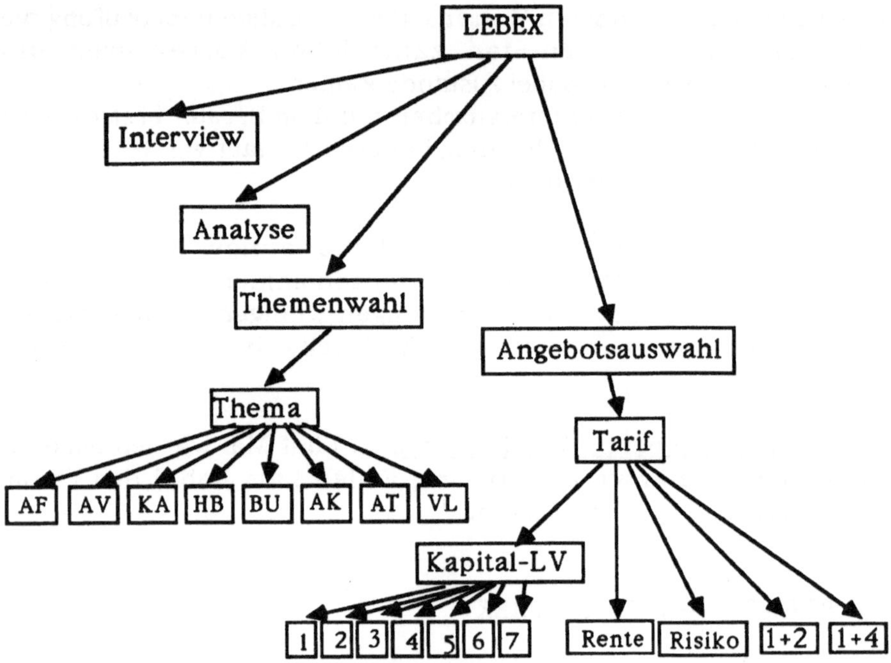

Abb.1: Struktur des Beratungssystems.

Der Benutzer wird dann über die **Themen** beraten, die sich mit den vorher aufgestellten Hypothesen beschäftigen. Diese können sein:

- Absicherung der Familie(AF),
- Altersvorsorge(AV),
- Hypothekenbeschaffung(HB),
- Kapitalanlage(KA),
- Vorsorge für Berufsunfähigkeit(BU),
- Ausbildung der Kinder(AK),
- Aussteuervorsorge für Tochter(AT),
- Vermögenswirksame Leistungen(VL).

Die Themenbehandlung erfüllt verschiedene Aufgaben:
1. Informieren des Benutzers,
2. Bestätigen bzw. Ablehnen der Hypothese,
3. Detaillierung der Information über den Benutzer bzgl. der Themenstellung (wichtig für die spätere Auswahl eines Angebots).

Einflußmöglichkeiten des Benutzers: Während der Behandlung eines Themas sind dem Benutzer verschiedene Möglichkeiten der Einflußnahme gestattet:

- Er kann sich Abschnitte, die ihm noch unklar sind, wiederholen lassen.
- Bei dieser Wiederholung kann er seine in diesem Teil gemachten Angaben geändert eingeben und damit den Beratungsverlauf ändern (benutzerinitiiertes Backtracking).
- Er kann den Ablauf der Beratung beschleunigen und sich gleich ein Angebot vorlegen lassen, obwohl noch keine vollständige Beratung zu einem dazu passenden Thema erfolgt ist.
- Er kann einen Wechsel zu einem anderen Thema bewirken.
- Er kann bestimmte Daten ändern.

Ein Thema ist vollständig behandelt, falls der Kunde die dazu notwendigen Informationen erhalten hat, er eventuelle technische Gegebenheiten verstanden und er positiv auf die Argumentation von LEBEX reagiert hat. Falls sich ein Thema nicht volständig behandeln läßt, wird das für den Benutzer nächstwichtigste Thema aufgegriffen. Beim übergang zu einem neuen Thema werden vorhandene oder ermittelte Daten auf ihre Korrektheit überprüft und so weit wie möglich übernommen. Es werden die gleichen Informationen also nicht doppelt eingeholt.

Wenn ein Thema vollständig behandelt ist, wird zum **Angebotsteil** übergegangen. Dort wird dem Benutzer unter Berücksichtigung seiner finanziellen Möglichkeiten und seiner Wünsche ein auf seine Bedürfnisse abgestimmtes Angebot über eine, eventuell auch mehrere, Lebensversicherungen vorgelegt. Der Benutzer kann zu diesem Angebot noch änderungswünsche angeben, die sich hauptsächlich auf Beiträge, Laufzeiten und Versicherungssummen beziehen. Auch an dieser Stelle ist noch ein Abbruch möglich mit Wechsel zu einem anderem Thema. Die Kundenwünsche werden dann bei einem erneuten Angebot berücksichtigt. Wenn der Kunde das Angebot akzeptiert, ist die Beratung beendet.

Grundlage für die Angebote bilden insgesamt 9 verschiedene Formen einer Lebensversicherung (Tarife). Jeder dieser Tarife kann für verschiedene Eintrittsalter, Laufzeiten, Summen etc. angeboten werden. Auch Kombinationen verschiedener Tarife sind erlaubt.

4. WISSENSREPRÄSENTATION

Zur Strukturierung des Wissens wurde ein **Framekonzept** implementiert, ähnlich dem, wie es in dem System CENTAUR von J. Aikins [1] verwendet wird.

Bsp.: Modellierung der Tarife.
Die Frames zu den Tarifen bilden einen großen Komplex. Sie modellieren Informationen zu verschiedenen Sachverhalten:
- versicherungstechnische Werte (Beitrag, Summe, Laufzeit,...),
- Bewertung der Eignung für verschiedene Kriterien (Absicherung der Familie, Kapitalanlage,...),
- Dialog mit dem Kunden.

```
Name                    Tarif
Subframe                Kapital-L.V., Rentenversicherung, Risiko-L.V.,
                        1+2,1+4
To-Create               (Process-Rules)
                        (Process-Slots)
Rules:
Regel-1: Alter größer-als 50 ---> (Empfehle Laufzeit 12) Regel-2: Endalter
ungleich (PLUS Alter Laufzeit) --->
          (OUT Text-Wid-EA-LZ) (ASK Laufzeit) (Setze Endalter)
Slots:
Mindestbeitrag:         INTEGER, default: 10 DM
Mindestsumme:           INTEGER, default: 5000 DM
Mindesteintrittsalter:  INTEGER, default: 15 Jahre
Eintrittsalter:         default:Alter FROM Kunde
Laufzeit:               INTEGER, default:: 25, IF-NEEDED ---Ask-User
Gewinnanteile:          IF-NEEDED ---> (GA Laufzeit)
Versicherungssumme:     INTEGER>=Mindestsumme, default: FROM
                        Tarifwahl, IF-NEEDED ---> Ask-User
Merkmale:
AF-Wert                 (1,2,3,4,5)=(hervorragend-geeignet,
AV-Wert                      empfehlenswert, befriedigend,
HB-Wert                          weniger-geeignet, ungeeignet )
KA-Wert
BU-Wert
AK-Wert
VL-Wert
```

Abb.2: Tarif-Frame

Der hierarchisch höchste dieser Frames ist der Tarif-Frame (Abb.2). Hier werden Slots angegeben und teilweise schon mit Werten initialisiert, die auch für alle anderen Frames zu Tarifen Gültigkeit haben und von diesen zur Instantiierung übernommen werden.

Der Tarif2-Frame (Abb.3) gibt die Funktionen an, die den Beitrag und die Versicherungssumme dieses Tarifs berechnen. Es stehen diesem Frame die Inhalte der übergeordneten Frames Kapital-L.V. und Tarif zur Verfügung. Die Einträge der Slots Leistungen und Kurzbeschreibung enthalten Referenzen auf Textbausteine, die die Leistungen, die dieser Tarif für einen Kunden erbringt, in ausführlicher bzw. in knapper Form beschreiben. Bei einer Zusammenfassung der alternativen Angebote kann auf diese Einträge Bezug genommen werden.

```
Name                 Tarif2
Kommentar            Gemischte Versicherung auf den Todes- und
                     Erlebensfall mit 100 Proz. Auszahlung im
                     Todesfall und 100 Proz. zuzüglich
                     Gewinnanteile im Erlebensfall
 Superframe          Kapital-L.V.
 Rules:
Regel-1: nicht Beitrag und nicht Versicherungssumme --->
                     Ask-User Beitrag
 Regel-2: ...
Slots:
Beitrag:              (Tarif2 Alter Summe Laufzeit)
Versicherungssumme: (Tarif2 Alter Beitrag Laufzeit) Auszahlungsbetrag:
(Versicherungssumme * (1 + Gewinnanteile))
AF-Wert: 2
AV-Wert: 1
HB-Wert: 3
KA-Wert: 2
BU-Wert: 5
AK-Wert: 5
VL-Wert: 4
Leistungen:          Text1
Kurzbeschreibung:    Text4
Dialog:              (Process-Dialog)
SYS1: Text1,Question1
US1.1 : STOP
    .2 : (Tarif2), SYS2
    .3 : Text2,INF4,SYS2
    .4 : STOP
    .5 : Text3,SYS2
SYS2 : Text4,Question2
US2.1 : STOP
    .2 : Text5,(Tarif2),SYS2
    .3 : Text6,(Tarif2),SYS2
    .4 : STOP
```

Abb.3: Tarif2-Frame

Der Eintrag des Slots Dialog regelt, nachdem technischen Details geklärt sind, wie dem Kunden ein Angebot zu diesem Tarif zu unterbreiten ist. Die SYSi sind Systemaktionen. Die USi.j bezeichnen Bedingungen für Aktionen von LEBEX. Diese Bedingungen spezifizieren meistens die Antwortmöglichkeiten des Benutzers auf ein von LEBEX vorgelegtes Menü. Die zu Beginn des Dialogparts aufgerufene LISP-Funktion Process-Dialog ist gleich für alle Frames, in denen Dialoge modelliert werden.

Textbausteine bestehen aus Abschnitten der von dem Berater im Laufe einer Beratung gemachten äußerungen und Skizzen. Diese Texte können Parameter, LISP-Ausdrücke und Steuerzeichen enthalten. LEBEX enthält 194 Textbausteine.

Die Wertetabellen der in LEBEX verwendeten Tarife wurden mit Hilfe von Regressionsverfahren in kompakte **Tarif-Funktionen** verwandelt. Dadurch wurde Speicherplatz eingespart und das Abtippen der Tabellen umgangen. Für jeden in einem Tarif zu bestimmenden Wert wurden mehrere Funktionen ausgerechnet, die sich jeweils in der Anzahl und der Art ihrer Glieder unterscheiden. Eine zufriedenstellende Kombination wurde meist in wenigen Durchgängen gefunden. Die Berechnung des Beitrags des Tarif2 wird zum Beispiel von folgender Funktion realisiert:

$$\begin{aligned}\text{BEITRAG} = (&C1*\text{ALTER} + C2*\text{LAUFZEIT} + C3*\text{ALTER}*\text{LAUFZEIT} + \\ &C4*\text{ALTER}^2 + C5*\text{LAUFZEIT}^2 + C6*\text{ALTER}^2*\text{LAUFZEIT} + \\ &C7*\text{ALTER}*\text{LAUFZEIT}^2 + C8) * ((\text{SUMME}*C9) / 1200)\end{aligned}$$

Die Ci sind Konstanten mit 8-stelliger Genauigkeit.

Die Aufgaben der insgesamt 130 **Regeln** sind

- Auswertung von Kriterien,
- Datenüberprüfung,
- Kontrolle der Dialogführung.

a. Auswertung

Informationen, die LEBEX vom Kunden erhält, werden mit Hilfe von Regeln ausgewertet. Die Aktionsseite der Regeln liefert dazu eine Bewertung von Kriterien, die etwas über die Eignung bestimmter Beratungsthemen aussagen. Die daraus resultierende Gesamtbewertung wird zur Planung der Beratung herangezogen.

Bsp.: Berufstätig und nicht-selbständig und nicht- vermögenswirksame-Leistungen und Einkommensgrenze-unterhalb
---> Ausnutzung-des-4.VBG-sehr-empfehlenswert.

b. Datenüberprüfung

Ein weiterer Einsatz der Regeln liegt in der überprüfung von Daten. In diesem Zusammenhang wird auch die Korrektheit und Konsistenz von Daten überprüft. Angaben eines Kunden, die im Widerspruch zu bereits ermittelten Werten stehen, sollen erkannt und gegebenenfalls berichtigt werden.

c. Dialogführung

Die Dialoge sind insbesondere bei der Themenbehandlung von Bedeutung. Das Wechselspiel System-Benutzer wird mit Hilfe einer Regeldarstellung modelliert. Jeweils eine Frage-Antwort (Aktion-Reaktion) Situation wird dabei von einem Regelpaket kontrolliert.

Je ein Regelpaket zur Dialogführung besteht aus drei Teilen:

- Der TEST-Part enthält Regeln zur überprüfung, Initialisierung und Ermittlung von Daten.
- Im TEXT-Part wird ein Text auf dem Bildschirm ausgegeben und die Reaktion des Benutzers eingelesen.
- Der ANSWER-Part arbeitet die Reaktion des Benutzers ab.

In einem Paket müssen nicht alle Teile vorliegen. Die Pakete umfassen gewöhnlich 5 bis 10 Regeln.

Die zu einem Themenkomplex gehörenden Regeln bilden jeweils die Regelbasis (Agenda), auf der der Interpreter arbeitet. Jedes Thema kann so als in sich abgeschlossen und funktionsfähig betrachtet werden. Dieser modulare Aufbau ist für die Entwicklung und Erweiterung von LEBEX von Vorteil.

Wissensverarbeitung

Die unterschiedlichen Wissenstypen in LEBEX werden jeweils von einem eigenen Prozessor bearbeitet:

- Prozeduren, die in LISP kodiert sind, werden vom LISP-Interpreter abgearbeitet.
- Die Regeln werden dem Regelinterpreter übergeben.
- Frames werden von einer weiteren Prozedur behandelt.

Ein **Produktionssystem**, bestehend aus der Wissensbasis und der Inferenzkomponente (Interpreter), bildet den Kern von LEBEX.

Der **Interpreter** kontrolliert die Ausführung der Regeln. Er arbeitet jeweils auf einer Teilmenge (Agenda) der Regeln, die für das jeweils zu behandelnde Thema relevant sind. Der zugrundeliegende Interpreterzyklus [10, p.21] arbeitet vorwärtsverkettend. Falls mehrere Regeln anwendbar sind (Konflikt), wird die Regel mit der höchsten Priorität ausgewählt (Konfliktauflösung), die sich aus einer auf den Regeln des Systems definierten Ordnung ergibt.

5. IMPLEMENTATION

Die Implementationsarbeiten wurden auf dem TRS80, ModellII, von Tandy, durchgeführt. Das System wurde in der Sprache muLISP programmiert.

Die Konfiguration besteht aus einem Basisteil und einem Beratungsteil.

Das Basisteil enthält:

- der Kontrollzyklus von LEBEX,
- der Prozessor zur Frameverarbeitung,
- der Regelinterpreter,
- eine Datei über aktuelle Kundendaten,
- Funktionen zur Verwaltung der Module und Zusammenstellung der für einen Beratungsabschnitt erforderlichen Komponenten,
- Ein-/Ausgabefunktionen.

In den verbleibenden Speicherplatz wird der Beratungsteil, das für einen Beratungsabschnitt relevante Wissen (Regeln, Textbausteine, Tariffunktionen etc.), untergebracht.

LEBEX hat weniger umfangreiche Komponenten und noch eine bescheidene Wissensbasis. Ein komplettes und ausgefeiltes Expertensystem, das vieleicht sogar über mehrere Produkte aus dem Finanzbereich berät, würde sich mit der Kapazität eines Standard-PCs (640Kbytes RAM) bewältigen lassen. Die Problematik und die Ergebnisse, die in Zusammenhang mit der Arbeit an LEBEX entstanden sind, lassen sich daher übertragen auf die Situation eines entsprechend größeren Systems auf einem größeren Mikrocomputer. Dieser Bottom-Up-Ansatz ist außerdem gut dazu geeignet, die minimale Hardwarekonfiguration (kostengünstig) eines kompletten Systems zu finden.

6. EVALUATION

Zur Evaluation wurde LEBEX in einen möglichst reale Anwendungssituation gestellt, um seine Performance zu bewerten und Hinweise zur Verbesserung zu erhalten.

Benutzer von LEBEX sind also nicht mehr der Systementwickler oder der Domainexperte (Berater), sondern Personen, die an der Entwicklung nicht beteiligt waren. Dieser Benutzer braucht über keinerlei EDV- oder Lebensversicherungskenntnisse zu verfügen, kann also jede beliebige Person sein, für die man auch sonst eine Lebensversicherungsberatung durchführen würde.

Ein wichtiger Aspekt dieser Phase war die Untersuchung der Akzeptanz und der Benutzerfreundlichkeit von LEBEX. Der typische Benutzer wird LEBEX wahrscheinlich nur einmal, höchstens aber zwei- oder dreimal, konsultieren. Es müssen daher besonders hohe Anforderungen an die Handhabbarkeit des Systems gestellt werden. Denn von einem Benutzer kann nicht verlangt werden, daß er sich für eine einzige Sitzung vorbereiten soll (z.B. Studium eines Manuals, längere Anweisungen).

Die Evaluation von LEBEX erfolgte in drei Richtungen:
1. Beobachtung des Kundenverhaltens während einer Konsultationssitzung
2. Auswertung eines Fragebogens, den der Benutzer im Anschluß an die Konsultation ausgefüllt hat.
3. Vergleich mit dem menschlichen Berater.

Benutzerbeobachtung

Der Benutzer erhielt vor seiner Sitzung mit LEBEX lediglich die Information, daß es sich um eine Lebensversicherungsberatung handelt und daß die Tastatur des Computers wie eine Schreibmaschine zu benutzen sei und er seine Eingaben mit ENTER abzuschließen habe.

Ein paar Anregungen für Verbesserungen, die ich durch die Beobachtung der Benutzer erhielt:

* An Stellen, wo dem Benutzer viel Information auf einmal (z.B. eine volle Bildschirmseite) geliefert wurde, reagierte dieser häufig erschrocken oder abweisend. Abhilfe schuf die Zerlegung der Ausgabe in mehrere kleine Einheiten, wobei zwischendurch immer wieder die Reaktion des Benutzers erforderlich wird.
* Bei einigen Benutzern tauchten Fragen zu den gleichen Absätzen oder Formulierungen auf. Der entsprechende Absatz wurde neu formuliert oder es wird dem Benutzer bei Bedarf Zusatzinformation dazu geliefert.
* Einige Benutzer wünschten nach Beratungsende, die von LEBEX gemachten Angebote noch einmal im überblick präsentiert zu

bekommen. Dies ließe sich natürlich bewerkstelligen. Falls jedoch zu viele Angebote vorgelegen haben, sollte sich der überblick auf einige wenige beschränken. Zu deren Auswahl könnten Regeln angegeben werden.

* Bei längeren Sitzungen (über 20 Minuten) konnte ich teilweise einen Konzentrationsabfall beim Benutzer beobachten. Abhilfe ist durch eine interessantere Gestaltung des Beratungsverlaufs möglich. Bei komfortableren Geräten könnte man dazu von Farbgraphiken oder Sprachausgabe (Vorlesen der Systemausgaben) Gebrauch machen.
* Frage des Benutzers: "Was wäre passiert, wenn ich mich an jener Stelle (eben) anders entschieden hätte ?" Es wird an den entsprechenden Verzweigungspunkt zurückgekehrt, um dort einen alternativen Weg einzuschlagen.

Fragebogenaktion

Insgesamt haben 34 Personen im Alter von 20 bis 58 Jahren mit unterschiedlichen Berufen an der Befragung teilgenommen. Die Aussagen dieser Personenzahl sind sicherlich nicht repräsentativ. Trotzdem erhielt ich dadurch einige Hinweise über die Akzeptanz von LEBEX. Gut ein Drittel der Teilnehmer hatte Computererfahrung. 79 Prozent der Teilnehmer hat die Beratung gefallen. Unter denjenigen, denen diese Beratung nicht zusagte, haben nach meiner Ansicht viele eine generelle Abneigung gegen Beratungen dieser Art. Kaum einer empfand die Dauer der Beratung als zu lang. Diese Form der Beratung scheint also nicht zu langweilen. Ein weiteres wichtiges Akzeptanzkriterium, das LEBEX erfüllte, war, daß für keinen die Beratung unverständlich war. Die Handhabbarkeit des Systems scheint ebenfalls ausreichend zu sein, da kein Benutzer angab, Schwierigkeiten mit der Bedienung zu haben. Ein Drittel der Teilnehmer wünschte sich, von LEBEX besser informiert zu werden. Bei der Frage, ob Beratung durch Mensch oder Computer waren fast drei Viertel auf Seiten des Menschen. Immerhin zogen 15 Prozent die Beratung durch den Computer vor. Einige der Gründe, die für die Präferenz eines menschlichen Beraters genannt wurden: Zwischenfragen sind möglich; es kann individueller gefragt werden; Hemmungen, von einer Maschine ausgefragt zu werden.

Vergleich mit dem menschlichen Experten

Der Berater ist flexibler im Umgang mit seinen Klienten. Er kann sich besser auf den Klienten einstellen als das ein Computer könnte. Ein guter Berater erkennt, wann ein Klient Verständnisschwierigkeiten hat und kann sofort darauf eingehen. Auch spürt er Desinteresse oder gar Abneigung des Klienten. Ein versierter Berater versteht es, sich zu Anfang einer Beratung eine Vertrauensbasis aufzubauen. Bei gefühlsmäßig motivierten Entscheidungen wird meist die Beratung durch den menschlichen Berater bevorzugt.

Die Komplexität des menschlichen Entscheidungsvorgangs, bei dem häufig noch emotionale Aspekte mitspielen, läßt sich nicht mit einem Expertensystem erfassen. Besondere Schwierigkeiten entstehen dort, wo ein fließender übergang vom Beratungswissen zum Alltagswissen besteht.

LEBEX ist dem Menschen dort überlegen, wo es darauf ankommt, eine größere Menge von (rechentechnischen) Daten zu überblicken und zu Gunsten des Klienten auszuwerten. Bei LEBEX gilt dies für die Analyse des Kundenbedarfs, für die überprüfung von Versorgungslücken und das Ausarbeiten eines maßgeschneiderten Angebots.

7. ZUSAMMENFASSUNG UND AUSBLICK

Die Lebensversicherungs-Beratung als Domain für ein Expertensystem ist hinreichend motiviert. Mit LEBEX wurde gezeigt, daß

- ein Expertensystem ein adäquates Mittel zur Modellierung eines Finanzberatungssystems ist und
- sich ein solches System auf einem Mikrocomputer realisieren läßt.

LEBEX wurde in LISP implementiert. Die Wissensbasis ist durch Frames strukturiert. Wesentliche Wissenseinheiten sind durch Regeln repräsentiert. Das zugrundeliegende Produktionssystem arbeitet vorwärtsverkettend mit Möglichkeiten zum Backtracking.

LEBEX führt eine eigenständige Beratung des Benutzers durch, der über keinerlei EDV- oder Lebensversicherungsvorkenntnisse verfügen muß. Die Benutzer bewerten die Beratung mit großer Mehrheit positiv. Es zeigte sich aber auch, daß mit einem Expertensystem nicht das Niveau eines zwischenmenschlichen Beratungsdialogs erreicht werden kann. Insgesamt ist ein versierter Berater einem Expertensystem noch überlegen, besonders, wenn er es versteht, seine Menschenkenntnis und sein Allgemeinwissen effizient in die Beratung einzubringen. Gegenüber weniger guten Beratern wird ein Expertensystem jedoch meist leistungsfähiger sein.

Beim derzeitigen Stand der Kunst empfehle ich eine kombinierte

Beratung von Mensch und Maschine. Beide können sich ergänzen, indem Erhebung und Auswertung der Daten und Angebotsausarbeitung von einem Expertensystem übernommnen werden. Das eigentliche Gespräch bleibt dabei die Aufgabe des Beraters.

Für eine Verbesserung der Leistung von LEBEX ist erforderlich:

(a) quantitativ: Vergrößerung der Wissensbasis (evtl. für mehrere Finanzprodukte)
Dazu muß überprüft werden, inwieweit bestehende Finanzdatenbanken , Börseninformationen,etc. als Wissensquellen genutzt werden können.

(b) qualitativ: Integration von Allgemeinwissen (common-sense)
Es muß zunächst eine genaue Untersuchung der Common-sense-Bestandteile erfolgen, die in eine Beratung eingehen.

LITERATUR:

[1] Aikins, J.A.: Prototypical knowledge for expert systems, Artificial Intelligence 20, pp.163-210, 1983

[2] Cohen, P., Lieberman, M.: A Report on FOLIO: An Expert Assistant for Portfolio Managers, Proceedings of IJCAI-83, p.212-214, 1983

[3] Harmon, P., King, D.: Expert Systems - Artificial Intelligence in Business, John Wiley & Sons, 1985

[4] Hayes-Roth, F., Waterman, D.A., Lenat, D.B. (Eds): Building Expert Systems, Addison-Wesley Publishing Company, 1983

[5] Knaurs Lexikon, Droemer Knaur, 1984

[6] Lehmann, E.: Expertensysteme - überblick über den aktuellen Entwicklungsstand, SIEMENS AG, München, 1983

[7] v.Martial, F.: Finanzberatung durch ein Expertensystem, Universität Bonn, Informatik Berichte, Nr.52, August 1986

[8] Meyer, H.D.: Versichern - ja, aber für weniger Geld, Rowohlt Taschenbuch, 1984

[9] Michaelson, R., Michie, D.: Expert Systems in Business, Datamation, p.240-246, 1985

[10] Nilsson, N.J.: Principles of Artificial Intelligence, Springer-Verlag, 1982

[11] Schröder, P.: Beratungsgespräche, Gunter Narr Verlag, Tübingen, 1985

[12] Simons, G.(Ed.): Expert Systems and Micros, NCC Publications, 1985

[13] Waterman, D.A.: A guide to Expert Systems, Addison Wesley

Publishing Company, 1986
[14] Winston, P.H.: Artificial Intelligence, Addison-Wesley, 1979
[15] Wirtschaftslexikon, Compact Verlag, München, 1982

NETCON

Ein Expertensystem zur Konfigurierung von lokalen Netzen auf der Basis des Bürosystems 5800

D. Lehmann, G. Normann, G. Schramm, Siemens AG München

Zusammenfassung: NETCON ist ein Expertensystem zur Konfigurierung von lokalen Netzen auf der Basis des Bürosystems 5800. Es werden die Ausprägungen aller im Netz enthaltenen Arbeitsplatzstationen in Soft- und Hardware festgelegt, die dabei benötigten zentralen Dienste automatisch ermittelt und auf entsprechende Geräte verteilt, sowie die Netztopologie selbst bestimmt. Diese funktionale Aufteilung wird bereits durch die Konzeption von NETCON berücksichtigt. Im Rahmen dieses Papiers werden sowohl die Architektur des Systems, einige Realisierungsaspekte, sowie Erfahrungen, die während der Projektdurchführung gemacht wurden, vorgestellt.

1 Motivation

Das Bürosystem 5800 der Firma Siemens ist ein verteiltes System für Dokumentenbearbeitung und Informationsmanagement im Büro. Es ermöglicht den angeschlossenen Arbeitsplatzstationen die Kommunikation untereinander sowie die Nutzung zentraler Dienste und Einrichtungen. Die einzelnen Arbeitsplatzstationen und die zentralen Systemkomponenten sind miteinander über ein Busnetz (Ethernet) verbunden.

Bisher werden alle Netze des Bürosystems 5800 per Hand von den einzelnen Vertriebsbeauftragten konfiguriert. Dabei ist eine Vielzahl von Zusammenhängen zwischen den einzelnen Systembausteinen zu berücksichtigen. Deshalb ist es derzeit nur mit großem Aufwand möglich, eine in sich konsistente und den jeweiligen Bedürfnissen optimal angepaßte Konfiguration zu erstellen.

In Zukunft soll diese Tätigkeit durch ein Expertensystem unterstützt werden, das alle in solchen Netzen bestehenden Abhängigkeiten berücksichtigt und damit die technische Korrektheit für jede durchgeführte Konfigurierung gewährleistet. Das spart nicht nur Zeit und Geld, sondern führt außerdem zu qualitativ gleichbleibend hohen, objektiven Lösungen.

Aus dieser Aufgabenstellung heraus ergibt sich der Name des Systems:

NETCON - ein System, um lokale Netze zu konfigurieren.

Dieses Papier beschreibt die Funktionalität, sowie die wesentlichsten Architekturmerkmale des Expertensystems NETCON. Zudem werden Erfahrungen geschildert, die während der Projektdurchführung gemacht wurden.

2 Aufgabenstellung

Das Expertensystem NETCON unterstützt die Erst-Konfigurierung sowie den weiteren Ausbau von lokalen Netzen auf der Basis des Bürosystems 5800. Ein derartiges lokales Netz ist in Bild 1 schematisch dargestellt.

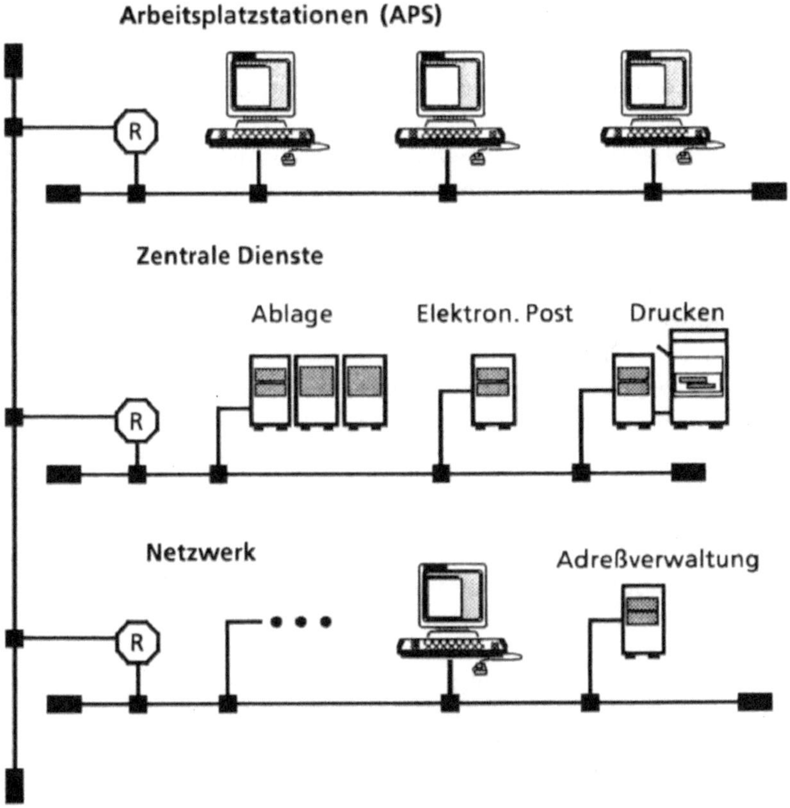

Bild 1: Beispiel eines lokalen Netzes

Bei der Konfigurierung eines lokalen Netzes gilt es daher,

- die Anzahl und die Ausprägung der einzelnen Arbeitsplatzstationen (APS),
- Art und Umfang der zentralen Dienste und zentralen Rechner (Server) sowie
- die einzelnen Netzbausteine (Kabelsegmente, Anschlüsse, etc.) zu bestimmen.

Beim ersten Punkt muß berücksichtigt werden, wieviele Benutzer sich einen Arbeitsplatz teilen und welche Tätigkeiten diese verrichten (Sekretärin/Sachbearbeiter). Für jeden Arbeitsplatz ist somit die Software- und Hardwareausprägung exakt zu bestimmen. Dabei ist zu beachten, daß sowohl verschiedene Software-Pakete aufeinander aufbauen, als auch Abhängigkeiten zwischen Hard- und Software bestehen (z.B. lokaler Drucker benötigt zugehörigen "Drucker-Treiber").

Bei den zentralen Diensten (Drucker, Ablage, Electronic Mail) muß zunächst bestimmt werden, welche Dienste in welchem Umfang im Netz verfügbar sein sollen. Danach gilt es, diese nach unterschiedlichen Optimierungskriterien wie z.B. Preis, Leistung oder Betriebssicherheit auf entsprechende Server zu verteilen.

Die Netztopologie spielt eine wesentliche Rolle bei der Installation eines Netzes. Sie umfaßt die einzelnen Kabelsegmente, deren Länge sowie Anordnung. Von besonderer Bedeutung ist die Verteilung "kritischer" Dienste (zentrale Adreß- und Benutzerverwaltung) innerhalb des Netzes. Sie sollten so verteilt sein, daß durch Ausfall eines Segmentes die Gesamtfunktionalität des Netzes möglichst wenig gestört wird.

Anwender des Expertensystems NETCON sind in erster Linie Vertriebsbeauftragte und Fachberater. Sie können dem Kunden damit bereits frühzeitig konsistente und optimale Konfigurierungsvorschläge unterbreiten. Zusätzlich generiert NETCON wichtige Informationen für das Wartungs- und Bedienpersonal.
Das Expertensystem NETCON übernimmt folgende Aufgaben:

- die Neukonfigurierung eines Netzes sowie
- die Modifikation bzw. Erweiterung bestehender Netze.

Für die unterschiedlichen Anwender bzw. Aufgabengebiete werden jeweils spezifische Ausgaben generiert:

- Angebote bzw. Bestellisten für die Vertriebsbeauftragten/Fachberater
- Installationshinweise für Wartungs- und Bedienpersonal
- graphische Darstellungen der Netztopologie.

Das Format der Ausgaben wird so gewählt, daß die entstehenden Dokumente mit dem Bürosystems 5800 weiter bearbeitet werden können.

Ein Überblick über die Anwendungsmöglichkeiten von NETCON ist in folgendem Bild dargestellt:

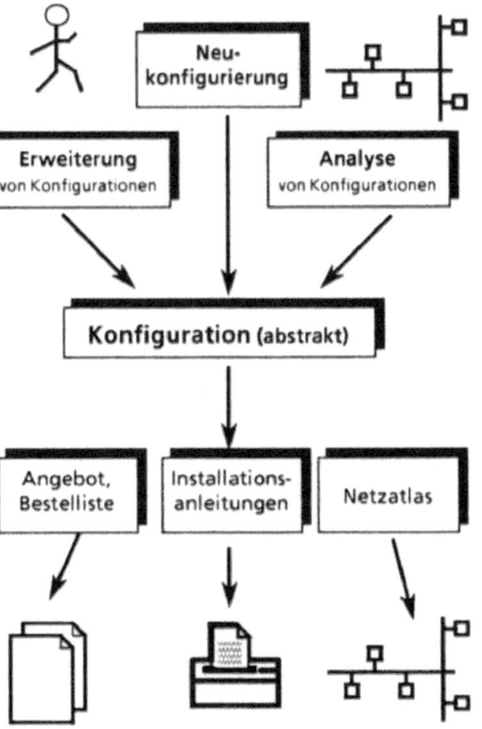

Bild 2: Aufgabengebiete des Expertensystems NETCON

Da sowohl neue Netze konfiguriert als auch bestehende erweitert werden sollen, muß bei den einzelnen Komponenten eines Netzes unterschieden werden, ob sie bereits installiert oder nur projektiert sind. Zur Auswertung werden jeweils nur die neu projektierten Systemteile berücksichtigt.

Ziel bei der Anwendung von NETCON ist es, in Interaktion mit dem Benutzer eine "optimale" Konfiguration zu erstellen. Darunter verstehen wir eine ablauffähige, vom Funktionsumfang ausreichende und trotzdem kostengünstige Lösung.

Realisierung als Expertensystem

Für die Konfigurierung eines lokalen Netzes gibt es keinen fest vorgegebenen Algorithmus zur Problemlösung. Es gibt aber viele Zusammenhänge, die beim Vorgang des Konfigurierens zu berücksichtigen sind. Diese Abhängigkeiten sind nur zum Teil in Form von Fakten und Vorschriften gegeben; sehr oft ergeben sie sich aus individuellen Erfahrungen einzelner Konfigurierer (heuristisches Wissen).

Die Darstellung von vagem Wissen ist bei Expertensystemen viel leichter möglich als in der herkömmlichen Programmmierung. Daher ist es sinnvoll, das System NETCON als Expertensystem zu realisieren. Die dabei gegebene strikte Trennung von Inferenzmechanismus und Wissensbasis führt außerdem zu einem äußerst flexiblen System. Bei Einführung neuer Hard- bzw. Software oder Modifikation bestehender Komponenten braucht nur die Wissensbasis ergänzt bzw. geändert zu werden.

Zur Realisierung von NETCON wird die für Expertensysteme charakteristische Entwurfsmethode, das Rapid Prototyping, eingesetzt.

Entwicklungsumgebung

Für das Expertensystem NETCON soll die Entwicklungs- mit der Ablaufumgebung identisch sein, um eventuelle Probleme bei einer späteren Portierung auszuschließen. Entwickelt wird auf der Hardware des Bürosystems 5800. Auf diesem System steht mit der Programmiersprache Interlisp-D® [1] und der Anwendung LOOPS® [2] (Lisp based Object Oriented Programming System) eine mächtige Entwicklungsumgebung zur Verfügung. LOOPS ist eine hybride Entwicklungsumgebung; der Entwickler wird nicht auf eine Form der Wissensrepräsentation festgelegt, sondern kann zwischen verschiedenen Formalismen wählen und sie miteinander verknüpfen.

Ziel bei der Realisierung eines Expertensystems ist es, das Wissen in einer möglichst "natürlichen" Form darzustellen. Darunter verstehen wir in diesem Zusammenhang die für den Menschen am leichtesten verständliche Form. Daher finden die von LOOPS unterstützten Wissensrepräsentationsformen in NETCON Verwendung; allerdings in verschiedenen Teilgebieten und in unterschiedlichem Umfang.

† Interlisp-D® und LOOPS® sind Trademarks der Xerox Corporation

3 Architektur von NETCON

NETCON liegt auf oberster Abstraktionsstufe der objektorientierte Entwurf zu Grunde. Die Komponenten des Systems werden als Objekte definiert, die über einen genau definierten Funktionsumfang verfügen. Wie die einzelnen Objekte (Komponenten) die ihnen zugeordneten Aufgaben realisieren, soll unter Ausnutzung der den Problemstellungen angemessenen Programmiermethoden erfolgen. Alle Programmiermethoden und -stile werden dadurch der objektorientierten Programmierung untergeordnet.

Zerlegung in Komponenten

Das Expertensystem NETCON wird in folgende Komponenten zerlegt:

- Konfigurierer — zur Durchführung der eigentlichen Aufgabenstellung, ein Netz zu konfigurieren; stellt den Inferenzmechanismus des Systems dar, der auf der Wissensbasis operiert.
- Wissensbasis — enthält das dem System zu Grunde liegende Wissen in Form von Fakten und Regeln, deren konkrete Repräsentation später beschrieben wird.
- Konfiguration — abstrakte, interne Repräsentation eines aktuellen Netzes, die vom Konfigurierer unter Zuhilfenahme der Wissensbasis erstellt wird.
- Auswerter — zur Generierung der verschiedenen Ausgaben des Systems nach unterschiedlichen Gesichtspunkten.
- Regeleditor — zur Erweiterung und Modifikation der Wissensbasis; stellt die Wissenserwerbskomponente des Systems dar.
- Erklärer — zur Erläuterung der einzelnen Schritte während des Problemlösungsprozesses.
- Administrator — zur Realisierung verschiedener Verwaltungs- und Archivierfunktionen.
- Dialogmanager — zur einheitlichen Behandlung aller Ein-/Ausgaben.

Der Konfigurierer stellt zusammen mit der Wissensbasis den Kern von NETCON dar. Die restlichen Komponenten dienen der funktionalen Abrundung des Systems (Bild 3).

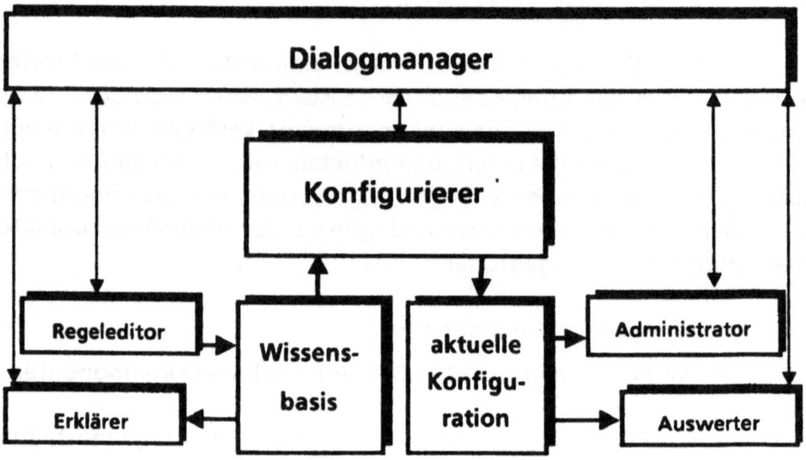

Bild 3: Komponenten von NETCON

Konfigurierung

Analog zur Vorgehensweise des menschlichen Experten geschieht auch die Konfigurierung durch NETCON in drei Teilen (Bild 4): als erstes wird die Anzahl und der Ausbau der einzelnen Arbeitsplatzstationen bestimmt (APSCON). Daran anschließend werden die zentralen Dienste ermittelt und auf entsprechende Server-Hardware verteilt (SERCON), bevor im dritten Abschnitt die Neztbausteine ermittelt, die Netztopologie bestimmt und die einzelnen Komponenten ans Netz angeschlossen werden (ETHCON). Durch diese Aufteilung in Teil-Konfigurierer wird das Problem in logisch zusammengehörige und überschaubare Einheiten zerlegt, was sich auch in der Struktur der Wissensbasis fortsetzt.

Die einzelnen Teil-Konfigurierer stellen in sich abgeschlossene Systeme dar; sie können sich nicht gegenseitig aufrufen. Wollen sie miteinander kommunizieren, so hinterlegen sie ihre Funktionswünsche auf einem "schwarzen Brett" (blackboard), das dann von dem entsprechenden anderen Teil-Konfigurierern ausgewertet wird.

Bei der Konfigurierung der einzelnen Arbeitsplatzstationen ist zu berücksichtigen, daß drei verschiedene Betriebsmodi unterschieden werden (netzintegriert, abgesetzt und "stand alone"); die jeweils angebotene Software ist abhängig vom gewählten Betriebsmodus (z.B. sind Emulationen nur auf netzintegrierten Arbeitsplätzen möglich). Die Auswahl bestimmter SW-Pakete für Arbeitsplätze hat Auswirkungen auf die Server-Konfigurierung, da die dazu benötigten zentralen Dienste innerhalb des Netzes verfügbar sein müssen. Die Anforderungen an die Server werden auf dem Blackboard hinterlegt, um sie später mit der Kompo-

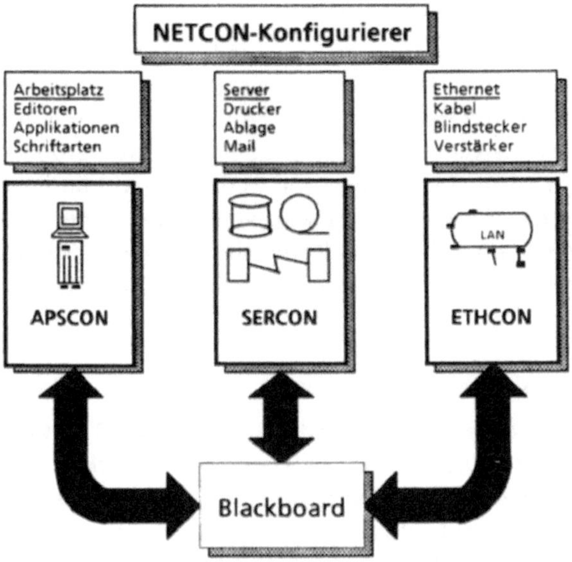

Bild 4: Aufteilung des Konfigurierers

nente SERCON auszuwerten. Neben der Festlegung der SW-Eigenschaften für jede Arbeitsplatzstation wird auch deren Hardware-Ausprägung bestimmt.

Bei der Server-Konfigurierung gilt es zunächst, die Standarddienste im Netz in ausreichendem Maße bereitzustellen (z.B. Speicherplatz für Ablageeinheiten) und sie optimal auf entsprechende Rechner zu verteilen. Zusätzlich müssen die Anforderungen einzelner Arbeitsplätze berücksichtigt werden (Blackboard). Eine besondere Problematik stellt die Optimierung der zentralen Dienste unter Performance- bzw. Sicherheitsgesichtspunkten dar. In diesem Zusammenhang gibt es nur wenige eindeutige Regeln, dafür umso mehr Daumenregeln: "man sollte möglichst nicht ...", "es ist ratsam, ..." etc. Durch Erfahrungen aus der Praxis wächst dieses Wissen ständig an.

Die Ausfallsicherheit eines Netzes spielt bei der Bestimmung der Netztopologie sowie bei der Verteilung der einzelnen Server auf die Netzsegmente eine zentrale Rolle. Werden z.B. alle Server an ein Segment angehängt, wird beim Ausfall dieses Segments das gesamte Netz lahmgelegt. Gerade solche Problemstellungen werden in der Praxis oft nicht ausreichend berücksichtigt. Hier können durch ein Expertensystem wesentliche Verbesserungen erreicht werden.

Regeleditor

Um die der Konfigurierung zu Grunde liegende Wissensbasis leicht erweitern zu können, ist in NETCON eine Wissenserwerbskomponente enthalten. Sie ist als syntaxgesteuerter Regeleditor realisiert, mit dessen Hilfe die verschiedenen Regelmengen in der Wissensbasis komfortabel gepflegt werden können. Der Benutzer kann neues Wissen hinzufügen und ist dabei unabhängig von der internen Repräsentation in der Wissensbasis. Er wird außerdem bei der Erhaltung der Konsistenz unterstützt, indem die Einhaltung vorgegebener Metaregeln über die Struktur und den Inhalt der Wissensbasis vom System automatisch überprüft werden.

Erklärungskomponente

Für die Akzeptanz bei den Endbenutzern ist die Transparenz eines Expertensystems eine wichtige Voraussetzung. Deshalb ist die Erklärungskomponente in NETCON ein fest integrierter Bestandteil. Sie ist in der Lage, dem Benutzer die einzelnen Schritte des Problemlösungsprozesses in einer verständlichen Form darzulegen. Der Benutzer kann den Schlußfolgerungen des Expertensystem folgen und somit den Weg, wie eine Lösung zustande kam, überprüfen.

4 Benutzerschnittstelle

Da die zukünftigen Benutzer von NETCON mit der Arbeitsweise des Bürosystems 5800 vertraut sind, ist die Benutzeroberfläche der dieses Bürosystems nachempfunden: sie ist objektorientiert und macht intensiven Gebrauch von den zur Verfügung stehenden Window- und Grafikfähigkeiten dieses Systems.

Für den Benutzer wird zwischen vier verschiedenen Ein- bzw. Ausgabearten am Bildschirm unterschieden:

- Icons dienen der graphischen Repräsentation von Objekten (durch sie können Objekte ausgewählt werden)
- Menüs dienen der Auswahl bei Alternativen (z.B. Funktion eines Objektes auswählen, Ausprägung eines Arbeitsplatzes festlegen)
- Textfelder dienen der Ein- bzw. Ausgabe von Text (z.B. Namen erfragen)
- Gauges dienen der graphischen Visualisierung einzelner Werte (Displays). Immer wenn sich ein entsprechender Zahlenwert ändert, wird dies automatisch auch visuell dargestellt. Dies eignet sich vor allem für Parameter wie Preis, Auslastung der Speicherkapazität, etc.

Beim Anzeigen eines Objektes (z.B. eines Arbeitsplatzes) kommt man oft mit einer Darstellungsart nicht aus. Dann werden mehrere dieser Möglichkeiten in einem sogenannten Arbeitsblatt zusammengefaßt. Ein Arbeitsblatt ist ein großes Fenster mit mehreren integrierten Menüs, Textfeldern und Gauges (Bild 5).

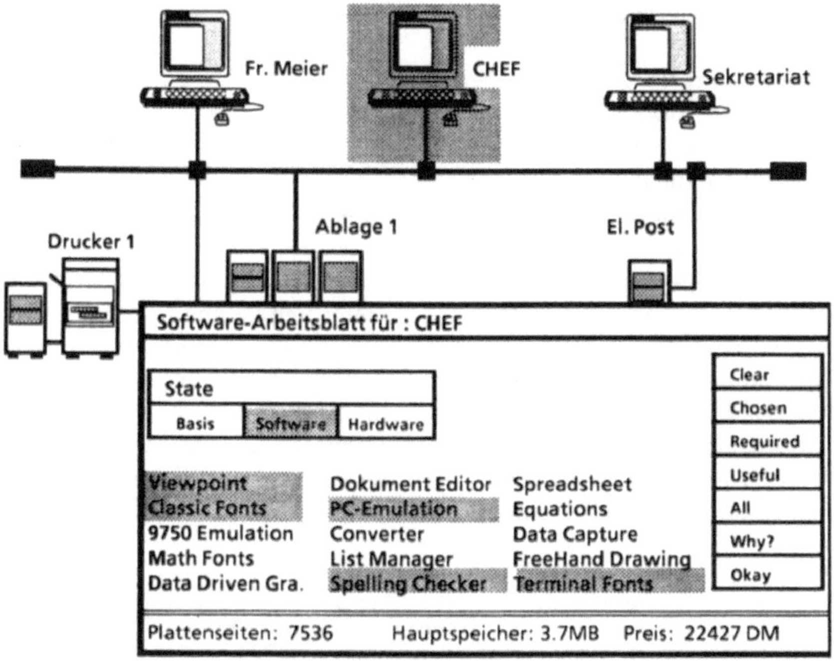

Bild 5: Benutzerschnittstelle mit Arbeitsblatt

Um sich unterschiedlichen Benutzergruppen anzupassen, gibt es in NETCON zwei verschiedene Abstraktionsebenen, auf denen der Benutzer mit dem System kommunizieren kann: "funktionale Sicht" und "technische Detailsicht". Bei der funktionalen Sicht werden vom Benutzer weniger Systemkenntnisse erwartet. Dafür verhält sich NETCON auf dieser Ebene starrer, die Auswahlmöglichkeiten sind nicht so flexibel wie auf der Ebene der technischen Detailsicht. Durch die funktionale Sicht werden auch technische Laien in die Lage versetzt, standardmäßige Lösungsvorschläge für ihre Problemstellungen zu erarbeiten. Dagegen werden vom Benutzer beim Konfigurieren in der technischen Detailsicht mehr Kenntnisse über die Komponenten und ihre Funktionalität gefordert.

5 Aufbau der Wissensbasis

Auf Grund der hohen Anforderungen bzgl. der Flexibilität des Systems wurde besonders der Aspekt einer modular aufgebauten und wohlstrukturierten Wissensbasis mit komfortablen Modifikationsmöglichkeiten berücksichtigt (Regeleditor). Die Zerlegung in verschiedene Regelmengen erfolgt dabei analog zur Aufteilung der Konfigurierer in logisch zusammengehörende Einheiten:

- Software für APS
- Hardware fürAPS
- Software für Server
- Hardware für Server
- Netzbausteine (Kabelsegmente, Anschlüsse, etc.)

Alle Bestandteile des Bürosystems 5800 werden als Fakten zusammen mit den dazugehörenden Regeln in einer dieser Regelmengen definiert. Die eigentlichen Regeln werden dabei als Relationen auf bzw. zwischen den verschiedenen Bestandteilen realisiert. Sie beschreiben Abhängigkeiten von Software-Paketen bzw. Hardwarekomponenten untereinander (Relationen "requires", "HWrequires" ,...) oder stellen Richtlinien für eine "optimale" Konfigurierung dar (Relationen "likes-to-have",...). Als interne Repräsentation solcher Regelmengen werden Assoziationslisten in LISP eingesetzt:

```
(OS-Kernel            (DiskPages      5000))
(DocumentEditor       (DiskPages      1750)
                      (requires       OS-Kernel))
(LocalDraftPrinting   (DiskPages      20)
                      (HWrequires     Printer))
(Emulation9750        (DiskPages      422)
                      (requires       DocumentEditor, TerminalFonts)
                      (NETrequires    9750CommunicationNS)
                      (likes-to-have  DataCapture)
                      (Not            StandAlone))
(TerminalFonts        (DiskPages      150)
                      (requires       StandardFonts)
                      (Not            StandAlone))

(      ...            (DiskPages      ...)
                      (requires       ...)
                      (    ...        ...))
```

Alle diese zwingenden Zusammenhänge der verschiedenen Systembestandteile stellen kein Expertenwissen im engeren Sinne dar; sie liegen in einem technischen Konfigurierungs-Handbuch [3] schriftlich vor. Zur Konfigurierung der zentralen Dienste und ihrer Aufteilung auf Server-Hardware ist aber außer diesen festgelegten Regeln auch vages, heuristisches Wissen notwendig, das nur in Form persönlicher Erfahrungen der einzelnen Experten vorliegt:

- Es sind Erfahrungswerte über die optimale Aufteilung von Diensten auf Server-HW vorhanden. Hierbei sind in der Praxis vor allem Randbedingungen, wie Performance und Speicherkapazitäten zu beachten, die in keiner technischen Beschreibung ausreichend berücksichtigt sind.
- Es existieren Daumenregeln zur Abschätzung von Mengen, z.B. wieviel zentraler Speicherplatz bei wievielen Benutzern sinnvoll bzw. minimal erforderlich ist.
- Anwendungsbeschränkungen, die im laufenden Betrieb eines Netzes festgestellt wurden, führen zu "Constraints", die nicht verletzt werden dürfen. Darunter fallen alle Aussagen der Art "Vermeide ...". Diese Constraints können nicht konstruktiv zur Projektierung eines Netzes verwendet werden, sondern nur abschließend auf ihre Einhaltung überprüft werden.

Beim letzten Beispiel wurde deutlich, daß außer dem Wissen der Konfigurierungs-Experten auch Erfahrungen aus dem Feld eine wichtige Rolle spielen, die von Wartungs- und Bedienpersonal gewonnen werden; es kann ein rückkoppelnder Know-How-Transfer vom laufenden Betrieb zurück zur Planung eines Netzes erreicht werden.

Zusätzlich zum eigentlichen Konfigurierungswissen wird die Darstellung der einzelnen Komponenten eines Netzes innerhalb von NETCON als Layoutinformation in speziellen Regelmengen hinterlegt. Dadurch kann auch die Benutzeroberfläche des Systems sehr schnell an neue Anforderungen angepaßt werden.

Um Konsistenzprüfungen durch den Regeleditor zu ermöglichen, werden Struktur- und Semantik-Informationen der einzelnen Regelmengen als Metawissen ebenfalls in der Wissensbasis festgeschrieben. Dieses Metawissen umfaßt pro Regelmenge Informationen über:

- obligate Relationen,
- optionale Relationen sowie
- Definitions und Wertebereiche der Relationen.

6 Erfahrungen bei der Projektdurchführung

Da sich Expertensysteme in ihrer Struktur und Konzeption in beträchtlicher Weise von herkömmlichen Software-Systemen unterscheiden, ergeben sich neue Problemkreise, die bei der konventionellen Software-Entwicklung unbekannt

waren. Wir haben über den Zeitraum eines Jahres hinweg unsere Probleme und Erfahrungen damit in einem Projektlogbuch gesammelt. Sie lassen sich in zwei Kategorien einteilen: organisatorische und technische Problemkreise.

Bei den organisatorischen Problemkreisen lassen sich folgende Schwerpunkte feststellen:

- **Durch den Einsatz von Rapid-Prototyping ist ein Phasenplan, wie er bei konventioneller SW-Erstellung angewandt wird nicht ausreichend. Eine "Misch"-Strategie, die beiden Aspekten gerecht wird, ist notwendig.**
- Phasenorientiertes Vorgehen beruht unter anderem auf der Abschätzung von Aufwänden. Vor allem die Wissenserfassung ist sehr schwierig zu planen, da über das zu erfassende Wissen sehr wenig bekannt ist.
- Durch Einsatz der Programmiersprache LISP und Rapid-Prototyping ist eine adäquate Inline-Dokumentation nur sehr schwer möglich; außerdem geht die Entwicklung eines Prototypen meist schneller voran, als entsprechende Dokumentationen nachgezogen werden können. Deshalb sind Spezifikationen selten auf dem aktuellen Stand.
- Die Entwicklung konventioneller SW-Systeme bedeutet lediglich den Kontakt zum Auftraggeber oder Kunden. Bei Expertensystemen kommt eine neue Kontaktperson hinzu: der Experte, dessen Wissen in das System einfließen soll.
- Die Experten müssen in ausreichendem Umfang zur Verfügung stehen. Da es im allgemeinen zuwenige Experten gibt, ist deren Zeit aufgrund ihrer Tätigkeit sowieso sehr knapp bemessen.

Als technische Problemkreise wurden vor allem folgende erkannt:

- Die Expertise liegt bei Fremdpersonen. Das Wissen ist meist tiefgehendes Spezialwissen, nicht oberflächlich und breit gestreut. Es ist deshalb schwierig zu fassen.
- Expertise muß vorhanden sein. Teilgebiete eines Aufgabenkomplexes, für die keine Erfahrungen vorliegen, können auch mit einem Expertensystem nicht gelöst werden.
- Das Expertenwissen ist oft "compiliert" in den Experten gespeichert, gewisse Tatsachen sind für sie selbstverständlich und werden nicht mitgeteilt. Die Experten erklären oft Fakten und Zusammenhänge, ohne ihre eigene Vorgehensweise bei der Bearbeitung eines Falles zu beschreiben. Gerade dieses Problemlösungsverhalten ist aber für den Bau eines Expertensystems eine unerläßliche Basis. Fallbeispiele, die gemeinsam mit den Betroffenen durchgespielt werden, sind eine gute Möglichkeit zur Reduzierung dieses Problems.
- Die Konsistenz der Wissensbasis ist nur sehr schwer sicherzustellen. Dies wird durch nicht eindeutige und teilweise divergente Expertenmeinungen noch verschärft. Deshalb sollte man nie zu viele unterschiedliche Experten einbeziehen.

- Für den Bau eines Expertensystems sind meist mehrere Wissensrepräsentationsformen notwendig, um das Wissen in seiner jeweils natürlichsten Form formulieren zu können. Die Beschränkung auf eine Darstellungsmöglichkeit allein würde eine Einschränkung für die Flexibilität und Verständlichkeit bedeuten. Für den Programmierer bedeutet dies, eine Mischung der verschiedenen Repräsentationsformen und der damit verbundenen Stile beherrschen zu müssen.
- Es fehlt an Erfahrungen, wie die Schnittstellen zwischen den unterschiedlichen Wissensrepräsentationsformen und Inferenzmechanismen zu wählen sind.

Literaturverzeichnis

[1] Xerox Corporation
Interlisp-D Reference Manual
Xerox Corporation, Dezember 1983

[2] Bobrow, D.G.; Stefik, M.
LOOPS Reference Manual
Xerox Corporation, Dezember 1983

[3] Xerox Corporation
Configuration Guide, Version 1.0
Xerox Corporation, Dezember 1985

D. Lehmann, G. Normann, G.Schramm
Siemens AG, ZTI SOF 232
Otto-Hahn-Ring 6
8000 München 83
Tel.: 089/636-45912

SUPPORTING KNOWLEDGE REPRESENTATION BY CHECKING CONSISTENCY

Werner Mellis, Paderborn

Summary: In [1] a simple consistency condition for rule-based expert systems is proved. This paper discusses its use for a computational tool to support declarative representation of knowledge in such expert systems.

1 The Relevance of Consistency for Expert Systems

The following is general in parts, but as a whole deals only with rule based expert systems, as rules are the most widely used formalism as knowledge representation in expert systems.

The reason for the relevance of consistency for predicate logic theories is simply, that any formula can be derived from any inconsistent theory. Therefore inconsistent theories do not say anything about any world.

For the usual rule interpreter this is not the case. It is designed to allow user answers and to draw conclusions both in a way that keeps the dynamic knowledge base (the set of user answers and conclusions) consistent. Such a dynamic consistency regime is in most cases easy to realize and has a twofold advantage. The first is, that an expert system giving contradictory advice would not look very smart. The second advantage is efficiency. When one of several mutually exclusive solutions is found, the system could as well investigate the other solutions. But since the system knows about their exclusiveness, further effort must anyway be in vain. Efficiency can be further improved, if the knowledge about exclusiveness

---

This work has been partly supported by the German Bundesminister fuer Forschung und Technologie (Verbundprojekt 3b LERNER ITW 8501).

of solutions is not expressed in the rule language, but is implicit in the interpreter's strategy.

Using such a dynamic consistency regime, the set of conclusions and user answers is kept consistent. Therefore unlike the case of predicate calculus, there is no set of rules for which the interpreter derives any arbitrary formula. Therefore, the consistency of the static knowledge base is not an issue.

However, when the consequences of the dynamic consistency regime are carefully analyzed , another problem appears. The rule interpreter interprets any set of rules in a way, that says something interesting about <u>some</u> world. The problem is, that the rule set alone does not tell about which.

To find out which world the interpreter refers to one has to inspect the rule interpreter to understand its use of the rules. But this of course is just what should have been prevented by the knowledge representation technology.

The point is, that the knowledge engineer should deal with knowledge not with its use. That means he should interpret the knowledge he codes just as statements about a domain of discourse, i.e. declaratively. He should not need to reason about, when it is used, in which sequence etc. He should be able to rely on the system's ability to apply the knowledge, when and where it is needed.

The reason, that the rule interpreter does not interpret the rules purely declarative is, that the interpreter's provability relation |-'- is different from |-- the provability relation of predicate logic. A typical deviation is, that the rules' interpretation depends on their enumeration in the knowledge base.

In the most simple case |-'- and |-- deviate only for inconsistent (with respect to |--) sets of axioms, i.e. for every sentence s: Ax |-'- s iff Ax |-- s, if Ax is consistent (with respect to |--).

In this case, consistency of the static knowledge base and the user answers means, that the conclusions of the inference mechanism are exactly those, which are logical consequences of the static knowledge base and the user answers.

Assuming, that the expert formalized his knowledge correctly and that he himself used his knowledge correctly and completely, consistency of the static knowledge base guarantees that the inference mechanism draws the same conclusions the expert draws.

2 Application: Supporting Knowledge Representation by Checking Consistency

As has been pointed out, static consistency (i.e. consistency of the static knowledge base and the user answers) is not an issue per se. The issue is to demonstrate, that (for every admissible set of user answers) the knowledge base posseses a uniquely determined declarativ interpretation, the one the expert had in mind. This is where a checking tool comes in, which we call a consistency checker. It is used to help the expert to spell out a declarative interpretation of his knowledge base.

One may wonder whether this is nècessary at all, as the expert codes the knowledge he applies routinely. But this is not exactly the case. The problem is, that he codes the knowledge which he believes, that he uses, not the knowledge he actually uses. He may believe that he knows:

A(x)=w --> B(x)=v and B(x)=v --> C(x)=u

and later on is convinced that

A(x)=w --> C(x)=u' for some u different from u'.

In fact, he applies two different rules

A(x)=w --> B(x)=v only in context D and

A(x)=w --> C(x)=u' only in context non D.

The knowledge he applies is

A(x)=w & D --> B(x)=v,

A(x)=w & non D --> C(x)=u' and

B(x)=v --> C(x)=u

and this is consistent, even if A(x)=w holds, but he believes to know more general rules.

This is a typical example of how an expert's tendency to overgeneralize leads to inconsistencies. There are different ways to solve this problem. One way is deviating from the provability concept of first order predicate logic. This is what the dynamic consistency regime of the rule interpreter does to prevent proving inconsistencies from consistent sets of axioms. One can deal with this by learning how the interpreter works, but that means leaving the idea of knowledge representation. Provocatively, this has been called programming in rules instead of representing knowledge.

To support representation of knowledge one should not deviate from the provability concept of predicate logic, but should instead rewrite the axiom set. On the other hand programming in rules, when properly done has its own virtue in terms of efficiency. Therefore a dynamic consistency regime should be employed and in addition rewriting the axiom set should be accomplished in a way which conforms to the rule interpreter's deviation from the provability concept. This can be reached by making the axioms' use explicit, i.e. by rewriting the axioms, so that they express the conditions under which the consistency preserving interpreter will use them.

Formally this means, there is a provability concept |-*- different from provability in first order predicate logic |--, such that

for every set Ax of axioms $Th_{Ax}{}^{*}$:= {scS| Ax|-*- s}

is consistent (with respect to |--)

and if Ax is consistent (with respect to |--), then $Th_{Ax}{}^{*} = Th_{Ax}$.

Our approach to support knowledge representation in rules means definition of a mapping c: |P(S) --> |P(S), such that

for every set Ax of axioms, $Th_{Ax}{}^{*} = Th_{c(Ax)}$

and therefore also

(+) $Th_{Ax} = Th_{c(Ax)}$, if Ax is consistent (with respect to |--).

While the replacement of |-- by |-*- is a step towards procedural programming, i.e. one has to learn, how the interpreter uses the rules, replacement of Ax by c(Ax) is a step toward explication of one's knowledge.

For (+) one could simply define c(Ax) = Ax for every consistent set Ax. But we prefer to replace every set Ax of axioms by a set c(Ax) satisfying the disjointness condition defined below. The advantage is twofold. Disjointness is much easier to check than consistency and spells out hidden reasons for consistency, thus making the knowledge more transparent. Further disjointness guarantees consistency of the knowledge base for every admissible set of user answers. But it is not a necessary condition. There are knowledge bases which are not disjoint but nevertheless consistent (for every set of admissible user answers). For example

A(x)=w --> C(x)=u,

B(x)=w --> C(x)=u' (u=/=u'),

D(x)=v --> A(x)=w and

D(x)=v' --> B(x)=w,

when v and v' are the only admissible values for D.

This knowledge base is consistent, because A(x)=w and B(x)=w are not deducible simultaneously. However, the consistency checker in its simplest form identifies this as a problem and proposes to substitute the second clause

B(x)=w --> C(x)=u' by B(x)=w & A(x)=/=w --> C(x)=u'

or some alternative. This substitution makes the meaning of the clause in the knowledge base explicit. One may note that this does not mean to make the clause in some respect context dependent. Firstly it explicates the "context dependency" and secondly the substitution which it leads to yields an operationally equivalent knowledge base.

Thus the expert can write down his associations as overgeneralized as they occur to him, and then can rely on the consistency checker to find out whether they have to be further constrained. If so, the consistency checker replaces them by a consistent set of axioms, which is operationally equivalent to the original, thus spelling out how the dynamic consistency regime would interpret it. The expert can easily check the proposal, as he just has to check whether the new axioms hold.

One might provide the expert with explanations about the inconsistencies. When for example the expert thinks, that some proposal of the system is a too narrowly restricted rule, he might want to ask for the rational of this proposal. It might be helpful for him to know which rules conflict, in order to decide whether there are alternatives to the system's proposal.

3 The Interpretation of Associative Triples in Predicate Logic

Many expert systems use the language of associative triples, i.e. atomic formulae are (obj,attr,val)-triples. In the predicate logic version, the universe usually consists of two sorts of elements, called object-instances and values. In an associative triple (obj,attr,val) "obj" is an object variable varying over the set of object-instances or a constant denoting an object-instance, "attr" is an attribute interpreted to be a mapping from object-instances to values and "val" denotes a value of the universe. An associative triple (obj,attr,val) is interpreted to mean that "val" is the value of the object-instance denoted by "obj" under the mapping denoted by "attr".

Example

for every organism:
if (organism,gram,gramneg) and (organism,morph,rod)
then (organism,identity,bacteroides)

In its contents this rule is similar to a rule in MYCIN'S knowledge base. From a biological point of view it is not valid. But this is irrelevant here. It means that the identity of organisms is bacteroides, if their gramstain is negativ and their morphology is rod.

For obvious reasons, it is very popular to restrict axiom sets to consist of Horn-clauses. If attributes are interpreted as relations, sets of Horn-clauses are consistent. This is not the case if they are interpreted as above, (i.e. as mappings). In this case (obj,attr,val1) and (obj,attr,val2) are contradictory, if val1 and val2 refer to different values.

To prevent investigation of the semantics of associative triples, an interpretation of the language of associative triples in sorted first order predicate logic is used. According to the above discussion, associative triples (object,attribute,value) are mapped onto sorted first order atomic formulae R(x,value). This means, that for a given language of associative triples, the associated first order language contains for every attribute a binary relational symbol, whose first argument is restricted to the sort of object instances and whose second argument is restricted to the sort of values. To express the interpretation of attributes as mappings, additional axioms, which are called constraints, have to be introduced. Let value1 and value2 be two admissible values for the attribute, then a constraint non R(x,value1) v non R(x,value2) has to be added to the associated axiom system in predicate logic in order to ensure its equivalence to the initial axiom system in the language of associative triples.

In the following only countable (possibly infinite) universes are considered, which is not a very severe restriction for computational purposes.

4 The Disjointness Condition

In this section we shall give a sufficient criterion for consistency of certain classes of axioms. The reader interested in full details should see [1]. Here we shall restrict ourselves to introduction of the main concepts and to formulation of the theorem.

We assume L to be a first order language without identity, with countably many non-logical symbols.

The following two definitions characterize the classes of axioms we are dealing with.

Definition:

A constraint is a finite disjunction of negated, atomic formulae.

Definition:

A simple axiom system is a set of constraints and Horn-clauses.

For the formulation of the consistency condition we need the following technical terms.

Definition:

The conclusion of a Horn-clause A is A, if A is atomic. If A = (B-->C), then the conclusion is C.

Definition:

Let A be a simple axiom system and C a constraint.

The complete Horn-clause-set for C in A is the set of every Horn-clause in A, whose conclusion contains a relation symbol R occuring in C.

Now it is possible to define the consistency condition.

Definition:

Let M be a set of Horn-clauses with $H_j = A_j \rightarrow B_j$.

M is called disjoint for a set N of constraints, iff for every C c N with C = non C_1 v ... v non C and for every substitutions s, s_1, ..., s_m, if (after renumbering of M) $C_i(s) = B_i(s_i)$ for i = 1, ..., m, then the set { $A_1(s_1)$, ..., $A_m(s_m)$ } is not satisfiable in a common model.

A simple axiom system A is disjoint iff for every constraint C in A the complete Horn-clause-set for C in A is disjoint.

Theorem:

Every simple, disjoint set of axioms is consistent.

The idea of the proof basically consists in incrementally constructing an Herbrand-model of the axiom set. A formal proof is given in [1]. Here the emphasis is on the theorem's significance.

5 Discussion

5.1 The condition of the theorem is not necessary.

There are axiom systems which are consistent, but do not satisfy the disjointness condition. For example the axiom system:

$R_1(a)$

$R_1(b) \rightarrow R_2(a)$

$R_1(b) \rightarrow R_2(b)$

$\text{non } R_2(a) \vee \text{non } R_2(b)$

is consistent, iff a and b are different terms. But the axioms are not disjoint. The reason is: $R_1(b)$ is not provable, i.e. there are models, in which $R_1(b)$ is false. For example:

$U = \{a,b\}$, $I(R_1)=\{a\}$, $I(R_2)=\{\ \}$.

5.2 Disjointness is not restrictive.

For every simple, consistent axiom system, there is an equivalent, simple, disjoint axiom system.

Let A be a simple, consistent axiom system and let $C = \text{non } C_1 \vee \ldots \vee \text{non } C_k$ be a constraint in A. If A is not disjoint, there are Horn-clauses $H_i = A_i \rightarrow B_i$ for $i=1,\ldots,k$ and substitutions $s, s_1, \ldots, s_k$, such that $C_i(s) = B_i(s_i)$. Let $s, s_1, \ldots, s_k$ be the most general such substitutions for H_i and C. Let $\{v_1, \ldots, v_j\}$ be the set of all variables free in $H_1(s_1), \ldots, H_k(s_k)$ which are not free in C(s). Let r be the substitution of $\{v_1, \ldots, v_j\}$ by some constant a. Let N_i be $A_1(s_1) \,\&\, \ldots \,\&\, A_{i-1} \,\&\, A_{i+1}(s_{i+1}) \,\&\, \ldots \,\&\, A_k(s_k)$ and $H'_i = A_i \,\&\, \text{non } N_i(r) \rightarrow B_i$.

It is easy to prove that H_i and H'_i are equivalent, if A is consistent. Therefore, the replacement of H_i by H'_i for i=1,...,k in the axiom set A yields an equivalent set of axioms A'. Iteration of the transition from A to A' and reformulation of H'_i using De Morgan's rules, yields a simple, disjoint set of axiom A" equivalent to A. This procedure is the basis for a consistency checker which we have implemented.

5.3 The use of disjointness

If a simple axiom system A is consistent, but not disjoint, then the reason for consistency is, that there is a constraint C = non C_1 v...v non C_k in A, that there are Horn-clauses $H_i = A_i \text{-->} B_i$ for i=1,...,k in A and that there are substitutions s, s_1, ..., s_k such that $C_i(s) = B_i(s_i)$, but that the conjunction $A_1(s_1)$ & ... & $A_k(s_k)$ is not provable from the axioms.

As can be seen from the above argument, replacing the consistent, simple axiom system by an equivalent, disjoint, simple axiom system, only spells out in detail the reason for consistency.

It has been pointed out that static consistency is not an issue per se. It is used to demonstrate that the knowledge base possesses a uniquely determined declarative interpretation and that this is the one the expert had in mind.

This can be reached by making explicit the axioms' use, i.e. by rewriting the axioms, so that they express under which conditions the consistency preserving interpreter will use them. For reasons of simplicity we will restrict ourselves to the simplified case, mentioned above, where the rule interpreter successively tries all rules of some ordered list and stops, as soon as any rule succeeds in proving some value for the given object and attribute.

To make this dynamic consistency regime explicit only requires the mapping of the given rules to a disjoint, equivalent version as described in section 5.2. The notion of disjointness here proves its value: it is easy to check and gives the knowledge engineer exactly the information he needs.

An example:

Given the ordered list of rules:

rule 1 : A_1 --> $B(v_1)$

rule 2 : A_2 --> $B(v_2)$

...

rule n : A_n --> $B(v_n)$

then rule n will be mapped to the rule

non A_1 & non A_2 & ... & non A_{n-1} & A_n --> $B(v_n)$ making it disjoint with the others.

6 Literature

[1] Mellis, W.: Consistency of Horn-clauses and Constraints. to appear

[2] Monk, J. D.: Mathematical Logic. Springer Verlag, New York (1976), pp. 398

[3] Nguyen, T. A.; Perkins, W. A.; Laffey, T. J.; Pecora, D.: Chekking an Expert Systems Knowledge Base for Consistency and Completeness in: IJCAI 85, Los Angeles (1985), pp. 375

[4] Suwa, M.; Scott, A. C.; Shortliffe, E. H.: Completeness and Consistency in a Rule-Based System in: Buchanan, B. G.; Shortliffe, E. H. (eds): Rule-Based Expert Systems. The MYCIN Experiments of the Stanford Heuristic Programming Project. Addison-Wesley, Reading, Mass. (1984), pp. 159

Werner Mellis
Nixdorf Computer AG, D-4790 Paderborn, Pontanusstrasse
common@nixpbe.eunet

The use of deep knowledge to improve explanation capabilities of Rule-Based Expert Systems

Gilles KASSEL

Université de Paris-Sud, Orsay, FRANCE

ABSTRACT

During these last few years, there has been criticism of the first generation Knowledge-Based Systems, though it isn't really possible to specify what are the limitations of the performance of such systems:

- is there a lack of flexibility ?
- or is that they can't solve particularly difficult problems ?

However, there is no doubt that Expert Systems such as MYCIN, which rely exclusively on a problem solving knowledge, have limited capabilities to explain their reasoning.

The general system CQFE exploits both a " shallow " knowledge, the problem solving expertise, and a Conceptual Model, the description of the objects and concepts which organize this expertise. An explanation module uses this " deep " knowledge in order to reason about the expert system's reasoning, thus providing the user with more adapted and relevant explanations.

ZUSAMMENFASSUNG

Seit einigen Jahren werden die Systeme mit Wissensbasen kritisiert, die zur ersten Generation gehören, ohne daß es möglich ist, die Grenzen der Leistung solcher Systeme wirklich zu kennen:

- Sind diese Systeme nicht genug flexibel ?
- Können sie keine besonders schwierigen Probleme lösen ?

Es besteht jedoch kein Zweifel, daß sie eine Begrenzung haben: Expertensysteme wie MYCIN, die, um ein Problem zu lösen, nur ein Wissen besitzen, haben begrenzte Fähigkeiten, um ihre Schlußfolgerungen zu erklären.

Das System CQFE benutzt ein " oberflächliches " Wissen: die fachmännische Untersuchung eines Problems, und zugleich ein begriffliches Modell: die Beschreibung der Objekte und Begriffe, die dieser Untersuchung als Grundlage dienen. Das Erklärungs-system benutzt dieses " tiefe " Wissen, um über die Schlußfolgerungen des Experten-systems nachzudenken, damit der Benutzer angebrachtere und besser verarbeitete Erklärungen bekommt.

Schlüsselwörter: Erklärungssysteme, Wissensrepräsentation

1 Introduction

It seems important to us that, like a human expert, an Expert System (ES) should keep a certain distance towards its reasoning to explain it. But the fact that the expertise relies in most cases only on a shallow knowledge [8], represented by rules, doesn't provide it this necessary distance. Such a system is unable to:

- isolate the important steps of its reasoning.
- emphasize the interesting concepts and give importance to relevant facts.
- structure its explanation.

To overcome these defects, we explicitly represent, in what we have called a Conceptual Model, the description of the objects and concepts of the domain that organize the problem solving expertise.

This new knowledge provides the ES with a deeper understanding of its reasoning: it notes which objects it is reasoning about, what point of view has been chosen about them and it can judge the importance of the deduced facts. The system then uses this new understanding to summarize its reasoning.

These ideas have been embodied in the general system CQFE [9] [10] whose architecture is organized around the inference engine TANGO [2] [12] and the Oriented-Object language MERING [3] [4].

An ES in technical diagnosis is presented to illustrate our approach: the application concerns the troubleshooting of an industrial device, a travelling crane which lifts up objects. The study of this device, the qualitative and quantitative analysis of its reliability, has been realized by J.F BARBET and is recorded in [6].

The next section presents the knowledge base of CQFE, which contains both the rule base and the Conceptual Model. The way the explanation module functions will be discussed in section 3.

2 Knowledge representation in CQFE

In this section, we take into account that the problem solving expertise has already been represented by a set of rules: let us now specify how the Conceptual Model is acquired from that knowledge base.

2.1 Objetcs and Concepts

The language used to express the rules associated with the inference engine TANGO is the predicate calculus. Thus, this simple rule:

if (control-light ?x ?y) (state ?y off)
then (not (supplied-with-current ?x))

states that: " if the power-control light of an electrical device is off, then there is no power in this device ".

The reader can observe that the concepts of " electrical device " and " light " have disappeared when we have written the rule and are now implicit: they correspond to the type of the variables '?x' and '?y'.

Once the rule base is constituted, the user can easily put together all the predicates which correspond to the same type of objects.

Thus, for the type " electrical device ", he would get a structure like this:

```
electrical-device
  control-light
  power-switch
  supplied-with-current
  connected-to
```

e.g. a kind of empty frame with slots corresponding to predicates.

First of all, he can characterize the predicates with knowledge which couldn't be represented by rules:

> " an electrical device generally has one power control light which can be in two states (on, off); it has just one power switch, but it can be connected to many other electrical devices ..."

This description defines to a certain extent a "typical" electrical device: we give the name concept to the entity the user thus obtains.

Now, let us suppose that a part of the expertise is concerned with the "lifting motor", which is a particular motor: the entity "lifting motor" is an object, instance of the type "motor" which itself is a specific type of "electrical device". All the entities are thus connected with hierarchic links of the type IS-A. These links correspond to new knowledge that the user represents in the Conceptual Model: the example below shows that these knowledges may be quite complex.

We may have effectively many points of view on the same device: for example the motor is an electrical device if we take into account electrical failures; but it's also a mechanical device if we search for a mechanical failure. It depends, of course, on the problem solving knowledge.

2.2 The Conceptual Model

The network of entities we have just defined constitutes the Conceptual Model. We claim that these entities (objects and concepts) organize the problem solving expertise of our system.

To represent such knowledge, we use the object oriented language MERING:

- the objects and concepts are then represented by two kinds of MERING's units, the " instance " and the " type ", which are respectively defined by the LISP functions " defrep " and " defent ".
- variables (mode, domain...) characterize the slots and allow the representation of the desired knowledge.
- many points of view can be defined on the same unit.

We show below the translation of the structures "electrical device" and "lifting motor".

```
(defent electrical-device ~ device
  (control-light ~ slot
    (domain = 'light)
    (mode = $uni))
  (supplied-with-current ~ slot
    (domain = boolean)
  (connected-to ~ slot
    (domain = 'electrical-device))
                        )
```

```
(defrep lifting-motor ~ motor
  (connected-to = 'battery)
                )
```

2.3 The Architecture of CQFE

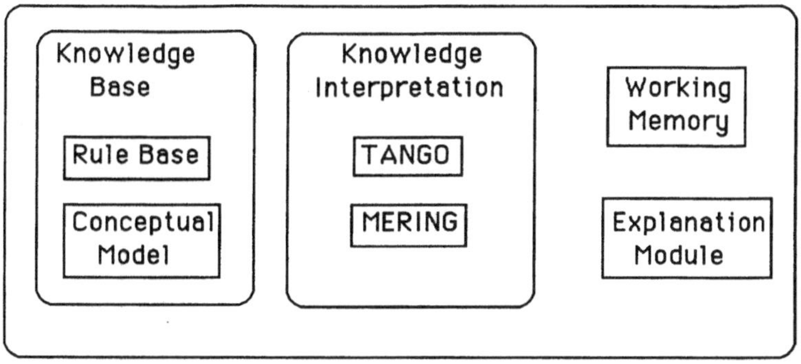

FIGURE 1

It is important to note that the problem solving part is not affected by the new knowledge representation: the system's reasoning is conducted by the inference engine TANGO from causal production rules.

The only modification concerns in fact the working memory in which the notion of object is introduced. When the facts:

(supplied-with-current lifting-motor)
(connected-to lifting-motor battery)

are deduced, we can say that CQFE is reasoning about the object "lifting-motor". The working memory is then made up of these objects of reasoning which are explicitely represented.

The deductive mechanism of properties inheritance is not used at the same time as the modus ponens. This conception of deep knowledge particularly differs from that of "multi-level systems" such as IDM [5] where the deep knowledge is also a problem solving knowledge.

In the case of CQFE, rather than defining a reasoning strategy, we shall speak of an explanation strategy. As we show in the next part of the article, we conceive the process of explanation as a new formulation of the reasoning: during that process the knowledge contained in the Conceptual Model is used.

3 The Explanation Module

The objective of this module is to explain, as clearly as possible, the whole reasoning followed by the ES (note that in such ES as MYCIN, NEOMYCIN [1] [7] or XPLAIN [15], the explanation module presents only one step of the reasoning). To reach this objective, the explanation module successively

a) builds a representation of the reasoning based on both the notion of deduction tree and that of "object of reasoning" (which we have introduced in section 2.3).

b) uses the knowledge contained in the Conceptual Model to detect the relevant facts.

c) ties its explanation to a failure script comprehensible to the user.

These three points are discussed in the next three sections.

3.1 Structuring the reasoning

The first way of representing the reasoning followed by the ES to demonstrate a goal, is to build a deduction tree: figure 2 shows such a tree, obtained with our current diagnosis application. This simple trace of reasoning is however quite far from any human explanation structure.

On that point, we found that when bringing together all the facts corresponding to the same object, we made object blocks appear (see figure 2). We claim that showing evidence of these "object blocks", which constitute distinct parts of the deduction tree, provides the ES with a better understanding of its reasoning.

In a first stage, the explanation module structures the reasoning by making these object blocks appear.

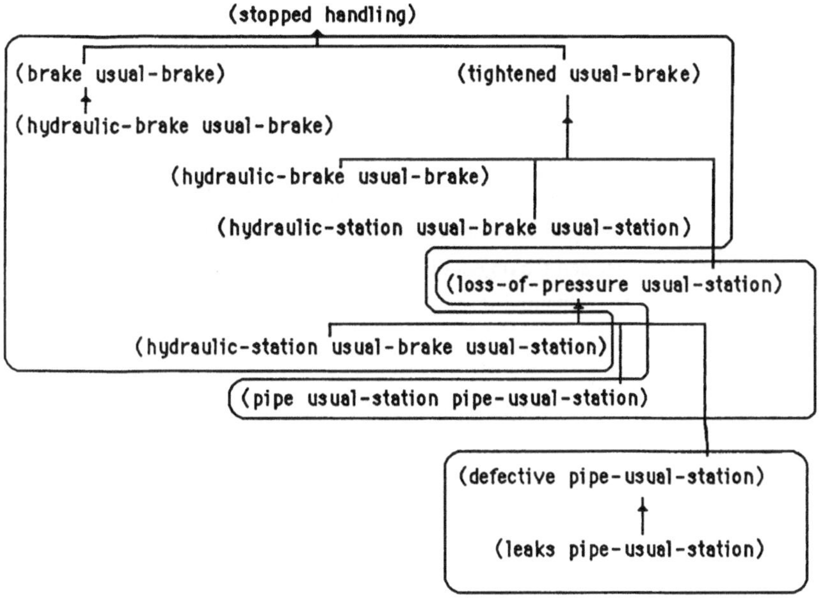

FIGURE 2

3.2 <u>Simplifying the reasoning</u>

Now, let's examine another point: all the facts that have been considered by the ES, during the problem solving are not necessarily relevant to an explanation. When eliminating irrelevant facts, this allows the ES to underline the important steps of the reasoning.

The relevancy of facts is defined according to the Conceptual Model: the description of the objects and concepts of the domain corresponds to a " prototypical " knowledge, which does not change from one session to the next; we can thus assume that these descriptions are known by the user

- who is used to manipulating the ES.
- who already knows about the concepts of the domain and who is more interested in the way the system manipulates these concepts, e.g. with the problem solving knowledge.

The facts that are already contained in the Conceptual Model are thus irrelevant facts. The explanation module, in a second stage, erases all these irrelevant facts from the structured deduction tree.

3.3 Tying the explanation to a failure script

The explanation methods discussed in sections 3.1 and 3.2 are still not complete: the explanation module is effectively able to structure and simplify the reasoning but it can't make sense out of the links between the object blocks.

In detailing deduction trees, obtained through our diagnosis application, we discovered the following point:

- a session always consists of first proposing a diagnosis, showing the component which is at the origin of the failure, then of confirming this diagnosis, showing how the failure explains the situation observed by the user, e.g. detailing the failure script -

Explicitely presenting the diagnosis and detailing the failure script appears to be a convenient explanation: it allows the user to understand the mechanism of the failure. But both the general strategy and the functioning conditions of the different components are implicit. More work needs to be done on the knowledge representation.

To that effect, the description of the entities of the Conceptual Model has been extended to represent the functioning conditions of components: a new variable well-functioning describes the conditions of well functioning:

```
(defent electrical-device ~ device
   (supplied-with-current ~ slot
      (domain = 'boolean)
      (well-functioning = true))
   (power-switch-position ~ slot
      (values = '(ON OFF))
      (well-functioning = 'ON))
          ... )
```

In a third stage, the explanation module uses this new knowledge to tie the explanation to a failure script and to present explicitely the diagnosis.

From the deduction tree presented in figure 2, CQFE will finally provide the user with the explanation text of figure 3: the character '*' reminds the user that he has given the fact.

```
faulty components

    1 -> pipe-usual-station
             defective: true
              leaks: true (*)

     2 -> usual-station
              loss-of-pressure: true

       1 caused 2
    Origin of the failure: 1

   Justification of the fact: (stopped handling)

        3 -> usual-brake
                 tightened: true

        and 2 caused 3

     Thus, I deduced that: (stopped handling)
```

FIGURE 3

In figure 4, the script is somewhat different: the object has fallen; two faulty components are the cause of the failure.

```
faulty components

    1 -> lifting-motor
           defective: true (*)

    2 ->  sill
            fixed-to-high: true (*)

    3 -> system
            picked-up-speed: true

    4 -> speed-detector
            defective: true


     1 caused 3; 2 caused 4
  Origin of the failure: 1, 2
Thus, I deduced that: (has-fallen object)
```

FIGURE 4

4 Conclusion

An ES built according to the framework of CQFE uses both a shallow knowledge, which is the problem solving expertise, and a deep knowledge, which is a knowledge base for explanation.

The deep knowledge provides the ES with a better understanding of its reasoning or, to put it differently, it allows the ES to keep a certain distance from its reasoning; so the ES is able to resume its reasoning.

This study brings a new light on the simultaneous use of shallow and deep knowledge in KBS.

More over, the explanation module makes use of different kinds of metaknowledges. Some are knowledges about the own ES's knowledges:

" such a fact is important, such an inference is not relevant "

others are knowledges about the user's knowledges :

" the user is already aware of the description of the concepts of the Conceptual Model "

We are convinced that this way of considering explanation as reasoning about reasoning is very promising: this study is actually pursued in a new research into the different kinds of "metaknowledges for explanation" [11], in order to better understand how the explanation module works and to improve its performances.

REFERENCES

[1] Clancey, W.J. : The Epistemology of a Rule-Based Expert System: a Framework for Explanation. Artificial Intelligence 20(3) (1983) 215-51.

[2] Faller, B. : traitement de connaissances incomplètes sur une application nécessitant un " pattern-matching " efficace: le jeu de la carte au bridge. Thèse de troisième cycle, Université d'Orsay, Juin 1985.

[3] Ferber, J. : MERING: Un langage d'acteur pour la représentation et la manipulation des connaissances. Thèse de Docteur-Ingénieur, Université de Paris VI, Décembre 1983.

[4] Ferber, J. : MERING: An Open-Ended Object Oriented Language for Knowledge Representation. Sixth ECAI, (1984).

[5] Fink, P.K. : Control and Integration of Diverse Knowledge in a Diagnostic Expert System. Ninth IJCAI, (1985).

[6] Gondran, M.; Pages, A. : Fiabilité des systèmes. Editions EYROLLES, 1979.

[7] Hasling, D.W.; Clancey, W.J.; Rennels, G. : Strategic explanations for a diagnostic consultation system. International Journal of Man-Machine Studies 20 (1984) 3-19.

[8] Hart, P.E. : Directions For AI in the Eighties. in SIGART Newsletter, No 79, January 1982.

[9] Kassel, G. : Le système d'explication CQFE, une forme de métaraisonnement intégrant règles et objets. Thèse de doctorat de l'Université d'Orsay, Décembre 1986.

[10] Kassel, G. : Expliquer, c'est raisonner sur le raisonnement: le système CQFE. Sixth International Workshop The Expert Systems and their Applications, Avignon 1986.

[11] Kassel, G.; Parcheval, Y.; Pitrat, J.; Safar, B. : Pourquoi utiliser des métaconnaissances ? Journées nationales du PRC IA, Aix-Les-Bains, Novembre 1986.

[12] Rousset, M.C. : TANGO, moteur d'inférences pour une classe de Systèmes Experts avec variables. Thèse de troisième cycle, Université d'Orsay, Octobre 1983.

[13] Safar B. : Les Explications dans les Systèmes Experts. fifth International Workshop The Expert System and their Application, Avignon, May 1985.

[14] Swartout, W.R. : Workshop on Automated Explanation Production. in SIGART Newsletter, No 85 p. 7-12, July 1983.

[15] Swartout, W.R. : XPLAIN: a System for Creating an Explaining Expert Consulting Programs. Artificial Intelligence 21(3) 1983 285-325.

Gilles KASSEL
Université de Paris-Sud, Orsay
Laboratoire de Recherche en Informatique
Bât. 490 - 91405 ORSAY
FRANCE
tel: 69 41 64 95

AN EFFICIENT ALGORITHM FOR REASONING ABOUT TIME INTERVALS

Tomas Hrycej, PCS München

Schlüsselwörter: *Inferenzsysteme, Wissensrepräsentation, kognitive Modelle.*

Zusammenfassung: *Die bisherigen Wissensrepräsentationsparadigmen und Algorithmen für Deduktionen über zeitliche Beziehungen können zwei Gruppen zugeordnet werden: die "zeitachsenorientierten" Modelle sind transparent und effizient, besitzen aber nur begrenzte Ausdruckskraft; bei den "beziehungsnetz"-orientierten (z.B. die Intervallalgebra von J.Allen) ist die Lage umgekehrt. Der hier vorgestellte Ansatz stellt eine Art Syntese beider Gruppen dar. Es umfaßt 1) eine Wissensrepräsentation mittels "transitiver Ketten", die durch die Ausnutzung von formalen transitiven Eigenschaften der qualitativen Intervallrelationen (im Gegensatz zu dem "Referenzintervallmodell", welches das domainspezifische Wissen heranzieht), die Effizienz und Transparenz der zeitachsenorientierten Ansätze erreicht, ohne auf die Ausdruckskraft des Beziehungsnetzmodells zu verzichten, 2) den Algorithmus für den dynamischen Aufbau der transitiven Ketten und die Constraint Propagation darin sowie 3) eine nichtmonotone Erweiterung des Grundalgorithmus, die die Rücknahme von eingeführten Constraints erlaubt.*

Abstract: *The representation paradigms and algorithms developed in the past for making inferences about temporal relations can be classified into two groups: the "time line" models are transparent and efficient, but of limited expressive power; in the "relation network" model (e.g., the interval algebra of J.Allen) the situation is the inverse. The paradigm presented here represents a kind of synthesis of both approaches. It comprises 1) knowledge representation through "transitive chains", which retains the efficiency and transparency of the time line approach without sacrificing the expressive power of the relation network model, using the formal transitive properties of the qualitative time event relations (in contrast to the "reference interval" model which implicitly uses domain knowledge), 2) an algorithm for dynamic maintenance of transitive chains and constraint propagation within them, and 3) a nonmonotonic extension of the basic algorithm which permits the retraction of constraints.*

1 Introduction

The necessity to enable knowledge to be provided with time references has been widely recognized. The domains particularly concerned are planning, qualitative modelling, natural language understanding, and database systems. Several theoretical logic systems, extending the classical logics through time operators (e.g., [10]) or providing object language statements with time references (e.g., [2]), have been proposed. However, the algorithmic realization of such a full-scale inference system including time reference facilities represents a formidable problem. Alternatively, isolated time reasoning specialists have been developed, which store and retrieve the time references, ensuring the consistency by constraint propagation. Such time specialists can

be then linked into a full-scale temporal inference system.

From the paradigms investigated in the past, the interval based model according to J. Allen [1] is doubtlessly one of the most expressive ones. It is capable of expressing all qualitative relations between two relations as well as incomplete information. Shortcomings of this powerful representation are its relative computational inefficiency and high storage requirements of its relation network. Additionally, the relation network is not transparent: it fails to represent in any way the existence of the time flow.

To be applicable to domains like planning and qualitative modelling, the time reasoning assumptions have to be retractable, i.e., some kind of nonmonotonicity must be introduced. This represents a nontrivial problem.

In this paper, a representation and a constraint propagation algorithm are presented that improve substantially the efficiency and transparency of Allen's basic model, without loss of its expressive power, using formal properties (transitivity) of certain elementary time event relations. Further, management of dependencies has been implemented, which enables the retraction of constraints and other TMS operations.

In Section 2 an algorithm is presented, which tackles successfully the problem of efficient representation.

A straightforward nonmonotonic extension of the algorithm is given in Section 3.

An assessment of the computational effectiveness gain is sketched in Section 4.

2 Transitive chain approach

2.1 Preliminary observations

Among the present time reasoning paradigms, two classes can be recognized: 1) those using some kind of quantitative or qualitative **time line** (e.g., the data lines and the before/after chains of [9]) and 2) those using a **network of pairwise relations** (interval algebra of Allen [1]). The former class is relatively computationally inexpensive and transparent (the whole set of events is easy to represent in an "overall view"), while its expressive power is limited. The latter class is the reverse.

Obviously, there is a strong motivation for a synthesis of the time line and the relation network approaches (for more details on representational aspects of the synthesis, see [8]).

The representation and algorithm proposed in this paper are based on the following observation. The human reasoning about time events makes use of certain transitivity properties. E.g., given the relations "having breakfast" *before* "driving to the office", "driving to the office" *before* "driving home", and "driving home" *before* "having dinner", "having breakfast" *before* "having dinner" can be inferred without considering an explicit relation between "having breakfast" and "having dinner". Other intuitively transitive relations are *starts before*, *finishes before*, and *contains*. It is certainly conceivable to represent relations between time events in this "nonredundant" way, omitting the explicit connections between those events, whose relations can be derived from the transitive properties of other explicitly considered connections.

To represent this mental model, let us introduce the concept of **transitive chain**. It is a directed graph, whose nodes are the individual events, and whose edges are the explicit relations between them. Under certain conditions, the relation between two not explicitly connected events can be inferred from the fact that there is a path through the graph between these two events. The relations which cannot be inferred from the transitive chain have to be considered explicitly (see Fig. 1).

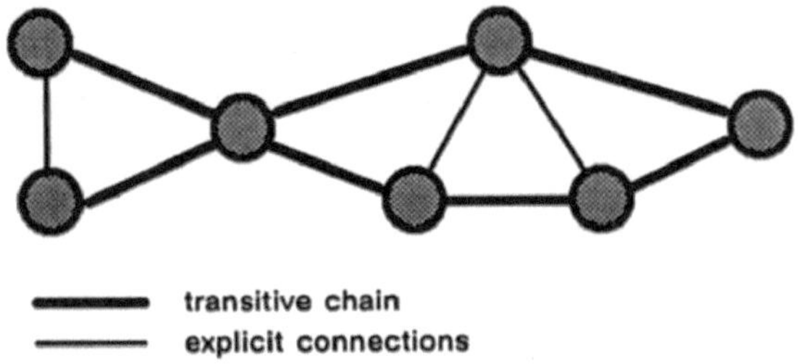

Fig. 1 A transitive chain.

2.2 Requirements on transitive chains

There are some requirements for the transitive chains to be a suitable representation for inference systems :

Requirement 1 : No information should be lost in comparison with the basic model. (E.g., in the "reference interval" model [1], some inferences can be prevented by an inappropriate reference interval structure.)

Requirement 2 : A relation represented only indirectly by a path in a transitive chain should be deducible from the mere existence of the path (without necessity of multiple computationally expensive transitivity table accesses along the path, see [1]).

Requirement 3 : The transitive chains should contain complete information about the relations involved, i.e., information which cannot be further constrained. In other words, if two events are ordered by the transitive chain, it should be deducible from this fact that there is a unique elementary relation (without further alternatives) between the two events. Otherwise (in the case of several alternative admissible relations), this constraint could possibly be in future further constrained. Since this additional constraint would not be deducible from the chain, a reestablishment of an explicit relation would become necessary for the additional constraint not to be lost.

Requirement 4 : The constraint propagation algorithm should use only explicit connections, making no request for relations which have to be inferred from the transitivity chain (to prevent frequent computationally expensive path searches).

2.3 Formal properties of transitive chains

First, let us introduce some **denotations**:

- The function symbol *trans(i,j)* denotes an entry in the transitivity table, i.e., the constraint imposed on the relation between events A and *C* (or, in other words, the set of possible relations between *A* and *C*) if the relation between *A* and *B* is constrained to *i* and the relation between *B* and *C* is constrained to *j*. (For the transitivity table concept, see [1].)
- The function *transitions(I,J)* corresponds to Allen's *constraints(I,J)*: it is the union of all *trans(i,j)* such that $i \in I$ and $j \in J$.
- *R(i,j)* denotes the relation between the intervals *i* and *j*.
- *S* denotes the set of all elementary relations.
- $SS \subset S$ is the **characteristic set** of a transitive chain; for any two directly connected chain members *i* and *j* must be $R(i,j) \subset SS$.

Let us now specify three **formal properties** which can be useful for defining transitivity within the set *S* of some exclusive elementary time event relations.

Definition 1 : A chain is **uniform**, if for all $i,j \in SS$: $trans(i,j) = f(SS)$, $f(SS) \subset SS$.

The relation between any two (not directly connected) members of a uniform chain is uniformly *SS*. A uniform chain meets implicitly Requirements 1 and 2 : no information along a chain path is lost, the relation between any pair of not directly connected events is completely determined. However, a further constraining of this relation is possible unless the chain is unambiguous.

Definition 2 : A chain is **unambiguous**, if for all $i,j \in SS$: $trans(i,j) = \{t(SS)\}$, $t(SS) \in SS$.

The relation between any two members of an unambiguous chain is unambiguous. There are no alternative relations, the relation cannot be further constrained. An unambiguous chain obviously meets Requirement 3.

Definition 3 : A chain is **monotonous** (in relation to unchained nodes), if for all $S1,S2 \subset SS$ and all $R \subset S$:

$transitions(S1,transitions(S2,R)) \subset transitions(transitions(S1,S2),R)$ and *transitions(transitions(R,S1),S2)⊂transitions(R,transitions(S1,S2)),*

In other words, the direct constraint via two chained relations is always less constraining than the successive constraint propagation via them. An unambiguous and monotonous chain meets Requirement 4 (Fig. 2) : in a constraint "triangle" *(i,j,k)*, whose connection *(i,j)* is substituted by a chain path (the connections *(j,k)* and *(i,k)* being explicit) the constraint *transitions(R(k,i),R(i,j))* via the nonexplicit connection *(i,j)* is never sharply stronger than the constraint *transitions(R(k,i0),R(i0,j))* via the explicit connection *(i0,j)*, where *i0* is the neighbour node to *j* on the path between *i* and *j*. The connection *(k,i0)* is explicit except it is a chained connection (making the connection *(k,j)* redundant, because of unambiguousness of the chain).

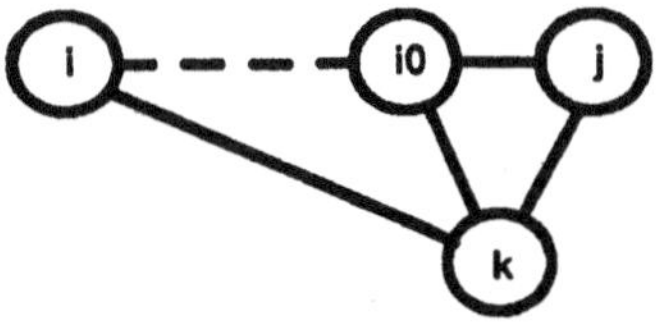

Fig. 2 Monotonicity.

Note 1 : The property names used above are in no way related to similarly denoted mathematical properties.

Considering **the special case of 13 basic interval relations**, the following subsets (and their inverses) are uniform, unambiguous and monotonous: {<,m} (before/after ordering), {d} (sharp containment), {s} (containment of intervals with common beginnings), {f} (containment of intervals with common ends) and, of course, {=} (equality).

Note 2 : All algorithms in this paper have been applied to this set of 13 interval relations, considering a single transitive chain {<,m}, which seems to be the one of the greatest importance for our intended applications (the containment chains being typically not very long). However, several chains can be considered simultaneously, e.g., {<,m} and {d}. Of course, an alternative relation set (e.g., a time point relation set, see [11]) can be implemented, too.

2.4 The algorithm

The **algorithm for adding a constraint** consists of two steps:

Step 1 : Constraint propagation as in Allen's basic algorithm is performed. A relation which has been constrained to become a member of a transitive chain is put into the "chaining queue". (*CR* is the characteristic set of the chain.)

Step 2 : For each relation *(i,j)* in the chaining queue, two sets are defined: the set *SB* of all nodes which are before the inserted pair, and the set *SA* of all nodes which are after the inserted pair. All "cross connections" (i.e., explicit connections between *i* and members of *SA*, between members of *SB* and *j*, and between members of *SB* and members of *SA*) are deleted.

Algorithm 1 :

```
modify_rel(i,j,NewRel)
   update_rel(i,j,NewRel);
   process_queue(constraint,constraint_propagation);
   process_queue(chaining,chaining_propagation)
with

update_rel(r1,r2,NewRel)
   H←NewRel;
   if H≠R(r1,r2)             then add_to_queue(constraint,r1,r2);
   if H⊂CR & not R(r1,r2)⊂CR then add_to_queue(chaining,r1,r2);
   R(r1,r2)←H;

constraint_propagation(i,j)
   For each k such that triangle(i,j,k) do
   begin
      update_rel(k,j,transitions(R(k,i),R(i,j)));
      update_rel(i,k,transitions(R(i,j),R(j,k)));
   end

chaining_propagation(i,j)
   For each k   such that before(k,i)               do delete_connection(k,j);
   For each l   such that before(j,l)               do delete_connection(i,l);
   For each k,l such that before(k,i) & before(j,l) do delete_connection(k,l);
```

Auxiliary functions are defined as follows:

- The function *transitions(R1,R2)* corresponds to Allen's *constraints(R1,R2)*, as stated before.
- The Boolean function *triangle(i,j,k)* returns true, if all three time event pairs *(i,j)*, *(j,k)*, and *(k,i)* are explicitly connected.
- The Boolean function *before(i,j)* returns true, if there is a path through the transitive chain from the node *i* to the node *j*.
- The function *process_queue(queue_id,queue_proc)* calls for each item *(i,j)* in the queue *queue_id* the procedure *queue_proc(i,j)*.
- The function *delete_connection(i,j)* deletes the explicit connection between the intervals *i* and *j*.
- The functionality of *add_to_queue* is obvious.

Note 3 : The incompleteness of Allen's constraint propagation algorithm, as stated in [11], has been neglected. However, any other (complete) constraint propagation algorithm may be substituted for the Allen's, having no influence on the transitive chain maintenance.

Example 1 : Let us have 4 intervals A,B,C,D with initial external constraints A — [<,m] —> B, C — [<] —> D and A — [<,o,s] —> C. Fig. 3a shows the relation network after the completed constraint propagation. Imposing a further constraint, B — [<,m] —> C, the constraint propagation takes place, resulting in potential chain edges A — [<] —> C, B — [<] —> D, and A — [<] —> D (Fig. 3b). (B,C), (A,C) and (B,D) are put into the chaining queue. Processing (B,C), the set of all elements before B on the chain – {A} – and the set of all elements after C – {D} – are determined and all superfluous connections, i.e., (A,C), (B,D) and (A,D), are deleted. (Processing the rest of the chaining queue may now be dropped since all connections in it happen to have been deleted in the first step.) Now, the intervals are totally ordered, as shown in Fig. 3c. Querying, e.g., the relation between intervals A and D, the path between A and B (A–B–C–D) is found. All noncontiguous members of the unambiguous before/meets chain being (by the chain definition) related by [<], the answer is A — [<] —> D.

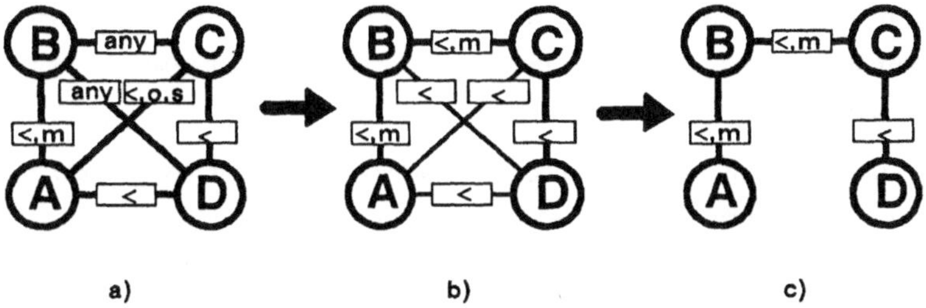

Fig. 3 **An example.**

3 Truth maintenance

Since a straightforward application of the time reasoning is in the planning domain [3], time reasoning assumptions have to be retractable. Another potential application, qualitative reasoning about physical systems ([4], [7], [13] etc.), requires facilities for changing assumption sets easily. Obviously, some kind of nonmonotonicity must be introduced.

In the time reasoner of Vilain [12], whole transitivity table based inferences were explicitly stored for truth maintenance operations. In the next section, a more concise representation of dependencies will be presented.

3.1 Justification structure of time event relations

To introduce nonmonotonicity into a temporal inference system, we have to identify 1) elementary pieces of data and 2) justifications.

The **elementary piece of data**, belief in which is to be manipulated, can be formulated as "exclusion of a single elementary relation between intervals I and J". For example, the semantics of I — [<,m] —> J is "between the intervals I and J, the relation *before* **or** the relation *meets* are **possible"**. In other words, **"the relations** *before* **and** *meets* **are not excluded** while all other relations **are excluded"**. There may be several justifications for this elementary piece of data; if there are none, the relation is "possible".

Justifications are provided by the transitivity table, or better to say by *transitions*. E.g., I — [d,o] —> J — [mi] —> K results in I — [d,di,fi,o] —> K, i.e., it justifies the exclusion of {<,>,oi,m,mi,s,si,f,=}. In terms of our elementary pieces of data, the conjunctive exclusion of {<,>,di,oi,m,mi,s,si,f,fi,=} between I and J and of {<,>,d,di,o,oi,m,s,si,f,fi,=} between J and K justifies the exclusion of all elementary relations between I and K from {<,>,oi,m,mi,s,si,f,=}. This is the conjunctive form of justifications, typical for the most truth maintenance systems.

However, for external assumptions to be retractable, it is sufficient to store the interval node identifier, the transition over which justifies an exclusion. For example, if excluded relations between A and B and those between B and C exclude A *before* C, B is stored as a justification for the exclusion of *before* between A and C. This justification is revised after every modification of the relation between A and B. An elementary relation, the justification set of which is empty, is believed to be "possible".

An additional problem for the nonmonotonicity results from the **dynamic nature of the network**. The network of time event nodes being dynamically modified, it must be guaranteed that no information is lost, not only in terms of the constraints, but also in terms of their justifications. So an explicit connection can be deleted only if it is completely justified by the nodes lying on the chain segment connecting them. If the connection is reestablished, the justifications can be fully reconstructed.

Note 4 : For qualitative reasoning and problem solving applications, it would be tempting to use an **assumption-based TMS** [4], [5], [6]. However, there are two essential obstacles:

1) The ATMS implies considering all possible contexts (external assumption sets) simultaneously. This makes any genuine reduction of the relation network impossible, since the membership in a transitive chain is itself a consequence of some external assumptions and thus a hypothesis whose ultimate validity is never determined. In other words, the transitive chain construction can take place only in some "currently believed environment" which is a direct antithesis to the ATMS concept.

2) The transitivity table based justifications are not "minimal". From the 23 conjunctive exclusions of our previous example, some are superfluous. E.g., to exclude I < K, exclusion of I < J suffices (with exclusions between J and K left unmodified). Theoretically, it would be possible to determine the "complete" set of "minimal" exclusion justifications as all minimal subsets of the current antecedents which are sufficient to justify the given exclusion. Unfortunately, I have found no reasonably fast algorithm for doing it. In an interval based time reasoning system, a (nonminimal)

justification for an exclusion, as it results from the transitivity table, may have up to 24 antecedents (= data nodes). A minimal justification typically requires only one or more relatively small subsets of these antecedents. To find all minimal justifications by "brute force", all 2**24 possible subsets would have to be tested. That is why nonminimal justifications have to be put up with. However, nonminimal justifications have strong negative impact on the quality of ATMS based inferences, see [6].

3.2 The nonmonotonic algorithm

There are two basic system functions: constraint insertion and constraint retraction. Since the constraint propagation part of the algorithm is similar for the both functions, an additional two-valued argument *Op* (with values *ins* and *del*) is introduced. For an external assumption (set of one or more constraints) to be retractable, it must be given a unique identifier, which serves as an external justification (*Just*). Algorithm 1 underlies the following modifications:

Step 1 : 1) Updating a relation, additional justifications are added or deleted, from which all admissible relations are derived (as those with empty exclusion justification set). During a retraction, a relation is put into the chaining queue if it is no more a member of the chain. 2) The node by the way of which a constraint (using the transitivity table) came about, becomes the justification for this constraint.

Step 2 : 1) The deletion of an explicit connection *R(i,j)* is performed only if all its relations are completely justified by the nodes from the chain segment between them. 2) Retracting a constraint, for each relation in the chaining queue, the sets *SB* and *SA* are defined (as in the insertion case). All missing "cross connections" between them are then reestablished.

Algorithm 2 :

```
modify_rel(Op,i,j,NewRel)
   update_rel(Op,i,j,NewRel);
   process_queue(constraint,constraint_propagation(Op));
   process_queue(chaining,chaining_propagation(Op));
```

with

```
update_rel(ins,r1,r2,NewRel,Just)
   J(r1,r2)←modify_justification(J(r1,r2),NewRel,Just);
   H←possible_rels(J(r1,r2));
   if not H=R(r1,r2)             then add_to_queue(constraint,r1,r2);
   if H⊂CR & not R(r1,r2)⊂CR then add_to_queue(chaining,r1,r2);
   R(r1,r2)←H;

update_rel(del,r1,r2,NewRel,Just)
   J(r1,r2)←modify_justification(J(r1,r2),NewRel,Just);
   H←possible_rels(J(r1,r2));
   if not H=R(r1,r2)             then add_to_queue(constraint,r1,r2);
   if not H⊂CR & R(r1,r2)⊂CR then add_to_queue(chaining,r1,r2);
   R(r1,r2)←H;
```

```
constraint_propagation(Op,i,j)
  For each k such that triangle(i,j,k) do
  begin
     update_rel(Op,k,j,transitions(R(k,i),R(i,j)),i);
     update_rel(Op,i,k,transitions(R(i,j),R(j,k)),j);
  end

chaining_propagation(ins,i,j)
  if in_chain(i,j) then del_self_cont_connection(i,j);
  else
  begin
     For each k   such that before(k,i)                do
  del_self_cont_connection(k,j);
     For each l   such that before(j,l)                do del_self_cont_connection(i,l);
     For each k,l such that before(k,i) & before(j,l) do
  del_self_cont_connection(k,l);
  end

chaining_propagation(del,i,j)
  For each k   such that before(k,i)                do add_self_cont_connection(k,j);
  For each l   such that before(j,l)                do add_self_cont_connection(i,l);
  For each k,l such that before(k,i) & before(j,l) do add_self_cont_connection(k,l);
```

Additional **auxiliary functions:**

- The function *modify_justification(Justifications,NewCon,IdJust)* returns *Justifications* modified by the additional constraint *NewCon*. The exclusions of all elementary relations not contained in *NewCon* are additionally justified by the event identifier *IdJust*. If some justifications by this identifier are already present, they are substituted by the new ones.

- The function *possible_rels(Just)* returns the set of basic relations which are not excluded by *Just*, i.e., those with empty exclusion justification set.

- The function *del_self_cont_connection(i,j)* deletes an explicit connection only if it is completely justified by the nodes lying on the chain between *i* and *j*. If it is not the case, all justifications by the nodes lying on the chain are substituted by the chain identifier. Otherwise, these justifications would not be correctly updated if the intermediate chain segment would be later modified. Justifications of adjacent nodes based on "triangles" containing the deleted connection are deleted, too.

- The function *add_self_cont_connection(i,j)* restores an explicit connection if there is no path between *i* and *j*, and defines its constraints using all existing full triangle connections. If such a connection already exists (as a consequence of justifications from outside of the chain segment between *i* and *j*), the chain identifier is removed from the justification.

Example 2 (Continuation of Example 1) : Let us denote the initial assumption A — [<,m] —> B, with *a1*, C — [<] —> D with *a2*, and A — [<,o,s] —> C with *a3*. The exclusion justification lists for the individual elementary relations are given in Tab. 1.

Exclusion of	Relation					
	(A,B)	(A,C)	(A,D)	(B,C)	(B,D)	(C,D)
<	[]	[]	[]	[]	[]	[]
>	[a1]	[a3]	[C]	[]	[]	[a2]
d	[a1]	[a3]	[C]	[]	[]	[a2]
di	[a1]	[a3]	[C]	[]	[]	[a2]
o	[a1]	[]	[C]	[]	[]	[a2]
oi	[a1]	[a3]	[C]	[]	[]	[a2]
m	[]	[a3]	[C]	[]	[]	[a2]
mi	[a1]	[a3]	[C]	[]	[]	[a2]
s	[a1]	[]	[C]	[]	[]	[a2]
si	[a1]	[a3]	[C]	[]	[]	[a2]
f	[a1]	[a3]	[C]	[]	[]	[a2]
fi	[a1]	[a3]	[C]	[]	[]	[a2]
=	[a1]	[a3]	[C]	[]	[]	[a2]

Tab. 1 Initial justifications.

We can observe that the constraints on (A,C) and (C,D) have been propagated to constrain (A,D), whose relation exclusions are therefore justified by C. Now, imposing the external constraint B — [<,m] —> C, denoted as *a4*, the justifications are modified (see Tab. 2).

Exclusion of	Relation					
	(A,B)	(A,C)	(A,D)	(B,C)	(B,D)	(C,D)
<	[]	[]	[]	[]	[]	[]
>	[a1]	[a3,B]	[B,C]	[a4]	[C]	[a2]
d	[a1]	[a3,B]	[B,C]	[a4]	[C]	[a2]
di	[a1]	[a3,B]	[B,C]	[a4]	[C]	[a2]
o	[a1]	[B]	[B,C]	[a4]	[C]	[a2]
oi	[a1]	[a3,B]	[B,C]	[a4]	[C]	[a2]
m	[]	[a3,B]	[B,C]	[]	[C]	[a2]
mi	[a1]	[a3,B]	[B,C]	[a4]	[C]	[a2]
s	[a1]	[B]	[B,C]	[a4]	[C]	[a2]
si	[a1]	[a3,B]	[B,C]	[a4]	[C]	[a2]
f	[a1]	[a3,B]	[B,C]	[a4]	[C]	[a2]
fi	[a1]	[a3,B]	[B,C]	[a4]	[C]	[a2]
=	[a1]	[a3,B]	[B,C]	[a4]	[C]	[a2]

Tab. 2 Justifications including assumption a4.

Obviously, the explicit connection (A,C) cannot be discarded, since it is justified, in addition to the chain justification by B, externally by assumption *a3*. Since the chain segment between A and C may be modified through future constraints by insertion of, say, interval AA between A and B, the justification of (A,C) would be incomplete (omitting the justification by AA). (This incompleteness would result from the fact that the constraint propagation is performed only on complete triangles, and (A,AA,C) would not be complete because of missing connection (AA,C).). So all chain justifications, or B, in our case, are substituted by the chain identifier, say *ch* (see Tab. 3).

Exclusion of	Relation					
	(A,B)	(A,C)	–	(B,C)	–	(C,D)
<	[]	[]	–	[]	–	[]
>	[a1]	[a3,ch]	–	[a4]	–	[a2]
d	[a1]	[a3,ch]	–	[a4]	–	[a2]
di	[a1]	[a3,ch]	–	[a4]	–	[a2]
o	[a1]	[ch]	–	[a4]	–	[a2]
oi	[a1]	[a3,ch]	–	[a4]	–	[a2]
m	[]	[a3,ch]	–	[]	–	[a2]
mi	[a1]	[a3,ch]	–	[a4]	–	[a2]
s	[a1]	[ch]	–	[a4]	–	[a2]
si	[a1]	[a3,ch]	–	[a4]	–	[a2]
f	[a1]	[a3,ch]	–	[a4]	–	[a2]
fi	[a1]	[a3,ch]	–	[a4]	–	[a2]
=	[a1]	[a3,ch]	–	[a4]	–	[a2]

Tab. 3 Justifications after simplifying the relation network.

The deletion of, e.g., the assumption *a2*, would result in reestablishing the connections (B,D) and (A,D).

4 Computational effectiveness

It is very difficult to estimate generally how far the relation network will be reduced using transitivity. It will always depend on how much is actually known about the ordering of the events. The extreme cases, for N events, are total ordering (N–1 explicit relations) and no ordering (N*(N–1)/2 relations, as in the Allen's basic algorithm).

Intuitively, the following observations seem to be plausible:

Extending the time scope in consideration, the number of other events whose before/after relations to an individual event are unspecified remains approximately constant, so that there is a linear increase of the number of explicit relations with a growing number of events.

Refining the observation of the world within the same time scope, additional ordering may be introduced by additional constraints resulting from these refined observations. Also, the number of explicit connections may be reduced using increased number of containment relations. However, a linear function, as in the previous case, can hardly be expected.

Since both extending the time scope and refining the observation will frequently occur simultaneously, a slightly overlinear increase can be expected, a substantially better situation than in the case of an unreduced relation network.

An attempt to assess the efficiency gain experimentally was made by generating the references randomly: for an additional event X, two events Y and Z (Z not before Y) were randomly selected, and Y before X, X before Z was asserted. The results are given in Tab. 4. The total number of explicit connections, which indicates the storage requirements, is decomposed (in parentheses) into the number of before/after relations and the number of unspecified relations.

Events	Relations					
	Allen's basic alg.		basic alg.		TMS-based alg.	
10	45	(43/2)	12	(10/2)	16	(14/2)
20	190	(154/36)	61	(25/36)	70	(34/36)
40	780	(705/75)	124	(49/75)	149	(74/76)
80	3160	(2171/989)	1099	(110/989)	–	

Tab. 4 Computational experience.

Obviously, the number of explicit relations has been substantially reduced, compared with Allen's basic algorithm. The growth of the number of before/after relations is nearly linear. Unfortunately, this simple random test procedure was not able to show that the growth of the total relation number is of a polynomial order substantially less than 2 (2 being the upper level). There was no means to force the events into a "reasonably small" chain segment, i.e., to ensure that the randomly chosen events Y and Z are "reasonably near to each other" on the chain. So there were many long parallel branches in the chain, the "cross connections" between whose members remained explicit (the second figure in each parentheses pair). However, a real world example would "force" a **single** "backbone" of the transitivity chain graph (since only a single time line does really exist). Thus the efficiency gain has been probably underestimated.

5 Further research

From the possibilities for a further development of the algorithm presented, the following two seem to be particularly interesting:

- Considering several chain types simultaneously, "synergy effects" of several chain types can be investigated. For example, the top member of the containment chain being simultaneously the member of the before/meets chain, all bottom members of the containment chain are in the same relations to the before/meets chain as the top member, so that these relations do not have to be explicit. (In the present algorithm, they are explicit.) Such a representation would be less redundant and more natural than the present one.
- The possibility of using an ATMS-like inference system would be, as stated before, very tempting, particularly for planning and qualitative modelling applications. The both main problems, the assumptions concerning the transitivity chain membership and the nonminimality of the transitivity table based justifications should be further investigated.

6 Conclusion

We have presented a way the transitivity of certain temporal relations can be used for increasing the efficiency and the cognitive transparency of temporal representations without sacrificing the expressive power of the relation network model. The constraint propagation algorithm has been extended to maintain a kind of dynamically changing relation network, the **transitive chains**. Although the intended application is a temporal reasoner based on the 13 basic qualitative interval relations of J. Allen, the algorithm as well as the most of the theoretical and conceptual observations of this paper can be applied to any other set of mutually exclusive elementary time event relations (e.g., a time point based algebra, as proposed in [11]). It is difficult to estimate the efficiency gain through the algorithm, which varies strongly from case to case. However, some typical applications let us expect as well a substantial reduction of the absolute number of relations to be considered explicitly as their slightly overlinear increase with the number of events considered.

A nonmonotonic extension of the basic algorithm has been implemented, which is of crucial importance for planning or qualitative modelling applications. We have investigated the justification structure of the transitivity table based interval algebra as well as the impact of the dynamical nature of our relation network on the nonmonotonic algorithm.

References

[1] Allen, J.F.: Maintaining knowledge about temporal intervals. *Commun. ACM* **26** (1983) 832–843

[2] Allen, J.F.: Towards a general theory of action and time. *Artificial Intelligence* **23** (1984) 123–154

[3] Allen, J.F.; Koomen, J.A.: Planning using a temporal world model. *Proc. 8th IJCAI*, Karlsruhe (1983) 741–747

[4] deKleer, J.: An assumption-based TMS. *Artificial Intelligence* **28** (1986) 127–162

[5] deKleer, J.: Extending the ATMS. *Artificial Intelligence* **28** (1986) 163–196

[6] deKleer, J.: Problem solving with the ATMS. *Artificial Intelligence* **28** (1986) 197–224

[7] Forbus, K.D.: Qualitative process theory. *Artificial Intelligence* **24** (1984) 85–168

[8] Hrycej, T.: Transitivity in relations between time intervals. PCS Tech. Rept. TEX–B–8, Muenchen, 1986

[9] Kahn, K.; Gorry, G.A.: Mechanizing Temporal Knowledge. *Artificial Intelligence* **24** (1977) 87–108

[10] Schwind, C.B.: Temporal logic in artifical intelligence. *Proc. 8th German Workshop on Artificial Intelligence*, Wingst/Stade, 1985, 238–264

[11] Vilain, M.B.; Kautz, H.: Constraint propagation algorithms for temporal reasoning. *Proc. AAAI–86*, Philadelphia,1986, 377–382

[12] Vilain, M.B.: A system for reasoning about time. *Proc. AAAI–82*, Pittsburgh, 1982, 197–201

[13] Voss, H.: Representing and analyzing time and causality in HIQUAL models. Memo SEKI–85–07, Fachbereich Informatik, Universitaet Kaiserslautern, 1986

Wissensbasierte Entscheidungsunterstützung in der Anästhesie mit dem AES

H. Klocke, Th. Schecke, M. Jeusfeld, G. Rau
Helmholtz-Institut für Biomedizinische Technik, RWTH-Aachen

U. Hatzky, G. Kalff
Abteilung für Anästhesiologie, RWTH-Aachen

Zusammenfassung: Die Aufgaben des Anästhesisten bei Operationen in der Herzchirurgie sind vergleichbar mit komplexen Prozeßführungsaufgaben wie sie aus dem industriellen Bereich bekannt sind. Zu seiner Unterstützung wird hier ein wissensbasiertes Anästhesie-Entscheidungsunterstützungs-System, das AES, entwickelt. Der Zugriff auf die Funktionen der Entscheidungsunterstützung erfolgt über ein allgemeines Anästhesie-Informationssystem (AIS) mit einer hochinteraktiven, ergonomisch gestalteten Mensch-Maschine-Schnittstelle. Die Wissensakquisition wird durch eine formale Sprache zur Beschreibung des Expertenwissens unterstützt. Die Sätze dieser Sprache sind in natürlicher Sprache formulierten Sätzen sehr ähnlich, sie lassen sich aber in prädikatenlogische Formeln transformieren.

1 Einleitung

Komplizierte operative Eingriffe können mit einer hohen Belastung des Patienten durch die Narkose verbunden sein. Um diese Belastung auf ein Minimum zu reduzieren, sind immer verfeinertere Anästhesiemethoden und -techniken sowie wirksamere Medikamente entwickelt worden. Diese Verbesserungen für den Patienten erhöhen allerdings drastisch die Anforderungen an den Anästhesisten, insbesondere an die Qualität seiner Überwachungstätigkeit und seiner Entscheidungen. Sein Aufgabengebiet - Überwachung und Steuerung des Patientenzustandes - besitzt große Ähnlichkeit mit komplexen Prozeßführungsaufgaben zur Beherrschung von technischen Systemen, einige Autoren vergleichen seine Tätigkeit auch mit der eines Piloten im Cockpit /7/.

Um den Anästhesisten bei diesen Aufgaben zu unterstützen, ist am Helmholtz-Institut für Biomedizinische Technik in Aachen unter Mitwirkung der Abteilung für Anästhesiologie ein Anästhesie-Informationssystem (AIS) konzipiert und realisiert worden, das ihm die (vorgeschriebene) Protokollierung und Überwachung der Patientenparameter erleichtert und durch eine geeignete Darstellung der relevanten Informationen eine erste Entscheidungshilfe bietet. Eine besondere Bedeutung gewinnt hierbei die geeignete Gestaltung der hochinteraktiven Schnittstelle zwischen Anästhesist und Computer /10,11,16,17/. Dieses System ist im Operationssaal im "Feldtest" erprobt und weiterentwickelt worden.

Darüberhinaus ist eine weitere Unterstützung durch die Integration von Wissen aus ausgewählten Gebieten der Anästhesie in ein derartiges Informationssystem sinnvoll. Dies ist als Funktionsmuster mit Hilfe von Methoden aus der Künstlichen Intelligenz bei uns als Anästhesie-Entscheidungsunterstützungs-System (AES) realisiert worden /12/.

Der wissensbasierte Ansatz zur Entscheidungsunterstützung in der Medizin ist vor allem durch das klassische Expertensystem MYCIN /19/ bekannt geworden. MYCIN wurde zur Diagnose von Infektionskrankheiten entwickelt und als Konsultationssystem konzipiert. Die Weiterentwicklung führte zu EMYCIN, einer Expertensystem-Shell ohne bereichsspezifisches Wissen. Mit Hilfe von EMYCIN sind unter anderem 2 weitere medizinische Expertensysteme entwickelt worden: PUFF /1/ zur Interpretation von Lungenfunktionstests und VM /5/ zur Überwachung der maschinellen Beatmung von Patienten auf der Intensivstation.

In neuerer Zeit sind zahlreiche problembereichsunabhängige Expertensystem-Shells vorgestellt worden (z.B. OPS5, Twaice, Babylon, KEE etc.), die zum Teil aus Expertensystem-Shells für bestimmte Anwendungsgebiete hervorgegangen sind (z.B. MED2 /15/).

Das im folgenden beschriebene System AES arbeitet nicht wie z.B. MYCIN als Konsultationssystem, sondern als Monitoring-System ähnlich VM, im Gegensatz zu diesem wird es nicht auf der Intensivstation, sondern im OP für die Anästhesie bei kardiochirurgischen Eingriffen eingesetzt (Bild 1).

2 Spezifische Randbedingungen und Anforderungen

Besondere Bedingungen für eine wissensbasierte Entscheidungsunterstützung ergeben sich aus dem Einsatz im OP:

a) Während einer Herzoperation durchlaufen die meßtechnisch erfaßten Parameter des Patienten (div. Blutdrücke, Puls, Temperaturen, Blutwerte etc.) sehr unterschiedliche, zum Teil nicht mehr physiologische Zustände, die abhängig vom Operationstyp und von der Operationsphase nach unterschiedlichen Kriterien beurteilt werden. Bereits akquiriertes Wissen in bestehenden Expertensystemen für weniger extreme Situationen (z.B. Intensivstation) ist nur sehr begrenzt anwendbar.

b) Die moderne Anästhesie verlangt in der Therapie sorgfältig dosierte und aufeinander abgestimmte Kombinationen von Medikamenten sowie die gezielte Anwendung medizintechnischer Geräte. Eine Entscheidungsunterstützung muß deshalb sowohl Wissen über komplexe logische Zusammenhänge enthalten wie auch - aus KI-Sicht scheinbar triviales - Formel-Wissen. Der Benutzer muß die Möglichkeit haben, sich einen Überblick über das jeweils verwendete Formel-Wissen zu verschaffen und dieses zu kontrollieren.

c) Während der Operation hat der Anästhesist häufig keine Zeit, in Terminalsitzungen den Informationsbedarf eines Expertensystems zu befriedigen, da er sich vor allem auf Überwachung, Beurteilung und Steuerung des Patientenzustandes konzentrieren muß, Entscheidungen müssen u.U. schnell getroffen werden. Eine wissensbasierte Entscheidungsunterstützung hat wenig Erfolg, wenn sie den Anästhesisten durch aufwendige Interaktion zusätzlich belastet. Ein Konsultationssystem scheidet demnach aus. Daher ist es sinnvoll, möglichst nur die Informationen auszuwerten, die ohnehin protokolliert werden müssen. Die Eintragung sollte nicht aufwendiger sein als die bisherige Protokollierung von Hand.

d) Die Ergebnisse der Entscheidungsunterstützung müssen schnell zur Verfügung stehen. Wenn die zur Verfügung stehenden technischen Möglichkeiten begrenzt sind (im vorliegenden Fall ein 16/32-Bit-Rechnersystem CADMUS 9230), dann sind dem Umfang und der Tiefe der Wissensbasis vergleichsweise enge Schranken gesetzt.

e) Die Experten sind stark in die klinische Routine eingespannt und haben erfahrungsgemäß wenig Zeit für die Wissensakquisition. Um ihre knappe Zeit intensiv zu nutzen, ist es sehr hilfreich, wenn eine Sprache zur Verfügung steht, die von den beteiligten Kommunikationspartnern (Experten, Wissens-Ingenieur, Rechner) gleichermaßen verstanden wird. Auf der Grundlage von allen verstandener Formulierungen lassen sich Verfälschungen der Inhalte auf dem Weg vom Experten über den Wissens-Ingenieur zum Rechner eher vermeiden.

3 Mensch-Maschine-Schnittstelle

Um der Anforderung c) gerecht zu werden, arbeitet die wissensbasierte Entscheidungsunterstützung eng mit einem allgemeinen Anästhesie-Informationssystem, dem AIS, zusammen (Bild 2).

Das AES stellt sich für den Benutzer als Komponente des AIS dar, insbesondere wird es über dieselbe interaktive Mensch-Maschine-Schnittstelle bedient. Dieses Informationssystem unterstützt den Anästhesisten bei der Überwachung des Patientenzustandes und bei der Protokollierung des Anästhesieverlaufs. Dazu werden bestimmte Meßwerte des Patienten (Blutdruck, Puls, etc.) automatisch erfaßt; die Maßnahmen des Anästhesisten (Verabreichung von Medikamenten, Steuerung der Beatmung, usw.) sowie bestimmte Operationsereignisse (Intubation, Bypassbeginn etc.) werden von Hand eingetragen. Die Eingabe erfolgt über einen berührempfindlichen hochauflösenden Farb-Rastergrafik-Bildschirm, dabei werden die betreffenden Informationselemente in Form von virtuellen Tasten und Analog-Schiebern direkt manipuliert /20/ - eine Tastatur mit Kenntnis der entsprechenden Kommando-Sprache oder Menü-Strukturen ist nicht erforderlich. Die Gestaltung dieser Mensch-Maschine-Schnittstelle, insbesondere der gezielte Einsatz der Farbkodierung von Information, ist in /10,11/ eingehend beschrieben worden, sie wird im folgenden nur kurz skizziert.

Das AIS präsentiert sich in Form von Informationsseiten, die alle nach demselben Schema aufgebaut sind (Bild 3). Der Kern besteht aus den Fenstern zur Darstellung der Vitalparameter und der Beatmung. Um diese Fenster herum gruppieren sich in Form von virtuellen Tasten eine "Begriffsleiste" (links) und eine "Funktionsleiste" (unten). Über dem Vitalparameterfenster befindet sich ein Meldefenster. Die Begriffsleiste enthält in den virtuellen Tasten die Bezeichnungen der zu protokollierenden Maßnahmen und Aktionen, Einträge werden als Fähnchen über der Zeit den

Kurven der Vitalparameter überlagert.

Bild 4 zeigt das Interaktionsschema zur Protokollierung der Verabreichung von 0.1 mg Fentanyl /10/:

1. Das Medikament Fentanyl wird durch Berühren der entsprechenden Taste aktiviert.
2. Soll die Eintragung nicht zur Echtzeit erfolgen, dann wird die virtuelle Zeitlinie auf den entsprechenden Zeitpunkt geschoben.
3. Die Dosierung 0.1 mg wird auf dem virtuellen Mengenschieber in der Funktionsleiste eingetragen.
4. Durch Betätigen der Taste "Fertig" wird die Transaktion abgeschlossen.

Das AES liefert über dieses Informationssystem hinaus zusätzliche Informationen, es stützt sich bei der Anwendung seines Wissens aber nur auf die Informationen, die dem AIS ohnehin bekannt sind. Der Benutzer wird also nicht durch zusätzliche Eingaben beansprucht.

Die Ausgaben des AES werden ebenfalls in das AIS integriert: Diagnosen und Therapie-Empfehlungen werden im Meldefenster dargestellt, Dosierungs-Empfehlungen für die Medikamente erscheinen als Zahlen innerhalb der entsprechenden Begriffs-Tasten.

Der Benutzer kann sich die Ergebnisse des AES erklären lassen. Dazu berührt er das Meldefenster und aktiviert damit das Fenster zur Erklärungskomponente im unteren Teil der Informationsseite (Bild 5). Mit dem Pfeil kann man sich durch die logischen Komponenten der Meldung (Diagnosen, Therapie-Empfehlungen) durchtasten und durch Betätigen der Taste "???" die Erklärung für die angewählte Komponente anfordern. Dargestellt wird dann die Diagnose- oder Therapie-Regel, die zu der Komponente geführt hat, sowie der Zustand der zur Herleitung benutzten Meß- und Hilfsgrößen. Derzeit lassen sich nur die Diagnosen und Therapie-Empfehlungen erklären, weitere Hilfsregeln noch nicht.

4 Wissensstruktur

Im wesentlichen umfaßt das AES heuristisches Wissen zur Bewertung der Elektrolyte und des Säure-Basen-Status des Blutes. Zu diesem medizinischen Problemkreis wird von Patil /14/ für die Innere Medizin ein sehr tief und umfangreich angelegter Ansatz zu einem komplexen kausalen Modell verfolgt. Da allerdings für den Einsatz im OP anderes Spezialwissen als in der Inneren Medizin herangezogen wird (vgl. Randbedingung a) und der Anästhesist nicht durch aufwendige Kommunikation mit dem Entscheidungsunterstützungs-System belastet werden soll (vgl. Randbedingung c) ist dieser Ansatz in der hier dargestellten Situation nicht realisierbar.

Stattdessen wird ein einfacheres Modell zugrunde gelegt. Die während der Operation ermittelten Blutwerte werden zunächst bewertet und bestimmte Ergebniskombinationen führen zu Diagnosen. Im Kontext der bisher getroffenen Maßnahmen und weiterer Patientendaten (wie Gewicht, Alter etc.) ergeben sich Therapie-Empfehlungen, zum Beispiel die Einstellung des Respirators (Beatmungsgerät) oder Vorschlag und Dosierungsempfehlung bestimmter medikamentöser Maßnahmen. Die Monitoring-Aufgabe verlangt dabei einen datengesteuerten Ablauf, getriggert durch die Eintragungen neuer Werte.

Bewertung und Dosierungsempfehlungen beruhen nicht nur auf logischen, sondern auch auf numerischen Zusammenhängen, die die Integration des eingangs erwähnten Formel-Wissens verlangen.

Die Modellierung des AES-Wissens umfaßt die folgenden Strukturelemente:

- Parameter: Als Parameter werden im folgenden alle Informationen bezeichnet, die vom AIS erfaßt (s.o.) und von der Entscheidungsunterstützung ausgewertet werden.
- Diagnose- und Therapie-Regeln: Die Ergebnisse der Diagnose- und Therapie-Regeln erscheinen als Meldungen im Meldefenster.
- Hilfsregeln: Mit den Hilfsregeln werden Zwischenergebnisse gefolgert, die in den Diagnose- und Therapie-Regeln sowie in anderen Hilfsregeln weiter verwendet werden. Die Ergebnisse erscheinen aber nicht als explizite Meldungen.
- Bereichsdefinitionen: Die Meßwerte werden relativ zu bestimmten symbolischen Charakterisierungen (Wertebereiche) bewertet. Diese Bereiche können ihrerseits von weiteren Parametern und Zwischenergebnissen abhängen.
- Definitionen von Hilfsparametern: In Abhängigkeit vom Kontext erhalten Hilfsparameter einen nach einer Formel zu berechnenden Wert, der seinerseits in weitere Wissenselemente einfließt.

- Definitionen der Gültigkeitsdauer: Manche Meßwerte sind nach ihrer Erfassung nur eine bestimmte Zeit gültig; wenn sie danach nicht erneut übermittelt werden, dürfen aufgrund der alten Werte keine Schlußfolgerungen mehr gezogen werden.
- Ungültigkeitsbedingungen: Einige therapeutische Maßnahmen des Anästhesisten beeinflussen bestimmte Meßwerte sehr schnell relativ zu ihrer Abtastperiode, so daß nach einem entsprechenden Eintrag neue Meßwerte abgewartet werden müssen, bevor sie in weiteren Folgerungen verwendet werden dürfen. Z.B. beeinflußt eine Veränderung der Respirator-Einstellung sofort den Sauerstoffgehalt des Blutes (PO2-Wert), der nur in bestimmten Abständen im Labor ermittelt wird.
- Dosierungsempfehlungen. Sie werden abhängig vom Patientenzustand aus den Patientendaten (wie Alter, Gewicht) berechnet. Die Ergebnisse gelangen allerdings nicht zum Meldefenster, sondern werden direkt in die Begriffs-Tasten der entsprechenden Maßnahmen eingetragen.

Der Faktor Zeit spielt in zwei Punkten eine Rolle: Einmal werden die Werte einiger Parameter nach Ablauf bestimmter Zeitintervalle ungültig (Definition einer Gültigkeitsdauer). Weiterhin können bestimmte Situationen erst dann für Entscheidungen relevant werden, wenn sie eine Zeit lang bestanden haben (Verlaufsbeurteilung).

5 AES/L: Sprache zur Beschreibung des Wissens

Eine formale Beschreibung des so strukturierten Anästhesie-Wissens ist für die Repräsentation auf dem Rechner erforderlich. Dazu wurde die Sprache AES/L entwickelt, die folgenden Anforderungen genügt:

1. Mit den zur Verfügung gestellten Konstrukten der Sprache AES/L lassen sich die skizzierten Zusammenhänge adäquat beschreiben.

2. Die Sätze dieser Sprache ähneln in natürlicher Sprache formulierten Sätzen, so daß sie als gemeinsame Kommunikationsbasis zwischen Mediziner und Wissens-Ingenieur dienen.

3. Es handelt sich um eine formale Sprache, die sich maschinell übersetzen läßt.

Im folgenden werden die Konstrukte dieser Sprache anhand einfacher Beispiele kurz vorgestellt, die formale Definition der Syntax und Semantik findet sich in /12/.
Das erste Beispiel zeigt das allgemeine Format der Regeln:

```
diagnoseregel 14 heisst
  wenn
    'PO2' < 'O2-Grenzwert'
  dann
    "Hypoxie".
```

Die Klassifizierung der Regeln nach Diagnose-, Therapie- und Hilfsregeln erleichtert die Strukturierung der Wissensbasis. Als Folgerung ergibt sich ein Text, der in den Bedingungsteil weiterer Regeln einfließen kann. Darüberhinaus werden die Folgerungstexte der Diagnose- und Therapie-Regeln an das AIS gesendet und im Meldefenster dargestellt. Der Hilfsparameter 'O2-Grenzwert' ließe sich wie folgt über eine Formel definieren:

```
'O2-Grenzwert' := 108.86-0.26*'Alter'
                  -7.30*('Gewicht')/('Laenge'-1)-15.10.
```

(Gewicht in kg, Länge in cm).
Die anzuwendende Formel kann von Bedingungen abhängig gemacht werden:

```
wenn
  'Geschlecht' = "weiblich"
dann
  'O2-Grenzwert' := 108.86-0.26*'Alter'
                    -7.30*('Gewicht')/('Laenge'-1)-15.10.
```

Wie die folgende Therapieregel zeigt, können auch in die "Ausgabe" ("dann"-Teil) einer Regel Formeln integriert werden:

```
therapieregel 23 heisst
  wenn
    "Hyperkaliaemie" und
    'Gewicht' >= 20 und
    "LASIX ist bereits eingetragen worden" und
    "metabolische Azidose"
  dann
    "Gabe von ", abs('BE')*10, " ml NaBic 8.4% ?".
```

Zur Charakterisierung des zeitlichen Verlaufs steht das Konstrukt "seit N min" zur Verfügung:

```
diagnoseregel 25 heisst
  wenn
    'mittl.Blutdruck' ist unter 'normal fuer HLM' seit 5 min
  dann
    "mittl.Blutdruck zu niedrig: ", 'mittl.Blutdruck'.
```

Die Beurteilung von Parametern relativ zu charakteristischen Bereichen (wie "normal fuer HLM" - HLM: Herz-Lungen-Maschine) wird sehr häufig in Bedingungen eingesetzt. Diese Bereiche lassen sich z.B. wie folgt definieren:

```
wenn
  "Patient ist an Herz-Lungen-Maschine"
dann
  'mittl.Blutdruck' ist 'normal fuer HLM' innerhalb 40 bis 90.
```

Die beiden folgenden Sätze sind Beispiele zur Formulierung von Dosierungsempfehlungen:

```
empfohlen 'FENTANYL' := 0.004 * 'Gewicht'.
```

```
wenn
  'Plat.druck' > 20 und 'Rect.Temp.' > 37.50
dann
  empfohlen 'Min.Vol.' := (0.0672 * 'KO' * 'Energieverbrauch' +
                          'Frequenz' * (0.05 * 'KO' + 0.10)) *
                          (1 + 0.10 * ('Rect.Temp.' - 37.50)) +
                          'Frequenz' * 0.005 * ('Plat.druck' - 20).
```

(FENTANYL in mg, Gewicht in Kg, Plat.druck in cm H2O, Rect.Temp. in grad C, Min.Vol. in l/min, KO in qm, Frequenz in l/min).
Die oben dargestellten Gültigkeitsbeziehungen lassen sich mit den Konstrukten "gueltig fuer", "gueltig bis" und "ungueltig wenn" formulieren:

```
'Blutdruck' ist gueltig fuer 3 min.

'PO2' ist gueltig bis veraendert.

'PO2' ist ungueltig
  wenn
    'Seufzer', 'I/E', 'PEEP', 'Min.Vol.', 'Frequenz',
    'Atemgase','EUPHYLLIN'
  eingetragen wird.
```

Die Sätze dieser Sprache lassen sich in prädikatenlogische Formeln transformieren /12/, die Ergebnisse dieser Transformation sind Horn-Klausen. Sie können damit auf der Grundlage einer Relation zur Bestimmung der aktuellen Parameter-Werte von einem Laufzeitsystem in effektiver Weise interpretiert werden.

6 Realisierung

6.1 Übersetzung

Die somit mögliche Lesart der Sätze in AES/L als Horn-Klausen legt die Übersetzung in PROLOG nahe. Die Syntax von AES/L ist so gestaltet, daß jeder gültige Satz einen PROLOG-Term darstellt. Durch eine geeignete Definition der Schlüsselworte wie "wenn", "dann", "ist unter", "ist gültig" als PROLOG-Operatoren ergibt sich der natürlichsprachliche Charakter der Sätze. Da PROLOG einen recht mächtigen Mechanismus zur Unifizierung von Strukturen zur Verfügung stellt, läßt sich mit relativ geringem Aufwand ein

Übersetzer in PROLOG entwickeln.

Während der Übersetzung wird ein Abhängigkeitsgraph aufgebaut und ausgewertet, so daß für jeden Parameter angegeben werden kann, welche Folgerungen (Regeln, Hilfsparameter, Definitionen etc.) dieser Parameter beeinflußt. Dabei werden zirkuläre Abhängigkeiten gefunden und als Fehler gemeldet.

6.2 Laufzeitsystem

Die Anwendung dieses Wissens ist dann eine Kombination aus Vorwärtsverkettung und "Backtracking": Bei jeder Eintragung von Parametern in das AIS werden auf der Basis des ausgewerteten Abhängigkeitsgraphen die in Frage kommenden Diagnose-, Therapie- und Empfehlungsregeln ausgewählt (Vorwärtsverkettung), diese Schlußfolgerungen werden dann angestoßen. Die Ausführung (Beweis) einer Folgerung lehnt sich dann an den Resolutions-Mechanismus von PROLOG an: Um die Bedingungen einer Regel zu überprüfen, wird versucht, sie aufgrund anderer Regeln zu erschließen (Backtracking).

Eine Folgerung kann nur bewiesen werden, wenn die Parameter, die in sie einfließen, gültig sind, d.h. wenn ihre Gültigkeitsdauer noch nicht abgelaufen ist und kein Parameter aufgrund einer Ungültigkeitsbedingung explizit ungültig geworden ist. Die dabei bewiesenen Ergebnisse (Diagnosen und Therapie-Empfehlungen) und Zwischenergebnisse (Hilfsparameter und -regeln, Charakterisierungen) werden als "Lemmata" abgelegt. Die Idee dieser Lemma-Generierung wurde in /8/ angeregt und um einen Mechanismus zur Aktualisierung der Lemmata erweitert, der auch die dynamische Berücksichtigung der Gültigkeits- und Ungültigkeitsbeziehungen erlaubt.

7 Erfahrungen und Ausblick

Das AES umfaßt zur Zeit ein Wissen von 272 Sätzen in AES/L, das 37 der vom AIS zur Verfügung gestellten Parameter auswertet. Zu diesen Sätzen gehören:

- 29 Diagnoseregeln
- 58 Therapieregeln
- 22 Dosierungsempfehlungen
- 8 Hilfsregeln
- 155 sonstige (Definitionen von Bereichen, Hilfsparametern, Gültigkeitskeitsdauern, Ungültigkeitsbedingungen)

Mit diesem Wissensumfang genügt das AES bei den Erprobungen im OP den gegebenen Anforderungen an das Echtzeitverhalten (einige Sekunden nach Parametereintragung). Einen wesentlichen Beitrag zur Effizienz liefert die Lemmata-Verwaltung mit einer Trefferquote von ca. 95 %.

Einige der befragten Experten sind z.T. mit klassischen Programmierkonzepten vertraut. Das dadurch geprägte algorithmen-orientierte (imperative) Modell vom Computer stand anfangs der Vermittlung der Mächtigkeit des wissensbasierten Ansatzes im Wege. Zur Vermittlung der prinzipiellen Möglichkeiten dieses Ansatzes hat sich der deklarative, logik-orientierte Charakter der Sprache AES/L als deutliche Hilfe erwiesen.

Weitere Arbeiten laufen zur ergonomischen Gestaltung der Ausgaben des AES und zum weiteren Ausbau des AES-Wissens.

Literatur:

/1/ Aikins, J.S.; Kunz, J.C.; Shortliffe, E.H.; Fallat, R.J.: PUFF: An expert system for interpretation of pulmonary function data. Technical Report STAN-CS-82-931, Stanford University, 1982

/2/ Bauer, J.; Herczeg, M.: Software-Ergonomie durch wissensbasierte Systeme. in: H.-J. Bullinger: Software-Ergonomie '85, Teubner 1975, 108-118

/3/ Bernotat, R.; Rau, G.: Ergonomics in Medicine. In: Perspectives in Biomechanics (Reul, Ghista, Rau, eds.), Harwood Academic Publications, N.Y. 1980, 381-398

/4/ Fähnrich, K.-P.; Ziegler, J.: Direkte Manipulation als Interaktionsform an Arbeitsplatzrechnern. in: H.-J. Bullinger: Software-Ergonomie '85, Teubner 1975, 75-85

/5/ Fagan, L.M.; Kunz, J.C.; Feigenbaum, E.A.; Osborn, J.J.: Extensions to the Rule-Based Formalism for a Monitoring Task. In: B. Buchanan, E. Shortliffe: Rule Based Expert Systems, Addison-Wesley 1984, 397-423

/6/ Forgy, C.L.: OPS-5 user's manual. Technical Report CMU-CS-81-135, Carnegie-Mellon University 1981

/7/ Gravenstein, J.S.: As for pilots, instruments important. Engineering in Medicine & Biology (IEEE), March 1982, 23-25

/8/ Hogger, C.: Introduction to Logic Programming. Academic Press 1984

/9/ Jacob, W.: Wissensgrundlagen für ein entscheidungsunterstützendes Anästhesie-Informationssystem. Med. Dissertation RWTH Aachen (in Bearbeitung) 1987

/10/ Klocke, H.; Trispel, S.; Rau, G.: Entwicklung einer Mensch-Rechner Schnittstelle für ein Anästhesie-Informationssystem unter Berücksichtigung ergonomischer Gesichtspunkte. Angewandte Informatik, Mai 1984, 197-208

/11/ Klocke, H.; Trispel, S.; Hatzky, U.; Daub, D.; Rau, G.: An Anesthesia-Information-System (AIS) for Monitoring, Recording, and Decision Support Tasks during Surgical Anesthesia. J. Clin. Monit. October 1986.

/12/ Klocke, H.: Konzeptentwicklung eines Anästhesie-Informationssystems zur Dokumentation, Überwachung und Entscheidungsunterstützung während der Narkose. Diss. RWTH Aachen (in Bearbeitung) 1987

/13/ Kunz, J.C.; Fagan, L.M.; Feigenbaum, E.A.; Osborn, J.J.: Knowledge Engineering in Clinical Care. In: Computers in Critical Care and Pulmonary Medicine, Plenum Press 1980 217-222

/14/ Patil, S.R.; Szolovits, P.; Schwartz, W.B.: Modeling Knowledge of the Patient in Acid-Base and Electrolyte Disorders. in P. Szolovits: Artificial Intelligence in Medicine, 1982

/15/ Puppe, F.: Expertensysteme. Informatik-Spektrum 2 (1986) 1986, 1-13

/16/ Rau, G.: Ansätze für die ergonomische Gestaltung medizintechnischer Instrumentierung. Schriftenreihe der Rheinisch-Westfälischen Akademie der Wissenschaften, Westdeutscher Verlag, N311, 1982, 41-78

/17/ Rau, G.; Trispel, S.: Ergonomic Design Aspects in Interaction Between Man and Technical Systems in Medicine. In: Medical Progress through Technology 9 (1982) 153-159

/18/ Shneiderman, B.: The future of interactive systems and the emergence of direct manipulation. Behav. & Inf. Technol. 3 (1982) 237-256

/19/ Shortliffe, E.H.: Computer-Based Medical Consultations: MYCIN. Elsevier North-Holland, New York, 1976.

/20/ Trispel, S.; Rau, G.: User Guidance Strategies for the Visuell Interface with virtal control Elements. Proc. Int. Zürich Seminar on Dig. Comm. and Man-Machine-Interactions, March 9-11, 1982 247-252

Dipl.-Inform. H. Klocke, Dipl.-Ing. Th. Schecke,
cand. infom. M. Jeusfeld, Prof. Dr. rer. nat. G. Rau
Helmholtz-Institut für Biomedizinische Technik
Pauwelsstraße
D-5100 Aachen

Uwe Hatzky, Prof. Dr. med. G. Kalff
Abteilung für Anästhesiologie
Pauwelsstraße
D-5100 Aachen

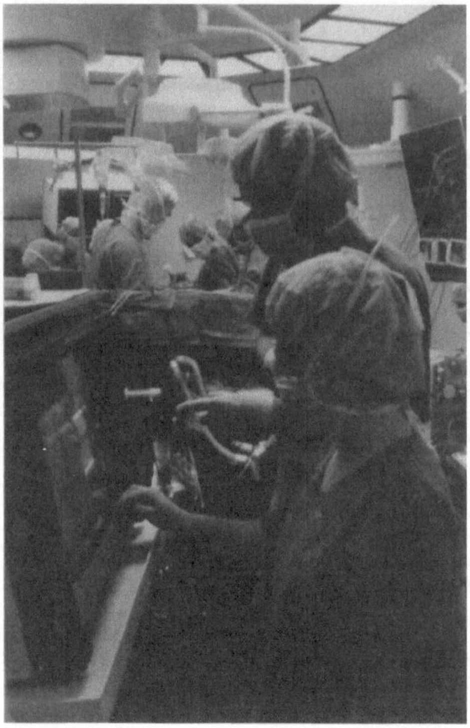

Bild 1
Erprobung des
AIS/AES im OP

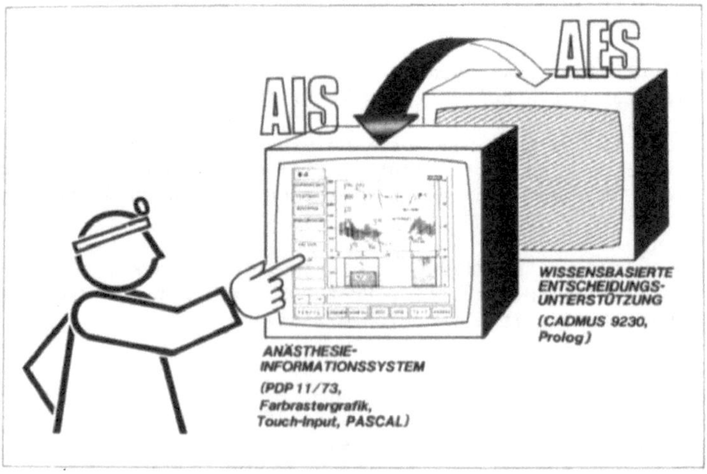

Bild 2
Das AIS als Benutzerschnittstelle zum AES

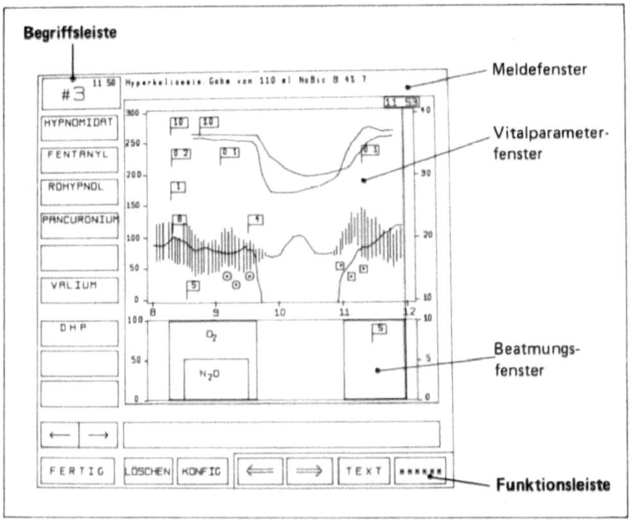

Bild 3
Schematischer Aufbau einer AIS-Informations-Seite nach /12/

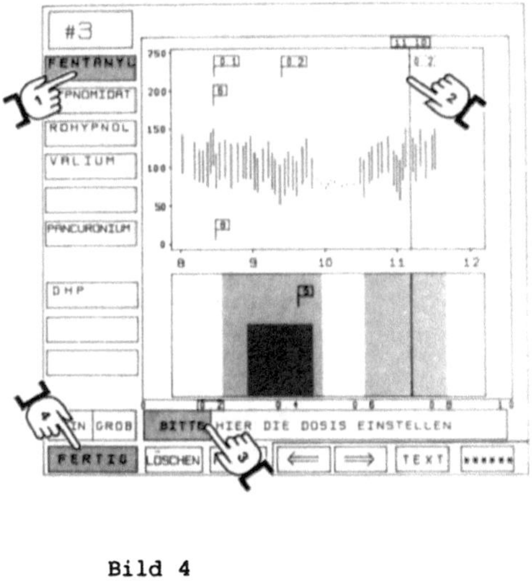

Bild 4
Interaktionsschema zur Protokollierung von 0,1 mg Fentanyl um 11:10 Uhr nach /10/.

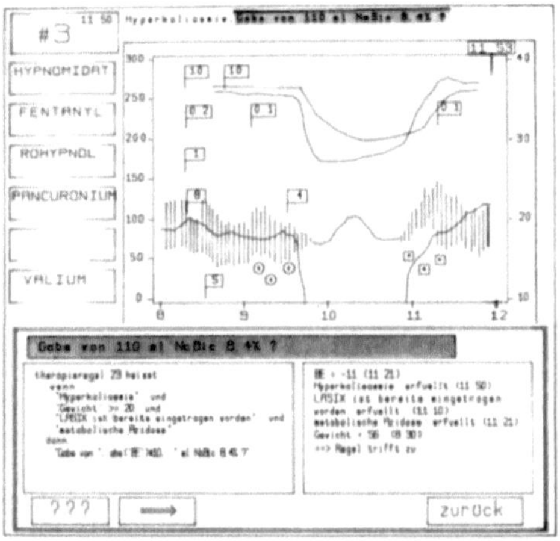

Bild 5
Erklärungskomponente des AES nach /12/.

Übersicht über das Diagnostik-Expertensystem-Shell MED2

Frank Puppe
Universität Hamburg, Fachbereich Informatik
Bodenstedtstr. 16, 2000 Hamburg 50

Zusammenfassung: Expertensysteme sollten von Experten entwickelt werden. Das Diagnostik-Expertensystem-Shell MED2 ist ein im Hinblick auf diese Anforderung entworfenes Werkzeug, in das typische Wissensstrukturierungen, Vorgehensweisen und Bewertungsmechanismen der heuristischen Diagnostik eingebaut sind, die zusammen eine höheres Abstraktionsniveau zum Aufbau einer Wissensbasis als Regeln oder Frames bereitstellen. MED2 eignet sich damit für Problembereiche, bei denen die Lösungen aufgrund von Erfahrungswissen aus einer vorgegebenen Menge möglicher Lösungen ausgewählt werden.

1. Einleitung

Die Erfolge von Expertensystemen beruhen hauptsächlich auf der Formalisierung von bereichsspezifischem Wissen, das von erfahrenen Experten stammt. Die übliche Wissenserwerbsmethode besteht darin, daß ein "Wissensingenieur" sich das Wissen des Experten durch enge Zusammenarbeit aneignet und für das Expertensystem formalisiert. Dieses Vorgehen ist jedoch sehr zeitaufwendig, und der Erfolg hängt nicht nur von dem Experten, sondern auch entscheidend von den Fähigkeiten des Wissensingenieurs ab. Es wäre daher wünschenswert, wenn der Experte sein Wissen möglichst selbständig - ähnlich wie beim Schreiben von Büchern - formalisieren würde. Dazu werden Experten aus Zeitgründen jedoch nur dann bereit sein, wenn die Wissensrepräsentation der benutzten formalen Sprache ihrer eigenen hinreichend ähnlich ist. Die bisherigen Erfahrungen mit den Basisrepräsentationen wie Regeln, Frames, Constraints und Logik und ihren zugehörigen Kontrollstrategien wie Forward- und Backwardreasoning zeigen, daß diese für sich keinen angemessenen Abstraktionsgrad darstellen. Die entsprechenden reinen und hybriden Expertensystemwerkzeuge sind daher eher für den Wissensinginieur als den Experten geeignet.

Um einen für Experten akzeptablen Formalismus bereitzustellen haben wir uns auf einen Problemtyp, nämlich assoziative (heuristische) Diagnostik [Clancey 85] spezialisiert und versucht, die Vorgehensweise von Menschen zu simulieren. Dabei haben wir uns zunächst am medizinischen Bereich orientiert, da dieser am besten untersucht wurde (sowohl empirisch mit Systemprototypen [Clancey 84] als auch in psychologischen Studien, z.B. [Elstein 78, Kassirer 78]). Die Konzeption von MED2 [Puppe 86a] basiert außerdem wesentlich auf den Erfahrungen mit MED1 [Puppe 85] und der Übertragung und Weiterentwicklung von auf MED1 begonnenen Demonstrationswissensbasen im medizinischen und technischem Bereich (Brustschmerz und Cholestase [Puppe 84] bzw. KFZ-Kundendienst [Borrmann 83]). Weiterhin wird es derzeitig in verschiedenen externen Anwendungsprojekten erprobt, u.a. zur Prozeßdiagnostik in einer Lackieranlage und bei der Gummifertigung, zur Qualitätskontrolle in Getrieben und Turbokompressoren, zur Reparaturdiagnostik bei Getrieben und zur Objekterkennung bei der Pilzbestimmung. Allerdings liegen z.Z. (Dez. 86) noch kaum Ergebnisse vor.

Im folgenden Abschnitt wird ein allgemeines Modell des diagnostischen Problemlösens skizziert und im dritten Abschnitt deren Realisierung in MED2 gezeigt. Im vierten Abschnitt werden wichtige ergänzende Diagnostikaspekte behandelt. Beim Aufbau einer Wissensbasis steuert der Experte durch das Anlegen von Objekten und deren Charakterisierung durch Attribute die Anwendung der Konzepte. Abschnitt 5 gibt eine knappe Übersicht über die Wissensrepräsentation von MED2. Eine detailliertere Darstellung würde den Rahmen dieser Übersicht sprengen; sie findet sich in [Puppe 86a, Kap. 4.3.]. Im sechsten und siebten Abschnitt folgen eine kurze Diskussion und Auszüge aus einem Dialogbeispiel mit der KFZ-Kundenwissensbasis von MED2, in dem die Fähigkeit von MED2 zur Auswertung von Folgesitzungen demonstriert wird.

2. Überblick über assoziatives diagnostisches Problemlösen

Diagnostik (Fig. 1) beginnt mit den vom Benutzer präsentierten Hauptsymptomen. Diese Rohdaten werden zunächst zu aussagekräftigeren Symptominterpretationen vorverarbeitet (z.B. Puls > 90 ==> Tachykardie), bevor sie diagnostisch ausgewertet werden. Dabei werden entsprechend der hypothetisch-deduktiven Vorgehensweise zunächst in grober Weise Verdachtsdiagnosen generiert, die dann genauer überprüft und schließlich systematisch mit ähnlichen, leicht verwechselbaren "Differentialdiagnosen" verglichen werden. Falls notwendig, wird gezielt noch weiteren Symptomen gesucht.

Häufig ist es schwierig, direkt von Symptomen auf Enddiagnosen zu schließen, deswegen versucht man zunächst, partielle Interpretationen (Grobdiagnosen) zu finden, die schrittweise über einen diagnostischen Mittelbau verfeinert werden. Am Ende der Diagnostik stehen eine oder mehrere Enddiagnosen, für die Therpievorschläge gemacht werden. Wenn nach der Durchführung der Therapie die anfänglichen Beschwerden nicht verschwunden sind, beginnt ein neuer Zyklus, wobei die zeitliche Änderung der Symptome und die Reaktion auf die Therapie zusätzliche diagnostische Hinweise liefern.

Eine gute diagnostische Vorgehensweise muß die vorhandenen Daten optimal ausnutzen. Das bedeutet insbesondere eine Anpassung an den gegebenen Detaillierungsgrad der Daten und eine datengesteuerte Auswertung des diagnostischen Mittelbaus, so daß jede Diagnose unabhängig von ihrer Stellung in der Hierarchie Ausgangspunkt der weiteren Diagnostik sein kann.

3. Diagnostisches Problemlösen in MED2

In diesem Abscnitt beschreiben wir, wie die skizzierte Diagnosestrategie in MED2 realisiert ist. Die Unterabschnitte entsprechen weitgehend den Phasen in Fig. 1.

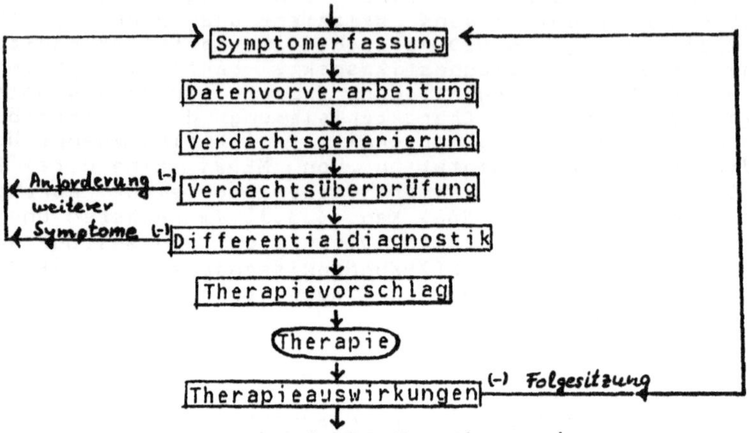

Fig. 1: Diagnostische Vorgehensweise

3.1 Symptomerfassung

Die optimale Symptomerfassung läßt sich am besten durch die Strategie "so genau wie nötig und mit so wenig Aufwand wie möglich" charakterisieren. Um eine flexible Dialogsteuerung (s. Kap. 4.1) zu ermöglichen, hat MED2 zwei Ebenen der Symptomerfassung:

- Einzelne Fragen mit ihren Antwortalternativen (z.B. Intensität und Lokalisation des Brustschmerzes; oder Verhalten des Motors bei Beschleunigung)
- Questionsets, die eine Gruppe von Fragen zusammenfassen (z.B. alle Fragen zum Brustschmerz oder zu Fahrfehlern)

Die Steuerung des Dialoges findet auf der Ebene der Questionsets statt: zu Beginn der Sitzung gibt der Benutzer die Questionsets an, die seine Beschwerden erfassen; wenn alle angegebenen Questionsets abgearbeitet sind, kann MED2 oder der Benutzer nach Bedarf weitere Questionsets selektieren.

Intern besteht ein Questionset aus einer Hierarchie von Detailfragen, deren Abarbeitung rein datengesteuert ist: falls nötig fragt MED2 zunächst, ob der Questionset überhaupt erfragbar ist (z.B. ob ein Leitsymptom überhaupt vorhanden ist bzw. ob eine technische Untersuchung durchgeführt wurde). Falls die Antwort positiv ist, werden allgemeine Fragen gestellt, die in Abhängigkeit ihrer Antworten weiter verfeinert werden können. Der Vorteil der hierarchischen Fragestrategie ist, daß unnötige Fragen weitgehend vermieden werden.

Häufig läßt sich ein Symptom durch verschiedene Erhebungsverfahren bestimmen, die unterschiedlichen Aufwand erfordern und eine unterschiedliche Genauigkeit besitzen (z.B. eine Lebervergrößerung kann ertastet oder im Röntgenbild gesehen werden). In MED2 kann jedes Erhebungsverfahren in einem unabhängigen Questionset erfaßt werden; die optimale Auswertung wird im Abschnitt Verdachtsüberprüfung beschrieben.

3.2 Datenvorverarbeitung

Manche Rohdaten eines Questionsets werden sofort bei der Symptomerfassung aufgearbeitet (z.B. Benzinverbrauch eines Autos der Marke X ist 12 Liter ==> Benzinverbrauch zu hoch; oder Puls ist 110 und Blutdruck ist 100 ==> Schockindex ist 1.1). Solche einfachen Symptominterpretationen sind häufig definitorisch, oder sie abstrahieren von quantitativen zu qualitativen Werten. Symptominterpretationen werden in MED2 wie Symptome behandelt mit dem Unterschied, daß erstere mit Regeln aus anderen Daten hergeleitet werden, während letztere vom Benutzer erfragt werden. Der Zweck von Symptominterpretationen besteht darin, den eigentlichen Diagnostikprozeß vorzubereiten und zu erleichtern.

3.3 Verdachtsgenerierung

Während es in kleinen Anwendungsbereichen möglich ist, immer alle Diagnosen zu überprüfen, muß sich ein Problemlöser in großen Bereichen auf die wichtigsten Verdachtsdiagnosen konzentrieren, weil er sonst sehr ineffizient arbeiten würde und zu einer gezielten Symptomerfassungsstrategie unfähig wäre. Dazu eignet sich die Hypothezise-and-Test-Strategie, die spezielles Wissen zur Verdachtsgenerierung erfordert. Der einfachste Mechanismus bestände darin, daß jedes positive Symptom einer Diagnose diese aktiviert. Eine effizientere, aber fehleranfälligere Strategie erhält man, wenn die Diagnose nur durch ihre wichtigsten Symptome getriggert werden kann. Beide Strategien lassen sich in MED2 realisieren, da die Regeln zur Bewertung von Diagnosen in verschiedene Typen klassifiziert werden können: Forward (F), Forward&Backward (F&B) und Backward (B). Sie unterscheiden sich in zwei Eigenschaften: diagnostische Bedeutung und Auswertungsmodus.

	F	F&B	B
Verdachtsgenerierung	X	X	
Verdachtsbewertung		X	X
datengesteuerte Auswertung	X	X	
zielgesteuerte Auswertung		X	X

Die Generierung eines Diagnoseverdachtes ist nur mit F und F&B-Regeln möglich, wobei die F-Regeln ausschließlich der Verdachtsgenerierung dienen, während die F&B-Regeln gleichzeitig auch die Diagnose bewerten. Falls die Aktivierung einen Schwellwert überschreitet, werden die B-Regeln zu ihrer vollständigen Bewertung untersucht. In Abhängigkeit vom Ergebnis kommt die Diagnose in das "Working-Memory" (das alle aktiven Pathokonzepte enthält). Für die Diagnosen im Working-Memory sind alle ihre Regeln aktiviert, für die übrigen nur die F und F&B-Regeln.

In extrem großen Anwendungsbereichen kann die Unterscheidung in F-, F&B- und B-Regeln immer noch zu ineffizient sein. Eine weitere Effizienzsteigerung ist durch kontextgesteuerte Aktivierung von F und F&B-Regeln möglich. Ein "Kontext" in MED2 ist eine ganz allgemeine Diagnosekategorie (z.B. Infektion), die etabliert sein muß, bevor kontextsensitive Regeln ausgewertet werden, die speziellere Diagnosen aktivieren.

3.4 Verdachtsüberprüfung

Die Bewertung von Diagnosen wird in MED2 durch Regeln ausgeführt, wobei die Stärke der Symptom-Diagnose-Assoziation mit einer Evidenzkategorie bewertet wird. Die "absoluten" Kategorien p7 und n7 etablieren ein Pathokonzept bzw. schließen es aus, während die übrigen "probabilistischen" Kategorien p1 - p6 und n1 - n6 die Evidenz für ein Pathokonzept erhöhen bzw. erniedrigen. Darüber hinaus gibt es die Kategorie pp, die eine notwendige aber nicht hinreichende Voraussetzung zur Etablierung einer Diagnose kennzeichnet. Die probabilistischen Evidenzkategorien aus verschiedenen Regeln für dieselbe Diagnose werden so verrechnet, daß die Summe von zwei Kategorien der gleichen Stufe gerade dem Wert der nächsthöheren Kategorie entspricht (z.B. p3 + p3 = p4). Der Schwellwert zur Etablierung liegt knapp über der Kategorie p5. In dem Beispieldialog ist bei den probabilistischen Bewertungskategorien in Klammern die intern benutze Punktbewertung mitangegeben (z.B. p4 = 20 Punkte).

Probabilistische Evidenzkategorien sind eine relativ undifferenzierte Ausdrucksweise für die Unsicherheit, mit der Symptom-Diagnose-Assoziationen bewertet werden. Eine strukturiertere Form bietet MED2 durch die Möglichkeit zur expliziten Angabe von Ausnahmen der Regel, d.h. von Bedingungen, unter denen die Assoziation ungültig ist. Regeln mit Ausnahmen erlauben insbesondere auch die Verarbeitung von unvollständigen Daten. Eine solche Regel kann feuern, auch wenn über die Ausnahmen noch nichts bekannt ist (weder ob sie zutreffen noch ob sie nicht zutreffen). Wenn später detailliertere Daten vorliegen und daraus hervorgeht, daß tatsächlich eine Ausnahme einer Regel vorliegt, wird die Regel einschließlich aller Folgeeffekte wieder rückgängig gemacht (nicht-monotones Argumentieren).

Ein Beispiel für die Nützlichkeit von Regeln mit Ausnahmen ist ihre Anwendung bei der Bewertung von Symptomen, für die es unterschiedliche Erhebungsverfahren gibt: angenommen, ein Symptom kann mit einer einfachen, groben und mit einer aufwendigen, präzisen Methode festgestellt werden. Solange nur die einfache Methode angewandt wurde, wird man Verdachtsdiagnosen aufgrund ihrer groben Ergebnisse bewerten, aber sobald die aufwendige Methode durchgeführt ist, sollen deren präzise Ergebnisse die alten ersetzen. Dies erreicht man in MED2, indem man bei den

Regeln, die Schlußfolgerungen aus den groben Ergebnissen der einfachen Methode ziehen, das Faktum der Durchführung der aufwendigen Methode als "Ausnahme" deklariert. Das bewirkt, daß bei ihrer Durchführung alle alten Regeln zurückgezogen werden und die Auswertung der präzisen Ergebnisse an deren Stelle tritt.

Die unterschiedlichen Komponenten bei der probabilistischen Bewertung einer Diagnose in MED2 erklärt Fig. 2.

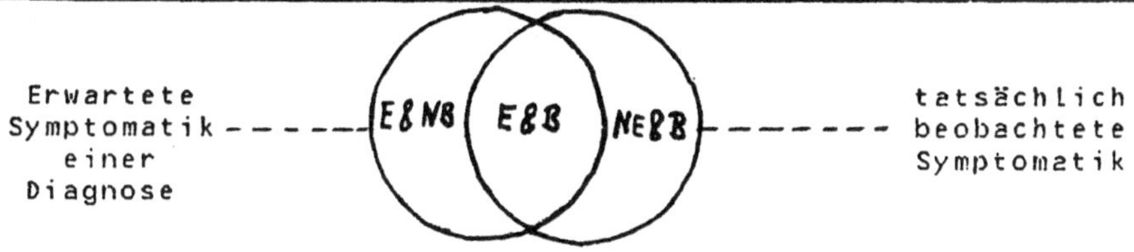

E&B (Pro):	Erwartete und beobachtete Symptome
E&NB (Kontra):	Erwartete aber nicht beobachtete Symptome
NE&B (Erklärungswert):	Nicht erwartete aber beobachtete Symptome

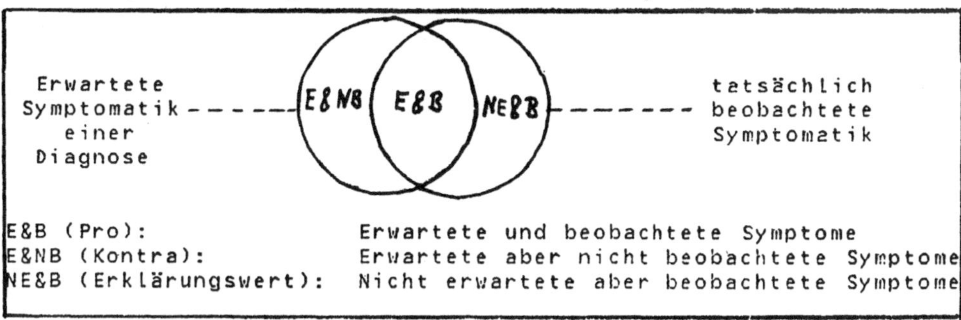

Fig. 2: Komponenten bei der probabilistischen Bewertung einer Diagnose

Da nur in idealen Fällen die tatsächlich beobachtete und die von einer Diagnose erwartete Symptomatik vollständig übereinstimmen, muß der Grad der Übereinstimmung abgeschätzt werden. Dazu dienen in MED2 die drei Aspekte "Pro", "Kontra" und "Erklärungswert" (s. Fig. 2) Der Erklärungswert ist eine Art Plausibilitätskontrolle der Enddiagnosen (s. Kap 3.7) drückt aus, wie vollständig die etablierten Diagnosen die beobachtete Symptomatik erklären können.

Das Wissen über die Häufigkeit von Diagnosen wird mit der "Prädisposition" erfaßt. Dabei wird von der Apriori-Häufigkeit der Diagnose ausgegangen, die als Konstante oder in Abhängigkeit von Grunddaten (z.B. Alter) angegeben ist. Spezielle "Risikofaktoren" (z.B. Lebensgewohnheiten beim Mensch; Fahrstil beim Auto) können die Apriori-Häufigkeit modifizieren und ergeben die Prädisposition.

Die Bewertungskomponenten Pro, Kontra, Prädisposition und Erklärungswert werden zu einer Gesamtbewertung der Diagnose zusammengefaßt, die mit der ihrer Differentialdiagnosen und mit einem absoluten Schwellwert verglichen wird. Eine ausführliche Beschreibung der hybriden Diagnosebewertung findet sich in [Puppe 86b].

3.5 Differentialdiagnostik

Ein typisches Problem der Diagnostik ist die Unterscheidung zwischen "Differentialdiagnosen", d.h. zwischen Diagnosen, die leicht verwechselbar sind, da sie ähnliche Symptome verursachen. Solche Entscheidungen erfordern einen systematischen Vergleich zwischen den Konkurrenten, wobei eine Diagnose nur dann etabliert werden kann, wenn sie erheblich besser als ihre Alternativen beurteilt wird. Für die differentialdiagnostische Entscheidungsfindung ist es gleichwertig, ob für die beste Diagnose positive Evidenz oder für die Konkurrenten negative Evidenz gefunden wird, da es nur auf die Differenz ankommt.

In MED2 kann der Experte beim Aufbau der Wissensbasis für jede Diagnose eine Menge von Differentialdiagnosen angeben. Vor ihrer Etablierung wird eine Diagnose systematisch mit ihren Differentialdiagnosen verglichen. Falls keine eindeutige Entscheidung möglich ist, werden weitere Symptome gesucht, die zur Unterscheidung der Alternativen besonders nützlich sind. Wenn eine Diagnose etabliert worden ist, werden ihre Differentialdiagnosen ausgeschlossen.

Obwohl die Differentialdiagnostik im allgemeinen eine sehr gute Technik der Entscheidungsfindung ist, kann sie zu Fehlern führen, wenn

a) keine der Differentialdiagnosen, sondern eine ganz andere Diagnose zutrifft (d.h. die Menge der Differentialdiagnosen nicht vollständig ist) oder
b) mehrere Diagnosen gleichzeitig zutreffen.

In MED2 gibt es folgende Mechanismen gegen diese Fehlerquellen:

- Bei der Etablierung einer Differentialdiagnose muß die Diagnose nicht nur erheblich besser als ihre Konkurrenten bewertet werden, sondern auch ihre absolute Bewertung muß ein Minimum übersteigen. Dadurch wird erreicht, daß bei einer unvollständigen Menge von Differentialdiagnosen statt einer falschen gar keine gestellt wird.
- Diagnosen, die der Experte nicht als Differentialdiagnosen definiert, können als Mehrfachdiagnosen unabhängig voneinander etabliert werden.

Falls eine Diagnose keine Differentialdiagnosen hat, wird sie ausschließlich aufgrund ihrer absoluten Bewertung etabliert.

3.6 Diagnostischer Mittelbau

Der diagnostische Mittelbau ist die Gesamtheit aller Teilinterpretationen der Symptomatik, die den diagnostischen Lösungsprozeß strukturieren helfen. Seine Vorteile umfassen:

- Einschränkung des Suchraumes, da der Ausschluß von Grobdiagnosen die Überprüfung ihrer Feindiagnosen erspart.
- Reduktion der Unsicherheit, da die partielle Interpretation der Symptome zu Zwischenergebnissen sich auch oft dann absichern läßt, wenn die Enddiagnose noch unbekannt ist.
- Darstellung von partiellem Wissen.

Der diagnostische Mittelbau ist in MED2 aufgeteilt in:

- Einfache Symptominterpretationen, die sofort bei der Datenerfassung durchgeführt werden (s. Kap. 3.2).
- Komplexere Interpretationen (Grobdiagnosen), die schrittweise zu Enddiagnosen verfeinert werden.

Die einfachste Verfeinerungsstrategie besteht darin, in einer strengen Hierarchie von Pathokonzepten zunächst auf der obersten Hierarchieebene die zutreffende Grobdiagnose zu etablieren, dann einen Nachfolger zu selektieren, usw. (bekannt als Establish-Refine-Strategie). Diese Vorgehensweise ist aber zu starr, wenn es mehr als einen Ableitungspfad für eine Feindiagnose gibt. Beispiel: in der Medizin können Diagnosen u.a. nach Anatomie (Leber, Nieren, etc.) oder nach dem Zeitverlauf der Krankheit (akut, chronisch, etc.) eingeteilt werden. In einer strengen Hierarchie muß ein Kriterium zum Hauptkriterium gemacht werden, das durch das andere differenziert wird. Wenn jedoch z.B. die Anatomie das Hauptkriterium ist, ist es nicht mehr möglich, eine "akute Krankheit" zu repräsentieren, da nur noch "akute Lebererkrankung" und "akute Nierenerkrankung" darstellbar sind [Szolovits 85, s. Kap. 2.3.1]. Deswegen koexistieren in vielen Anwendungsbereichen verschiedene hierarchische Einteilungen (z.B. in der Medizin symptomatische, ätiologische, anatomische, chronologische und pathophysiologische Hierarchien), und es wird für jeden Einzelfall entschieden, welches die geeignetste ist.

Zur Realisierung auch von mehrfachen oder sich Ueberlappenden Diagnosehierarchien dienen Diagnose-Diagnose Regeln, die in Abhängigkeit des Status einer Diagnose (etabliert oder ausgeschlossen) und eventuellen weiteren Bedingungen Evidenz auf andere Diagnosen übertragen. In den meisten Fällen sind die Nachfolger einer Diagnose untereinander Differentialdiagnosen, da sie um die Erklärung der übergeordneten Diagnose konkurrieren. Durch Regeln zur Verdachtsgenerierung kann die Hierarchie auch übersprungen und direkt eine Feindiagnose aktiviert werden. Da die diagnostische Vorgehensweise in multiplen Hierarchien manchmal auch von "unten" nach "oben" verläuft, können zirkuläre Ableitungsketten entstehen, die insbesondere bei der Zurücknahme von Schlußfolgerungen zu Verfälschungen führen würden. Zur Vermeidung solcher Verzerrungen werden zirkuläre Ableitungsketten in MED2 blockiert (s. Kap. 4.3).

3.7 Stellen der Enddiagnose

Das Stellen der Enddiagnose umfaßt zunächst die Ausgabe der etablierten Pathokonzepte nach Abschluß der Symptomerfassung. Wenn die etablierten Pathokonzepte jedoch nicht alle vorhandenen Symptome erklären können, sollten auch die nicht etablierten Pathokonzepte mit hoher Evidenz berücksichtigt werden. Dazu werden Symptome zu Gruppen ähnlicher Bedeutung zusammengefaßt und nach ihrem Schweregrad gewichtet (als "Explanationsets"). Wenn nach Abschluß der Symptomerfassung und Bewertung noch unerklärte Explanationsets übriggeblieben sind, die durch ein Pathokonzept im Working-Memory erklärt werden können, so wird ihre Bewertung durch einen entsprechenden Bonus verbessert, was ihre Etablierung bewirken kann. Die Berücksichtigung des Erklärungswertes der Diagnosen hat damit die Funktion einer Plausibilitätskontrolle der Endergebnisse (sind alle wichtigen Symptome durch die Enddiagnosen abgedeckt, d.h. erklärt?).

3.8 Therapieselektion

Nach Etablierung einer Diagnose berechnet MED2 mit entsprechenden Regeln die vorliegende Variante der Diagnose, die direkt mit einem Therapievorschlag gekoppelt ist. Falls keine spezielle Diagnosevariante hergeleitet werden kann, wählt MED2 die "Default"-Variante aus. Der Therapievorschlag besteht im einfachsten Fall im Ausdrucken von Text; es ist aber auch möglich, MED2 über eine vorgesehene Programmschnittstelle mit detaillierten Therapieprogrammen zu koppeln.

Im Normalfall gibt MED2 den Therapievorschlag erst am Ende einer Sitzung aus und berücksichtigt dabei die Diagnosehierarchie, indem Therapievorschläge jeweils nur für die Enddiagnosen gemacht werden. Wenn die Therapiemaßnahme besonders dringlich ist, kann MED2 aber auch sofort nach Etablierung einer Diagnose die Therapieanweisung dem Benutzer mitteilen.

3.9 Therapieauswertung

Wenn die Therapie nicht zum gewünschten Erfolg führt, so liefert sie meist wertvolle Hinweise, die bei der eventuell notwendigen Revision der ursprünglichen Diagnose nützlich sind. Dazu gehören sowohl der direkte Rückschluß vom Therapieerfolg auf die Diagnose, als auch die Auswertung zeitlicher Veränderungen von Symptomen unter therapeutischem Einfluß.

Beides wird in MED2 berücksichtigt. Der Benutzer führt mit MED2 eine Folgesitzung durch, indem er zunächst die Dauer seit der letzten Sitzung eingibt (zum Aktualisieren früherer Zeitangaben), dann in speziellen Therapie-Questionsets die durchgeführten Therapiemaßnahmen sowie deren Erfolg angibt und schließlich spezifiziert, wie die Symptomatik sich im einzelnen verändert hat. Aufgrund der neuen Informationen revidiert MED2 dann die alten Ergebnisse (s. Kap. 4.4).

4 Spezielle Mechanismen

In diesem Kapitel werden spezielle Eigenschaften von MED2 ausführlicher dargestellt, die die Beschreibung der Inferenzstrategie in Kap. 3 ergänzen.

4.1 Dialogsteuerung

Je nach Art der Symptomeingabe kann man folgende prinzipielle Dialogmodi von Diagnostik-Expertensystemen unterscheiden (die in der Praxis meist kombiniert werden müssen):

a) eingebettete Systeme, die ihre Daten direkt von Meßgeräten bekommen.
b) interaktive Systeme, die mit dem Benutzer einen Dialog führen. Sie untergliedern sich in:

   b1) passive Systeme, die vom Benutzer vorgegebene Daten verarbeiten und
   b2) aktive Systeme, die im Dialog die Initiative haben und vom Benutzer Daten erfragen.

Eingebettete Expertensysteme erfordern meist eine Vorverarbeitung der Daten zum Erkennen von Meßwertfehlern und zur Datenabstraktion. Die Vorverarbeitung ist relativ einfach, wenn die Meßgeräte numerische Daten liefern und kann beliebig aufwendig werden, wenn komplexere Muster (z.B. EKG oder Bilder) interpretiert werden müssen.

In interaktiven Systemen übernimmt meist der Benutzer die Vorverarbeitung der Daten. In passiven Systemen besteht das Hauptproblem darin, in welcher Form der Benutzer dem System seine Symptome mitteilen kann. In aktiven Systemen wird der Dialog vom Programm gesteuert. Dabei können folgende Probleme auftreten:

- Eine verwirrende Reihenfolge bei der Symtomerfassung.
- Ein unnötig langer Dialog durch Erfragen unwichtiger Symptome.
- Die vermeidbare Indikation aufwendiger und risikoreicher technischer Untersuchungen.

In MED2 können alle Dialogmodi kombiniert werden. Die kleinste Einheit der Symptomerfassung sind dabei nicht einzelne Fragen (Manifestationen), sondern Questionsets.

Wenn Daten von Meßgeräten verarbeitet werden sollen, muß MED2 nur um ein Schnittstellenprogramm zu dem Meßgerät erweitert werden. Je nach Komplexität kann die notwendige Vorverarbeitung der Daten innerhalb von MED2 mit Regeln und abgeleiteten Manifestationen in einem Questionset oder außerhalb von MED2 durch ein anderes Programm durchgeführt werden. Dabei können auch Meßgerätdefekte als Diagnosen hergeleitet werden und bei der Interpretation der Daten berücksichtigt werden (s. Kap. 4.6).

Falls der Benutzer aktiv Symptome eingeben will, wählt er in hierarchisch strukturierten Menüs die Questionsets aus, die seine Beobachtungen umfassen. Gibt der Benutzer keine Questionsets vor, übernimmt MED2 die Initiative:

1. Zunächst wird überprüft, ob Questionsets aufgrund kategorischer Regeln indiziert sind. Das entspricht einer standardisierten, erfahrungsgesteuerten Symptomerhebung.
2. Falls diese Strategie zu keinem Ergebnis führt, wird der Questionset ausgewählt, der zur Überprüfung der Diagnosen im Working-Memory am nützlichsten ist.
3. Bei sehr allgemeiner Symptomatik kann es passieren, daß überhaupt keine brauchbaren Verdachtshypothesen herleitbar sind. Zur Klärung solcher Situationen gibt es in MED2 ganz allgemeine Kontext-Diagnosen, die dann die Dialogsteuerung übernehmen. Ihre Questionsets beinhalten eine eher systematische Erfassung der Symptomatik, die in dem etablierten Kontext relevant ist.

Ein Spezialfall ist die Etablierung einer Diagnose, an die sich häufig Fragen und Ableitungen zur Klärung ihres Typs und Schweregrades anschließen. Sie können in MED2 in einem diagnosespezifischen Questionset zusammengefaßt werden, der direkt nach der Etablierung der Diagnose aktiviert wird.

Der Hauptvorteil des Questionset-Konzeptes zur Dialogsteuerung ist die Bündelung zusammengehöriger Fragen zu einer Steuerungseinheit. Der daraus resultierende, mögliche Nachteil einer zu detaillierten Erfassung der Symptome kann durch eine hierarchische Organisation der Fragen innerhalb eines Questionsets ausgeglichen werden.

4.2 Notfalldiagnostik

Notfalldiagnostik unterscheidet sich von "normaler" Diagnostik dadurch, daß bei Erkennen von kritischen Situationen sofort Aktionen eingeleitet werden müssen, ehe die Diagnostik abgeschlossen ist. Das bedingt:

- Eine Dialogsteuerung, die sich nur auf die wichtigsten (handlungsrelevanten) Symptome konzentriert.
- Die vordringliche Untersuchung von den Diagnosen, die sofortiges Handeln erfordern.
- Die sofortige Ausgabe von Handlungsanweisungen nach Etablierung einer Notfalldiagnose.

In MED2 kann eine kritische Situation als ein Pathokonzept definiert werden, das durch eine besondere Priorität ausgezeichnet ist und deswegen auch bei relativ geringem Verdacht vorrangig untersucht wird. Falls es etabliert wurde, druckt MED2 die entsprechenden Therapiemaßnahmen sofort aus, falls diese durch eine hohe Dringlichkeit gekennzeichnet sind.

Das Hauptproblem bei der Notfalldiagnostik ist rasche und fokussierte Symptomerfassung. Sie hängt von der Qualität der Benutzerschnittstelle und der Anzahl der eingegebenen Symptome ab. In MED2 entspricht letzere der Anzahl der Fragen in einem Questionset, die gestellt werden. Die Festlegung der optimalen Größe eines Questionsets ist insofern relativ schwierig, da seine Struktur beim Aufbau der Wissensbasis festgelegt werden muß und während einer Sitzung nicht geändert werden kann.

Wenn die im Notfall erforderliche Symptomerfassungsstrategie keine zu große Variabilität aufweist, ist die beste Strategie in MED2, spezielle "Notfall-Questionsets" aufzubauen, die nur die jeweils wichtigsten Symptome erfassen und bei Erkennen des Notfalls aktiviert werden.

4.3 Nicht-monotones Argumentieren

Nicht-monotones Argumentieren ist die Fähigkeit, ungültig gewordene Schlußfolgerungen zu erkennen und zurückzuziehen. In MED2 ergibt sich der Bedarf zum Zurückziehen von Schlußfolgerungen (Belief-Revision) in folgenden Situationen:

- Der Benutzer korrigiert eine frühere Eingabe.
- Eine Ausnahme einer gefeuerten Regel wird bekannt.
- Die Bewertung einer bereits etablierten Diagnose verschlechtert sich durch neue Symptome erheblich.
- Symptome ändern sich in Folgesitzungen.

Da die Rücknahme von Schlußfolgerungen sehr zeitaufwendig sein kann, benutzen wir in MED2 einen die Besonderheiten der Diagnostik ausnutzenden Belief-Revision-Algorithmus [Puppe 87]. Die Hauptidee ist die Blockade zirkulärer Begründungen. Zirkuläre Ableitungsschleifen sind in der Diagnostik sinnvoll und notwendig, um eine Korrelation zwischen Pathokonzepten auszudrücken, ohne dabei die Vorgehensweise bei der Etablierung festzulegen.

Ein Beispiel aus dem Bereich der Lebererkrankungen: Die Pathokonzepte "Pfortaderhochdruck" und "Leberzirrhose" korrelieren stark miteinander, d.h. wenn das eine Pathokonzept etabliert ist, wird auch das andere sehr wahrscheinlich. In MED2 repräsentiert man diese Korrelation durch zwei Regeln:

```
Pfortaderhochdruck ==> Leberzirrhose (mit Evidenz x)
Leberzirrhose      ==> Pfortaderhochdruck (mit Evidenz y)
```

Die Problematik dieser Situation für den Belief-Revision-Algorithmus zeigt Fig. 3.

```
S1 => P1                      |----->--|
S2 => P2              S1 --> P1        P2 <-- S2
P2 => P1                      |--<-----|
P1 => P2
```

Wenn P1 einmal durch S1 etabliert ist, kann es nicht mehr zurückgezogen werden, da es sich durch die Schleife P1 => P2 => P1 selbst bestätigt.

Fig. 3: eine Ableitungsschleife

In MED2 wird das Schleifenproblem für den Belief-Revision-Prozeß durch einen Mechanismus sehr effizient gelöst, der schon das Entstehen von Zirkelschlüssen verhindert, die deswegen im Belief-Revision-Algorithmus nicht berücksichtigt werden brauchen: alle an einer Schleife beteiligten Regeln (d.h. solche, die Evidenz für ein Pathokonzept liefern, weil das Pathokonzept etabliert worden ist; in Fig. 3 die Regeln P1 => P2 und P2 => P1) werden beim Aufbau der Wissensbasis als "zirkulär" gekennzeichnet. Sobald das Pathokonzept, das sie herleiten, während einer Sitzung etabliert ist, werden sie blockiert. Dadurch wird erreicht, daß niemals alle Regeln in einer Schleife feuern können. Beispiel: wenn in Fig. 3 die Regeln S1 => P1 und

P1 => P2 gefeuert haben, dann ist die Regel P2 => P1 blockiert, weil P1 schon etabliert ist. Entsprechend wäre die Regel P1 => P2 blockiert, wenn P2 vor P1 etabliert worden wäre. Das Blockieren zirkulärer Regeln führt zu keiner Verfälschung des Inferenzprozesses, da nur solche Regeln blockiert werden, die für ein bereits etabliertes Pathokonzept zusätzliche Evidenz liefern würden.

4.4 Repräsentation der Zeit

Das Wissen um die zeitlichen Relationen von Symptomen verbessert die Genauigkeit der Diagnostik erheblich. Am einfachsten lassen sich zeitliche Relationen (wie die meisten übrigen Symptome) durch Schlagwörter (z.B. Dauer von Symptom X = "3 - 6 Stunden", "Symptom A vor B aufgetreten") repräsentieren, wobei der Benutzer die Schlagwörter aus einem Menü auswählt, die die vorhandene Symptomatik am besten beschreiben. Diese Darstellungsform erfordert redundante Fragen, wenn viele zeitliche Relationen beschrieben und verglichen werden müssen, da jede Relation mit einem eigenen Schlagwort belegt werden muß. Außerdem verfügt sie über keine Möglichkeit, den Begriff des "jetzt" in Folgesitzungen automatisch anzupassen. Beispiel: wenn in der Erstsitzung die Beschwerden seit drei Wochen bestehen und in einer neuen Sitzung, die drei Tage später stattfindet, nicht verschwunden sind, dann sollte das System herleiten können, daß die Beschwerden jetzt 24 Tage lang anhalten, was mit Schlagwörtern nur sehr mühsam darstellbar ist. Zur Ermöglichung solcher Ableitungen und zur Vermeidung von Redundanzen in den Fragen verfügt MED2 über eine explizite Zeitrepräsentation, mit der es Zeitrelationen aus den Zeitangaben des Benutzers herleiten kann (u.a. auch obiges Beispiel).

MED2 hat die zeitbezogenen Fragetypen "Zeitpunkt", "Dauer" und "Frequenz". Aus diesen Rohdaten kann MED2 folgende Schlußfolgerungen herleiten:

- Dauer eines Symptoms aus Beginn und Ende.
- Zeitliche Beziehung (mit den Prädikaten $vor, $gleichzeitig und $nach) zwischen zwei Symptomen, wobei die Beziehung durch ein Zeitintervall präzisiert werden kann.
- In Folgesitzungen: Umrechnung aller Zeitangaben, die sich auf den alten Untersuchungszeitpunkt beziehen
- In Folgesitzungen: Erkennen einer zeitlichen Änderung eines Symptomes (mit den Prädikaten $Zunahme, $Abnahme und $Konstanz) unter dem Einfluß besonderer Ereignisse, z.B. ($Abnahme Öldruck 10 (5 Stunden) (nach Ölwechselzeitpunkt)), d.h. der Öldruck hat um mindestens 10 Einheiten innerhalb von 5 Stunden abgenommen, wobei in dieser Zeit ein Ölwechsel stattgefunden haben muß.

4.5 Repräsentation der Anatomie

Der Wertebereich von Lokalisationsfragen kann in MED2 durch Referenz auf Elemente einer allgemeinen Lokalisationshierarchie angegeben werden. Dieser Mechanismus der indirekten Referenz hat folgende Vorteile im Vergleich zur direkten Auflistung der möglichen Lokalisationen im Wertebereich einer Frage:

- Ökonomie beim Aufbau der Wissensbasis, da die Lokalisationshierarchie einmal aufgebaut wird und in speziellen Fragen nur ein Referenzobjekt in der Hierarchie als Wertebereich angegeben werden muß.
- Möglichkeit der Repräsentation von allgemeinem Wissen über Lokalisationen (derzeitig hierarchische Beziehungen und rechts/links Symmetrie), das für den Regelinterpretierer wichtig ist.
- Möglichkeit einer graphischen Lokalisationseingabe, indem die Lokalisationshierarchie auf dem Bildschirm visualisiert wird und der Benutzer den entsprechenden Bereich auf dem Bildschirm mit der "Maus" anklickt, anstatt den Namen der Lokalisation eintippen zu müssen.

Der Regelinterpretierer nutzt das Wissen über Lokalisationen aus, indem er bei dem Test auf Gleichheit von Lokalisationen erkennt, daß eine Lokalisation eine andere umfaßt (d.h. in der Hierarchie weiter oben steht) und indem er Konsistenzprüfungen bezüglich der Seitigkeit von Lokalisationen durchführt, z.B. ($gleichseitig Loc1 Loc2 Loc3), d.h. die Lokalisationen Loc1, Loc2 und Loc3 müssen auf derselben Seite liegen.

4.6 Plausibilitätskontrolle der Eingabedaten

Eine Diagnose kann nicht besser sein als die Qualität der Eingabedaten. Zu ihrer Überprüfung gibt es in MED2 folgende Mechanismen:

- Einschränkung des Wertebereichs bei Fragen (z.B. Alter des Menschen 0 - 120 Jahre)
- Kennzeichnung von inkonsistenten Kombinationen verschiedener Fragen durch spezielle Regeln (wenn eine solche Regel feuert, wird der Benutzer aufgefordert, eines der Fakten, die zu der Inkonsistenz geführt haben, zurückzuziehen)
- Herleitung der Unglaubwürdigkeit einer Datenquelle und Blockierung der diese Daten auswertenden Regeln. Die Unglaubwürdigkeit wird als Diagnose etabliert und als Ausnahme zu den betroffenen Datenvorverarbeitungs-Regeln angegeben. Dadurch wird der Inferenzprozeß nur dann beeinflußt, wenn tatsächlich ein Anlaß dazu besteht.

Allerdings wird fur eine umfassende Überprüfung der Zuverlässigkeit der Eingabedaten meist Allgemeinwissen gebraucht, das in spezialisierten Systemen nicht vorhanden ist. Daher bleibt die Plausibilitätskontrolle der Eingabedaten ein kritisches Problem beim Einsatz von Diagnostikexpertensystemen.

5. Wissensrepräsentation

Zur Entwicklung einer Wissensbasis muß der Experte "nur" die Objekttypen von MED2 instanziieren:

- Manifestationen (erfragte und abgeleitete Symptome)
- Questionsets (Gruppen zusammen erfragter Symptome)
- Explanationsets (Gruppen von Symptomen ähnlicher Bedeutung)
- Pathokonzepte (Grob- und Feindiagnosen)
- Varianten (Therapievarianten der Enddiagnosen)
- Lokalisationen (Lokalistationsheterarchie für die Symptome)
- Regeln (Angabe der Beziehungen zwischen den Objekten)

Dazu benennt der Experte die Objekte und spezifiziert ihre Attribute, z.B. für Manifestationen:

- Zugehörigkeit zu Questionsets
- Ableitungstyp (erfragt oder abgeleitet)
- Auswertungsschema für abgeleitete Manifestationen
- Fragetext für erfragte Manifestationen
- Fragetyp (one-choice, multiple-choice, numerisch, Zeitdauer, Zeitfrequenz, Zeitpunkt, Lokalisationsangabe)
- Wertebereich (Spezifizierung der sinnvollen Antwortalternativen)
- Erklärungstexte zu Fragetext und Antwortalternativen
- Zeitlicher Fragetyp (Frage soll nur in erster Sitzung, nur ab der zweiten Sitzung oder immer gestellt werden können)

Diagnosen werden charakterisiert durch:

- Apriori-Wahrscheinlichkeit
- Nachfolger in der Diagnoseheterarchie
- Differentialdiagnosen
- Explanationsets, die durch die Diagnose erklärbar sind
- Nützlichkeit von Questionsets zu ihrer Verdachtsüberprüfung
- Questionset zur Bestimmung ihrer Therapievariante
- mögliche Varianten
- Default-Variante
- Aufmerksamkeitsfaktor

Alle komplexen Beziehungen zwischen Objekten werden durch Regeln spezifiziert. Eine Regel hat das allgemeine Format:

Aktivierungsbedingung & Bedingung ==> Aktion ||- Ausnahmen

Die Aktivierungsbedingung gibt den Kontext (allgemeine Pathokonzepte) der Regel an, der gültig sein muß, bevor die eigentliche Bedingung ausgewertet wird. Sie besteht aus einer Konjunktion von Prädikaten, die Zustände und Relationen der Objekte abfragen (z.B. $vor, $gleichseitig, $Zunahme, etc.). Im Aktionsteil werden Diagnosen, Varianten, abgeleitete Manifestationen und Explanationsets bewertet, erfragte Manifestationen und Questionsets indiziert bzw. ausgeschlossen oder Widersprüche erkannt. Ausnahmen werden als eigenständige Regeln repräsentiert, dessen Aktionsteil die Rücknahme anderer Regeln ist. Diese Darstellung hat den Vorteil, daß auch zu Ausnahmen Ausnahmen angegeben werden können.

6. Diskussion

Die bisherigen Erfahrungen mit dem Aufbau von Wissensbasen in MED2 bestätigen die Entscheidung, ein spezielles Diagnostikwerkzeug zu entwickeln. Ein zentrales Problem bei der Evaluation von Expertensystemwerkzeugen ist jedoch, daß die Erstellung erfolgreicher Demonstrationsprototypen nur wenig aussagekräftig ist. Da MED2 gerade im Hinblick auf die Feinanpassung einer Wissensbasis entworfen worden ist, ist seine umfassende Bewertung derzeitig nicht möglich. Trotzdem läßt sich absehen, daß zu einem integrierten Diagnostik-Shell globale Verbesserungen in folgenden Bereichen notwendig sind:

* Bei der Interviewerkomponente: Vor allem Integration von Bildern zur Symptomerfassung.
* Bei der Wissenserwerbskomponente: Problembezogene statt syntaxorientierte Führung des Wissenserwebsdialoges.
* Bei der Problemlösungskomponente: Nebenläufige Verfolgung von schwer zu stellenden Differentialdiagnosen.
* Bei der Wissensrepräsentation: Darstellung und Auswertung auch von Falldatenbanken und kausalem Wissen.

7. Beispiel

Das folgende Beispiel aus der von H. P. Borrmann entwickelten Wissensbasis über KFZ-Motoren-Diagnostik (MODIS2) illustriert vor allem die Behandlung von Folgesitzungen in MED2. Fig. 4 gibt einen Überblick über den zeitlichen Verlauf der Hauptsymptome "zu hoher Kraftstoffverbrauch" und "Beanstandungen im Kaltlauf" sowie den km-Stand.

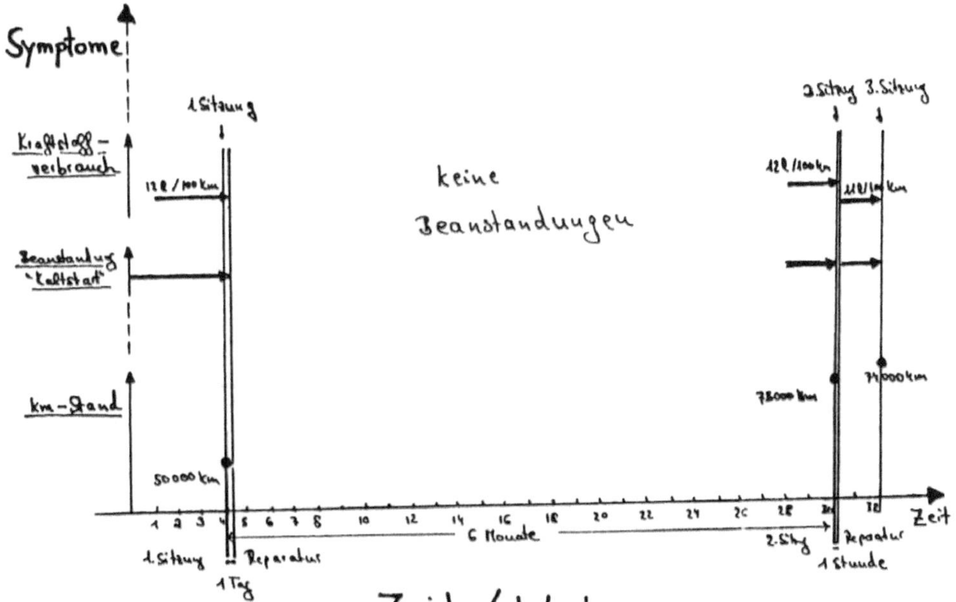

Fig. 4: Hauptsymptome

In der ersten Sitzung ermittelt MODIS2 vier Diagnosen (Zündkerzen, Strombergvergaser, Luftfilter und Zündeinstellung) und macht dazu Therapievorschläge (B1).

Daraufhin verschwinden die Symptome, aber nach sechs Monaten kommt der Kunde erneut mit ähnlicher Symptomatik in die Werkstatt. In der 2. Sitzung modifiziert der Benutzer die Daten von der ersten Sitzung und macht Angaben über die durchgeführten Therapiemaßnahmen (B2). Daraus werden die Diagnosen "Strombergvergaser", "Startautomatik" und "Zündkerzen" hergeleitet (B3). Aus der Begründung der Zündkerzen (B4, B5, B6) geht hervor, daß trotz des Zündkerzenwechsels nach der ersten Sitzung diese schon wieder verbraucht sein können, da die neuen Beanstandungen erst nach dem Austausch der Zündkerzen aufgetreten (Begründung der Prädisposition in B5) und seit der letzten Therapie mehr als 20000 km gefahren sind (Begründung der Nicht-Ausführung der letzten Regel in B6 "Ausnahme trifft zu").

Nachdem in der dritten Sitzung trotz erneuten Zündkerzenwechsels und Vergasereinstellung die Beanstandungen sich zwar verbessert haben (Kraftstoffverbrauch statt 12 l nur noch 11 l pro 100 km), aber nicht verschwunden sind, ist sind die Zündkerzen jetzt weniger wahrscheinlich und nicht mehr etabliert, da der letzte Zündkerzenwechsel gerade erst stattgefunden hat (B7 und B8). Übrig bleibt nur die Diagnose "Startautomatik", die entgegen dem Therapievorschlag der zweiten Sitzung nicht überprüft worden war.

B1

```
MED2   1. Sitzung     Questionset: >REPARATUR<
ETABLIERTE DIAGNOSEN                    | VERDACHTS-DIAGNOSEN
VERDACHT_AUF_ZUENDEINSTELLUNG           | STARTAUTOMATIK  (35)
LUFTFILTER_TYP-V                        | KABEL  (20)
STROMBERGVERGASER                       | KRAFTSTOFFANLAGE  (10)
ZUENDKERZEN                             | TRIEBWERK  (10)

***************************************************************

              Vorschlaege zur Behandlung der Enddiagnosen:

P514000:  ZUENDKERZEN  (T-ZUENDKERZEN_TYP-A):
      UEBERPRUEFEN SIE DIE ZUENDKERZEN!
      FUER DIESEN TYP VERWENDBARE ZUENDKERZEN SIND: BOSCH WH7
      ODER BERU X7
P113000:  STROMBERGVERGASER  (TP-VERGASER):
      UEBERPRUEFEN SIE DIE VERGASEREINSTELLUNG!
P119000:  LUFTFILTER_TYP-V  (T-LUFTFILTER-4_ZYL_):
      UEBERPRUEFEN SIE DEN LUFTFILTEREINSATZ!
      LUFTFILTEREINSATZ - ERSATZTEILNR.: LFE-004
P510010:  VERDACHT_AUF_ZUENDEINSTELLUNG  (T-ZUENDEINSTELLUNG):
      UEBERPRUEFEN SIE DIE ZUENDEINSTELLUNG
***************************************************************
```

B2

```
MED2   2. Sitzung     Questionset: >TP-ZUENDANLAGE<
ETABLIERTE DIAGNOSEN                    | VERDACHTS-DIAGNOSEN
VERDACHT_AUF_ZUENDEINSTELLUNG           | STARTAUTOMATIK  (35)
LUFTFILTER_TYP-V                        | KABEL  (20)
STROMBERGVERGASER                       | KRAFTSTOFFANLAGE  (10)
ZUENDKERZEN                             | TRIEBWERK  (10)

WANN HABEN SIE DIE ZUENDKERZEN GEWECHSELT?
Bitte geben Sie eine Zeit oder  --  fuer unbekannt an (? = Optionen)
Zeitangabe: 1 d aft session!
```

B 3

```
MED2   2. Sitzung      Questionset: >TP-VERGASERANLAGE<
     ETABLIERTE DIAGNOSEN                      VERDACHTS-DIAGNOSEN
STROMBERGVERGASER                        KABEL  (20)
ZUENDKERZEN                              KRAFTSTOFFANLAGE  (10)
STARTAUTOMATIK                           TRIEBWERK  (10)

**************** Uebersicht der Ergebnisse ****************
STROMBERGVERGASER
     --> STARTAUTOMATIK
ZUENDKERZEN
***********************************************************

                Vorschlaege zur Behandlung der Enddiagnosen:

P113700:  STARTAUTOMATIK  (T-STARTERANLAGE):
     UEBERPRUEFEN SIE DIE STARTAUTOMATIK!
P514000:  ZUENDKERZEN  (T-ZUENDKERZEN_TYP-A):
     UEBERPRUEFEN SIE DIE ZUENDKERZEN!
     FUER DIESEN TYP VERWENDBARE ZUENDKERZEN SIND: BOSCH WH7
     ODER BERU X7
***********************************************************
```

B 4

```
                  Erklaerungskomponente zu MED2
          Bewertung von ZUENDKERZEN : etabliert (48)
          Notwendige Bedingung       :  -
          Hinreichende Bedingung     :  -
          Ausschluss                 :  -
          Pro                        : wahrscheinlich (40)
          Kontra                     : neutral (0)
          Erklaerungswert            :  -
          Praedisposition            : haeufig
          Differentialdiagnostik     :  -
          Varianten                  : T-ZUENDKERZEN_TYP-A
```

B 5

```
                  Erklaerungskomponente zu MED2
Begruendung von ZUENDKERZEN : ESTABLISHED (48)
Begruendung von Pro: wahrscheinlich (40)
P4  (20)  Weil  NORMIERTER-KRAFTSTOFFVERBRAUCH = ERHEBLICH ZU
                HOCH
Activation:  ZUENDANLAGE_BENZIN
P4  (20)  Weil  MOTORSTART = MOTOR SPRINGT KALT SCHLECHT AN
Activation:  ZUENDANLAGE_BENZIN
Begruendung der Praedisposition haeufig (15)
P2 (5)    Wegen Apriori-wahrscheinlichkeit des Pathokonzepts
P2  (5)   Weil  ZUENDKERZENALTER ist um mindestens 0.1
                groesser als
                BEANSTANDUNGSDAUER_KRAFTSTOFFVERBRAUCH
P2  (5)   Weil  ZUENDKERZENALTER ist um mindestens 0.1
                groesser als  BEANSTANDUNGSDAUER_MOTORSTART
Begruendung fuer Variante: T-ZUENDKERZEN_TYP-A
P6  (80)  Weil  MOTORTYP = VW-GOLF_C
          und   BAUJAHR innerhalb von  1983 und 1985
```

B 6

```
                  Erklaerungskomponente zu MED2
Negative nicht-gefeuerte Regeln von ZUENDKERZEN
N2  (-5)  Wenn  ZUENDKERZENALTER ist um mindestens 0.1
                kleiner als
                BEANSTANDUNGSDAUER_FAHREIGENSCHAFTEN
Grund: BEANSTANDUNGSDAUER_FAHREIGENSCHAFTEN ist nicht erfasst

N2  (-5)  Wenn  Nicht MOTORSTART = MOTOR SPRINGT KALT SCHLECHT
                      AN
Grund:  MOTORSTART =  MOTOR SPRINGT KALT SCHLECHT AN

N2  (-5)  Wenn  THERAPIE__ZUENDUNG = ZUENDKERZEN GEWECHSELT
ausser    Wenn  KM-STAND:
                Anstieg:  mindestens 20000
                Freignis: nach ZEITPUNKT_ZUENDKERZENWECHSEL
Grund: Die Ausnahme trifft zu
```

B7

```
MED2   3. Sitzung     Questionset:  TF-VERGASERANLAGE/
   EINGELIEFERTE DIAGNOSEN          |      VERDACHTS-DIAGNOSEN
STARTAUTOMATIK                      | STROMBERGVERGASER  (35)
                                    | ZUENDKERZEN  (30)
                                    | KABEL  (20)
                                    | KRAFTSTOFFANLAGE  (10)
                                    | TRIEBWERK  (10)
**************** Uebersicht der Ergebnisse ****************
STARTAUTOMATIK
***********************************************************

            Vorschleege zur Behandlung der Enddiagnosen:

P113700:  STARTAUTOMATIK  (T-STARTERANLAGE):
     UEBERPRUEFEN SIE DIE STARTAUTOMATIK!
***********************************************************
```

B8

```
                 Erklaerungskomponente zu MED2
Begruendung von ZUENDKERZEN : unklar  (30)
Begruendung von Pro: wahrscheinlich (30)
P4  (20)  Weil  MOTORSTART = MOTOR SPRINGT KALT SCHLECHT AN
Activation:  ZUENDANLAGE_BENZIN
P3  (10)  Weil  NORMIERTER-KRAFTSTOFFVERBRAUCH = ZU HOCH
Activation:  ZUENDANLAGE_BENZIN
Begruendung der Praedisposition durchschnittlich (0)
P2 (5)    Wegen Apriori-wahrscheinlichkeit des Patholonzepts
N2  (-5)  Weil  THERAPIE__ZUENDUNG = ZUENDKERZEN GEWECHSELT
ausser    Wenn  KM-STAND:
                Anstieg:  mindestens 20000
                Ereignis: nach ZEITPUNKT_ZUENDKERZENWECHSEL
```

8. Literatur

Borrmann, H.P.: MODIS - ein Expertensystem zur Erstellung von Reparaturdiagnosen für den Ottomotor und seine Aggrgate. Diplomarbeit, Uni Kaiserslautern, MEMO-SEKI-83-05, 1983

Clancey, W. and Shortliffe, E. (eds.): Readings in Medical Artificial Intelligence: the First Decade. Addison Wesley, 1984.

Clancey, W.: Heuristic Classification. AI-Journal 27, 289-350, 1985

Elstein, L., Shulman, L., and Sprafka, S.: Medical Problem Solving. Harvard University Press, 1978

Kassirer, J. and Gorry, A.: Clinical Problem Solving: A Behavioral Analysis. Annals of Internal Medicine 89, 245-255, 1978

Puppe, B.: Die Entwicklung des Computer-Einsatzes in der Medizinischen Diagnostik und MED1: Ein Expertensystem zur Brustschmerzdiagnostik, Med. Dissertation, Universität Freiburg, 1984.

Puppe, F.: Erfahrungen aus drei Anwendungsprojekten mit MED1. in Brauer, W. und Radig, B. (eds.): Wissensbasierte Systeme, Informatik-Fachberichte 112, 234-245, 1985.

Puppe, F.: Assoziatives Diagnostisches Problemlösen mit dem Expertensytem-Shell MED2, Dissertation, Uni Kaiserslautern, 1986 (a).

Puppe, F.: Hybride Diagnosebewertung. Proc. der GWAI-86, Springer, Informatik Fachberichte, 1986 (b).

Puppe, F.: Diagnostic Belief Revision. Submitted to IJCAI-87, 1987.

EINE "BLACKBOARD"-ARCHITEKTUR ZUR WISSENSBASIERTEN REALISIERUNG SOFTWARE-ERGONOMISCHER ANFORDERUNGEN

Helmut Balzert, Nürnberg

Zusammenfassung: Die Notwendigkeit, Software nach ergonomischen Kriterien zu gestalten, wird heute allgemein eingesehen. Zur ökonomischen Realisierung ergonomischer Anforderungen sind geeignete Software-Architekturen erforderlich, die nur durch den Einsatz wissensbasierter Systeme zu verwirklichen sind. Nach der Beschreibung entsprechender Anforderungen werden Aufbau, Art und Inhalt benötigter Wissensbasen skizziert. Das Kommunikationsverhalten zwischen den Wissensbasen erfordert eine dynamische Architektur, die am besten durch das bei Expertensystemen verwendete "blackboard"-Konzept realisiert werden kann. Zur Realisierung der software-ergonomischen Anforderungen werden vier "blackboards" eingesetzt: für die E/A-Schicht, die Dialog-Schicht, die Anwendungssysteme und das Auskunfts- & Beratungssystem. Die "blackboards" kommunizieren untereinander über Aufträge. Jede "blackboard" ist unterteilt in eine "control"- und eine "domain-blackboard". Die Architektur wurde in zwei exemplarischen Implementierungen evaluiert.

1 Anforderungen an Software-Architekturen

Eine systematische Ableitung der Architektur-Anforderungen aus Gestaltungszielen der Software-Ergonomie /2/, /3/ ergibt:

- Die Architektur muß adaptiv bzw. durch den individuellen Benutzer an seine Fähigkeiten und Wünsche adaptierbar sein.
- Es muß Wissen über die Charakteristika des Benutzers (Benutzermodell), seine Intentionen und Konventionen aufbewahrt werden.
- Es muß Fachwissen über die zu erledigende Fachaufgabe, Wissen über benötigte bzw. vorhandene Ressourcen (Selbstbild) sowie Wissen über aufgabenbezogene Intentionen des Systems vorhanden sein.
- Drei weitgehend unabhängige Aufgabenkomplexe müssen bearbei-

tet werden:

- Abwicklung der gesamten Interaktion mit dem Benutzer (Mensch-Computer-Schnittstelle MCS).
- Erledigung der jeweiligen Fachaufgabe (Anwendungssysteme ASi).
- Unterstützung des Benutzers durch Auskunfts-, Beratungs-, Hilfe- und tutorielle Leistungen (Auskunfts- und Beratungssystem AUS&BES).

Daraus ergibt sich die in Abb. 1 dargestellte Basisarchitektur.

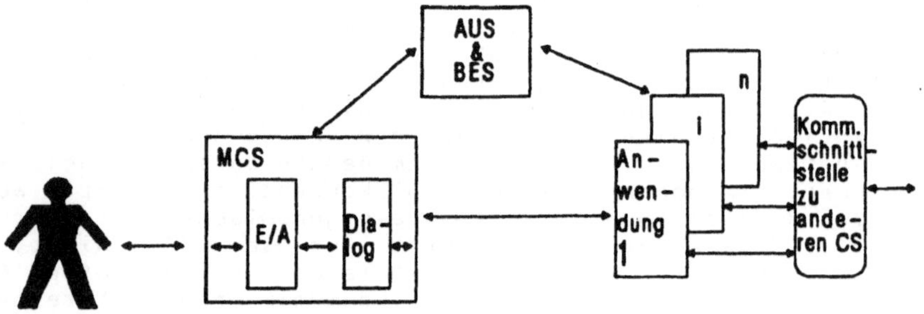

Legende: CS = Computersystem

Abb. 1: Basisarchitektur eines Software-Systems zur Unterstützung software-ergonomischer Anforderungen

Die Realisierung der einzelnen Aufgabenkomplexe durch weitgehend unabhängige Architekturkomponenten ergibt folgende Vorteile:

- Kontextunabhängigkeit der einzelnen Komponenten bis auf definierte Schnittstellen.
- Eine Mensch-Computer-Schnittstelle und ein Auskunfts- & Beratungssystem kann für alle Anwendungssysteme verwendet werden.
- Alle Komponenten können getrennt voneinander dem jeweiligen Benutzer angepaßt werden.
- Die Mensch-Computer-Schnittstelle und das Auskunfts- und Beratungssystem können einen hohen Komfort bieten und alle Möglichkeiten heutiger Technik unterstützen, da sie nur einmal vorhanden sind.

- Die Anwendungssysteme können weitgehend von MCS- und AUS&BES-Wissen entlastet werden.

Die Mensch-Computer-Schnittstelle ist nochmals in eine E/A- und eine Dialog-Schicht unterteilt, um Portabilität und Änderbarkeit zu erhöhen. In der E/A-Schicht werden alle geräteabhängigen MCS-Aufgaben, in der Dialog-Schicht alle geräteunabhängigen MCS-Aufgaben erledigt.

Zur ökonomischen Erstellung der Anwendungssysteme ist es außerdem erforderlich, daß der Anwendungsentwickler sich möglichst wenig um die Interaktion mit dem Benutzer kümmern muß. Eine Analyse heutiger, hochgradig interaktiver Programme hat gezeigt, daß zwischen 50% und 70% des gesamten Programmcodes für die Mensch-Computer-Interaktion benötigt wird. Daher muß für die Schnittstelle zwischen der Dialog-Schicht und den Anwendungssystemen ein Repräsentationsniveau spezifiziert werden, das es erlaubt, die unbedingt notwendigen Informationen auszutauschen, ohne daß die Anwendungssysteme mit zuvielen Details der Mensch-Computer-Schnittstelle belastet werden.

Analoge Anforderungen gelten für die anderen Schnittstellen.

Um zu einer detaillierteren Architektur zu gelangen, ist es erforderlich, die benötigten Wissensbasen und ihr Kommunikationsverhalten zu analysieren. Dies erfolgt im nächsten Abschnitt. Den dort beschriebenen Anforderungen werden dann im 3. Abschnitt die Charakteristika des "blackboard"-Konzepts gegenübergestellt. Im 4. Abschnitt wird ein modifiziertes und erweitertes "blackboard"-Konzept vorgestellt, dessen Eigenschaften im 5. Abschnitt zusammengestellt werden. Abschließend wird im 6. Abschnitt der Stand der Implementierung beschrieben.

2 Aufbau, Art und Inhalt der Wissensbasen

Damit die E/A-Schicht, die Dialog-Schicht, die einzelnen Anwendungssysteme sowie das Auskunfts- und Beratungssystem ihre

Aufgaben erfüllen können, müssen sie auf Wissensbasen zugreifen.

Eine solche Wissensbasis (WB) läßt sich generell in drei Teile gliedern:

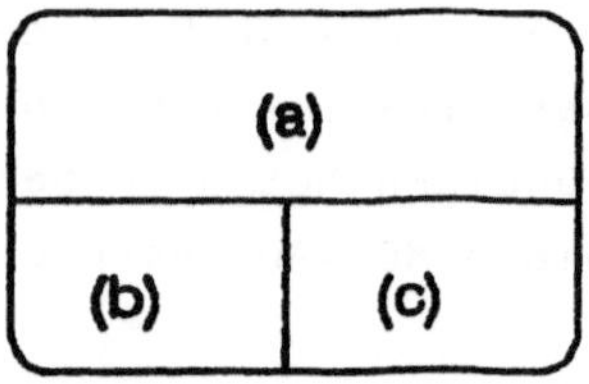

(a) Wissen über den jeweiligen Bereich (z.B. Telefonprogramm),

(b) Benutzerspezifische Informationen (z.B. Telefonliste des entsprechenden Benutzers)

(c) Benutzerspezifisches Wissen (z. B. Benutzer darf auch priviligierte Funktionen aufrufen).

Teil (a) enthält das Strukturelle Wissen und das Fachwissen des jeweiligen Bereichs. Liegt das Problemlösungswissen ebenfalls in (a) - und gilt dies für alle Wissensbasen - dann wird nur eine allgemeine Inferenzmaschine benötigt, um die Wissensbasen zu bearbeiten. Ist das Problemlösungswissen dagegen in die Inferenzmaschine inkorporiert, dann gehört zu jeder Wissensbasis eine eigene Inferenzmaschine. Unabhängig davon, welche Alternative gewählt wird, ist die Wissensbasis mit der Inferenzmaschine zusammen eine Einheit, die es erlaubt, das vorhandene Wissen auszuwerten. Diese Einheit wird im folgenden daher als Wissensquelle (WQ) bezeichnet. Jede Wissensquelle stellt in diesem Kontext sozusagen einen Bereichsexperten dar, der im Rahmen der Mensch-Computer-Schnittstelle, des Anwendungssystems oder des Auskunfts- und Beratungssystems Probleme in einem definierten Bereich lösen kann.

Teil (b) enthält die einem Benutzer zugeordneten Informationen, z. B. bei einem Telefonprogramm die anwenderspezifische Telefonliste.

Teil (c) enthält Wissen über den jeweiligen Benutzer.

Beispiel

Die Wissensbasis "E/A-Konventionen" enthält im Teil (a) allgemeine Konventionen als Voreinstellung. Im Teil (c) ist das durch Metakommunikation mit dem Benutzer oder durch Beobachtung des Benutzers durch die Mensch-Computer-Schnittstelle entstandene Benutzerwissen eingetragen.

Über Metakommunikation sollen alle Wissensbasen mit allen Teilen für den Benutzer einsehbar sein. Generell nicht änderbar für den Benutzer sind die Teile (a) und (b) einer Wissensbasis. Teil (b) kann jedoch bei Anwendungssystemen durch Anwendung der Operationen, die für die jeweilige Wissensbasis zur Verfügung stehen, modifiziert werden, jedoch nicht durch Metakommunikation.

Teil (c) wird durch Schreib-/Leserechte nochmals in zwei Teile gegliedert.

Der erste Teil (c1) enthält entweder

- von der jeweiligen Wissensquelle durch Beobachtung des Benutzerverhaltens ermittelte Modifikationen des Teils (a) oder
- vom MCS-/AS-Entwickler eingetragene Voreinstellungen.

(c1) kann auch leer sein.

Der zweite Teil (c2) enthält vom Benutzer explizit über Metakommunikation eingetragene Modifikationen von (a) oder (c1). D. h. nur der Teil (c2) einer Wissensbasis kann über Metakommunikation vom Benutzer/Anwender schreibend geändert werden. (c2) ist bei der Initialisierung der Wissensbasen leer.

Die Aktivierung einer Wissensquelle erfolgt immer in der Reihenfolge (c2), (c1), (a), d. h. die Artikulation von Benutzerwünschen hat Vorrang vor den Systemwünschen und diese haben Vorrang vor der allgemeinen Standardlösung.

Für die E/A-Schicht, die Dialog-Schicht und die einzelnen Anwendungssysteme sowie das Auskunfts- und Beratungssystem lassen sich jeweils sechs verschiedene Wissensquellen identifizieren, die benötigt werden, um die ergonomischen Anforderungen zu erfüllen.

Es handelt sich um folgende Wissensquellen:

(1) Wissensquelle, die das Wissen der jeweiligen Schicht enthält (E/A, Dialog, Anwendungssystem, Auskunfts- und Beratungssystem):
Enthält das zur Bewältigung der jeweiligen Aufgaben benötigte Wissen (Beispiel: Wissen über Dialogformen in der Dialogschicht).

(2) <u>Wissensquelle, die das Selbstbild der jeweiligen Schicht enthält:</u>
Enthält Wissen über benötigte und/oder vorhandene Ressourcen. Es handelt sich um relativ statisches Wissen, das im wesentlichen bei Konfigurationsänderungen modifiziert oder ausgetauscht wird (Beispiel: Wissen über die vorhandenen E/A-Geräte in der E/A-Schicht).

(3) <u>Wissensquelle, die das Benutzer-Modell der jeweiligen Schicht enthält:</u>
Enthält Wissen über den jeweiligen Benutzer bezogen auf die einzelne Schicht (Beispiel: Präferenz des Benutzers für Spracheingabe in der E/A-Schicht).

(4) <u>Wissensquelle, die die vereinbarten Konventionen der jeweiligen Schicht enthält:</u>
Enthält Wissen über vereinbarte Konventionen bez. des jeweiligen Aufgabengebiets. Im Gegensatz zu Intentionen des Benutzers sind Konventionen mehr statisch und gelten über mehrere Sitzungen hinweg. (Beispiel: Individuell festgelegtes Bildschirmlayout, das zu Beginn jeder Sitzung ausgegeben wird).

(5) <u>Wissensquelle, die die Intentionen des Benutzers der jeweiligen Schicht enthält:</u>
Enthält Wissen über vereinbarte oder ermittelte Intentionen bez. des jeweiligen Aufgabengebietes. Im Gegensatz zu Konventionen beschreiben Intentionen temporäre aufgabenbezogene Zielsetzungen des Benutzers. (Beispiel: Beim wiederholten Ausfüllen eines Formulars während einer Sitzung überspringt der Benutzer immer zwei Eingabefelder. Das Auskunfts- und Beratungssystem fragt daraufhin, ob bei der weiteren Eingabe diese Felder automatisch übersprungen werden sollen.)

(6) <u>Wissensquelle, die die Intentionen der jeweiligen Schicht selbst enthält:</u>
Enthält Wissen über Intentionen im jeweiligen Aufgabengebiet der betreffenden Schicht. (Beispiel: Nicht mehrmals in einer Sitzung dem Benutzer denselben Rat geben).

3 Das "blackboard"-Konzept

Neben der statischen Architektur (siehe Abb. 1) wird noch eine Kontrollarchitektur benötigt, die eine geeignete Kommunikation zwischen den im letzten Abschnitt aufgeführten Wissensquellen ermöglicht.

Klassische Kontrollarchitekturen, die einen festen Kontrollfluß zwischen einzelnen Komponenten vorsehen - wie bei der Architektur eines Compilers oder der ISO-OSI-Schichtenarchitektur - scheiden wegen der nicht antizipierbaren Kontrollflußstruktur innerhalb der E/A, des Dialogs, der Anwendungssysteme und des Auskunfts- und Beratungssystems aus.

Diese klassischen Architekturen sind dadurch gekennzeichnet, daß

- das Problem gut strukturierbar ist,
- der Kontrollfluß zwischen fest definierten Komponenten stattfindet,
- alle Komponenten immer vollzählig zur Problemlösung gebraucht werden,
- die Anzahl der Komponenten auf eine relativ kleine Zahl begrenzt ist.

Diese Voraussetzungen liegen bei der MCS-AS-Architektur nicht vor.

Als geeignetes Konzept kommt das bei Expertensystemen verwendete "blackboard"-Konzept in Betracht. Dieses erlaubt die Kommunikation, Kooperation, Koordination, Synchronisation, Steuerung und Kontrolle von unabhängigen Wissensquellen durch die Verwendung einer globalen, zentralen und strukturierten Datenbasis ("blackboard"), um Probleme zu lösen, zu denen die einzelnen Wissensquellen Beiträge leisten können.

Die Wissensquellen stellen Bereichsexperten dar, die darauf spezialisiert sind, in einem bestimmten Anwendungsbereich Spezialaufgaben zu lösen. Sie kommunizieren, indem sie Meldungen auf die Tafel schreiben und von anderen Bereichsexperten geschriebene Meldungen lesen. Die "blackboard" selbst ist passiv, d. h. sie dient nur als Kommunikationsmedium. Die Kommunikation zwischen dem Bereichsexperten über das Medium "blackboard" läuft jedoch nicht autonom ab, sondern wird durch eine Kontroll- und Steuerungsinstanz (scheduler) überwacht.

Das "blackboard"-Konzept wurde für Expertensysteme entwickelt. Bei den folgenden vier Expertensystemen wird dieses Konzept in unterschiedlicher Form verwendet und determiniert die Expertensystem-Architektur:
- HEARSAY-II /4/,
- HEARSAY-III /1/, /5/, /7/,
- AGE /8/,
- BB1 /6/.

Die Weiterentwicklungen des HEARSAY-II-Konzeptes lassen sich insbesondere dadurch charakterisieren, daß das "domain"-Wissen von dem "control"- bzw. "scheduling"-Wissen explizit getrennt wird, sowohl durch getrennte Wissensquellen als auch durch eine geteilte "blackboard".

Die damit verbundenen Vorteile sind:
- transparente "scheduling"-Schemata,
- extreme Flexibilität, um unterschiedliche Schemata einzusetzen.

Als Nachteil muß man einen Effizienzverlust in Kauf nehmen.

Die Vorteile wiegen den Nachteil für eine MCS-AS-Architektur jedoch auf. Insbesondere für die Prototypentwicklung ist es notwendig, flexible "scheduling"-Schemata experimentell zu evaluieren.

4 Die MCS-AS-Architektur

Aufgrund der in den vorigen Abschnitten aufgeführten Argumente ergibt sich die in Abb. 2 dargestellte statische Gesamtarchitektur.

Die MCS-AS-Gesamtarchitektur gliedert sich in drei Schichten: die E/A-Schicht, die Dialog-Schicht und die AS-"Schicht".

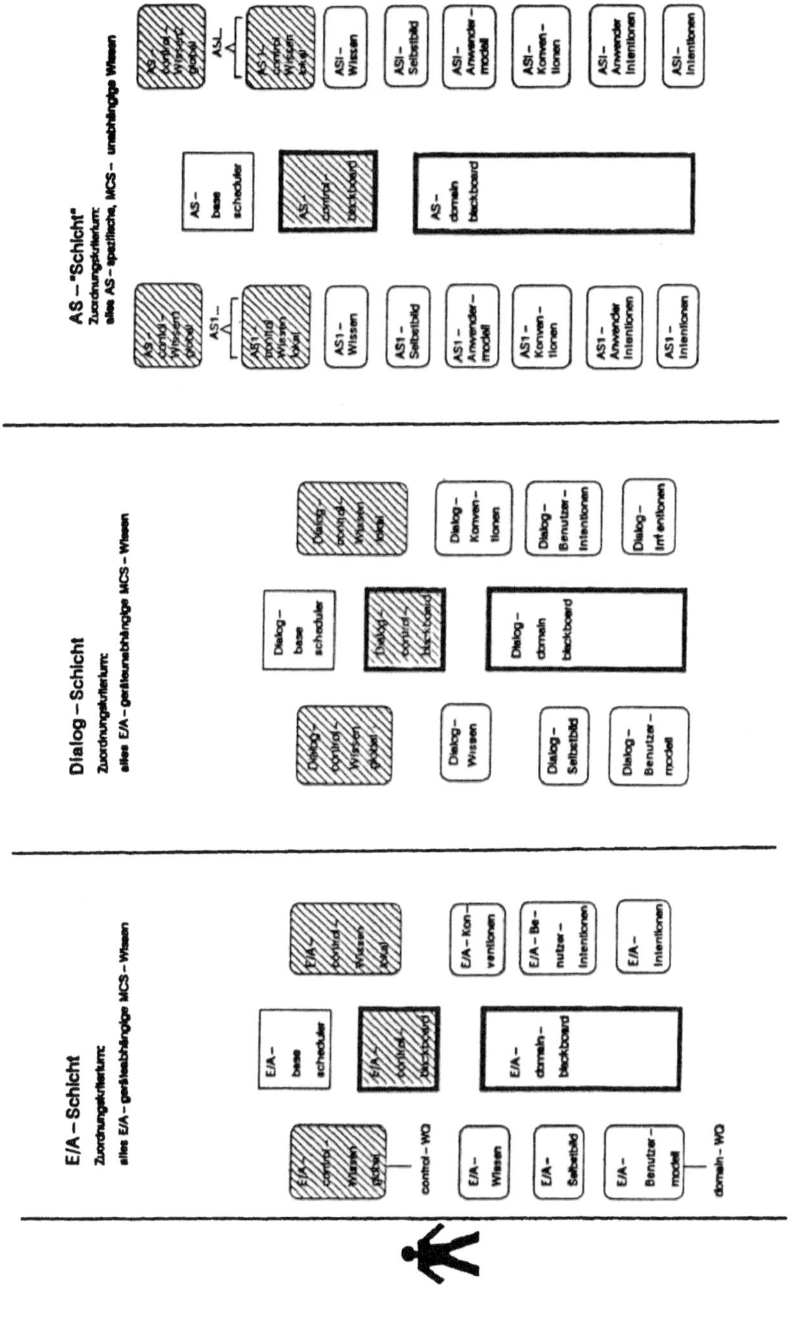

Abb. 2: Statische Gesamtarchitektur (ohne Auskunfts- und Beratungssystem)

Die E/A-Schicht löst alle E/A-geräteabhängigen MCS-Probleme, die Dialog-Schicht löst alle E/A-geräteunabhängigen MCS-Probleme und in der AS-"Schicht" werden alle AS-spezifischen Probleme gelöst. Von AS-"Schicht" zu sprechen ist daher nicht ganz korrekt. Es handelt sich um eine Ansammlung singulärer und/oder integrierter und/oder verteilter Anwendungssysteme, die ihre Aufgaben allein und/oder in Kooperation mit anderen Anwendungssystemen ausführen, während die Aufgaben für die E/A- und Dialog-Schicht festliegen.

Gegenüber der Dialog-Schicht stellt sich die Ansammlung von Anwendungssystemen jedoch wie eine Schicht dar.

Jede Schicht besteht aus einer "blackboard", die sich in eine "control-blackboard" und eine "domain-blackboard" gliedert. Um die jeweilige "domain-blackboard" sind die in Abschnitt 2 beschriebenen Wissensquellen angeordnet.

Um die "control blackboard" sind "control"-Wissensquellen angeordnet; ihre Anzahl kann unterschiedlich sein, minimal gibt es zwei. Eine "control"-WQ ist für die Steuerung parallel vorliegender Aufträge zuständig (globale "control"-WQ genannt), eine zweite "control"-WQ ist für die Steuerung des Wissensquellen-Einsatzes eines Auftrags zuständig (lokale "control"-WQ). Jede Schicht besitzt einen "base scheduler", der ausgewählte Wissensquellen aktiviert.

Die AS-"Schicht" unterscheidet sich insofern von den anderen Schichten, als sie in Abhängigkeit von der Anzahl der Anwendungssysteme eine größere Anzahl von Wissensquellen umfaßt.

Das Auskunfts- und Beratungssystem (AUS&BES) wird ebenfalls als eine "Schicht" angesehen und besitzt eine analoge Mikroarchitektur wie die E/A-, Dialog- und AS-"Schicht".

Die Dynamik der Gesamtarchitektur sieht folgendermaßen aus:
- Die E/A-Schicht kommuniziert mit dem Benutzer und der Dialog-Schicht.

- Die Dialog-Schicht kommuniziert mit der E/A-Schicht und der AS-"Schicht".
- Die AS-"Schicht" kommuniziert mit der Dialog-Schicht. Über spezielle Anwendungssysteme können die einzelnen Anwendungssysteme mit Anwendungssystemen auf anderen Computersystemen kommmunizieren. Außerdem können die Anwendungssysteme eines Computersystems - soweit vorgesehen - untereinander kommunizieren.

Zwischen der E/A-Schicht und der AS-"Schicht" ist keine direkte, sondern nur eine indirekte Kommunikation über die Dialog-Schicht möglich.

Durch diese Kontrollarchitektur werden die Kommunikationsflüsse kanalisiert und die Entscheidungen dezentral bei der Instanz getroffen, die für das jeweilige Problem kompetent ist (Entscheidungskaskade).

Jede Schicht kann an ihre Nachbarschicht Aufträge zur Bearbeitung übergeben. Der übergebene Auftrag wird dann von der entsprechenden Schicht autonom und asynchron bearbeitet. Aufträge können auch als Probleme angesehen werden, die die Nachbarschicht, die dafür die Problemlösungskompetenz besitzt, zur Lösung übergeben werden.

Ein Auftrag wird auf der "domain-blackboard" der entsprechenden Schicht bekannt gemacht. Zur Veranschaulichung wird im folgenden davon ausgegangen, daß ein Auftrag die Form eines "frames" mit einer Anzahl von "slots" besitzt (Abb. 3). Jedes "slot" besteht aus einem "slot"-Namen und einem "slot"-Inhalt. Jeder "frame" besteht aus zwei Teilen, einem allgemeinen Teil mit "slots", der für jede Schicht gleich ist, und einem schichtspezifischen "slot"-Teil.

Wird eine Wissensquelle getriggert und sind die "preconditions" erfüllt, dann wird ein "activation record" erzeugt und auf der "control blackboard" eingetragen.

Ein "activation record" besteht aus folgenden Informationen:

- Absender, d. h. Wissensquellen-Name; bei Anwendungssystemen auch Anwendungssystem-Name,
- Art des Auftrags,
- Priorität,
- zusätzlichen Informationen.

Eine "control"-Wissensquelle kann die "domain blackboard" und die "control blackboard" lesen, "activation records" ändern (z.B. Priorität) und eigene eintragen.

Der "base scheduler" aktiviert den "activation record" mit der jeweils höchsten Priorität. Nachdem ein "activation record" ausgewählt und die entsprechende Wissensquelle aktiviert wurde, wird der "activation record" gelöscht.

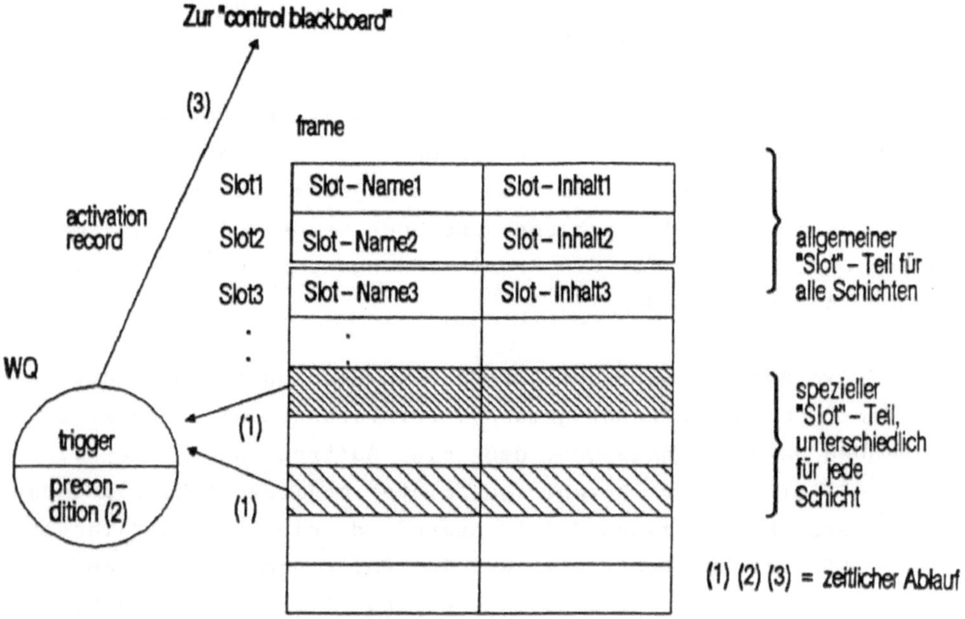

Abb. 3: Prinzipieller Aufbau eines Auftrags in "frame/slot"-Darstellung

Es ist nicht möglich, daß sich Wissensquellen selbst gegenseitig direkt aufrufen. Ein Auftrag für eine Schicht kann von den Nachbarschichten kommen oder von einer Wissensquelle der eigenen Schicht.

Sobald ein Auftrag aus einer anderen Schicht auf der "domain blackboard" eingetragen wird, sind auch die schichtspezifischen "slots" der Absenderschicht lesend sichtbar.

Wurde ein Auftrag durch eine Wissensquelle der eigenen Schicht bearbeitet, dann kann daraus ein neuer Auftrag entstehen, den der "base scheduler" an die Nachbarschichten weitergibt. Die Weitergabe an die Nachbarschicht wird vorgenommen, wenn sich keine Wissensquelle der eigenen Schicht mehr meldet und einen Beitrag anbietet. In einem solchen Fall aktiviert der "base scheduler" nicht eine Wissensquelle der eigenen Schicht, sondern aktiviert eine Nachbarschicht, indem er den Auftrag auf der "domain blackboard" der entsprechenden Nachbarschicht einträgt. Für die Nachbarschicht unterscheidet sich der Eintrag nicht von einem Eintrag, den eine eigene Wissensquelle einträgt.

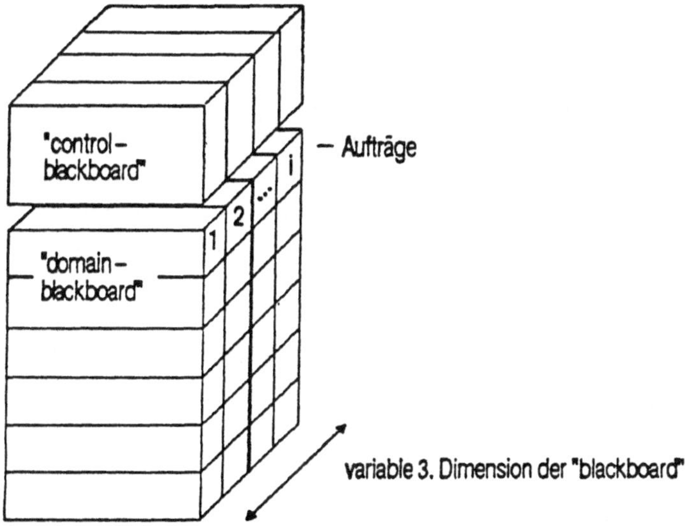

Abb. 4: Verwaltung mehrerer Aufträge durch dreidimensionale "blackboard"-Architektur

Sollen nun zu einem Zeitpunkt mehrere Aufträge auf der "blackboard" eingetragen werden, so kann dies von der Architektur her auf zwei Arten gelöst werden:

(a) Es gibt eine Warteschlange, in der anstehende Aufträge eingetragen werden. Aufgrund der Einträge in der "control blackboard" wird entschieden, welcher Auftrag nach Freigabe der "domain blackboard" eingetragen wird.

(b) Jede "blackboard" kann man sich dreidimensional vorstellen (Abb. 4). Entsprechend der Anzahl der Aufträge wächst oder schrumpft die dritte Dimension.

Im folgenden wird von dem Architekturkonzept (b) ausgegangen, da es eine optimale Nutzung vorhandener Ressourcen ermöglicht.

Die globale "control"-Wissensquelle koordiniert die Aktivierung der einzelnen Aufträge.

Tab. 1 zeigt, welche "slots" vorhanden sind.

Folgende Auftragsarten sind möglich:

- Eingabeauftrag:
  Auftragsart, bei dem vom Adressaten Eingaben angefordert werden. Die Eingaben können ein breites Spektrum abdecken: Von der Eingabe einer Bestätigung bis hin zur Eingabe umfangreicher Informationen. Da mit Eingabe meist auch Ausgaben in Form von Texten, Voreinstellungen usw. verbunden sind, schließt ein Eingabeauftrag Ausgaben jeglicher Form mit ein.

- Ausgabeauftrag:
  Auftragsart, bei der dem Adressaten Ausgabeinformationen gegeben werden, ohne daß von ihm eine Rückmeldung erwartet wird.

- Aktionsauftrag:
  Auftragsart, bei der der Adressat aufgefordert wird, eine spezifische Aktion durchzuführen.

- Informationsauftrag:
  Auftragsart, bei der der Adressat Informationen vom Absender erhält oder aufgefordert wird, dem Absender Informationen zu liefern. Zur Übergabe von Informationen wird der "slot" Infor-

mationen verwendet. Da die Feinstruktur des Informationsteils schichtenabhängig ist, ist der Informationsteil nicht bei den allgemeinen "slots" aufgeführt.

Bei Eingabe-, Ausgabe- und Aktionsaufträgen verwendet die AUS&BES-"Schicht" dieselben schichtenspezifischen "slots" wie die AS-"Schicht".

"slot"-Name	Kommentar zum Inhalt	Schicht
Adressat	Name der Ziel-Schicht; bei der AS-"Schicht" auch Name des AS; bei anderem CS auch CS-Name	alle Schichten
Absender	Name der Schicht; bei der AS-"Schicht" auch Name des AS; kann nicht geändert werden.	
Art des Auftrags	Auswahl einer Auftragsart aus einer festgelegten Menge von Auftragsarten	
Priorität	Priorität des Auftrags; Vorbelegung erfolgt durch Absender	
Auftragsstatistik	Zeitl. Anfang & Ende des Auftrags oder der dabei abgewickelten Teilaufträge; beteiligte WQ und Schichten	
Name der Aktion	Name der auszuführenden oder betreffenden Aktion/Operation/Funktion	
Name des Objekts	Name des zu manipulierenden oder betroffenen Objekts/Datums/Datenstruktur	
Anwenderprofil	Angaben zum Profil des Anwenders	AS-"Schicht" & AUS&BES-"Schicht"
Objektbeschreibung	Struktur, Typ und sonstige Angaben zum Objekt	
Folgeaufträge	Aufträge, die im Anschluß an diesen Auftrag zu initieren sind	
Informationsteil (wird vom AUS&BES ausgewertet)	Informationen	

Tab. 1: "slot"-Inhalte, Teil 1

"slot"-Name	Kommentar zum Inhalt	Schicht
Benutzerprofil	Angaben zum Profil des Benutzers	Dialog-Schicht
Dialogform	Name der Dialogform	
Layout	Basislayout für die E/A-Schicht	
Informationsteil	Informationen	
Benutzerprofil	Angaben zum Profil des Benutzers	E/A-Schicht
E/A-Form	Name der E/A-Form z.B. direkte Manipulation	
Eingabegerät(e)-WQ	Name des oder der Eingabegeräte-WQ	
Ausgabegeräte(e)-WQ	Name des oder der Ausgabegeräte-WQ	
E/A-Attribute	Attribute die von den jeweiligen E/A-Geräte-WQ oder E/A-Werkzeug-WQ zu beachten sind.	
E/A-Bereitschaft	Anzeige, welche E/A-Geräte-WQ oder E/A-Werkzeug-WQ zur Eingabe und/oder Ausgabe bereit ist	
Informationsteil	Informationen	
Benutzerprofil	Angaben zum Profil des Benutzers	AUS&BES-"Schicht"
Informationsteil	Enthält aufbereitete Informationen	
Informationsaufträge	Aufträge, die zu initiieren sind, um benötigte Informationen zu erhalten. Es ist der Name der Schicht bzw. bei der AS-"Schicht" der AS-Name anzugeben, von der die Information benötigt wird. Der vorliegende Auftrag bleibt aktiv, bis Informationsaufträge abgeschlossen sind.	

Tab. 1: "slot"-Inhalte, Teil 2

5 Charakteristika der vorgeschlagenen Architektur

Aus der Sicht der Software-Ergonomie weist die Architektur folgende Charakteristika auf:

- Höchstmögliche Flexibilität.
- Modularisierung des software-ergonomischen Wissens.
- Extensive Metakommunikation möglich.
- Software-ergonomische Experimente durchführbar durch Entfernen und Hinzufügen von Wissensquellen sowie durch Einbringen von "high level control concepts".
- Gestaltungswünsche können durch unterschiedliche Maßnahmen verwirklicht werden, z. B. durch Konventionen oder Intentionen.
- Autonomes Auskunfts- und Beratungssystem.

Aus der Sicht des Software Engineering weist die Architektur folgende Charakteristika auf:

- Strukturierte statische Makro- und Mikroarchitektur.
- Strukturierte Makro- und Mikro-Kontrollarchitektur.
- Modulare Architektur durch autonome Wissensquellen.
- Jede Wissensquelle besitzt spezifizierte Schnittstellen.
- Vorhandene traditionelle Werkzeuge und Anwendungssysteme können angepaßt werden, da Kommunikation mit der "blackboard" nur über explizite Schnittstellen erfolgt.
- Architektur erlaubt hardwaremäßige Unterstützung z. B. durch Prozessoren.
- Inkrementelle Entwicklung und "rapid prototyping" sind möglich.
- Erstmals Anwendung des "blackboard"-Konzepts für eine MCS-AS-AUS&BES-Architektur.
- Erstmals vier "blackboards", die nebeneinander angeordnet sind und miteinander kommunizieren.
- Dreidimensionale "blackboard".

6 Zur Implementierung

Die beschriebene Architektur wurde in zwei exemplarischen Implementierungen evaluiert.

Auf einem Arbeitsplatzrechner mit einem modifizierten XENIX-Betriebssystem wurden in der Programmiersprache C die E/A-, Dialog- und Anwendungssystem-Schicht realisiert /9/. Die Kommunikation zwischen den Schichten wurde durch unabhängige Prozesse und "Pipes" verwirklicht. Die gesamte Architektur wurde in eine bestehende Systemarchitektur eingebettet; vorhandene Werkzeuge (hier: Fenstersystem) wurden benutzt.

Die Implementierung hat neben der Realisierbarkeit des Architekturkonzepts gezeigt, daß die Aufgabenverteilung zwischen den Schichten sinnvoll ist. Der Anwendungsentwickler wird durch die vorgenommene Aufgabenverteilung von der Mensch-Computer-Interaktion wesentlich entlastet, die Portabilität der Anwendungssysteme wird entscheidend verbessert.

Die zweite exemplarische Implementierung erfolgte auf einer Symbolics-Lisp-Maschine in LISP und PROLOG unter Verwendung des Flavor-Systems /10/, /11/. Als Anwendungsbereich für die Dialogschicht wurde eine Komponente zur Eingabe natürlichsprachlicher Anfragen an Wissensbasen realisiert. In Abhängigkeit von der Benutzerkompetenz, dem Benutzerverhalten, den festgelegten Konventionen und der aktuellen Benutzungssituation erhält der Benutzer entsprechende Hilfeleistungen angeboten.

Die Implementierung hat gezeigt, daß eine objektorientierte Realisierung der Architektur möglich ist, und daß das "blackboard"-Konzept einen geeigneten Mechanismus zur Kommunikation zwischen den Wissensbasen zur Verfügung stellt. Das "message passing" des Flavor-Systems reicht nicht auf, um eine hohe statische Modularität der Wissensbasen sicherzustellen. Außerdem stellt es kein vollständiges Paradigma für Inferenzprozesse dar. Dies scheinen generell Schwächen objektorientierter Sprachen zu sein.

Literatur

/1/ Balzer R., Erman L., London P., Williams C., 80, HEARSAY-III: A Domain-Independent Framework for Expert Systems, in: Proceedings of the First Annual National Conference on Artifical Intelligence 1980, pp. 108-110

/2/ Balzert H., 87a, Gestaltungsziele der Software-Ergonomie - Versuch eines neuen, umfassenden Ansatzes -, in: Berichte des German Chapter of the ACM, Stuttgart 1987

/3/ Balzert H., 87b, Software-Ergonomie und Software Engineering, Berlin-New York 1987, in Vorbereitung

/4/ Erman L. D., Hayes-Roth F., Lesser V. R., Reddy D. R., 80, The HEARSAY-II Speech-Understanding System: Integrating Knowledge to Resolve Uncertainty, in: Computing Surveys 12(2), June 1980, pp. 213-256

/5/ Erman L. D., London P. E., Fickas S. F., 82, The design and an example use of HEARSAY-III, in: IJCAI 82, pp. 409-415

/6/ Hayes-Roth B., 84, BB1: An architecture for blackboard systems that control, explain, and learn about their own behavior, Report Nr. STAN-CS-84-1034, Department of Computer Science, Stanford University CA 94305, Dec. 1984

/7/ Hayes-Roth F., Waterman D. A., Lenat D. B., 83, Building Expert Systems, Reading MA., 1983

/8/ Nii H. P., Aiello N., 79, AGE (Attempt to Generalize): a knowledge-based program for building knowledge-based programs, in: IJCAI 79, pp. 209-219

/9/ Rau G., 86, Konzeption und Implementierung einer anwendungsunabhängigen Dialogschicht zur Adaption von Dialogformen an das Benutzerprofil unter Berücksichtigung der Computereigenschaften, der verfügbaren Werkzeuge und der Anwendungsanforderungen, Diplomarbeit, Institut für Informatik, Universität Stuttgart 1986

/10/ Rupietta W., 86a, QUIZ - Eine Eingabekomponente für natürlichsprachliche Fragen an Wissensbasen, Forschungsbericht FB-TA-86-44, TA TRIUMPH-ADLER AG, Nürnberg, 1986

/11/ Rupietta W., 86b, Objektorientierte Softwarearchitektur der Dialogschicht, Forschungsbericht FB-TA-86-45, TA TRIUMPH-ADLER AG, Nürnberg, 1986

Dr. Helmut Balzert
TA Triumph-Adler AG
Fürther Straße 212

8500 Nürnberg 80

280187

Eine Intelligente Schnittstelle zur Ankopplung Technischer Prozesse an ein Experten-System*

H. Carls

Als Ansatz zu einem Echtzeit-Expertensystem wird eine Intelligente Schnittstelle vorgestellt, die die Ablaufumgebung für einen Expertensystemkern bildet und gleichzeitig die Verbindung zu den Meßsignalen des technischen Prozesses herstellt. Über das zugrunde liegende Architekturkonzept einschließlich der Parametrierungsoberfläche der Schnittstelle wird berichtet.

1. Einführung

Expertensysteme in der Prozeßführung unterscheiden sich von herkömmlichen, dialogorientierten Systemen durch die direkte Ankopplung an eine technische Anlage. Daraus ergeben sich einige Besonderheiten. Zum einen sind die Daten, auf deren Grundlage eine Expertise durchgeführt wird, veränderlich, zum anderen ist zu fordern, daß die Inferenzprozessse in vernünftigen Zeiten Ergebnisse liefern. Daneben ist der unterschiedliche Abstraktionsgrad der zur Verfügung stehenden Eingangsdaten von Bedeutung. Während in einem dialogorientierten Expertensystem die Kommunikation mit der Umwelt, d.h. mit dem Benutzer, auf der Basis abstrakter Begriffe erfolgt, stellt eine technische Anlage nur elementare Signale zur Verfügung. Inferenzsysteme arbeiten für gewöhnlich mit komplexeren Daten; es ergibt sich daher die Notwendigkeit der Datenaufbereitung und Aggregation. Aus Signalen müssen Zeichen und Symbole, d.h. Information abstrakterer Bedeutung gebildet werden [1-3]
Die Intelligente Schnittstelle soll die Verbindung zwischen dem technischen Prozeß und dem eigentlichen Expertensystemkern, (Bearbeitung von Problemen mithilfe von Regeln und Logik) herstellen.
Ihre Aufgaben sind :

- Datenerfassung von einem Prozeßleitsystem oder einer technischen Anlage
- Entkopplung der Datenerfassung vom eigentlichen Expertensystem, so daß zeitlich sich ändernde Daten weiter aktualisiert werden können
- Aufbereitung der Daten in Informationen höheren Abstraktionsgrades
- Identifikation von Prozeßzuständen durch Kombination und Interpretation von Prozeßdaten
- Anstoß und Koordination der Bearbeitung von Inferenzaufgaben

---

*) BMFT-Verbundprojekt
"TEX-I: Technische Expertensysteme zur Dateninterpretation, Diagnose und Prozeßführung"
Projektpartner: Bayer AG, ESG, GMD, IITB, Interatom, Krupp Atlas Elektronik, Siemens AG

- Optimierungsaufgaben wie:
    - . Reduzierung der Datenflut
    - . Anpassung der Datenerfassung an Betriebszustände des technischen Prozesses
    - . Vorverarbeitung der Prozeßdaten in einer für den Expertensystemkern geeigneten Art und Weise

Formal besteht die Intelligente Schnittstelle aus Strukturen zur Beschreibung von Signalen und Situationsbildern (d.h. Zustandsbeschreibungen des physikalischen Prozesses) und aus Funktionen zu deren Bearbeitung. Für eine konkrete Anwendung müssen die Datentypen durch Instanziierung gefüllt und evtl. der Satz der Basismethoden zur Verarbeitung und Überwachung von Signalen und Situationen erweitert werden.
Die Möglichkeit der programmgesteuerten on-line-Erzeugung von Situationen wird geprüft.

2. Prozeßführung

In Untersuchungen von MENSCH-MACHINE-SYSTEMEN (Decision Support, Mental Models) werden technische Systeme häufig in einem Schichtenmodell dargestellt. [1-2]

- Die unterste Ebene, die *physikalische* Schicht, enthält die Komponenten, Aggregate, Baugruppen etc., des Prozesses.
- Auf der mittleren Ebene, in der *funktionalen* Schicht werden die Wechselwirkungen der verschiedenen Systemteile beschrieben; das können elektrische, mechanische und chemische Prozesse, Regelkreise und Bilanzen sein, durch die die Elemente der physikalischen Schicht in vielfältiger Weise verbunden und strukturiert sind.
- Auf der obersten Ebene, in der *symbolischen* Schicht werden die Ziele des technischen Systems dargestellt. (Optimierungsaufgaben, angestrebte Prozeßzustände etc.) Durch diese intentionalen Beschreibungen werden die Elemente der funktionalen Schicht in einen Sinn- und Zweckzusammenhang gebracht.

Der *physikalische Charakter* nimmt von unten nach oben ab, während der Bedeutungsinhalt und der *normative Charakter* zunehmen.

Nach [1] entsprechen den Schichten dieses Modells drei Typen der Informationsdarstellung :

- physikalische Schicht:	Signale
- funktionale Schicht:	Zeichen
- symbolische Schicht:	Symbole

In Abb. 1 ist dieses Modell (nach [2]) mit zwei zusätzlichen Zwischenstufen dargestellt. Die linke Hälfte zeigt den hierarchischen Aufbau der Prozeßwelt, beginnend mit den Komponenten bis hin zu ganz allgemeinen Zielvorgaben wie Maximierung der Produktion, Minimierung des Energieeinsatzes etc.. Im rechten Teil der Abbildung ist der unterschiedliche Ausprägungsgrad des physikalischen Anteils gegenüber den angestrebten Prozeßzielen schematisch wiedergegeben. Maßstäbe für das gewünschte Funktionieren sind aus dem Zweck des Systems zu entwickeln, d.h. Kriterien für Fehler und Störungen können nur vor dem Hintergrund des angestrebten Prozeßziels formuliert werden. In bestimmten Betriebszuständen oder -phasen sind z.B. Alarme bedeutungslos, Meßsignale besitzen je nach Fahrweise des Prozesses, unterschiedliche Soll- und Grenzwerte, etc.. Die *Ursachen* für Fehlverhalten oder Störungen kommen aus der physikalischen Welt (bottom up); die *Kriterien* zur Definition von Fehlverhalten lassen sich dagegen nur aus den Prozesszielen ableiten (top down).

<u>**INTENTIONALE BESCHREIBUNG**</u>
Produktions - Fluß - Modelle,
Operations - Ziele

<u>**ABSTRAKTE - FUNKTIONEN**</u>
Kausale Struktur, Sollfunktionen,
Masse- Energie- Bilanzen

<u>**GENERELLE - FUNKTIONEN**</u>
Standard Funktionen und Prozesse,
Regel Kreise

<u>**PHYSIKALISCHE - FUNKTIONEN**</u>
elektrische, mechanische, chemische Prozesse von Komponenten u. Baugruppen

<u>**PHYSIKALISCHE BESCHREIBUNG**</u>
Räumliche Anordnung, Anatomie,
Material und Form des Systems

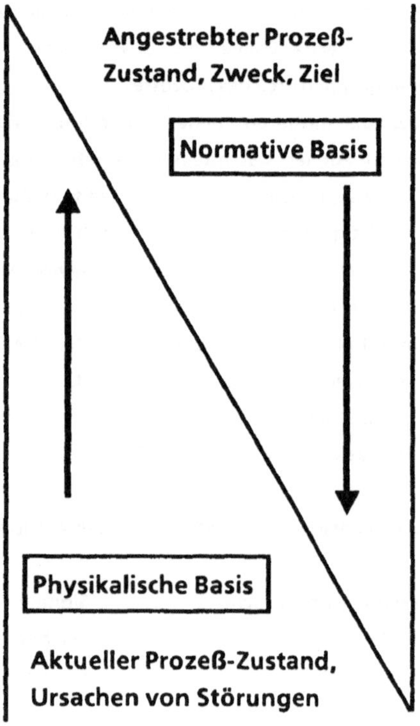

Abb. 1 Abstraktionsstufen eines technischen systems
(nach Rasmussen/Goodstein)

3. Konzept eines Echtzeit Expertensystems

In Anlehnung an diesen hierarchischen Aufbau der Prozeßwelt sollen in der intelligenten Schnittstelle geeignete Formalismen bereitgestellt werden. ***Primär-Signale*** und ***Abgeleitete Signale*** (einfache funktionale Abhängigkeiten) bilden die Prozeßinformation auf den unteren Ebenen. Sie repräsentieren die vom Expertensystem beobachtbare Außenwelt. ***Situationen*** oder Situationsbilder dienen zur Darstellung des angestrebten Systemzustandes auf den höheren Abstraktionsniveaus (autonome Funktionsgruppen oder Funktionsbereiche, Beschreibung der Prozessziele). Zum Zweck einer besseren Strukturierbarkeit sind die Situationen aggregierbar gestaltet; es läßt sich so eine Hierarchie von Ober- und Untersituationen aufbauen.

Technische Systeme sind in der Regel dynamisch, d.h. die Signalwerte und damit auch die Situationszustände ändern sich laufend. Durch den Umstand, daß Situationen Wertebereichen von Signalen entsprechen, sind Änderungen zunächst einmal auf die Signalebene reduziert. So leisten Situationen eine Signalverdichtung nicht nur hinsichtlich der Signalmenge sondern auch über die Zeit. Treten Störungen, d.h. Normabweichungen auf, so können, ausgehend vom momentanen, quasistatischen Prozeßzustand, Diagnosen, Interpretationen, und Prognosen mit konventionellen Inferenzmaschinen durchgeführt werden. Die Probleme zeitlich sich ändernder Größen werden damit vermieden. Ein solches eingefrorenes Prozeßabbild mit dessen Bearbeitung der Expertensystemkern beauftragt wird, soll im Folgenden ***Aktion*** genannt werden.

Die Bearbeitung von Aktionen kann relativ viel Zeit beanspruchen, vor allem, wenn auch Dialoge (Fragen an den Benutzer und Fragen des Benutzers nach Erklärungen) stattfinden. Daher ist es sinnvoll, Aktionen als separate Rechenprozesse zu implementieren. Sie werden mit einem bestimmten Situationszustand gestartet und beeinträchtigen danach die Aktualisierung der Meßsignale nicht wesentlich. Bei einer späteren, gravierenden Änderung des Zustandes der Situation wird dann die Bearbeitung der nächsten Aktion gestartet, so daß mehrere Inferenzaufgaben quasiparallel und miteinander konkurrierend ablaufen. Die Dringlichkeit der auslösenden Situation kann dabei als Kriterium zur Festlegung von Prioritäten dienen. Aktionen, die in Bearbeitung sind, lassen sich abbrechen, falls erkannt wird, daß die Daten auf denen die Aktion operiert, nicht mehr aktuell sind. Auf diese Weise wird eine Entkopplung zwischen Datenerfassung (Signale u.Situationen) und den Inferenzaufgabem erreicht. Lediglich Signale und Situationen müssen in Echtzeit verarbeitet werden.

Situationsbilder können Umfang und Häufigkeit der eigenen Datenerfassung steuern. Während des normalen Prozeßablaufs werden nur die notwendigsten Signale vom Prozeß angefordert. In kritischen Zuständen wird die Erfassung der Signale erweitert oder beschleunigt und so eine Fokussierung erreicht.

4. Struktur der Intelligenten Schnittstelle

Bei der Implementation der Intelligenten Schnittstelle waren zwei Randbedingungen zu beachten:

- **Hardware- und Softwareumgebung sind die SYMBOLICS-LISP-Maschine und ein konventioneller Prozeßrechner,**
- **Der Expertensystemkern wird mithilfe des Werkzeugsystems BABYLON der GMD realisiert.**

Formal ist die Intelligente Schnittstelle eine Menge von LISP-Funktionen, die sich auf mehrere Rechenprozesse verteilen, zusammen mit Datenstrukturen, die anwendungsbezogen mit Inhalt zu füllen sind. Sie gliedert sich im wesentlichen in:

- Kommunikations-Modul
- Signal / Situations-Modul
- Monitor

4.1 Kommunikations-Modul

Der Kommunikationsmodul stellt die Verbindung zwischen der Intelligenten Schnittstelle und dem angeschlossenen Prozeßrechner her. Er besteht aus einer protokollunabhängigen *Auftragsverwaltung* und einem protokollspezifischen Teil, der die *Kommunikationsfunktionen* enthält.

Ein eigenes Übertragungsprotokolls erwies sich als notwendig, da als einziges gemeinsames Kommunikationsmittel zwischen Symbolics und R30 eine serielle Datenleitung (RS 232) und nur primitive Zugriffsfunktionen bereitstanden. Bei der Protokolldefinition waren die Besonderheiten der Prozeßrechnerkommunikation zu beachten, d.h.:

- hohe Datenrate, bei vielen, unkoordiniert auftretenden kurzen Datentelegrammen
- Punkt-zu-Punkt-Verbindung
- Interprozeßkommunikation.

Die Initiative für den Empfang von Daten liegt in jedem Fall bei der Intelligenten Schnittstelle. Die protokollunabhängige Auftragsverwaltung fordert Signale singulär oder zyklisch vom Prozeß an, oder nimmt, falls Empfangsbereitschaft besteht, sporadische Ereignisse (sog. passive Signale) entgegen. Eine detaillierte Beschreibung dieses Moduls ist in [4] zu finden.

4.2 Signal- / Situations-Modul

Der Signal /Situations-Modul (Abb 2) bildet den Kern der Intelligenten Schnittstelle; in mehreren Stufen stellt er ein dynamisches Modell des technischen Systems dar.

Programmtechnisch enthält er drei Objekt-Klassen (Mengen von instanziierten Strukturen) :

- Primär-Signale, die die interne Repräsentation der Prozeßsignale bilden.
- Abgeleitete Signale, die Verknüpfungen von Primär-Signalen untereinander oder mit anderen abgeleiteten Signalen sind. Sie wurden eingeführt, um eine größere Flexibilität bei der Strukturierung des Prozeßabbildes zu erreichen.
- Situationen, das sind Zusammenfassungen von Meßwerten - und auf höheren Ebenen auch von anderen Situationen - nach funktionellen und / oder strukturellen Gesichtspunkten.Zu jedem Meßwert können situationsspezifische Überwachungsmethoden und Parameter angegeben werden.

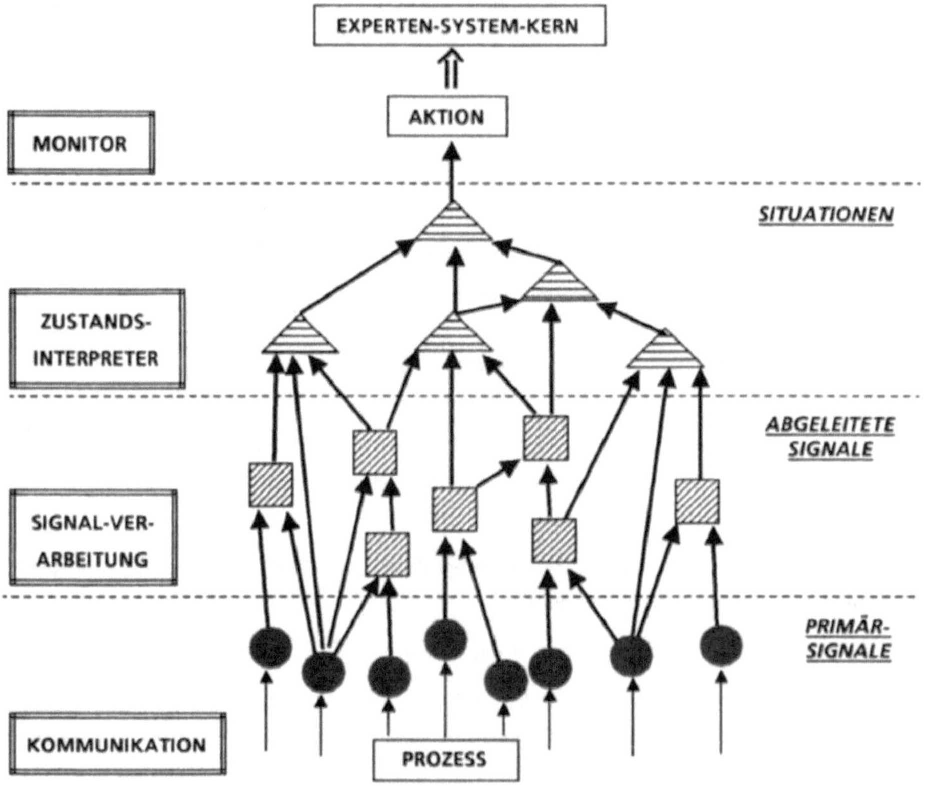

Abb. 2 Datenfluß im Signal/Situations-Modul der Intelligenten Schnittstelle

Für die Berechnung der Abgeleiteten-Signale und für die Überwachung der Situationen steht jeweils ein eigener Rechenprozeß (Signal-Verarbeitung, bzw. Zustands-Interpreter) zur Verfügung,

Meßsignale werden entweder als passive Signale (datengetrieben, d.h. Alarme, Interrupts) vom Prozeß an die Schnittstelle geschickt, oder als aktive Signale (zielgetrieben) durch die Schnittstelle vom Prozeß angefordert, wobei die Anforderung sporadisch oder periodisch erfolgen kann. Wir unterscheiden hier ***aktiv*** und ***passiv***, je nachdem ob die Initiative zur Aktualisierung bei der intelligenten Schnittstelle liegt oder nicht. In jedem Fall muß das Signal zunächst durch eine ":ON-Methode" in einen empfangsbereiten Zustand gebracht werden. Nach der Erfassung werden die Meßwerte einer Verarbeitung unterzogen, evtl. durch Kombination mit anderen Signalen, in abgeleitete Werte umgerechnet und in Situationsbildern zusammengefaßt. Mit dem Formalismus der abgeleiteten Signale lassen sich die unteren Hierarchieebenen des Prozeßmodells nach Abb. 2 realisieren. Fehlermuster und Störungen des Prozesses, die sich aus bestimmten, vorhersehbaren Ereignissen oder als Kombination bestimmter Werte zusammensetzen, können auf diese Weise beschrieben werden, ebenso Frühwarnungen, als Extrapolation unter Zugriff auf eine Signal-History. Die Behandlung von ungenauen Werten, die Berechnung von Gewichtsfaktoren oder Wahrscheinlichkeiten für das Vorliegen von Störungen kann ebenfalls mit abgeleiteten Signalen erfolgen.

5. Signale

Signale werden als Objekte der Typs **PRIMAER-SIGNAL** oder **ABGELEITETES-SIGNAL** instanziiert. Beide enthalten den Typ **SIGNAL** als Komponente.

SIGNAL	WERT	HISTORY-LENGTH
	ZEIT	HISTORY
	ZYKLUS-ZEIT	UEBERWACHUNGS-VORSCHRIFT
	EXPORT-LISTE	UEBERWACHUNGS-PARAMETER

WERT enthält den aktuellen Wert des Signals, möglich sind prinzipiell beliebige LISP-Ausdrücke, insbesondere natürlich Zahlen und Symbole.

ZEIT enthält den Zeitpunkt, zu dem WERT ermittelt wurde.

ZYKLUS-ZEIT enthält den Anforderungszyklus in Sekunden, falls dieses Signal vom Typ aktiv ist . Es handelt sich dabei um einen Default-Wert, der durch die in einer Situation angegebenen Zykluszeit überschrieben werden kann.

EXPORT-LISTE enthält die Namen derjenigen abgeleiteten Signale oder Situationen, die von einer Signaländerung benachrichtigt werden müssen.

HISTORY ist eine Liste von *WERT-ZEIT*-Paaren die angelegt wird, wenn *HISTORY-LENGTH* > 1

Nach dem Eintrag eines neuen Wertes kann dieser mit speziellen Parametern anhand einer Überwachungsvorschrift überprüft werden. Normabweichungen werden an alle aktiven Situationen geschickt, die dieses Signal als Eingangssignal enthalten. Die hier angegebene Überwachungsvorschrift und Parameter sind Defaultwerte, die durch Spezifikationen in einer Situation überschrieben werden.

PRIMAER-SIGNAL	ERFASSUNGS-TYP	VERARBEITUNGS-VORSCHRIFT
	IDENTIFIKATOR	VERARBEITUNGS-PARAMETER

ERFASSUNGS-TYP kennzeichnet die Art der Erfassung des Signals.

AKTIV bedeutet, daß das Signal von der Intelligenten Schnittstelle beim Prozeßleitsystem angefordert werden kann,

PASSIV heißt, daß das Signal nur empfangen werden kann, (Ereignisse Alarme)

IDENTIFIKATOR enthält die Angabe einer Kennung, mit der der physikalische Prozeß das entsprechende Meßsignal adressiert, wenn eine Adressierung über den Signalnamen nicht möglich oder unzweckmäßig ist.

Die *VERARBEITUNGS-VORSCHRIFT* eines Signals wird zusammen mit den *VERARBEITUNGS-PARAMETERN* auf den vom Prozeß empfangenen Rohwert angewendet und liefert den eigentlichen Signalwert. Hier sind z.B. Kennlinienberechnungen, Filterungen etc. möglich.

ABGELEITETES-SIGNAL	IMPORT-LISTE
	ABLEITUNGS-VORSCHRIFT
	ABLEITUNGS-PARAMETER

IMPORT-LISTE ist eine Liste derjenigen Primären oder Abgeleiteten Signale, aus denen der Wert des Objekts mithilfe der Ableitungsvorschrift und der Ableitungs-Parameter berechnet wird.

Die Aufteilung in Objekte und in einen Satz von Methoden zur Bearbeitung bzw. Kombination der Objekte gewährleistet Modularität und Übersichtlichkeit der Programme.

6. Situationen

Situationsbilder oder Situationen erfüllen neben einer Datenabstraktion folgende Aufgaben:

- **Störungen, die gleiche funktionale Bereiche betreffen und die wahrscheinlich auch gleiche oder ähnliche Ursachen haben, werden gesammelt und für eine festgelegte Zeit gepuffert, bis der Zustand der Situtation hinreichend klar ist; der Expertensystemkern muß also nicht bei jedem einzelnen Alarm oder jeder Normabweichung eines Meßwertes aktiviert werden.**
- **Später eintreffende Störungen können einer Situation zugeordnet werden, die bereits eine Aktion ausgelöst hat und brauchen nicht zu neuen Aktionen zu führen.**
- **Da Situationen bestimmte Zustände eines technischen Systems repräsentieren, kann die Prozeßsignalerfassung und Überwachung den Systemzuständen angepaßt werden.** So lassen sich bestimmte Meßwerte häufiger aktualisieren als andere oder situationsabhängig völlig unterdrücken. Dadurch kann die gesamte Prozeßsignalerfassung optimal gesteuert werden.

Einfache Situationsbilder enthalten vor allem Listen von Signal-Namen sowie Überwachungsmethoden und deren Parameter. Ist für mindestens einen dieser Meßwerte (primärer oder abgeleiteter Wert) das "Normal" Kriterium nicht mehr erfüllt, so gilt die Situation als gestört.
Situationen können hierarchisch strukturiert werden (Ober/Unter-Situationen); es besteht dabei die Möglichkeit, die Aktivierung der Unter-Situationen zeitabhängig oder ereignisabhängig zu steuern.
Es gibt also:

- Untersituationen, die immer aktiviert werden, wenn die betrachtete Situation aktiv ist.
- Untersituationen, die zu bestimmten Zeitpunkten oder in bestimmten Intervallen evtl. für eine festgelegte Zeitdauer aktiviert werden (Kontrollgang des Operateurs, täglicher Test einer Baugruppe) und
- Untersituationen, die in Abhängigkeit von bestimmten Signalzuständen aktiv sind.

Situationen werden als Objekte von folgendem Typ implementiert:

SITUATION	ZUSTAND	IMPORT-MELDE-LISTE
	ZEITFENSTER	OBER - SITUATIONEN
	MELDUNGS - SCHLANGE	UNTER - SITUATIONEN

Mögliche *ZUSTÄNDE* einer Situation sind *RUHEND* oder *AKTIV*, wobei der Zustand aktiv drei Unterzustände besitzt :

- *NORMAL*, d.h. alle Eingangssignale dieser Situation werden erfaßt und überwacht. (Die Namen finden sich in der IMPORT-MELDE-LISTE.)

- *TIME-OUT,* d.h. die Überwachungsvorschrift eines Eingangssignals hat eine Normabweichung festgestellt und eine Zeitüberwachung für diese Situation läuft.
- *GESTOERT,* d.h. die Zeitüberwachung ist abgelaufen und eine Überwachungsvorschrift der Signale der IMPORT-MELDE-LISTE liefert immer noch eine Grenzwertverletzung oder einen Alarm.

Aktiv wird eine Situation, wenn sie als Untersituation einer aktiven Situation auftritt und ihre entsprechende Aktivierungsbedingung erfüllt ist (siehe Untersituationsliste). Eine ausgezeichnete *TOP-LEVEL*-Situation ist immer aktiv.

- *ZEITFENSTER,* Länge der Wartezeit, bevor die Störung der Ober-Situation (en) gemeldet wird.
- *MELDUNGS-SCHLANGE,* eine Liste von Listen
  (Name-des-Signals/der-Situation Störgrund Zeit)

  IMPORT-MELDE-LISTE beschreibt die zu einer Situation gehörenden Signale. Neben dem Signalnamen können durch Keyword-Value-Paare Parameter angegeben werden, die eine situationsspezifische Erfassung und Überwachung des betreffenden Signals bewirken; außerdem kann der Erfassungszyklus vorgegeben werden. Fehlen diese Angaben, so werden die beim Signal stehenden Defaultwerte verwendet. Falls die Situation aktiv ist, werden die Signale der Import-Melde-Liste entweder mit den spezifizierten Vorschriften und Parametern oder mit den Defaultwerten überprüft. Liefert der Test NON - NIL, so wird die time-out-Behandlung der Situation gestartet.

- *OBER - SITUATIONEN,* eine Liste der Namen der übergeordneten Situationen
- *UNTER - SITUATIONEN,* eine Liste von Listen der untergeordneten Situationen, bestehend aus Prädikat und Situations-Name (Situations-Name kann auch eine Liste von Namen sein).
  Prädikat ist entweder:
- T : die Situationen der folgenden Liste werden immer aktiviert, wenn die betrachtete Situation aktiv gemacht wird.
- eine Lisp-Form, die spezielle Ausdrücke wie AT, AFTER, ALL, DURING, etc mit zugehörigen Zeitangaben enthält : Die Situationen der dann folgenden Liste werden dem Scheduler des Prozesses ZUSTANDS-INTERPRETER übergeben und dort verwaltet (:ON oder :OFF geschaltet).
- ein Lisp-Ausdruck von der Form der Einträge in der IMPORT-MELDE-LISTE .In diesem Fall werden die Unter-Situationen nur dann aktiviert, wenn die Überwachungsvorschrift des Signals, unter Verwendung der mitgelieferten Parameter, eine Normabweichung ergibt.

Der Modul ***Monitor*** steuert und koordiniert die Bearbeitung der Aktionsbilder durch Festlegung von Prioritäten sowie durch Unterbrechen und Wiederstart. Die eigentliche Diagnose und Interpretation der Aktionen wird vom Kernsystem durchgeführt. Abb. 3 zeigt den Gesamtablauf schematisch.

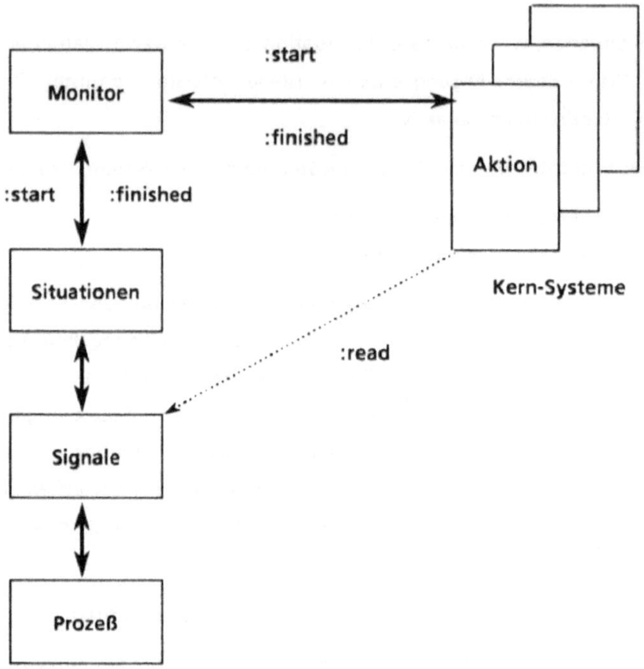

Abb. 3 Schematischer Aufbau der Intelligenten Schnittstelle

7. Zusammenfassung

Zielsetzung der Arbeit ist die Entwicklung von technischen Expertensystemen als integrierte Einheiten in der Prozeßführung. Durch ein Interface - die Intelligente Schnittstelle - wird die Anwendung klassischer dialogorientierter Expertensysteme auf dynamische technische Prozesse ermöglicht. Die Schnittstelle dient der Erfassung und Verarbeitung zeitabhängiger Prozeßsignale; durch räumliche und zeitliche Integration wird aus primitiven Eingangsdaten ein, sich in der Zeit nur noch langsam änderndes Prozeßabbild höherer Abstraktion aufgebaut, und dann an den Expertensystemkern zur endgültigen Bearbeitung übergeben. Neben der Datenerfassung koordiniert die Intelligente Schnittstelle konkurrierende Schlußfolgerungsprozesse durch Vergabe von Prioritäten sowie durch Unterbrechen und Wiederstart. Realzeitangepasstes Verhalten wird ermöglicht, da parallel zur Bearbeitung der Aktionen die Prozeßsignale und Situationen aktualisiert werden.

Literatur

[1] Rasmussen,J. :
Skills, Rules, and Knowledge; Signals, Signs, and Symbols, and other Distinctions in Human Performance Models
IEEE Trans. Sys. Man, and Cybern. 13, (1983) 257-266

[2] Rasmussen,J. / Goodstein,L.P. :
Decision-Support in Supervisory Control.
Proc. 2nd IFAC Conf., Varese, (1985) 3-42

[3] Früchtenicht, H.W./ Wittig, T. :
Ein Ansatz für Echtzeit-Expertensystem.
INTERKAMA (1986)

[4] Becker, G. / Kippe, J. / Somerlik, P.:
Konzept der Prozeßdatenerfassung in der Intelligenten Schnittstelle.
Interner Bericht: IITB / TEX-I / 8 (1986)

Dr. H. Carls
Fraunhofer Institut - IITB
Sebastian-Kneipp-Str. 12/14
D-7500 Karlsruhe 1

PLAKON
EIN ÜBERGREIFENDES KONZEPT ZUR WISSENSREPRÄSENTATION UND PROBLEMLÖSUNG BEI PLANUNGS- UND KONFIGURIERUNGSAUFGABEN.

Roman Cunis, Andreas Günter, Ingo Syska

Schlüsselwörter:

Konfigurierung, Planung und Entwurf, Wissensrepräsentation

Zusammenfassung:

Wir fassen Planung und Konfigurierung unter dem Oberbegriff Konstruktion zusammen und zeigen Gemeinsamkeiten zwischen beiden Bereichen auf. Wir stellen unsere Ansätze zur Repräsentation von Konstruktionsobjekten vor. Dabei gehen wir von einer Begriffshierarchie aus, in der alle korrekten Konstruktionen beschrieben sind. Die Begriffshierarchie dient dem Konstruktionsvorgang als Leitfaden. Der Konstruktionsvorgang endet, wenn eine nach der Begriffshierarchie zulässige und vollständige Konstruktion erzeugt wurde. Abschließend wird eine Blackboard-Architektur für ein System, das auf dieser Repräsentation arbeitet, skizziert.

1. Einleitung

Der vorliegende Artikel gibt einen Überblick über den bisherigen Stand unserer Arbeit, eine einheitliche Wissensrepräsentation und einen darauf operierenden Kontrollmechanismus für Planungs- und Konfigurierungsaufgaben zu entwickeln. Unser Ziel ist es, eine Expertensystem-Entwicklungsumgebung zu schaffen, die speziell für Planungs- und Konfigurierungsaufgaben in technischen Anwendungen geeignet ist.

Die Entwicklung dieses Systems, genannt PLAKON, erfolgt im Rahmen des BMFT-Verbundprojektes TEX-K. Zur Validierung und zum Nachweis seiner Verwendbarkeit in heterogenen Anwendungen sollen mit PLAKON konkrete Expertensysteme für unterschiedliche Planungs- und Konfigurierungsaufgaben implementiert werden. Diese Anwendungsaufgaben sind:

- Konfigurierung von Multi-Mikrocomputersystemen für Automatisierungssysteme in der Anlagentechnik,
- Konfigurierung von Bildverarbeitungssystemen für den industriellen Einsatz,
- Konfigurierung automatischer Systeme der industriellen Röntgenprüfung und der chemischen Analyse,
- Planung mechanischer Bearbeitungs- und Fertigungsprozesse, z.B. Generierung von Arbeitsplänen in der mechanischen Teilefertigung.

Ähnlich wie bereits existierende Shells, die vorwiegend für Diagnose- und Interpretationsaufgaben entwickelt worden sind (z.B. EMYCIN, HEARSAY III, MED2), soll PLAKON den Aufbau von Expertensystemen unterstützen. Dazu werden unter anderem folgende Eigenschaften angestrebt:

- Gleichermaßen für Planung und Konfigurierung geeigneter Ansatz.
- Umfassende Repräsentationsmöglichkeiten für Konstruktionsobjekte (Geräte, Methoden, Operationen), durch die der Konstruktionsvorgang unterstützt werden soll.
- Flexible Ablaufsteuerung zur Realisierung typischer Konstruktionsstrategien (interaktiv, hierarchisch, opportunistisch, Meta-Planung).

Im Folgenden soll ein Ansatz beschrieben werden, mit dem sich die geforderten Eigenschaften erreichen lassen.

2. Konstruktion -- ein übergreifendes Konzept für Planung und Konfigurierung

2.1. Konstruktion und Konstruktionsobjekte

Planungs- und Konfigurierungsaufgaben unterscheiden sich von anderen Expertensystem-Problemen wie z.B. Diagnose und Interpretation im Wesentlichen dadurch, daß aus vorgegebenen Einzelbausteinen eine Gesamtheit konstruiert wird, die bestimmten vorgegebenen Bedingungen, z.B. der Aufgabenstellung, genügt. Bei der Planung wird aus einzelnen Planschritten ein Gesamtplan aufgebaut, bei der Konfigurierung werden aus Einzelteilen Baugruppen gebildet.

Wir fassen Planung und Konfigurierung unter dem Begriff Konstruktionsvorgang zusammen, an dessen Ende als Ergebnis die fertige Konstruktion steht. Sie entspricht dem Plan bzw. der Konfiguration. Eine solche Konstruktion setzt sich aus Konstruktionsobjekten (Planschritten bzw. Bauteilen) zusammen. Dies können Aggregate, d.h. zusammengesetzte Objekte, sein, die dann Grobplänen oder Baugruppen entsprechen. Demgegenüber bezeichnen wir die nicht weiter zerlegbaren Konstruktionsobjekte als Primitive. Dieser Aufbau ermöglicht ein hierarchisches Vorgehen bei der Konstruktion oder besser -- mit [13] -- eine Konstruktion auf Ebenen unterschiedlichen Details. Als Leitlinie für unseren Ansatz orientieren wir uns primär an der Konfigurierung und zeigen später, daß sich mit demselben Formalismus auch Planungsaufgaben ausdrücken lassen.

Planung	»»	**Konstruktionsvorgang**	««	Konfigurierung
		erzeugt		
Plan	»»	**Konstruktion**	««	Konfiguration
		besteht aus		
Planschritte	»»	**Konstruktionsobjekte**	««	Bauteile
		können sein		
Grobpläne	»»	**Aggregate**	««	Baugruppen
Einzelschritte	»»	**Primitive**	««	Einzelteile

Abb. 1: Begriffszuordnung

2.2. Die Begriffshierarchie

Die Begriffshierarchie beschreibt konzeptionell die Konstruktionsobjekte und die Zusammenhänge zwischen ihnen. Sie repräsentiert somit die Menge aller möglichen Konstruktionen (vgl. [9]). Beim Konstruktionsvorgang orientiert sich die Ablaufsteuerung im Wesentlichen an der Begriffshierarchie.

Ein wichtiger Bestandteil der Begriffshierarchie ist die taxonomische Hierarchie. Sie ist ein Verband aus Objekten auf der Basis der is-a-Relation, der dazu dient, die Konstruktionsobjekte zu typisieren, Klassen von Objekten und deren Spezialisierungen (Unterklassen) zu beschreiben und Objekteigenschaften festzulegen. Es werden die bekannten Techniken der Vererbung und der Defaultspezifikation unterstützt. Der is-a-Verband enthält nicht die Objekte selbst, sondern nur deren Konzepte (oder Prototypen). Die Wurzel dieser Hierarchie ist dann das allgemeine Konzept Konstruktionsobjekt.

Als weitere Unterstützung des Konstruktionsvorganges kann man verschiedene Sichten eines Objektes betrachten, die z.B. nur funktionale, elektrische oder räumliche Eigenschaften wiedergeben. Eine Objektsicht erhält man durch Ausblenden aller für sie nicht relevanten Eigenschaften. Jede Sicht definiert eine eigene Taxonomie.

Zwischen den Objekten existieren für den Konstruktionsvorgang relevante Beziehungen, deren wichtigste die kompositionelle ist. Sie wird mit Hilfe von part-of-Kanten dargestellt und beschreibt die Zerlegung (Dekomposition) von Aggregaten in Teilaggregate und primitive Komponenten. Um mehrfaches Vorkommen von Komponenten in einem Aggregat ausdrücken zu können, wird mit diesen Kanten ein Anzahlfaktor assoziiert, der wahlweise eine Zahl oder, wenn die exakte Anzahl nicht bekannt ist, ein Intervall enthalten kann. (Diese Kanten kann man mit den value-restricted roles in semantischen Netzen vergleichen, wie sie in KL-ONE aufgebaut werden [3]). Außerdem ist es möglich, daß eine Komponente Teil mehrerer Aggregate ist, so daß wir zwischen exklusiven und mehrfach nutzbaren Komponenten unterscheiden müssen (im Beispiel (Abb. 2): Der Schrank in einer Schrankwand ist exklusiv dort eingebaut, der Stuhl in einer Schreibkombination könnte gleichzeitig auch in einer anderen Möbelgruppe genutzt werden).

Konstruktionsrelevante Größen, die Eigenschaften eines einzelnen Objektes kennzeichnen, werden als Parameter bezeichnet und durch Slots in den die Objekte beschreibenden Frames repräsentiert (im Beispiel: Größe, Material und Position der Möbelstücke im Zimmer). Diese Slots sind in verschiedene Facetten unterteilt, die Informationen über Eigenschaftswerte, Wertrestriktionen, Wertherkunft usw. enthalten.

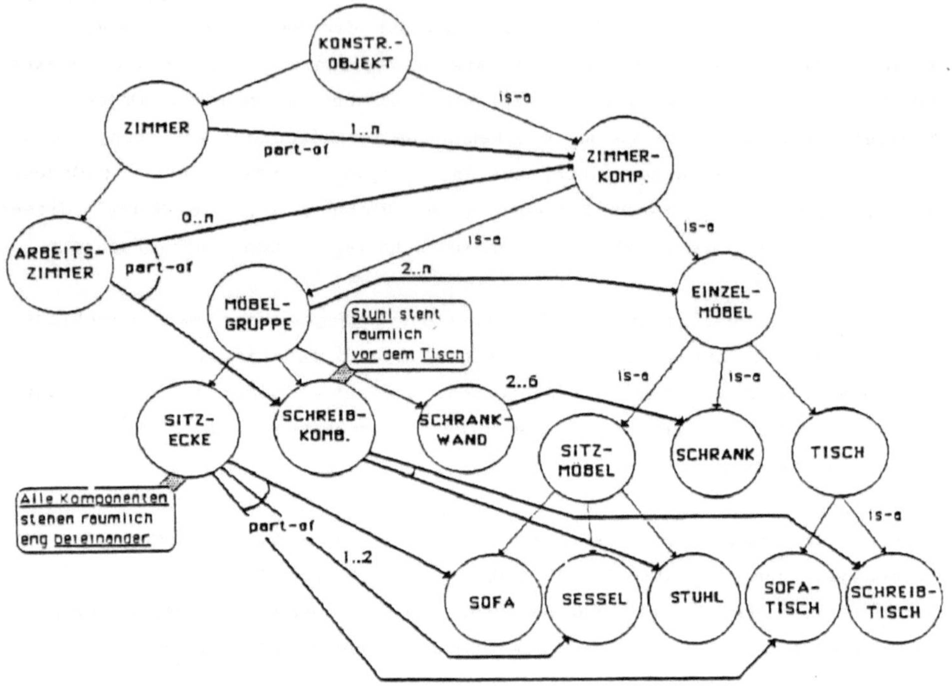

Abb. 2: Begriffshierarchie für eine Arbeitszimmer-Konfiguration mit part-of-Kanten und zwei Nebenbedingungen.

Zusätzlich können mit den Objekten Nebenbedingungen assoziiert werden, die die Wertzuweisung an die Parameter eines Objekts kontrollieren und die Zusammenhänge zwischen Parametern beschreiben. Derartige Nebenbedingungen geben z.B. Minimal- und Maximalwerte für Parameterwerte oder funktionale oder symbolisch-regelhafte Beziehungen zwischen Parametern an. Nebenbedingungen, die sich auf mehrere Objekte beziehen, werden als Eigenschaften der sie umfassenden Aggregate dargestellt. Auch räumliche und zeitliche Beziehungen zwischen Objekten (z.B. als Abhängigkeiten zwischen Positionsparametern) können auf diese Weise ausgedrückt werden.

Die eigentliche Konstruktion, d.h. das Ergebnis eines konkreten Konstruktionsvorgangs, ist dann die Instanziierung eines Teilverbands der Begriffshierarchie. D.h., es werden Instanzen der Objekte erzeugt und gemäß der Vorgabe durch die kompositionellen Beziehungen unter Festlegung freier Parameter und Berücksichtigung der angegebenen Nebenbedingungen zusammengefügt. Die Konstruktion wird durch eine aus den Objektinstanzen und part-of-Kanten bestehende Hierarchie beschrieben. Die im Verlauf des Konstruktionsvorganges entstehenden unvollständigen Zwischenzustände werden als Teilkonstruktionen bezeichnet.

Die Teilkonstruktionen unterliegen nicht der Einschränkung, daß nur Instanzen von terminalen Konzepten auftreten dürfen. Dies steht im Gegensatz zu einer anderen Auffassung von Taxonomien, in der die Instanzen ausschließlich an terminale Knoten einer is-a-Hierarchie angebunden werden (vgl. LOOPS [2]). Nicht-terminale Instanzen müssen nachträglich spezialisiert werden, z.B. ein Möbelstück, von dem nur bekannt ist, daß es eine Art von Tisch ist, wird später zu einem Schreibtisch verfeinert (vgl. Abschnitt 3).

2.3. Planung versus Konfigurierung

Während wir uns bisher vorwiegend an der Konfigurierung orientiert haben, ist es jetzt notwendig, die zusätzlichen Anforderungen von Planung gegenüber Konfigurierung darzustellen.

Bei der Konfigurierung kann man zwei Typen von Aufgaben unterscheiden: Komponentenauswahl und Parameterfestlegung. Die Komponentenauswahl ist dadurch gekennzeichnet, daß ein komplexes System aus vielen Einzelteilen so zusammengesetzt werden muß, daß das fertige System und seine Teile gegebenen Spezifikationen genügen. Die Komplexität der Aufgabe ergibt sich in technischen Bereichen meist aus der großen Zahl der zu behandelnden Einzelteile und den schwer überschaubaren Abhängigkeiten zwischen diesen. Der andere Aufgabentyp ist die Einstellung der Parameter für gegebene oder konstruierte Komponenten so, daß alle Nebenbedingungen erfüllt sind.

Bei der Planung stellt sich das Problem etwas anders dar: Zusätzlich zu den Konstruktionsobjekten eines Plans -- den einzelnen Planschritten oder Operationen -- werden weitere Objekte zur Beschreibung der Planungsumgebung benötigt. Es muß möglich sein, zeitlich veränderliche Zustände von Objekten auszudrücken. Die Komplexität der Aufgabe resultiert hier aus der Vielfalt der

Anordnungsmöglichkeiten der Operatoren entlang der Planzeitachse der Schwierigkeit, Abhängigkeiten zwischen Operatoren zu erkennen und optimal zu behandeln.

Wir erweitern die Darstellungsmöglichkeiten um temporale Aspekte, mit denen der Zustand eines Objekts zu einem bestimmten Zeitpunkt beschrieben wird. Die Vorbedingungen und Wirkungen von Operationen werden durch Zustandsmuster beschrieben. Ein Plan wird dann in eine Folge von Operationen zerlegt, zwischen denen zusätzlich eine zeitliche Beziehung (nach Allen [1]) als Anordnungsrelation (vergleichbar einer räumlichen Anordnung der Komponenten im Arbeitszimmerbeispiel) eingeführt wird. Für Operationen, deren Reihenfolge durch Vorgaben der Domäne festliegt, wird die Zeitrelation in der Begriffshierarchie verankert. Für die zeitliche Einordnung der Operationen entlang der Planzeitachse wird die Übereinstimmung der Zustände durch spezielle Nebenbedingungen sichergestellt. Die temporalen Aspekte von Objekten, die während einer Operation unverändert bleiben, werden entlang der Zeitrelation propagiert, so daß die Wirkungen einer instanziierten und zeitlich eingeordneten Operation immer die komplette Planumgebung beschreiben.

Um nebenläufige Operationen und Mehr-Agenten-Pläne beschreiben zu können, wird die Dekomposition eines Plans derart organisiert, daß ein Plan aus mehreren Agentenplänen besteht. Ein Agentenplan enthält die von einem Agenten auszuführenden Operationen. (Diese Agentenpläne ähneln den Zeitlinien, die T. Grant in [6] für die Ressourcenplanung einführt.)

Die Unterteilung der Planungsproblematik (Begriffe nach [6]) in Präzedenzplanung und Scheduling (Ressourcenplanung) ist analog zu der oben getroffenen Unterscheidung von Konfigurierungsaufgaben zu sehen. Präzedenzplanung entspricht der Komponentenauswahl in dem Sinne, daß die zur Erreichung eines Ziels notwendigen Operationen bestimmt und geordnet werden müssen. Die zeitliche Anordnung erfolgt primär durch Erfüllung der entsprechenden Nebenbedingungen. Beim Scheduling sollen die Operationen, die bereits weitgehend bestimmt sind und in ihrer zeitlichen Reihenfolge teilweise geordnet sind, den Agenten und Ressourcen zugeordnet und konkret auf einer Zeitachse festgelegt werden. Operationsbeginn und -dauer werden als Parameter aufgefaßt. Man hat also wiederum eine Parameterfestlegungsaufgabe, die z.B. durch Propagierung der Nebenbedingungen gelöst werden kann. (Die so gewonnene Repräsentation von Plänen entspricht in Teilen der von M. Fox im System ISIS-2 [4] verwendeten.)

3. Konstruktionsvorgang

Nachdem wir den Repräsentationsformalismus vorgestellt haben, wenden wir uns dem eigentlichen Problemlösungsprozeß, dem Konstruktionsvorgang, zu. Ein Konstruktionsvorgang besteht aus einzelnen Konstruktionsschritten, durch die eine Teilkonstruktion in eine andere überführt wird. Dies bezeichnen wir als Elaboration. Alle Teilkonstruktionen werden explizit dargestellt und mit Elaborationskanten verbunden. Dieser sogenannte Elaborationsverband repräsentiert somit die gesamte Historie des Konstruktionsvorganges. Er kann damit als Grundlage für ein intelligentes Backtracking-Verfahren dienen.

Die Teilkonstruktionen enthalten Instanzen von Konstruktionsobjekten und von part-of-Kanten. Dabei sind nicht notwendigerweise alle Instanzen miteinander verbunden. Zu Beginn des Konstruktionsvorganges wird aus der Aufgabenstellung eine Anfangsteilkonstruktion bestimmt. Dann wird versucht, diese Konstruktion schrittweise in eine vollständige und korrekte Endkonstruktion zu überführen, in der dann entsprechend der Begriffshierarchie alle Instanzen gemäß ihrer part-of-Beziehung hierarchisch geordnet sind.

Der Konstruktionsvorgang orientiert sich an der Begriffshierarchie. Sie unterstützt gleichermaßen ein Top-Down-Vorgehen (Verfeinerung von Aggregaten, Dekomposition) wie auch ein Bottom-Up-Vorgehen (Aggregation von Komponenten). Dabei ergeben sich folgende elementare Konstruktionsschritte:

1. Zerlegen (Dekomponieren) von Objekten gemäß der part-of-Hierarchie durch Instanziieren mindestens einer Komponente. Als Beispiel: Ein Arbeitszimmer wird in seine Komponenten zerlegt, eine Schreibkombination und 0..n weitere Zimmerkomponenten, wobei anfangs nur die Schreibkombination instanziiert wird.
2. Spezialisieren von Objekten entlang der is-a-Kanten. Als Beispiel: Ein Tisch kann zu einem Sofatisch oder zu einem Schreibtisch spezialisiert werden.
3. Aggregation von Teilkomponenten entlang der part-of-Kanten, d.h. Instanziieren von Aggregaten. Wenn alle Teilkomponenten eines Konstruktionsobjektes vorhanden sind, kann man diese zusammenfassen.

4. Verschmelzen von einzelnen Objekten einer Teilkonstruktion. Hiermit können verschiedene Teile einer Teilkonstruktion ineinander überführt werden. Als Beispiel: Aufgrund der Aufgabenstellung muß ein Schrank im Arbeitszimmer vorhanden sein. Ein Arbeitszimmer besteht u.a. aus 0..n Zimmerkomponenten, und ein Schrank ist aufgrund der Begriffshierarchie ebenfalls eine Zimmerkomponente. Man kann nun den Schrank mit der Zimmerkomponente des Arbeitszimmers verschmelzen und ihn somit als part-of-Teil des Arbeitszimmers einsetzen.
5. Parameterwerte festlegen oder einschränken. Dabei spielen die Nebenbedingungen eine wesentliche Rolle. Aufgrund unserer Anwendungsgebiete benötigen wir an dieser Stelle auch die Möglichkeit zur Bewertung von Parametereinstellung, u.U. durch eine Simulation.

Die Teilkonstruktionen werden jeweils daraufhin untersucht, welche Konstruktionsschritte durchgeführt werden können. Diese werden dann als Eintrag in eine Agenda aufgenommen. Gemäß einer frei programmierbaren Auswahlstrategie wird aus der Agenda jeweils ein Eintrag ausgewählt und der entsprechende Konstruktionsschritt durchgeführt. Diese Auswahl von Einträgen entspricht der Meta-Planung (vgl. [11]).

Mit diesem flexiblen Ansatz hat man insbesondere die Möglichkeit, das opportunistische Planen von Hayes-Roth [7] nachzubilden. Beim opportunistischen Planen wird jeweils an derjenigen Stelle des Plans weitergearbeitet, die am günstigsten erscheint. Grundlage für eine Bewertung kann eine Analyse der Gesamtsituation des Problemlösungsprozesses oder der einzelnen Einträge sein. Die Anwendung einer opportunistischen Strategie ist dann sinnvoll, wenn es keine starre, von der Domäne vorgegebene Reihenfolge gibt, in der die Schritte bearbeitet werden sollen.

Außerdem ist es möglich, die Auswahlstrategie auch dynamisch während eines Konstruktionsvorganges zu wechseln. Z.B. wurde bei MOLGEN [11] zuerst eine Least-Commitment-Strategie eingesetzt, und später dann auf eine heuristische Strategie umgeschaltet. Dies kann realisiert werden, indem man zuerst nur Konstruktionsschritte auswählt, für die eine eindeutige Lösung existiert (least commitment). Erst wenn das nicht mehr möglich ist, findet eine Auswahl nach heuristischen Kriterien statt.

Weiterhin kann die Methode, mit der ein ausgewählter Konstruktionsschritt durchgeführt wird, variieren. Denkbare Methoden sind der Einsatz von Inferenzregeln und Heuristiken, Benutzerinteraktion, Simulation u.a.

Ein spezielles Verfahren zur Unterstützung des Konstruktionsvorganges ist die Verwendung von bereits in einer Bibliothek vorhandenen Lösung zu ähnlichen Aufgabenstellungen (vgl. [5], [10]). Diese Lösungen dienen dann als Leitfaden für die Auswahl und Durchführung von Konstruktionsschritten. Offen ist bislang noch, wie eine geeignete Lösung aus der Bibliothek ausgewählt werden kann.

4. Ein Beispiel für Anwendungen dieser Konzepte

Ein Beispiel für ein reales Konfigurierungssystem, das in der hier vorgestellten Weise Gebrauch von Begriffshierarchien macht, ist das BIKOS-System [12]. BIKOS dient zur Konfigurierung von Sichtprüfungsanlagen im Bereich der industriellen Qualitätskontrolle. Es hat die Aufgabe, ausgehend von der Spezifikation einer Prüfaufgabe, ein Bildverarbeitungssystem zu konfigurieren, das die notwendigen Sichtprüfungen ausführen kann.

Die Konstruktionsobjekte von BIKOS sind Bildverarbeitungsgeräte, z.B. Kamera und Beleuchtungseinrichtungen, und Bildverarbeitungsmethoden, z.B. spezielle Segmentierungs- und Prüfverfahren. Abbildung 3 zeigt einen Teil des von BIKOS benutzten Methodengraphen. Der Methodengraph entspricht einem Auszug der oben entwickelten Begriffshierarchie. Es wird nur derjenige Teil der Hierarchie benutzt, der die konstruktionsrelevanten Entscheidungen steuert. Daher sind in BIKOS nicht alle im Methodengraphen verwendeten Objekte in eine Taxonomie eingebunden.

Am BIKOS-System konnte anhand einer konkreten Anwendung gezeigt werden, daß diese Form der Wissensrepräsentation und -organisation viele Vorteile aufweist:

- Durch die Strukturierung der Wissensbasis wird der Kontrollaufwand relativ kleingehalten. Insbesondere wird ein hierarchisches Vorgehen bei der Konstruktion unterstützt, d.h. das Bildverarbeitungssystem kann zuerst auf einer abstrakten Ebene entworfen und später verfeinert werden. Auftretende Konflikte können dabei vielfach schon früh erkannt und vermieden werden.

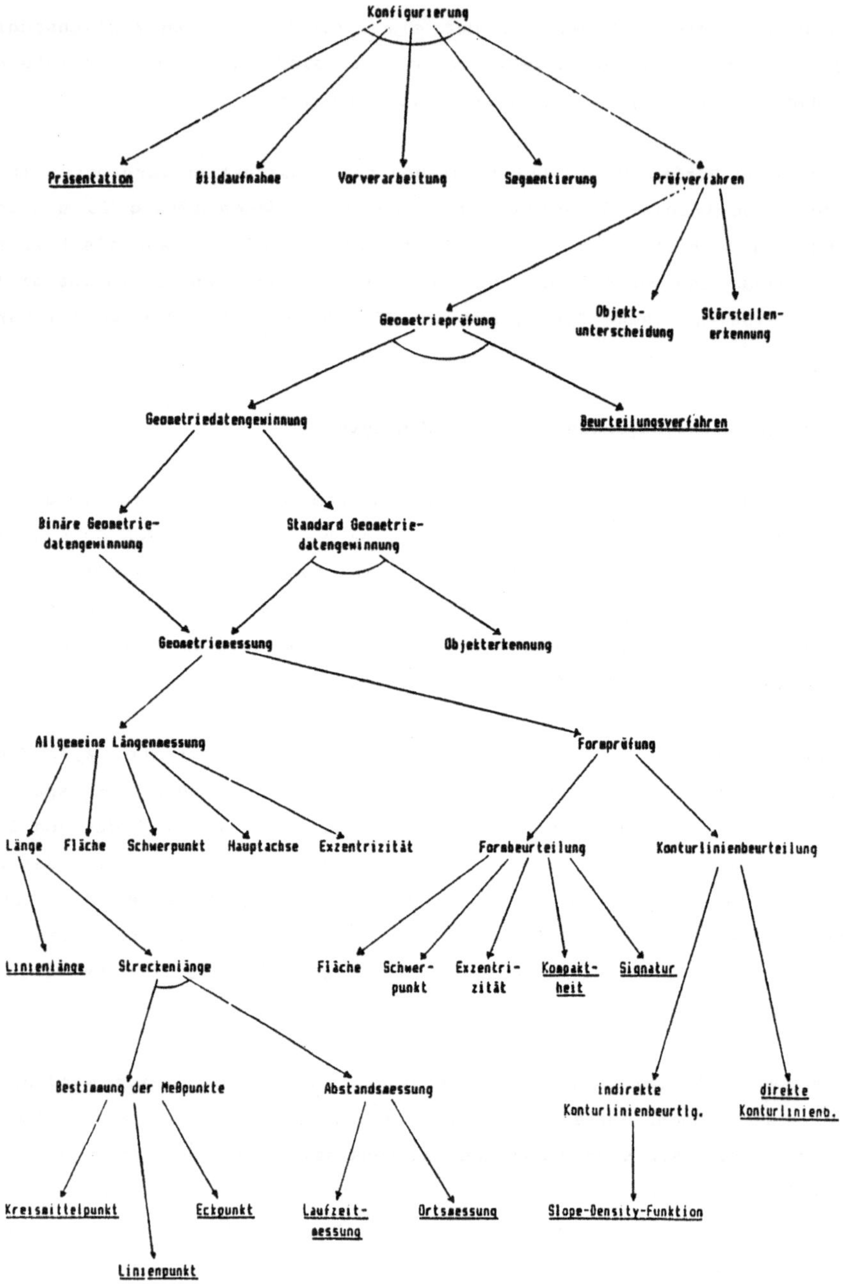

Konfigurierung
Präsentation
Bildaufnahme
Vorverarbeitung
Segmentierung
Prüfverfahren
Geometrieprüfung
Objekt-
unterscheidung
Störstellen-
erkennung
Geometriedatengewinnung
Beurteilungsverfahren
Binäre Geometrie-
datengewinnung
Standard Geometrie-
datengewinnung
Geometriemessung
Objekterkennung
Allgemeine Längenmessung
Formprüfung
Länge
Fläche
Schwerpunkt
Hauptachse
Exzentrizität
Formbeurteilung
Konturlinienbeurteilung
Linienlänge
Streckenlänge
Fläche
Schwer-
punkt
Exzentri-
zität
Kompakt-
heit
Signatur
Bestimmung der Meßpunkte
Abstandsmessung
indirekte
Konturlinienbeurtlg.
direkte
Konturlinienb.
Kreismittelpunkt
Eckpunkt
Laufzeit-
messung
Ortsmessung
Slope-Density-Funktion
Linienpunkt

- Die Begriffshierarchie stellt die Vollständigkeit der Konfiguration sicher: Sie gibt vor, welche Komponenten zum Aufbau einer vollständigen Konfiguration notwendig sind.
- Durch objektgebundenen Nebenbedingungen sind die gegenseitigen Abhängigkeiten in lokalen Bereichen der Hierarchie gebündelt, wodurch ein Backtracking in Grenzen gehalten werden kann.

5. Die Grundstruktur von PLAKON

Ausgehend von der Beschreibung des Konstruktionsvorgangs in Abschnitt 3 soll im Folgenden die vorgesehene Struktur des PLAKON-Kerns kurz skizziert werden. Wir orientieren uns dabei an der Blackboard-Architektur, wie sie in [8] vorgeschlagen wurde. Die wesentlichen Komponenten dieser Architektur sind das Blackboard, bestehend aus der dynamischen Wissensbasis und der Agenda, die Spezialisten (dedizierte Programmoduln) und der statischen Wissensbasis.

Die Wissensbasis wird in zwei Bereiche unterteilt. Die statische Wissensbasis enthält die vollständige Begriffshierarchie, wie sie in Abschnitt 2 vorgestellt worden ist. Außerdem kann sie eine Bibliothek aufnehmen, die frühere Lösungen enthält. Die dynamische Wissensbasis enthält die Aufgabenstellung und den Elaborationsverband.

Die auf dem Blackboard operierenden Spezialisten unterteilen wir in zwei Gruppen, die jeweils durch ihre Kontrollebene gekennzeichnet sind:

- Ebene der Konstruktionsobjekte: Jedem Typ von Konstruktionsschritt (vgl. Abschnitt 3) entspricht ein Spezialist, der zwei Aufgaben hat: 1.) die vorhandenen Objekte in der Teilkonstruktion daraufhin zu überprüfen, ob er dort eingesetzt werden kann, und ggf. einen entsprechenden Eintrag in die Agenda vorzunehmen, und
  2.) den Konstruktionsschritt auszuführen, sobald er dazu aufgefordert wird.
- Ebene der Meta-Planung: Dieser Spezialist wählt einen der Agenda-Einträge und damit einen Konstruktionsschritt aus.

Der Konstruktionsvorgang läuft dann in einem dreistufigen Zyklus ab, der aus den Schritten

- Erkennen der durchführbaren Konstruktionsschritte,
- Auswahl eines Schrittes und

- Durchführung dieses Schrittes

besteht.

Vervollständigt wird die Grundstruktur durch eine Benutzerschnittstelle, eine Wissensakquisitions- und eine Erklärungskomponente. Es ist vorgesehen, Benutzerinteraktion auf jeder Entscheidungsebene zu ermöglichen. D.h. der Benutzer kann an jeder Stelle den jeweiligen Spezialisten ersetzen.

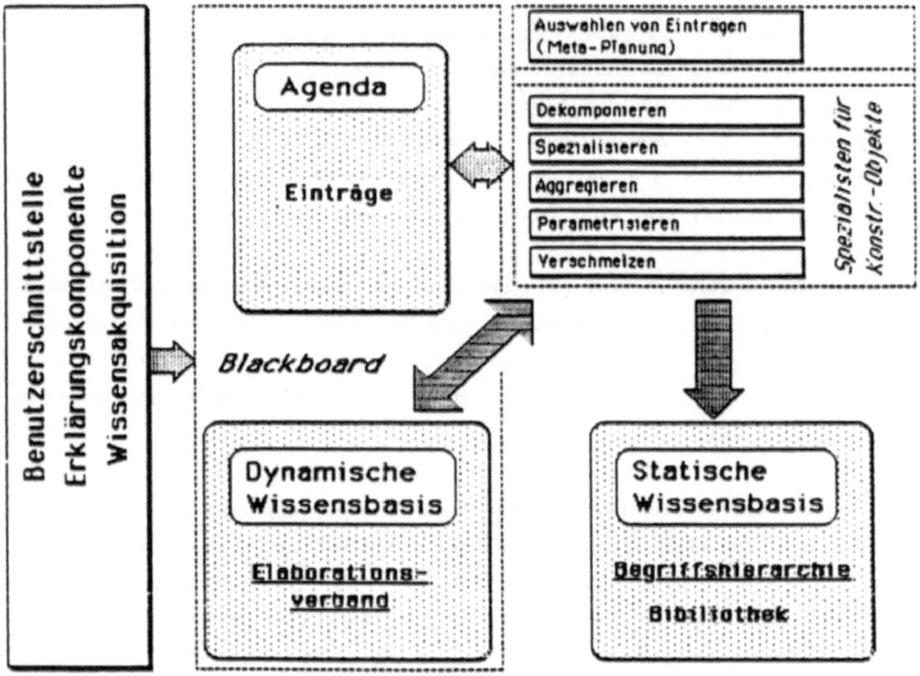

Abb. 4: Grundstruktur für die PLAKON-Architektur

6. Zusammenfassung

Unsere Untersuchungen haben ergeben, daß ein gemeinsamer Ansatz für Planungs- und Konfigurierungsaufgaben sinnvoll und möglich ist. Wir haben einen Wissensrepräsentationsformalismus entwickelt, der den Konstruktionsvorgang dadurch unterstützen und leiten soll, daß die möglichen Entscheidungen deklarativ vorgeprägt sind. Am BIKOS-System hat sich gezeigt, daß der gewählte Ansatz viele Vorteile aufweist.

Zur Zeit beschäftigen wir uns mit einer prototypischen Implementierung des hier vorgestellten PLAKON-Kerns unter Verwendung von Knowledge Craft. Weitere Schwerpunkte sind der Entwurf eines geeigneten Constraint-Mechanismus und die Vertiefung des Sichtenkonzeptes.

Literatur

[1] Allen,J.F.:
Towards a General Theory of Action and Time.
In: Artificial Intelligence 23,2 (1984), S.123-154.

[2] Bobrow,D.G., Stefik,M.:
The LOOPS Manual.
Xerox Corporation (1983).

[3] Brachman,R., Schmolze:
Overview of KL-ONE.
In: Cognitive Science 9 (1985), S.171-215.

[4] Fox,M.S.:
Constraint-Directed Search: A Case Study of Job-Shop Scheduling.
CMU-RI-TR-83-22, Carnegie Mellon University (1983).

[5] Friedland,P.E., Iwasaki,Y.:
The Concept and Implementation of Skeletal Plans.
In: Journal of Automated Reasoning, Nr.1 (1985), S. 161-208.

[6] Grant,T.J.:
Knowledge-Based Scheduling.
Knowledge-Based Planning Group, Brunel Univ, Uxbridge, Middlesex(1986)

[7] Hayes-Roth,B., Hayes-Roth,F.:
A Cognitive Model of Planning.
In: Cognitive Science, Nr.3 (1979), S.275-310.

[8] Hayes-Roth,B.:
A Blackboard Architecture for Control.
In: Artificial Intelligence 26 (1985), S.251-321.

[9] Homan-de-Mello,L.S., Sanderson,A.C.:
And/Or Graph Representation of Assembly Plans.
Carnegie Mellon University (1986), CMU-RI-TR-86-8.

[10] Kolodner,J.C. u.a.:
A Process Model of Cased-Based Reasoning in Problem Solving.
In: Proc. IJCAI 85 (1985), S.284-290.

[11] Stefik,M.J.:
Planning and Meta-Planning.
In: Artificial Intelligence 16 (1981), S.141-170.

[12] Syska,I.:
Ein Expertensystemansatz für die automatische Konfigurierung von industriellen BV-Anlagen. Diplomarbeit, Univ. Hamburg (1986).

[13] Wilkins,D.E.:
Hierarchical Planning: Definition and Implementation.
Proc. ECAI 86 (1986), S.466-478.

Roman Cunis, Andreas Günter, Ingo Syska
Projektgruppe TEX-K
Fachbereich Informatik, Universität Hamburg
Bodenstedtstraße 16
D-2000 Hamburg 50

EXIST - ein Expertensystem zur innerbetrieblichen Standortplanung

Zusammenfassung

Im folgenden wird die Entwicklung von EXIST, der Prototyp eines wissensbasierten Systems zur Fabriklayoutplanunug, beschrieben. Um qualitativ hinreichende Lösungen zu erhalten, wird das Expertenwissen, im Gegensatz zu algorithmischen Verfahren herkömmlicher Struktur, durch geeignete Repräsentationen adäquat dargestellt und verarbeitet. Hybride Expertensystem-Tools wie Babylon und eine Weiterentwicklung Babylon+ verringern aufgrund der Integration verschiedener Inferenzmechanismen und Wissensrepräsentationen den Aufwand für die Entwicklung eines Expertensystems. Ein bei Design-Systemen oftmals verwendetes Architektur-Prinzip, der Blackboard-Architektur, ist auch für diese Problemstellung konzipiert worden. Die für diese Architektur typische Trennung des Wissens in qualitatives und quantitatives Expertenwissen, sowie die Möglichkeit, konkurrierende Ziele zu verarbeiten, eignen sich besonders für die Anwendung in der Layoutplanung.

Schlüsselwörter

Planung und Entwurf, Wissensrepräsentation

1. Einleitung

1.1 Problemdarstellung

Bei der innerbetrieblichen Standortplanung geht es um eine unter gegebenen Zielen und Restriktionen optimale Zuordnung von Betriebsmitteln (im allgemeinen handelt es sich hierbei um Maschinen) auf einer Basisfläche [13].

Die Notwendigkeit einer neuen Standortplanung kann aus verschiedenen Gründen gegeben sein. Bei der Erweiterung oder Umstrukturierung bestehender Anlagen steht die Effizienzanalyse des existierenden Layouts am Anfang. Anschließend findet eine Verträglichkeitsuntersuchung mit den gesteckten Zielen statt. Bei der Produktionserweiterung könnte es sich um eine optimale Anlagerung neuer Maschinen handeln. Bauliche Gegebenheiten sowie eine feste Anordnung der Betriebsmittel fließen bei dieser Problemstellung als Restriktionen mit ein. Neuinstallierungen oder Neuplanungen enthalten in der Regel nicht so viele starke Restriktionen. Dafür ergeben sich bei den Anordnungen der Betriebsmittel vielfältigere Möglichkeiten [11, 19].

Das hinter der Layoutplanung stehende Zuordnungsproblem oder Koopmanns/Beckmann-Problem spielt in der mathematischen Optimierung und ihren Anwendungen eine bedeutende Rolle. Obwohl seit den 50er Jahren intensiv auf diesem Gebiet gearbeitet wird, konnte mit den Lösungsansätzen in der Fabriklayoutplanung noch kein entscheidender Durchbruch erzielt werden [9].

Konventionelle computergestützte Layoutplanungsverfahren zeichnen sich durch eine eingeschränkte Lösungsqualität aus. Wissensbasierte Verfahren erlauben dagegen in einigen Bereichen die Annahme, daß diese Techniken gegenüber herkömmlicher Datenverarbeitung qualitativ bessere Problemlösungen erstellt. Daß diese Prognose auch für das Gebiet der innerbetrieblichen Standortplanung gilt, wird im folgenden begründet.

1. 2 Warum ist der Einsatz eines Expertensystems sinnvoll?

Gründe für den Einsatz eines Expertensystems in der innerbetrieblichen Standortplanung lassen sich bei der Charakterisierung der Probleme erkennen, die zu den eingeschränkten Einsatzmöglichkeiten der existierenden konventionellen Programme führen. Die meisten bestehenden algorithmischen Verfahren arbeiten unter einfacher Zielsetzung, das heißt sie optimieren lediglich den Materialfluß und ignorieren dabei sämtliche anderen Einflüsse, die ein menschlicher Planer noch berücksichtigt. Der Layoutexperte beachtet bei der Zuordnung auch noch die diversen Transportmittel, die optimalen Fertigungstypen, Sympathie- und Antipathiebeziehungen zwischen den Betriebsmitteln, auftretende Kosten und viele Gesichtspunkte mehr, denen oftmals nur seine eigenen Erfahrungswerte zugrunde liegen. Es existieren zwar mittlerweile auch schon neuere Programme, die sich mit algorithmischen Mitteln auf diesem Gebiet versuchen. Sie kommen aber nicht über einen rudimentären Ansatz hinaus [4, 18].

Die Komplexität und einseitige Behandlung des Problems kann durch Benutzung zusätzlicher Kriterien umgangen werden. Da diese sich oftmals aus unsicheren Daten und Erfahrungswerten eines Planers ergeben, bietet sich an dieser Stelle der Einsatz eines Expertensystems an. Ein weiterer wesentlicher Vorteil eines Expertensystems ist die Verarbeitung verschiedener, teilweise konkurrierender Zielsetzungen, so daß mit einem wissensbasierten System eine Optimierung unter mehrfacher Zielsetzung möglich ist. Das Problem der simultanen Betrachtung mehrerer verschiedener Ziele wurde bis jetzt von keinem Programm gelöst.

Aufgrund des Abstraktionsniveaus erlauben bisherige Programme zwar teilweise eine universelle Anwendung auf die innerbetriebliche Standortplanung, verzichten aber auf Praxisnähe, da ohne Berücksichtigung der speziellen Art der Anlage wichtige Randbedingungen und Restriktionen wegfallen. Diese Einflüsse und Bedingungen, die in der Regel aus Heuristiken und vagen Daten bestehen, sind wichtiger Bestandteil der Wissensbasis eines Expertensystems, was diesem ermöglicht, ein realistisches Layout zu entwerfen. Somit ergäbe sich für ein von einem Expertensystem erstelltes Fabriklayout eine direkte Anwendungsmöglichkeit, während bei den Layouts, die aus konventionellen, algorithmischen Verfahren entstanden, eine Modifizierung durch den Planer nötig ist, die in der Regel eine Reduzierung der Optimalität zur Folge hat [20].

2. Benutzte Techniken

2.1 Babylon

Hybride Werkzeuge, die verschiedene Wissensrepräsentationsformen und Inferenzmechanismen integriert zur Verfügung stellen, beschleunigen die Programmentwicklung und verbessern die Effizienz eines Expertensystems. Die Idee solcher Systeme liegt in dem Versuch, durch die Integration heterogener Wissensrepräsentationen das Wissen in seiner natürlichsten Form adäquat darstellbar zu machen. Für die Entwicklung von EXIST stand die Betatest-Version von Babylon zur Verfügung [10].

Babylon stellt mit einer objektorientierten, einer regelorientierten und einer logikorientierten Repräsentation drei Wissensrepräsentationen zur Verfügung, die alle von einem eigenen Basisprozessor abgearbeitet werden. Die Koordination der Basisprozessoren und die interaktive Schnittstelle mit dem Benutzer steuert ein Metaprozessor. Mit Hilfe dieser Maßnahme ist versucht worden, dem Prinzip des verteilten Problemlösens gerecht zu werden [7].

Im folgenden werden Unzulänglichkeiten, mit denen die verwendete Betatest-Version von Babylon noch behaftet ist, kurz erläutert.

Schon bei den ersten Handhabungsversuchen mit Babylon stellt sich als Manko ein Mangel an Informationen über den Babylon-Systemzustand heraus. Es ist in Babylon nicht möglich, etwas über die Konstellation des erstellten Expertensystems zu erfahren. Die Schwächen, die bei statischen Anwendungen wie Diagnosesystemen mit festem Konfigurationsraum und damit konstanter Anzahl von Instanzen nicht ins Gewicht fallen, machen sich bei dynamischen Anwendungen (und dynamisch erzeugten Objekten) bemerkbar. Es fehlt die Möglichkeit, Objekte zu erzeugen und zu löschen und diese temporäre Instanzen zu verwalten. Ein analoges Problem ergibt sich daraus bei der regelorientierten Repräsentationsform, die keine Variablen oder Parameter bei den Regeln und Regelpaketen zuläßt, und damit die Verarbeitung dynamischer Objekte ausschließt.

Bei Design-Systemen im allgemeinen und bei EXIST im speziellen ist aufgrund der unterschiedlichen Problemstellung der verschiedenen Anwendungen eine dynamische Verarbeitung unerläßlich. In der Endversion Babylons sollen die oben aufgeführten Mängel beseitigt sein; da diese Version zu diesem Zeitpunkt aber noch nicht zur Vefügung stand, erschien es sinnvoll, EXIST nicht in der Beta-Test-Version von Babylon, sondern in Babylon+ [5, 6], einer internen Weiterentwicklung auf der Basis von Babylon, zu implementieren.

2. 2 Babylon+

Die grundlegende Idee bei dem Entwurf von Babylon+ ist die Implementierung der neuen Konzepte mit Hilfe der erweiterten Babylon-

Konstrukte. Ein einheitlicher Aufbau der verschiedenen Bausteine, dynamische Verwaltung und Zugänglichkeit des Systemzustandes sind als vorrangige Ziele zu nennen. Außerdem zeigte sich nach den ersten Anwendungen die Notwendigkeit einer flexibleren Handhabung der regelorientierten Repräsentation. Letztere ist in einer Erweiterung der Regelmengen um Variablen und Parameter realisiert. Ein Klassenkonzept, das dem in Smalltalk [12] verwendeten ähnlich ist, dient als Grundlage der anderen verwendeten Konstrukte und ermöglicht somit eine objektorientierte Repräsentation, die nicht mit den Einschränkungen der Babylon-Frames behaftet ist.

Ein wesentlicher Vorteil des Klassenkonzeptes in Babylon+ ist die Eröffnung zusätzlicher Eigenschaften und Möglichkeiten der in Babylon passiven Frames als aktive Einheiten (Klassen) in Babylon+. Im Gegensatz zu den Frames in Babylon, deren Slots und Methoden nur über Instanzen zugreifbar sind, verfügen die Klassen in Babylon+ noch über eigene Slots und Klassenmethoden, die von den Klassen selbst ansprechbar sind. Dies erleichtert sowohl die Verwaltung als auch den interaktiven Umgang mit den Klassen, deren Methoden und Instanzen.

3. Entwurfs- und Implementationstechniken

3.1 Design-Systeme

Aufgrund der Problemstellung bei der innerbetrieblichen Layoutplanung ist die Charakterisierung eines Expertensystems für diese Aufgabenstellung als Design-System zulässig. Analoge Anwendungen ergeben sich zum Beispiel bei VLSI-Design-Systemen wie WEAVER [16] und MICON [8] oder anderen Anwendungen wie ROUTE-FINDER [17], deren Konzepte und Entwürfe hier ausschnittsweise behandelt werden.

Bei dem Versuch, die Struktur und Charakteristika der zu behandelnden Objekte zu formalisieren, ergibt sich bei allen Systemen das Problem der räumlichen Repräsentation der Objekte und der räumlichen Argumentation mit diesen. Vorzugsweise ist das Wissen über die Objekte in metrische Fakten einerseits und topologische Fakten andererseits unterteilt. Somit wird eine Trennung zwischen quantitativer Verarbeitung des metrischen Wissens und qualitativer Argumentation über die topologischen Beziehungen der Objekte erreicht.

Allen Systemen gemeinsam ist der Versuch, im Planungsprozeß die Aufgaben und Ziele in Teilaufgaben und Unterziele zu unterteilen und ausführen zu lassen. Die Planung wird somit als eine Methode gesehen, den Suchraum des Expertensystems durch gezielte Führung des Problemlösungsprozesses in Unterprobleme zu reduzieren. Da die Unterprobleme nicht unabhängig voneinander sind, wirkt sich eine isolierte Untersuchung dieser Teilaufgaben im allgemeinen negativ auf die Qualität der Endlösung aus [16]. Um dieser Abhängigkeit gerecht zu werden, sind die Architekturen der Systeme durch ein Task-Network [17] oder als Blackboard-Architektur [8, 16] realisiert.

Die drei wesentlichen Merkmale einer Blackboard-Architektur sind die Wissensquellen, die unabhängig voneinander Einträge in eine globale, strukturierte Datenbasis, das Blackboard, ausführen, sowie ein intelligenter Kontrollmechanismus, der die Steuerung der unterschiedlichen Wissensquellen übernimmt [14].

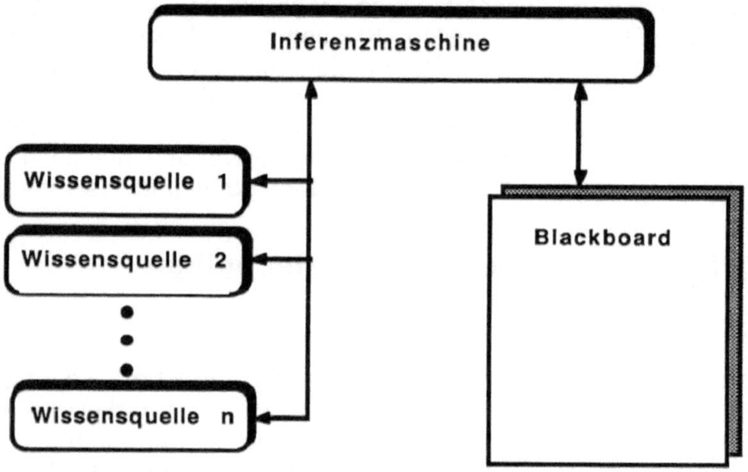

Abbildung 1: Blackboard-Architektur

Insbesondere diese Blackboard-Architektur eignet sich in hervorragender Weise für die Anforderungen eines Design-Systems. Die Vorteile liegen vor allen Dingen in der Integrationsmöglichkeit multipler Wissensquellen und verschiedener Problemlösungskomponenten. Die Möglichkeit, heuristische Methoden für die Auswahl dieser Quellen und Komponenten einzusetzen, sowie konkurrierende Ziele quasi-parallel zu verarbeiten, sind vergleichbar mit menschlicher Vorgehensweise bei der Problemlösung. Außerdem ist die Kontrolle durch den Benutzer mittels Interrupts einfach zu realisieren [15].

3. 2 EXIST-Objektbeschreibung

Die von EXIST verarbeiteten Komponenten des Layouts sind in einer Klassenhierarchie abgebildet, um so den verwandten Eigenschaften der Objekte gerecht zu werden. Mit Hilfe der Vererbungsmöglichkeiten der Klassenhierarchie lassen sich direkt und einfach die speziellen und gemeinsamen Charakteristika der zu behandelnden Objekte beschreiben.

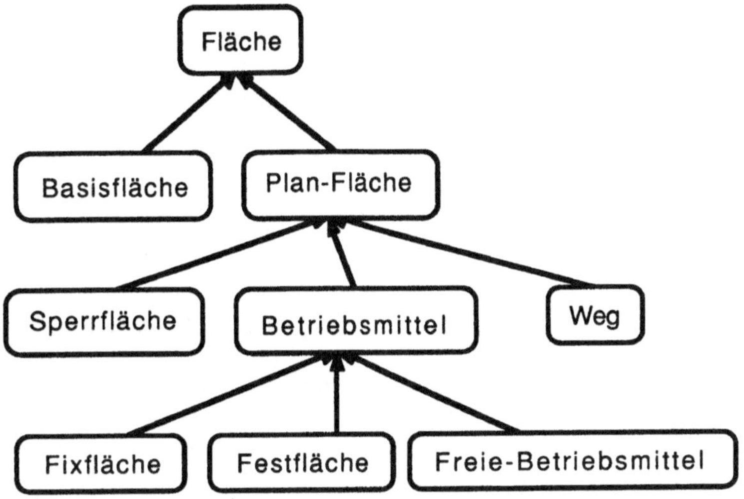

Abbildung 2: Klassenhierarchie der Objekte in EXIST

Die Klasse Fläche ist Superklasse aller weiteren genannten Klassen und enthält insbesondere die Beschreibung der metrischen Fakten und Eigenschaften eines Objektes. Eine Instanz der Klasse Basisfläche stellt den Standortträger dar, auf dem die Zuordnung realisiert wird. Sie unterscheidet sich somit von den restlichen Objekten, die alle auf dieser Basisfläche positioniert werden. Als Superklasse für zuzuordnende Objekte enthält die Klasse Plan-Fläche vor allen Dingen die Verwaltung der Nachbarschaftsbeziehungen zwischen den positionierten Flächen und deren relativer Lage zueinander. Die Klasse Sperrfläche beschreibt Flächen auf der Basisfläche, die für die Anlagerung der Betriebsmittel nicht zugänglich sind (z. B. Stützkonstruktionen, Treppenhäuser oder Böden mit zu geringer Tragfähigkeit).

Sämtliche Objekte, die in dem Layout als Transportwege benutzt werden, sind Instanzen der Klasse Weg.

Vorrangiges Ziel der Anwendung ist die optimale Zuordnung der Betriebsmittel, die in qualitativer und quantitativer Beziehung zueinander stehen. Diese Abhängigkeiten ergeben sich aus dem Materialfluß oder den Sympathie- und Antipathiebeziehungen, die durch einen Zugriff auf gleiche Ressourcen oder eine gegenseitige negative Beeinflussung hervorgerufen werden.

Die einzelnen Ausprägungen der Betriebsmittel lassen sich hinsichtlich ihrer Restriktion bezüglich der Positionswahl unterscheiden in Objekte mit fester Position (Fixfläche), Objekte mit eingeschränkter Positionswahl (Festfläche, das heißt Flächen, die in einem bestimmten Bereich angeordnet werden müssen) und Objekte ohne Lage-Restriktionen (Freie-Betriebsmittel).

3. 3 Flächenbeziehungen

Ein wichtiges Problem bei der computergestützten Layoutplanung ist die Darstellung der zu behandelnden Objekte und damit auch die Repräsentation der Positionierung der Flächen auf eine Basisfläche. Die Rasterung in herkömmlichen Verfahren, die die Basisfläche und sämtliche anderen Flächen aus Rastereinheiten zusammensetzen, bringt den Nachteil einer unpräzisen Darstellung mit sich und impliziert einen großen Aufwand bei der Zusammensetzung der Freiräume.

In EXIST können die Objekte beliebige Maße erhalten und ihre Position auf der Basisfläche sind mit Hilfe von Koordinaten bestimmt. Die objektorientierte Repräsentation erlaubt es, auf die komplizierte Generierung von Freiräumen zu verzichten und jedem Objekt das Wissen über seine individuelle Umgebung zuzuordnen.

Um das Wissen über diese Umgebung eines Objektes beschreiben zu können, ist eine formale Repräsentation der Nachbarschaftsbeziehungen und der relativen Lagen der Flächen untereinander notwendig. Die Verarbeitung dieser Nachbarschaftsbeziehungen ist ein wesentliches Merkmal des Zuordnungsproblems von Betriebsmitteln auf einer Basisfläche. Eine Darstellung der Beziehungen als Relationen entstand aus einer Theorie über die Zeitbeziehungen von James F. Allan [1, 2, 3]. Die Relationen, die Allan für das eindimensionale Problem der Zeitbeziehungen aufgestellt hat, lassen sich auf die zweidimensionale Anwendung der Flächenbeziehungen übertragen. Der Ausschluß bestimmter Beziehungen aufgrund der Problemstellung (z.B. ist in der

Layoutplanung keine Überlappung von Flächen vorgesehen) ermöglicht die Zusammenfassung verschiedener Beziehungen zu Nachbarschaftsbereichen, für deren Beschreibung lediglich vier Relationen benötigt werden.

Zunächst ist es notwendig, die Fläche eines Objektes auf einen Bezugspunkt in der Basisfläche zu reduzieren, um den Ursprung für ein orthogonal geteiltes Feld mit vier Nachbarschaftsbereichen zu schaffen. Dieser Bezugspunkt ist die linke untere Ecke einer Fläche, also der Flächenpunkt mit den kleinsten x- und y-Koordinaten.

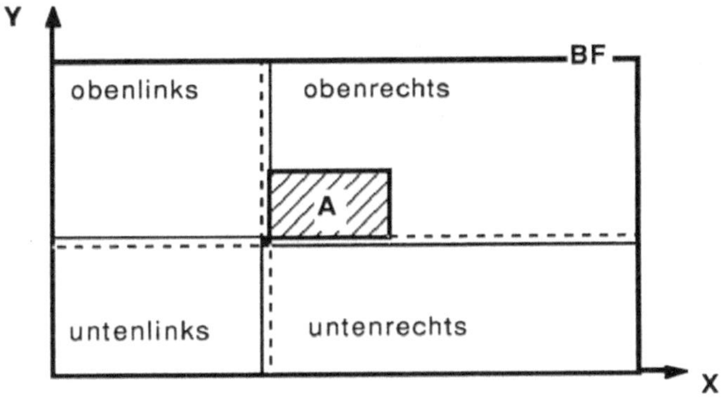

Abbildung 3: Nachbarschaftsrelationen

Für die Relationen gelten nun folgende Beziehungen:

1. Fläche A (hat Nachbarn) **obenrechts** B <=> ($X_A \leq X_B$) und ($Y_A < Y_B$)
2. A **untenrechts** B <=> ($X_A < X_B$) und ($Y_A \geq Y_B$)
3. A **untenlinks** B <=> ($X_A \geq X_B$) und ($Y_A > Y_B$)
4. A **obenlinks** B <=> ($X_A > X_B$) und ($Y_A \leq Y_B$)

Folgende Relationen sind invers zueinander:
A obenrechts B <=> B untenlinks A
A obenlinks B <=> B untenrechts A

Außerdem sind alle Relationen transitiv, es gilt also für **Rel** aus {obenrechts, obenlinks, untenrechts, untenlinks}:
A **Rel** B und B **Rel** C => A **Rel** C

Dieses Verhalten verringert erheblich den Aufwand bei der Verwaltung der Nachbarschaftsbeziehungen, da nun für eine Fläche lediglich die direkten Nachbarn von Interesse sind.

Aufgrund der geschilderten Relationen kennt nun jede positionierte Fläche ihr Umfeld und ihre direkten Nachbarn. Dieser Tatbestand ist ein wesentlicher Bestandteil der auf dem Blackboard liegenden Struktur und erleichtert die Analyse der bestehenden Layoutkonfiguration.

3. 4 EXIST-Blackboard-Architektur

Wie sich die in 3.1 aufgeführten Erkenntnisse in der Struktur der EXIST-Architektur niederlegen, zeigt eine schematische Darstellung in Abbildung 4.

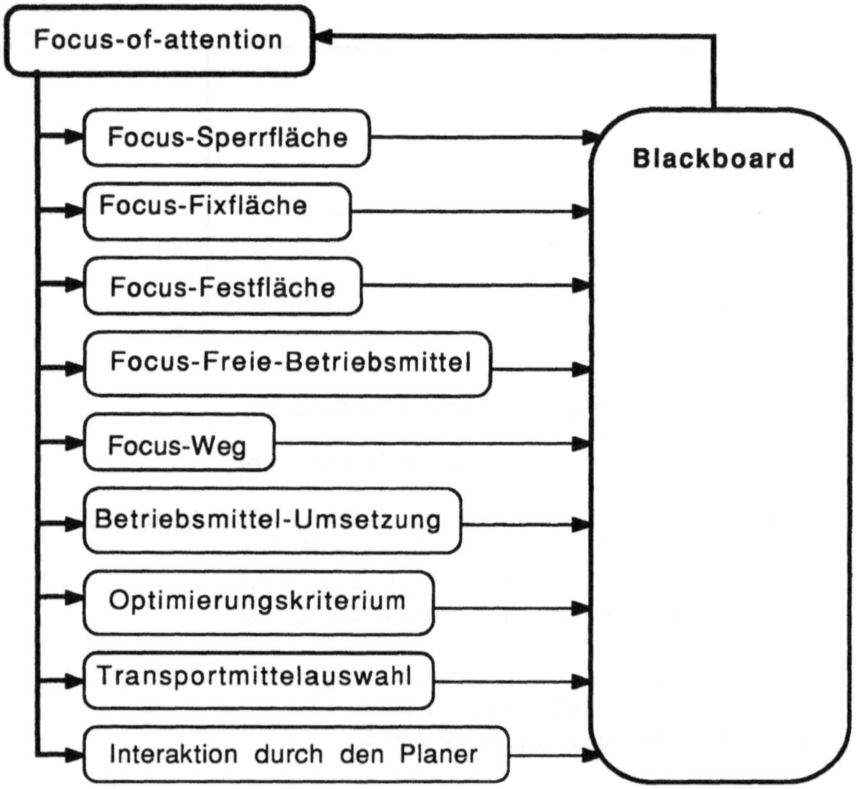

Abbildung 4: Architektur von EXIST

Das Blackboard enthält die Darstellung der zu behandelnden Objekte und somit die Verwaltung der Nachbarschaftsbeziehungen einschließlich der Verarbeitung der Relationen. Zusätzlich existieren noch Planungshilfsmittel, wie eine Materialflußmatrix und eine Transportmittelmatrix, die ein Planer zur Unterstützung seiner Planungsentscheidung benutzt. Damit ist auf dem Blackboard die gesamte Konstellation der aktuellen Problemstellung beschrieben.

Die Klasse Focus-of-attention repräsentiert den wissensbasierten Kontrollmechanismus, der aufgrund einer Analyse der Layoutkonfiguration und der Blackboard-Struktur eine Komponente auswählt und aktiviert. Für die Analyse werden Regelpakete verwendet, um den Vorteil einer leichten Änderbarkeit und Erweiterbarkeit durch Hinzufügen neuer Regeln zu nutzen und einer datengetriebenen Selektion der Wissensquellen gerecht zu werden. Außerdem steht, über die Regeln in Babylon, dem Benutzer in eingeschränktem Maße eine Erklärungskomponente zur Verfügung, die das Verständnis über den Problemlösungsweg erweitert.

Die einzelnen Wissensquellen repräsentieren die unterschiedlichen, teilweise sich konkurrierenden Zielsetzungen und arbeiten die verschiedenen Unterprobleme der Gesamtaufgabenstellung ab. Die Verarbeitung der Abhängigkeiten dieser Wissensquellen geschieht integriert mit der Analyse des Blackboards in der Klasse Focus-of-attention. Die Selektion einer Wissensquelle ist somit von der aktuellen Konstellation des Layouts abhängig. So existieren zum Beispiel Transportmittel, die eine Gruppierung von Betriebsmitteln erforderlich machen, und somit die Umsetzung bereits positionierter Betriebsmittel und die Erzeugung eines zusätzlichen Weges nach sich ziehen. Die Auswahl des Optimierungskriteriums ist abhängig von den Beziehungen der noch zu positionierenden Flächen, so daß nach jeder Anlagerung überprüft werden muß, ob ein Kriterium geändert werden soll oder nicht.

Neben den Komponenten, die für die verschiedenen Unterprobleme installiert sind , existiert noch die Möglichkeit für den Planer, individuelle Planungsmaßnahmen über ein Interaktions-Konzept einzubinden.

4. Ausblick

Bei der in Abbildung 2 dargestellten Objekthierarchie sind bis auf die Wege und Festflächen sämtliche Klassen mit ihren Eigenschaften implementiert. Insbesondere existieren die für die Anlagerung von Planflächen wichtigen Nachbarschaftsrelationen und Methoden zur Positionierung, die auch auf die fehlenden Klassen ohne Einschränkungen anwendbar sind.

Außerdem fehlen noch einige Komponenten der in Abbildung 4 aufgeführten Architektur, da es sinnvoll erschien, zunächst einige Klassen vollständig zu implementieren, um ihre Anwendbarkeit zu testen.

Schließlich beschränkt sich die Auswahl der Optimierungskriterien bisher auf den Materialfluß und Sympathie- bzw. Antipathiebeziehungen zwischen Betriebsmitteln und Basisfläche einerseits und zwischen verschiedenen Betriebsmitteln andererseits.

Bei der Weiterentwicklung der EXIST-Architektur sind wichtige Erkenntnisse über den sinnvollen Einsatz einer Blackboard-Architektur in einem Design-System zu erwarten. Erste ermutigende Resultate zeigen, daß das Expertenwissen auf diese Art adäquat dargestellt und verarbeitet wird. Vor allen Dingen lassen die Einbindung des Wissens über optimale Transportmittel und eine größere Zahl verschiedener Optimierungskriterien noch eine Steigerung der Lösungsqualität erwarten. Die Berücksichtigung der unterschiedlichen Transportmittel setzt allerdings die Existenz eines Wegenetzes voraus und impliziert damit die Implementation der Klassen Focus-Weg und Weg (vgl Abb. 2 und 4).

Die Eingangs gestellte Frage, ob sich ein Expertensystem für die innerbetriebliche Standortplanung lohnt, kann aufgrund der ersten Erfahrungen grundsätzlich positiv beantwortet werden.

Es zeigt sich, daß sich das Wissen eines Experten geeignet formalisieren läßt. Insbesondere die Verarbeitung konkurrierender Ziele erweist sich als realitätsnah und vergleichbar mit menschlicher Vorgehensweise. Die Zahl der Restriktionen und Ziele, die das System verarbeiten kann, sowie die Möglichkeit der Erweiterbarkeit der Wissensbasis durch einfache Eingabe neuer Regeln im Diagnoseteil (Focus-of-attention) bieten eine universelle Anwendung bei gleichzeitig realistischer Lösung.

Erste Anwendungsversuche mit Planern zeigen, daß zudem die Interaktivität und damit die Einbindung des Planers in den Planungsprozeß des Systems zu einem konstruktiven Ergebnis führen.

Literatur

[1] Allan, J. F.: Maintaining Knowledge about Temporal Intervalls
aus: communications of the ACM, Vol. 26, Bd 2, 1983 S. 832 - 843

[2] Allan, J. F.: Towards a General Theory of Action and Time
aus: AI, Vol. 22/23, 1984 S. 123 -154

[3] Allan, J. F. und Hayes, P. J.: A Common Sense Theory of Time
Technical Report Computer Science,
Dept. University of Rochester 1985

[4] Baur, K.: Betriebsmittelzuordnung bei der Fabrikplanung
Mainz 1972

[5] Bernemann, Stefan: Babylon+ Benutzerhandbuch
Interner Bericht Nr. ITW-KI 86-2,
Fraunhofer-Institut für Transporttechnik und Warendistribution,
Dortmund 1986

[6] Bernemann, Stefan und Kloth, Matthias: Babylon-Abschlußbericht
Interner Bericht Nr. ITW-KI 86-3,
Fraunhofer-Institut für Transporttechnik und Warendistribution,
Dortmund 1986

[7] Bungers, D. und Brewka, G.: Babylon
aus: computer-magazin Sept. 1985 S. 48 - 53

[8] Birmingham, W. P. und Siewiorek, D. P.:
MICON, a Knowledge Based Single Board Computer Designer
aus: IEEE 21st Design Automation Conf. 6/1984, S. 565 - 571

[9] Burkard, R. E.: The Asymptotic Probabilistic Behaviour of
Quadratic Sum Assignment Problems
aus: ZfOR 23 1979 S. 73 - 81

[10] diPrimio, Franko: Babylon as a Tool for Building Expert Systems
Proc. GI-Kongreß Wissensbasierte Systeme 1985

[11] Dolezalek, C. M. und Warnecke, H. J.: Planung von Fabrikanlagen
Berlin, Heidelberg, New York 1981

[12] Goldberg, A. und Robson, D.:
Smalltalk 80, the Language and its Implementation
Xerox Corp., Palo Alto 1983

[13] Hardeck, W. und Nestler, H.:
Aus der Praxis der Layoutplanung mit EDV
aus: Werkstattstechnik 1974, S. 95 - 99 und S. 222 - 224

[14] Hayes-Roth, Barbara: The Blackboard Architecture
- a General Framework for Problem-Solving
Heuristic Programming Project, Stanford Univ., Mai 1983

[15] Hayes-Roth, Barbara: A Blackboard-Architecture for Control
aus: AI 26 , 1985 S. 251 - 321

[16] Joobbani, R. und Siewiorek, D. P.:
WEAVER, a Knowledge Based Routing Expert
aus: IEEE 22nd Design Automation Conference 1985, S. 266 - 272

[17] McDermott, D. und Davis, E.:
Planning Routes through Uncertain Territory
aus: AI 22 1984 S. 107 - 156

[18] Moszyk, U.: Entwurf und Implementation eines Systems zur Optimierung von Zuordnungsproblemen in Flächen bei mehrdimensionaler Zielfunktion am Beispiel der Betriebslayoutplanung
Dipl.-Arbeit Univ. Dortmund 1986

[19] Wäscher, G.: Innerbetriebliche Standortplanung
Wiesbaden 1982

[20] Warnecke, H. J. und Dangelmeier, W.:
Layoutplanung - Stand der Technik
aus: OR-Spektrum 3 1981 S. 1 - 20

Matthias Kloth
Fraunhofer-Institut
für Transporttechnik und Warendistribution
Emil-Figge-Straße 75
4600 Dortmund 50

PROCESS MODELING AND SIMULATION WITH PEPS

Werner Dilger, Andreas Espen, Felix Schuck
Fraunhofer-Institut für Informations- und Datenverarbeitung, Karlsruhe

Abstract: PEPS is an expert system for the modeling and simulation of technical processes, whose knowledge has the features that it is gained mainly by experiments, consists out of both, quantitative and qualitative data, and depends often on estimations of experts. This is demonstrated by means of the automatic welding process. For the representation of this kind of knowledge, in the system PEPS quasi-quantitative values and plausibility estimations are used. Processes are defined by their parameters and rule sets assigned to them and by influences between the parameters. Elementary processes can be aggregated to larger ones.

1 Introduction

For about 8 or 10 years, efforts were made by several researchers to develop new devices in order to represent and reason upon technical systems and processes in the framework of expert systems. These researchers felt, that the MYCIN-techniques for knowledge representation and processing were too weak to be applied to dynamic systems, e.g. technical systems. The new field of research that was opened up to overcome the shortcomings of the MYCIN approach is called "qualitative reasoning". There are two main directions of research in this field, the component oriented description and the process oriented description of technical systems. In the first one, established by de Kleer [4], a technical system is conceived as composed of a number of elements, the components, and it is assumed that the behavior of the whole system can be derived from that of the components with regard to their composition. In the second one, established by Hayes and Forbus [5,6,7], processes, conceived as entities that change parameter values and even the topology of a technical system, are the basic elements of description.

The component oriented approach seemed to be the more attractive one, because a number of researchers tried to apply it, mainly to circuit design and diagnosis [2,3,11,12], and only little work was done in the lines of the process oriented approach. In industrial production however, there is a lot of things going on that can't be adequately described as the behavior of a system composed of components, rather the concept of the process is more appropriate. We have choosen such a part of a production process, namely automatic welding, and modeles it, following the principles of qualitative reasoning. However, when examining the available material and inquiring an expert, it turned out that Forbus' process definition was not helpful for us as it stands. This is due to tha rather vague and fragmentary knowledge that is available about automatic welding. Therefore we had to pay attention to the problems arising from this fact.

In the second section of this paper, automatic welding is described along with the requirements of the welding experts to an expert system for the simulation of this process, and the special features of the description of the welding process in the literature are recorded. These features seem to be typical for a whole class of processes, of which automatic welding is an instance, and they are therefore reformulated on a more general level in section 3. In section 4, the way of qualitative reasoning in the system PEPS is described. Finally, section 5 gives the definition of processes and aggregations of processes.

2 The automatic welding process

The usual method of automatic welding is the GMA welding, shown in figure 1. There, an arc is inflamed between two electrodes if the voltage is high enough. One of the electrodes is a melting electrode that is pushed forward out of the welding torch with constant speed, the other is the workpiece. The arc melts the top of the wire and some region on the workpiece and transports melted material from the wire to the workpiece. A special gas shielding is used to prevent the melted metal from oxidation. It can consist of carbon dioxyde or a mixture containing argon.

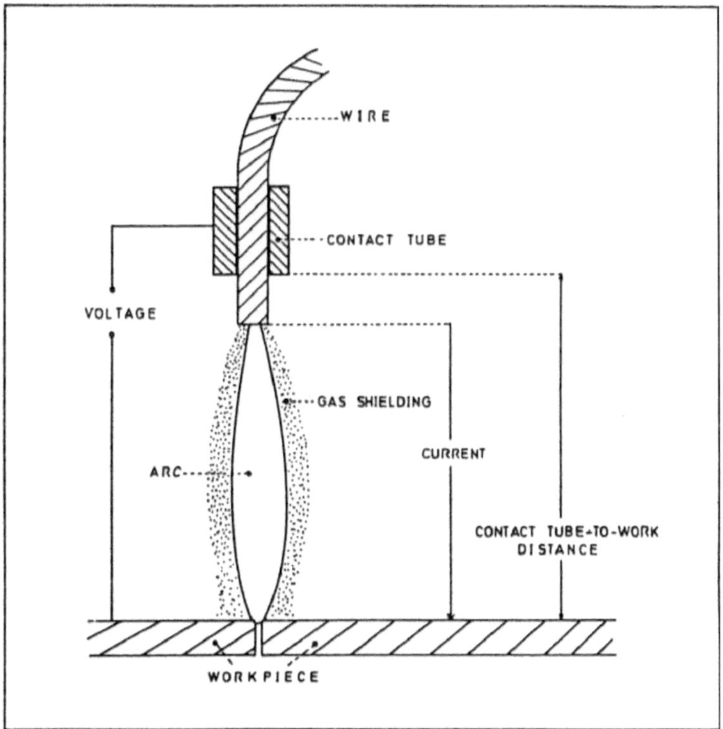

Figure 1: The automatic welding process

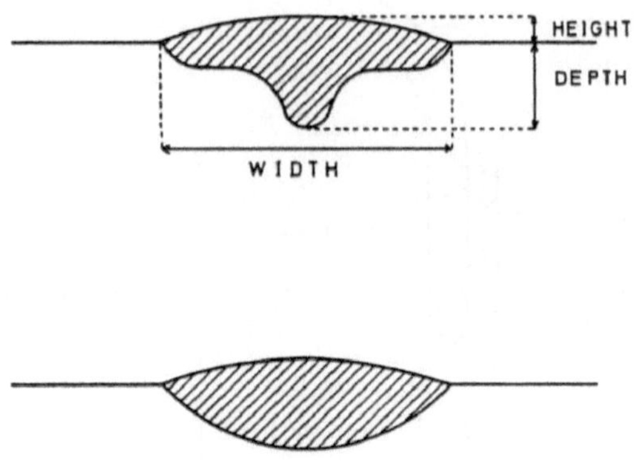

Figure 2: Two welding seam profiles; one V-shaped with wide rim (top) and one U-shaped (bottom).

The result of the welding process is a welding seam on the workpiece, which may have different profiles, e.g. those shown in figure 2, and different qualities, depending on a number of parameters that can be manipulated by the welding expert. These parameters are the composition of the gas shielding, diameter of the wire, speed of the wire, voltage, torch distance, torch position in relation to the workpiece, thickness of the workpiece, form and width of the gap between the two parts of the workpiece that are welded together, welding position (e.g. upward, downward), and welding speed.

The information about the influences of the adjustable parameters on the resulting parameters (concerning the welding seam) is partly encoded in "welding data tables" and partly in rules. An entry in a welding data table is an n-tuple of values, one for each of the adjustable and resulting parameters. Thus, a welding data table can be conceived as a partial mapping from the adjustable to the resulting parameters. However, the domain of this mapping consists only of a finite set of single points in the m-dimensional space of adjustable parameters, and the gaps between these points are more or less large

The rules, on the other side, are given verbally and are qualitative in nature, because in general they don't relate exact values of parameters. Some examples of rules are:

"The melting-off efficiency is proportional to the wire diameter and the wire speed."

"The welding seam volume is inverse to the wire speed."

"If the gas shielding is rich of argon and the welding speed is higher than 40 cm/min, then the welding seam has a U-shaped profile."

All these informations, the rules as well as the welding data tables, are achieved by experiments, and can be found in [1,8,9].

Obviously, these kinds of knowledge sources cause some problems. How to use the welding data tables which give only sparse information? How to deal with the qualitative information of the rules? How to integrate quantitative and qualitative information in the welding data tables and rules respectively? However, things get even more complicated. It is impossible to give a closed physical model of the welding process, because the knowledge about it is rather fragmentary. The influences of adjustable parameters on resulting parameters can be hardly quantified. The experts know that the adjustable parameters have different influence rates on the resulting parameters, but they can only estimate these rates according to practical experience, and, as is pointed out in [10], different experts give different estimations.

What the welding experts originally expected from a system modeling the automatic welding process, was the computation of optimal values of the adjustable parameters, starting from a particular result, i.e. welding seam. However, when inspecting the material, it turned out that this was impossible with the available information, because it is too fragmentary. Instead, the system PEPS that has been implemented, is a tool by which the expert may experiment in order to refine and increase the knowledge at hand. This is explained in section 4 in more detail.

3 Processes described by experimental knowledge

It is hard to believe that the welding process is the only process with the features described in section 2. Rather, it can be assumed that it is just an instance of a class of processes of the same type. Abstracting from the observations we made within the welding process, the main features of this process class can be described as follows.

Experimental knowledge.

The bulk of the knowledge about a process is achieved by experiments, basic physical knowledge is used only to a minor amount. A closed physical model of the process with clearly defined causal relationships between the process parameters does not exist.

Quantitative and qualitative knowledge.

If a process has n parameters, some points in the n-dimensional parameter space can be determined exactly by experiments. These are quantitative data. But even if the number of entries in the data tables is large, they only define single points in the parameter space and nothing is known about the regions surrounding them. In most cases however, it can be expected that experiments yield still more information which tells us something about trends in the change of parameter values and influences of parameters on others in qualitative terms. This part of the knowledge is usually represented as rules, as in the description of the welding process.

Estimations on the plausibility of the knowledge.

The qualitative part of the knowledge achieved by experiments is open for interpretations when the relationships between the parameters are not or cannot be exactly specified. In this case, the plausibility of the qualitative propositions can be estimated by experts in different ways. They do so on grounds of their experience. This is another knowledge source which yields some kind of meta-level knowledge.

4 Qualitative reasoning in the system PEPS

The central one of the problems mentioned in section 3 is the combination of quantitative and qualitative values. In PEPS (plausibility estimating process simulator), a compromise is made between both. For each parameter it is assumed that its possible values have an upper and a lower bound. Its qualitative value space is subdivided into n segments of equal length, called "increments". Thus the values of the parameters are in fact qualitative, but they tend to be quantitative. Therefore, they can be called "quasi-quantitative". For n we have arbitrarily chosen the value 100, the idea is to make a rather fine subdivision. The interval of really quantitative values between the upper and lower bound of a parameter is mapped on the quasi-quantitative value space of the parameter in a natural way. Using this mapping, the exact parameter values available from the data tables can be easily assigned to quasi-quantitative values. Thus the transition from quantitative to qualitative values causes no problems.

However, the transition in the opposite direction, or to

be more precise: from the qualitative values available from the rules to the quasi-quantitative values, is not so easy. The parameter values occuring in the rules are really qualitative, i.e. only a small number of values is specified, and, regarding them as representing any intervals on the real line, they usually represent intervals of different lengths. Mappings like in the first case cannot be defined. Assignments of qualitative to quasi-quantitative values must therefore be viewed as assumptions. The user of PEPS has to make such assumptions, and they have the form of "proportionality factors" (arbitrary values) and of "plausibility values" (PV; ranging between 0.1 and 1). In addition, he/she has to define those parameters that have any influences on others. The rules provided with such assumptions therefore form some hypothetical part of the knowledge. By experiments the borderline between the certain knowledge and the hypothetical knowledge can be pushed forward in favor of the certain part. This is illustrated in figure 3. In the beginning, almost all rules are hypothetical. By experiments, they get more and more certain and are eventually modified.

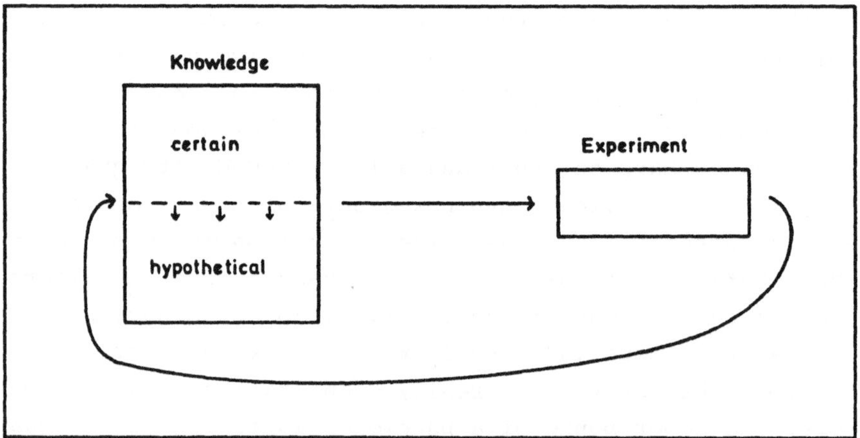

Figure 3: Increasing the certain knowledge by experiments.

The following example demonstrates the use of proportionality factors and plausibility values. Take the first rule mentioned in section 2:

"The melting-off efficiency is proportional to the wire

diameter and the wire speed."

In the literature, four specializations of this rule (among others) can be found:

(1) IF wire-diameter = 8 AND wire-speed = 1
THEN melting-off-efficiency := 2.36
(PV = 1)

(2) IF wire-diameter = 8 AND wire-speed = 6
THEN melting-off-efficiency := 2.36 * 6
(PV = 1)

(3) IF wire-diameter = 12 AND wire-speed = 1
THEN melting-off-efficiency := 5.32
(PV = 1)

(4) IF wire-diameter = 12 AND wire-speed = 6
THEN melting-off-efficiency := 5.32 * 6
(PV = 1)

All these rules are assumed to be certain, therefore the PV 1. Rules (1) and (2) and rules (3) and (4) respectively can be merged together by an obvious generalization. This yields the rules (5) and (6):

(5) IF wire-diameter = 8
THEN melting-off-efficiency := 2.36 * wire-speed
(PV = 0.8)

(6) IF wire-diameter = 12
THEN melting-off-efficiency := 5.32 * wire-speed
(PV = 0.8)

Rules (5) and (6) are more general in so far as they claim to hold for arbitrary wire-speeds. We are not quite sure about this fact, therefore the PV 0.8. Now rules (5) and (6) can be merged into rule (7), generalizing the wire-diameter:

(7) IF wire-diameter > 4.8
THEN melting-off-efficiency := (wire-diameter - 4.8) *
0.74 * wire-speed
(PV = 0.5)

This rule represents a linear extrapolation of the values in the first and second interpretation. However, we are less sure about the plausibility of this rule, because a better extrapolation might be some curve through the two points marked by (5) and (6).

If rule (7) is used for a number of process simulations, this will yield a set of values of the resulting parameters. The results may be proved by experiments and as a consequence, the plausibility value of (7) will be increased or decreased. If it has to be decreased, the user may modify the rule in order to get better results.

In general, we distinguish two types of rules, reflexive and non-reflexive ones, depending on the action part of the rule. This part consists of a value assignment to a parameter p of the form p := f(q1,...,qm). If $p \in \{q1,\ldots,qm\}$, the rule is called reflexive, otherwise non-reflexive. A set of rules R = {r1,...,rn} is called non-reflexive, if each ri is non-reflexive (i = 1,...,n), otherwise it is called reflexive. If s is a rule or a parameter, PV(s) is its plausibility value. If a rule r has an action part of the form p := f(q1,...,qm), then AV(q1,...,qm) is the average of the plausibility values of q1,...,qm, i.e.

$$AV(q1,\ldots,qm) = \sum_{i=1}^{m} PV(qi) \; / \; m$$

Assume the assignment p := f(q1,...,qm) is the action part of rule r and p_Old is the value of p before and p_New the value of p after evaluation of the rule. Then the plausibility value of p is computed by the following function:

$$PV(p) = \begin{cases} PV(r) * AV(q1,\ldots,qm) & \text{if } r \text{ is non-reflexive} \\ \dfrac{p\_Old * PV(p) + |p\_New - p\_Old| * PV(r) * AV(q1,\ldots,qm)}{p\_Old + |p\_New - p\_Old|} & \text{if } r \text{ is reflexive} \end{cases}$$

Notice that p_New has already been computed when the new plausibility value of p is determined. The idea behind the definition of PV(p) in the reflexive case is to let PV(p) depend on the PV's of the influencing parameters only to some degree that is determined by the rate of change of the value of p.

The rules themselves are processed in the following way: If an influencing parameter qi changes its value by k increments, then k is taken as a measure for the speed of change, i.e. as the value of the derivative of qi w.r.t. time. The rule set assigned to a parameter p that is influenced by qi, is then evaluated k times. Take as an example the rule set consisting of (8) and (9):

(8) IF B > 30 AND A ≥ 0 THEN B := B + 0.4 * A

(9) IF B ≤ 30 AND A ≥ 0 THEN B := B + 0.5 * A

and assume that the value of A is 10, the value of B is 20, A influences B and A rises by 10 increments. Then the value of B is computed as follows:

B_New = B_Old + 0.5*11 + 0.5*12 + 0.4*13 + ... + 0.4*20
= 84.3

We have used the same scale of increments for the parameters and their derivatives in this example for simplicity. In general, there may be used different scales, and then the change of the parameter value has to be mapped on the scale for the derivative values by an appropriate function.

5 Definition of processes

Processes are defined on the set of process parameters. A process parameter is a triple

p = (v, pv, R)

where v is the quasi-quantitative value of p, pv its plausibility value, i.e. pv = PV(p), and R a rule set assigned to p. By the rule set, the value v is computed if some of the influencing parameters change their values, as it is described in section 4. At the same time, pv is computed with each rule evaluation by the function PV, defined in section 4.

A process P is a directed graph

P = (PAR, E)

where PAR is a set of process parameters and E ⊆ PAR×PAR.

For (p,q) ∈ E, we say that p influences q and q is influenced by p. If a node has no ingoing edge, it is called an inport, if it has no outgoing edge, it is called an outport. Figure 4 shows an example of a process.

Aggregates are composed of modules, which are themselves aggregates or processes. A set of modules $\{M1,\ldots,Mn\}$ is composed to an aggregate by identifying some of the outports with some of the inports of the modules in such a way, that each inport is identified with at most one outport. After this identification step, some of the free inports and outports are defined as inports and outports respectively of the aggregate. Notice that some of the free inports and outports may remain free in the aggregate

PEPS is implemented in LOOPS on a Siemens EMS machine. Figure 5 shows the configuration of PEPS. The communication with the system is graph based, only for the rules verbal input is needed. The graphical I/O-routines handle standardized gauges for the quasi-quantitative parameter values. This is sufficient for the simulation of all types of processes that can be represented in PEPS. If the user wants to implement more comfortable I/O-routines, perhaps including a special graphical representation of the process and its parameters, he/she can make use of the special interface for user defined I/O-functions. In addition to its comfortable operating surface, PEPS is able to accept actual values from a really running process on a techni-

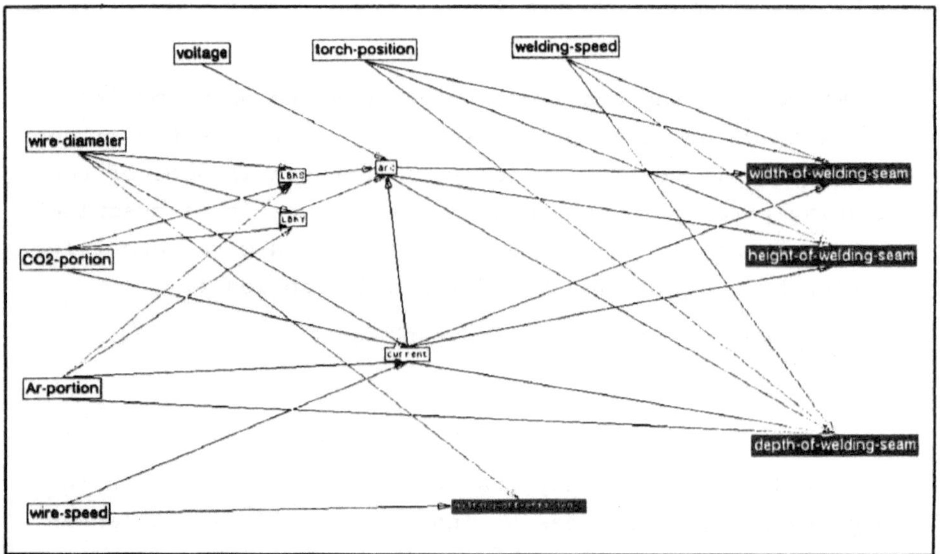

Figure 4: The welding process represented in PEPS.

cal system and to output commands for the change of adjustments in the system.

The process graph is constructed in PEPS in an interactive manner by means of the process definition component. First, the parameters and the influences between them are specified. Then, to each parameter (i.e. node) a set of rules is assigned. For both steps special editors are available. The graph is processed breadth-first, starting from the nodes with no ingoing edge, i.e. the adjustable parameters. Evaluation of a node means evaluation of its rule set. One of the rules with the best PV and whose condition is satisfied (usually, this is exactly one rule) is applied. A free inport causes a request for a value to the user.

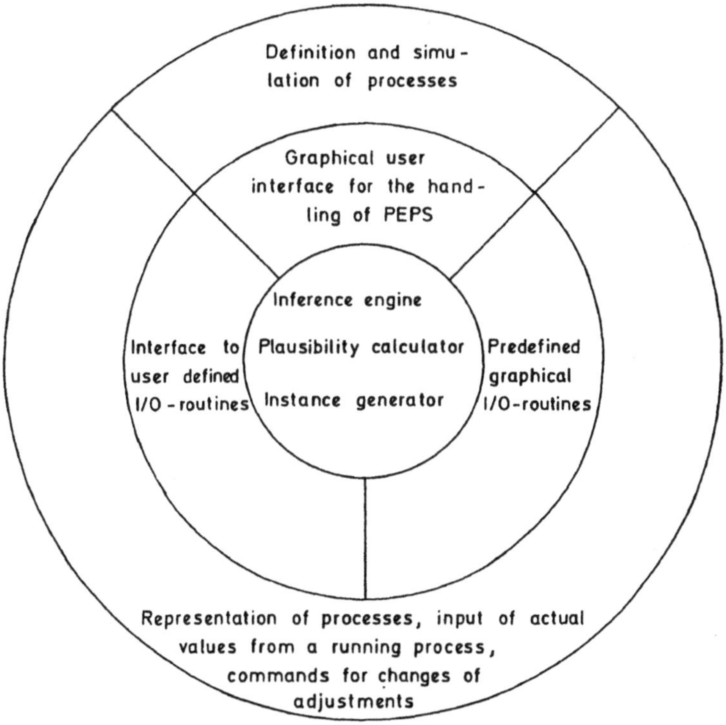

Figure 5: The configuration of PEPS.

6 Conclusion

We have described the expert system PEPS, that is aimed to model and simulate processes of a certain type. These processes have the property that the knowledge about them is achieved by experiments, is composed of quantitative and qualitative data, and is subject to plausibility estimations. The automatic welding process is an instance of this type of processes.

Some interesting problems are left open. For example, if the data tables are stored in a data base, the valuation of the result of a deduction could be done automatically. For this purpose, small surroundings of the data table entries, conceived as points in the n-dimensional parameter space, should be defined, and if the values of the adjustable parameters from which the deduction starts together with the derived values of the resulting parameters - forming another point in the parameter space - fall into one of these surroundings, then the result, the rules used in the deduction, and the assumptions can be estimated as good. If they do not, some of the assumptions could be retracted and replaced with others. To avoid a completely new deduction in this case, starting from the scratch, a reason maintenance system would be useful.

Another open problem is time. There is no representation of time in PEPS, though this seems to be necessary when processes are aggregated. The idea to incorporate time representation in PEPS will lead to a more detailed process definition on the whole.

7 References

[1] Aichele, G.; Smith, A. A.: MAG-Schweißen. Düsseldorf: Deutscher Verlag für Schweißtechnik 1975

[2] Barrow, H. G.: VERIFY: A program for proving correctness of digital hardware design. AI 24 (1984) 437-491

[3] Davis, R.: Diagnostic reasoning based on structure and behavior. AI 24 (1984) 347-410

[4] de Kleer, J.; Brown, J. S.: A qualitative physics based on confluences. AI 24 (1984) 7-83

[5] Forbus, K. D.: Qualitative process theory. AI 24 (1984) 85-168

[6] Hayes, P. J.: Naive physics I: Ontology of liquids. In: Hobbs; Moore (eds.): Formal theories of the commonsense world. Norwood, New Jersey: Ablex Publishing Corporation 1985. - Ablex Series in Artificial Intelligence, vol. 1, 71-107

[7] Hayes, P. J.: The naive physics manifesto. In: Michie (ed.): Expert systems in the microelectronic age. Edinburgh: Edinburgh University Press 1979, 242-270

[8] Knoch, R.: Schweißkennwerte für das MAG-Schweißen. Düsseldorf: Deutscher Verlag für Schweißtechnik 1985

[9] Munske, H.: Handbuch des Schutzgasschweißens. Düsseldorf: Deutscher Verlag für Schweißtechnik 1975

[10] Schellhase, M.: Der Schweißlichtbogen - ein technologisches Werkzeug. Düsseldorf: Deutscher Verlag für Schweißtechnik 1985

[11] Voß, H.: Representing and analyzing time and causality in HIQUAL models. Ph. D. Dissertation, Kaiserslautern: Universität Kaiserslautern 1986

WISSENSBASIERTE SUCHE IN PROJEKTBIBLIOTHEKEN

Michael Wachter, ESG Elektronik-System-Gesellschaft mbH

ZUSAMMENFASSUNG:

Zukünftige computergestützte Entwicklungswerkzeuge sollten die Möglichkeit beinhalten, die in bereits abgeschlossenen Projekten erarbeiteten Ergebnisse in stärkerem Maß zu nutzen, als das heute üblich ist. Dazu ist es nötig, Ähnlichkeiten zwischen Produkten und Produktteilen festzustellen. Die Entwicklung eines Projektadvisors mit dieser Eigenschaft kann mit wissensbasierten Techniken vereinfacht werden. Unsere Erfahrungen mit einem einfachen Prototypen zeigen, daß unmittelbarer Zugriff zu den Projektbibliotheken der abgeschlossenen Projekte nötig ist.

SCHLÜSSELWÖRTER: Software Engineering, Prototyping, Auskunft, Kopplung mit konventioneller Datenverarbeitung

1. EINLEITUNG

Nach dem Einsatz von wissensbasierten Techniken, insbesondere von Expertensystemen, in Anwendungsgebieten der EDV, wie medizinischer Diagnose, Sitzplatzreservierung und Ölsuche dringen diese Techniken zunehmend in die EDV selbst vor, mit dem Ziel einer Verbesserung des System Engineering. Die in den Firmen vorhandenen Erfahrungen sollen stärker genützt werden, Mehrfachentwicklungen sollen vermieden und der Wissensstand der Firmenmitglieder vereinheitlicht und erhöht werden. Bei der SW-Entwicklung z.B. ist der Weg vorgezeichnet in Richtung einer SW-Fabrik, in der der SW-Entwicklungsprozess mehr einem Konfigurieren von Modulen aus umfangreichen Bibliotheken gleicht, und die Arbeit des SW-Entwicklers aus Suche und Anpassung besteht. Auch bei der Mikroelektronik gehen seit langem die Bemühungen in die gleiche Richtung (Stichwort: Customer Design).

2. DAS VERBUNDPROJEKT PROSYT

Dieses Ziel wird neben anderen im vom BMFT geförderten Verbundprojekt PROSYT (Integriertes Entwurfs- und Software-Produktionssystem für verteilbare Realzeit-Rechnersysteme in der Technik) verfolgt [4]. In diesem Projekt arbeiten unter der Leitung der Fraunhofer-Gesellschaft Werkzeughersteller, Anwender und Hochschulinstitute zusammen, um eine Systementwicklungsumgebung zu entwickeln, die neben einem Bündel von Entwicklungswerkzeugen mit einheitlichen Bedien-und Datenhaltungsschnittstellen eine wissensbasierte Komponente, den sogenannten Projektadvisor, enthält. Bild 1 zeigt die Architektur von PROSYT mit den Merkmalen:

- Kopplung verschiedener Werkzeuge
- einheitliche Dialogschnittstelle
- einheitliche Datenhaltung
- Projektadvisor.

Der Projektadvisor wird unter Führung des IRP (Institut für Regelungstechnik und Prozessautomatisierung, Universität Stuttgart) und unter Beteiligung des IfI (Institut für Informationsverarbeitung, ebenfalls Universität Stuttgart) und der Firmen AEG, Bosch, Contraves, Dornier System, ESG und GPP entwickelt. Das Ergebnis der gemeinsamen Arbeiten wird im wesentlichen aus einem Softwarepaket und aus einer Menge von Verfahren, die von diesem Softwarepaket unterstützt werden, bestehen. Der Kern der Software wird ein Expertensystem-Shell-ähnliches System sein, mit dem in der Wissensdefinitionssprache PATHOS formulierte Wissensbanken verwaltet und verarbeitet werden [3]. Das System wird in SYSLAN implementiert und wird zunächst auf der VAX unter VMS, später auf allen Rechnern, auf denen EPOS (Entwicklungs- und Projektmanagement-orientiertes Spezifikationssystem) ablauffähig ist, verfügbar sein. Die zu entwickelnden Verfahren werden die Projektarbeit im obigen Sinn, also in Richtung mehr ingenieurmäßiger Arbeitsweisen, unterstützen und werden drei verschiedene Arten von Wissen berücksichtigen:

- Vorschriften, Richtlinien, Normen
- Erfahrungswissen
- Wiederverwendbare Projektergebnisse.

Dieser Bericht beschränkt sich auf die Thematik der Wiederverwendung von Projektergebnissen. Der Einsatz eines automatisierten Projektadvisors ist dann sinnvoll, wenn in einer Firma viele Projekte bzw. Produkte ähnlichen Charakters abgewickelt bzw. entwickelt werden und das Wissen darüber so über die Firma verteilt ist, daß i.a. kein unmittelbarer Zugriff zu diesem Wissen besteht. Das ist in heutigen Großfirmen mit ihren räumlich und organisatorisch weitverzweigten Strukturen der Fall. Immer wieder ist festzustellen, daß an Aufgaben gearbeitet wird, für die in ähnlicher Problemstellung bereits Lösungen vorliegen, die nur leichter Änderungen bedürfen. Dabei ist die Sicht auf Brauchbares oft versperrt durch zu starre und unintelligente Suchverfahren.

Die Firma ESG erstellt ein System, mit dem untersucht wird, inwieweit sich wissensbasierte Techniken dazu eigenen, die Suche nach wiederverwertbaren Projektergebnissen zu unterstützen. Dieses System verwaltet Produkte, für die eine sehr einfache modulare Struktur vorausgesetzt wird. Ein Produkt besteht aus Komponenten. Die Komponenten können Geräte oder Programme sein, wobei letztere wiederum aus Modulen bestehen. Typischerweise kann es sich bei diesen Produkten also um Systeme handeln, wie sie in Systemhäusern wie ESG oder Dornier entwickelt werden.

Unser System entsteht in mehreren Stufen. Zunächst wurde ein Prototyp mit stark eingeschränktem Anwendungsgebiet auf einer LISP-Maschine der Firma SYMBOLICS realisiert. Im nächsten Schritt wird dieser Prototyp nach PATHOS übertragen, und das Anwendungsgebiet wird ausgeweitet.

3. EIN BEISPIEL

Der Entwickler oder Angebotsverfasser, der ein neues Projekt oder Produkt angeht, wird sich existierende Produkte ansehen, wird sie vergleichen und auf ihre Brauchbarkeit prüfen. Beim heutigen Stand der Technik muß er dazu ein gehöriges Maß an Erfahrung und Wissen mitbringen, um im Archiv die richtigen Dokumente zu finden, in einer Projektbibliothek den richtigen Modul zu finden oder bei einer Bibliotheksrecherche die richtigen Schlüsselwörter anzugeben. Gewußt wo! heißt die Devise, und der Erfolg beim Suchen kann über den Erfolg des Projektes entscheiden.

Die Unterstützungsmöglichkeiten sollen an einem bewußt extrem simplifizierten Beispiel erklärt werden. Die Abb. 2 bis 4 zeigen drei Situationen, wobei in Situation I eine einfache Archivdatei über abgeschlossene Projekte, in Situation II zusätzlich die Projekte beschreibende Information und in Situation III darüber hinaus noch Wissen darüber abgelegt ist, wie diese Information zu benützen ist. In Situation I laufen z. B. die folgenden Arbeitsschritte ab:

(I,1) Der Bearbeiter soll ein kommerzielles Programm für das Auftragswesen für den Rechner PCXYZ entwickeln.

(I,2) Er weiß: Die Sprache COBOL ist geeignet für kommerzielle Programme. Sie ist auf PCXYZ vorhanden.

(I,3) Er weiß ferner: Das Programm PERSYS ist in COBOL geschrieben. Von diesem Progamm möchte er sich Anregungen holen.

(I,4) Er fragt die Archiv-DB:

```
SELECT Archiv-Nr
FROM Projekte
WHERE Name = "PERSYS"
```

(I,5) Die Antwort des Systems:

```
Archiv-Nr = 3107
```

(I,6) Der Bearbeiter holt die Unterlagen für PERSYS aus dem Archiv.

(I,7) Er stellt fest: Das Programm PERSYS eignet sich nicht für seine Zwecke. Er macht alles neu und braucht 7 MM.

Der Bearbeiter hat eine schlechte Ausbeute beim Suchen. Das ist anders im nächsten Fall II, in dem das System über beschreibende Informationen über die Projekte verfügt. Obwohl der Bearbeiter überhaupt keine abgeschlossenen Projekte kennt, erfährt er vom System mehr:

(II,1) wie (I,1) bis (I,3)

(II,2) Der Bearbeiter fragt:

```
SELECT Archiv-Nr
FROM   Projekte
WHERE  Sprache = "COBOL"
```

(II,3) Die Antwort des Systems lautet:
Archiv-Nr. = 3107
Archiv-Nr. = 4559

(II,4) Der Bearbeiter holt Unterlagen für PERSYS und COMPRO aus dem Archiv

(II,5) Er stellt fest: Teile des Programms COMPRO können mit leichten Änderungen übernommen werden. Er braucht 4 MM für seine Aufgabe.

Im folgenden Fall III wird der Bearbeiter mit noch weniger Wissen - er kennt nicht mal COBOL - das beste Ergebnis erzielen:

(III,1) wie (I,1)

(III,2) Der Benutzer setzt sich vor den Projektadvisor und wird nach einigen allgemeinen Fragen nach dem Typ des zu erstellenden Programms gefragt. Er antwortet: Programm ist kommerziell

(III,3) Das System antwortet: Da haben wir was im Archiv, was Ihnen von Nutzen sein könnte:
Archiv-Nr. = 2646
Archiv-Nr. = 3107
Archiv-Nr. = 4559

(III,4) Der Bearbeiter holt die Unterlagen für PERSYS, COMPRO und AUPRO aus dem Archiv.

(III,5) Er stellt fest, daß schon einmal ein Auftragsabwickler AUPRO entwickelt wurde, der die Spezifikation des von ihm zu schreibenden Systems weitgehend erfüllt.

Da PL/1, in dem AUPRO geschrieben ist, nicht auf der Maschine PCXYZ vorhanden ist, kann der Bearbeiter sich daran machen, in 1 MM AUPRO nach COBOL umzuschreiben. Er kann sich aber vom Projektadvisor auch folgendermaßen beraten lassen:

(III,6) Der Bearbeiter beschwert sich: AUPRO läuft nicht auf PCXYZ!

(III,7) Das System antwortet: Auf dem PCXYZ gibt es COBOL. Versuchen Sie doch, AUPRO mit dem Programm-Transformator PLCOB nach COBOL umzuwandeln.

(III,8) Der Bearbeiter braucht nur 1 MW, um den Rat des Projektadvisors in die Tat umzusetzen und noch einige kleine Änderungen durchzuführen.

Zusammenfassend kann man sagen, daß dadurch eine wesentliche Verbesserung der Suchergebnisse erreicht werden kann, daß vom Wissen, das ein Mitarbeiter präsent haben muß, der ein konventionelles Abfragesystem benützt, möglichst viel in das System verlagert wird. Ein besonderes Augenmerk verdient dabei die Möglichkeit, mit "weicheren" Regeln, wie z. B. die Regel R2 von unten eine darstellt mit ihrem "fast alle", auch Ähnliches zu suchen und zu finden, ohne auf exakte Übereinstimmung angewiesen zu sein.

4. ÄHNLICHKEIT ALS MASS FÜR DIE WIEDERVERWENDBARKEIT

Unser Prototyp beschränkt sich auf genau dieses Problem, den Vergleich von Produkten und Modulen auf Ähnlichkeit. Der Begriff der Ähnlichkeit wird so stark herausgestrichen, weil man sich auch im normalen täglichen Leben beim Aufgreifen einer neuen Aufgabe intuitiv auf ähnliche Tätigkeiten rückbesinnt, deren Erfolg oder Mißerfolg abwägt und versucht, brauchbare Erfahrungen wieder umzusetzen. Die Fähigkeit, Ähnlichkeiten zu erkennen und Analogien zu bilden, ist eine der wesentlichen Grundlagen für intelligentes Verhalten überhaupt und für den Erfolg des Menschen in der Evolution.

Es ist schwierig, wenn nicht unmöglich, ein allgemeingültiges quantitatives Maß und ein damit verbundenes Berechnungsverfahren für die Ähnlichkeit z. B. von Softwaremodulen zu entwickeln. Der im Bereich der Dokumentationssysteme eingeführte Begriff der Relevanz und die damit in Zusammenhang stehenden Maße lassen sich nicht unmittelbar übertragen, da mit Ihnen die Qualität der Dokumentation als Ganzes in Bezug auf bestimmte Anfragen beschrieben wird [1]. Anders geartet ist die Frage, ob zwei Module unterschiedlicher Aufgabenstellung, die beide in PASCAL geschrieben sind, einander ähnlicher sind als zwei Module, die beide Eingabedaten sortieren, aber in COBOL und ASSEMBLER geschrieben sind. Ist es sinnvoll, so etwas wie ÄHNLICHKEIT (MODUL1, MODUL2) = 0,63 ausrechnen zu wollen? Solch ein eindimensionaler, mit einem einzigen Zahlenwert verbundener Ähnlichkeitsbegriff hat zuwenig Transparenz für den Benutzer und ist deshalb nur eingeschränkt brauchbar. Die Versuche unseres Prototypings haben jedoch ergeben, daß ein anwendungsspezifischer Begriff von Ähnlichkeit im Sinn von "Brauchbarkeit unter bestimmten Gesichtspunkten" durchaus seinen Sinn hat. Die wissensbasierten Techniken ermöglichen relativ einfache Vorgehensweisen, einen solchen Ähnlichkeitsbegriff über Regeln zu definieren, mehrere Module in eine Ähnlichkeitsreihenfolge bzw. Interessantheitsreihenfolge zu bringen und damit dem Benutzer den Suchvorgang zu erleichtern und brauchbare Resultatmengen zu liefern.

5. FORMULIERUNG VON ÄHNLICHKEIT DURCH REGELN

In unserem Prototypen werden beim Vergleich zweier Produkte oder Module neben einem Wert auf einer einfachen Ähnlichkeitsskala Merkmale geliefert. Zwei Produkte können sich also z. B. als ähnlich erweisen mit dem Merkmal Sprache, was bedeutet, daß beide in der selben Sprache geschrieben wurden, oder als sehr ähnlich mit den Merkmalen Sprache, Aufgabenstellung und Auftraggeber. Zunächst muß der Benutzer unseres Prototypen das Produkt, zu dem ähnliche Produkte gefunden werden sollen, beschreiben. Dann wird mit der Verarbeitung zweier Regelpakete begonnen. Sie werden durch Rückwärtsverkettung ausgewertet:

- Mit dem ersten Regelpaket werden Kriterien für die zu vergleichenden Produkte festgestellt wie "gleicher Auftraggeber", "Moduln in gleicher Sprache geschrieben",
- dann wird aufgrund der gefundenen Merkmale der Ähnlichkeitsgrad bestimmt.

Quasi-verbal formuliert und der Einfachheit halber eine Ähnlichkeitsskala mit nur drei Stufen vorausgesetzt (sehr ähnlich, ähnlich, nicht ähnlich), können einfache Regeln der Wissensbank z. B. folgendermaßen lauten:

R1: Zwei Module M1 und M2 sind sehr ähnlich mit den Merkmalen Sprache und Aufgabe, wenn (Sprache von M1) = (Sprache von M2) und (Aufgabe von M1) = (Aufgabe von M2).

R2: Zwei Produkte sind sehr ähnlich, wenn fast alle Komponenten ähnlich sind.

R3: Zwei Produkte sind ähnlich mit Merkmal Sprache, wenn irgend zwei Module ähnlich mit Merkmal Sprache sind.

R4: Zwei Module M1 und M2 sind ähnlich mit dem Merkmal Sprache, wenn (beide in einer kommerziellen Sprachen geschrieben sind).

R5: Zwei Produkte sind sehr ähnlich mit Merkmal BS, wenn gilt, daß (die Programme jedes Produktes unter der selben Version von UNIX ablauffähig sind).

Die Regeln des Prototypen bestehen aus mehreren Paketen, die entsprechend der Produktstruktur zuständig sind für die Modulähnlichkeit, die Komponentenähnlichkeit und, auf oberster Stufe, die Produktähnlichkeit.

Regeln von der Art der Regel R1 überschreiten die Möglichkeiten, die ein sachkundiger Benutzer mit einem konventionellen Abfragesystem hat, nur insoweit, als auch ein ungeübter Benutzer zu in Bezug auf die Aufgabenstellung der Suche nach brauchbaren früheren Arbeitsergebnissen zu sinnvollen Abfragen hingeleitet wird. Die sich hinter Regeln R2 und R3 verbergenden Suchaufgaben lassen sich grundsätzlich ebenfalls in konventionellen Abfragesystemen bewerkstelligen. Ihre Formulierung stellt jedoch eine relativ komplexe Aufgabe dar, so daß der Benutzer sich diese gern vom Expertensystem abnehmen läßt (entsprechend ist auch die Formulierung solcher Regeln mit den Sprachmitteln einer ES-Shell oder in LISP nicht ganz einfach. Instanzvariable und den Quantoren der Prädikatenlogik äquivalente Sprachmittel sind notwendig). Die simple Aussage von Regel R4 sollte nicht darüber hinwegtäuschen, daß Regeln dieses Typs die Möglichkeiten eines konventionellen Abfragesystems insoweit überschreiten, als hier echtes Expertenwissen - nämlich: Suche nicht nur nach COBOL, sondern auch nach anderen kommerziellen Sprachen wie PL/1 - zur Verbesserung der Suchstrategie herangezogen wird. Regel R5 schließlich ist ein Beispiel einer Randbedingung, wie sie auch der geübte Benutzer eines konventionellen Abfragesystems leicht einmal vergessen kann. In diesem Fall hebt das Expertensystem die Qualität des Suchergebnisses durch Einschränkung.

6. FAKTENDARSTELLUNG

Das Wissen über Produkte ist in der Wissensbank selbst in Form von Instanzennetzen dargestellt, deren Knoten Instanzen der Frames PRODUKT, KOMPONENTE, GERÄT, PROGRAMM und MODUL sind. Des weiteren hat es sich als für die Formulierung der Regeln und die Verarbeitung vorteilhaft erwiesen, einen Frame ÄHNLICHKEIT mit Instanzen einzuführen, die die jeweils interessierenden Produktpaare beschreiben.

Die Frames können u.a. folgende Slots haben:

PRODUKT:	Auftraggeber, Zeitpunkt der Inbetriebnahme, Aufwand, Anzahl der Installationen, Benutzertyp, Liste der Geräte (diese Art von Listen könnte auch durch gesonderte Instanzen von Relationen wie PRODUKT-ENTHÄLT-GERÄT dargestellt werden), Liste der Programme
KOMPONENTE:	Hersteller, Preis
GERÄT:	Typ, Größe, verwendete Technologie
PROGRAMM:	Typ (z. B. Real-Time, Batch), Verarbeitungsklasse (z. B. Kommunikation, Textverarbeitung), Größe in LOC (durch Behavior berechnete Summe der LOC der Moduln), Liste der Module
MODUL:	Sprache, Aufgabe (z. B. Input, Output, Sortieren), Größe in K, Größe in LOC
ÄHNLICHKEIT:	Produktbezeichner-1, Produktbezeichner-2, Liste der Ähnlichkeitsmerkmale, Ähnlichkeitsgrad.

7. BEISPIELDIALOG

Ein wesentlich verkürzter Dialog mit unserem Prototyp kann z. B. folgendermaßen aussehen (Benutzereingaben sind unterstrichen, sie werden i.a. aus Menüs ausgewählt):

Sie können ein neues Produkt bzw. System definieren, das mit den in der Wissensbank beschriebenen Produkten verglichen wird.
Wollen Sie Angaben zum Produkt als Ganzes machen? <u>JA</u>
Wann findet oder fand die Inbetriebnahme statt? <u>Unbekannt</u>
Wer ist der Auftraggeber des Produktes? <u>BMFT</u>
Welches Betriebssystem wird verwendet? <u>UNIX</u>
Welche Geräte werden verwendet? <u>(VAX, VT100)</u>
Enthält das Produkt auch Software? <u>JA</u>
Sie können mehrere Programme beschreiben.
Wer ist der Hersteller des ersten Programmes? <u>UAN</u>
Welcher Klasse gehört das Programm an? <u>Kommerziell</u>
In welcher Sprache ist das Programm geschrieben? <u>COBOL</u>
Was ist die Aufgabe des Programmes? <u>RECHNUNGSWESEN</u>
Wollen Sie einzelne Module beschreiben? <u>Nein</u>
Wollen Sie Angaben zu einem weiteren Programm machen? <u>Nein</u>
Ein ähnliches Produkt ist: ERW
Die Merkmale sind: GERÄT/SPRACHE
Ein sehr ähnliches Produkt (System) ist: SYMA
Die Merkmale sind: AUFGABE/GERÄT/SPRACHE

8. DIREKTER ZUGRIFF ZU PROJEKTBIBLIOTHEKEN

Beim Aufbau eines für den echten Einsatz geeigneten Expertensystems der in diesem Artikel behandelten Aufgabenstellung stellt sich die Frage, wo das Wissen über Projekte und Produkte herkommt und wo es in Zukunft lokalisiert sein soll. Es kommt aus den existierenden, DV-gestützten Projektbibliotheken und kann noch ergänzt werden durch bewertende, beschreibende und die Erfahrung mit dem Produkt erfassende Information. Während diese zusätzliche Information in der Wissensbank des Expertensystems abgelegt werden sollte, zeigt sich, daß für die eigentliche Projektinformation die Wissensbank selbst nicht der geeignete Ort ist, und daß auch eine Transformation in diese ungeeignet ist. Nötig ist ein unmittelbarer Zugriff auf die bereits existierenden Projektbibliotheken. Das soll kurz vertieft werden:

Im Prototyp ist alles für das Auswerten der Regeln notwendige Fakten-Wissen in der Wissensbank selbst definiert. Das bedeutet z.B., daß das Wissen über das Vorhandensein eines bestimmten Programms und über dessen Programmiersprache sich niederschlägt in einer Instanz des Frames Programm bzw. einem Slot dieser Instanz in der Wissensbank. Diese Instanz kann dann in Regeln der selben Wissensbank angesprochen werden, z. B. dadurch, daß der Wert eines ihrer Slots mit einem in der Regel genannten Wert übereinstimmt. Auf das eigentliche Objekt des Interesses, nämlich das Programm selbst oder dessen Spezifikation, wird zur Laufzeit nicht zugegriffen, sondern dieses ist durch den beim Aufbau der Wissensbank stattfindenden Abbildungsvorgang Spezifikation bzw. Programm → Instanz verborgen. Es ist nach Benutzung des Expertensystems auffindbar durch Referenzierung, d.h. der Instanznahme oder ein besonderer Slot EXTERNE-REFERENZ verweist auf das Wissensbank-externe Objekt, auf das der Benutzer in einem gesonderten Arbeitsgang zugreifen muß. Beim Aufbau einer solchen Wissensbank müssen die externen Projektbibliotheken (das können z.B. EPOS-Datenbanken sein) in einem eigenen Arbeitsgang aufbereitet, auf Brauchbares durchsucht, und die Aussagen über die gefundenen brauchbaren Ergebnisse in der Wissensbank separat von den Projektbibliotheken abgespeichert werden (Abb. 5.) Das stellt eine echte Doppelbelastung für die Projektmitarbeiter dar, verringern die Akzeptanz der Wissensbank bzw. des Expertensystems bei diesen und kann darüber hinaus zu Inkonsistenzen und Fehlern führen.

Deshalb sollte zumindest an eine Automatisierung dieses Übertragungsvorgangs gedacht werden (Abb. 6). Die Übertragungsfunktion könnte alle Informationen der Projektbibliotheken, die formalen Regeln unterliegen (in EPOS die DECOMPOSITION-, IMPORT-, EXPORT-, INPUT- und OUTPUT-Abschnitte), auswerten und daraus Einträge in der Wissensbank machen. Auch wenn eine automatisierte Übertragungsfunktion dieser Art möglich ist, verbleiben einige Schwachstellen:

- Das Wissen über hierarchische und andere strukturelle Beziehungen von Objekten in der Wissensbank ist redundant, da in den Projektbibliotheken noch einmal vorhanden.
- Zwischen Projektbibliothek und WB können darüber hinaus Inkonsistenzen auftreten, wenn z. B. erstere aktualisiert und die WB nicht nachgefahren wird.
- Große Teile der Projektbibliotheken sind nicht genügend formalisiert, um auf einfache Weise automatisch in die Wissensbank übertragen werden zu können.
- Während die Übertragung struktureller Beziehungen eine eher triviale Aufgabe ist, stellt die Übertragung der Aufgabenbeschreibungen und anderer inhaltlicher Gesichtspunkte eine nichttriviale, beliebig komplexe Aufgabe dar. Eine theoretisch denkbare Aufbereitung der gesamten textuellen Informa-

tionen der Projektbibliotheken würde außerdem eine Wissensbank ganz immensen Umfanges erzeugen.

Im Zusammenhang mit dem letzten Punkt muß berücksichtigt werden, daß die üblichen ES-Shells in der Sprache LISP geschriebene Hauptspeichersysteme sind. Der auf LISP-Maschinen vorhandene Hauptspeicher kann zwar groß sein (z.B. 30 MB), doch ist er begrenzt, während die auf Hintergrundspeicher abgelegten Projektbibliotheken im Prinzip der Größe nach unbegrenzt sind. Eine Abschätzung des Umfangs der in einer großen Firma vorhandenen Projektinformationen zeigt sehr schnell die Grenzen der derzeitigen Hauptspeichersysteme auf.

Der bessere Weg scheint deshalb zu sein, den Schritt "Extraktion allen Wissens aus der Projektdatenbank" überhaupt zu umgehen und von off-line- zu on-line-Zugriff zu den Projektdatenbanken überzugehen. Dann hat man in der Wissensbank nur beschreibende Informationen über

- Formalismen des Projektentwicklungstools
- firmenspezifische formale Erweiterungen, sofern solche vorhanden sind (es kann z.B. durchaus sinnvoll sein, den EPOS-DESCRIPTION-Teil firmeneinheitlich zu standardisieren).

Ein zukünftiger Projektadvisor sollte die Projektdatenbanken mit Hilfe dieser Informationen unmittelbar lesen und verstehen können (Abb. 7). Es muß also ein Interface gebaut werden, das einen direkten Zugriff auf diese Datenbanken erlaubt. Z. B. müssen die in den Regeln R1 bis R4 oben geklammerten Ausdrucke durch Zugriffsfunktionen realisiert werden.

Zusätzlich zu dem für den Zugriff zu den Projektbibliotheken notwendigen Wissen können vorhanden sein und müssen beim Aufbau der WB separat eingebracht werden:

- Metawissen über den Inhalt der Projektbibliotheken
- Wissen, das aus Bewertungen der Projektbibliotheks-Objekte stammt.

Diese Art von Wissen muß von den Projektmitarbeitern unmittelbar stammen und manuell in die WB eingegeben werden.

Der Wunsch nach unmittelbarem Zugriff macht allerdings ein weitergehendes on-line-Halten von Projektbibliotheken abgeschlossener Projekte notwendig, als das heutzutage üblich ist. Über diesen Trade-off muß jede Firma vor dem Hintergrund ihrer speziellen Anforderungen und Gegebenheiten nachdenken. Die ins Haus stehenden optischen Speichertechniken eröffnen da ganz neue Perspektiven.

Der im Verbundprojekt PROSYT entwickelte Projektadvisor wird den hier geforderten Zugriff zu Projektbibliotheken und insbesondere die Auswertung dort gespeicherter Texte mit einem Hilfsmittel unterstützen, bei dem hierarchische, bewertete Strukturen von Suchbegriffen aufgebaut werden, sog. Umfelder [2]. Mit diesen ist es z. B. möglich, festzustellen, daß mit einer gewissen Wahrscheinlichkeit von der VAX gesprochen wird, obwohl das Wort "VAX" im untersuchten Text nicht vorkommt, sondern die Worte "Computer" und "DEC".

Für die Sprache PATHOS wurde außerdem zur besonderen Unterstützung von EPOS die Erweiterung um eine Schicht vorgeschlagen, die die Semantik der unterschiedlichen EPOS-Konstrukte ACTION, MODULE, EVENT, etc. wiederspiegelt. Die einzelnen EPOS-Konstrukte sind bereits mit einem gewissen Bedeutungsspielraum behaftet, den sie im Entwurfsprozeß und im späteren Zielsystem haben können. In einer Sprache, die sich für die Formulierung von Metawissen über eine EPOS-DB eignen soll, müssen sich die Bedeutungen dieser EPOS-Konstrukte widerspiegeln. Sie muß Parallelkonstrukte zu den EPOS-Objekten enthalten, die es erlauben, Metaaussagen über entsprechende Objekte einer EPOS-DB zu machen.

9. ZUSAMMENFASSUNG UND SCHLUSSBETRACHTUNG

Dieser Bericht erhebt nicht den Anspruch, ein vollständiges Konzept für einen Projekt Advisor darzustellen. Der darin beschriebene Prototyp hat aber gezeigt, daß sich wissensbasierte Techniken durchaus dazu eignen, einen intelligenteren Zugriff zu dem in einer Firma vorhandenen Know-How und zu bereits vorhandenen Arbeitsergebnissen zu ermöglichen. Die im Prototypen gebotenen Möglichkeiten gehen zwar nicht wesentlich über ein konventionelles Abfragesystem hinaus, doch ist andererseits ein Weg aufgezeigt, mit relativ einfachen Mitteln die Beschränkungen eines solchen Systems zu überwinden. Allein die Benutzerführung in den käuflichen ES-Shells mit z.B. der Anzeige aller möglichen Eingaben in Menuform und mit Erklärungen zum Dialogablauf bedeutet einen echten Qualitätssprung.

Zum Vergleich von in Projektbibliotheken abgelegten Arbeitsergebnissen und von eventuell wiederverwendbaren Projektteilen sind Ähnlichkeitsfunktionen von der im Prototyp realisierten Art notwendig. Eindimensionale Maßstäbe eignen sich nicht. Die zusätzliche Gewinnung kennzeichnender Merkmale scheint uns geeignet, auch wenn sie noch einer Verfeinerung bedarf.

Ein wesentliches Ergebnis unserer Arbeit ist, daß die vollständige Nachbildung der Projektbibliotheken einer Firma in Wissensbanken zumindest automatisiert vor sich gehen müsste, daß ein unmittelbarer Zugriff zu den externen Projektbibliotheken jedoch die bessere Lösung darstellt. Alles formalisierte und formalisierbare Wissen sollte in der ursprünglichen Form in den Projektbibliotheken belassen werden, in der Wissensbank selbst sollte nur das für die externen Zugriffe notwendige Wissen und nicht formalisierbares Erfahrungswissen über die Projekte abgelegt werden. Die durch diese Philosophie notwendige umfangreiche on-line-Haltung von Projektbibliotheken abgeschlossener Projekte wird durch optische Speichermedien ermöglicht werden.

10. LITERATUR

[1] Gaus, W.: Dokumentations- und Ordnungslehre. Springer (1983)

[2] McCune, B. P.; Tong, R. M.; Dean, J. S.; Shapiro, D. G: RUBRIC: A System for Rule-based Information Retrieval. IEEE (1983) 166-172

[3] Permantier, G. et al.: Handbuch zur Wissensrepräsentationssprache PATHOS. IRP, Stuttgart

[4] Steusloff, H.: Artikel über PROSYT in "Ein längeres Leben für Software-Produkte". Computer Magazin 10/86

Autor: Michael Wachter
ESG Elektronik System GmbH
Vogelweideplatz 9
8000 München 80

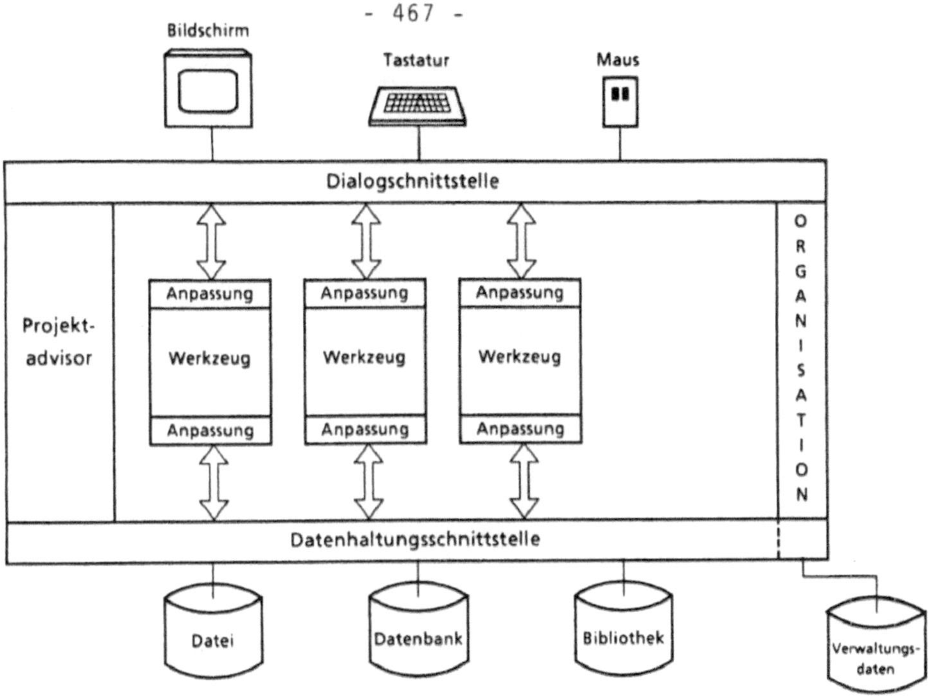

Abb.1 Verbundprojekt PROSYT

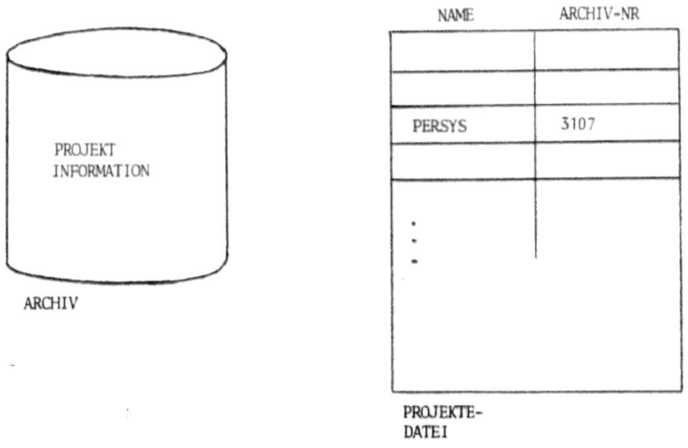

Abb.2 Situation I, Projektverzeichnis ohne weitere Information

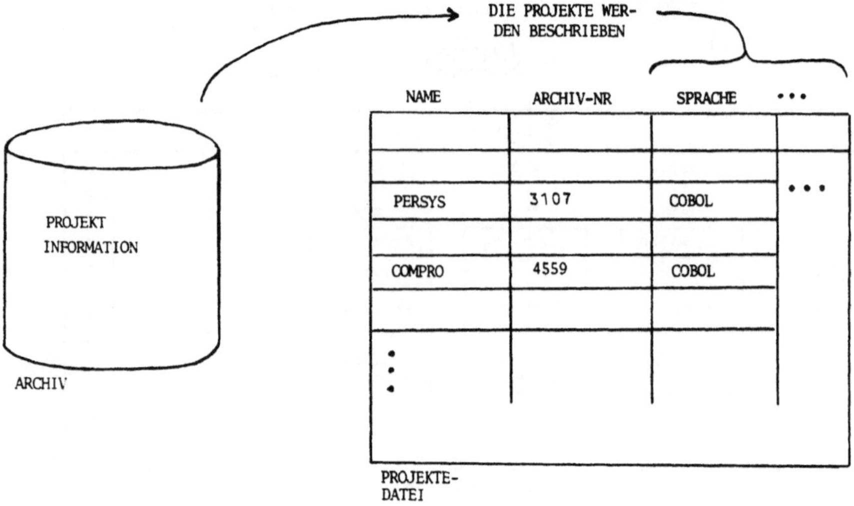

Abb.3 Situation II, mit Information über Projekte

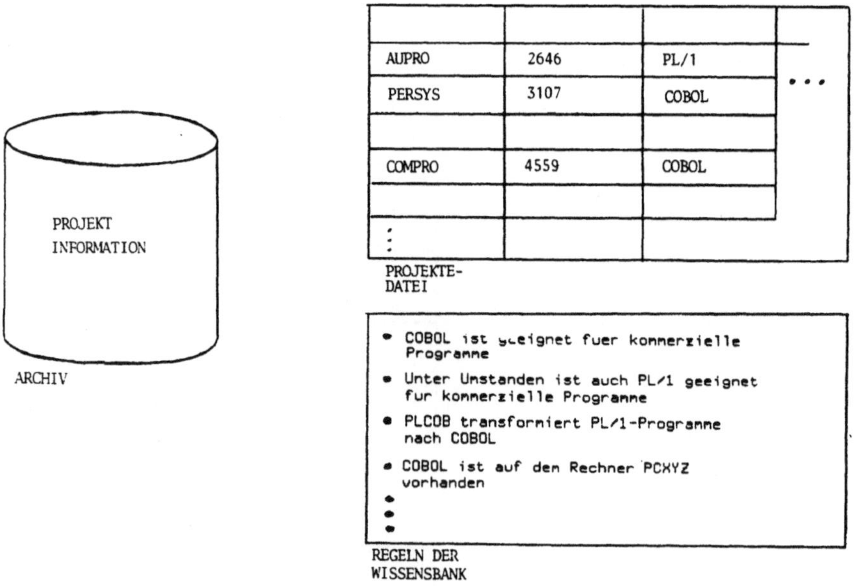

Abb.4 Situation III, mit zusaetzlichem Wissen

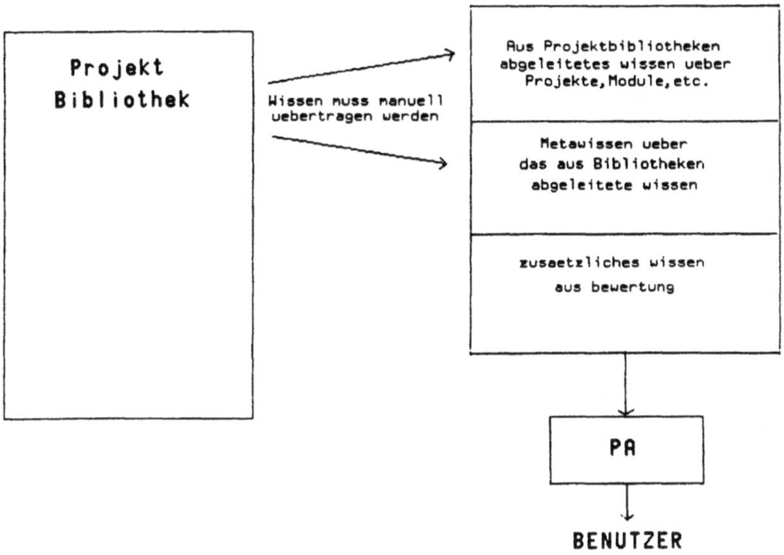

Abb.5 Wissensbank mit manueller Übertragung von Wissen

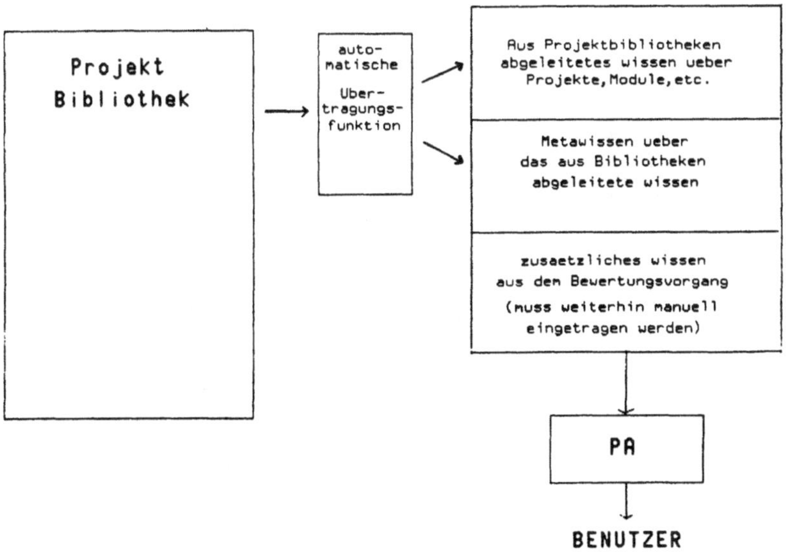

Abb.6 Wissensbank mit automatisierter Übertragungsfunktion

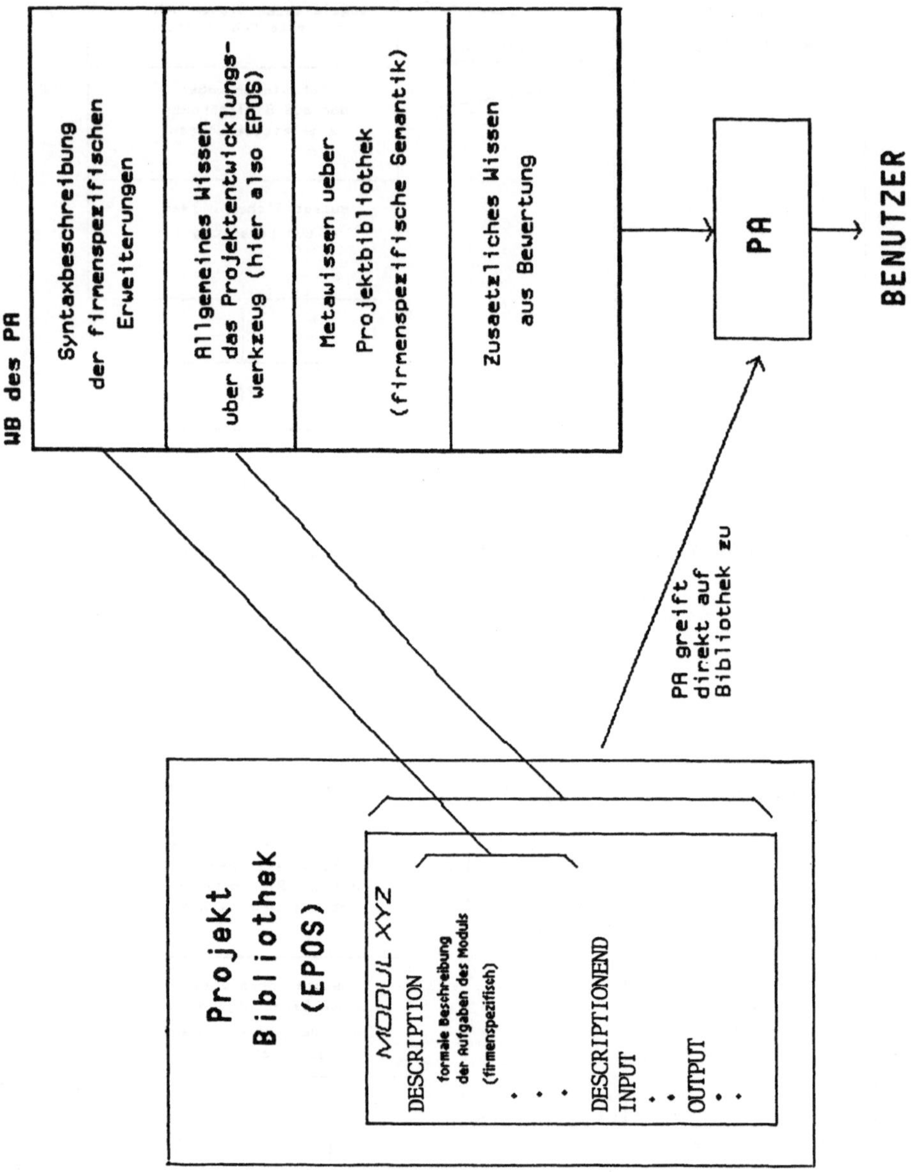

Abb.7 Wissensbank mit direktem Zugriff zur Projektbibliothek

Wissensbasierte Informationssysteme in einer wissensorientierten Industrie

Uwe Hein
Infovation GmbH

Wissensbasierte Informationssysteme haben sich in letzter Zeit ein erstaunlich großes Interesse zugezogen. Das beweisen die zahlreichen nationalen und internationalen Förderungsprogramme, in denen es darum geht, die technischen Grundlagen für wissensbasierte Systeme weiterzuentwickeln und wissensbasierten Systemen zu einer praktischen Anwendung in der Industrie zu verhelfen. Das wird aber auch durch die zahlreichen Unternehmen bewiesen, die sich plötzlich in diesem Gebiet grosse kommerzielle Erfolge erwarten.

Die Überzeugungskraft dieser jungen Technologie wird keineswegs dadurch verringert, wenn man gleichzeitig konstatieren kann, daß der Nutzeffekt von wissensbasierten Systemen in der Praxis nur in Einzelfällen bewiesen worden ist. Auf der anderen Seite sind die wenigen bekannten Erfolgsgeschichten aber auch oft genug erzählt worden. Betrachtet man eine globale Bilanz über Investition und Nutzen würde diese Tatsache sicherlich recht deutlich belegt werden können.

Das Interesse an wissensbasierten Informationssystemen kann nur deshalb so groß sein, weil offensichtlich zentrale Probleme identifiziert werden können, für die dringend Lösungen gefunden werden müssen. Genauer gesagt geht es nicht nur um vereinzelte Probleme, die mit hilfe der neuen Technik gelöst werden könnten, sondern es handelt sich hier um einen bedeutenden Trend in unserer Gesellschaft, der zu einer zunehmenden Wissensorientierung unserer gesamten Wirtschaft führen wird.

Unter Wissensorientierung verstehen wir in diesem Zusammenhang einen Prozeß, in dem Wissen immer mehr als strategischer Produktions- und Produktivitätsfaktor anerkannt und zu diesem Zwecke ausgenutzt wird. Dies gilt in gleicher Weise für Industrieunternehmen, die herkömmliche Produkte und Güter herstellen, wie Stahl oder Milch. Dies gilt aber auch für Betriebe, die hauptsächlich Wissen produzieren und vertreiben, etwa kvalifizierte Beratungsdienste oder die Vermittlung von Information.

Die zunehmende Wissensorientierung unserer Wirtschaft läßt sich an einer Reihe von Phänomenen illustrieren. Dazu gehören:

* Das Funktionieren vieler Unternehmen ist in zunehmendem Maße von Wissen abhängig.

* Eine ständig wachsende Zahl von Angestellten wird zu Wissensarbeitern.

* Eine ständig wachsende Zahl von Betrieben wird sich direkt mit der Herstellung und dem Vertrieb von Wissen beschäftigen.

* Ein Markt für Werkzeuge und Hilfsmittel, die zur Effektivisierung der Wissensbearbeitung und Wissensverwaltung beitragen entsteht.

* Schon heute profilieren sich viele Unternehmen als "Wissensbetriebe"

Wenn aber Wissen zu einem der wichtigsten Produktivitätsfaktoren wird, dann sind die Wissensarbeiter - als die bisher einzigen produktiven Träger von Wissen - die kritischen Ressourcen in Betrieben. Der Bank- und Finanzsektor illustriert dies sehr deutlich. Die Unternehmen in diesem Bereiche sind sich sehr wohl der Bedeutung ihrer Goldarbeiter bewußt. Fortschrittliche Personalpolitik, attraktive Beteiligungen in der Form von Aktien oder Optionen und vergoldete Handfesseln sind in der Bransche übliche Mittel um kvalifizierte Mitarbeiter an ein Unternehmen zu binden.

Aus der Perspektive eines Unternehmens muß eine solche Situation aber natürlich als großes Risiko und als potentielle Bedrohung erlebt werden. Hand in hand mit einer neuen Personalpolitik, neuen Führungsstilen und neuen Organisationsmodellen, die für die Leitung und Steuerung von Wissensbetrieben effizienter sind, geht daher auch die Suche nach neuen Technologien, die dazu beitragen können, diese und viele andere Probleme der Wissensindustrie zu lösen.

Betrachtet man einige der Anwendungen von wissensbasierten Informationssystemen, so kann man leicht sehen welche grundlegenden Wissensprobleme mit dem System angegriffen werden sollen. Es geht darum:

* Die Abhängigkeit von einzelnen Personen zu vermeiden oder zu vermindern

* Begrenzte personelle Ressourcen zu multiplizieren

* Fragmentiertes Wissen und Erfahrungen zu vereinen

* Große Wissenszusammenhänge überschaubar zu machen

* Performanz auch unter Stress gewährleisten zu können

* Produkte besser betreuen zu können

* Intellektuelle Routineaufgaben zu automatisieren

* Ungleiche Qualität zu vermeiden

* Probleme trotz ungenügender Kompetenz lösen zu können

Wir können mit gutem Recht erwarten, daß wissensbasierte Informationssysteme von zentraler Bedeutung sein werden für Unternehmen, die an dem Prozeß der Wissensorientierung teilnehmen. Gleichzeitig wäre es aber falsch anzunehmen, daß Wissensorientierung allein ein technologisches Problem sei und eine Herausforderung darstellt, die einzig und allein durch technische Verfahren gelöst werden könne. Hier bedarf es weiterer Perspektiven.

Um den wirklichen Nutzen von wissensbasierten Systemen abschätzen und beweisen zu können, bedarf es einer verfeinerten Wissensökonomi. Die Kategorien, die heute zur Verfügung stehen um betriebswirtschaftliche Zusammenhänge zu beschreiben sind entwickelt worden mit Rücksicht auf den industriellen, güterproduzierenden Betrieb. Gewinn und Verlustrechnungen und Bilanzen in ihrer jetzigen Form können aber nicht unproblematisch auf wissensintensive Betriebe angewendet werden - eine Wahrheit, die in der Tat vielen Analytikern zu schaffen macht.

Wissensbasierte Informationssysteme werden nicht einfach Wissensarbeiter in Betrieben ersetzen und von ihren Arbeitsplätzen verdrängen. Große, umfangreiche Systeme, die mit menschlichen Experten konkurrieren und als autonome Problemlösungssysteme eingesetzt werden könnten, werden nur einen Bruchteil von Anwendungen ausmachen. Die große Mehrheit von Anwendungen werden Systeme sein, die Wissensarbeiter produktiv in ihrer Arbeit unterstützen. Einen Rationalisierungseffekt kann man nur dann erhalten, wenn man die Wissensverarbeitung in einer organisatorischen Perspektive betrachtet und für eine optimale Synergie der verschiedenen Wissensträger sorgt.

Aus der Sicht der KI als Grundlagenforschung sind solche Fragen, wie die der Wisssensökonomie oder die der betrieblichen Organisation von Wissen natürlich von sehr geringer Bedeutung. Aus der Perspektive des Praktikers, der wissensbasierte Informationssysteme erfolgreich in die unternehmerische Wirklichkeit einbringen möchte sind solche Fragen von unerhörter Bedeutung. Die Schwieringkeiten, mit denen Projekte, die wissensbasierte Systeme in den heutigen Betrieben einführen wollen, zu kämpfen haben, sind nur zum Teil technische Probleme. Um ein erfolgreiches System zu konstruieren und in einen Betrieb zu integrieren, müssen nicht nur die technischen Probleme bewältigt werden. Auch für die betriebsorganisatorischen Fragen bedarf es positiver Antworten.

Die große Herausforderung, die sich daher heute an die Technologie wissensbasierter Informationssysteme stellt, läßt sich am besten durch das Wort Integration beschreiben. Wissensbasierte Informationssysteme können zwar auf Inseln erfunden werden, sie können sich aber wirtschaftlich nur dann durchsetzen, wenn sie zum einen von realen unternehmerischen Problemen (so wie sie vom Unternehmer erlebt werden !!) ausgehen, und zum anderen, wenn sie sich vollständig in die Welt integrieren, in der sie Probleme lösen sollen. Das erfordert aber ein globales Verständnis der Wissensverwaltung ("knowledge management") das über eine rein technische Perspektive weit hinausgehen muß.

Referenzen

P. Aburdene & J. Naisbitt, 1985. Reinventing the corporation.

M.L. Ernst & H. Ojha, 1986. Business applications of artificial intelligence. Knowledge-based expert systems. FGCS 2:3.

K.E. Sveiby & A. Risling, 1986. Kunskapsföretaget.

R.E. Kelley, 1985. The Gold-Collar Worker.

Office Management, September 1985.

SECOND GENERATION EXPERT SYSTEMS

LUC STEELS
ARTIFICIAL INTELLIGENCE LABORATORY
VRIJE UNIVERSITEIT BRUSSEL
Pleinlaan 2. 1050 Brussels Belgium

Abstract

Second generation expert systems are able to combine heuristic reasoning based on rules, with deep reasoning based on a model of the problem domain. This solves a number of major problems of current expert systems, most importantly the problem of knowledge acquisition: second generation expert systems can learn new rules by examining the results of deep reasoning. The paper outlines the components of second generation expert systems and gives an example.

1. Introduction

In the last decade significant advances in the study of Artificial Intelligence have given rise to a new class of computer programs called expert systems. Expert systems are programs capable of expert level performance in specialised fields. They constitute an important development in computer usage because they make a whole new class of problems amenable to computational treatment.

The scientific, technological and business opportunities caused by this development are enormous. Many existing industrial and governmental organisations are now applying this new technology to their own aims, new businesses have sprung up, and expert systems have formed the subject of substantial national and international research programs all over the world.

What we see emerging today is a substantial jump forward in expert systems technology. The development is substantial because it touches on all aspects of an expert system: The nature of the potential problem domains, the type of reasoning being performed, the explanation capabilities, and most importantly the way knowledge acquisition is performed.

In brief, whereas first generation systems rely purely on heuristic knowledge in the form of rules, second generation systems have an additional component in the form of a deeper model which gives them an understanding of the complete search space over which the heuristics operate. This makes two forms of reasoning possible: (1) the application of heuristic rules in a style similar to the classical expert systems, (2) the generation and examination of a deeper search space following classical search techniques, if there are no heuristics.

A number of fundamental problems of current expert systems are solved using this extra complexity.

+ First generation expert systems are brittle, in the sense that as soon as situations occur which fall outside the scope of the heuristic rules, they are unable to function at all. In such a situation, second generation system fall back on search which is not knowledge-driven and therefore potentially very inefficient. However, because these traditional search techniques can theoretically solve a wider class of problems, there is a graceful degradation of performance instead of an abrupt failure.

+ First generation systems base their explanations purely on a backtrace of the heuristic rules that were needed to find a solution. It is well known however that the path followed to find a solution usually differs from a convincing rational argument why the solution is valuable, particularly if a lot of heuristic knowledge entered into the reasoning process. Because second generation systems have access to a deeper understanding of the search space, they are capable to formulate a deeper and more convincing explanation which goes beyond the mere recall of which rules fired.

+ The most important advantage lies however in knowledge acquisition. Finding heuristic rules has turned out to be extremely difficult. Experts typically take a long time to come up with solid rules, the ruleset seems never complete, is continously changing and shows inconsistencies across experts (and even within the same expert). These inconsistencies are apparently due to different experiences which are the source of heuristic rule discovery. Second generation expert systems constitute a major jump forward in current technology because they exhibit learning behavior in the sense that they are capable to acquire new heuristic rules.

The need for a new generation of expert systems has been felt for quite a while by various authors. An important milestone paper in this respect was Davis (1982) who discussed the strengths and weaknesses of first generation expert systems. But evolutions in expert systems technology are by necessity slow because it takes at least five years to construct a serious system.

Second generation expert systems draw on a lot of recent work in A.I.. One source is the work on qualitative causal reasoning which provides ways to handle deep reasoning (see Bobrow and Hayes (1985) for a recent overview.) Another source is recent work on learning such as reported in the collection put together by Mitchell, Michalski and Carbonell (1984). Recent advances in the design and implementation of knowledge representation systems which have an open-ended set of formalisms and are capable of meta-representation and meta-reasoning are another enabling factor.

The objective of this paper is to outline the components of a second generation expert system and to illustrate briefly how each of them works. The examples are drawn from one important application area, namely expert systems for repair and maintenance of technical systems.

Technical systems, such as trains, computers, airplanes, power plants, or cars, are artefacts constructed to perform a particular function. In contrast to biological or natural systems which formed the domain of most first generation expert systems, they are in principle completely understood. All components are known and the behavior of the whole can theoretically be predicted from the behavior of the parts. Maintaining technical systems involves diagnosing possible failures (or the potential for future failures) and planning and executing a sequence of repairs that will lead again to a functioning system.

The repair and maintenance of technical systems is a skill that relatively few people possess. Skill is needed because technical systems are very complex. An exhaustive search of all possible things that could go wrong is typically out of the question. Also, because not every component is observable, reasoning has to proceed on the basis of weak and very partial information.

The trouble-shooting of an ordinary car is taken here as specific application because many people have intuitions about it. Unfortunately, the exposition of the examples (which have all been implemented) has to be brief. Steels and Van De Velde (1985) contain more details.

2. Components of a second generation expert system

The kernel of an expert system consists of two components: A representational component and a problem solving component. Other components for communicating with the user, constructing explanations, gathering data, etc. are constructed around this kernel and will not be discussed in this paper.

THE REPRESENTATIONAL COMPONENT

The representational component has two subcomponents: A conceptual model and one or more factual models. The conceptual model delineates the basic entities in the universe of discourse, their possible properties and relations, as well as associated information like defaults, ways to compute certain properties, ways to communicate with the user, etc. The factual model contains all the facts, intermediate hypotheses and final conclusions for a specific problem instance using the conceptualisations provided by the conceptual model.

The representational component is typically frame-based. Information is structured in units with various slots that hold information about the concept described by the unit. This information can be in the form of defaults, rules, procedures to compute information, etc. and is inherited by more specific units.

PROBLEM SOLVING COMPONENT

In first generation expert systems, the problem solving component consists solely of a collection of rules. A rule contains conditions (the IF-part) and inferences which can be drawn if the conditions are satisfied in the factual model under investigation (the THEN-part). Rules are typically structured in rule sets and their activation is guided by a control structure which selects what rule to explore in case more than one rule is applicable. Recently there has been a trend to let the components of a rule be richer in structure, so that the various functions of the conditions or the conclusions become explicit. Thus a diagnostic rule might have preconditions, typical symptoms, impossible symptoms, probable symptoms and necessary symptoms. See Clancey(1984) or Breuker and Wielinga (1985) for motivations and more examples. This finer structuring of a rule is also important for learning.

In second generation expert systems there is an additional problem solving component which performs deep reasoning. In comparison to the heuristic rules, this component explores a much larger search space because the primitive operators reflect a more fundamental and deeper description of the domain.

For many application domains a deep model is available. For example the anatomy and internal working of many technical devices is entirely known because it has been designed. Therefore it is possible in principle to perform a thorough investigation. However such an investigation will be virtually impossible if a complex device is involved or if the cost of certain observations is very large. Hence a graceful performance degradation.

THE LEARNING COMPONENT

The discovery of heuristic rules as an outcome of deep reasoning requires a third component, the learning component. It has two important subcomponents: one that extracts rules from deep reasoning (the rule-extractor) and one that incorporates the rules in the existing rule-set (the rule-integrator). Other learning operations can be performed on rule-sets to derive new concepts or optimise the rule-set.

TOOLS

There is a growing number of commercially available tools to construct expert systems (see the overview in Kinnucan, 1985). These tools range from relatively simple expert system shells which support a particular rule formalism (such as the IF/THEN rules of OPS-5, Forgy (1981)), to sophisticated knowledge engineering environments. Second generation expert systems require the more sophisticated class of tools to implement and integrate their various components.

First of all a variety of formalisms needs to be supported: Frame-structured representations to represent the models, rule formalisms to represent the heuristic knowledge, constraints to drive deep reasoning, etc. Moreover it must be possible to represent knowledge ABOUT each of these items, requiring the capacity for meta-representation and meta-reasoning. For example, it must not only be possible to represent and use heuristic rules, but also to represent facts or rules about the rules and reason explicitly over their structure. In addition, it must be possible to represent and reason explicitly over deductions that have been made, new concepts that have been introduced, or questions that have been asked.

Various knowledge representation systems now have the capability to perform these functions. In our own experiments we use the knowledge representation system KRS (Steels, 1984).

KRS is designed to support the definition and manipulation of concepts. Systems based on KRS (and indeed KRS itself) consist of nothing but concepts. Concepts are structured in inheritance hierarchies and have a number of associated concepts (called subjects). There is a graphical interface to browse through networks of concepts and to interactively construct or edit them (cfr. Figure 1).

The construction of a specific application requires the introduction of domain concepts. But KRS also supports the definition and use of formal concepts. These are concepts about knowledge representation although defined and used in the same way as domain concepts. Thus there are formal concepts for keeping information, such as a relation-formalism, or a set-formalism. There are computational concepts to describe algorithms, and concepts defining knowledge representation formalisms like a rule, a logical implication, or a constraint. Control-structures and inheritence schemata are also described explicitly as concepts.

3. The problem solving component

3.1. The task

A causal model consists of a set of properties of components which are causally related in the sense that the value of one property is determined by the values of one or more other properties. Some of these properties are observable, most of them are not or only with difficulty. Causal relations can easily be represented in a network where the nodes represent the properties of the components.

Figure 1 shows a causal network which is part of the system for starting a car. There are three requirements for an engine start. The starter must turn the engine, the two sparkplugs must fire and the starter-transmission must be okay. Each of these has a number of further enabling causes.

The following task will be taken as example application: Given a technical device described as a network of causal relations between properties of components, given a state of the device and an anomalous property, i.e. a property whose observed value differs from the expected value, find an explanation either in terms of malfunctioning components or in terms of external controls that need to be changed.

The task assumes a human (or computer) capable of observing properties and judging whether the property is supposed to be the way it should be based on a functional model.

3.2. Heuristic rules

It is easy to envisage heuristic rules for this task. For example, there might be rules like "if the headlights are not on, check whether they have been turned on", or "if the lights cannot burn, the batteries are not charged". Most user's manuals contain such rules and even non-experts know at least some of them.

3.3. Deep reasoning

Alternatively it is possible to look at the detailed causal network of the car. We will give one example but other deep reasoning mechanisms would work equally well. Deep reasoning can be done using the following principles:

1. If the effect of a property is normal, then there is reason to believe that it is itself normal.

2. If the effect of a property is anomalous, it may itself be anomalous too.

Thus if the engine is not starting and one of its causes is the presence of gas, then this property becomes suspect.

A possible deep reasoning algorithm starts from an anomalous property and investigates the causes of this property until observable properties are arrived at. The user is queried for these properties and if they are anomalous (i.e. different from his expectation), an explanation has been found. If they are normal (i.e. matching with the expectation) then the explanation for the original anomaly lies elsewhere.

When none of the observed properties which ultimately caused the anomalous property were anomalous, the cause of the anomaly must lie somewhere in between. In other words, one of the internal components must be faulty.

The number of faulty components can often be reduced if there are other observables who also were caused by the same properties. Consider for example, the following network which depicts the causes emanating from x, and y.

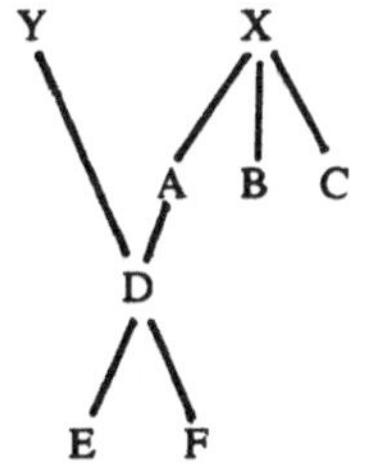

X is anomalous and needs to be explained. E, F, B, and C are observable properties and they are all normal. So the explanation why X is anomalous must be because there is a faulty component in between. But if Y is also normal, it can be deduced that its cause, namely D must also be normal, and therefore the only possible explanation for the anomaly of X is that A is anomalous, i.e. the component of which A is a property must be malfunctioning.

Let us consider an example where the network given earlier is examined because the starter is not turning. The other relevant observations are:

Starter=Turning Is Anomalous
Battery=Charged is Normal
Contact=On is Anomalous

Backward examination of the causes of Starter=Turning leads to Starter=Powered. This is not observable so the reasoner descends further in the network. The causes of Starter=powered are Battery=Charged and Contact=On. Battery=Charged is normal so that cannot provide the explanation for the original anomaly. On the other hand, Contact=On is anomalous, therefore an explanation has been found.

3.4. Differences between heuristic rules and deep reasoning

Based on the above discussion the differences between heuristic and deep causal reasoning become clearer. Thus, there could be a heuristic rule that says "when the headlights are not on, check whether they have been turned on". A deep reasoning system would follow the causal connections starting from the headlights and would eventually arrive at the switch to turn them on, but it would possibly check many other things on the way or start wandering around in the causal network in directions that have little to do with the initial problem.

So we see the following differences:

Heuristic rules make shortcuts: intermediate steps are skipped because those steps are unlikely to lead to a quick solution of the problem.

Heuristic reasoning does not refer to the working of the internals of the system but associates a number of easy to make external observations with a plausible conclusion.

A deeper causal model will be able to come to the same conclusion, but would in principle also examine many other things. Some of which might not be easy to answer without extra measuring apparatus.

On the other hand the set of heuristic rules is necessarily incomplete because it would require a rule for every possible failure in the system and thus the power (in terms of efficiency in problem solving) obtained from heuristic rules would be lost.

What we want of course is the best of both: use heuristic rules for common cases to get a quick solution to the problem but fall back on deep reasoning when the case is not covered by heuristic rules. This is precisely what a second generation expert system does. It makes it also possible to extract heuristic rules after a deep reasoning sequence has been done. The next section shows how.

4. The learning component

A deep reasoning sequence potentially investigates many causal connections and queries the user for a lot of observations. To be worthwhile, heuristic rules must do the opposite: They should be as simple as possible, leaving out all the details and all the observations that did not directly contribute to a solution of the problem. Extracting rules from deep reasoning is difficult because it is not obvious which details are irrelevant. Steels and Van De Velde (1985) describe a technique, called rule-learning by PROGRESSIVE REFINEMENT, which addresses this issue.

Initially a new rule makes as much abstraction as possible using circumscriptive reasoning (McCarthy, 1983): Everything which is not mentioned in a rule is supposed to be irrelevant or normal. Later the conditions of a rule are progressively refined to discriminate with a new rule whose conditions overlap but whose conclusions are different. Interestingly enough, this technique is monotonic. A learned rule never becomes invalid, although its applicability is restricted.

We consider learning a particular type of rules (called solution rules) which have primary symptoms, secondary symptoms and corrected properties. The rule becomes active when all its primary symptoms are present. Then the secondary symptoms are checked and when they are present as well, a number of properties are to be corrected. (Other construction procedures are needed for other types of rules although the principles remain the same).

A rule can be extracted from a deep reasoning sequence as follows:

1. The primary-symptoms of the rule are equal to the anomalous property that triggered the deep reasoning sequence.

2. The corrected-properties are equal to the conclusions of the deep reasoning sequence, i.e. the list of properties which deep reasoning deemed ultimately responsible for the anomaly. It is assumed that a change of these properties either directly or indirectly causes the anomaly to disappear.

3. The secondary-symptoms are initially empty.

For example, after the first deep reasoning sequence discussed in the previous section, the following rule can be extracted:

Rule-1
Primary-symptoms: Not Starter=turning
Secondary-symptoms: -
Corrected-properties: Contact=on

Clearly this is an extreme form of abstraction. It assumes that the encountered situation is the only situation that can ever go wrong! The triggering symptom is therefore linked directly with the corrections that worked.

New rules need to be integrated with already existing rules to make sure that they remain mutually exclusive, i.e. no two rules should fire and propose a different solution for the same primary-symptom.

Rule-integration is trivial if the rules are orthogonal, otherwise the following procedure is used:

1. The corrected-properties of the new rule are added as necessary symptoms of the old rules, unless the property is one of the corrected-properties of the old rule.

2. The negation of the corrected-properties of the new rule is added as a secondary symptom of the new rule.

The intuition behind this integration procedure is that symptoms are added from other rules to make sure that the rules remain mutually exclusive. The refinement process is monotonic and works also for rule chaining.

For example, suppose we have a rule which says that the car should be put in parking mode when it does not start:

RULE-2
 primary-symptoms: Not car=starts
 secondary-symptoms: -
 corrected-properties: mode=parking

Suppose there is now a new rule which says that there should be gas put in the car when the car does not start:

RULE-3
 primary-symptoms: Not car=Starts
 secondary-symptoms: -
 corrected-properties: gas=present

then the ruleset after integration looks as follows:

RULE-2
 primary-symptoms: not Car=Starts
 secondary-symptoms: gas=present
 corrected-properties: mode=parking

RULE-3
 primary-symptoms: not car=starts
 secondary-symptoms: not gas=present
 corrected-properties: gas=present

The rules now say: if the car does not start and there is gas present, put the car in parking mode. If the car does not start and there is no gas present, make gas be present.

If a new problem is posed to the system, The rules constructed following the above procedure are tried before any deep reasoning is done. If a rule fires because the primary-symptom and the secondary-symptoms have been observed, then the corrected-properties are tested out in the model and it is investigated whether their correction indeed resolves the initial anomaly. If this is the case then the rule is confirmed and no changes need to be made. If not, deep reasoning is started again to perform a more thorough diagnosis. From the result a new rule can then be extracted and incorporated.

FURTHER LEARNING

Although the ruleset obtained through the above construction process will progressively solve more and more problems, it is far from efficient. Rules that partially overlap remain independent, the same conditions will be checked many times over, etc. Therefore other construction procedures are introduced that operate once the initial rulesets have been formed. Here are some example:

+ LEARNING THROUGH RULE COMBINATION

Rules that have structure in common can be combined. For example, if two rules have the same set of corrected-properties, then a new rule may be generated with a combination of primary symptoms and secondary symptoms.

+ LEARNING THROUGH GENERALISATION

Deep reasoning typically takes place over a small part of a complex system. Often there are other portions of the same device (or different devices) which have the same causal structure. By making abstraction of the specific area for which it was discovered, rules get a wider applicability. If the causal structures are not equal but similar, then further learning through adaptation can refine the ruleset acquired elsewhere.

+ LEARNING NEW CONCEPTS

A subset of the necessary symptoms may be common to many rules. In such cases it is possible to introduce a new concept which can be used to formulate an intermediate conclusion. It will be more efficient to first establish this intermediate conclusion, instead of reconsidering all of its components. The new concept can also be used to enrich the model of the device.

+ LEARNING THROUGH RULE-ORDENING

The ruleset needs to be restructured so that rules are ordered. This leads to greater efficiency because symptoms present in more than one rule are not investigated more than once. The ordening itself again depends on experience, so that rules covering situations which are more frequent get priority.

+ GROUPING OF RULES

Another important form of learning is the division of rules in smaller sets and the learning of rules that lead from one set to another set. This division can often be based on the underlying model.

5. Conclusions

A second generation expert system not only uses heuristic rules, but has also a model of the domain so that deeper reasoning is possible if the rules are inadequate. This leads to a graceful performance degradation instead of an abrupt failure if there is no rule covering a particular situation. It also leads to a new way of doing knowledge acquisition by extracting rules from experience in solving a particular problem.

The state of the art in Artificial Intelligence is sufficiently advanced to realise second generation expert systems. Our own experiments in the domain of diagnosis of technical systems have confirmed the feasibility.

ACKNOWLEDGEMENT

Many people at the VUB AI lab, and particularly Walter Van De Velde, have in one way or another contributed to the ideas presented in this paper or to their implementation. The KRS-system is a team effort with Peter Van Damme and Kris Van Marcke as prime implementers of the LISP-machine version used for the experiments reported here. Leo De Wael and Patrick Backx are other members of the team involved in technical expert systems. They have been instrumental in the development of models for deep and heuristic reasoning in this domain. Van De Velde has developed and implemented the learning experiments. This research is partially sponsored by the Belgian Ministry of Scientific Planning.

REFERENCES

Bobrow, D. and P. Hayes (1984) Special Issues On Qualitative Reasoning. In Artificial Intelligence Journal. North-holland Pub. Co.

Bobrow, D. and T. Winograd (1977) KRL, A Knowledge Representation Language. Cognitive Science, Vol 1, 1. Lawrence Erlbaum. New Haven.

Breuker, J. and B. Wielinga (1985) KADS: Structured Knowledge Acquisition for expert systems. In Proceedingts of Fifth International Workshop on Expert systems, section 10a. Avignon, France.

Clancey, W. (1982) The epistemology of rule-based systems. Artificial Intelligence Journal. North-Holland Pub. Co. Amsterdam.

Davis, R. (1983) Expert Systems: Where Are We And Where Are We Going. The AI Magazine. winter 1983.

Greiner, R. and D. LENAT (1982) RLL, A Representation Language Language. Proceedings Of Aaai-82. Kaufman. Los Angeles.

Michalski, R., J. Carbonell and T. Mitchell. (1984). Machine Learning. An Artificial Intelligence Approach. Springer-Verlag. Berlin.

Steels, L. (1984) The Object-Oriented Knowledge Representation System KRS. In T. O'Shea (ed.) proceedings of ECAI-84. North-Holland Pub. Amsterdam.

Steels, L. And W. Van De Velde (1985) Learning In Second Generation Expert Systems. Chapter 10 In Kowalik (ed.) Knowledge-based Problem Solving. Prentice-Hall, Englewood Cliffs. New Jersey.

Gorny/Kilian

<u>Computer-Software und Sachmängelhaftung</u>

Herausgegeben von Prof. Dr. P. Gorny, Universität Oldenburg, und Prof. Dr. W. Kilian, Universität Hannover

Workshop des German Chapter of the ACM und der Gesellschaft für Rechts- und Verwaltungsinformatik e.V. am 29./30.11.1984 in Hannover.

1985. 208 Seiten. 16,2 x 23,5 cm. Kart. DM 48,--
(Berichte des German Chapter of the ACM, Band 20)
ISBN 3-519-02439-X

Die Beiträge beschäftigen sich mit Problemen der Herstellung und Vermarktung von Anwendersoftware aus der Sicht der Informatik und der Rechtswissenschaft. Angesichts des Marktvolumens für Anwendersoftware (1,7 Mrd. DM in der Bundesrepublik Deutschland 1984) und der großen Unsicherheit in der Praxis, wer aus welchem Grund für Mängel zu haften hat, bieten die gründlichen Stellungnahmen einen vorzüglichen Überblick über die gegenwärtige Diskussion.

Nach zwei einleitenden Überblicken (Gorny, Kilian), wie das Problem der Softwaremängel sich aus der Sicht der Informatik und der Rechtswissenschaft gegenwärtig darstellt, widmen sich die anderen Beiträge Spezialfragen aus dem großen Paket aktueller Fragestellungen:

- Peter Gorny	Fehlerhafte Software - Einige Gedanken aus der Sicht der Informatik
- Wolfgang Kilian	Haftung für Softwaremängel
- Heinz Bons	Fehler und Fehlerauswertungen
- Rudi Klatte	Sichere Numerik - Fehlerquellen und Methoden zur Fehlervermeidung
- Fevzi Belli	Modellierung von Software-Fehlern zur Bestimmung und Optimierung der Zuverlässigkeit
- Franz Schweiggert	Die Güte- und Prüfbestimmungen der Gütegemeinschaft Software
- Walter Jaburek	Elektronische Kommunikationsdienste - und niemand haftet?
- Rudolf Clemens	Kartellrechtliche Kriterien für Verfügung über Software
- Michael Bartsch	Die Haftung des angestellten Programmierers
- Michael Bartsch	Schadensersatzklauseln in Software-Überlassungsverträgen
- Ulrich Stürmer	Probleme des Versicherungsschutzes für Software
- Martin Hackemann	Die Produzentenhaftung des Software-Herstellers - Ein Problem für die Praxis?

Preisänderungen vorbehalten

Bartsch/Hildebrand

Der EDV-Sachverständige

Herausgegeben von RA Michael Bartsch, Karlsruhe, und Dr. Dietmar Hildebrand, Frankfurt

Workshop der Gesellschaft für Rechts- und Verwaltungsinformatik e.V. am 25. und 26.9.1986 in Schmitten

1987. 262 Seiten. 16,2 x 23,5 cm. Kart. DM 58,--
ISBN 3-519-02447-0

Die Beiträge behandeln erstmals im Zusammenhang und interdisziplinär Fragen der Sachverständigentätigkeit im EDV-Bereich. Im gesamten wird ein Überblick gegeben über die Vielfältigkeit des Themas, die Offenheit vieler Fragen, zugleich aber auch über den heutigen Stand der Diskussion und Tendenzen der zukünftigen Entwicklung.

Kölsch/Schmid/Schweiggert

Wirtschaftsgut Software

Herausgegeben von Dr. R. Kölsch, Software and Management Consultant, München, W. Schmid, Softwaretest e.V., Ulm, und Prof. Dr. F. Schweiggert, Universität Ulm

Tagung I/1985 des German Chapter of the ACM in Kooperation mit Softwaretest e.V. am 26. und 27.3.1985 in Ulm

1985. 318 Seiten, 16,2 x 23,5 cm. Kart. DM 58,--
(Berichte des German Chapter of the ACM, Band 21)
ISBN 3-519-02440-3

Die Beiträge behandeln softwarespezifische Apsekte bei der Auswahl, Beurteilung und Beschaffung von Softwareprodukten. Dabei werden insbesondere solche Eigenschaften und Merkmale erörtert, die den Wert der Software aus der Sicht der verschiedenen Träger dieses Gutes bestimmen: Anwender, Beschaffer, Mittler (Händler, Makler) und beteiligte Dritte wie Banken, Versicherungen oder Leasingunternehmen. Gleichzeitig werden auch juristische und steuerrechtliche Aspekte des Wirtschaftsgutes Software aufgegriffen.

- F. Schweiggert	Eine Standortbestimmung
- K. Reuther	Wirtschaftsgut Software Software in der Handels- und Steuerbilanz
- G. Knorr	Urheberrechtsschutz für Software
- W. Jaburek	Software in Großsystemen: Ist Computerkriminalität eingeplant?
- R. Pabst	Die Zugänglichkeit von Software - Voraussetzung für Softwareprüfungen -
- U.D. Gaubatz	Software-Leasing
- W. Bauer	Erhöhung der Markttransparenz und Vergleichbarkeit der Produkte
- H. Sprang	Software aus der Sicht des Handels
- B. Menth	Testen großer Software-Systeme: Systematisches Testen
- G. Normann	Testen großer Software-Systeme: Testwerkzeuge
- H. Atzmüller/C. Jahl	Qualitätssicherung für Alt-Software
- G. Rehmann	Validierung von Compilern
- R. van Megen	Qualitätssicherungs-Maßnahmen zur Qualitätsbewertung aus Sicht des Anwenders
- B. Commentz-Walter	Inspektionen aus der Sicht des Anwenders
- H. Pesch	UNIX - Stärken und Schwächen
- G.Merbeth/H.Abbenhardt	Qualitätssicherung bei Software-Produkten
- M. Bartsch	Gewährleistungsrecht, Schadenersatzrecht und Recht der Allgemeinen Geschäftsbedingungen für Software
- W. Wintersteiger	Hilfe - wir brauchen Fremdsoftware

Preisänderungen vorbehalten

Berichte des German Chapter of the ACM

Fortsetzung

[illegible]

[illegible]

[illegible]

[illegible]

[illegible]